새로운 지구를 위한

에너지
디자인

ENERGY AT THE CROSSROADS

새로운 지구를 위한

에너지
디자인

바츨라프 스밀 지음 | 허은녕 · 김태유 · 이수갑 옮김

창비
Changbi Publishers

감사의 말

MIT 출판부와 함께하는 다섯번째 책인 만큼 이제껏 착상부터 출판까지 편집과정에서 애써준 세 사람에게 감사를 표하는 것이 마땅할 듯하다: 래리 코엔(Larry Cohen), 데보라 캔터―아담스(Deborah Cantor-Adams), 클레이 모건(Clay Morgan). 또다시 140여컷의 이미지를 준비하고 다듬는 일을 맡아준 더글라스 패스트(Douglas Fast)에게도 고마움을 전한다.

에너지 연구에 바친 삶을 회상하며

나는 책이란 모름지기 씌어질 수밖에 없는 진정한 이유가 있을 때에만 비로소 씌어져야 한다고 늘 믿어왔다. 그렇다면 왜 이 책이며, 하필 지금인가? 그 객관적인 이유는 바로 이 책의 주제가 지닌 중요성 때문이다. 에너지 전환은 생물권(biosphere)의 전 과정과 인간의 모든 행동에 필수적으로 요구되고 있으며, 화석연료에 의해 문명화된 뒤로 연료와 전력의 끊임없는 흐름에 전적으로 의존하고 있는 우리의 고소비형 에너지 사회도 마찬가지 상황이다. 우리가 치명적인 실책을 피하고, 풍부하고 확실한 에너지 공급원에 대한 우리의 필요와 대체 불가능한 생물권 기능의 온전한 유지에 필수적인 요건을 조화시키는 데 한발 다가서기 위해서는 이러한 근본적인 현실에 대한 계속적인 재고찰이 절대적으로 필요하다.

이제 내가 밝히려는 것은 이 책을 내는 주관적인 이유다. 그 배경을 알면 독자들은 내 확고한 견해를 이해하는 데 도움을 받을 수 있을 것이다. 에너지 연구에 바친 평생을 이 자리에서 회고하는 목적은 나 스스로가 직분에 맡겨진 숙제를 성실하게 해왔으며, 따져묻거나 평가하는 나의 성향은 일시적인 변덕이나 유행에 따르는 것이 아님을 독자들에게 확실히 해두고 싶어서다.

나는 40년 전 프라하의 카롤리눔 대학교에 다닐 때 체계적인 에너지 연구를 하기로 마음을 먹었다. 이러한 결심은 충동적인 것이 아니었다. 근본가설을 이용해 에너지의 근원, 그 근원을 활용하는 기술, 그 근원의 전환이 초래한 어마어마한 결과들을 이해한다면 생물권의 기능뿐 아니라 인류문명의 향상과 그 복잡성의 증가에 대해서도 보다 쉽게 이해할 수 있을 것이라는 믿음이 서서히 쌓여갔기 때문이다. 그 덕에 수많은 학제연구를 접할 수 있었으니 내 결정에 대해 후회해본 적은 없다. 나는 다른 연구 분야, 특히 수많은 현대과학의 특징 중 하나인 복잡한 현상을 단순화하여 표현하려는 노력에 매달리는 스스로를 상상할 수 없다. 에너지 씨스템에 관한 연구를 통해 근본적으로는 서로 연관되어 있을지라도 전혀 상관이 없어 보이는 광범한 여러 문제들과 만날 수 있었다.

나의 최초의 연구는 석탄을 이용한 화력발전 시대의 환경 영향, 특히 이산화황이나 미세먼지 같은 대기오염이 인간의 건강과 생태계에 미치는 영향을 살펴보는 것이었다. 이것이 내 학위논문의 주제가 되었으며, 1년 후 나는 「에너지 환경 인민」("Energy Environment People", 1966)이라는 제목의 첫 논문을 체코과학아카데미가 발간하는 월간 『우주』(Vesmír)에 발표했다. 이 논문은 북부 보헤미안 석탄지역의 환경 악화에 대하여 공개토론을 벌임으로써 공산주의의 금기를 깨뜨린 사례이기도 하다. 이 지역은 훗날 세계적으로 악명높은 '황(Sulfur) 삼각지대'의 한 정점이 돼버렸다. 그러나 연구생활의 초창기에는 거대 패턴에 관심이 많았고, 한 국가의 에너지 공급과 사용에 나타나는 구성의 다양성과 변화에 매료돼 있었다. 나는 1960년대 프라하에 러시아의 자료가 풍부하다는 점을 십분 활용했고, 그것들 속에서 에너지 씨스템 전체에 대한 폭넓은 연구가 시도되었다는 것을 발견했다.

1969년 미국으로 건너간 나는 이곳의 에너지 연구가 매우 풍부한 반면 관습적이고, 크게 에너지 추출과 에너지 전환에 관한 것으로 나뉘어 있으며, 최종적인 소비패턴에 관해서는 거의 진행되지 않았음을 발견했다. 에너지 연구의 중심지 중 하나인 펜씰베이니아 주립대에서 대기오염 연구를 계속하는 한편, 1차 생산과 에너지 전환의 기술적 변화에 촛점을 두고 에너지 생산과 소비에서의 환경 영향을 탐구했다. 경제학적으로 복잡한 현상을 단순화해 표현하는 연구를 충분히 하지는 못했지만 이 기간에 나는 에너지 경제학에 대해 리처드 고든(Richard Gordon)이 보여준 체계적이면서도 현실적인 접근법을 이해하게 되었다.

1971년에 완성되어 3년 뒤 발표된 나의 미국 학위논문은 광범위한 에너지 추출, 전환, 교통수단에 있어서의 기술 혁신과, 그것의 도입이 지구 환경에 끼치는 영향에 관한 장기적 전망을 담고 있었다(1974). 이런 기술적 전망은 에너지와 환경의 상호작용에 대한 모델링 쪽으로 내 관심을 이끌었는데, 이러한 노력은 이산화탄소 발생과 그것이 대류권 온도에 미치는 영향에 관한 최초의 장기적 전망을 포함하고 있었다(Smil & Milton 1974).

모델링에 대한 관심은 중국의 에너지를 접하면서 잠시 수그러들었다. 당시 중국의 에너지에 대한 우리의 이해에는 큰 공백이 있었기에 이 주제를 선택하는 이유는 분명했다. 1970년대 초기만 해도 서구에는 중국에 관한 정보가 극히 제한돼 있었다. 몇 안되는 논문마저 중국의 언어와 문화에는 정통하지만 과학과 공학에는 배경지식이 없는 중국학 연구자들에 의해 씌어진 것이 전부였다. 연구를 시작한 지 3년 뒤에 나는 중국의 에너지 공급과 사용, 전망에 관한 최초의 포괄적인 책 『중국 에너지』(China Energy, 1976)를 내놓았다. 이 무렵 에너지 분석에 있어서 새로운 분야인 에너지 비용 회계학에 관심을 가지기 시작했고, 마침내 탐 롱(Tom Long)과 폴 나흐만(Paul Nachman)의 도움을 받아 미국에서 가장 중요한 농작물인 곡물의 에너지 비용에 대한 책을 펴냈다(Smil, Nachman and Long 1982).

중국 에너지에 대한 작업은 곧 현대화중인 다른 주요 국가들과의 비교 연구로, 또한 그들이 경제발전을 추구하는 과정에서 직면하는 에너지 선택들에 대한 폭넓은 평가로 이어졌다. 그 성과로 윌리엄 노우랜드(William Knowland)와 공편한 『개발세계의 에너지』(Energy in the Developing World, 1980) 1권이 나왔다.

빈곤국들은 대개 목재와 농작물 잔여물에 전적으로 의존하고 있었고, 석유와 다른 화석연료 에너지의 가격이 오르자 부유국들은 대체재에 관한 연구에 박차를 가했다. 그 무렵 바이오매스 에너지에 대한 관심이 증가했다. 하지만 나는 이런 에너지 자원들의 대규모 개발이 환경에 바람직하지 않은 결과를 불러올 수 있기 때문에 그 역할을 제한해야 한다고 믿었다. 1970년대 말과 80년대 초에 나온 몇가지 제안들은 무비판적으로 소박하거나(가솔린과 에탄올을 섞은 가소올을 서구의 교통수단 주연료로 삼자) 터무니없기까지 했다(태평양에서 대량 재배한 해초를 가공해 미국에 가스를 공급하자). 이러한 지적 혼란을 정돈하기 위해 나는 『바이오매스 에너지』(Biomass Energies, 1973)을 펴냈다.

1985년 유가가 급락하자 서구는 12년간 매달려온 에너지 문제에 더이상 집착하지 않게 되었고, 이와 함께 에너지 소비를 줄이고 에너지 사용이 환경에 미치는 악영향을 완화하려는 의미있는 노력 또한 함께 사라졌다. 하지만 동시에 지구온난화가 과학과 대중의 주요 관심사가 되었으며 2050년에는 2배로 늘어날 것으로 예상되는 세계 인구를 우리가 과연 먹여살릴 수 있을지를 둘러싸고 비판과 논쟁이 속출했다. 나는 이처럼 내재적으로 상호의존하는 삼각관계를 단출한 제목의 책 『에너지, 식량, 환경: 현실, 신화, 선택』(Energy, Food, Environment: Realities, Myths, Options, 1987)에서 다뤘다.

내 책들 중 어느 것도 분과학문의 경계를 따르지는 않지만 그 책은 당시까지 가장 넓은 학제연구를 바탕으로 씌어졌으며 큰 그림을 보길 원하는 비평가들의 인정을 받게 되어 기뻤다. 그 프로젝트를 끝내자마자 중국 연구로 되돌아와 아쇼크 데사이(Ashok Desai)에게 위임받은 캐나다 국제개발연구쎈터(IDRC) 보고서를 개정·확장시킨 『중국 현대화 속 에너지』(Energy in China's Modernization, 1988)를 펴냈다. 이 책에서는 매우 비효율적이고 이데올로기적으로 치우친 중국 경제를 현대적으로 변형시키려는 떵샤오핑(鄧小平)의 추진력을 뒷받침하기 위해 창조된, 급속한 성장과 혁신을 병행하는 에너지 산업을 분석하고 이러한 전례없는 개발로 인해 환경과 사회에 불가피하게 미치는 영향에 대해 살펴보았다.

그런 직후 내 저서 중 가장 종합적인 에너지 연구서에 착수했다. 『일반에너지학』(General Energetics, 1991)에서 나는 전 문명에 걸쳐 생물권의 에너지 흐름에 대한 포괄적이면서 비교적인 정량 분석을 위해 기본적이고 통일된 몇가지 원리—전력 밀도(W/m²)와 에너지 집약도(J/g)—를 사용했다. 생물권 부분이 지구의 복사열 균형부터 먹이사슬 내의 영양 효율까지 포괄한다면, 문명 부분은 전통적인 농경부터 현대의 화학합성까지 과정의 에너지학을 포괄한다. 이 책을 완성하는 데 2년 이상이 걸렸다. 가장 어려웠던 점은 에너지 그랜드 디자인이라는 '숲'이 지나치게 많은 개개의 '나무'들을 포함하면서 전체적인 윤곽이 흐려지지 않도록 집필하는 것이었다. 이러한 점이 적절하게 제어되지 않았다면 이 책에 나오는 수많은 수치들은 그저 독자를 기죽일 따름일 터인데, 이런 어려운 도전에 대해 필립 모리슨(Philip Morrison)이 『싸이언티픽 아메리칸』(Scientific American)에서 "엄격하게 통제된 대담함의 결과물"이라고 논평한 것은 내게 최고의 보상이었다.

1987년 나는 윌리엄 맥닐(Wiliiam McNeill)과 피터샴의 하버드 포레스트를 거닐다가 그로부터 5년 뒤에 나올 그의 세계사 씨리즈에 참여하기로 결정했다. 『세계사 속 에너지』(Energy in World History, 1994)는 에너지의 관점에서 세계사를 결정론에 빠지지 않고 명시적으로 기술한 최초의 책이다. 나는 이 책에서 연안의 포경, 전통적인 관개(灌漑), 미국 짐수레 말들에 관련된 에너지 비용·편익과 함께 네덜란드 황금시대에 기여한 범선, 초기 용광로에 필요한 목탄의 수요량, 히로시마 원자폭탄의 파괴력 같은 내용을 실은 부록을 에너지의 기원과 전환, 그리고 이들의 사회경제적인 파급효과의 역사에 더함으로써 에너지와 역사의 보다 거시적인 디자인을 그리려고 노력했다.

1993년 나는 환경서 두 권을 내놓았는데, 물론 에너지 관련 부분이 강

점인 것들이다. 『지구적 생태계』(Global Ecology, 1993)와 『중국의 환경 위기』(China's Environmental Crisis, 1993). 앞의 책은 단도직입적이고 사적인 스타일로 현대 문명이 소비하는 물, 에너지, 식량, 물질의 증가와 생물권이 이들 필수 자원을 공급할 수 있는 능력 사이의 연결고리에 집중했다. 뒤의 책은 그보다 10년 전 『아픈 지구』(The Bad Earth, 1984)에서 다룬 주제를 재론했다. 중국의 생태계 붕괴와 환경오염을 최초로 폭넓게 다룬 뒤의 책은 불신과 주목을 한꺼번에 받았다. 일각에서는 중국의 환경 문제가 그토록 광범하고 심각하며 또한 대개는 바로잡기 어렵다는 사실을 받아들이려고 하지 않았다. 10년이 지나자 전 세계는 이 문제들에 대해 더 많이 알게 되었다. 현 싯점에서 나는 또다른 체계적 개관을 제시하기보다는 중국의 자연자원과 식량·에너지 요구량의 역사와 전망을 대조하면서 국가 성장의 생물리학적(biophysical) 한계를 심도있게 조사했다.

각각 중국의 환경과 에너지에 관한 두 권의 책을 내고 나니 관심사를 다른 곳으로 돌릴 필요성을 느꼈다. 1990년대 중반, 내가 그보다 10년 전에 처음으로 접근했던 주제를 다시 연구하기로 결정했다. 나는 1985년에 세 가지 주요 생물지화학적(biogeochemical) 순환을 광범하게 평가한 『탄소-질소-황』(Carbon-Nitrogen-Sulfur, 1985)을 펴냈다. 그로부터 10년이 지난 뒤 나는 미국과학도서관을 위해 생물권 순환에 관한 책을 쓰면서 이와 동일하지만 좀더 폭넓은 과제에 도전했다. 이후 내 작업의 궤적은 새로운 국면을 맞는다. 나는 『일반 에너지학』에서 행한 바 있는, 태양에서 전기문명까지의 통합적 접근 방식을 사용하여 지구 밖의 영향부터 임신의 에너지 비용, 조류의 비행에서 원자로에 걸쳐 근본적이면서도 예기치 않은 자연과 인공의 현상을 설명하기로 했다.

『에너지: 그림으로 보는 생물권과 문명』(Energies: An Illustrated Guide to the Biosphere and Civilization, 1990)은 300컷이 넘는 역사적이거나 현대적인 그림들과 함께 80편 이상의 에쎄이로 구성되었다. 많은 서평으로 보아 이 접근 방식은 적절했다. 이 책은 필립 모리슨의 주선으로 래리 코엔(Larry

Cohen)과 만나면서 처음으로 MIT 출판부에서 간행한 책이다. 그곳에서 두번째로 낸 『세계를 먹이기: 21세기를 위한 도전』(*Feeding the World: Challenge for the Twenty-first Century*, 2000)은 우리가 증가하는 인류를 먹여살릴 수 있을까? 하는 자주 제기되는 질문에 기존보다 확장되고 폭넓은 근거로 대답을 제시했다. 세번째 책인 『지구를 풍요롭게: 프리츠 하버, 카를 보슈 그리고 세계 식량 생산의 변환』(*Enriching the Earth: Fritz Haber, Carl Bosch, and the Transformation of World Food Production*, 2001)는 오늘날 인류의 3분의 1 이상이 살아 있는 것은 그 진가를 인정받지 못한 기술 진보인 암모니아 합성 덕분이라는 사실에 대한 경의의 표현이다.

본서에 앞서 지금까지 내가 집필한 책들 중 한권을 추천한다면 MIT 출판부에서 발간한 네번째 책인 『지구의 생물권』(*The Earth's Biosphere*, 2002)을 꼽고 싶다. 이유는 간단하다. 진화하는 데 4억년 이상 걸린 생물권 본래의 모습을 보존하는 것이 우리 세대의 가장 큰 현안이기 때문이다. 이 사실을 인정한다면 우리의 에너지 공급을 안전하게 확보하는 적절한 단계를 거치는 것이 얼마나 중요한지 이해하게 될 것이다.

내 스스로 관심이 적거나 익숙하지 않아 다루기 쉽지 않은 에너지 연구 분야가 아직 많이 남아 있다. 그러나 내가 연구를 하며 이해하고 설명하고 비판하고 평가하고 장려하거나 규탄하려고 애쓴 문제들 역시 상당 부분을 차지한다. 이들은 지역적인 문제(예를 들어, 농촌 지역의 소규모 바이오가스 생성의 효율)에서 세계적인 문제(연소로 인한 대규모 생물지화학적 거대 순환구조가 받은 피해), 기술적인 문제(특정 생산과 전환 공정의 상세 분석)에서 사회적인 문제(에너지 사용과 삶의 질의 관계), 그리고 역사의 기술부터 장기 예측까지 포함한다. 이 책은 이러한 경험들을 반영하면서 몇가지 강고한 의견을 제공하지만 나의 지적 죄악의 목록 중 상위를 차지하는 두 가지 활동, 즉 융통성 없는 예측이나 오만한 처방은 삼갔다. 대신 우리 인류에게 닥친 곤경을 설명하고, 우리의 탐색을 구체화하는 많은 한계들과 잠재력을 묘사하며, 좀더 합리적인 미래를 창조하는 데 아마도 최선의 기회를 맞은 우리 연구의 방향 제시에 주력하고 있다.

마지막으로 정량화와 논증에 관해 덧붙인다. 이 책 전체에 걸쳐 명시했 듯이 많은 경우 드러난 현실을 점검하는 데 필요한 것은 기본적인 수리능 력이며, 복잡한 모델의 실행 결과가 실제로 잘 맞는지 이해하는 데는 종이 여백을 사용한 간략한 계산 역시 유용한 수단이라고 할 수 있다. 평론가들 의 충고를 염두에 두면서, 이런 간단하지만 효과적인 정량적 접근 방식에 대한 소개를 원하거나 더욱 자세히 알고 싶은 이들에게는 존 하트(John Harte)가 지은 두 권의 책(*Consider a Spherical Cow*(1988), *Consider a Cylindrical Cow*(2001))을 참고하도록 권한다. 추천할 만한 또다른 품목은 탐구 정신의 소유자에게 비용 면에서 아마도 가장 효율적인 투자가 될 괜 찮은 태양에너지 과학용 계산기이다(나의 저서와 논문들에 사용한 거의 모든 계산은 20년 전 구입 당시의 광전지 네 개와 자판 마흔두 개가 아직 그대로인 'TI-35 Galaxy Solar'로 수행했다).

21세기 밝고 맑은 에너지의 미래를 위하여

에너지를 둘러싼 전지구적인 변화의 서막이 올랐다. 2000년 이후 장기간 지속되고 있는 국제 에너지 가격의 상승기조, 미국의 군사력 우위에 바탕을 둔 외교정책의 선호, 이와 때를 같이한 중동 지역 정세의 악화, 중국 경제의 급성장, 그리고 지구온난화에서 비롯한 기후변화협약의 진전 등 에너지와 관련된 실로 다양한 국제적 이슈들이 한꺼번에 우리 앞에 등장해 있다.

석유나 석탄, 금이나 철 같은 천연자원이 궁극적으로 사용 가능한 양에 한계가 있다는 '고갈'은 이제 너무나 익숙한 개념이다. 1970년대까지 이러한 고갈의 개념은 주로 지하에서 캐내는 에너지 및 광물자원에 한정되어 사용되었으나 1980년대 들어서는 무한정 사용 가능한 자원의 대표격이던 물과 공기에도 적용되기 시작했다. 환경오염으로 어느새 고갈성 자원이 되어버린 물을 이제 우리는 사서 마시는 시대에 살고 있다.

자원의 고갈이 20세기 후반부 에너지 분야의 최대 이슈였다면 온실가스 방출로 인한 지구온난화는 21세기 초반부의 최대 이슈로 등장하였다. 실제로 화석연료 사용으로 인한 온실가스 배출이 기후변화의 원인인가 하는 원론적인 문제는 차치하더라도 기후변화 문제를 해결하기 위하여 어떠한 새로운 기술을 개발하고 어떠한 에너지를 선택해야 하는가 하는 해결책에 이르기까지 실로 복잡하고 다양한 문제들이 우리의 선택을 기다리고 있다.

이 책은 석유와 석탄 등 화석에너지 자원을 중심으로, 지난 100여년간 세계 에너지의 사용 패턴과 에너지원의 선택 과정(저자는 이를 '그랜드 디자인'이라고 부른다)이 어떻게 형성되고 변화해왔는지, 그리고 앞으로 남은 과제가 무엇인지를 방대한 자료와 엄밀한 논증, 그리고 명확한 표현으로 독자들에게 전달하고 있다.

이 책은 무엇보다 저자 바츨라프 스밀의 평생에 걸친 경험과 고민, 그리고 통찰력이 돋보이는 책이다. 1943년 체코 보헤미아 지방에서 태어나 미국 펜씰베이니아를 거쳐 캐나다에 정착하는 저자의 일생 동안 전세계적으로 일어난 에너지 분야의 기술 혁신과 국제정치·경제적 변천을 집대성한 이 책은 그야말로 우리 시대 에너지의 역사이자 백과사전이라 할 수 있다.

저자는 방대한 자료와 동료 학자들의 연구 결과를 응용하여 이야기를 풀어가고 있는데, 책 전반을 관통하는 것은 다음의 세가지 시각이다. 첫째, 에너지자원의 개발과 에너지 사용기기의 개선을 비롯한 기술 발전이 인류문명에 지대한 공헌을 해왔고, 둘째, 미국을 필두로 고소득 국가의 에너지 사용이 이러한 기술 발전을 무색하게 할 만큼 지속적으로 증가해왔으며, 셋째, 온실가스 배출로 인한 기후변화가 인류의 미래를 어둡게 할 가장 심각하고 중요한 문제로 대두되고 있다는 것이다. 이러한 시각을 통해 저자는 기술 개발만으로는 지구온난화로 인한 재앙을 막을 수 없으며, 결국 에너지 사용에 대한 우리의 태도 변화가 필수적이라는 결론에 도달한다.

저자는 에너지가 인류 발전의 중심에 있던 시대를 살아온 사람으로서 책 전반에 걸쳐 에너지의 중요성과 함께 지구온난화 등 에너지에서 파생되는 문제에 보수적인 시각을 견지하고 있는 듯하다. 또한 컴퓨터와 계량경제학이 발전하기 이전에 학문의 토대를 완성한 학자들의 일반적인 경향과 비슷하게 자료의 통계적 분석을 기초로 하는 분석의 정량화에는 적극적으로 동의하나 모형화를 통한 계량화 작업에 대해서는 매우 회의적인 시각을 가지고 있다. 본문 제3장에서 저자가 주장하는 대로 기존의 장기적 가격 예측들이 대부분 충분한 정밀도를 결여하고 있는 것은 사실이나 지난 수십년간 계량적 분석의 경험을 통해 우리는 이제 어떤 부분을 보완하고 어느 자료를 더욱 자세히 분석해야 보다 정확한 예측이 가능한지 조금이나마 알게 되었다.

저자는 화석에너지의 고갈과 그 사용에 따른 지구온난화 때문에 신·재생에너지(new and renewable energy)의 확대가 필요하다고 본다. 여기서 눈여겨보아야 할 것은, 화석에너지의 고갈은 먼 미래의 일이며 석유 생산의 정점 역시 상당 기간 이후에야 발생할 것이지만, 에너지 사용으로 인한 지구 환경의 악화가 장기적으로 인류 발전에 더 큰 제약이라는 것이다. 이것이 바로 신·재생에너지 사용을 장려하고 나아가 21세기의 새로운 에너지 디자인을 창출해야 할 주된 이유이다. 역자들 역시 이러한 주장에 동의하며 저자의 분석에 한가지 더 보태고자 한다.

지구온난화 및 기후변화협약이 실제로 진행되면 선진국을 중심으로 화석에너지 사용이 급격히 줄어들어 화석에너지가격이 하락하게 되고 이는 개발도상국의 화석에너지 사용을 늘리는 요인이 된다는 것이다. 즉 저자가 에너지 기기의 효율화가 궁극적으로 에너지 절약으로 이어지지 않음을 지적한 것처럼, 선진국만을 중심으로 하는 기후변화협약으로는 화석에너지의 사용량이 실제로 감소할지는 알 수 없다. 그러므로 에너지 사용에 대한 인류의 태도에 근본적인 변화가 없다면 에너지 사용량의 궁극적인 감소는 여전히 미지수로 남는다. 화석에너지의 고갈 싯점 역시 인류가 어떠한 선택을 하는가에 따라 더 가까워질 수도, 멀어질 수도 있다.

자원 고갈과 이로 인한 인류 발전의 한계에 대한 논의는 이미 18세기에도 있었다. 1798년 맬서스(T. R. Malthus, 1766~1834)는 『인구론』(*An Essay on the Principle of Population*)에서 식량 공급은 산술급수적으로 느는데 비해 인구는 기하급수적으로 증가해 인류는 결국 전쟁과 기아와 질병에 휩싸이게 될 것이라고 예언한 바 있다. 그후 세계 인구는 기하급수적으로 증가했지만, 식량 증산이 인구 증가를 앞지르면서 그의 예측을 벗어났다. 1950년 이후만 보아도 세계 인구가 2배 증가할 동안 곡물 생산량은 3배 이상 불어났다. 이러한 현상은 바로 화학비료 개발, 농기구 발달, 종자 개량, 관계시설 확충 등 식량 생산에 관련된 기술과 산업의 비약적인 발전 때문이었다.

산업혁명 이후 인류는 기술의 눈부신 발전과 더불어 이른바 '확대재생산'을 통해 농업사회에서 상상조차 할 수 없던 엄청난 부의 축적을 이루어왔다. 이렇게 풍요한 현대 산업사회를 만든 것은 바로 석유, 가스, 석탄 같은 화석연료의 발견과 사용이었다. 에너지는 21세기 지식기반사회에서도 여전히 발전의 뿌리요 원천이자 선진 문명으로 가는 필수적인 요소이다. 문제는 이들 화석연료가 한번 써버리면 다시 만들어내기 어렵다는 것이다. 식량이나 물, 공기가 비교적 짧은 시간 안에 재생 가능한 데 비해 화석연료는 자연에서 다시 만들기가 거의 불가능한 (적어도 수만년이 필요한) 완전 고갈성 자원인 것이다.

이들 천연자원 중 에너지, 그중에서도 석유로 대표되는 화석연료는 20세기 국가경제 발전에 가장 중요한 원료였다. 석유의 중요성을 일찍 간파한 산업화된 서구 선진국들은 석유 확보를 위해서 총력을 기울여왔다. 2차대전을 비롯해 1970년대부터 최근까지 중동에서 일어난 전쟁들, 1980년 소련의 아프간 침공, 그리고 2001년 9월 11일 미국 세계무역쎈터에 대한 자살테러와 그후 벌어진 여러 사건 역시 '문명의 충돌'이 아니라 '자원 전쟁'의 연장선상에서 이해될 수 있을 것이다. 석유를 둘러 싼 자원 전쟁을 대표하는 기구가 바로 OPEC(석유수출국기구)이다. 전세계 주요 분쟁의 원인 중 대부분이 바로 자원생산국과 소비국간의 힘겨루기이며, OPEC은 자원생산국을 대표하는 기구이기 때문이다. 1960년 9월, 베네수엘라, 싸우디아라비아, 이란, 이라크, 쿠웨이트 등 5개 산유국이 바그다드에 모여 결성한 이후, OPEC은 세계적인 석유파동은 물론 국지적인 분쟁들이 있을 때마다 그 힘을 발휘하였다.

독점적인 생산 카르텔로서의 OPEC의 막강한 영향력은 1980년대 중반 이후 비(非)OPEC 국가들의 산유량이 늘어나고 국제현물시장에서의 거래가 활발해지면서 크게 약화되었다. OPEC은 그러나 2000년 이후에도 적정 시장가격 발표나 생산량조정 발표 등을 통해 여전히 국제석유시장에 영향력을 행사하고 있다. 1990년대 말, OPEC의 점유율이 다시금 상승하자 선진국들은 물론 중국, 인도 등 여러 나라들이 2001년부터 장기적인 국가계획을 세우고 다가오는 에너지 위기에 대비하였다. 미국, 일본은 해외자원개발과 원자력의 부활 등 에너지 안보를, 유럽 국가들은 스위스의 2,000와트 사회 계획과 같은 에너지 절약을 정책의 중심에 놓고 있으며, 중국과 인도는 에너지원의 안정적 확보에 총력을 다하고 있다.

우리나라는 방사능폐기물처리장 문제로 선진국들보다 5년 이상 늦은 2008년에서야 국가에너지기본계획을 발표한다. 우리나라는 그 대신 저탄소녹색성장 선언과 신재생에너지기본계획을 2008년에 함께 발표하여 국가에너지계획의 수립에서 뒤처진 것을 만회할 발판을 마련하였다. 이어 2009년에는 개발도상국 최고수준인 기준안(BAU) 대비 30% 저감을 목표로 하는 국가온실가스중기감축목표를 발표함으로써 선진국 수준의 책임과 새로운 경제발전동력을 함께 이루고자 하는 중장기국가기본계획을 가지게 되었다.

신·재생에너지는 기존에 '대체에너지' 또는 '대안에너지'라고 불리던 풍력, 태양광 등의 재생 가능 에너지와 수소, 연료전지 등의 신에너지원을 묶어 부르는 말이다. 신·재생에너지는 기존의 화석연료와 달리 기술만 있으면 에너지를 얻을 수 있다는 특징이 있다. 이런 특징은 세계 에너지 문제의 패러다임이 이동하고 있음을 암시한다. 20세기 내내 석유 등의 화석연료가 특정 지역이나 국가에 매장량이 편중되어 나타나는 지정학(geopolitics)적 구도는 21세기 들어 첨단기술 보유 여부에 따라 에너지 보유량이 결정되는 기술 개발의 문제로 바뀌고 있다. 부존자원이 부족한 우리도 신·재생에너지 기술을 통해 자원 빈국에서 자원 강국으로 일대 전환할 수 있는 것이다. 게다가 화석연료에 비해 상대적으로 환경 친화적이라는 잇점도 있다.

우리나라는 1970년대 1차 석유파동 이후부터 국내 에너지 확보 차원에서 특히 재생에너지에 대한 연구와 보급을 시작했으나, 태양열을 제외한 분야에서는 별다른 진척을 보지 못했고 그나마 1980년 중반 이후 국제 유가가 하락하자 침체기에 접어들었었다. 본격적인 신·재생에너지에 대한 재투자는 2002년에 시작되었다. 이번에는 기후변화협약 같은 환경 이슈가 정부 투자를 이끌었다. 신·재생에너지 기본 계획이 수립되고 적극적인 기술개발 투자와 다양한 보급지원제도가 시행되는 등 매우 활발한 정부지원이 이루어지고 있으며 국제유가의 상승 등 주변 여건도 신·재생에너지에 유리하게 진행되고 있다. 그러나 낮은 경제성과 선진국과의 치열한 기술 경쟁, 국내산업의 국제경쟁력 보완, 급속하게 진행되고 있는 온실가스 감축 압력 등은 여전히 신·재생에너지의 미래를 불투명하게 하고 있다. 하지만 국내에서 생산하는 에너지가 에너지 사용에서 차지하는 비중이 채 5%도 안되는 우리의 형편에서, 신·재생에너지는 기술 개발을 통해서 경쟁력을 확보할 경우 에너지의 수출도 가능하다는 점을 고려하면 신·재생에너지가 이제 더욱 널리, 그리고 많이 활용해야 할 에너지란 점은 분명하다.

우리나라의 경우, 무엇보다 1970년대 까지만 해도 40% 수준을 유지하였으나 1990년대 초 석탄산업합리화 이후 5%를 넘지 못하고 있는 에너지 자주확보율이 선진국으로의 도약에 가장 큰 걸림돌이다. 또한 석유 수입은 세계 7위, 천연가스 수입은 세계 2위임에도 국제적인 규모와 경쟁력을 갖춘 에너지기업의 부재는 국제무대에서 제 목소리를 내지 못하는 현실로 다가온다. 국가에너지기본계획과 저탄소녹색성장선언의 핵심은 기술개발과 기업경쟁력이다. 미국, 일본, 유럽의 선진국들은 이미 기술 개발과 산업경쟁력 강화정책에서 저만치 앞서나가고 있다. 우리나라 에너지정책 역시 다른 모든 선진국들과 마찬가지로 에너지 자급률의 제고와 에너지 산업의 국제경쟁력 향상에 촛점을 맞추어야 한다. 우리가 그들보다 더 담 대하게 목표를 세웠다고 선진국들과의 기술과 산업의 격차를 단번에 해 소할 수 있다고 생각한다면 이는 큰 오판이다. 집중적인 기술 육성을 통한 세계 최고수준의 기술경쟁력 확보와 적극적인 상류부문(자원개발) 진출 을 통한 에너지산업의 국제경쟁력 확보를 달성하지 못한다면, 국내시장 에서의 경쟁의 공정성과 효율성을 아무리 높인다고 하더라고 국가경제의 발전은 한계에 부딪힐 것이다.

이 책은 현대 에너지의 총람이라 할 정도로 광범한 분야의 전문적 지식 을 밀도있게 수록하고 있으나 일반인도 흥미롭게 읽을 수 있도록 다양한 사례들과 그림 자료를 덧붙여 상세하고 친절하게 설명한다. 에너지를 화 두로 정치, 경제, 사회, 문화 등 다방면에서 인류의 미래를 살피는 일에 요 긴한 교양서이자 지침서라고 하겠다. 관련 분야의 전문가는 물론 관심있 는 분들과 특히 젊은 학생들에게 일독을 권한다.

에너지·자원경제학 및 신·재생에너지의 연구와 교육을 맡아온 역자 들은 오늘의 우리 독자들에게 이 책을 꼭 소개해야 한다는 마음으로 번역 에 임했다. 그 과정에 큰 도움을 준 서울대학교 지구환경경제연구실, 기술 경영경제정책대학원 및 공력소음연구실 성원들과 출간을 맡아준 창비에 고마움을 표한다. 선진사회로의 도약을 앞둔 우리에게 "뿌리 깊은 나무" 와 "샘이 깊은 물" 같은 에너지의 역할을 이해하는 데 조금이라도 도움이 되기를 바란다.

2008년 2월 공역자를 대표하여
허은녕

---

* 2쇄를 찍으며 역자의 요청에 따라 새롭게 내용을 보완하였다.

| 차 례 |

ENERGY AT THE CROSSROADS

일러두기

1. 본문에 나오는 외래어와 외국 인명·지명·기관명 등은 되도록 현지음에 가깝게 표기
   했다.
2. 에너지 관련 약어와 용어, 단위 일체는 한글과 영문으로 종합해 부록에 실었다.
3. 본문내 영문약어는 최초 등장시 한글과 영문약자를 병기한 뒤 그 다음에는 영문약자
   로만 쓰되, 익숙지 않은 용어는 각 장에서 처음 나올 때 병기를 거듭했다.

1장

ENERGY AT THE CROSSROADS

장기적 추세와 기존의 성과

현대 사회의 가장 기초적인 속성은 바로 우리가 누리고 있는 문명이 화석연료에 크게 의존하는 고도의 에너지 집약형이라는 점이다. 정착 농경과 가축 사육이 시작된 뒤로, 전통 사회에서는 필요한 기계적 에너지를 인간과 동물의 근육에서 얻었으며 난방과 취사(따라서 조명까지)에 필요한 열에너지는 나무를 비롯한 바이오매스 연료를 태워서 얻었다. 산업화 이전의 일부 전통 사회에서는 심지어 가장 단순한 형태인 수력 및 풍력을 이용하는 기계적 원동장치(물레방아, 풍차)조차 거의 없었으나, 근대 경제의 초기 몇몇 단계에서 이러한 에너지가 사용되면서 마침내 중요한 역할을 담당하게 되었다. 풍력과 토탄(土炭)을 주요 에너지 자원으로 사용하여 융성하던 17세기 네덜란드 황금시대가 아마도 이들 사회 중에서 시대적으로 가장 앞선 것이 될 사례일 것이다(DeZeeuw 1978).

어떤 종류의 사회였든, 산업화 이전 시대에 일인당 평균 총 에너지 사용량은 매우 낮았으며 오랜 세월 동안 그러한 상태를 벗어나지 못했다. 이같은 상황은 몇세기 동안 제한된 양의 석탄을 난방과 소규모 공장에서 사용하던 지역(대표적으로 잉글랜드, 현재의 벨기에 지방, 중국 북부 일부)에서만 약간 달랐을 뿐이다. 그리고 19세기에 유럽 일부와 북미 지역에서 산업화가 널리 진행되었지만, 현재 가장 소득 수준이 높은 국가들 대부분은(미국, 일본 등을 포함하여) 19세기가 끝날 무렵까지도 석탄보다는 나무에 더 의존하고 있었다. 뿐만 아니라 목재자원이 풍부하던 국가에서는 목재에서 석탄으로 전환할 때 일인당 총 에너지 사용량이 그리 크게 증가하지 않았다. 예를 들면, 미국에서 화석연료 사용량이 목재 사용량보다 많아진 것은 1880년대 초 이후였으며, 19세기 후반 50년 동안 일인당 총 에너지 사용량 증가는 겨우 25% 정도에 그쳤다. 그 이유는 이 기간에 석탄 사용량은 10배 증가했으나 대신 이전에 대부분을 차지하던 목재연료의 사용량 중 5분의 4가 줄어들었기 때문이다(Schurr & Netschert 1960).

그와 대조적으로 20세기의 인류 발전은 예상을 초월한 총 에너지 사용량의 급격한 증가와 밀접하게 관련되어 있었다(Smil 2000a). 문명의 성장은 제철 및 발전을 제외한 분야들 거의 대부분에서 탄화수소(hydrocarbon, 여기서는 석유와 천연가스를 통칭하는 것으로 보임—옮긴이)가 석탄을 대체하는 것과 함께 진행되었다. 석탄을 주로 발전용으로 사용하게 된 것은 20세기에 진행된 중요한 변화의 일부분으로서, 화석연료를 전기에너지로 전환하여 사용하게 된 것이다. 수력과 원자력 등 다른 발전용 에너지자원도 가장 편리한 형태의 상업용 에너지인 전기가 널리 공급되는 데 기여했다.

19세기에 에너지 기술의 기초가 현저하게 발전한 데 이어 새롭고 더 효율적인 동력장치가 도입되었으며, 에너지자원 채취율 및 수송 능력이 향상되면서 육체적인 힘을 사용하지 않고도 더 안락한 생활을 지극히 낮은 비용으로 누릴 수 있게 되었다. 아울러 기술의 발전으로 인간과 물자의 이동이 급격히 증가했으며, 그리하여 자가용 승용차의 대중화와 대규모 항공 여행이 20세기 후반의 중요한 사회적 변화 중 하나가 되었다. 또한 1980년대 이후 에너지를 상품으로 거래하는 국제시장이 설립되고 확대되면서 에너지 무역이 전 세계에서 활발히 이루어졌고, 그리하여 석유, 석탄을 비롯한 적절한 에너지자원의 부존량이 적거나 아예 없는 국가들도 현대 문명의 풍요를 누릴 수 있게 되었다.

에너지 집약형 문명의 특징을 잘 보여주는 가장 최근의 추세는 정보의 전송량과 속도가 증가하는 것이다. 전류를 낮은 비용과 높은 정밀도로 제어할 수 있게 됨에 따라 정보의 저장과 확산이 기하급수적으로 증가했으며, 초기에는 아날로그 장치가 대부분이었으나 1945년 이후부터는 디지털 장치의 방대한 확장 가능성이 그 가치를 나타내기 시작했다. 이러한 정보통신 분야의 기술적 혁신은 거의 40년 동안 군사, 연구, 사업에 한해 이용되어왔으며, 그 혁신의 대중화는 1980년대 초 저렴한 가격의 개인용 컴퓨터가 보급되면서 시작되었고 1990년대 후반 인터넷이 확산하면서 더욱 가속화했다.

현대 사회는 에너지가 끊임없이 대량으로 공급되지 않으면 존재할 수 없지만, 화석연료 및 전력의 공급과 국가의 경제 성장, 사회적 성취, 개인의 삶의 질 사이에서 단순한 선형관계는 찾기 어렵다(이런 요인들 간의 관계는 제2장 참조). 당연한 일이지만, 현대화한 고소득 국가들을 비교해보면 국가별로 소비패턴이 다양한 것과 함께 국가 간에 현저한 불균형이 지속됨을 관찰할 수 있다. 이와 동시에 이런 국가들은 1차에너지 투입량이 상당히 다른데도 비슷한 사회경제적 성과를 보이고 있다. 천연가스 의존도의 증가, 재생에너지 기술의 느린 발전, 에너지 전환 효율의 증가, 저소득 국가의 일인당 에너지 소비량 증가 등을 포함한 20세기의 주요 추세들 대부분은 다음 세대에서도 계속될 것이나, 또한 상당한 근본적 변화도 불가피할 것이다.

21세기에 에너지 소비패턴이 변해야 하는 가장 핵심적인 이유는 에너지의 사용이 환경 전반에 주는 충격들을 최소화할 필요 때문이라고 할 수 있는데, 이들 충격 중 특히 온실가스의 인위적 발생에 비롯하는 결과가 매우 우려되기 때문이다. 화석연료의 채굴, 수송, 전환, 그리고 발전과 송전은 지역 환경에 많은 영향을 주어왔다. 이는 육지 생태계 파괴, 수질오염, 산성물질의 배출에서 광화학적 스모그 발생 등에 이른다. 화석연료의 연소에서 발생하는 이산화탄소는 또다른 문제를 일으키고 있다. 이산화탄소는 인간이 발생시키는 가장 주요한 온실가스로서 그 배출은 대기권 온도를 높이는 주요 원인이 될 것이다.

결과적으로 미래의 에너지 사용은 단지 사용 가능한 자원의 양이나 탐사, 채굴, 처리 등 관련 기술의 수준 또는 생산 비용으로만 결정되는 것이 아니다. 지구 문명을 장기적으로 유지하는 데 필요한 생물권의 핵심 매개변수를 변화시키지 않도록 해야 한다는 제한(이른바 지속 가능한 발전─옮긴이)에 의해서도 그 결정은 상당한 영향을 받을 것이다. 급속한 지구온난화를 방지하거나 완화하는 일은 이 분야에서 유일한 문제는 아닐지라도 가장 시급한 과제라고 할 수 있으며, 21세기에 인류가 직면할 최대 난제 중 하나가 될 것이다. 기타 생태계 다양성의 파괴, 생물지화학적 질소의 순환에 대한 인간의 개입, 해양오염 등도 에너지 사용량 증대 때문에 나타나는 주요 환경 문제에 속한다.

유일무이한 지난 100년

인류 역사상 장기적으로 지속되던 틀에서 벗어나 새로운 유형을 시작하는 일은 그리 흔하지 않다. 그런 점에서 20세기는 여러차례 변혁이 있었던 매우 특별한 세기였다. 식량 생산의 혁명(합성질소비료, 살충제, 기계화 경작이 불가피해졌다)에서 수송(자가용, 항공), 그리고 더 빠른 속도로 발전한 통신(라디오, 텔레비전, 인공위성, 인터넷)까지 그러한 변혁은 예외 없이 그 이전의 1000년 동안에 써버린 양을 합친 것보다 더 많은 에너지 소비와 밀접한 관련이 있다. 1900년 이후 기초과학 분야의 발전─20세기 초입의 새로운 아인슈타인 물리학(1905년 상대성 이론)에서 1990년대 후반 약 20개의 미생물종에 대한 유전자 완전 해독(TIGR 2000)에 이르는─ 역시 풍부하고 저렴한, 정밀하게 제어된 에너지 흐름이 없었다면 성취되지 못했을 것이다.

인류의 에너지 사용에서 20세기 이전의 기술적, 경영적 발전은 급격한 것이 아니라 실제로 점진적인 것이었다. 그러한 변혁의 몇몇 예로는 사람보다 훨씬 힘이 세고 몸집도 큰 역축(소, 말)의 사육, 태양에너지의 간접적 흐름을 전환하는 최초의 기계적 원동장치(물레방아, 풍차)의 구축과 확산 등이 있다. 그리고 그중 빠질 수 없는 것이 증기기관의 발명으로서, 이는 화석연료를 동력원으로 사용한 최초의 기계장치였다. 재생에너지에서 화석에너지로의 획기적인 전환은 초기에는 매우 서서히 진행되었다. 화석연료가 인간의 지배적인 에너지원이 된 것은 뉴커먼(T. Newcomen)이 처음으로 저효율 증기기관을 발명한 18세기 초 이후 두 세기가 지나서였으며, 제임스 와트가 성능을 대폭 개량한 증기기관으로 특허를 획득하고 (1769년 등록 및 1775년 갱신) 대량 생산에 들어간 때로부터 한 세기나 더 지난 후였다(Dickinson 1967; 그림 1.1).

현대 이전의 모든 문명을 지탱해온 바이오매스 에너지의 사용에 관해서는 신뢰할 만한 자료가 없으므로 그 정확한 싯점은 밝히기 어려우나, 화석연료가 인간의 총 1차에너지 수요의 절반을 공급하게 된 것은 1890년대 무렵이었다(UNO 1956; Smil 1994a). 이후 바이오매스 에너지는 빠르게 대체되어 1920년대 후반에는 목재와 농작물의 부산물이 세계 연료에너지에서 차지하는 비중이 3분의 1 이하로 낮아졌다. 다시 그 비율은 1950년대에 25%로, 1990년대에는 10% 이하로 떨어졌다(그림 1.2; 바이오매스 에너지에 대한 상세한 내용은 제5장 참조). 이러한 수치는 바이오매스 연료의 비중이 80%를 넘는 아프리카의 빈국에서 몇 %에 불과한 부유한 서방 국가까지 망라한 것이다.

나 스스로 체험한 에너지원의 전반적인 전환은 30년에 걸쳐 일어난 것이며, 네 종류의 주요 열원을 모두 포함한다. 체코와 독일 국경 부근의 보헤미아 삼림지역에 살던 내 이웃들은 1959년 중반까지도 나무로 난방을 했다. 여름이 되면 크게 토막낸 통나무를 쉽게 태울 수 있도록 잘게 잘라서 비가 들지 않고 공기가 잘 통하는 장소에 쌓아 바싹 마르게 하는 것이 내 일이었다. 겨울이면 아침해가 뜨기도 전에 일어나서 때로는 불이 잘 붙지 않는 불쏘시개로 그날 내내 사용할 불을 피워야 했다. 북부 보헤미아 지방의 브라운 탄전지대에 있는 프라하에서 공부하게 된 뒤로 내가 쓰는 난방, 취사, 전기 등 거의 모든 에너지원은 갈탄을 태워서 얻은 것이었다. 가족이 미국으로 이주한 후 이층에 세들어 살던 집은 석유 난방 방식이었으며, 이런 사정은 한적하고 숲이 울창한 펜씰베이니아에 살던 주민 모두가 마찬가지였다. 1973년 처음 구입한 캐나다의 집에서는 표준 천연가스 연소장치(열효율 60%를 얻도록 만들어진)를 가동하기 위해서 온도조절장치를 자주 손보아야 했지만, 그 정도의 수고조차 오래 지속되지 않았다. 그 뒤 완벽한 단열시공을 하고 자연형 태양열 난방장치를 설치한 새 집에서는 프로그램 입력 방식의 자동 온도조절장치가 고효율의 천연가스 연소장치(열효율 94%의)로 미리 설정해둔 일주일간의 온도를 조절해주었다.

서방 국가에서는 20세기 전체에 걸쳐서, 그리고 더 많은 숫자의 신흥국가에서는 20세기 후반에 진행된 이러한 전환에 의하여 고갈성 에너지가 압도적으로 많이 쓰이게 되었다. 가정이나 후진국에서 산업용으로 대부분

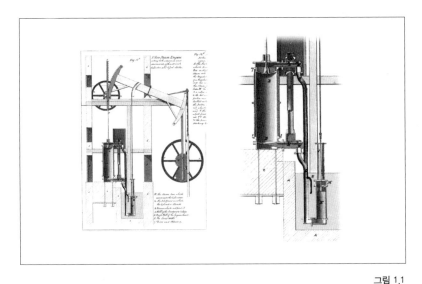

그림 1.1
1788년 제작된 제임스 와트 개량 증기기관의 전체도와 개량의 핵심인 공기펌프에 연결된 별도 응축기의 상세도. 자료 Farey(1827).

사용되는 바이오매스 연료의 사용량은 1990년대에 연간 35EJ(1EJ=
10^{18}Joule)로서 이는 1890년대의 전환기에 견주어 약 2.5배였다. 그에 비하
여 1900년부터 2000년까지 화석연료의 소비량은 22EJ에서 320EJ로 거의
15배 증가했으며, 1차전력 사용량도 약 35EJ에 이르렀다(UNO 1956; BP 2001;
그림 1.2). 같은 기간에 세계 인구가 약 4배 증가한 데 비하여(1900년 16억
명에서 2000년 61억명) 화석연료 소비에서 일인당 연평균 상업 에너지 공
급량은 14GJ(1GJ=10^9Joule)에서 약 60GJ 또는 1.4toe(ton of oil equivalent, 석
유환산톤: 석유 열량을 기준으로 환산한 에너지량 단위—옮긴이)로 4배 이상 증가했
다(Smil 1994a; UNO 2001; BP 2001; 그림 1.3).

에너지 사용에 대한 이같은 세계 평균 수치들은 지역 및 국가 간의 현
격한 차이를 제대로 나타내지는 못한다. 하지만 세계 3대 경제권의 평균
소비추세를 비교하여 살펴보면 지역별 에너지 사용 증가에 대한 더 큰 시

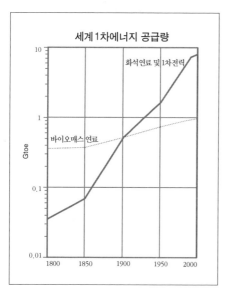

그림 1.2
1800~2000년 바이오매스 및 화석연료의 세계 소비량.
자료 Smil(1994a), BP(2001), UNO(2001).

사점을 발견할 수 있다(그림 1.3). 1900년부터 2000년 사이에 미국의 일인당 연평균 에너지 소비량은 그 시작 지점이 높았음에도 약 340GJ까지 3배 이상 증가했다(Schurr & Netschert 1960; EIA 2001a). 같은 기간 일본의 일인당 소비는 170GJ 수준으로 4배 이상 증가했다(IEE 2000). 1900년대 중국의 일인당 화석연료 소비는 일부 지방에서 소량의 석탄을 사용한 데 그쳐 거의 무시할 수 있는 수준이었으나, 공산주의 정권이 들어선 직후인 1950년부터 2000년까지 일인당 2GJ를 조금 넘는 수준에서 30GJ 수준으로 13배 이상 증가했다(Smil 1976; Fridley 2001).

에너지 소비를 상업용 연료나 발전에 투입된 양으로 표시하지 않고 정확하게 실제 사용되는 에너지의 양으로 표시하면 소비량의 증가 정도는 더욱 확연하게 드러난다. 또한 에너지의 전환 효율이 높아지면 실제 사용 가능한 에너지의 양은 더욱 커지게 된다. 그래서 선진 산업국가에서는 가

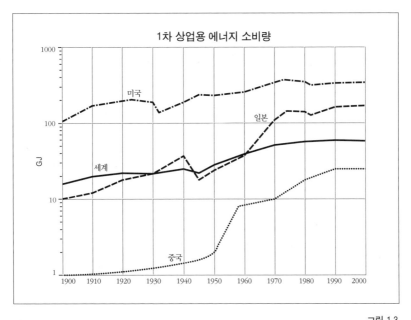

그림 1.3
20세기 1차 상업용 에너지의 일인당 평균 소비량. 세계 평균과 3대 경제권인 미국, 일본, 중국의 사례. 자료 Smil(1994a), BP(2001), UNO(2001), Fridley(2001).

정에서 쓰는 석탄 난로 같은 재래식 에너지 변환장치나 19세기 말에 도입된 세 종류의 대표적인 에너지 사용장치인 전등, 내연기관, 전동기 등을 점차 고효율의 기기로 대체해왔다. 여기에 천연가스 연소장치를 가스터빈으로 대체하는 등의 기술적인 발전이 추가되어 에너지의 이용 효율을 한층 높였다. 그렇게 해서 고소득 국가에서는 1차에너지 투입량에 대한 실제 가용 에너지 비율을 이전 세기의 2배, 심지어는 3배 이상까지 향상했다.

이처럼 열효율이 향상한 데다 8배에서 12배까지 일인당 에너지 사용량이 증가했으며, 에너지 사용기기들이 더욱 쾌적하고 안전하며 신뢰성 높도록 개선된 것을 함께 감안하면 실질적인 에너지 사용량의 증가율은 수치로 나타내기 어려울 정도가 된다. 열효율의 증가는 일부 산업국가에서 훨씬 더 빠르게 성공적으로 이루어졌다. 가정의 재래식 난로(보통 열효율이 10% 이내)는 천연가스 기구(열효율 60% 이상)로 교체되었다. 나도 나무를 때던 난로를 석탄 난로로, 석탄 난로를 석유 난로로, 석유 난로를 다시 현재의 고효율 천연가스 연소장치로 교체하는 경험을 했다. 현재 내가 천연가스 1J에서 얻는 가용 에너지는 이전에 나무 1J에서 얻던 것의 6배 수준이다. 개발도상국에서도 대부분의 가정에서 백열전등을 형광등으로 교체하여 평균 효율을 10배 정도 높였다. 산업에서의 에너지 효율성 향상은 철과 알루미늄 등 기초 금속의 용해, 암모니아나 플라스틱 등의 합성 그리고 자동차나 가전 부품 등 제조업의 신기술 도입과 보급에 의하여 이루어졌다. 따라서 현대 경제에서 일인당 총 에너지 소비량의 증가에 이같은 효율의 향상 효과를 더한다면 실제 가용 에너지 소비는 최근 30~50년 사이에 20배, 심지어 30배까지 증가한 것이다.

1980년 이후의 중국은 이같은 급속한 현대화 추세를 보여주는 가장 좋은 보기일 것이다. 도시의 수백만 가구가 종전의 더럽고 효율 낮은 석탄 난로를 깨끗하고 효율 높은 천연가스 난방으로 교체했으며, 산업계에서는 스딸린 시대의 유물인 구식 설비(1930년대 미국식 설계를 바탕으로 한 설비)를 철거하고 일본, 유럽, 북미 등지에서 최신 설비를 도입했다. 그렇게 해서 가용 에너지 소비량은 불과 10년 사이에 10배 이상 증가하게 되었다! 세계적인 평균치에는 국가 간의 현격한 차이가 나타나지 않지만, 다소 보수적으로 계산하더라도 2000년의 실제 가용 에너지의 양은 1900년에 비하여 25배 증가했다. 그럼에도 1990년대 후반 현재 40% 이하 수준에 머물고 있는 1차연료 및 전력의 실제 가용 에너지 전환 비율은 여전히 기술적으로 효율을 훨씬 더 높일 여지가 있음을 의미하고 있다.

20세기에 일어난 에너지 사용 측면의 발전들 중에서 가장 놀랍고 뚜렷한 변화의 사례는 개인이 일상 활동에서 직접 제어할 수 있는 에너지 크기의 변화와 사용 환경의 차이에서 찾아볼 수 있다. 20세기 초 미국 네브래스카 대평원(Great Plains)의 농부는 넓은 땅과 풍부한 사료가 있었으므로 인류 역사상 어떤 시대나 지역의 농부에 비하여 가축을 훨씬 더 많이 기를 수 있었다. 그러나 가령 여섯 마리의 말로 밀밭을 경작하던 네브래스카의 농부가 사용할 수 있는 동력은 고작 5kW 정도였다(Smil 1994a).

이 일률도 몇시간 이상 지속되지 못하여 농부와 말은 열악한 작업조건(햇볕 아래서 철제 의자에 앉아 작업했으며 대개 먼지를 덮어써야 하는 힘든 일이었다)과 고된 사역 중간에 휴식을 취하지 않을 수 없었다. 예를 들어 점토질의 흙에서 쟁기질을 할 경우, 말에 채찍질을 가하여 짧은 시간 동안 최대의 힘을 발휘하도록 해야 10kW 정도의 동력을 얻을 수 있었다. 그로부터 100년 후, 그 네브래스카 농부의 자손은 단열이 잘 되어 있으며 스테레오 장비까지 갖춘 높직한 트랙터 운전석에 앉아서 에어컨 바람 속에 음악을 즐기며 밀밭을 갈고 있다. 트랙터에 이상이 없는 한 연료가 떨어질 때까지 300kW 이상의 동력을 사용하여 작업할 수 있는 그 농부가 육체적으로 발휘하는 힘은 그저 서류 타이핑하는 정도밖에 안된다.

지난 100년 동안 생긴 변화의 예를 두 개 더 들어보겠다. 1900년 미국, 대륙횡단열차를 끄는 강력한 증기기관차를 시속 100km로 운전하던 기관사가 사용하던 동력은 1MW 정도의 증기력이었다. 이 동력은 철로 위를 운행하는 기관차 안의 좁은 철제 기관실에서 기관사와 화부가 열기와 냉기를 번갈아 받으며 교대로 석탄을 퍼넣어서 낼 수 있는 최대한의 힘이었다(Bruce 1952). 100년이 지난 지금 네 대의 제트엔진을 장착한 보잉 747-400 기종의 여객기 조종사는 45MW의 동력을 사용하여 같은 대륙횡단철도 노선의 11km 상공을 시속 900km로 비행하고 있다(Smil 2000b). 그 보잉기의 조종사와 부조종사는 실제 비행은 컴퓨터에 맡기고서 지켜보기만 할 수도 있다. 동력기기 조종은 쏘프트웨어 코드 전자장치에 시키고 인간은 뒷전에 머물러 있게 된 것이다.

1900년 무렵 유럽과 미국의 대도시 일부 지역에 전기를 공급하던 수백 개의 전력회사 발전소에서 수석 기사가 취급하던 동력은 10만W 이내였다. 한 세기가 지난 현재 미국의 여러 주를 연결하는 송전망 또는 유럽의 국가 간 대규모 송전소에서 주 제어실 운전자가 수요 급증 때나 비상시에 취급할 수 있는 동력은 10억W로서, 이는 한 세기 전에 비해 무려 1만배나 더 큰 것이다. 이 장의 나머지 부분에서는 이같은 진보의 바탕이 된 연료의 다양화와 기술적인 혁신, 그리고 소비추세와 그 사회경제적인 관계를 기술하면서 에너지 사용의 양적·질적 도약에 대하여 더 많은 예를 소개하고자 한다.

에너지자원의 변화

1900년에는 800Mt 미만의 무연탄과 토탄이 세계 1차에너지 총공급(TPES)의 95%를 차지했다(UNO 1956). TPES는 1949년에는 무연탄 1.3Gt과 토탄 350Mt으로 약 2배가 되었으며 그 증가의 주 원인은 종래의 수작업 채굴 방식에 의한 얇은 탄층의 채굴량이 증가한 때문이었다(그림 1.4). 이 중 얇은 탄층의 두께는 25~30cm였으며 더 질좋은 두터운 무연탄층과 토탄층은 지하 수백미터 깊이까지 도달했다. 무연탄의 양으로 환산한 총 석탄 채굴량은 1988년 다시 2배가 되었고 이듬해에는 역사상 최고 기록인

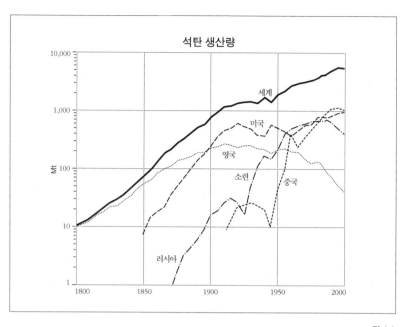

그림 1.4
19~20세기의 석탄 생산량. 세계 총계의 증가 곡선은 주요 생산국인 영국의 생산 하락과 붕괴 (그림 1.8 참조), 중국 석탄산업의 부상 등으로 인한 산출량의 중대한 변화들을 제대로 보여 주지 못하고 있다. 자료 Smil(1994a), BP(2001), UNO(2001).

4.9Gt에 이르렀다. 4.9Gt 중 무연탄은 3.6Gt, 토탄은 1.3Gt이었다. 토탄 채 굴량의 약 40%는 구동독과 구소련에서 생산된 것이며, 이 지역의 토탄은 특히 그 품질이 낮아서 발열량이 각각 8.8, 14.7GJ/t이었다(UNO 2001).

20세기 후반 석탄산업의 주요 변화는 채굴 비율의 변화뿐이 아니었다. 2차대전 이전에 비하여 증가한 채굴량 중 대부분이 고도로 기계화한 탄광 에서 생산되었다. 예를 들면 1920년대 미국의 모든 탄광에서는 지하에서 채굴한 석탄을 손으로 광차에 적재했으나 1960년대에는 거의 90%가 기계 로 적재했다(Gold et al. 1984). 절반 이상의 석탄을 캐내지 못하던 종래의 주 방(room and pillar)식 채탄 방식이 지하 채탄 작업의 기계화 덕에 장벽 (longwall)식 채탄법으로 발전했다. 탄층의 두께와 구조상 새로운 공법을 쓸 수 없는 곳을 제외한 모든 탄광에서 장벽식 채탄법을 채택했다. 이동

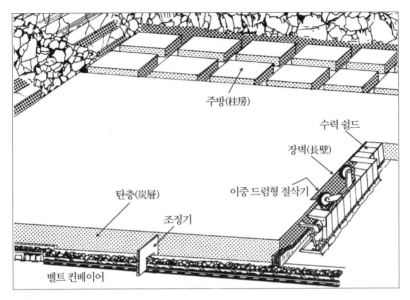

그림 1.5
장벽식 채탄법은 원시량의 절반 이상을 남기는 종래의 주방식 채광법과 대조적으로 평평하거나 낮은 경사의 광층에서 실제로 모든 석탄을 채굴할 수 있다. 자료 Smil(1999a).

식 철주를 사용하여 막장을 보호하는 이 새로운 방식으로 석탄 매장량의 90% 이상을 채굴할 수 있게 되었다(Barczak 1992; 그림 1.5).

1950년 이후 미국에서 새로운 석탄 생산 증가의 절반 이상을 차지한 노천탄광에서도 이 이상의 채굴 효율 증가가 있었다. 노천탄광은 본래 거대한 토목공사 작업장(정확하게는 표토 제거작업)으로서, 하나 또는 둘 이상의 탄층을 노출해 비록 굴토 작업용 기계보다는 소규모이지만 거대한 기계설비로 채탄하는 방식을 사용한다. 자동식 전기삽과 용량 100m³ 이상의 드래그라인 굴착기 등으로 대표되는 기계장비의 대형화로 표토층 깊이가 200m에 이르는 탄층도 노천채굴을 할 수 있게 되어서, 연간 생산량이 10Mt 이상인 광산도 등장하게 되었다.

세계 3대 석탄 생산국 가운데 두 나라인 미국과 구소련은 생산량과 안전 측면에서 유리한 이 새로운 방식에 주력했다. 1950년 25%이던 미국 노천탄광의 생산 비중은 2000년에 65%에 이르렀다(Darmstadter 1997; OSM 2001a). 러시아에서도 현재 노천채굴 비중이 40%에 이르고 있으며, 3대 석탄 생산국 중 오직 중국만 아직도 지하채굴을 주로 하고 있다. 중국에도 오래전부터 노천탄광이 많이 있었으나(기계화하지 않은 효율 낮은 작업 방식으로 저질탄을 주로 채탄), 대규모 탄광은 1980년대 초까지도 여전히 지하채탄에 의존하고 있었으며, 현재도 현대화한 노천탄광의 생산 비중은 10% 이하이다.

이같은 기술 혁신으로 채탄율이 높아졌을 뿐 아니라 노동 생산성과 작업장의 안전성도 개선되었다. 20세기 초 지하탄광에서 광부 한 사람이 1교대시간 동안 캘 수 있었던 석탄이 1t 미만이었으나 장벽법 또는 연속 채탄 씨스템을 사용하는 고도로 기계화한 탄광에서는 3t 이상으로 증가했으며, 호주와 미국의 거대 노천탄광에서는 20t 이상의 채탄 생산성을 올리고 있다(Darmstadter 1997). 한편 현대화한 탄광에서는 사고로 인한 사망률도 크게 감소했다. 미국의 통계에 의하면 1930년대 이후 사고사율은 90% 이상 감소했으며, 1998년의 사망자 28명을 생산량에 대비하면 100만t당 0.03명이다(MSHA 2000). 반면에 중국 탄광의 사망률은 여전히 매우 높은 수준으로, 1990년대 후반 100만t당 5명 이상이었으며(Fridley 2001), 우크라이나 탄광의 사망률도 아직 높은 편이다.

완전히 기계화되어 있으며 동시에 탄층이 두터운 대형 노천탄광 하나의 채탄량은 중소 석탄 생산국의 총 생산량에 근접하거나 그것을 넘어서고 있다. 미국, 러시아, 독일, 호주 등의 대규모 노천탄광은 연간 생산량이 15~20Mt에 이른다. 얇은 탄층에서 캐낸 품질 낮은 역청탄과 토탄은 당연히 석탄의 평균 에너지 함량을 저하한다. 1900년 석탄 1t은 표준 연료(발열량 29GJ/t의 무연탄 기준) 대비 0.93 정도였으나 1950년에는 0.83, 그리고 2000년에는 0.7로 낮아졌다(UNO 1956; UNO 2001).

총 발열량 기준으로 석탄에너지의 공급은 1900년에서 2000년 사이에 4.5배 증가했으나 같은 기간에 세계의 총 화석연료 소비량은 15배 증가했다. 뿐만 아니라 20세기 후반에는 1차전력(수력과 원자력)의 발전량이 대폭 증가했다. 그 결과 전 세계에서 1차에너지 공급원으로서 석탄이 차지하는 비중은 20세기 내내 매년 하락하여 2차대전 직전 75%에서 1962년에는 50%로 낮아졌다. 석유수출국기구(OPEC)가 유가를 큰 폭으로 인상한 1970년대에는 석탄을 발전된 기술로 가스화·액화 처리하여 얻은 연료를 사용하게 되어 석탄이 옛 지위를 되찾을 수 있을 것이라는 기대가 높았으나(Wilson 1980), 실현 가능성이 희박했기에 그런 기대는 금세 사라졌다(자세한 것은 제3장에서 다룸). 1990년 세계의 TPES에서 석탄의 비중은 30% 이하로 내려갔으며, 2000년에는 모든 상업적 1차에너지에서 차지하는 비중이 23% 이하로 더욱 낮아졌다.

세계 전체의 평균값이 지역적으로는 어느정도 왜곡되는 면이 있듯이 여기서 보이는 통계 역시 수치 그대로 받아들인다면 오류가 생긴다. 2000년에는 세계에서 고작 16개 국가가 연간 25Mt 이상의 무연탄과 토탄을 생산했으며 6대 생산국의 비중은(에너지 환산량순으로 미국, 중국, 호주, 인도, 러시아, 남아프리카공화국) 세계 전체의 총 석탄 생산량에서 겨우 20%를 약간 상회했을 따름이다. 주목할 만한 것은 1900년 세계 제2위 석탄 생산국이던 영국이 2000년에는 17개 민영 탄광에서 20Mt에 채 못 미치는 생산량을 기록했으며, 1920년 최대 125만명이던 광부 숫자가 1만명 이하로 감소했다는 점이다(Hicks & Allen 1999; 그림 1.6). 아프리카와 아시아의 여러 국가는 석탄을 전혀 사용하지 않거나 비중이 극히 작지만, 전체 에너지 소비량에서 석탄은 남아프리카공화국의 약 80%와 중국의 3분의 2, 그리고 인도의 약 5분의 3을 차지하고 있다. 그러나 이 비중은 미국에서는 25%, 러시아에서는 20% 이하이다. 인도의 일부 지역과 중국에서는 가정의 난방과 취사에 아직도 석탄을 주로 사용하고 있다.

그러나 현재 소득수준이 높은 나라에서 석탄 수요가 여전히 중요하게 유지되는 산업 분야는 발전, 제철용 코크스 그리고 시멘트 제조업뿐이다. 20세기 들어 제철 공정의 개선으로 코크스의 사용은 절반 이하로 감소했다. 현재 가장 효율이 높은 용광로에서는 철 1t을 생산할 때 코크스를 0.5t 사용하는데, 이 비율이 1900년에는 1.3t이었다(Smil 1994a; de Beer, Worrell and Block 1998). 폐철의 재활용(현재 세계 철강 생산량의 약 40%에 해당하는 350Mt의 폐철이 매년 수집 재활용되고 있다)과 고로(高爐)를 사용하지 않는 제철법(direct iron)이 꾸준히 늘어 대규모 고로의 역할이 줄어들고 있으며 따라서 코크스의 비중도 감소하고 있다. 코크스 수요 감소의 마지막 원인은 석탄을 코크스화하지 않고 미분탄을 고로에 직접 주입하는 방법이 1990년대에 널리 보급되었기 때문이다. 미분탄 1t을 직접 주입하면 1.4t의 코크스용 석탄을 대체하는 효과가 있다(WCI 2001).* 선철 1t을 생산하는 데 소비되는 석탄의 양은 세계 평균을 기준으로 1980년 0.87t에서 2000년 0.73t으로 감소했으며(15%), 2000년 현재 세계의 총 석탄 생산량 중에서 코크스용 석탄의 수요는 불과 17%로, 이는 600Mt을 약간 넘는 양이다(WCI 2001).

전력 분야야말로 유일하게 역청탄과 토탄 등 석탄의 수요가 증가하는 시장이다. 현재 세계 발전량의 약 40%가 석탄 화력발전소에서 생산되고 있다(WCI 2001). 주요 석탄 생산국 중에서 석탄 화력발전의 비중이 높은 나라는 미국, 인도, 중국, 호주, 남아프리카공화국으로, 그 비중은 각각 약 60%, 70%, 80%, 85%, 90%이다.** 대부분 1960년대에 건설된 대규모 석탄 화력발전소들은 큰 노천탄광 또는 지하탄광 가까운 곳에 있거나, 탄광과 발전소를 계속 왕복하며 약 100량의 화차로 석탄 1만t 정도를 운반하는 전용 철도를 통해 석탄을 공급받는다(Glover et al. 1970). 그러나 장기적으로는 연료탄의 수요도 감소할 가능성이 있다. 특히 대량의 석탄을 소비하는 국가에서 이산화탄소 배출량을 적극 줄이려 할 경우에 그렇게 될 것이다(이

---

* 한국의 포스코도 파이넥스(Finex) 공법, 즉 코크스를 만들지 않고 곧바로 가루 형태의 유연탄을 용광로에 분사하는 방식의 용광로를 세계 최초로 개발하여 2007년 4월부터 가동하고 있다─옮긴이.
** 한국도 전력의 40% 이상을 유연탄을 사용하는 화력발전소에서 생산하고 있다─옮긴이.

문제에 대해서는 이 장의 끝부분을, 석탄의 장래 전망에 대해서는 제4장을 참조).

석탄을 사용하는 산업 중 유일하게 성장세를 보이고 있는 분야는 시멘트 제조업이다. 1990년대 후반 세계 시멘트 생산량은 1.5Gt 이상이었으나 (MarketPlace Cement 2001), 3~9GJ/t급 석탄을 주로 사용하는 시멘트 제조에서도 유류와 천연가스를 점점 더 많이 사용하고 있다. 세계의 시멘트 생산량에다 세계석탄기구(WCI)에서 추천하는 전환계수인 0.11을 곱하면 시

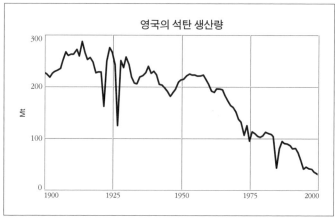

그림 1.6
영국의 석탄 생산량은 20세기에 대체로 감소했으며 광부 인원수는 1920년대에 최대였다.
자료 Hicks & Allen(1999).

멘트 생산에 사용되는 양은 약 150Mt이 된다. 중국이 이 중에서 많은 부분을 차지하고 있으며(현재 세계 최대의 시멘트 생산국이다) 일본, 미국, 인도 등이 각기 연간 10Mt 이하를 사용하고 있다(WCI 2001).

1962년까지 석탄은 세계 1차 상업용 에너지의 50% 이상을 차지하고 있었으며 1966년까지도 최대의 단일 에너지원이었다. 더 중요한 사실은 20세기에 생산된 석탄은 다른 어떤 1차에너지원보다 많은 약 5500EJ의 에너지를 인류에게 공급해주었다는 점이다. 그에 비하여 1901년부터 2000년까지 생산된 석유의 에너지 총량은 5300EJ로서 석탄보다 4% 적다. 그러나 20세기 후반을 비교한다면 석유의 에너지 총량이 석탄보다 약 3분의 1 더 많다. 전체적으로 본다면 20세기 동안 석탄과 석유는 비긴 셈이라 할 수 있다. 그러나 1960년 이후 세 가지 주요 시장에만 의존하여 총수요가 급격히 감소하고 있는 상황을 본다면 석탄이 이미 미래가 아닌 과거의 에너지원이 되었다는 점은 확실하다. 같은 기간에 석유는 세계 에너지 시장의 주역이 되었으며(1981년부터 2000년까지 석탄보다 약 50% 더 많이 에너지를 공급했다), 수송산업에서 차지하는 압도적인 위치와 예측을 불허하는 가격 변동, 그리고 장기적인 공급 문제 등으로 거듭 전 세계의 관심을 끌었다.

원유는 에너지 함량이 높고 운반하기 쉬운 것이 가장 큰 장점이다. 원유의 종류에 따라 밀도, 유동점, 유황 성분의 함량은 상당히 다르다. 밀도의 차이는 주로 원유 속의 파라핀과 방향족의 함량이 다르기 때문이다. 종류에 따라 밀도는 보통 API 밀도(미국석유협회가 제정한 석유 밀도 단위—옮긴이)로 측정하는데, 싸우디 중질유는 28°API까지 내려가고 나이지리아의 경질유는 44°API까지 올라간다(Smil 1991). 유동점은 나이지리아 초경질유의 -36°C부터 중국 따칭(大慶) 유전의 왁스상 중질유의 35°C까지 다양하며, 유황 함량은 0.5% 이하(sweet oil)부터 3% 이상(sour oil)까지 분포한다. 그러나 원유는 석탄과 달리 발열량에서는 모두 42~44GJ/t의 좁은 범위 안에 균질하게 분포하며, 이러한 에너지 함량은 표준 무연탄보다 50%, 유럽의 저질 토탄보다 3~4배 높은 것이다(UNO 2001). 석탄의 경우와 달리 석유 제품의 수요 증가 물결은 먼저 북미를 휩쓸었으며(1930년 이후 석유는 북미 TPES의 25% 이상을 차지하고 있다), 유럽과 일본은 1960년대부터 급속히 석유로 전환하기 시작했다.

석유로 전환하는 세계적 추세, 특히 2차대전 이후의 급속한 전환은 기술이 빨리 발전하고 중동에서 거대한 유전이 발견되면서 가능해진 것이다. 석유의 탐사·채굴·가공·수송 설비를 비롯한 모든 인프라는 수요 증가에 대응하기 위하여 대규모로 확장되었다. 이같은 시설 확장과 성능 개선에 따라 규모의 경제가 효과를 발휘하게 되어 단가는 대폭 낮아졌다. 이들 설비의 규모가 더 커지지 않은 것은 투자비 회수의 감소나 극복할 수 없는 기술적 한계 때문이 아니라 오히려 환경적·사회적·정치적 문제 때문이었다.

20세기 초 원유 채굴 작업은 1901년 미국 텍사스 버몬트의 스핀들탑 유정(Spindletop well)에서 처음 사용된 로터리 굴착기와, 1909년 하워드 휴즈(Howard Hughes)가 처음 시도한 롤링커터 착암비트의 도입으로 능률을 높일 수 있게 되었다(Brantly 1971). 1930년대에 가장 깊은 유정은 지하 3000m였으며, 현재는 깊이 5000m 이상 되는 유정도 일부 유전지대에서는 자주 볼 수 있다. 1980년대 이후의 커다란 혁신은 수평 굴착과 지향성 굴착의 보편화였다(Society of Petroleum Engineers 1991; Cooper 1994). 수평 유정은 단구(斷口) 여러개를 관통하여 채유할 수 있으므로 석유를 발견할 가능성도 커지고 생산성도 높일 수 있는 것이다(그림 1.7).

동일한 원유층에서 수평 유정은 수직 유정이나 편향 유정보다 원유를 2~5배나 많이 생산할 수 있다(Valenti 1991; Al Muhairy & Farid 1993). 수평 굴착의 발전은 주목할 만하다. 초기에는 수평 유정의 굴착 및 완료에 드는 비용이 수직 굴착보다 5~10배 높았으나, 1980년대 후반 이후 총비용은 겨우 2배 수준으로 낮아졌다. 현재 수평 유정은 부존하는 원유층이 두텁지 않은 유전에서 보편화되고 있고, 특히 한 플랫폼에서 멀리 떨어진 원유층

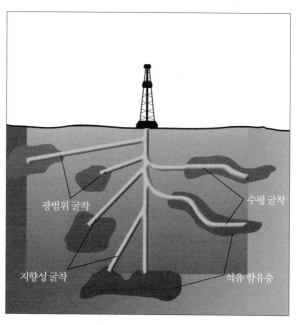

그림 1.7

지향성 굴착(수직에서 점차 큰 각도로), 광범위 굴착(수직에서 80도까지) 및 수평 굴착으로 한 지점에서 여러 곳의 탄화수소 함유층 구조를 채굴할 수 있으며, 원유 및 가스 광상의 가채율도 높일 수 있게 되었다.

여러개를 채굴할 필요가 있는 해양 굴착에서 요긴하게 쓰인다. 현재 가장 긴 수평 유정은 4000m로서, 이는 50년 전 수직 유정의 최대 깊이와 맞먹는 거리이다.*

1947년 루이지애나의 먼 바다에서 최초로 해저 유전이 완성되었다 (Brantly 1971). 현재 해저 유전에서 채굴되는 석유의 비율은 약 30%에 이르고 있다(Alexander's Gas & Oil Connections 1998). 잠수형, 반잠수형과 부유형 굴착설비, 채유 플랫폼이 개발되어 더 깊고 파도가 센 바다에서도 시추 작업을 할 수 있게 된 덕분이다. 2000년 현재 기업 또는 국가 소유의 이동형

---

* 석유 탐사 및 시추 기술의 발전은 20세기 인류 최고의 기술 개발 중 하나로 인정받고 있다—옮긴이.

해저 굴착선은 636척이 있는데, 이 중 약 60%는 갑판 승강형 해저 유전 굴착장치이며, 25%는 반잠수형이다(World Oil 20000). 이들 중 일부는 2000m 심해에서 작업하고 있으며, 2001년에 심해용 유전 굴착선인 디스커버러 스피릿(Discoverer Spirit)호는 멕시코만에서 2900m 심해 굴착 기록을 수립했다(Transocean Sedco Forex 2001). 해저 채굴 플랫폼은 인간이 제작한 가장 거대한 구조물 중 하나이다. 2000년 현재 가장 큰 것은 응력지주(tension leg)형의 우르사(Ursa)호로서, 셸(Shell)사가 이끄는 컨소시엄이 합작투자하여 건조한 것이다(Shell Exploitation and Production Company 1999). 이 플랫폼은 총 배수량이 88000톤으로(니미츠급 원자력 항공모함보다 크다), 물 위로 나타난 시설의 높이만 145m이며 1140m 깊이의 해저에 강철 로프 16개로 고정되어 있다.

초음속 항공기에서 대형 디젤기관차까지 다양한 용도의 액체연료를 생산하는 정유 공정은 1913년 가압분해법(high-pressure cracking)과 1936년 촉매분해법(catalytic cracking)의 도입으로 완전히 변모했다. 이 공정들이 아니었다면 원유 대부분을 차지하는 중유 및 중질유에서 경질 성분을 저렴한 비용으로 대량 생산할 수 없을 것이다. 석탄과 달리 원유는 대형 선박에 펌프로 쉽게 적재할 수 있으며, 대규모 유조선과 값싼 디젤연료 덕분에 원유 수출에서 유전의 위치는 사실상 문제가 되지 않는다. 또한 원유는 에너지 수송수단 중 가장 안전하고 가장 신뢰할 만하며, 환경 측면에서도 가장 양호한 방법인 매설 송유관을 통하여 장거리 수송을 할 수 있다(유조선과 송유관에 대해서는 이 장의 교역 부분을 참조할 것).

세계 최대급의 유전(석유지질학 용어로는 '수퍼자이언트')은 1930년부터 시작하여 20년 이상 계속 발견되었다. 현재 세계 2위의 유전인 쿠웨이트의 알 부르간(al Burgan) 유전은 1938년에 발견되었다. 2000년 현재 전 세계 석유 매장량의 7%를 보유하고 있는 최대 유전인 싸우디아라비아의 알 가와르(al Ghawar) 유전은 그보다 10년 뒤에 발견되었다(Nehring 1978; EIA 2001b). 1970년대 초 OPEC이 원유 거래 가격을 인상하기 시작할 무렵

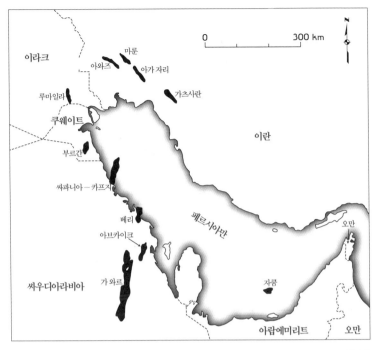

그림 1.8
거대 중동 유전. 자료 *oil & Gas Journal*의 여러 호.

에는 중동이 세계 원유 매장량의 70%를 보유하고 있는 것으로 알려졌으며, 그 지역(북아프리카를 제외하고)의 원유 생산 능력은 전 세계의 50%를 차지했다(그림 1.8). 1900년의 연간 원유 생산량은 고작 20Mt으로 오늘날 생산량의 약 이틀분에 해당한다. 세계의 원유 생산량은 1900년 이후 자그마치 160배나 증가했으며, 1950년 총 상업용 1차에너지의 25%에 해당하는 500Mt의 정제유를 생산하던 것에 비하면 8배 증가한 셈이다.

지역별로 큰 차이가 있지만 현재의 원유 생산지 분포는 석탄보다는 덜 편중돼 있다. 거의 30개 넘는 국가에서 원유를 연간 25Mt 이상 생산하고 있으며, 6개 최대 생산국의 점유율은 세계 총 생산량 대비 45%이다(석탄은 75%)(BP 2001). 2000년에는 3.2Gt의 원유가 생산되어 전체 상업용 1차에너지의 약 40%를 공급했으며, 이는 석유의 소비 비중이 최고에 이른 1970년대의 44% 수준에 비하면 약 10% 감소한 것이다(UNO 1976; BP 2001). 현대 사회에서 석유의 역할은 TPES에서 차지하는 비율보다 훨씬 더 중요하다. 석유는 전 세계 수송에 필요한 에너지의 약 90%를 담당하고 있기 때문이다. 20세기의 가장 큰 혁신으로서 경제, 군사, 사회 면에서 거대한 영향을 끼친 항공 운송은 석유 없이는 상상할 수조차 없는 것이다. 자가용 승용차가 처음 대중화한 세기란 점에서도 그렇다.

자동차의 대중화가 경제, 사회, 환경에 끼친 영향은 항공기의 영향을 훨씬 넘어서는 것이다. 육지의 수송은 또한 원유 정제의 부산물인 도로 포장용 아스팔트를 저렴한 가격으로 손쉽게 이용하게 된 덕을 크게 보고 있다. 일인당 액체연료 사용량이 낮은 여러 국가에서도 총 상업용 에너지 사용에 대한 석유의 비중은 높을 뿐 아니라 오히려 다양한 에너지자원을 보유하고 있는 선진국 대부분보다 의존도가 더 높다. 이같은 중요한 역할 때문에 우리는 여러 측면에서 현대 문명을 좌우하고 있는 이 연료가 적절히 공급될 수 있도록 다양한 방법으로 최선을 다해야 하는 것이다.

석탄과 달리 석유는 세계 상업용 1차에너지의 절반 이상을 결코 차지할 수 없겠지만, 나는 제4장에서 석유의 장래가 안정적인지에 대하여 자세하게 논할 것이다. 수퍼자이언트 유전의 극적인 발견과 매장량의 증가 등으로 석유가 세계적으로 부각된 20세기의 상황은 앞으로 재연되기 어렵겠지만, 장래에도 여러 세대에 걸쳐 석유산업은 그 힘과 중요성을 유지할 수 있을 것이다. 또한 석유산업의 앞날은 직간접으로 관련되는 천연가스산업의 발전에 따라서 크게 좌우될 것이다.

20세기의 처음 10년간 세계 1차에너지 소비량에서 천연가스의 비중은 1.5%에 불과했다. 그 주요 원인은 미국에서 생산 증가 속도가 느린 것이었다. 등가 에너지량으로 환산하면 1910년 석유/천연가스의 비율은 약 3.1이었으며, 이후 두 탄화수소 연료의 소비량 차이는 점차 줄어들고 있다. 1950년대에는 그 비율이 2.9, 1970년대에는 2.5가 되었다. 1973년 제1

차 석유파동 이후 석유의 증산 속도가 느려진 것에 비해 천연가스의 생산량은 증가 속도를 높게 유지하여 20세기 마지막 25년 동안에 2배가 되었으며, 석유/천연가스 비율은 1.7로 낮아졌다. 천연가스는 청정연료이므로 발전용뿐 아니라 난방용으로도 선호되고 있다. 대부분의 석탄 및 석유와 달리 천연가스의 유황 함량은 보통 매우 낮으며 배관으로 공급하기 전에 불순물을 정제하기도 쉽다. 게다가 천연가스는 단위 에너지당 배출하는 이산화탄소 가스의 양이 가장 적으므로 더욱 선호되고 있는 것이다(이 장의 마지막 절 참조).

현재 세계 상업용 1차에너지 중에서 천연가스의 비중은 25%이며, 순수한 메탄가스부터 중질유에 이르는 탄화수소 연료 전체는 약 3분의 2를 차지하고 있다. 장래 탄화수소 에너지의 비중은 거의 천연가스 생산량 증가에 따라 커질 것이다(제4장 참조). 원자력발전으로 생산되는 전력과 태양에너지의 직간접 활용 등 탄화수소 연료의 상대적인 비중을 제한할 가능성이 있는 새로운 두 가지 1차에너지원의 장래는 여전히 매우 불확실하다. 세계의 상업용 1차에너지를 석탄이 지배하던 시대는 석탄이 목재연료를 대체한 1890년대부터 탄화수소로 대체된 1960년대까지 약 세 세대(70년) 동안 지속되었다. 최근 몇년 동안 세계 석유 생산의 정점이 임박했다는 주장이 끊임없이 제기되었다. 만일 그것이 사실이라면 우리는 이미 석유시대의 중반을 지난 셈이 된다. 제4장에서 논하겠지만 이같은 주장은 몇년 정도가 아닌 몇십년 수준의 오차로 빗나가게 될 것이다. 결과가 어느 쪽이든 더 예측하기 어려운 것은 세계의 석유 생산이 그 중간점을 넘어서게 되는 싯점보다는 그 이후에 어떤 종류의 에너지가 중요하게 대두될 것인가이다.

기술 혁신

20세기의 에너지 사용을 바꾼 기술 혁신은 논리적으로 서로 연관있는 세 가지 범주로 분류할 수 있다. 첫째는 1900년 이전의 몇가지 중요한 발명들로서, 그 대부분은 믿기 어려울 만큼 혁신적이던 1880~1895년에 이루어진 것이다. 둘째는 새로운 채굴·전환·수송 기술과 이후의 상업화 및 개선이다. 셋째는 에너지의 생산이나 사용과는 관계없이 도입되었지만 이후 다양한 관련 분야의 응용 과정에서 정밀도, 신뢰로, 효율 등을 높인 기술을 말한다. 첫째 범주에는 세계의 가장 중요한 원동기 다섯 종류 중 세 가지의 성능 개선이 포함된다. 내연기관, 전동기, 증기터빈 발전기는 모두 19세기 후반에 발명되었다. 그 발명자들이 현대에 와서 이들 장치를 본다면 거의 변하지 않은 기본 구조에서 자신의 작품임을 쉽게 알아보겠지만 개선된 부분과 훨씬 더 커진 출력에 매우 놀랄 것이다.

새로운 두 종류의 원동기인 가스터빈과 로켓엔진은 둘째 범주에 속하는 수많은 발명품 목록에서 가장 앞쪽에 있는 것이다. 두 원동기는 모두 20세기 중반에 실용화되었지만 지금까지 급속하게 발전해왔다. 20세기에 상업적으로 성공한 기초 에너지 분야의 혁신은 두 가지 새로운 에너지 전환 기술로 대표되는데, 현재 논란중인 원자력 에너지와 점차 발전하는 광전지를 이용한 발전이다. 셋째 범주에 속하는 기술 혁신의 예는 유정 굴착장비에서 발전소까지, 그리고 실내 온도조절장치에서 자동차 엔진까지 거의 모든 장치의 배경이 되는 컴퓨터 자동운전이다. 이것보다는 덜 근본적이지만 새로운 통신, 원격 센서, 분석 기술 등도 지하 깊은 곳에 묻힌 석유의 탐사에서 송전망의 최적 관리까지 전반적인 운용 방식을 변화시켰다.

이처럼 기술의 발전이 다양하게 이루어졌지만 그 바탕에는 20세기의 대변동에서 비롯했다는 공통점이 있다. 기술적 발전은 모두 1930년대의 대공황과 1차대전으로 중단되었으나, 한편 2차대전은 원자력, 가스터빈, 로켓 추진 등 세 가지의 중요한 혁신을 가속화했다. 2차대전 이후 20년 동안 특히 에너지 분야가 급속히 성장했으나, 1960년대 말 이후에는 탄광, 대형 화력발전소의 증기터빈, 송전 전압, 대형 유조선 등 거의 모든 분야에서 성장이 정체기에 도달했음이 분명해졌다. 일부 설비는 기준 크기나

용량이 실제로 감소하기도 했다.

이같은 변화는 기술의 한계라기보다는 시장의 성숙, 단위 원가의 상승, 환경 문제 등에서 비롯한 것이었으며, 따라서 고효율, 신뢰성, 환경친화성 등이 1970년대 이후 이들 장비의 설계에서 촛점이 되었다. 이제 20세기에서 가장 광범하며 장기적인 에너지 추세로서 현재도 발전을 지속하고 있는 전기에너지에 대하여 자세하게 살펴볼 것이다. 그러기 전에 앞서 거론한 세 가지 기술적 혁신에서 가장 중요한 예만 들어보겠다.

현대의 생활은 여전히 19세기 말에 등장한 몇몇 발명품을 바탕으로 형성되고 있다. 그중 가장 중요한 것은 발전·송전 씨스템과 내연기관이다. 산업화 초기 단계를 대표하는 기계인 증기기관은 20세기 초반까지도 중요한 원동기 역할을 수행했다. 그 무렵 증기기관은 19세기 초에 비하여 효율은 10배, 출력은 100배에 이르렀다(Smil 1994a). 그러한 발전에도 불구하고 본질적인 저효율과 지나치게 높은 무게/출력 비율의 문제를 벗어날 수 없었다. 따라서 발전업계는 새로 발명된 증기터빈을 재빨리 채택했으며, 일단 전기가 널리 공급되기 시작한 후에는 거의 모든 산업현장에서 전동기가 증기기관을 대체했다. 또한 증기기관은 육상·항공 운송 분야에서도 당연히 내연기관의 경쟁상대가 될 수 없었다.

19세기 말에 출현한 이 두 발명은 그후 거의 전면 개량·발전하면서 성능과 환경 문제가 개선되었다. 1900년 무렵 이동식 화격자 위에서 괴탄 (Lump coal)을 태워 증기압 1MPa 이하, 증기 온도 200℃ 이하로 운전하던 화력발전의 효율은 겨우 5% 수준이었다. 그에 비해 미분탄을 연소해 증기압 20MPa, 증기 온도 600℃에서 운전하는 현대식 화력발전의 효율은 40%를 조금 넘는다. 그러나 열병합발전의 등장으로 이 효율은 거의 60%에 이르게 되었다(Weisman 1985; Gorokhov et al. 1999; 에너지 효율에 대한 상세한 내용은 제4장 참조).

분쇄한 석탄의 연소 시험은 1903년 영국에서 시작되었으나 대형 보일러에서 처음으로 미분탄을 연소하기 시작한 것은 1919년 런던의 해머스

미스(Hamersmith) 발전소였다. 증기터빈의 용량은 서서히 증가했다. 1900년 파슨(C. Parson)의 첫 증기터빈은 1MW였으며 100MW 용량의 증기터빈이 널리 사용되기 시작한 것은 1950년 무렵이다. 그러나 그후에는 용량이 급속하게 커져 1967년 첫 1GW급 증기터빈이 가동되었다(그림 1.9). 현재 화력발전소나 원자력발전소의 대형 터빈 중에는 용량이 1.5GW 인 것도 있지만 대부분의 증기터빈은 용량이 200~800MW이다.

변압기의 성능 개선과 대형화, 고전압 송전, 직류 송전 등으로 송전 손실이 감소되었다. 변압기의 최대 용량은 20세기를 지나는 동안 500배 증가했다. 대표적인 송전 전압은 1차대전 전 23kV이던 것이 1920년대 69kV, 1940년대 115kV, 1970년대 345kV로 높아졌다(Smil 1994a). 현재 교류 송전 전압이 가장 높은 곳은 하이드로 퀘벡(Hydro-Québec)사가 가설한 765kV 선로로서, 래브라도의 처칠 폴스에서 1100km 남쪽에 있는 몬트리올까지 전력을 공급한다. 1972년 6월 20일, 매니토버 하이드로(Manitoba Hydro)사가 넬슨강에 있는 케틀 래피즈(Kettle Rapids) 수력발전소에서 위니펙까지 895km 거리의 ±450kV 직류 송전선로를 건설하면서 장거리 고압의 직류 송전 시대가 시작되었다(Smil 1994a). 현재 1500kV급의 직류 송전선로가 대형 발전소와 대도시, 공업지역을 연결하고 있다. 북미의 지역 송전 격자망과 유럽의 국가간 송전 네트워크(종횡으로 연결되어 있음) 건설로 송전의 신뢰성을 확보하면서 개별 발전소의 불필요한 예비 용량 또한 줄일 수 있게 되었다.

자동차시대가 열리던 1880년 중반 다임러 엔진, 벤츠 전기점화장치, 마이바흐 기화기의 결합은 자동차산업의 확대를 위한 기본 구성이 되었으며, 오토의 싸이클 엔진도 발전을 거듭해 이후 모든 엔진 설계의 기반이 되었다(Flink 1988; Newcomb & Spur 1989; Womack et al. 1991). 그러나 자동차산업은 지금도 중요한 기술 발전을 계속하고 있다. 20세기에 이루어진 가장 중요한 발전은 압축비가 높아진 것(1차대전 이전의 4에서 8~9.5로 상승)과 엔진 무게가 줄어든 것이다. 내연기관의 대표적인 무게/출력비는 1890

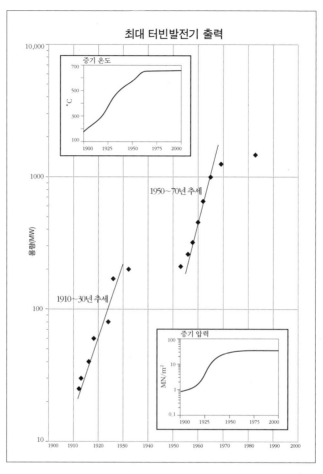

20세기 미국 터빈발전기의 출력 변화. 최대 출력의 증가 추세는 대공황, 2차대전, 전후 복구기 동안 정체되었으나 그후 약 20년간 이전의 증가세가 회복됐다. 현대식 터빈발전기의 최고 가동 온도와 압력은 1960년 이후 증가하지 않았다. 자료 FPC(1964), *Power Engineering*의 여러 호, Smil(1999a).

년대 30g/W에서 한 세기 뒤에는 1g/W로 내려갔다(Smil 1994a). 디젤엔진 역시 특히 고정설치형 디젤엔진에서 무게가 가벼워지고(무게/출력비는 현재 2g/W 수준임) 출력이 증가했다.

그러나 내연기관의 뛰어난 성능에도 불구하고 수십년 동안 환경에는 득이 별로 없었다. 자동차의 출력이 증가했기 때문이다. 1908년부터 1927년까지 판매되던 포드(Ford)사의 성공작 모델-T는 원래 16kW(21마력)이었으나 1970년대 초기 미국에서 생산되던 소형차는 모두 출력이 50kW(67마력) 이상이었다. 그리고 1930년대 초 14.8L/100km(16mpg) 수준이던 미국 승용차의 평균 연비는 그후 40년간 오히려 퇴보하여 1973년에는 17.7L/100km(13.4mpg)가 되었다(EIA 2001a).

이처럼 바람직하지 않은 추세는 1970년대 들어 시작된 OPEC의 유가 인상 때문에 역전되기 시작했다. 1973~87년에 북미 자동차시장에서 신차의 평균 연비는 절반으로 낮아졌으며, 자동차 업체별 평균 연비 기준(CAFE) 표준은 8.6L/100km(27.5mpg)가 되었다. 그러나 불행하게도 1985년 이후의 저유가 기간이 이같은 법규와 기술의 진전을 정지시키거나 역전시켜 버렸다. 다양한 종류의 소형 승합차, SUV, 경트럭 등 출력이 100kW를 상회하면서도 연비가 종종 1갤런당 20마일에도 못 미치는 차들이 승용차가 아니라는 이유로 CAFE 기준 27.5mpg에서 제외되어 1990년대 신차 시장의 절반을 차지한 것이다 (Ward's Communications 2000).

20세기의 새로운 주요 발명품 두 가지는 모두 2차대전과 이후 강대국 간의 경쟁 때문에 급속히 보급되었다. 같은 시기에 각기 별도로 이루어진 발명의 좋은 사례인 가스터빈은 그 첫 시제품을 1930년대 말 영국의 프랭크 휘틀(Frank Whittle)과 독일의 한스 팝스트 폰 오하인(Hans Pabst von Ohain)이 군용기용으로 제작했다(Constant 1981). 제트기는 종전 무렵에 등장했으므로 전쟁의 결과에는 실질적인 영향을 주지 못했으나, 민간 항공기의 첫 모델은 모두 군용기의 수정판이므로 전후 상업용 항공 수송을 급속하게 발전시켰다. 음속의 벽은 1947년 10월 14일 벨(Bell) X-1이 돌파했으며, 1952년 영국의 106 카밋(Comet) 1이 처음 승객용 정기 운항에 도입되었으나 기체 결함으로 성공하지 못했다. 제트기의 시대는 1958년 보잉 707과 새롭게 설계된 106 카밋 4로 실현되었다.

그로부터 10년 후, 동체가 획기적으로 넓어진 보잉 747이 출현하여 대류간 항공 여행에 혁명을 일으켰다. 1966년 팬아메리카(Pan Am) 항공사가 처음 발주했으며, 1969년 2월 9일 최초 시험비행을 거쳐 1970년 1월 21일 정기 항로에 취항했다(Smil 2000b). 보잉 747은 처음에 프랫 앤드 휘트니사의 유명한 엔진 JT9D를 4대 장착했는데 이 엔진의 최대 추력은 21297kg, 무게/출력비는 0.2g/W였다. 30년 후 속도와 운항 거리에서 기록을 보유한(씨애틀에서 쿠알라룸푸르까지 20044.2km) 보잉 747-300은 프랫 앤드 휘트니사의 PW4098 엔진 2대를 장착하고 있었으며 최대 출력은 2배 증가한 44452kg이었다(Pratt & Whitney 2001). 이들 엔진의 추력/무게비는 현재 6이상이며 군용 초음속기의 경우 그보다 더 높은 8에 이르고 있다(그림 1.10).

가스터빈은 공중전의 무기나 세계 장거리 여행의 수단에서 나아가 고정설치형에서도 중요한 역할을 하게 되었다. 천연가스 파이프라인에 있는 가압시설용 원심압축기의 동력장치, 수많은 화학 및 야금 공업, 그리고 지난 15년 동안에는 발전기 구동에 널리 사용되기에 이르렀다(Williams & Larson 1988; Islas 1999). 늘어나는 첨두전력(peak eletricity) 부하를 담당하기 위하여 고정설치형 가스터빈의 출력이 커지게 되었으며(1990년대 말에는 대부분 100MW 이상), 그 효율은 증기터빈의 최고 효율과 대등한 수준으로 향상했다(그림 1.10).

가스터빈보다 더 높은 출력을 낼 수 있는 유일한 원동기는 로켓엔진이다. 이 역시 대형화 연구가 2차대전 중에 시작되었다. 독일이 영국 본토를 공격하기 위하여 악명높은 V-1과 V-2 미사일을 만들었는데, 거기에 쓸 에탄올 연소식 엔진을 개발하는 과정에서였다. 2차대전 후 약 10년간의 침체기를 거쳐 대형 로켓엔진 개발 경쟁이 본격화한 것은 1957년 소련이 최초의 인공위성 스뿌뜨니끄호를 발사하면서부터다. 그후의 개발은 육지 또는 잠수함에서 발사되는 대륙간 탄도미사일을 위해 출력과 정밀도를 높이는 데 집중되었다. 대형 로켓엔진은 단시간에 어느 원동기보다 막대한 출력을 낼 수 있다. 1969년 6월 16일 미국의 아폴로 우주선을 달까지 보낸 쌔턴 C5 로켓은 연소 시간 150초 동안 2.6GW의 출력을 낼 수 있었 다(von Brown & Ordway 1975).

달 여행은 일시적인 노력만으로 그쳤으나 비교적 비용이 저렴한 로켓 으로 발사할 수 있는 인공위성은 저비용의 대륙간 통신, 더 높은 신뢰도의

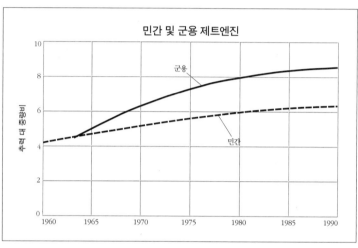

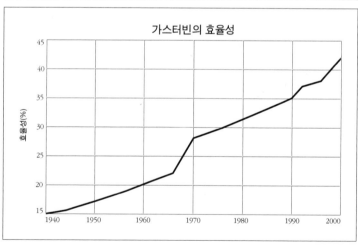

그림 1.10
가스터빈의 성능 개선을 보여주는 두 그림. 위는 군용 및 민간 제트엔진의 추력비 증가를, 아 래는 발전용 고정설치식 가스터빈의 효율 향상을 보여준다. 자료 다양한 에너지 잡지.

일기예보, 기상이변의 실시간 감시를 통해 인명 구조를 위한 경보 발령 등을 가능하게 해주었다. 또한 인공위성 덕분에 이전에는 상상도 못하던 일을 하게 되었다. 지구의 토지 사용 변화, 해양동력학, 우주 공간에서의 광합성 생산성을 탐지하고(Parkinson 1997; Smil 2002), 지구 위치 인식 씨스템(GPS)으로 정확한 위치도 알 수 있게 된 것이다(Hofmann-Wellenhof et al. 1997).

핵분열 현상의 발견으로 완전히 새로운 형태의 에너지 생산이 가능해졌지만, 그것의 신속한 상업적 적용은 증기를 발생시켜 발전기를 구동하는 기존의 검증된 공정에 독창적인 변형을 가해 얻어진 것이다. 원자력 분야에서는 중요한 발전이 전례없이 신속하게 이루어졌다. 핵분열이 최초로 공개적으로 입증된 것은 1939년 2월이었고(Meitner & Frisch 1939), 최초로 핵분열을 지속하는 데 성공한 것은 1942년 12월 2일 시카고 대학이었다(Atkins 2000). 하이먼 리커버(Hyman Rickover)의 열성적인 노력으로 최초의 원자력엔진을 장착한 잠수함 노틸러스(Nautilus)호가 1955년 1월 진수되었다(Rockwell 1991). 리커버는 원자력엔진을 육지에서 실용화하는 프로젝트의 책임자로 즉시 발탁되어 GE사의 가압경수형 원자로(PWR)를 개발했는데, 이 원자로는 잠수함에 사용되었을 뿐 아니라 펜씰베이니아의 쉬핑포트에 건설된 미국 최초의 민간 원자력발전소에도 설치되었다. 그때가 1957년 12월 2일로, 세계 최초의 대규모 원자력발전소인 영국의 콜더홀(Calder Hall; 4x23MW)이 1956년 10월 17일 가동되기 시작한 지 1년 넘게 지난 후였다(Atkins 2000; 그림 1.11).

이 새로운 발전 기술이 급속히 보급되면서 PWR는 원자로 중에서 가장 널리 선택되었다. 1965년부터 1975년까지 10년 동안 원자로의 발주 건수는 사상 최대였으며, 유럽 각국은(소련을 포함하여) 미국의 2배에 가까운 원자로를 발주했다. 제3장에서 상술하겠지만 1970년대 전문가들은 한결같이 세기말에 세계는 모든 분야에서 저렴한 원자력에너지를 사용하게 될 것이라 보았다. 돌이켜보면 상업용 원자력발전은 일반 대중의 원자력

그림 1.11
영국 컴벌랜드 해안에 있는 세계 최초 상업용 원자력 발전소 콜더 홀의 항공사진.
자료 1962년 5월 촬영, 영국 원자력에너지청 제공.

에 대한 수용 여부를 고려하지 않은 채 지나치게 서둘러 개발했음이 분명
하다(Cowan 1990).

　원자력발전의 경제성에 관한 논쟁은 언제나 불확실한 근거를 바탕으로
진행되었다. 원자력발전 원가의 계산 과정에서 각종 비용들이 제대로 고
려되지 않았기 때문이다. 정부 예산으로 추진된 막대한 액수의 연구개발
비(제2장 및 6장 참조)나 발전소의 해체·폐기 비용, 고방사성 폐기물을 장기
간 안전하게 저장하는 데 소요되는 계산조차 어려운 비용이 그 예다. 다시
회고해보면, 와인버그는 "〔잠수함 PWR 설계의 기본 지침인 소형화와 단
순화보다〕 안전을 최우선으로 설계했다면 현재 우리가 고유안전로라고
부르는 것을 원자력시대 초입에 개발할 수 있었을지 모른다고 생각한다"
고 언급했다(Weinberg 1994, 21면). 더 근본적으로는 원자력에너지 옹호론자
들이 (2차대전이 종식되기 전 시카고 대학에서 열린 원자로의 장래에 관
한 회의에서) 엔리꼬 페르미(Enrico Fermi)의 경고를 심각하게 받아들이

지 않은 것이다. 페르미는 대량의 방사성 물질과, 테러분자들의 손에 들어갈 수도 있는 핵분열 물질을 만들어내는 에너지원이 일반 대중에게 거부될 수도 있다고 경고했다(Weinberg 1994).

1980년대 초까지 전력 수요의 감소(제3장 참조), 고인플레이션 시대 건설계획의 지연에 따른 비용 상승, 안전 법규의 개정을 수용하기 위한 설계 변경 등 예측하지 못한 다른 요인들까지 섞여, 화려할 것으로 예견되던 원자력에너지의 장래를 어둡게 만들었다. 결국 미국의 원자력발전소들은 대부분 당초 계획보다 기간과 비용을 2배나 더 들여 건설했다. 안전에 대한 염려와 용인할 수 없는 위험에 대한 대중의 인식은 1979년 펜씰베이니아의 쓰리마일 아일랜드 원자력발전소 사고로 강화됐다(Denning 1985). 1980년대 중반까지는 프랑스를 제외한 모든 서방 국가에서 원자력의 시대가 조기에 끝나는 것처럼 보였다. 1986년 우크라이나 체르노빌 원자로의 노심(爐心) 용융과 방사성물질 방출 사고로 사태는 더욱 악화됐다(Hohenemser 1988). 서방의 PWR은 차폐되지 않은 소련의 원자로와 달리 격납용기로 밀폐되어 있으며 더 엄격한 지침에 따라 운전하므로 체르노빌과 같은 대량의 방사성물질 유출 사고는 절대 발생하지 않을 수도 있지만, 그 사고로 모든 원자로가 본래 안전하지 못한 것이라는 잘못된 상식을 더욱 강화됐다.

20세기 말까지도 원자력발전은 세계의 TPES에서 상당한 비중을 차지했다(Beck 1999; IAEA 2001a). 2000년 말 현재 전 세계에서 438개의 원자력발전소가 가동되고 있으며 총 설치용량은 351GW이다. 원자력발전은 설치용량을 기준으로 보면 모든 발전설비의 11%를 차지하지만 가동률이 높으므로(1990년대 말 기준 세계 평균 80%) 실제 발전량을 기준으로 하면 그 비중은 16%에 달한다(IAEA 2001a). 원자력발전 비중이 가장 높은 나라는 프랑스로 76%를 차지하고 있다. 둘째는 구소련이 잉갈리나에 건설한 대규모 원자력발전소가 있는 리투아니아로 74%, 셋째는 벨기에로 57%이다. 그 다음으로 일본 33%, 미국 20%, 러시아 15%, 인도 3%이고, 중국은 1%

를 조금 넘는다(IAEA 2001a). 원자력발전 산업의 불확실한 장래에 대해서는 제4장에서 논의하겠다.

19세기의 또다른 주요 발명품인 광전지(PV)를 20세기의 새로운 에너지 전환장치의 범주에 포함하겠다. 1900년 이전에 발명되고 실용화한 다른 에너지 전환장치와 달리 광전지는 1950년대 말에 비로소 처음 실용화되기 시작했기 때문이다. 광기전(光起電) 효과는 1839년 젊은 물리학자 에드몽 베끄렐(Edmond Becquerel)이 금속 전극 두 개로 만든 전해질 전지의 기전력이 빛을 받으면 더 커진다는 것을 발견하면서 알려지게 되었다(PV Power Resource Site 2001). 그후 30년 동안 광기전 현상에 대한 연구는 별다르게 진척되지 않았으나, 쎌레늄에 의한 광도전(光導電) 효과가 발견되어 4년 후 아담스(W. G. Adams)와 데이(R. E. Day)가 처음으로 광기전 전지를 만들었다. 찰스 프리츠(Charles Fritts)가 1883년 쎌레늄 웨이퍼를 설계했으나 그 변환 효과는 겨우 1~2%밖에 안되었다. 아인슈타인이 그 유명한 상대성이론 말고 1905년의 광전자 효과에 대한 연구로 16년 뒤에 노벨상을 받았지만 광전지의 발전에는 아무런 영향을 끼치지 못했다. 1918년 얀 초크랄스키(Jan Czochralski)가 대형 씰리콘 결정을 제조하는 방법을 개발했지만 얇은 반도체 웨이퍼를 만들어내는 방법이 아직 더 개발되어야 했다.

1954년 벨 연구소의 연구원들이 변환 효율 4.5%의 씰리콘 태양전지를 개발하고 몇개월 뒤 효율을 6%까지 높여서 돌파구를 열었다. 1958년 3월 태양전지를 설치한(10cm² 면적에서 고작 0.1W 출력) 최초의 인공위성 뱅가드-I호가 발사되었으며, 호프만 일렉트로닉스(Hoffman Eletronics)사가 효율 9%의 광전지를 개발하여 1년 후부터 10% 효율의 광전지를 판매하기 시작했다(PV Power Resource Site 2001). 1962년 최초의 통신 인공위성인 텔스타(Telstar)호에 14W 출력의 광전지가 설치되었으며, 2년 후 님부스(Nimbus)호에는 470W 용량의 광전지가 설치되었다. 급성장하는 인공위성산업에서 광전지는 필수적인 장치가 되었지만, 지상에서는 1976년 미국라디오주식회사(RCA) 연구소의 데이비드 칼슨(David Carlson)과 크리스토퍼 브론스키(Christopher Wronski)가 처음으로 비결정성 씰리콘 광전지를 만든 후에도 여전히 대중에게 보급되지 않고 있었다. 세계의 광전지 생산은 1983년에 최고 출력치(MW$_p$) 기준으로 20MW를 넘어섰으며, 태양광발전이 가장 급성장하는 산업 분야 중 하나가 된 2000년에는 200MWp를 돌파했다(Markvart 2000). 그러나 1999년 설치 용량 기준으로 광전지의 총출력은 겨우 1GW로서 화석연료를 사용한 발전 용량인 2.1TW에 비하면 무시할 수 있는 수준이다(EIA 2001c).

마지막 범주인 기술·관리·혁신 부문은 컴퓨터, 유비쿼터스 무선통신, 자동제어, 최적화 알고리즘 등의 보급과 일반화에 따른 것으로서, 석유 탐사에서 원동기 설계까지, 전력 송배전에서 유조선 내의 원유 관리까지 에너지 산업의 전반적인 면모를 바꾸어놓았다. 대중의 눈에는 잘 띄지 않는 이같은 다양한 변화를 제대로 기술하려면 따로 책 한권이 필요할 것이다. 그 대표적인 예를 든다면 석유 탐사 기술의 진정한 혁명, 복잡하고 동적인 네트워크를 고도로 정확하고 세밀하게 감시하는 기술, 그리고 원동기와 기계의 컴퓨터 설계 등이 있을 것이다.

원격 감지 및 대규모 현장 데이터의 저장과 처리에 사용되는 전자장치가 발전하여, 지구물리학적 석유 탐사의 범위와 품질은 혁명적으로 개선되었다. 1990년대 중반까지 석유 탐사에 사용되던 2차원 인공지진 탄성파 탐사 자료는 3차원 이미지로 완전히 대체되었으며, 최근에는 석유층의 4차원 모니터링(3차원 이미지의 시간에 따른 변화)을 이용하여 탄화수소를 함유하고 있는 지층 내의 실제 석유 유동을 추적하고 시뮬레이션할 수 있게 되었으며, 유체의 침투와 압력 변화를 파악할 수 있게 되었다. 이런 지식을 이용하여 유전의 평균 회수율을 1980년 이전의 최대 30~35%에서 65% 이상으로 높일 수 있게 되었으며, 앞으로 75%까지도 가능할 것으로 예상된다(Morgan 1995; Lamont Doherty Earth Observatory 2001). GPS를 사용하면 서부터, 대륙을 가로질러 물자를 수송하는 회사 차량의 정확한 현재 위치를 즉시 파악할 수 있게 되었다. 또한 중동에서 원유를 싣고 오는 유조선의 위치까지 실시간으로 파악할 수 있다. 그리고 도로 차단이나 우회, 기상 변화(태풍, 안개 등) 정보를 수신하고 최적화 알고리즘을 적용하여 물류 비용과 시간을 절약할 수 있다.

더욱 중요해지는 전기

전기를 이렇게 따로 떼어 설명하는 데는 충분한 이유가 있다. 수천년 동안 인류는 초목 또는 화석 형태의 바이오매스를 태워 얻는 에너지, 인간 또는 동물의 힘, 태양에너지의 간접 이용인 수력이나 풍력 등 세 종류의 기본적인 에너지 변환에 의존해왔다. 이제 대규모 발전으로 편리함과 융통성 양면에서 견줄 데가 없는 새로운 형태의 에너지를 사용하게 된 것이다. 전기는 즉시 쉽게 사용할 수 있다는 점에서도 다른 에너지와 비교가 되지 않는다. 저렴할 뿐 아니라 어디에서나 이용할 수 있다는 특성 때문에 널리 보급된 전기의 잇점은 그것이 없던 시절에 살림을 해본 경험이 있는 주부나 빈약한 조명이라도 밝히려면 비싼 전기를 써야 하는 지역에 살아본 사람이라면 누구나 인정할 수 있을 것이다.

물을 길어 나르고, 어둡고 추운 아침에 일어나 불을 피우고, 손으로 옷을 빨아서 짜고, 무거운 무쇠 다리미로 다림질하고, 가축의 사료를 갈고, 손으로 젖소의 젖을 짜고, 쇠스랑으로 건초를 헛간 다락에 올리는 일, 그리고 그 외에도 일상에서 반복되는 집안, 농장, 작업장의 일을 해보지 않은 사람은 전기의 편리한 위력을 이해할 수 없을 것이다. 이러한 일에 대한 설명으로는 로버트 캐로(Robert Caro)가 저술한 린든 존슨(Lyndon Johnson)의 자서전을 권하고 싶다(Caro 1982).

캐로는 전기가 보급되기 이전 시대의 이처럼 반복되는 중노동과 신체적 위험을 1930년대 텍사스 힐 컨트리의 생활에서 경험한 기억을 바탕으로 생생하게 기록했다. 여자들 대부분이 맡은 이런 노동은 아프리카나 남미에서 최소한의 생존을 영위하던 농부들보다 훨씬 과중한 것이었다. 당시 힐 컨트리의 농부들은 훨씬 나은 생활수준을 누리고자 노력했으며 훨씬 넓은 농지를 경작했기 때문이다. 그러니 이런 곳에 처음 전기 송전선이 가설되던 때를 '혁명'으로 표현한다 해도 과장이 아닐 것이다.

전기의 잇점은 즉시 쉽게 이용할 수 있는 것뿐이 아니다. 용도가 다양하다는 점에서도 다른 에너지와 견줄 수 없다. 전기는 빛, 열, 동력, 화학작용 등의 형태로 전환할 수 있으므로 상업용 항공 분야를 빼고 에너지를 필요로 하는 모든 분야에 이용할 수 있는 것이다. 무인 태양광 동력 비행기는 또다른 분야이다. 에어로 바이런먼트사의 패스파인더(Pathfinder)는 1998년 해발 24km 상공을 비행했다. 그리고 더 큰 모델인 헬리오스(Helios)는 비행 날개가 좁고 긴 곡선형이며(날개의 좌우폭은 74m로 보잉 747보다 길며, 너비는 2.4m였다) 1kW 출력의 양면 태양전지로 14개의 프로펠러를 구동하여 2001년 8월 29km 상공을 비행하는 데 성공함으로써 세계에서 가장 높이 비행한 항공기가 되었다(Aero Vironment 2001; 그림 1.12).

전기는 그 용도가 다양할 뿐 아니라 사용해도 오염이 없어 청결하며 소음이 나지 않는다. 또한 어떤 작업을 할 때 원하는 속도와 제어의 정확도를 매우 정밀하게 조절할 수 있게 해준다(Schurr 1984). 필요한 전선만 가설하면 큰 수요를 수용할 수 있으며 다양한 변환장치를 이용할 수도 있다. 그리고 전기는 필요한 열로 전환할 때 손실이 전혀 생기지 않는다(어떠한 화석연료보다 더 높은 열을 발생시킬 수도 있다). 또한 기계적인 에너지로 변환하는 효율도 지극히 높다. 전기를 이용하는 모든 분야 중에서 단지 조명만 효율이 20% 이하이다.

이같은 여러 장점이 복합적으로 작용하여 20세기의 에너지 사용 방식을 근본적으로 바꾸어놓았다. 또한 경제활동과 일상생활까지 혁신되었다. 전기가 문명 전반에 끼친 영향은 레닌이 추구한 새로운 국가형태와 로우즈벨트 대통령의 뉴딜정책이라는 전혀 이질적인 정치적 이상들이 전력

그림 1.12
2001년 7월 14일 하와이군도 상공에서 시험비행중인 태양전지 전익(全翼) 비행기 헬리오스.
자료 NASA ED 01-0209-6, 〈http://www.dfrc.nasa.gallery/photo/HELIOS/HTML/EDO1-0209-6.html〉.

의 공급이라는 공통 목표를 가지고 추진되었다는 사실에서 입증된다. 레닌은 간결한 것으로 유명한 구호인 "공산주의는 바로 소비에트의 힘과 전기의 사용이다"로 자신의 목표를 요약했으며, 로우즈벨트는 경제 회복을 위한 뉴딜정책에서 댐 건설과 농촌의 전력 공급 사업에 연방정부의 자원을 집중 투입했다(Lilienthal 1944).

에너지와 관련된 다른 여러 혁신과 마찬가지로 미국은 전력의 도입과 보급에 앞장섰고 유럽과 일본은 수년 내지 수십년 뒤져서 따라갔으며, 현재 빈곤 국가 대부분은 아직도 전력화의 초기 단계에 있다. 참으로 혁명적인 세 가지 변화라 할 수 있는 값싸고 깨끗하며 여러모로 쓰일 수 있는 조명, 증기에서 전력으로의 산업동력 전환, 그리고 지금도 진행중인 가정용 전기기구의 증가 등은 20세기 초반에 함께 진행되었으며, 그중에서 조명은 전력으로 처음 실현한 대규모의 사회경제적 변화였다.

에디슨이 발명하여 1879년 특허를 받은 탄소 필라멘트 백열등은 촛불보다(파라핀 연소 에너지의 0.01%를 빛으로 변환) 효율이 20배나 높았지만 전력의 생산 원가가 높았다면 고작 0.2%의 에너지를 빛으로 변환해주는 기구를 대량 생산하게 되지는 않았을 것이다. 조명의 효율을 비교할 때는 밝기(lumens)와 사용된 에너지(W)의 비율인 휘도(efficacy) 단위를 주로 사용한다. 초기의 전구는 휘도가 2lumens/W이었다. 1898년 오스뮴 필라멘트의 발명으로 휘도가 3배로 증가했지만 전구의 밝기는 여전히 낮아서(현재의 25W 전구 수준) 공공장소나 가정을 충분히 밝히려면 비용이 너무 많이 드는 형편이었다. 20세기 동안 꾸준히 발전해서 현재 고성능 전구의 발광 효율은 대폭 향상되었다(그림 1.13; Smithsonian Institute 2001). 전구의 성능은 먼저 1905년부터 사용한 사출 성형 텅스텐 필라멘트에 의하여 개선되었으며, 그 다음에는 진공관 내 텅스텐 필라멘트가 나왔고, 1913년에는 어빙 랭뮈어(Irving Langmuir)가 코일 형태의 필라멘트를 부착한 아르곤 가스 주입 전구를 발명했다(Bowers 1998).

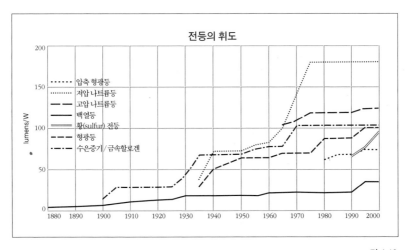

1930년대 들어 저압 나트륨등(LPS), 수은증기 등(두 종류 모두 유럽에는 1932년 도입), 형광등이 발명되며 중요한 진전이 있었다. 가로등 대부분을 차지하는 나트륨등의 쓸쓸해 보이는 노란색은 현재까지도 가장 효율이 높다. 밝기 1lumen을 전기에너지로 환산하면 1.47mW이므로 나트륨등의 휘도인 175lumens/W은 에너지 효율 25% 이상에 해당하는 것이다(그림 1.13). 수은등은 약 40lumens/W의 연한 녹색을 띤 청색 빛을 낸다.

초기의 형광등도 비슷한 휘도를 보였으나 여러차례 개선을 거쳐 효율이 2배 이상 늘었다. 그리고 태양빛과 유사한 스펙트럼의 광선을 낼 수 있으므로 대규모 조명의 표준이 되었으며 가정용으로도 널리 사용되었다. 현재 최상급 형광등은 효율이 100lumens/W로서, 텔레비전 방송에 나오는 경기장이나 대규모 집회장에서 사용되는 할로겐등(수은등에 할로겐 화합물을 주입)과 거의 비슷한 수준이다(그림 1.13). 1960년대에 등장한 고압 나트륨등은 LPS보다 쾌적한 빛을 내지만(황금색에 가까운 노란색) 효율은 30% 정도 낮다.

발광 효율 개선과 전력 단가 인하로 현재 미국의 소비자가 빛 1lumen에 지불하는 비용은 한 세기 전에 비하여 1000분의 1밖에 안된다. 또한 수치로 비교할 수는 없지만 양초나 고래기름, 석유 등에 비해 전등이 편리하다는 점도 고려해야 할 것이다. 또한 20세기의 대중은 장엄한 빛을 단순한 오락 목적부터 정치적 선전용까지 다양하게 이용할 수 있다는 것을 발견했다. 먼저 미국의 산업가들은 집중조명을 사용해 대도시 도심을 "백색 대로"(White Ways)로 휩싸이게 만들었다(Nye 1990). 그후 독일의 나치는 1930년대 당의 선거 유세장에 투광조명대를 동원하여 무형의 장벽을 창조함으로써 참가자들을 위압했다(Speer 1970). 이제 옥외 조명은 세계 어디서나 광고와 상업 전시의 일부분이 되었으며, 2002년 봄에는 9·11테러로 붕괴된 뉴욕의 세계무역쎈터 쌍둥이빌딩을 기념하기 위하여 거대한 빛기둥 두 개를 연출하기도 했다. 옥외 및 옥내 조명의 밝기는 매우 높아져서 이제 지구의 야경을 우주에서 볼 때 부유한 지역에는 어두운 부분보다 밝은 부분이 더 많다. 거의 완전히 어두운 부분은 극지방, 거대한 사막, 아마존, 콩고 유역, 북한뿐이다(그림 1.14).

신기하게도 거의 인식되지 않았지만 산업화 국가에서 개량된 전구로 사람들이 가정을 밝히는 동안 제조업에서는 전력을 사용해 증기기관이 했던 것보다 더욱 심오한 혁명을 일으키고 있었다. 전동기가 증기기관을 대체한 것은 단지 출력이 더 커서가 아니라 훨씬 신뢰할 만하며 필요한 장소에서 동력을 사용할 수 있기 때문이라는 사실은 매우 중요한 변화였다. 이같은 잇점은 그전에 증기기관이 수차나 풍차를 대체했을 때에는 없던 것으로서, 종전의 원동기들은 모두 동력을 필요한 위치까지 전달하기 위해 축, 치차(齒車), 벨트 등으로 구성되는 씨스템이 필요했다. 방앗간이나 펌프장 등 작업을 한곳에서만 하는 경우에는 별 문제가 되지 않았지만, 피륙 직조장이나 기계 가공장 등 여러 곳에서 작업이 동시에 진행되는 경우에는 기계의 힘을 전달하는 데 매우 복잡한 전동(傳動)장치가 필요했다.

공장의 천장 아래 동력 주축을 설치하고, 이를 평행한 반대편 축에 연

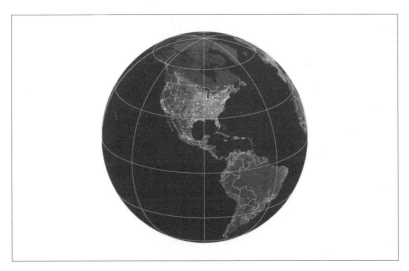

그림 1.14
지구 야경의 인공위성 합성 이미지는 전기의 세계적 영향을 극적으로 보여준다. 자료 지구 야경에 대한 이미지와 상세 정보는 〈http://antwrp.gsfc.nasa.gov/apod/ap001127.html〉.

결했으며, 다시 벨트를 통하여 각 기계에 힘을 전달했다(그림 1.15). 원동기에 장애가 발생하거나 복잡한 전동씨스템에서 어느 한곳이라도 고장이 나면 전체 시설이 정지했으며, 정상 가동될 때에도 대량의 에너지가 마찰로 소모되었다. 벨트 전동씨스템의 전체적인 에너지 효율은 10% 미만이었다(Schurr & Netschert 1960). 또한 계속 움직이는 벨트는 많은 시간 공회전하면서 개별 작업 위치에서 동력을 제어할 수 없었다. 개별 기계를 구동하는 전동기(電動機)가 산업에 보급되자 이런 문제가 모두 사라졌다. 머리 위를 지나던 축과 벨트의 복잡한 장치와 소음이 없어졌으며 그 공간에는 조명과 환기설비를 달 수 있게 되었다. 따라서 사고 위험이 대폭 감소했으며 작업장의 배치가 자유로워져서 새로운 기계를 쉽게 도입할 수 있게 되었다. 그리고 동력 전달의 효율(최저 70% 이상, 대개 90% 이상)과 신뢰도가 높아졌고, 개별 작업 위치에서 동력을 제어할 수 있게 되어 평균 노동

그림 1.15
회전축과 전동벨트를 통해 주 증기기관에서 개별 작업기계로 기계적 에너지를 전달하는 모습. 이후 전동기의 도입으로 이 복잡하고 위험하며 비효율적인 배치는 사라졌다.

생산성이 향상되었다.

미국에서는 이런 변화가 1900년경 시작되어 약 30년 만에 완료되었다. 20세기 시작 무렵, 미국 산업에서 전동기는 기계 동력의 약 5%를 차지하고 있었으나 1929년에는 그 비중이 80% 이상으로 높아졌다(Devine 1983; Schurr 1984). 변화는 증기기관을 대체하는 데서 그치지 않았다. 전동기는 동력이 필요한 수많은 새로운 공정에 도입되어 현대 산업에서 가장 널리 사용되는 필수 장치가 되었다. 이러한 점에서 전동기는 현대의 풍요를 떠받치는 필수적이며 구조적인 기반인 강철과 물질적 동류를 이룬다.

강철은 수많은 방면에서 현대 사회의 높은 생활수준을 유지해주고 있다. 먼저 큰 규모로 쓰이는 것에는 초대형 유조선의 선체, 우아한 다리를 지탱하는 인장 케이블, 원자로의 노심 용기 등이 있다. 이제는 거의 일상화한 기계로 반잠수식 석유 시추선, 발전용 터빈, 거대한 금속압연 프레스 등이 있으며, 눈에 잘 띄지 않는 것으로는 대구경의 대륙횡단 매립 가스관, 콘크리트 속의 철근 등이 있다. 강철은 종래의 소재들에뿐 아니라 최신 대체제에도 필수인 물질이다. 목재와 석재는 모두 강철로 만든 기계와 공구를 사용하여 절단·가공되며, 플라스틱의 원재료인 원유를 채굴, 수송, 정제하는 기계와 장치는 모두 강철로 제작된다. 수많은 플라스틱 부품을 사출 성형하고 프레스 가공하는 기계도 마찬가지이다. 강철 외에 가장 많이 사용되는 다섯 종의 금속인 알루미늄, 구리, 아연, 납, 니켈 등을 모두 합친 것보다 강철의 생산량이 거의 20배가량 많다는 사실은(2000년 850Mt) 그리 놀라운 일이 아닌 것이다(IISI 2001).

전동기 역시 강철과 마찬가지로 어디나 있고 또 필수적인 장치이지만 사람들은 이를 별달리 의식하지 못한다. 농산물 가공, 직조, 목재 가공, 플라스틱 성형 등 우리가 먹고 입고 쓰는 것은 모두 전동기를 사용하여 만든다. 수많은 연구 및 의료용 기기를 비롯해, 모든 자동차, 비행기, 선박에도 전동기가 있다. 가정에서 탄화수소를 태워 얻은 열을 실내로 공급하는 송풍기를 돌리는 것도 전동기이고, 사람들이 도시를 벗어나 케이블카를 타고 높은 산 위에 오를 수 있는 것도 전동기 덕분이며, 공장의 조립라인으로 부품을 공급하여 자동차나 컴퓨터를 만들게 해주는 것도 전동기이다. 거대한 제트엔진의 터보팬에서 내시경 등 의료기구까지 수많은 정밀 부품을 가공하는 것도 전동기이다.

모든 연료와 전기가 있다 하더라도 전동기가 없다면 현대 사회는 기능을 유지할 수 없다. 신생아 인큐베이터에서 시체실 냉동기 압축기까지 전동기는 고도 기술 사회의 새로운 시작이요 끝인 것이다. 그러므로 미국에서 생산되는 전체 전력의 3분의 2 이상을 전동기가 사용한다는 사실은 조금도 놀라운 일이 아니며, 오히려 점차 높아지는 효율로 그만한 전력을 사용하는 일은 바람직한 것이다(Hoshide 1994). 전동기의 효율은 일반적으로 그 출력에 비례하여 높아진다. 예를 들면 6극 개방형 전동기의 경우 최대부하 효율은 1.5마력 전동기에서 84%, 15마력은 90.2%, 150마력은 94.5%이다. 한편 동력이 적게 필요한 곳에 큰 마력의 전동기를 설치하여 부분부하로 운전할 때에는 효율이 낮아진다. 불행하게도 이같은 사례는 너무나 흔한 일이다. 현재 미국에 설치되어 있는 전동기의 약 4분의 1이 최대 부하의 30% 미만으로 가동되고 있으며 겨우 4분의 1이 최대정격 부하의 60% 이상으로 가동되고 있다(Hoshide 1994).

전기에 의한 세번째 변화는 가전제품의 급증인데, 그 대부분은 소형 전동기를 이용한 것이지만 시초는 간단한 전열기구였다. GE사가 가전제품을 처음 판매하기 시작한 것은 1880년대이지만 1890년대에도 제품의 종류는 전기다리미, 온수 가열기, 그리고 물 0.5리터를 끓이는 데 12분이나 걸리는 "즉석 조리기구" 정도였다. 삼상전류 공급이 대중화하고 새로운 전동식 가전제품이 속속 출현하기 시작한 것은 1900년부터였다. 선풍기가 특허를 받은 것은 1902년, 전기세탁기가 시판되기 시작한 것은 1907년, 진공청소기(특허 명칭은 "전기식 흡입소제기"였다)는 그 1년 후, 그리고 냉장고가 시장에 나온 것은 1912년이었다.

이제 고소득 국가에서 냉장고와 전기세탁기를 소유하는 일은 사실상 보편화되어 있다. 1997년 조사에 따르면 미국 가정 99.9%가 냉장고를 소유하고 있으며, 일인 가정 92%가 세탁기를 보유하고 있었다(EIA 1999a). 컬러 텔레비전 보유율도 매우 높아서 가정 98.7%가 1대 이상, 67%가 2대 이상을 보유하고 있다. 많은 가정에서 이동식 진공청소기가 중앙집중식 집진기로 바뀌고 있다. 개발도상국에서도 가전제품의 보급률은 급속하게 높아지고 있다. 1999년 중국의 경우 도시 가구의 컬러 텔레비전 보급률은 평균 1.1대, 세탁기가 91%, 냉장고가 78%였다(그림 1.16; NBS 2000).

전력 사용은 전동기 외의 분야에서도 필수이다. 값싼 전력이 공급되지 않는다면 알루미늄을 용융 제련하거나 전기로에서 강철을 생산할 수 없을 것이다. 또한 전기가 없다면 모든 분야에서 이용되는 피드백 제어(간단한 자동온도조절에서 디지털 비행제어(fly-by-wire) 광폭 동체 항공기까

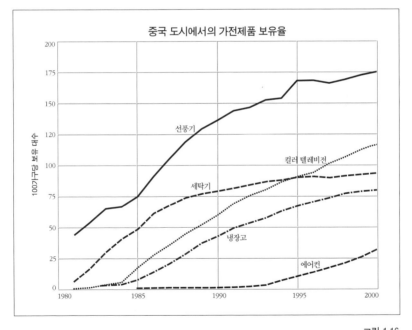

그림 1.16

1980~2000년 중국의 가전제품 보유율 상승. 자료 그래프는 Fridley(2001), 수치는 *China Statistical Yearbook*의 각 연도.

지), 장소에 구애받지 않고 이용할 수 있는 무선통신, 컴퓨터, 인터넷도 당연히 불가능할 것이다. 인터넷과 여러 PC 관련 기기의 전력 소모에 관한 논의는 밀스(Mills 1999), 후버와 밀스(Huber & Mills 1999)가 처음 제기한 뒤 상당한 논쟁거리가 되었다. 그들은 인터넷과 관련하여 소비되는 전력이 1999년 미국 총 전력 소비의 8%까지 차지할 것이라 예측했다. 반면 롬(Romm 2000)은 인터넷의 영향으로 경제의 일부분이 비물질화하므로 실제 에너지 소비는 감소할 것이라 주장했으며, 다른 전문가들은 컴퓨터와 그 주변기기, 인터넷 기반 설비(써버, 라우터, 리피터, 증폭기 등)가 소비하는 전력이 전체 전력 소비량을 약간이나마 늘릴 것이라고 주장했다(Hayes 2001).

미국의 컴퓨터와 기타 사무용 전력(복사기, 팩스 등)의 소비에 대한 조사 결과는 연간 총 수요 전력을 전국의 2%에 해당하는 71TWh로 집계했다(Koomey et al. 1999). 약 10만대의 메인프레임 컴퓨터는 대당 소비 전력(10~20kW)이 큰데도 6TWh 약간 넘는 전력을 소비하며, 그에 비해 소비

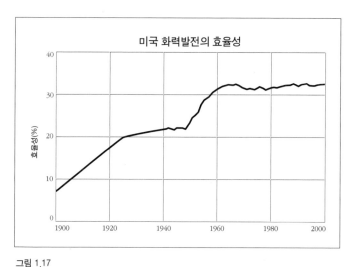

그림 1.17
미국 화력발전소의 평균 효율은 1960년에 30%를 초과했지만 현재 최상위 발전소에서도 40%를 약간 웃도는 수준이며 전국 평균치는 49년 동안 정체되고 있다. 이는 명백한 자원의 손실이다. 자료 USBC(1975) 및 EIA(2001a)의 수치를 도표화함.

전력 100W 정도인 데스크탑 및 소형 컴퓨터 1억 3천만대는 14TWh 이상을 소비했다. 전력 소비와 인터넷에 관한 전체 논쟁은 복잡하고 동적인 씨스템을 분석하는 일의 어려움을 잘 보여주는 좋은 예가 될 것이다(이 논쟁에 관한 상세한 내용은 RMI(1999) 참조). 정확한 소비량은 논외로 하더라도, 새로 등장하는 전자경제(e-economy)가 전력 수요를 감소가 아니라 증가시킬 것임은 거의 확실해 보인다. 이 분야의 효율적인 에너지 사용에 대해서는 제6장에서 논의하겠다.

편리한 전기에너지를 사용하는 데는 화력발전 특유의 저효율이 가장 큰 문제였다. 1900년 무렵 화력발전의 효율은 놀랄 만큼 낮아서 미국 발전소의 평균 효율은 91.25MJ/kWh 수준이었다. 이것은 석탄의 화학적 에너지 중에서 겨우 4% 정도가 전력으로 전환했음을 나타낸다. 이 효율은 1925년에 13.6%로 약 3배까지 증가했으며 1950년에는 23.9%로 다시 2배로 늘었다(Schurr & Netschert 1960). 1960년 미국 전체 평균은 30%에 이르렀으나 그후 40년 동안 33%를 넘지 못하고 정체 상태에 있다(EIA 2001a; 그림 1.17). 겨우 몇몇 최상급 발전소만이 40~42%의 효율을 실현하고 있다. 다른 서방 국가들에서도 평균 효율과 최고 효율은 비슷한 수준이다.

다행인 것은 20세기에 화력발전소의 성능이 대폭 향상했다는 점이다. 그러나 화석연료 또는 방사성물질의 형태로 원자로에 투입하는 원자력에너지의 약 3분의 2가 여전히 손실되고 있다. 이런 평균 발전 효율의 오랜 정체는 현대 에너지 씨스템에서 가장 중요한 실패임이 분명하다. 실례를 들어 비교하면, 1990년대 후반 미국의 발전소에서 연간 손실되는 에너지는 일본의 연간 에너지 총 소비량과 같으며, 남미의 화석연료와 1차 전기에너지 전체를 합친 양보다 4분의 1 정도가 많다. 제4장에서 이러한 과손실에 대하여 상세하게 논의하고 기술적 대안 몇가지를 제시하고자 한다. 그 기술적 대안들은 평균 효율을 40%, 아니 50% 이상 향상할 수 있는 것으로서, 그중 일부가 이미 이용되고 있으며 나머지도 조만간 상용화할 것이다.

그러나 전기에너지의 여러 장점은 화력발전 특유의 저효율을 충분히 상쇄할 수 있으므로 20세기 동안 화석연료 소비 전체에서 발전에 투입되는 비중은 급속하게 높아졌다. 미국의 경우 1900년 2%에서 1950년 10%, 2000년 34%로 그 비중이 커졌다(EIA 2001a). 이러한 과정의 보편적 성격은 중국에서 빠르게 진행되고 있는 상황에서도 잘 드러난다. 중국의 총 석탄 소비 중에서 발전에 사용되는 비율은 1950년(당시 석탄은 중국이 사용하던 거의 유일한 화석연료였다) 10%였으나 1980년 20%를 넘어섰으며, 2000년에는 30%에 이르러 미국과 거의 비슷한 수준이 되었다(Smil 1976; Fridley 2001). 이같은 추세로 인하여 전 세계에서 발전에 사용되는 화석연료의 비율은 현재 30% 이상이다. 과거 1950년에는 10%, 1900년에는 겨우 1%를 조금 넘는 수준이었다. 이에 따라 세계의 전력 생산량은 1900년 당시에는 무시해도 좋을 만큼 미미하던 수력발전이 증가하고 1956년부터 원자력발전이 상업화되자 대폭 늘어나기 시작했다.

수력에너지는 고효율의 대형 수차(水車)와 베누아 푸르네롱(Benoit Fourneyron)이 발명한 수력터빈을 1832년부터 사용하여 초기 산업화 시대의 주요 기계 에너지 공급원이 되었다(Smil 1994a). 두 종류의 신형 터빈과(1889년 펠턴, 1920년 카플란) 대규모 철근 콘크리트댐이 발달하면서 (알프스 지역에서 시작되어 스칸디나비아, 미국 등지로 확산) 화석연료 세계에서도 수력은 중요한 전력 공급원의 위치를 유지했다. 2차대전 이전 미국과 소련에서는 국책사업으로 수력발전을 지원했다. 이 기간에 미국이 건설한 콜로라도강의 후버(Hoover)댐(1936년부터 발전 시작)과 컬럼비아강의 보네빌(Bonneville)댐은 설치용량 기준 1GW를 넘는 것이었다. 컬럼비아강의 거대한 그랜드 쿨리(Grand Coulee)댐은 현재 6.18GW이며, 1941년 발전을 시작했다(그림 1.18). 1945년 이래 30개국 이상에서 용량 1GW를 초과하는 수력발전소 약 150기가 건설되었다(ICOLD 1998).

대형 댐 건설이 기술 면에서 성공한 사례는 타지키스탄에 있는 높이 335m의 로군(Rogun)댐, 저수량 170Gm³인 예니세이강의 브라쯔끄

(Bratsk)댐, 그리고 빠라과이와 아르헨띠나 사이의 빠라나강에 있는 길이 65km, 발전 용량 3.2GW의 야시레따(Yacyreta)댐 등이다(ICOLD 1998). 브라질과 빠라과이 사이를 흐르는 빠라나강에는 서반구 최대의 수력발전소를 갖춘 이따이뿌(Itaipu)댐이 있는데 발전용량은 12.6GW이다. 발전용량 17.68GW의 세계 최대 수력발전소를 보유하기 위해 현재 많은 논쟁 속에서 완공을 앞두고 있는 싼샤(三峽)댐은 중국 허뻬이(湖北)성 챵쟝(長江)에 있다(Dai 1994). 2010년까지 총 150GW의 수력발전소가 새로이 가동될 예정이다(IHA 2000).

건조한 아열대지역과 작은 섬나라 등 자연 여건상 불가능한 국가를 제외하고 거의 모든 국가에서 수력발전을 하고 있다. 13개 국가에서는 수력발전이 사실상 나라 전체의 전력 수요를 맡고 있으며, 32개 국가에서는 총

그림 1.18
1941년 6월 15일 준공 직전의 그랜드 쿨리댐. 이 발전소는 현재까지 미국 최대의 수력발전 프로젝트로 남아 있다. 자료 U.S. Bureau of Reclamation, 〈http://users.owt.com/chubbard/ gcdam/highres/build10.jpg〉.

수요의 80% 이상을, 65개 국가에서는 50% 이상을 담당하고 있다(IHA 2000). 그러나 세계 최대 수력발전 6개 국가(캐나다, 미국, 브라질, 중국, 러시아, 노르웨이)가 전 세계 수력발전의 거의 55%, 총 발전량의 18%를 차지하고 있다. 수력발전과 원자력발전은 풍력발전, 지열발전, 광전지 등의 사소한 양까지 합한 현재 세계 총 발전량의 37%를 담당하고 있다.

현대 경제에서 전기가 차지하고 있는 역할의 중요성은 전력 사용 집약도의 최근 변화 추세를 살펴보면 가장 잘 파악할 수 있을 것이다. 다음 장에서 더 자세하게 논의하겠지만 많은 예측가들은 2차대전 이후 미국 경제의 총 1차에너지 사용량과 국내총생산(GDP) 성장 사이에 직접적 관계가 있다고 가정하고, 이를 바탕으로 미래의 에너지 수요를 추정할 수 있다고 보았다. 그러나 이는 심각한 오차로 이어졌다. 이 두 가지 변수는 1970년 이후 서로 관계를 벗어나 괴리된 것이다. 1970년 이후 30년 동안 물가 상승을 고려한 미국의 GDP는 260% 성장했으며 GDP 1달러당 1차에너지 소비량(경제의 에너지 집약도)은 약 44% 감소했다. 반면 미국 경제의 전기 에너지 집약도는 1950년부터 1980년 사이에 2.4배 증가했으나, 그후에는 약 10% 감소하여 1990년대 말에는 30년 전의 수준과 같게 되었다.

결국 미국의 경우에는 경제 성장과 전력 사용 사이에 결정적인 괴리가 없었다. 지난 세대 동안 미국 경제에서 나타난 에너지 집약도의 완만한 감소는 분리 현상이 계속될 전조인가, 아니면 집약도의 새로운 상승을 앞둔 일시적인 하강인가? 성장 기간 중에는 경제의 에너지 집약도가 급격하게 증가하므로 빠르게 성장하고 인구가 많은 국가에서는 미래를 쉽게 예측할 수 있다.

에너지 교역

현대 사회에서는 사람의 이동성은 물론 물자의 이동성도 그 이상으로 증가했다. 현재 세계의 총 상업 생산품의 15%가 무역으로 거래되고 있는데 이는 1900년의 2배 규모이다(Maddison 1995; WTO 2001). 게다가 고부가가치 제품 거래가 상대적으로 늘어나면서 (1999년 기준 77%) 총 판매액은 2배보다 훨씬 커진 6조달러로 이는 1950년의 가치를 현재 화폐로 환산한 액수의 80배이다(WTO 2001). 물가 상승을 감안하더라도 12배 증가한 셈이다.

세계의 연료 교역액은 1999년 4천억달러로, 전체 상품 교역의 7%이다. 이 액수는 다른 모든 광물자원 교역액(1550억달러)의 2.6배이며 식량 교역액(4370억달러)보다 불과 10% 적다. 중동 지역에서만 석유 수출액이 총 수출액의 대부분을 차지하고 있는데, 싸우디아라비아의 경우 세계 연료 교역액의 11%를 수출하고 있다. 세계 연료 교역의 분포가 분산해 있는 것은 5개 최대 수출국(싸우디아라비아, 캐나다, 노르웨이, 아랍에미리트, 러시아)이 전체 거래에서 차지하는 비중이 30% 미만이기 때문이다(WTO 2001).

그러나 연간 총 연료 교역량은 무게 면에서는 다른 두 가지 대량 교역 품목인 광석과 금속, 그리고 식량과 사료를 합친 것보다 훨씬 더 많이 나간다.* 2000년에 세계 철광석 교역량은 450Mt(3분의 1 이상이 남미산)이며 강철 교역량은 280Mt이었다. 일본과 러시아가 각각 철강 수출의 10분의 1씩을 차지하고 있다(IISI 2001). 세계 농산물 교역은 식량과 사료용 곡물이 주가 되며 1990년대 후반에 연간 280Mt이었다(FAO 2001). 그에 비하여 2000년 세계 연료 교역량은 총 2.6Gt으로, 그중 석탄이 500Mt, 원유와 정유제품이 2Gt, 천연가스가 95Mt(평균 밀도 0.76kg/m³로 환산하면 125Gm³)이었다.

석탄은 총 생산량 중 단지 15%만 수출된다. 그중 3분의 2는 증기발전용으로, 3분의 1은 제철용 코크스 제조를 위해 수출된다. 하지만 석탄은 철광석을 누르고 세계에서 가장 중요한 대량 해상 운송 상품이 됐다. 따라

---

* 에너지, 광물, 식량과 사료는 금융상품을 제외하면 가장 대표적인 세 가지 실물교역 상품이며 이들을 거래하는 시장을 실물시장(commodity market)이라고 한다―옮긴이.

서 석탄의 수출량이 해상 운임의 추이를 보여주는 지표 역할을 하고 있다 (WCI 2001). 1990년대 후반 연간 150Mt 이상의 석탄(연료용과 코크스용이 대략 절반씩임)을 수출한 호주는 세계 최대의 석탄 수출국이며, 그 다음은 차례대로 남아프리카공화국, 미국, 인도네시아, 중국, 캐나다이다. 일본은 연료용 및 코크스용 석탄의 최대 수입국이며(1990년대 후반 연간 130Mt), 그 다음이 한국, 대만이다. 주요 생산국이던 영국과 독일이 그 뒤를 따르게 된 것은 한 세대 전만 하더라도 아무도 예측하지 못하던 변화였다. 영국과 독일은 주로 발전용으로 저가의 석탄을 수입하고 있다.

원유가 세계 무역에서 차지하는 비중은 그 무게(1990년 후반 약 1.6Gt)와 금액(1999년 2000억달러) 양면에서 압도적이다. 현재 약 45개 산유국에서 채굴되는 원유의 60%가 수출되며, 130개 국가에서 원유와 정유제품을 수입하고 있다.

그림 1.19에서 볼 수 있듯이 원유 수출에서 중동이 차지하는 비중은 압도적이다. 6개 최대 수출국(싸우디아라비아, 이란, 러시아, 노르웨이, 쿠웨이트, 아랍에미리트)이 총 교역량의 50%를 수출하며, 6개 최대 수입국(미국, 일본, 독일, 한국, 이딸리아, 프랑스)이 총 물량의 70%를 수입하고 있다(BP 2001; UNO 2001). 2차대전 후 유럽과 일본에서 석유 수요가 급격히 증가하면서 대형 유조선이 개발되었다. 적재 중량톤(dwt, 배에 화물을 최대한으로 실었을 때의 무게에서 배 자체의 무게를 뺀 수치―옮긴이)이 1880년대 초 2000dwt에서 1920년대 초 2만dwt로 커진 후, 대형 유조선의 크기는 한 세대 동안 정체되어 있었다. 그러다가 2차대전 후 다시 약 10년마다 두 배로 커지기 시작하여 1980년대 초에는 50만dwt가 되었다(Ratcliffe 1985; Smil 1994a).

이 장 앞부분에서 언급한 바 있듯이 송유관은 육지 수송에서 다른 어떤 방식보다 우수하다. 부피가 크지 않으며(지름 1m의 송유관으로 연간 원유 50Mt을 수송할 수 있다), 신뢰도와 안전성이 높아서(따라서 환경에 영향을 적게 끼친다) 유지 비용이 적게 든다. 송유관보다 비용이 싼 수단은

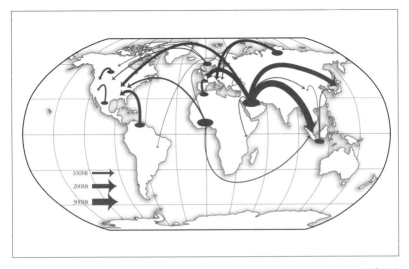

그림 1.19

원유 수출은 중동이 지배하고 있다. 그외에 베네수엘라, 서부 시베리아, 나이지리아, 인도네
시아, 캐나다, 멕시코, 북해 등이 주요 수출 지역이다. 자료 BP(2001).

대형 유조선밖에 없다. 미국에서는 1870년대부터 원유의 국내 수송을 위
하여 장거리 송유관을 건설했으며, 원유와 가스의 수출용 송유관이 건설
되기 시작한 것은 2차대전 이후이다. 1970년대에 서부 시베리아의 원유를
유럽으로 수송하기 위하여 건설한 세계 최장의 송유관은 멕시코만에서
미국 동부 해안을 연결하는 대형 송유관을 압도하는 것이었다. 길이
2120km에 지름 1.2m인 우스쯔-발릭-꾸르간-알메찌예프스끄(Ust'-
Balik-Kurgan-Almetievsk) 라인은 시베리아의 수퍼자이언트급 유전인 사
모뜰로르(Samotlor)에서 러시아와 유럽의 경계 지역까지 연간 원유 90Mt
를 수송하며, 여기서 다시 유럽 각국으로 대구경 지관(枝管) 약 2500km가
연결되어 있다.

천연가스는 원유에 비해 수송하기 어렵다(Poten et. al 1993; OECD 1994).
가스관을 통해 보내려면 원유보다 에너지가 3배나 더 들어간다. 그리고
해저 배관은 거리가 가깝고 수심이 얕은 지역에서만 할 수 있다. 북해 유

전의 가스(스코틀랜드와 유럽 대륙으로 공급)와, 시실리 해협과 메시나 해협을 건너 이딸리아로 이어지는 알제리의 해저 가스관은 이 두 조건을 모두 만족한다. 천연가스를 바다 건너로 수송하는 경우 비용이 많이 들긴 하지만 액화처리를 거치지 않는다면 터무니없이 비경제적이 될 것이다. 1969년대에 상업화하기 시작한 액화처리 공정은 가스를 -162℃로 냉각한 후 목적지에서 다시 기화시키는 것이다.*

1990년대 후반 세계 천연가스 생산량의 20%가 수출되었으며 그중 4분의 3은 가스관으로, 나머지는 LNG 상태로 수송되었다. 러시아, 캐나다, 노르웨이, 네덜란드, 알제리 등이 가스관을 쓰는 최대 수출국인데 세계 총 수출량의 90%를 차지하고 있다. LNG 수출은 주로 인도네시아, 알제리, 말레이시아 등이 큰 비중을 차지하고 있다. 서부 시베리아 북부 지역의 나짐-뿌르-따즈(Nadym-Pur-Taz) 가스지대에 있는 수퍼자이언트 유전인 메드베지예(Medvezh'ye), 우렌고이(Urengoy), 얌부르(Yamburg), 자폴랴르노예(Zapolyarnyi) 지역에서 생산된 천연가스는 세계 최장(6500km), 최대 지름(142cm까지)의 가스관으로 러시아와 유럽의 경계까지 수송되고 (그림 1.20), 여기서 남쪽으로는 북부 이딸리아, 북쪽으로는 독일과 프랑스로 가는 지관으로 나뉘어 수송된다.

가스관으로 천연가스를 가장 많이 수입하는 국가는 미국(캐나다의 앨버타 및 브리티시컬럼비아에서), 독일(러시아의 시베리아, 네덜란드, 노르웨이에서), 이딸리아(대부분 알제리와 러시아에서) 등이며, 일본은 세계 LNG의 절반 이상 물량을 대부분 인도네시아와 말레이시아에서 수입하고 있다. 다른 주요 LNG 수입국으로는 한국과 대만(두 나라 모두 주로 인도네시아와 말레이시아에서), 프랑스, 스페인 등이 있다.** 미국은 대부

---

* 가스관으로 운송하는 천연가스를 PNG, 액화하여 운송하는 천연가스를 LNG라고 통칭한다. 한국은 천연가스 모두를 LNG 상태로 수입하고 있으며, 1990년대 중반 이후부터 시베리아에서 생산되는 천연가스를 가스관으로 공급받는 PNG 사업이 검토되고 있다—옮긴이.

** 한국은 LNG 수입에서 세계 2위이며, LNG 수송 선박의 제조 기술 및 생산량에서 세계 1위이다—옮긴이.

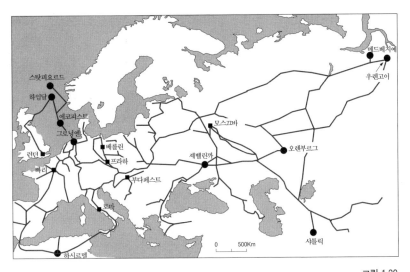

그림 1.20

서부 시베리아의 거대 유전에서 생산되는 천연가스는 세계 최장의 가스관을 통하여 서유럽
까지 4000km 이상의 거리를 넘어 수송된다. 자료 Smil(1999a).

분 알제리와 뜨리니다드에서 수입하고 있었으나 최근에는 현물시장을 통
하여 다른 지역의 가스도 수입하고 있다.

화석연료가 대규모로 국제교역이 이루어지는 데 비하여, 전력은 고작
몇몇 국가의 일방적 판매 또는 다국가간 교환이라는 형태로 거래될 뿐이
다. 일방적인 공급의 예는 대규모 수력발전소에서 멀리 떨어진 수요처로
송전되는 경우이다. 이 부분에서는 캐나다가 세계 1위인데, 1990년대에
총 수력발전량의 약 12%를 브리티시컬럼비아에서 미국 서북해안으로, 매
니토버에서 미국 중북부인 미네소타·다코타·네브래스카로, 그리고 퀘벡
에서 미국 동북부인 뉴욕 및 뉴잉글랜드으로 공급했다. 수력 발전한 전력
을 수출하는 또다른 국가로는 베네수엘라에서 브라질, 빠라과이, 모잠비
끄에서 남아프리카공화국 등이 있다. 유럽 국가 대부분은 서로 송전망을
연결하여 복잡한 방식으로 전력을 거래하고 있다. 계절에 따라 스칸디나
비아와 알프스 지방의 풍부한 수력 전기를 값싸게 공급받을 수 있을 뿐

아니라 지역별로 다른 첨두부하 시간을 활용하는 잇점을 다함께 누릴 수 있다.

오랫동안 채굴하여 채탄 비용이 높아진 석탄광의 폐기, 오래된 원유와 가스 유전의 채굴량 정체나 폐기, 그리고 도시와 산업이 확대됨에 따라 더욱 청정한 연료 수요의 증가 등을 종합적으로 고려하면, 20세기의 에너지 사용 변화에 중대한 영향을 끼친 화석연료와 전력의 대규모 교역은 세계 에너지 씨스템의 진화에서 한 추세에 불과하다. 이러한 진화는 21세기에도 틀림없이 계속될 것이다.

에너지 소비의 추세

이 장의 앞부분에서 언급한 바와 같이 20세기에 에너지 소비는 그 총계와 개인별 평균 소비 모두 크게 증가했으며, 그 추세는 실제로 사용할 수 있는 에너지 써비스를 기준으로 환산할 경우 더욱 뚜렷해진다. 보편화한 증가 추세는(총 에너지 소비량의 경우) 모든 국가에 마찬가지로 적용되는 것이지만(이제 모든 국가는 한 세기 전보다 평균 TPES가 높아졌다) 국가별 에너지 사용을 장기적인 관점에서 비교해볼 때 무엇보다 중요한 사실은 선진국과 후진국 사이에 큰 에너지 간격이 지속되고 있다는 점이다.

제트기 여행과 인터넷으로 대표되는 고에너지 문명은 이제 지구 어디에서나 볼 수 있지만 개인이나 집단이 그러한 혜택을 받는 데는 여전히 큰 격차가 존재한다. 상업적 에너지 사용의 현격한 국제적 차이는 1960년대 이후 상당히 줄어들었지만, 저소득 국가와 고소득 국가는 여전히 일인당 연료 소비량이 크게 차이가 날 뿐 아니라 특히 전기 사용에서는 그 차이가 더욱 벌어지는 것이다. 또한 고소득 국가 및 저소득 국가 내부에서도 사회경제 집단에 따라 큰 차이가 있다.

20세기 초에는 유럽과 북미의 산업국가들이 세계 상업 에너지의 98%

를 소비했다. 당시 세계 인구의 대부분은 아시아, 아프리카, 남미의 영세 농민들이었는데, 그들은 현대적인 형태의 에너지를 직접 사용할 수 없었다. 반면에 미국에서는 일인당 화석연료와 수력발전 전력의 소비량이 당시에 이미 연간 100GJ을 넘었다(Schurr & Netschert 1960). 그러나 에너지의 전환 효율이 너무 낮았으므로 실제 이용되는 에너지는 현재 수준의 몇분의 일밖에 되지 않았다. 20세기 전반까지 이같은 사정에는 별다른 변화가 없었다. 1950년에 선진국들은 여전히 세계 상업 에너지의 93%를 소비하고 있었다(UNO 1976). 이후 아시아와 남미의 경제가 발전하면서 그같은 불균형은 감소하기 시작했으나 20세기 말, 세계 인구의 5분의 1이 거주하는 부유한 국가들은 아직도 총 1차에너지의 70%를 소비하고 있다.

TPES 분포의 큰 편중은 아래와 같은 비교를 통하여 더 명확하게 볼 수 있다. 인구가 세계 인구의 5%도 안되는 미국은 2000년 세계 TPES의 27%를 소비했으며, 부유한 7개 국가(흔히 G7으로 알려져 있는 미국, 일본, 독일, 프랑스, 영국, 이딸리아, 캐나다)의 인구는 세계 인구의 10분이 1이지만 에너지 소비는 45%를 차지하고 있다(BP 2001; 그림 1.21). 반면에 사하라 사막 이남의 15개 국가와 네팔, 방글라데시, 인도차이나 국가들, 그리고 인도 농촌 지역 대부분 등을 포함한 빈곤 국가들은 세계의 총 TPES 중 겨우 2%만을 사용하고 있다. 더 큰 문제는 최빈국의 빈민층 성인과 아동 수억명이다. 영세농민, 소작인, 빈곤한 도시 노숙자들은 아직도 상업 에너지나 전력을 직접 이용할 수조차 없다.

1990년대의 국가 평균치를 보면 상업 에너지의 연간 소비량은 크게 차이가 난다. 차드, 니제르 등 사하라 이남의 최빈국에서는 일인당 0.5GJ (20kgoe)인데, 미국과 캐나다에서는 300GJ(7toe)에 이른다(BP 2001; EIA 2001a). 세계의 전체 평균은 1.4toe (일인당 60GJ)이지만, 위와 같은 큰 격차는 국가별 평균이 쌍봉분포나 정규분포 곡선이 아니라 쌍곡선 형태에 가깝게 나타나도록 한다. 즉 전 세계 국가의 3분의 1이 최저 소비량 범주 (일인당 10GJ 이하)에 속해 있으며, 그 이상의 범주에서는 도수도 낮고 변화의 차이도 작기 때문이다(그림 1.21). 세계의 평균치는 일인당 60GJ인데, 이 값은 도수가 가장 낮은 것이며 실제 여기에 해당하는 국가는 아르헨띠나, 크로아티아, 뽀르뚜갈뿐이다.

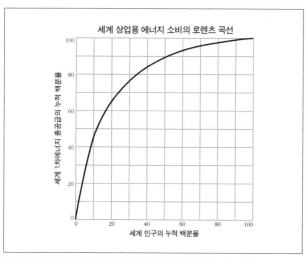

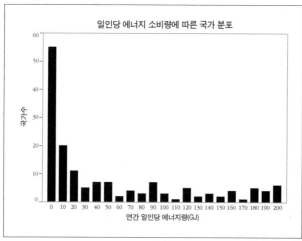

그림 1.21

20세기 말 세계 상업 에너지 소비의 매우 불균형한 분포를 두 가지로 표현했다. 위는 로렌츠 (Lorenz) 곡선으로 총 에너지 소비량에 대한 국가의 비중을 표시하고 있으며, 미국과 G7에 의한 세계 에너지자원의 과잉 점유를 잘 보여준다. 아래는 일인당 에너지 소비량에 대한 도수표로 쌍곡선 형태의 분포를 나타내고 있다. 자료 UNO(2001), BP(2001)의 수치를 도표화.

1990년대 후반의 대륙별 평균은 다음과 같다(일인당 GJ). 아프리카 15 이하, 아시아 약 30, 남미 약 35, 유럽 150, 대양주 160, 북미와 중미 220. 북미를 제외한 부유한 국가의 평균은 거의 150GJ(약 3.5toe)이었으며 저소득 국가의 평균은 겨우 25GJ(0.6toe)이었다. 석유 생산량이 많은 중동 국가(쿠웨이트, 아랍에미리트)를 제외하면 아시아가 급속한 인구증가율에도 불구하고 20세기 후반에 가장 높은 일인당 소비 증가율을 달성했다(UNO 1976; UNO 2001). 가장 두드러지는 나라가 일본(1950년 이후 약 11배)과 한국이다(110배 증가). 소비량 분포에서 반대편 끝에 있는 사하라 이남의 20개 이상 국가들은 일인당 에너지 및 전력 사용량에서 세계 최저의 증가율을 보이거나 심지어 감소하기도 했다.

모든 고소득 국가에서 이전의 국내 격차는 크게 감소했다. 그러나 사회경제 면에서 격차는 아직도 상당부분 남아 있다. 예를 들면 1990년대 말 미국에서 연 소득 5만달러(1997) 이상인 가구의 에너지 소비량은 연 소득 1만달러(1997) 이하인 가구보다 65% 더 많았다(U.S. Census Bureau 2002). 넓은 지역별로 비교할 때 나타나는 차이는 주로 기후로 인한 것이다. 1990년대 말 미국 중서부의 추운 지역에 거주하는 가구는 따뜻한 서부 지역의 가구보다 에너지를 거의 80% 더 많이 사용했다(EIA 2001a).

이런 차이는 저소득 경제권에서 더욱 커진다. 위와 같은 기간 중국의 경우를 보자. 중국 전체 연평균 소비는 일인당 30GJ이었다. 그러나 중국에서 가장 부유하고 인구가 1500만인 대도시 상하이와 석탄이 풍부한 샨시(山西)성의 경우 거의 3배 더 높았으며, 인구 1300만의 수도 뻬이징은 전국 평균보다 2.5배 더 높았다(Fridley 2001). 반면에 상하이 북쪽에 인접한 안후이(安徽)성의 6000만 인구는 일인당 고작 20GJ을 사용했으며, 가난한 내륙 지방인 꽝시(廣西)성의 4500만 주민은 일인당 16GJ을 사용했을 뿐이다(그림 1.22). 이 차이는 전력 사용량 기준으로 비교할 경우 더욱 현격해진다. 중국 전체 평균 전력 사용량은 일인당 0.9MWh인데, 가장 활발한 거대 도시 상하이는 그보다 3.4배 높은 반면, 남단의 섬 지방(하이난海南)은

50%를 밑돌았다.

가구별 조사 결과를 보면, 1990년대 후반 중국 해안 지대의 가장 부유한 4개 도시는 서북부의 가장 빈곤한 4개 지역보다 에너지를 2.5배나 많이 사용했다(National Bureau of Statistics(NBS) 2000). 이와 비슷하거나 격차가 더 큰 경우는 인도의 비교적 현대화된 펀자브와 가난한 오리싸(Orissa) 간에, 멕시코의 외국계 공장이 많은 따마울리빠스(Tamaulipas)와 분쟁으로 분열된 치아빠스(Chiapas) 간에, 브라질의 풍요로운 리오 그란데 도 술(Rio Grande do sul)과 불모 지대인 쎄아라(Ceará) 간에 잘 나타난다.

이제 끝으로 최종 에너지 사용패턴의 변화를 논의하고자 한다. 현대 경제의 구조적 전환으로 상업 에너지의 종류별 수요에 몇가지 중요한 변화가 있었다. 그 변화들은 본질은 같지만 국가별로 매우 다른 속도로 진행되었다. 변화의 가장 큰 특징은 산업 생산에 투입되는 에너지가 초기에 증가

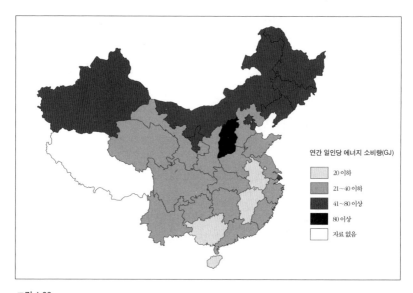

그림 1.22
중국의 지역별 일인당 에너지 소비량 평균은 남부 열대지방 하이난의 10GJ에서 석탄이 풍부한 북부 샨시의 80GJ까지 7배 이상 차이가 난다. 전국 연간 평균은 30GJ이다.
자료 Fridley(2001)의 1996년 수치를 도표화.

하다가 후기에 감소하는 추세이다. 써비스 분야에서는 점진적인 증가를 보인다. 가정용은 처음에는 필수적인 수요에서, 이후에는 다양한 선택 사용 수요에서 꾸준히 늘어간다. 그리고 교통에 사용되는 에너지 비중이 커진다. 이는 부의 증가와 가처분 소득의 증가에 밀접하게 관련된 추세다. 그리고 농업에 사용되는 에너지는 TPES에서 작은 비중이지만, 질소비료와 농기계를 통한 전체 소비량은 20세기에 크게 증가했다. 현재 고에너지 소비형 농업은 현대 문명의 존재 기반이 되고 있다.

산업화 이전의 모든 사회에서 가장 중요한 경제 활동이던 농업은 고소득 국가의 경우 TPES에서 겨우 몇 %를 차지하고 있을 뿐이며 공업, 가정용, 교통, 상업 등에 비해 훨씬 뒤져 있다. 최종 에너지 소비에서 농업의 비중은 경작과 관개, 가공기계에서 직접 사용하는 연료와 전력에 간접 에너지를 합칠 경우 더욱 커진다. 간접 에너지란 기계와 농업용 화학제품, 특히 질소비료 제조에 투입되는 것을 말한다(Stout 1990; Fluck 1992). 국가별 연구에 의하면 20세기의 마지막 25년 동안 고소득 국가에서 농업에 사용된 총 에너지의 비중은 최저 3%(미국)에서 최고 11%(네덜란드) 수준이었다(Smil 1992a). 반면 중국에서는 직간접으로 농업에 사용된 에너지 비중이 TPES의 15%로, 농업이 중요한 에너지 소비 분야에 속한다. 이는 현재 중국이 세계 최대의 질소비료 생산국이며(세계 전체의 4분의 1) 경작지의 거의 절반을 관개하고 있다는 사실을 알면 충분히 이해할 수 있는 것이다(Smil 2001; FAO 2001).

세계 전체적으로는 농업에 투입되는 에너지가 총 1차에너지의 5% 미만이다. 그러나 이같이 상대적으로 적은 투입량도 한 세기 전에 비한다면 매우 커진 것이며, 사하라 이남의 극빈국들을 제외한 모든 국가에서 사실상 모든 농사법과 생산성을 혁신했다는 점에서 그 실질적인 중요성은 막대하다. 1990년 세계 모든 농기계의 동력 합계는 10MW 이하였으며, 무기질비료(주로 칠레산 초석硝石)에 포함된 질소 성분은 36만톤이었다. 2000년에는 트랙터와 수확기 등의 총 동력 합계가 약 500GW가 되었으며 하버-보슈 암모니아 합성법으로 제조한 비료의 질소는 85Mt이었다. 인산비료 제조를 위해 인을 14Mt 이상 채굴, 가공, 합성하고 칼륨을 11Mt 이상 생산했으며, 농지 100Mha 이상을 관개했고, 경작에는 많은 에너지를 소비하는 살충제를 대량으로 사용했다(FAO 2001). 이런 모든 분야에 연료와 전력이 사용되었다.

내가 계산한 바에 따르면 위와 같이 농업에 투입된 에너지 총량은 2000년에 15EJ이었는데, 이는 경지면적으로 환산하면 10GJ/ha가 된다. 1900~2000년에 세계의 경지면적은 3분의 1 증가했으나 식량 곡물의 생산은 거의 6배 증가했다. 이는 면적당 생산량이 4배 증가한 것이며 여기에 투입되는 화석연료와 전기에너지는 전 세계에서 150배나 증가했다(그림 1.23). 현재 세계 평균 농업 생산성을 보면 1ha의 경작지가 4인을 부양할 수 있는데 1900년의 경우 1.5인에 불과했다. 생산성이 높은 지역에서는 이 비율이 더욱 높아진다. 1ha의 경작지에서 부양하는 인구는 네덜란드에서는 20인, 중국의 인구 밀집 지역에서 17인, 미국에서는 풍요한 식사와 대량의 수출 여력을 감안하고도 12인이다(Smil 2000c).

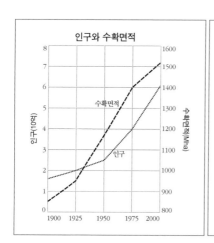
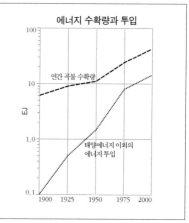

그림 1.23
100년간의 농업 발전을 수확면적의 추세, 세계 수확량의 에너지 함량과 태양에너지 이외의 에너지 투입의 관계로 요약했다. 자료 Smil(1994a), 미발표 계산.

1900년 세계 곡물 생산량은 일인당 하루 10MJ의 열량을 공급하여 일일 최소 필요 식량을 근소하게 넘어서고 있었으며 가축 사료용 곡물은 크게 부족한 실정이었다. 현재 세계 곡물 생산량은 일인당 20MJ로, 이는 상당 부분을(세계 전체로는 40% 이상, 고소득 국가에서는 70%까지) 가축 사료로 전용할 수 있는 양이다. 그리하여 현재 고소득 국가에서는 과식(하루 일인당 섭취 열량이 3000kcal를 초과) 현상과 아울러 동물성 단백질과 지방을 지나치게 많이 섭취하는 일이 일어나고 있다. 저소득 국가에서는 가축 사료용 곡물이 크게 부족한 실정이지만, 장기간 전쟁을 치르고 있는 국가를 제외한 평균을 보면 고르게 분배할 경우 기본 식사량은 충족할 수 있는 식량이 생산되고 있다(Smil 2000c).

하지만 불행히도 식량은 고르게 분배되지 않고 있으며, 국제연합 식량농업기구(FAO)의 최근 보고에 의하면 1996~98년에 세계 인구의 14%인 8억 2600만명이 영양 부족 상태에 있다(FAO 2000). 당연히 이 숫자는 국가별로 큰 차이가 있어서 영양이 부족한 사람 중 3400만명은 고소득 국가에 있으며 7억 9200만명은 빈곤 국가에 있다. 가장 심한 영양 부족을 겪는 곳은 (전체의 약 70%인) 아프가니스탄, 소말리아 등이고, 가장 많은 수가 영양 부족, 성장 부진, 기아를 겪는 곳은 인도와 중국인데, 각각 인구의 20%(2억명)와 10%(1억 3000만명)가 부족한 식사를 하고 있다.

경제 현대화의 초기 단계에서는 일반적으로 1차산업과 2차산업이 국가 전체 에너지 사용량의 절반 이상을 소비한다. 점차 광물 채굴의 에너지 효율이 개선되고 비효율적 산업공정이 크게 줄면서 핵심 산업에서 에너지 수요의 증가 요인을 없애거나 대폭 감소하게 되었다. 앞서 기술한 바와 같이 특히 제철과 화학합성 산업에서 이같은 개선이 두드러졌다. 석탄의 수소 첨가를 기반으로 하는 암모니아합성법(분자합성에서 역사상 가장 중요한 합성법이며, 총 합성량에서 암모니아는 황산과 함께 으뜸을 차지하고 있다)은 1913년 바스프(BASF)사가 처음 상업화했을 때 1t당 100GJ의 에너지를 소비했다. 그러나 현재 최신의 켈로그 브라운 앤드 루트(Kellog

Brown & Root) 또는 할도르 톱소(Haldor Topsøe) 플랜트에서는 원료용이나 연료용으로 천연가스를 사용하는데, 소비 에너지량은 암모니아 1톤당 26GJ이다(Smil 2001. 그림 1.24).

성숙 단계에 있는 경제권에서 상업용, 가정용, 수송용 에너지의 중요성이 증가하는 추세는 국가 통계가 나와 있는 소수의 사례를 보거나 각기 현대화의 다른 단계에 있는 국가들을 비교하면 파악해볼 수 있다. 미국의 경우 산업용 에너지의 비중은 1950년 47%에서 2000년 39%로 감소했으며(EIA 2001a), 일본의 경우 1970년 67%로 최고에 도달한 뒤 감소하여 1995년에는 50% 이하가 되었다(IEE 2000). 반면에 산업 생산이 급속히 현대화하고 있는 중국에서는 아직도 산업용 에너지가 국자 전체 에너지 수요의 큰 부분을 차지하고 있다. 중국은 1980년대 초 경제개혁을 실시한 후 지금까지 65~69%의 1차에너지를 산업용으로 사용하고 있다(Fridley 2001).

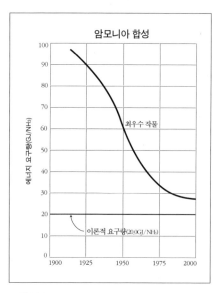

그림 1.24
1913년 하버-보슈법의 상업화로 암모니아 합성에 사용되는 에너지 밀도가 감소했으며, 이후 지속적으로 개선되다가 1960년대 원심펌프를 사용한 단일 트레인 플랜트를 도입하며 효율성이 대폭 높아졌다. 자료 Smil(2001).

가정용 에너지 소비 비중의 증가는 에너지의 평균 가격 인하가 가장 주요한 원인이며(실제 가격 변동은 다음 장 참조), 부유화를 표시하는 가장 좋은 지표이다. 미국의 가정은 TPES의 20%를 사용하며, 일본은 15%, 중국은 겨우 10%이다. 뿐만 아니라 최근 가정용 에너지 수요에서는 불필요하고 무분별하게 쓰는 에너지의 양이 늘고 있다. 미국 중산층 가구 대부분에서 이같은 사치성 소비는 2차대전 이후에 시작되었으며, 유럽과 일본에서는 1960년대에 시작되었다. 이런 경향은 1973년 석유파동 이후 한동안 줄었으나 1990년대부터 다시 만연하여 가식적인 과소비 뽐내기를 부추기고 있다.

전력 사용을 비교해보면 이런 변화 추이를 더 잘 파악할 수 있다. 1900년 전형적인 미국 도시 가정에서 쓰는 전기기구는 다 합쳐도 500W 미만인 저효율 전구 몇개에 지나지 않았다. 50년 뒤에는 전구 12개 이상, 냉장고, 오븐이 딸린 전기레인지, 세탁기, 텔레비전, 라디오 등 중산층 가구의 전기기구는 총 5kW가 되었다. 반면 2000년 현재 교외에 있는(도심에서 50km 이상 떨어진) 주택으로서 주거면적이 120평이고 완전 전기화되어 있으며 에어컨디션이 되고 일체의 가정용 전기기구(대용량 냉장고와 전기난로 등)를 연결할 수 있는 전기 콘센트 여러개를 설치한 가정의 전기시설 용량은 30kW 정도이다.

그러나 미국 상류층 가정에서 에너지를 가장 많이 소비하는 것은 자가용 승용차이다. 평균 3대의 자가용 또는 SUV는 각기 100kW 이상의 동력을 사용하며, 보트 또는 레크리에이션 차량(또는 둘 다, 후자의 경우 작은 주택만한 크기이다) 등을 합한다면 한 가정에서 사용할 수 있는 총 동력은 무려 1MW에 이르게 된다! 여기에 휘발유 엔진 낙엽소제기나 천연가스를 사용하는 수영장 온수기 등 실외 에너지 사용기기를 합친다면 동력 사용량은 더욱 커진다. 편리함, 다양함, 융통성, 신뢰성 등의 측면을 제외하고도 이 정도의 동력을 사용할 수 있었던 것은 건장한 노예 6000명을 거느리던 로마제국의 대장원주나, 일꾼 3000명과 말 400마리를 부리던 19세기의 대지주밖에 없을 것이다. 미국의 주거용 에너지 사용에 대한 세부 조사에 따르면 전체 현장 사용량 중 약 절반이 난방용이었으며 5분의 1이 가전제품의 동력용이었다(EIA 1999a). 그러나 자가용 승용차가 수송용 에너지의 거의 절반을 차지하고 있으므로 미국 가정이 구매하는 에너지 총량은 TPES의 3분의 1에 이르고 있다.

수송용 에너지 사용은 가장 크게 증가한 부분으로, 대부분 개인 승용차에 의한 것이다. 1900년에 승용차는 5만대에 불과했으나 1999년에는 5억대로 늘었으며 승용차와 상용차(트럭과 버스)의 합계는 거의 7억대가 되었다(Ward's Communications 2000). 20세기를 통틀어 미국은 자동차시대를 지배했다. 1900년 미국의 등록 차량은 8000대였으나 20년 후에는 1000만대, 1951년에는 5000만대를 돌파했다(USBC 1975). 20세기 말에는 2억 1500만대

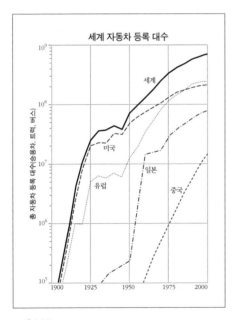

그림 1.25
1900~2000년 세계, 미국, 유럽, 일본의 차량 대수. 유럽의 승용차, 트럭, 버스의 총 대수는 1980년대 후반 미국의 차량 등록수를 앞질렀다. 자료 Smil(1999a)의 그림에 Ward's Communications(2000)의 수치 추가.

로서 세계의 30%를 차지했으나 총 대수는 유럽이 약간 앞서 있다.

현재 고소득 국가 대부분에서는 여행객이 사용하는 에너지가 TPES의 20% 이상이며, 이에 비해 저소득 국가에서는 5% 정도이다. 미국의 승용차 보유 비율(1대당 2.1명)은 일본(2.4명)보다 약간 높은 수준이며, 이딸리아와는 같고 독일(2.0명)보다는 약간 낮다. 그러나 미국은 자동차문화의 전형이라 할 수 있다. 미국의 승용차가 연간 주행하는 거리는 다른 국가에 비하여 훨씬 길며, 믿기 어렵겠지만 지금도 여전히 증가하고 있다. 1990년대에 평균 주행거리는 16% 증가하여 차량당 연간 1만 9000km가 되었다(EIA 2001a). 또한 미국 자동차는 평균 출력이 더 높아서 차량 1대가 연간 소비하는 연료는(이 수치를 처음 산출했던 1936년에는 590리터였으나 2000년에는 2400리터로 증가) 보통 다른 고소득 국가보다 2~4배 더 많다. 이 때문에 미국은 전 세계 자동차 연료 소비에서 비정상적으로 높은 비중을 차지하고 있다. 1999년 수송용 액체연료 사용량은(거의 650Mtoe) 일본의 총 1차에너지 사용량보다 25% 더 많았으며, 세계 TPES의 7% 이상을 차지했다(EIA 2001a; BP 2001).

1990년대부터 고소득 국가 대부분에서 자동차 교통이 포화상태에 이른 조짐을 보이는 데 반해 항공 여행은 20세기 마지막 10년 동안 계속 빠르게 증가했다. 전 세계 정기 항로의 여객킬로(여객수×운항거리)는 1950~2000년에 약 75배 증가했다. 그러나 미국의 경우 엔진 성능 개량과 비행기 설계 개선으로 1970~90년에 제트연료 1리터당 좌석킬로(좌석수×운항거리)가 거의 2배로 증가했다(Greene 1992). 많은 사람들이 예상하는 바와 같이, 세계 항공 여행의 장기적인 미래는 2001년 9·11테러가 일회성으로 끝날 것인가 아니면 앞으로 이어질 공격의 시초인가 하는 데 달려 있다.

회고와 전망

새로운 세기, 새로운 밀레니엄이 동시에 시작되는 싯점에 우리는 지난 100년간의 성과와 실패를 돌아보고 다가올 변화의 속도와 형태를 깊이 생각해볼 필요가 있을 것이다. 다음 장에서는 여러가지 계량적인 장기 예측들을 자세하게 검토할 것이다. 물론 과거의 진행 상황을 완전히 이해한다 하더라도 예측에는 항상 어려움이 따르기 마련이다. 그러나 그러한 검토와 함께 가장 타당성있는 큰 흐름을 예측하고 바람직한 규범적 씨나리오를 구성하는 일에서는 한 시대에 반복적으로 나타난 패턴과 전반적인 경향 또한 결코 무시할 수 없다. 그러므로 에너지와 관련한 20세기의 여러 교훈은 다시 살펴볼 가치가 충분히 있을 것이다.

사용중인 1차에너지와 원동기는 매우 서서히 대체되므로, 단기간에 새로운 에너지원과 신기술이 확산·보급되리라는 예측은 그리 적절하지 않은 것 같다. 20세기의 전반은 19세기의 전형적인 에너지원이던 석탄이 지배한 시기였으며, 내연기관·증기터빈·전동기 같은 19세기의 3대 발명품은 1890년대부터 시작된 화석연료 시대 전체를 규정하고 형성하는 데 결정적인 역할을 했다. 근래에 석유시대가 끝났다거나(제4장 참조) 내연기관이 조만간 사라질 것이라는 말이 유행하고 있지만, 21세기 초반의 에너지 씨스템은 20세기와 근본적으로 다르지 않을 것이다.

성급한 상업화와 안전에 대한 우려, 그리고 아직 해결되지 않은 방사성 폐기물의 장기 보관 문제 등으로 인하여 최초의 원자력시대는 발전의 든든한 기반을 마련하지 못했으며, 독특하게도 성공적인 실패에 이르렀다고 보아야 하겠다. 그리고 정부 지원과 민영 투자에도 불구하고 지열과 중앙 집중형 태양열, 옥수수 전분에서 가공 추출한 알코올, 생물 발효 가스 등에 이르는 비화석연료는 지구 전체 규모로 본다면 아직도 그 기여도가 미미한 실정이다(제5장 참조). 새로운 에너지 전환장치 중에서 가스터빈만

이 항공과 지상에서 훌륭하게 성공했으며, 풍력터빈도 대규모 상업 발전용으로 본격 검토할 수 있을 만큼 충분히 개량되었다. 광전지는 우주와 특수 지역에서 매우 유용하다는 것이 입증되었지만 아직 대규모 발전에는 실용화하지 못하고 있다.

그러나 20세기의 중요한 교훈은 에너지 전환장치의 발전과는 다른 측면에서 찾아야 한다. 아무리 효율적인 전환장치를 개발한다 하더라도 환경에 주는 부담이 계속해서 커질 것이라는 사실은 변하지 않을 것이다. 그러므로 에너지 수요와 관련해서는 무분별하게 공급을 늘리는 것이 아니라, 특정한 에너지 써비스의 공급에 촛점을 두는 역발상이라면 충분한 여지가 있다(Socolow 1977). 합리적으로 관리되는 고소득 사회라면 현실적인 에너지 관리 목표를 단순히 그들의 경제 씨스템에서 에너지 집약도를 낮추는 것에 둘 것이 아니라, 궁극적으로 1차에너지 공급을 증가시키지 않고도 경제 성장을 이루도록 하는 것이 필요하다.

과제는 여기에서 그치지 않는다. 생물의 진화는 생물권에서 에너지 처리 효율의 증가를 동반하는 경향이 있으며(Smil 1991), 20세기에 이루어진 성공적인 기술 발전들을 보면 현재의 고에너지 문명 역시 그러한 방향으로 움직일 것임을 알 수 있다. 그러나 효율이 높은 에너지 사용기기는 고소득 국가에서 종종 매우 미덥지 않은 방식으로 이용된다. 데이비드 로즈는 한 세대 전에 이렇게 말했다. "지금까지 점점 더 많은 에너지가 자원을 쓰레기로 만드는 데 사용되고 있으며 그 과정에서 우리가 얻는 것은 일시적인 혜택과 쾌락뿐이다. 지금까지 나온 성적은 결코 좋은 편이 아니다." (David Rose 1974, 359면) 소비 중심 사회의 바닥에 깔려 있는 이같은 비효율성을 해결하는 문제는 에너지 사용기기의 성능을 향상하는 일보다 훨씬 어려울 것이다.

에너지 공급이 생존에 필수적인 현대화 과정의 사회에서는 이 임무가 달라진다. 이 점에서도 20세기는 성공적인 실패였다. 수많은 사람들이 말 그대로 비참한 곤궁이나 헐벗은 생존에서 벗어나 최저생계 수준으로 옮겨갔다. 그러나 아직도 부유한 국가의 생활수준과는 격차가 있으며 전 세계에서 사회·정치 불안을 야기하고 있다. 기술의 혁신과 에너지의 효율적인 사용에 역점을 둔다 하더라도, 아시아·아프리카·남아메리카 등 현대화 과정에 있는 경제권에서는 엄청난 양의 1차에너지가 필요할 것이다. 2050년까지 증가할 것으로 예상되는 20~30억의 인구를 부양하는 일만 보아도 그렇다. 그러나 고소득 국가와 같은 생활수준에 대한 기대는 이 에너지 수요를 더욱 높일 것이다.

이 새로운 수요는 화석연료와 1차전력의 사용으로 야기된 지구 환경 변화라는 20세기의 문제를 더욱 증폭시킬 것이다. 우리는 대기와 수질 오염의 국지적인 영향을 통제하거나 제거하려고 노력해왔지만 현재 대륙 또는 지구 규모의 환경 변화에 직면하고 있다(Turner et al. 1990; Smil 1997). 이처럼 전례 없이 인류 전체에 영향을 끼치는 수많은 복잡한 문제를 우리는 아직 잘 이해하지 못하고 있다. 결국 불완전한 정보를 바탕으로 곤란할 정도로 큰 불확실성에 대처해갈 수밖에 없는 것이다.

아마도 가장 현명한 방법은 지구 환경에 대한 현대 문명의 부담을 줄이고 신중하게 위험을 최소화하는 일일 것이다. 화석연료 연소에 크게 의존하는 한, 인류가 사용하는 에너지의 양을 최소한으로 유지하도록 노력하는 것이 최선이다. 이러한 전략에 적합한 효과적인 기술 수단과 사회경제적 조정 방법은 충분히 있으며 얼마든지 가능하다. 하지만 공학과 운영기술 분야의 혁신들을 보급·확산시키기 어려울 것이며 또한 대중이 새로운 정책을 수용하기도 쉽지는 않을 것이다. 하지만 그러한 노력에서 충분히 성과를 거두지 못한다면, 21세기의 가장 중요한 의무, 즉 생물권을 온전하게 보전하는 일은 성공하지 못할 것이다.

이같은 20세기의 교훈을 바탕으로 나는 이 책의 내용을 쉽게 구성할 수 있었다. 제2장에서 에너지, 경제, 환경과 삶의 질 사이의 광범한 관계를 설명하고, 제3장에서는 특정한 정량적 예측에 대한 반론과 규범적 실천 계획을 논할 것이다. 그런 다음 제4장에서는 미래 세계에서 화석연료에 의존하는 게 얼마나 불확실한지를 구체적으로 검토할 것이며, 종래의 바이오매스 연료에서 최신의 광전지까지 새로운 비화석연료를 개발하고 보급할 수 있는 기회와 그 어려움 등을 제5장에서 논의하고자 한다. 마지막 장에서는 먼저 기술 발전과 가격 정책 개선, 기업 경영과 사회 변화 등을 결합하여 현실적으로 달성할 수 있는 절감 방안을 제시하고 평가할 것이다. 그리고 그러한 방안들 자체만으로는 미래의 에너지 사용을 절제하기에 부족하다는 것을 논한 후, 끝으로 타당성있는 바람직한 목표를 제시할 것이다. 이 목표들의 일부만 성공하더라도 전 세계 가용 에너지 수요의 증가와 생물권 온전성의 효과적 보전이라는 두 필요 사이의 충돌을 크게 줄일 수 있을 것이다.

2장

ENERGY AT THE CROSSROADS

에너지, 경제, 환경, 그리고 삶의 질

모든 에너지의 전환은 원하는 목적을 달성하기 위한 수단일 따름이다. 이 목적은 개인이 사용하는 가전제품에서 국가경제 발전까지, 기술적인 우위에서 전략적인 우세까지 광범하다. 에너지와 경제가 맺는 매우 강한 상관관계에 대해서는 많은 연구가 있었지만 아직 충분히 해명되지는 않았다. 물리학(열역학)적인 관점에서 본다면, 현대 경제는 화석연료와 전력이라는 거대하고 끊임없는 에너지 흐름을 획득하여 전환하는 고도로 복잡한 씨스템이라 할 수 있다. 에너지 사용량과 경제 발전 수준 사이에는 부분적이나마 밀접한 연관이 있으므로 경제 발전은 에너지 사용에 직접적으로 비례하는 함수라 할 수도 있다. 그러나 현실에서는 에너지 사용량과 경제적 수준 사이에 선형관계도 어떤 계량적인 함수관계도 나타나지 않는다.

1차에너지 총공급(TPES)과 국내총생산(GDP)의 관계를 조사해보면 그 연관이 매우 복잡할 뿐 아니라 역동적임을 알 수 있다. 양자의 관계는 경제 발전 단계에 따라 변하며, 일부 예측할 수 있는 규칙성이 있다 하더라도 국가마다 특수성이 있기 때문에 적절한 에너지 소비량에 대한 규범적인 결론을 도출할 수는 없다. 에너지와 경제 발전의 관계를 바탕으로 유도된 여러 결론들은 비록 겉보기에는 명백한 것 같지만 이런 문제로 인하여 잘못된 것이 많다. 무엇보다 중요한 사실은 국가들 사이에 경제성장률이 같더라도 TPES의 증가율은 꼭 같은 것이 아니며, 높은 삶의 질을 누리기 위해 반드시 에너지를 일정량 소비해야 하는 것도 아니라는 점이다. 에너지와 경제 관계의 복잡성을 파악하려면 국가 전체의 에너지 집약도를 조사해보는 것이 가장 좋은 방법일 것이다.

이 장에서는 이러한 관계를 검토하기 위하여 특정 연도의 에너지 집약도 비교는 물론 장기적인 변화 추세도 함께 살펴보도록 하겠다. 아울러 에너지 집약도를 해체하여 그 문제점을 지적하고, 장기적 변화와 국가 간에 나타난 주요 변화의 핵심 요인을 찾아볼 것이다. 그후에 에너지 가격의 장기 추이를 간략하게 살피고 화석연료와 전력의 실질 생산비용을 세부적으로 검토하여 에너지와 경제의 관계 분석을 마무리하고자 한다. 다양한 형태의 에너지 공급 및 사용과 관련된 외적 요인을 완전히 제외하거나 부분적으로 적용했으므로 여기에서 제시할 에너지의 실질 생산비용은 현재 가격보다 훨씬 더 높을 것이다.

삶의 질과 에너지의 관계는 아마도 경제와 에너지의 관계보다 더욱 복잡할 것이다. 경제 발전을 통하여 보건, 교육, 환경에 충분히 투자하고 더 높은 가처분소득을 올리는 일은 분명 높은 생활수준에 필수적인 조건이다. 그러나 삶의 질을 높이는 데 에너지가 얼마나 필요한가에 대해서는 정해진 기준이 없다. 무분별한 과소비는 생활수준 향상에 기여하는 바 없이 다량의 에너지만 낭비하는 반면, 뚜렷한 목적을 가지고 확고하게 공공정책을 실행하면 매우 낮은 에너지 비용으로 훌륭한 성과를 거둘 수도 있을 것이다. 에너지와 경제의 관계 검토에서와 마찬가지로 이 두 가지 상반된 현실을 설명하기 위해 다양한 국가별 비교를 사례로 제시할 것이다.

에너지 사용량이 증가하면 경제나 개인에게 혜택이 돌아가는가 아닌가도 문제이지만, 확실한 것은 에너지 사용량이 증가하면 환경에 끼치는 영향도 그만큼 커진다는 사실이다. 화석연료 채굴과 수력발전은 노천탄광, 유전, 대규모 저수지 등을 통하여 토지의 용도에 영향을 끼치는 대표적인 예이다. 연료 수송과 전력 송전 역시 철도와 도로 교통, 송유관, 고압선 등을 통하여 환경에 영향을 끼친다. 원유의 해상 수송은 바닷물, 특히 연안 지역 오염의 주원인이다. 화석연료를 태우면 인류에게 문제가 되는 온실가스뿐 아니라 삼림, 각종 원료, 사람의 건강에 해를 끼치는 여러가지 대기오염 물질이 배출된다. 원자력발전소에서 사고가 나 방사능 물질이 누출될 가능성을 보다 철저한 설계를 통하여 최소화할 수 있다 하더라도, 방사성 폐기물을 1000년 이상 장기 보관하려면 전례 없는 보안과 경계가 필요하며 이런 문제는 아직 어느 문명 사회에서도 해결하지 못한 것이다.

20세기 환경 문제의 역사를 돌이켜보면 인간의 오염 방지·통제·관리 능력이 발전하거나 과학적 지식이 늘어남에 따라 문제의 촛점이 옮겨진다는 것을 알 수 있다. 고농도의 입자상물질과 아황산가스로 질식을 일으키는 런던형 스모그, 그리고 불이 붙을 정도로 폐기물에 오염된 하천 등은 대기와 수질의 오염을 방지하는 기본법이 시행되기 전에 발생한 극단적 사례로서 교과서에 수록되기도 했다. 그러나 이후 광화학적 스모그가 훨씬 통제하기 어려운 현상임이 밝혀졌다. 인간의 활동에 의하여 대기 중에 질소 화합물의 농도가 높아짐으로써 발생하는 것이기 때문이다. 이러한 문제들은 앞으로도 수십년 동안 해결되지 못할 것이다. 그리고 급속한 지구온난화는 앞으로 몇세기 동안 그 영향이 지속될 것이다. 그러므로 공간적 규모로는 국지적인 현상에서 전 지구 규모까지, 시간적인 범위로는 일시적인 사건에서 수천년간 지속되는 현상까지 에너지와 환경의 관계는 에너지의 미래에 결정적인 영향을 끼칠 것임이 분명하다. 이같은 중요성을 감안하여 이 책의 마지막 장에서 다시 이 문제로 돌아올 것이다.

에너지와 경제

전 지구적 규모에서 시작하기 위해 20세기 세계의 상업용 에너지 소비와 세계총생산(GWP)을 비교하면 매우 밀접한 관계가 나타난다. 물가 상 승의 영향과 인위적인 환율의 차이를 제거하면 GWP를 불변가격으로 표시할 수 있으며, 구매력지수(PPP)를 사용하여 국가별 GDP를 공통 화폐 단위로 환산한다. 이렇게 계산하면 세계의 상업적 TPES 성장률은 GWP 성장률과 거의 정확하게 일치하며 그 탄성치는 1.0으로 지극히 안정된 상태를 유지한다. 각 변량은 100년 동안 약 16배 증가하여, 에너지 소비량은 22EJ에서 355EJ로, 경제 생산액(1990년 미화 불변가격)은 2조달러에서 32조달러로 각각 증가했다(Maddison 1995; World Bank 2001).

국가별 일인당 평균 GDP와 TPES 사이에도 매우 높은 상관관계가 드러난다. 2000년도 브리티시 페트롤리엄(BP)사의 에너지 사용량 통계에 올라 있는 63개 국가에서 이 두 변량의 상관계수는 0.96으로서, 곧 분산이 92%라는 뜻이므로 불규칙성이 높은 경제·사회 현상에서는 매우 밀접한 관계에 있음을 나타낸다. 이 변량들의 산포도에서 중간선을 그으면 대각선이 그려지며, 그 좌측 하단은 방글라데시, 우측 상단은 미국이 된다(그림 2.1). 산포도를 자세히 검토해보면 1인당 GDP(PPP 감안) 2만달러 이상의 국가들은 모두 1990년대에 일인당 1차 상업 에너지 사용량이 100GJ 이상이며, 일인당 GDP 1000달러 이하의 저소득 국가는 모두 일인당 20GJ 이하의 1차 상업 에너지를 사용했음을 알 수 있다.

이 두 변량은 한 국가 내에서도 밀접한 관계가 있다. 예를 들면 그림 2.2에서 일본의 에너지 사용량과 GNP 성장 사이에는 높은 상관관계가 있음을 한눈에 볼 수 있다(그림 2.2). 이같은 도표의 이미지와 매우 높은 상관관계 때문에 경제 성장이 총 에너지 공급량에 직접 비례한다는 일반적 통념이 생기는 것이다. 뿐만 아니라 이 이미지와 상관관계는 마치 어떤 수준의 경제적 부를 누리려면 특정한 양의 에너지를 소비해야 한다는 결론을 뒷받침하는 것처럼 보이기도 한다. 그러나 국가별로 에너지 집약도를 조사해보면 그러한 생각에 오류가 있음이 드러난다. 어떤 국가경제의 에너지 집약도는 간단히 말해 연간 TPES(공통 에너지 단위로 환산한)와 GDP

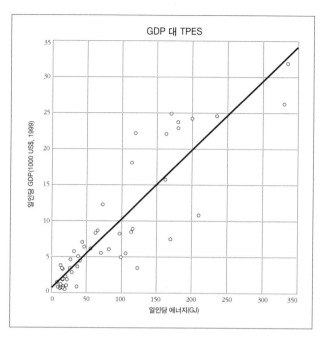

그림 2.1

1차에너지 총공급(TPES)과 국내총생산(GDP) 사이의 높은 상관관계. 두 수치는 모두 2000년도 일인당 평균값으로 환산했다. 자료 BP(2001), UNDP(2001)의 수치를 계산.

의 비율이다. 특정한 연료의 에너지 집약도 또는 총 전력 소비량을 조사하는 일도 이해에 도움이 된다.

에너지 집약도는 국제연합기구(UNO 2001), 국제에너지기구(IEA 2001), 에너지정보국(EIA 2001a) 등의 기관이나 BP(2001) 등에서 매년 발간하는 통계 자료를 이용하여 쉽게 계산할 수 있다. 현재 UN의 통계 자료에서는 에너지 총량을 석탄·석유환산량 및 GJ 단위를 이용해 수록하고 있으며 다른 자료에서는 석유환산량을 공통 기준으로 하고 있다. 마찬가지로 GDP 자료도 국제연합개발계획(UNDP 2001)이나 세계은행(World Bank 2001) 등의 자료에서 쉽게 찾을 수 있다. 장기 경향을 왜곡하지 않고 파악하려면 모든 GDP 값을 불변가격으로 표시하여야 하며, 국가끼리 비교하기 위해서는 공통 화폐단위로 환산해야 하는데 여기에는 거의 대부분 미화(US달러)를

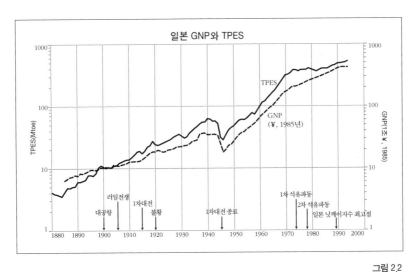

일본 GNP와 TPES

그림 2.2

20세기 일본의 국민총생산(GNP, 불변엔으로 표시)과 1차에너지 총공급(TEPS)은 매우 밀접한 관계를 가지고 있다. 자료 IEE(2000)의 그래프.

사용하고 있다.

에너지 집약도 개념이 널리 사용되면서 몇몇 국제기관에서 매년 최신 및 과거 자료를 발표하고 있다. 경제협력개발기구(OECD)의 『에너지 균형』(*Energy Balance*)은 TPES를 Mtoe 단위로, GDP를 불변 미화 가격으로 환산하여 모든 회원국들의 에너지 집약도를 수록하고 있다(OECD 2001). 『오펙 리뷰』(*OPEC Review*)에서는 전 세계와 주요 경제권의 에너지 집약도를 미화 1000달러(1985)의 석유 배럴 환산치로 표시하여 과거 수치(1950년 이후)와 매년 갱신된 수치를 함께 수록하고 있다. 미국 EIA에서도 세계 대부분의 국가에 대하여 이 두 가지 수치를 Btu/$1000(1990) 단위로 발표하고 있다(EIA 2001d).

에너지 집약도는 한 국가의 경제 성장을 나타내는 장기 지표로 볼 수 있으며, 국가끼리 비교하는 데도 자주 쓰이고 있다. 또한 각 국가경제의 에너지 효율성과 함께 연료 및 전력 사용 측면에서 낭비를 피하는 데 상대적인 성패를 보여주는 지표로 이용된다. (이 총괄적인 방법은 쉽게 이해할 수 있다는 장점이 있다. 단위 GDP당 연료·전력의 소비량이 상대적으로 적은 국가는 분명히 경제·사회·환경 면에서 잇점을 누릴 수 있을 것이기 때문이다) 투입되는 에너지 양이 상대적으로 더 적다면 총 제조 원가가 낮을 것이며 따라서 세계 시장에서 경쟁력이 있을 것이라고 추론할 수 있다. 석유 수입국인데 에너지 집약도가 낮다면, 비싼 원유를 도입하기 위한 지출이 줄어들 것이므로 무역수지 균형에 도움이 될 것이다. 또한 낮은 에너지 집약도는 원재료 생산·가공·제조 기술이 발전된 정도를 나타내는 지표의 역할을 할 수도 있는 것이다.

원재료의 효율적인 이용, 에너지가 많이 투입된 재료의 철저한 재활용, 융통성있는 제조 공정, 적시(just in time) 납품을 통한 재고 최소화, 효율적인 판매망 등은 낮은 에너지 집약도를 실현하는 데 필요한 기반시설의 특성이다. 이 장의 끝 부분에서 자세하게 논의하겠지만, 에너지의 생산, 가공, 운송, 최종 소비는 전 세계에서 대기오염 물질 배출, 수질오염, 생태계 파괴의 가장 큰 원인이 되고 있으므로 환경 보호와 생활의 질을 유지하기 위해서는 낮은 에너지 집약도가 매우 바람직한 것이다.

국가별 에너지 집약도의 장기 추세를 비교해보면 상당한 유사점을 발견하게 된다. 산업화 초기 단계에서는 보통 에너지 집약도가 상승하는데, 정점은 매우 뾰족하며 기간은 그리 길지 않다. 대부분의 국가에서 그 정점 이후에는 급격한 감소 현상이 관찰되는데, 이것은 성숙한 현대적 경제에서 투입 자원(전력, 철강, 물 등)을 더 효율적으로 사용하기 때문이다. 영국, 미국, 캐나다의 예를 보면(그림 2.3) 이러한 패턴이 잘 나타난다. 미국의 경우 에너지 집약도 최고치는 1920년 무렵 상당히 뾰족한 모양을 하고 있으며 2000년에는 최고치에서 무려 60%나 감소했다. 그러나 일본처럼, 뾰족한 모양 대신 편평한 고원 형태도 있다. 그림 2.3의 국가별 에너지 집약도 그래프에서도 장기 추세의 특징을 볼 수 있다. 에너지 집약도 정점의 싯점이 제각각이고, 상승 및 하강의 기울기도 서로 다르다는 것은 본격적인 산업화가 시작된 싯점이 다르다는 것, 그리고 경제 발전과 기술 혁신에

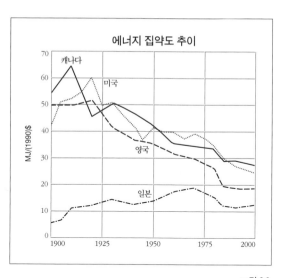

에너지 집약도 추이

그림 2.3
미국, 캐나다, 영국, 일본 국가경제의 100년간 에너지 집약도 추세. 자료 Smill(2000a)의 그림.

서 국가별로 고유한 속도가 있다는 것을 나타낸다. 다음 장에서 설명하겠지만 이같은 공간적·시간적 차이 때문에 에너지 집약도의 추이를 예측하는 일이 어려운 것이다.

전 세계의 에너지 집약도가 어떻게 변해왔는가를 정확하게 계량화하여 표시하기는 어렵다. 그러나 최적근사치를 본다면 세계 전체적으로는 에너지를 합리적으로 사용하는 방향으로 점차 발전하고 있음을 알 수 있다. 세계 경제의 에너지 집약도는 1900년과 2000년 모두 11MJ/U.S.$(1990)로 같다. 그러나 그 사이에는 상당한 변동이 있었다. 1970년 무렵 최대치가 되었으며 이후 5분의 1 정도 감소했다. 이같은 변동은 세계적 변화 추세에 대해 국가별로 부합하는 경향과 대치되는 경향이 복잡하게 결합한 결과이며, 국가별로 특정한 시기와 비율에 좌우된다.

현재 세계 중요 경제권들의 에너지 집약도는 상당히 많이 다르다. 국가별 GDP를 구매력평가지수(PPP)로 환산하고 1990년 미화 불변가격으로 표시하면 G7 국가들의 1999년 에너지 집약도는 이딸리아와 일본이

7MJ/$ 이하, 독일과 프랑스가 8MJ, 영국이 약 9MJ, 미국이 11MJ, 캐나다가 13MJ다. IEA와 EIA가 발표한 국가별 에너지 집약도는 이들 서방 국가에서도 상당히 차이가 나는데 그 이유는 다음 절에서 설명하겠다. 반면 다른 국가의 경우 1999년 에너지 집약도는 중국과 인도가 10MJ, 러시아가 25MJ 이상, 우크라이나가 무려 35MJ이다(그림 2.4).

이상의 수치들을 비교해보면 국가별 경제 상태를 거시적으로 볼 수 있다. 일본은 효율적이고, 독일은 견실하지만, 미국과 캐나다는 다소 낭비가 있다. 중국은 최근의 발전에도 불구하고 진정한 현대적인 경제 국가가 되기에는 아직 시간이 더 필요할 것이며, 러시아는 경제적 늪에 빠져 있다 할 수 있을 것이고, 우크라이나는 구제 불능 상태에 가깝다. 그러므로 에너지 집약도는 환경에 대한 영향은 물론 국가경제와 기술의 효율을 나타내는 훌륭한 지표가 될 수 있는 것이다. 다른 종류의 총괄적 지표와 마찬

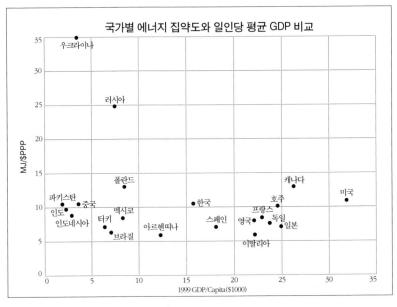

그림 2.4
국가별 에너지 집약도와 일인당 평균 GDP의 비교. 두 수치는 모두 표준환율이 아닌 구매력평가지수(PPP)로 환산한 것이다. 자료 UNDP (2001).

가지로 에너지 집약도는 국가의 성취 수준과 정책을 평가할 때 복잡한 현상을 압축 정제하여 단순하고 쉽게 이해할 수 있게 해준다.

그러나 에너지 집약도가 발견적이고 권고적인 가치를 지닌 것은 사실이더라도 이를 활용할 때는 상당히 주의해야 한다. 만약 이 수치가 단순하고 몰역사적으로, 또는 추상적으로 해석된다면—앞절에서 내가 의도적으로 행한 바처럼—그릇된 일반 통념을 더 확대할 수 있다. 결국 그 효용 이상으로 잘못된 결론을 얻을 수도 있는 것이다. 이 방법을 세부적으로 해체·분석해야만 그 배경에 깔려 있는 현실을 더 깊이 이해할 수 있고, 여러 자료의 한계를 파악할 수 있으며, 각 단계별 차이점과 경향을 세세하게 해석할 수 있어, 지나친 단순화에서 오는 역효과를 피할 수 있게 된다.

에너지 집약도의 해체

우선 공통 기준으로 환산한 TPES와 GDP는 결코 정확하다고 할 수 없다. 석탄과 석유 생산량 및 수입량을 국가별로 환산하는 인자(factor)는 큰 오류를 방지하기 위해 사용하는 것이지만 흔히 과대 또는 과소 추정된 결과가 나온다. 아마도 가장 주목할 만한 예외는 현재 세계 최대인 중국의 막대한 석탄 채굴 환산량일 것이다. 중국의 공식 통계에서는 채굴한 원탄을 기준인 무연탄으로 환산하기 위하여 0.71을 곱한다. 그러나 1990년대 중국의 석탄 생산량 중에서 33%는 소규모의 지방 탄광에서 생산된 것으로 그중 겨우 20%만이 세척과 선별 처리를 거친다(Fridley 2001). 따라서 실제 정확한 표준량으로 환산한다면 공식 통계치보다 10%까지 감소할 수도 있다.

에너지 전환에서 더 중요하지만 처치 곤란의 문제는 수력 및 원자력발전이 대개인 1차전력의 처리이다. 1차전력을 그 등가 열량(1kW=3.6MJ)으로 바로 환산할 경우, 수력발전과 원자력발전에 크게 의존하고 있는 국가는 화석연료를 주로 사용하여 발전하는 국가보다 훨씬 더 높은 에너지 효율을 보이게 된다. 생활수준이 엇비슷한 스웨덴과 덴마크를 비교해보면 이 차이가 명료하게 드러난다. 이웃한 이 두 나라에서 화력발전의 비율은 스웨덴이 10%, 덴마크가 90%이다. 덴마크의 경우 1999년 전력 36TWh를 생산하는 데 화석연료 9.5Mtoe를 사용했다. 스웨덴의 경우 총 전력 생산량 145TWh 중 거의 대부분을 수력과 원자력으로 생산했는데, 이것을 등가 열량으로 환산하면 12.3Mtoe가 된다.

1차전력을 그 국가에서 화력발전에 사용한 화석연료로 환산하면 이같은 과소평가 문제를 제거할 수 있다. 그러나 그렇게 할 경우 다시 두 가지 어려움이 따르게 된다. 환산 비율은 매년 달라지는 화력발전소의 열효율을 적용하여 보정해주어야 한다. 이 방법은 이론적으로 옳은 것이며 화력발전이 전체 발전의 대부분을 차지하고 있는 국가에서는 정확한 결과를 얻을 수 있다. 그러나 수력발전이 주가 되는 국가에서는 그 타당성이 낮아진다. 특히 수력발전에만 의존하고 있는 나라에서는 적용할 수도 없다. 뿐만 아니라 수력발전량이 장기간 안정된 상태를 유지한다 하더라도(댐 건설이 가능한 거의 모든 곳에 댐을 세운 나라들의 공통적인 현상이다) 그 등가 열량은 화력발전의 열효율이 개선되면 낮아지는 법이다. 장래 20년간 열병합발전과 열효율을 높이는 기타 기술이 확산 보급되어(제4장 참조) 화력발전의 열효율은 30~50% 향상될 수 있을 것이며, 따라서 1차전력의 등가 열량도 그만큼 낮아지게 될 것이다.

어떤 경우든 등가 연료량을 적용하면 수력발전량이 많은 국가의 TPES는 분명히 높아질 것이다. 2000년의 총 발전량 중에서 비화력발전 비중이 94%인 스웨덴에서 만약 모든 전력을 등가 열량의 화력으로 발전하려 했다고 가정한다면 발전량은 훨씬 줄었을 것이다. 스웨덴과 덴마크의 대조는 여기서 다시 명백해진다. 에너지 부존자원이 빈약한 덴마크에서 수입 연료를 사용하여 일인당 7MWh 이하의 전력을 생산할 때 스웨덴에서는 일인당 16MWh의 전력을 생산했다. 이것을 일반적인 화력발전소의 열효율로 환산하면 약 37Mtoe가 된다.

UN과 BP는 1차전력을 공통 기준으로 환산할 때 절충 방식을 이용하고 있다. 이 방식은 수력발전에는 등가 열량을 적용하고 원자력발전에는 화력발전의 대표적인 열효율(약 33%)을 적용하는 것이다. 이 방법으로 환산하면 등가 열량은 24.3Mtoe가 된다. 그렇다면 이제 스웨덴의 총 발전량 145TWh의 등가 열량은 앞에서 환산한 수치들과 함께 12.3이거나 24.3 또는 37Mtoe가 될 수도 있다. 적용 근거로 무엇을 선택하느냐에 따라 국가 전체의 TPES 그리고 그에 따른 에너지 집약도의 값이 작아지기도 하고 커지기도 하는 것이다. 이상과 같은 문제점 때문에 질적 차이가 큰 에너지를 공정하게 비교할 수 있는 합당한 에너지 지표를 만국 공통으로 투명하게 환산할 수 있는 씨스템이 필요해진다(Smith 1988).

고소득 국가의 에너지 집약도에 대한 역사적 비교와 경제 발전의 스펙트럼 전체를 아우르는 국가간 비교에서 만약 TPES에서 바이오매스 에너지를 제외하고 현대적 상업 에너지만 대상으로 한다면 잘못된 결과를 얻을 것이다. 특히 농업, 써비스, 제조업 등 GDP 대부분을 현대적인 에너지 없이 생산하던 초기 산업화 시대의 연료 사용량은 실제보다 훨씬 더 적은 것처럼 나타나게 된다. 제1장에서 언급한 바와 같이 미국에서 석탄과 석유 사용량이 목재 연료 사용량을 추월한 것은 겨우 1990년대 초이다(Schurr & Netschert 1960). 중국에서는 1950년대 중반까지도 전체 1차에너지의 절반 이상이 바이오매스에서 나왔으며(Smil 1988) 1990년대 후반까지도 15% 이상을 차지했다(Fridley 2001). 1980년대에 적어도 60개 이상의 국가에서 바이오매스 연료의 비중이 3분의 1 이상이었으며, 10년 후까지도 그러한 국가는 고작 50개국으로 줄었을 뿐이다(OTA 1992; UNDP 2001).

국가의 GDP 수치는 TPES 집계보다 더욱 미심쩍으며, 그 측정 대상이 과연 무엇인가 하는 문제를 제외하더라도 특유의 약점이 많다(Maier 1991). 모순적이게도 GDP 증가는 생활수준 향상과 일치하지 않는다. GDP는 심지어 복구할 수 없는 천연자원이나 자연 작용이 파괴되더라도 증가한다

(Daily & Cobb 1989). 부적절한 경제 통계에서 비롯되는 공통적인 문제는 우선 고소득 국가와 저소득 국가를 의미있게 비교할 수 없을 뿐 아니라 오래전의 수치를 정확하게 파악하기도 어렵다는 것이다. 100년 이전의 GDP를 재구성하는 일은 유럽 국가 대부분, 미국, 캐나다(Feinstein 1972; USBC 1975), 일본(Ohkawa & Rosovsky 1973), 인도(Maddison 1985), 인도네시아(van der Eng 1992) 등에 대해서는 할 수 있다. 이에 대한 가장 광범한 보고서는 매디슨(A. Maddison)이 발표한 것이다(1995). 기본 데이터의 범위와 품질이 여러모로 다르기 때문에 최상의 자료라 할지라도 실제 흐름을 보여주는 정확한 수치는 아니며 그저 쓸 만한 근사치에 지나지 않는다.

더 큰 문제는 아프리카, 남아메리카, 아시아 여러 국가에서 아직도 경제활동의 큰 부분을 차지하고 있는 기초 생활물자의 생산이나 물물교환의 가치가 국가 표준 통계에 포함되어 있지 않다는 점이다. 불행히도 중국이나 인도처럼 산업화 단계에 있는 큰 나라에서도 이같은 기본 누락분을 보정할 수 있는 포괄적이며 일률적인 방법이 없다. 문제는 저소득 국가에만 있는 것이 아니다. 부유한 서방 국가에서도 공식 경제 통계에 포함되지 않는 암거래가 5~25%나 된다(Mattera 1985; Thomas 1999).

두번째 공통 문제는 국가별 GDP를 통일된 기준으로 환산하는 일이다. 같은 기준으로 환산하지 않고서는 국가별 에너지 집약도를 바르게 비교할 수 없다. 이것은 현재 연도의 집약도나 경향을 비교하기 위하여 GDP를 불변가격으로 환산할 때도 마찬가지이다. 거의 대부분 미화를 공통 기준으로 책정하며, 과거 수치를 비교하기 위해 명목환율을 적용한다. 그러나 이 비율은 대규모의 무역 상품에 적용되는 것이지, 국가경제에서 외환과 관련이 적은 분야와는 별 상관이 없으므로 적절한 방법이 될 수 없다. 공식 환율을 적용할 경우 거의 대부분 저소득 국가와 고소득 국가의 차이가 확대되며, 국민경제계산체계(SNA)가 정착되어 있는 고소득 국가들의 경제 실적을 비교할 때에도 GDP 수치에 왜곡이 나타난다.

1971년 이전에는 브레튼 우즈 고정환율 씨스템에 따라 환율을 안정된

기조에서 적용할 수 있었다. 하지만 그후 환율이 급격히 변동하면 동일 연도 내에서도 미화로 환산한 GDP가 심지어 10% 이상 감소하거나 증가하는 경우가 생기게 되었다. PPP를 사용하면 이런 문제를 피할 수 있다. PPP를 적용하면 모든 저소득 국가의 GDP가 상당히 높아지며 유럽, 아시아, 오세아니아 등에 있는 고소득 국가의 GDP가 낮아진다. 그러나 이러한 보정 역시 문제가 있다. 대표적인 식량, 평균 주거 비용, 그리고 필수적이지 않은 지출의 내용과 빈도 등을 포함하는 공통적인 소비는 나타낼 수 없다.

OECD의 『주요 경제지표』(Main Economic Indicator)에는 매년 모든 회원국의 PPP가 발표되는데, UNDP에서는 GDP를 PPP로 보정하여 널리 이용되고 있는 국가별 인간개발지수(HDI)를 사용하고 있다(UNDP 2001). 국가경제 실적을 단순히 공식 환율로 환산하기보다 PPP로 보정한 GDP를 적용하면 에너지 집약도 값이 상당히 달라지게 된다. PPP 보정을 적용하면 특히 산업화 단계에 있는 국가와 산업화를 이룬 국가 사이의 실적 비교에서 큰 차이가 생긴다(그림 2.5). 최근 자료를 보면 인도의 경우 PPP로 보정한 GDP가 공식 환율로 환산한 수치보다 무려 5배 더 높으며, 브라질의 경우 70% 더 높게 나타난다. PPP로 보정한 GDP는 실제 경제 상황을 더 잘 보여주지만, 그렇다고 해서 의미있는 에너지 집약도 계산에 가장 좋은 방법은 아니다.

PPP로 보정한 GDP를 적용할 경우, 비현실적으로 낮은 환율을 적용해서 얻는 값보다(반대되는 쪽으로) 오히려 더 큰 오차가 생길 수도 있다. 중국의 경우가 좋은 예이다. 1999년도 중국의 GDP를 환율로 환산하면 일인당 미화 800달러 이하이지만 UNDP의 PPP 값은 3600달러 이상이었다(UNDP 2001). 앞의 수치를 적용하면 바이오매스 에너지를 제외한 중국의 TPES가 약 750Mtoe이므로 에너지 집약도는 760kgoe/$1000이 된다. 그런데 두번째 수치를 적용하면 160kgoe/$1000이다. 이 두 수치는 모두 분명히 틀린 것이다. 전자의 경우 중국의 에너지 집약도는 바이오매스 에너지를 제외한 인도의 집약도인 610kgoe/$1000보다 25% 정도 더 높으며, 후자의 경우 일본과 같아지게 된다.

그러나 국가별 에너지 집약도를 아무리 정확하게 산출했어도 그것으로는 국가들이 왜 그런 순위를 보이게 되었는지를 알 수 없다. 국가간 집약도 차이를 대부분 설명해줄 수 있는 핵심 변수 6개는 다음과 같다. 에너지 자급률, 1차에너지 공급의 구성, 산업구조의 차이와 개인의 에너지 소비량, 영토의 크기, 기후 등이다. 이들 인자를 세세하게 조사하면 비로소 의미있는 답을 구성할 수 있다. 사실상 거의 모든 경우에 이 변수들 중 일부는 에너지 집약도를 높이며 다른 변수들은 낮춘다. 그러므로 어떤 변수 하

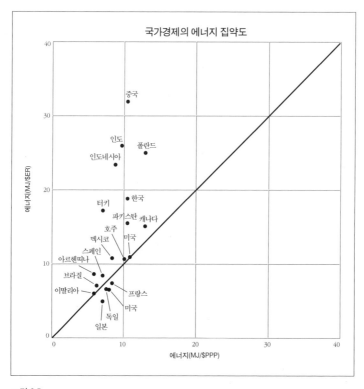

그림 2.5
GDP를 통상 환율로 환산한 값과 구매력평가지수(PPP) 적용해 환산한 값으로 각각 산출한 국가경제 에너지 집약도의 비교. 자료 UNDP(2001)의 GDP 수치를 도표화.

나만으로는 그 국가의 에너지 집약도를 신뢰할 만하게 예측할 수 없다. 주요 속성을 최소한 6개 이상 함께 고려해야 비로소 그 국가의 에너지 집약도를 구체적으로 설명할 수 있게 되는 것이다.

상대적으로 가격이 높은(또한 보통 세금이 높은) 수입 에너지에 의존할 경우 대체로 에너지 소비를 줄이게 된다. 반면 석탄과 석유의 채굴·가공·판매는 모두 에너지를 상당히 많이 소비하는 과정이며, 연료와 전력이 풍부하게 공급될 경우 에너지 집약도가 높은 산업이 발달하고 운송망의 밀도가 높아진다. 그 결과 보통 다른 나라의 부러움을 살 정도로 에너지의 자급률이 높은 나라는 전체적인 에너지 집약도가 높아진다. 이런 경향을 뚜렷이 보여주는 사례가 미국과 일본이다. 미국은 세계 최대의 화석연료 생산국이며 그 막대한 소비량의 약 4분의 1을 수입하고, 일본은 최근 약 80% 이상의 TPES를 수입에 의존하고 있다.

지하탄광에서 석탄을 채굴하는 데 소비되는 에너지는 그 석탄의 총 열함량의 10% 이상이 될 수도 있으며, 장거리 열차 수송에도 상당한 에너지가 소비된다. 그러므로 석탄의 에너지 비용은 어느 경우에도 1%(대형 노천탄광에서 인근 화력발전소까지 운송할 겨우)에서 15%(깊은 지하탄광에서 원거리 소비지까지)까지가 된다. 반면 채굴과 수송이 상대적으로 용이한 원유의 경우 정유공장까지 수송되는 에너지 효율은 99.5% 정도이며 97% 이하인 경우는 드물다. 정유 과정에서는 보통 품질인 경우 투입 원유 기준 4~10%의 에너지를 소비하며, 특수 공정을 거치는 중질유일수록 그 비율이 높아진다. 소매 단계에서 석유제품의 전체적인 에너지 효율은 최하 80%에서 최고 93% 수준이다. 천연가스는 가스전에서 채취할 때나 공중연소시, 가스관으로 수송할 때의 손실 비율이 5% 이상이 될 수도 있다(제4장 참조). 장거리 수송일 경우, 천연가스를 가스관에 투입하기 위해 압축기에서 소비하는 에너지 비율이 10%를 차지할 수도 있다. 따라서 천연가스의 경우 소비자에게 전달되는 순 에너지의 비율은 85~98%이다.

1차에너지 공급의 구성비는 국가의 에너지 집약도에 상당한 영향을 끼친다. 전환 효율은 석유 계통이 고체연료보다 높다. 비록 석탄 화력발전소의 열효율이 석유발전소나 가스발전소와 같은 수준이라 하더라도 (33~42%), 연소 후 재와 황산화물 처리 등을 위해 내부에서 에너지를 더 많이 소비할 수밖에 없다. 탄광에 인접한 석탄 화력발전소에서는 석유나 가스 화력발전소보다 송전 손실이 크다. 석유나 가스는 청정한 에너지라서 전력 소비지 가까운 곳에 건설할 수 있기 때문이다. 난방이나 온수용으로 사용할 경우 석탄과 석유·가스의 열효율 차이는 더욱 커진다. 열효율이 극히 높은 석탄 난로라도 효율이 40%를 넘지 못하며 소형 석탄 보일러의 열효율은 보통 70% 이하이다. 반면 미국에서는 가정용 가스의 열효율이 의무적으로 78% 이상이라야 하며 최고 성능의 장치라면 95%까지 가능하다(EPA 2001).

전 세계에서 경쟁이 심화하고 기술이 계속 보급되는 것을 고려하면 알루미늄, 철강, 질소비료 등 에너지 집약도가 높은 주요 산업에서 연료나 전력의 총 사용량이 선진국끼리 서로 비슷한 것은 당연한 일일 것이다. 아직 남아 있는 차이점은 그리 주요하지 않으며, 생산에 에너지를 많이 투여하는 상품들의 상대적인 규모가 산업 전반의 에너지 집약도에 훨씬 더 큰 영향을 끼칠 것이다. 산업 생산에서 보이는 이같은 패턴은 보통 자연의 혜택과 경제 발전 과정이 크게 다른 데서 비롯한다.

예를 들면 세계 최대의 수력발전 국가인 캐나다는 제련에 에너지가 많이 소모되는 알루미늄의 세계 4위 생산국으로서 전체 알루미늄의 약 11%를 생산한다. 반면 알루미늄을 많이 소비하는 일본은 2000년에 200만을 수입하면서 자체 제련한 양은 불과 7000t이었다(Mitsui 2001). 또한 캐나다는 에너지를 대량 소비하는 다른 비철금속(특히 구리와 니켈), 강철, 질소비료 등의 주요 생산국이다. 한편 이딸리아와 프랑스의 산업 생산에서는 에너지 집약도가 낮게 나타나는데, 그 이유는 광업 비중이 전반적으로 낮고, 철과 비철금속 야금업의 비중이 그리 높지 않으며, TPES에서 석유와 전력의 비중이 상대적으로 높기 때문이다.

국가의 산업 평균 에너지 집약도를, 변경분석으로 산출한 기술적 효율의 평가 수준과 비교하면 산업구조 차이의 중요성을 설득력있게 제시할 수 있다(Fecher & Perelman 1992). 산업 전체의 에너지 집약도가 높으면, 비효율적인 생산 공정, 낡은 공장과 시설, 기술적인 후진성 등을 흔히 연상하게 된다. 그러나 생산의 변경을 주어진 투입 구성으로 얻을 수 있는 최대의 산출물로 정의하면, G7 국가의 주요 산업 분야에서 부분별 평가치는 산업 전반의 에너지 집약도와 유의미한 상관관계를 나타내지 않는다. 에너지 집약도가 가장 높은 미국과 캐나다는 실제 기술 면에서 가장 효율이 높은 기계와 장비를 보유하고 있으며, 미국은 화학공업 분야에서 다른 G7 국가와 동일하거나 그보다 더 훌륭한 실적을 보이고 있다(Smil 1994b).

국가의 에너지 집약도는 산업에서 쓰는 연료와 1차전력만이 아니라, 가정과 개인 이동에서 소비되는 모든 에너지를 포함하여 계산한다. 최종 에너지 소비에서 이 두 범주는 산업화, 도시화, 그리고 가처분소득 증가와 함께 확대되므로, 여기서 점차 높아지고 있는 총 소비량의 비율은 현재 부유한 국가 모두에서 전체 에너지 집약도를 결정하는 주요 인자가 되고 있다. 이러한 수요는 해당 국가의 기후와 영토의 크기에 의해 크게 영향을 받는다. 가정은 취사에서 온수 공급과 냉장까지 연료와 전력 써비스의 최종 수요자이며, 추운 지방에서는 평균 난방도일*이 가정의 총 에너지 소비를 결정하는 가장 중요한 인자이다(Smill 1994b).

미국 남부의 플로리다와 북부의 추운 메인의 난방 소비는 그 차이가 20배에 달하며(그림 2.6) EU 국가에서도 이딸리아와 스웨덴의 난방 소비는 크게 차이가 난다. 에어컨이 일반화함에 따라 냉방도일에도 각별한 관심이 요구된다. 같은 미국 내에서도 북부 메인에서는 500 미만이고 남부 플로리다에서는 3000 이상이다(Owenby et al. 2001). 냉·난방도일과 주거 면적에

---

* 일평균기온이 기준온도(18°C)보다 낮은 날(즉 난방이 필요한 날)의 일평균기온과 기준온도의 차이를 일정기간 합산한 수치로, 난방 설계 및 에너지 수급 정책에 활용한다. 아래 나오는 냉방도일은 일평균기온이 기준온도보다 높은 날(냉방이 필요한 날) 같은 원리로 산출한다—옮긴이.

따라서 G7 국가들 사이에서도 일인당 주거용 에너지 소비량이 거의 4배나 차이난다.

미국의 수치가 예상보다 높은 이유는 냉난방 소비가 상대적으로 많고 가전제품 보유율이 높기 때문일 것이다. 그리고 이딸리아의 수치가 높은 것은 동절기 실내 온도를 높게 유지하는 경향 때문일 것이다. 이와 마찬가지로 수송에 소비되는 에너지가 국가마다 차이가 나는 것도 서로 다른 전환 효율에 의한 것이 아니라 공간·역사·문화 요인의 결합으로 설명해야

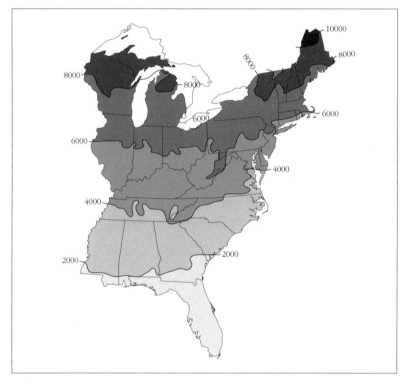

그림 2.6
1961~1990년 기온을 기준으로 그려진 미국 동부의 난방도일 지도를 보면 약 20도의 위도차와 해안·내륙지방의 기후차에서 비롯하는 큰 편차를 알 수 있다. 자료 *Climatography of the U.S. No. 81—Supplement #3*의 지도를 단순화했으며 자세한 것은 〈http://lwf.ncdc.noaa.gov/oa/documentlibrary/clim81supp3/clim81.html〉.

한다. 현재 선진국 거의 대부분에서 자동차는 수송 에너지 소비에서 가장 큰 비중을 차지하고 있으며 자동차의 평균 에너지 집약도는 한 세대 이전에 비해서 몇분의 일로 감소했다. 그 결과 미국의 신형 승용차(SUV를 제외하고)도 이제 일본제보다 연비가 약간 높을 뿐이다.

평균 연비보다 평균 운행거리가 에너지 수요 예측에서 더 중요한 역할을 한다. 미국에서는 여가 생활을 위한 주행이 많고 주거지가 도심에서 먼 교외로 확산돼 통근 거리가 왕복 160km를 넘는 경우도 흔하므로 승용차당 연간 주행거리가 꾸준히 증가해왔다. 1990년대 후반에 연간 평균 주행거리는 1960년보다 25% 증가하여 1만 9000km가 되었다(Ward's Communications 2000). 현재 미국과 일본의 자가용 보유율은 비슷하지만(미국 2.1인당 1대, 일본 2.5인당 1대) 미국 자가용 승용차의 연평균 주행거리는 일본의 2배에 가깝다.

항공 수송 분야를 보면 대부분의 국가가 거의 유사한 기종(대부분 보잉이나 에어버스)을 보유하고 있으므로 운행상의 효율 차이는 무시할 수 있다. 그러나 일본과 유럽의 경우 3대 도시 사이를 연결하는 총 거리가 800km 미만이지만 미국(뉴욕-로스앤젤레스-시카고)과 캐나다(토론토-몬트리올-뱅쿠버)에서는 그 거리가 3000km 이상이다. 뿐만 아니라 미국

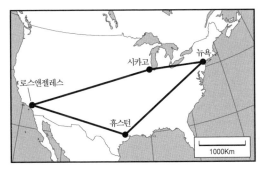 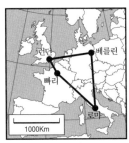

그림 2.7
미국과 유럽의 4대 도시(각각 뉴욕-로스앤젤레스-시카고-휴스턴, 런던-빠리-베를린-로마) 사이의 거리를 같은 축척으로 나타낸 지도는 북미의 수송 에너지 사용량이 더 많은 이유를 보여준다.

인과 캐나다인의 여행 횟수가 더 많다(그림 2.7). 1999년의 경우 미국인 일인당 항공 여행 거리는 평균 3800km였으며 캐나다인은 평균 2200km였다. 그에 비하여 일본과 독일인은 1300km, 이탈리아인은 700km 이내였다(ICAO 2000).

미국과 캐나다의 에너지 집약도를 높이는 것 중 하나는 높은 개인 에너지 소비량인데, 연비가 높은 자동차, 비효율적인 항공기, 난방설비, 가전제품 등이 그 주요 원인이 아님은 분명하다. 북미 지역의 가정용 에너지 소비가 월등하게 높은 이유는 기후와 국토 면적 때문이며 긴 여행 거리와 국민들의 잦은 여행 또한 큰 원인이라 할 수 있다. 그에 비해 일본의 에너지 집약도가 낮은 것은 가정용·여행용 에너지 소비의 억제 때문이지 특별히 에너지 사용 효율이 높기 때문은 아니다(Smil 1992b). 유럽 국가들은 북미와 일본이라는 양극의 중간에 있다. 유럽의 산업에서 에너지 효율은 상당히 양호한 편이며 가정용과 자동차의 효율도 높지만 개인별 에너지 소비량이 일본보다 월등히 큰 이유는 가정의 생활수준이 높고 여행 선호도가 높기 때문이다.

마지막으로 전체 에너지 집약도에서 군사용 에너지가 차지하는 결코 무시할 수 없는 비율을 지적하고자 한다. 미국은 세계 유일의 강대국 지위를 유지하기 위하여 매우 높은 수준의 에너지 비용을 지불하고 있다. 걸프전(1991)과 쎄르비아-코소보 폭격(1998) 등에 의해 추가로 발생한 에너지 수요를 제외해도 미군이 사용하는 에너지의 양은 1990년대 연평균 25Mtoe였다(EIA 2001a). 이는 전 세계 국가 중 거의 3분의 2에서 사용하는 상업용 에너지보다 더 많은 것으로서 스위스나 오스트리아의 TPES와 거의 맞먹는다. 걸프전이나 아프가니스탄 전쟁에서는 가시적인 항공 작전이나 지상 작전에 소비되는 에너지뿐 아니라 장거리 보급에 소비되는 에너지도 많았다.

그렇다면 에너지 집약도를 판정하는 기준은 무엇일까? 국가 차원에서 경제 생산에 투입되는 에너지 집약도를 감소시키는 것만큼 중요한 일도 드물다. 낮은 에너지 집약도가 주는 이미지는 경제와 에너지 측면의 효율성, 적은 투입에 의한 많은 산출, 연료와 전력 소비량의 최소화, 높은 국제 경쟁력, 그리고 환경오염의 최소화 등이다. 그러므로 각 국가의 경제가 이 중요한 요소에서 성과를 얼마나 올리고 있는지 알아내는 일은 중요하다. 단 일반적으로 사용되는 에너지 집약도는 효율을 정확하게 반영하지 못하며, 어떤 국가가 생산 활동에서 연료와 전력을 얼마나 효율적으로 사용하는지, 에너지 사용 기술이 얼마나 발전했는지, 관리 효율은 어느 정도인지, 에너지를 더 절감할 수 있는 가능성은 얼마인지 등을 제대로 보여주지 못한다. 오히려 이러한 단순한 지수들은 국가별로 고유한 자연, 구조, 기술, 역사, 문화적 요소들이 복합적으로 작용한 결과이다. 낮을수록 좋다는 일반적 통념이 틀린 것은 아니지만, 어떤 국가나 세계 전체에 절대적으로 적용할 수 있는 명제는 아니다.

야금산업이나 화학공업 등 에너지 집약도가 원래 높은 산업이 GDP에서 큰 비중을 차지하는 국가(예를 들어 캐나다)는 최신 첨단 기술로도 에너지 집약도를 낮출 수가 없다. 반면에 일본처럼 소득 수준이나 기후에 비해서 좁은 주택에 거주하며 에너지를 적게 소비하는 국가에서는 최종 지표가 훨씬 좋아 보이게 된다. 에너지 집약도의 국가간 비교는 많은 것을 알려주지만, 그 차이의 배후에 있는 원인을 더 깊이 탐구하기 위한 출발점으로 삼아야지 경제와 에너지 효율의 범주별 비교를 위한 절대적인 척도로 사용한다면 크게 빗나간 결과를 얻게 된다.

에너지 가격

에너지 가격 면에도 단순한 일반화의 오류가 있다. 에너지 가격이 오랫동안 하락했기 때문에 연료와 전력은 눈에 잘 띄지 않는 일상적인 상품으로서 언제든지 믿음직하고, 풍부하며, 저렴하게 공급될 수 있는 것으로 인식돼왔다. 그러나 장기적인 관점에서 보면 에너지 가격은 주기적으로 조작되었으며, 또한 그 가격에는 에너지 과다 소비에 따르는 다양한 보건·환경 비용이 포함되어 있지 않았다. 20세기 전체에서 물가상승을 감안한 시계열 가격을 검토하면, 장기적으로는 상당히 하락하거나 최소한 일정 수준이 유지된 경향을 볼 수 있다. 그러한 경향은 기술 혁신, 규모의 경제, 시장 경쟁 등의 효과에 의한 것이었다.

특히 북미 지역의 전력은 20세기 동안 매우 싼 가격에 공급되었다. 현재 인용할 수 있는 최초의 가격은 1902년도의 1kWh당 15.6쎈트인데, 이를 1990년 가격으로 환산하면 2.50달러가 되며, 10년 후 실 가격은 1.12달러였으며 1950년에는 15쎈트였다. 그리고 1960년대에는 계속 하락했다. 장기적인 하락 추세는 1974년의 석유파동으로 역전되어 1982년의 평균 가격은 1970년대 초에 비하여 60% 이상 인상되었다. 이후에는 지속적으로 하락하여 2000년에는 6쎈트로 내려갔다(그림 2.8). 1900년과 2000년 사이에 이처럼 98% 가까이 대폭 하락했다고 보는 것조차도 실질적인 가격의 하락을 크게 과소평가하고 있는 것이다. 그 기간에 실질 가처분소득은 약 5배 증가했고 조명과 가전제품의 효율은 2~3배 향상했으므로 2000년 현재 미국의 단위 전력량이 제공할 수 있는 가용 써비스의 가격은 100년 전에 비하여 최소 200배에서 최대 600배까지 인하된 것이다(그림 2.8).

당연한 일이지만 이같은 미국의 추세가 전 세계에서 공통되게 나타난 것은 아니다. 예를 들면 2차대전 후 일본의 전력 가격은 큰 변동이 없었다. 물가상승률을 고려하면 1990년대 후반의 가격은 1970년과 거의 정확하게 일치하며 1959년에 비하면 고작 30% 인하되었을 뿐이다(IEE 2000). 그러나 2000년도의 일인당 국민 소득은 1970년에 비하여 2배 증가했고 1959년에 비하면 거의 10배 증가했으므로 일본의 전력 가격은 상대적으로 그만큼 저렴해진 것이다. 그리고 1990년대에 전력 가격이 크게 인하되지 않았음에도 가정의 총 전력 사용량과 함께 조명 전력 수요가 무려 50%나 증가했다. 또한 조명이 개선된 일본의 주택들은 이제 덥고 습한 하절기에 더

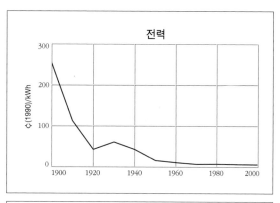

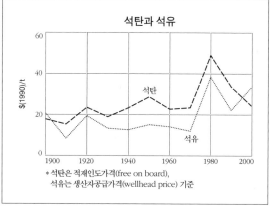

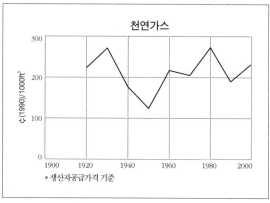

그림 2.8
지난 100년간 미국의 전력, 석탄, 석유, 천연가스의 연평균 가격. 모든 가격은 물가상승을 고려한 것임. 자료 USBC(1975), EIA(2001a)의 수치를 도표화.

시원해졌고 가전제품을 더 많이 사용하고 있다. 1990년대 말에는 1989년에 비하여 약 2배나 되는 냉방기가 보급되었으며 PC는 4배 증가했다. 오랫동안 일본 가정들은 검소한 생활수준을 유지해왔으나 이제 그들도 드디어 안락한 가정생활에 비용을 지출하기 시작한 것이다.

전력 가격이 인상적으로 하락한 것과 대조적으로 물가상승을 감안한 미국의 석탄과 석유 가격은 비록 단기적인 큰 변동이 있었으나 장기적으로는 매우 안정적이었다. 불변가격을 기준으로 할 때, 1990년대 후반의 미국 역청탄 평균 적재인도(FOB) 가격은 1950년 또는 1920년과 거의 정확하게 일치했다. 이와 비슷하게 중동산 수입 경질유의 가격은 20세기 초 미국에서 국내 생산하던 원유의 가격과 거의 같은 정도로 낮았다(그림 2.8). 그러므로 상대적인 가격 안정은 이런 의미도 된다. 노동시간당 휘발유로 환산할 경우 1990년대에는 1920년대에 비하여 20%에 지나지 않으며, 20세기 말 석유와 석탄 연소로 얻는 에너지 써비스는 1900년에 비하여 10배나 더 저렴한 것이었다. 천연가스는 물가 상승을 고려하더라도 가격이 꾸준히 상승한 유일한 주요 상업용 에너지였으며 1959년부터 1984년까지 거의 9배 상승했다가 이후 1995년까지는 60% 하락했고, 2000년에는 1980년대 초의 가격과 비슷한 수준이 되었다(그림 2.8).

그러나 이같은(사실상 거의 모든) 20세기의 에너지 가격이 자유시장 경쟁의 소산 또는 에너지의 실제 가치를 제대로 반영하고 있다고 생각한다면 지나치게 순진한 것이다. 에너지 가격에 대한 정부의 개입에는 오랜 역사가 있다. 그에 따라 가격이 지나치게 높은 시기도 있었고, 유통, 가공, 화석연료 전환, 발전 등에 대한 보조금 지급의 수단으로 명백하게 낮은 가격을 유지한 시기도 많았다. 20세기 동안 정부에서는 특정 분야의 개발과 생산에 융자, 연구비 제공, 세금 공제, 보증, 보조금 지급 등 다양한 지원을 함으로써 특정 에너지를 다른 종류보다 유리하게 만들었다.

이같은 가격 왜곡 정책의 사례는 흔하다(Kalt & Stillman 1980; Gordon 1991; Hubbard 1991; NIRS 1999; Martin 1998). 미국에서 정부가 개입한 사례 중 가장

두드러진 것은 1930년대 로우즈벨트 대통령의 뉴딜정책 기간에 정부 자금으로 대규모 댐을 건설하는 사업이었다. 이 사업은 처음에는 국토개발국이 담당하다가 후에는 육군 공병단이 이어받았다(Lilienthal 1944). 많은 국가에서 원자력발전은 유리한 조건의 공공 자금을 연구 활동에 오랫동안 지원받아왔으며 그 운영에서도 보조금 혜택을 받았다. 예를 들면 국영기업인 캐나다 원자력공사에 대한 정부 보조금은 1952년부터 1998년 사이에 158억 캐나다달러(CD)이었으며(1998년 기준) 이 금액을 15% 수익률 기준의 기회비용으로 환산하면 2000억CD가 된다(Martin 1998). 미국의 원자력산업은 1947년부터 1998년 사이에 의회가 배정해준 1450억달러(1998) 중에서 96%를 받았다(NIRS 1999). 뿐만 아니라 미국, 영국, 프랑스, 인도, 중국 등의 원자력산업은 집중적인 지원을 받던 군사용 원자력 연구개발의 경험과 기술 발전에서 혜택을 받을 수 있었다.

미국의 석유회사들은 이른바 무형의 시추 비용에 대한 즉각 공제로 더 오랜 기간 세금 혜택을 받아왔다. 또한 모든 석유·가스 회사들은 총 수입에 대하여 15%의 감모상각 공제를 허용받았는데 이 비율은 실제 비용을 훨씬 상회하는 것이었다(McIntyre 2001). 더 최근에는 재생에너지 개발 사업자도 세금 혜택을 받게 되었다. 가장 큰 보조금은 가소홀(gasohol, 휘발유와 알코올의 혼합 연료—옮긴이)의 가격경쟁력을 휘발유와 같은 수준으로 높이기 위하여 옥수수를 원료로 한 알코올 제조업자들에게 지급되었다. 그러나 그렇게 제조된 에탄올을 연소시켜 나오는 에너지보다 더 많은 에너지가 사용되므로 이런 종류의 바이오연료를 대량 생산하는 일은 경제성이 매우 의문스럽다(Giampietro et al. 1997). 뿐만 아니라 이런 보조금에 의하여 미국의 수입 석유 의존도가 감소하지도 않았으며, 미국 최대의 농기업인 아처-대니얼즈-미드랜드(Archer-Daniels-Midland)의 이익만 증가했을 뿐이었다. 이같은 비생산적 시도와 재생에너지에 대한 보조금은 제5장에서 다시 상술할 것이다.

원자력발전 쪽에서는 1954년의 프라이스-앤더슨 법(Price-Anderson

Act)의 원자력법 제170조가 기업의 책임을 덜어주었다. 이 법은 상업 원자력발전에서 대규모 사고가 발생할 경우 공적 보상을 보증하는 것이었다. (DOE 2001a). 정부의 이러한 전폭적 지원은 다른 에너지 분야에서는 찾아볼 수 없는 것이다. 같은 시기에 많은 국가에서 발전 회사들은 심한 규제를 받고 있었다. 고든은 이러한 규제 때문에 전력 가격이 일반적으로 저평가된 현상이 시장정책 실패의 핵심이라 지적하고, 전력사업에 부과된 각종 절약 프로그램 같은 규제를 철폐해야 한다고 주장했다(Gordon 1994).

오늘날 가장 중요한 에너지 연료인 석유의 가격의 역사를 비판적인 관점에서 보면 석유산업에 대해 특히 광범하고, 고든의 의견에 의하면 보편적으로 억압적인 정부의 개입이 드러난다(Gordon 1991). 이것은 무의미했던 것으로 악명 높은 1991년 이전의 러시아 석유 가격을 제외하고서도 사실이다(당시 소련은 세계 최대의 원유 생산국이었다). 1971년까지 미국의 석유 가격은, 매우 강력한 카르텔인 텍사스 철도위원회(TRC)가 할당해주는 생산쿼터에 의해 통제되고 있었다(Adelman 1997). OPEC은 1960년 외국자본의 원유 생산업체들이 원유 공시가격을 인하하자 결성되었다. 자신들의 수입을 보호하기 위하여 OPEC 회원국들은 공시가격을 더이상 인하하는 데 반대했고, 소득세는 물품세로 바뀌었으며 공시가격은 시장가격과 아무런 관계가 없게 되었다(Adelman 1997).

그 10년 후부터 OPEC 국가들은 물품세를 인상하기 시작했으며, 1971년 3월 TRC는 생산량 통제를 철폐했다. 그에 따라 단기적인 가격 통제력이 텍사스, 오클라호마, 루이지애나 등의 미국 산유지대에서 새로 결속된 OPEC으로 넘어갔다. 1973년 10월 OPEC의 아랍 회원국들이 원유 생산량을 감축해 원유 가격은 고작 6개월 만에 4배로 상승했으며, 잠시 안정되다가 1979년과 1980년 사이에 1974년 수준보다 3.5배로 올랐다. 그 결과 텍사스유 기준으로 1배럴당 38달러가 되었다(BP 2001; EIA 2001a). 이러한 대폭 인상에 의하여 일본, 유럽, 빈곤 국가들은 즉각 영향을 받았다. 하지만 1971년 닉슨 대통령 시절 시행된 원유 가격 통제에 의해 미국의 휘발유 가격은 물가 상승률을 감안하면 그 10년 전과 같게 되었다(GAO 1993). 1981년 가격 통제가 만료된 후에야 비로소 2차대전 이후 처음으로 대폭 인상되었다.

다음 장에서 더 상세하게 기술하겠지만, OPEC이 원유 가격을 대폭 추가 인상할 것이라는 예상은 하나의 법칙처럼 되었다. 이같은 잘못된 인식은 뿌리깊은 세 가지 오해에서 비롯한 것이었다. 그 세 가지란 OPEC의 가격 결정력, 세계 석유 부존량의 고갈, 그리고 석유 수요의 가격 비탄력성에 대한 믿음이다. 그러나 실제로는 OPEC의 힘이 전적으로 시장을 지배한 적이 단 한번도 없었다(Mabro 1992). 또한 매브로는 시장의 힘이 주도권을 발휘하기 시작한 1984년 이후에 세계 석유 가격에 대한 OPEC의 지배력이 사라진 일도 없었음을 동시에 지적한다. 뿐만 아니라 전체적으로는 원유 가격 상승을 바라지만 개별 국가 입장에서는 세입을 극대화하고자 하기 때문에 OPEC 내부에서도 의견 불일치가 생겼다. 그리하여 원유 가격은 10년 전과 마찬가지로 실질적인 인하 압력을 받고 있는 것이다.

원유의 채굴량이 곧 최고점을 넘어설 것이라는 최근의 일반적인 판단에 대해서는 제4장에서 설명할 것이다. 석유 수요가 가격에 대하여 비탄력적이라는 생각은 1980년대 초 경제 불황, 에너지 보존 노력, 천연가스 사용의 증가 등으로 석유 수요가 감퇴함으로써 부정되었으며 OPEC의 중요성은 감소했다. 1985년 8월 원유 가격이 1배럴당 27달러 수준일 때 싸우디아라비아는 원유 생산량의 조절자 역할을 포기했으며 가격은 1년 내에 10달러 수준으로 인하되었다. 그후 유가는 걸프전으로 일시 상승했으나 1990년대 동안 거의 1배럴당 30달러(1990)와 7달러 사이에서 등락을 지속했다. 1배럴당 30달러는 독점 상한선에 해당하고, 1배럴당 7달러는 아델만이 제시한 장기적 경쟁 등가 하한선이다(Adelman 1990).

또다시 저유가는 당연한 것으로 인식되었으며, 이미 석유를 대량 수입하고 소비하는 부유한 국가에서 에너지 수요가 다시 증가하기 시작했다. 1989년과 1999년 사이에 국가별 에너지 소비는 미국 15%, 프랑스 17%, 오스트레일리아 19%, 그리고 일본은 경기가 침체하거나 퇴조했음에도 24% 증가했다(IEA 2001). 주로 개인 소비가 증가하면서 나타난 이런 추세로 인하여(에너지 사용량이 많은 더 큰 주택, 더 큰 승용차, 더 잦은 여행 등) 에너지 사용량은 기록적인 수준으로 증가했다. 1999년 미국의 국내 원유 채굴량은 10년 전보다 17% 감소했으나 다목적스포츠형 차량(SUV)은 신차 시장의 절반 이상을 차지했다. 중국의 급속한 수입 증가도 시장을 더욱 긴장시켰다. 당연히 OPEC의 원유 생산량 비중이 다시 40% 이상으로 증가했으며 원유 가격은 1999년 3월의 저점이던 1배럴당 10달러에서 그해 말에는 25달러로 인상되었고, 2000년 9월에는 잠시 1배럴당 30달러를 넘었으나, 미국 경제의 거품이 빠지고 2001년 9·11 사태 이후 세계 경제가 침체하면서 다시 하락했다(그림 2.8; 최근의 가격 추이에 대해서는 제3장 참조).

위와 같은 역동적인 변동 기간 동안 일관되게 유지된 한가지 사실은 세계의 원유 가격은 사실 생산원가와는 거의 관계 없이 결정된다는 점이다. 거대 유전 대부분에서 채굴되는 원유의 생산원가는 절대적으로 낮으며 다른 상업 에너지에 비교할 경우 더욱 그렇다. 그러므로 석유 가격은 그 생산원가에 따라 결정되는 것이 아니라 특정 싯점에서 다양한 공급 인자와 수요 인자들의 결합에 따라 정해진다. 더구나 석유 생산 비용에서 고정비용과 변동비용 사이의 극단적인 관계를 고려한다면 가격과 생산량 사이에 일정한 관계가 성립되지 않는 경우가 많다. 일단 고정시설에 대한 투자가 끝난 뒤에는 1배럴당 한계원가가 매우 낮으므로 가격이 낮아지더라도 공급이 급격히 감소하지는 않는다. 반대로 신규 투자에 필요한 자금 문제 때문에 가격이 오르더라도 생산량이 증가하기까지는 시간이 걸린다.

세계 석유 가격이 주기적으로 등락을 거듭하고, 다른 에너지에 대한 국가적 또는 지역적 공급 관리가 부실해지자 에너지 가격을 통제해야 한다는 요구가 새로이 대두했다. 이 끈질긴 요구가 최근 미국에서 다시 대두한 것은 2001년 봄 휘발유 가격이 10년 내 최고치를 기록하고, 캘리포니아에서 전력이 충격적일 정도로 부족할뿐더러 가격까지 상승(한편으로는 이를 자초한 면도 있다)한 때문이다. 2001년 6월 여론조사에 의하면 미국 국민의 56%가 에너지 가격 상한제를 지지했는데, 가격통제 지지자들은 무엇보다 에너지 시장이 진정한 경쟁시장이 아니므로 담합에 의해 가격이 책정될 수 있으며 따라서 이윤의 상한을 합리적인 수준으로 제한하여야 한다는 주장을 펼쳤다(ABC News 2001).

가격 상한제 반대론자들은 공급에 여유가 없는 시장에 규제를 가하면 신규 투자와 에너지 절약 노력을 소홀히하게 되어 상황을 더욱 악화한다는 기존의 주장을 내세웠다. 석유 가격이 인하되고 캘리포니아의 전력 부족난이 완화되자 전국에서 제기되던 에너지 가격 통제 주장은 사라졌다. 그러나 이 진부한 주장은 다음 유가 인상 때 틀림없이 다시 나올 것이다.

몇가지 가정을 전제한다면, 20세기 후반의 평균 가격보다 낮은 에너지 가격이 과연 타당한지를 명쾌하게 따져볼 수 있다. 이와 동시에 기존의 에너지 가격은 화석연료와 전력의 실질적인 생산원가를 제대로 반영하지 않은 것이며, 환경·보건·안전 등 다양한 외부적 요인을 충분히 고려할 경우 가격은 근본적으로 상당 수준 인상되어야 함을 인식해야 한다. 더욱 포괄적인 가격정책이 필요하다는 주장이 처음 제기된 것은 아니지만 이제 다시 활력을 얻게 되었다. 전반적으로 환경에 더욱 무게를 두는 평가가 늘어났기 때문인데, 특히 이산화탄소 배출량 제한을 위해 계획된 탄소세(Carbon Tax)에 관심이 커졌다.

에너지 사용의 실제 비용

전혀 반영되지 않았거나 부적절하게 반영된 외적 요인에는 에너지원에 대한 탐사·채굴·공급·사용과 관련된 직접적이고 단기적인 부정적인 영향만 있는 게 아니다. 시설의 폐기와 해체, 폐기물의 장기 보관, 그리고 생태계와 보건에 대한 장기적인 영향 등도 있다(Hubbard 1991). 연료와 전력 대부분의 가격 책정에는 이러한 외적 요인들이 무시되거나 매우 저평가되어 있다. 대부분 계량화할 수 있는 국지적 환경 영향부터, 금액으로 적절하게 환산할 수 없는 지구적인 규모의 영향까지가 이러한 외적 요인에 포함된다. 또한 보건 면에서 일반 대중에게 끼치는 영향부터, 대대적인 군사 개입에 따르는 경제적·사회적 부담까지도 포함된다.

이 장의 뒷부분에서 상술하겠으나 여러 에너지의 채굴·공급·사용에는 많은 종류의 환경적 외부 효과와 보건상의 여러 영향이 결부된다. 이런 문제 중에서 일부만이 20세기 후반 몇몇 국가에서 충분히 또는 대체로 해소되었을 뿐이다. 대규모 환경오염에 대하여 거의 즉각적으로 보상한 사례 중 가장 널리 알려진 것은 1989년 3월 24일 엑슨(Exxon)사의 발데즈(Valdez)호 좌초 사고일 것이다. 회사에서는 유출된 기름 제거 비용으로만 20억달러(1999)를 지출했으며 그 금액의 절반을 알래스카에 지불했다(Keeble 1999). 프린스 윌리엄 싸운드 해변과 암석투성이 해안을 원상 복구(최소한 겉으로 보기에는)하는 데 지출한 비용은 이전의 기름 유출 사고에서는 유례가 없는 큰 금액이었다. 또다른 원가 부담 사례도 있다. 초대형(20만dwt) 유조선의 사고로 대규모 기름이 유출되는 것을 염려하여 보험료가 대폭 인상됨에 따라 유조선의 대형화가 지연되고 있는 것이다.

대규모 에너지 프로젝트에 대한 환경 영향 평가 때문에, 그리고 그러한 개발로 인해 부정적인 영향을 받게 될 집단의 지속적인 반대 때문에 건설이 연기되거나 설계 변경되기도 하며, 심지어 취소되기도 한다. 예를 들면 수력발전댐의 건설로 토착민들의 토지가 물에 잠기거나 대규모 이주가 불가피해지는 경우다. 뉴욕 전력국이 하이드로 퀘벡사에서 20년에 걸쳐 1GW의 전력을 126억달러에 구매하려던 그랜드 발레인강의 댐 건설 계획은 퀘벡 크리 주민들의 격렬한 반대 투쟁으로 무산된 바 있다. 인도 나르마다강 유역의 30개 댐 건설 계획 중 최대의 프로젝트이던 싸르다르 싸로바르(Sardar Sarovar)댐 건설에서 세계은행이 인도 국내외의 커다란 저항에 부딪혀 자금 제공을 취소한 사례도 있다(Friends of the River Narmada 2001).

그러나 환경과 보건에 끼치는 영향 때문에 에너지 관련 활동이 제약받은 사례 중에서 가장 중요하며 체계적으로 진행된 경우는 미국 탄광산업과 석탄 화력발전에서 시행된 것이다(Cullen 1993). 치명적인 탄광폭발 사고를 방지하기 위하여 입자상물질과 메탄의 최대 농도를 규제했는데, 적정 농도를 유지하려면 환기갱과 통로의 적절한 환기시설을 설치하고 막장과 터널 내부의 분진을 제거해야 한다. 이 조치와 다른 안전 규제의 효과는 명백하다. 제1장에서 기술한 바와 같이 미국 탄광의 사고 사망률은 중국의 참담한 기록에 비하면 1%도 되지 않는다(MSHA 2000; Fridley 2001). 또한 탄광업체에서는 진폐증을 앓는 광부들을 위하여 장애·보상 기금을 적립하여야 한다(Derickson 1998).

모든 탄광에서는 산성 배수와 중금속이 함유된 폐수가 흘러나오는 것을 방지해야 한다. 그리고 노천탄광에서는 채굴 후 원래의 지형으로 최대한 복구하여야 하며, 복토 작업 후에는 잔디를 깔고 관목과 수목을 심든가 새로운 수면을 개발해야 한다(OSM 2001b). 석탄 채굴과 관련한 외적 비용은, 석탄이 대기 중에서 연소할 때 환경에 끼치는 영향을 막기 위한 비용에 비하면 비교적 적은 편이다. 미국 내의 모든 석탄 화력발전소는 보일러에서 배출되는 분진을 포집할 수 있는 정전기 집진장치를 설치해야 한다. 이 장치의 집진 효율은 99% 이상이며, 장치 작동에 소비되는 전력 외에도 포집한 분진의 운반과 보관, 매립, 건설이나 도로 포장 등에 투입하는 비용이 필요하다(발전소의 석탄재 처리에 관한 세부 사항은 제4장 참조).

연돌가스 탈황처리(FGD)는 1960년대부터 시작되었으며, 1999년 현재 미국 내의 석탄 화력발전소 중 30%가 어떤 형태로든 배기의 탈황처리를 하고 있다(Hudson & Rochelle 1982). 탈황설비의 비용은 석탄에 함유된 유황의 종류와 함량에 따라 달라진다. 최근의 자료에 의하면 설치 용량 1kW당 50달러에서 400달러까지로, 최초 자본비용의 10~15%인 평균 125달러의 부담이 생긴다. 또한 이 설비를 운전하는 데도 그만한 원가 부담이 생기게 된다(DOE 2000a). 운전 비용에는 그 발전소에서 발전한 전력의 약 8%

까지를 탈황시설에 사용하는 것과 포집한 유황 성분의 처리 비용 등이 포함된다. 가장 널리 이용되는 상업적 탈황처리법은 석회석 분말이나 석회를 유황과 반응시켜 황화칼슘을 만든 뒤 매립하는 것이다. 탈황설비는 환경에 복잡한 부작용을 주는 산성비를 막기 위해 의무화되어 있다. 산성비는 취약한 생물상(生物相)과 전체 생태계에 영향을 끼치고, 각종 물질과 보건에 악영향을 주며, 가시거리를 감소시킨다(더 세부적인 사항은 이 장의 끝 부분 참조).

탈황설비 가동과 청정연료 사용으로 미국 동북부 전역에서 산성물질 퇴적이 감소했음은 분명하다(그림 2.9). 뿐만 아니라 1981년부터 1990년까지 장기간 상당한 비용을 들여(1985년 기준 5억달러 이상) 미국 국가산성비 평가계획(NAPAP)이 시행한 조사에 따르면 산성물질 때문에 호수와 삼림이 입는 피해는 매우 제한적이었다. 그러므로 1990년 석탄 화력발전소에 대한 황산화물(SOx)과 질소산화물(NOx) 배출규제 강화 목표는 다소 지나치다는 주장이 있을 수 있다. 반면 앨러웰 등의 연구에 의하면(Alewell 2000) 유럽의 경우 아황산가스 배출량을 대폭 감축했음에도 유럽 대륙의 여러 곳에서 산화 이전의 상태로 복구되는 데 상당한 시일이 걸렸으며 심지어 결국 회복하지 못한 곳도 있었다.

이처럼 서로 대조되는 결론은 에너지의 실제 비용에 관한 논쟁에서 예외적이 아니라 통상적인 것이다. 오크리지국립연구소(ORNL)의 연구에 의하면 석탄연료 주기 전체에 수반되는 실제 피해를 가치로 환산하면 0.1c/kWh(Lee et al. 1995)를 약간 상회하는 수준이며, 그 총액은 칼런(Cullen 1993)이 실제 연료 비용의 10배 증가로 추정한 것과는 크게 차이 난다. 이와 비슷하게 1990년대 미국의 몇몇 공공시설 위원회가 실제로 채택한 일반화된 피해액은 오차가 클 뿐 아니라, 관련 지역의 특성을 고려하고 환경오염과 피해 사이의 함수관계를 포함하여 계산한 피해액보다 통상 훨씬 높았다(Martin 1995).

예를 들면 미국의 몇몇 지역(캘리포니아, 네바다, 뉴욕, 뉴저지, 매사추

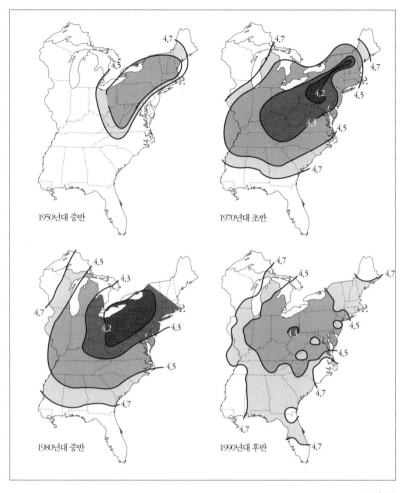

미국 동부 산성강수 확산(1950년대 중반~19790년대 초반)과 감소(1980년대 중반~1990년대 후반) 지역. 자료 Smil(2002)을 재작성.

세츠) 공공시설 위원회에서는 질소산화물 1t 배출에 의한 환경 피해액을 884달러(1990)에서 2만 8524달러(30배의 차이임)로, 황산화물 1t 배출에 의한 환경 피해액을 832달러(1990)에서 4226달러(1990)로 추정했다. 반면 실제 확산 상황과 특정 지역에 대한 오염 물질의 영향을 모델링한 연구 결과에 따르면 전체 발전 과정에서 생기는 피해의 총계는 0.3~0.6c/kWh였으며 천연가스발전의 경우보다 10배 낮은 수준이었다(Lee et al. 1995). 그리고 호마이어(Homeyer 1989)는 독일의 전력 생산에서 외부 비용을 내부 비용과 같은 수준으로 산출했으나, 프리드리히와 보스(Friedrich & Voss 1993)는 호마이어의 방법이 적절하지 못하며 계산 결과가 지나치게 높다고 결론내렸다.

전력 생산에서 생기는 외부 비용에 대한 세부적인 연구 중 가장 최근의 연구는 유럽위원회(EC 2001a)에서 자금을 지원하여 10년에 걸쳐 진행한 것이다. 이 연구 결과는 분명 지나치게 높은 쪽이었다. 환경과 보건에 끼치는 영향을 감안한다면(지구온난화의 영향은 제외) 석탄과 석유를 사용한 발전 단가는 2배로, 천연가스를 사용한 발전 단가는 30% 높여야 한다는게 결론이었다. 예상대로 무연탄과 토탄을 사용한 발전이 가장 높은 외부 비용을 나타냈으며(평균 약 6c/kWh, 범위는 2~15c), 수력발전의 외부 비용이 가장 낮았다(0.03~1c/kWh). 전체적으로 이 외부 비용의 총합은 EU의 총 경제 생산액의 1~2%를 차지하는 것이었다.

이 연구에서는 모두 동일한 방법을 적용했으나, 주로 보건에 영향을 끼치는 오염 물질의 1t당 피해액은 영향을 받는 총 인구에 따라 크게 달라진다. 그러므로 가령 아황산가스 1t이 끼칠 수 있는 최악의 피해는 아일랜드의 경우 5300유로이지만 프랑스의 경우 1만 5300유로가 되는 것이다(ExternE 2001). 이 차이는 입자상물질의 경우 더욱 크게 나타난다. 폐기물 소각장은 보통 대도시 안이나 근처에 건설되므로 더 많은 사람에게 영향을 끼치기 때문이다. 입자상물질 1t이 미치는 피해액은 파리의 경우 최고 5만 7000유로, 핀란드의 경우 최저로서 1300유로로 계산되었다.

그러나 에너지 사용이 보건에 끼치는 영향은 금액으로 환산하기 어려우므로 동일한 인구에 대해 동시에 수행된 평가에서도 매우 큰 차이가 나타난다. 대기오염의 비용이나 맑은 공기의 혜택을 가치로 환산하려는 시도가 이런 문제의 대표적인 예일 것이다. 수십년간의 집중적인 연구에도 불구하고 여러 주요 대기오염 물질이 보건에 끼치는 장기적 영향을 확실하게 밝혀낸 결론은 나오지 않았다. 대기오염과 사망률 사이의 관계를 해명하기 위한 여러 통계적 분석 기법에는 몇가지 문제가 있다. 명료하지 못한 설계, 고려하지 못한(보통은 고려할 수 없는) 변수의 개입, 그리고 복합적이고 변화하는 오염물질 혼합물에 노출될 경우 개별 물질에 의한 피해를 구분하기 어려움(가령 일반 입자상물질에서 황화물의 피해를 구분하는 일) 등이 바로 그것이다. 페리스가 한 세대 전에 한 말은 아직도 유효하다. 일반적인 사망률 통계만으로 장기적인 저농도 대기오염의 영향을 정확하게 파악하기는 어렵다(Ferris 1969).

그러므로 오염에 따른 보건 비용(또는 오염 감소에 따른 보전 혜택)을 계산하는 데 큰 오차가 나는 것은 당연하다. 1980년대 로스앤젤레스 분지에서 대기 품질 기준에 부합했을 때 사망률과 질병률의 감소로 얻는 연간 혜택을 계량화하려던 두 가지 연구는 이같은 문제점이 잘 드러난 사례다. 캘리포니아 대기자원위원회(CARB)에서 후원한 연구에서는 연간 혜택 금액을 24억달러에서 64억달러로 계산했으며(Rowe et al. 1987), 1989년 남부 해안 당국에 제출된 보고서에서는 50억달러에서 200억달러로 산출했다(Hall et al. 1992). 두 연구 결과에 나타난 8배의 차이는 대기오염 통제의 비용 대 효과 연구가 아직도 끊임없는 과학적 논쟁의 대상이라는 것을 잘 보여준다(Krupnick & Portney 1991; Lifert & Morris 1991; Voorhees et al. 2001).

그리고 물론, 화석연료의 생산과 전환에 따른 수많은 외부 요인들이 의미있는 방식으로 내재화되지 못한 사정이 존재한다. 이는 현재 우리의 이해 수준으로는 그것의 장기적 효과에 대해 믿을 만한 계량적 예측을 내놓지 못하기 때문이다. 온실가스의 인위적인 배출에 의한 지구온난화 현상이 이같은 심오한 불확실성의 가장 큰 예이다(자세한 내용은 이 장의 끝 부분 참조). 지속적인 지구 기후변화의 정도와 범위에 따라 화석연료를 사용한 발전의 전력 1kWh당 들어가는 비용은 매우 크게 달라질 것이다. 발전의 외부비용에 대한 여러 불확실성을 감안한다면 정책적·입법적 조치를 모든 불확실성이 밝혀질 때까지 유예해서는 안된다는 주장도 설득력이 있는 것이다(Hohmeyer & Ottinger 1991).

그리고 에너지자원을 확보하기 위해 투입하는 군사비 지출의 계산은 공간적, 시간적 규모의 범위를 어떻게 선택하느냐에 따라 수치가 얼마나 달라질 수 있는가를 보여주는 좋은 예일 것이다. 필요한 비용 내역이 즉시 주어진다 하더라도 분석의 경계를 확실하게 결정하는 일은 불가능할 것이며, 실상 그 내역마저도 당연히 매우 애매모호한 것이다. 아마도 이 문제를 가장 잘 보여주는 사례는 이라크의 쿠웨이트 침공과 미국의 대응 이후 페르시아만 석유의 실질비용이 미국의 소비자에게 얼마나 영향을 미치는가를 계산하는 시도일 것이다. 세계에서 가장 중요한 석유 생산지에서 안정적으로 석유를 공급받을 수 있기 위하여 미국은 먼저 동맹국들과 함께 그 지역에 대규모 군사력을 파견했으며('사막의 방패' 작전, 1991년 8월~1992년 1월) 그 다음에는 폭격과 지상전을 개시했다('사막의 폭풍' 작전, 1992년 1~3월).

이 개입의 비용을 필요 자금, 증가 비용, 총 경비 등의 면에서 표시하면 그 차이는 매우 크게 달라진다. 미 국방성은 이 작전들의 필요 자금을 471억달러로, 증가 비용을 611억달러로 추정했다. 그러나 미국 회계감사원(GAO)에서는 국방성의 회계 씨스템으로는 이 비용을 신뢰성있게 확정할 수 없다고 지적했다(GAO 1991a). 이 기관들은 걸프전이 없었더라도 지출되었을 비용을 감안하지 않고서 총 비용을 부대별로 계산했다. 전쟁이 없을 때를 감안한 비용의 조정은 이후 더 상급 보고선에서 이루어졌다. 그러나 지나치게 광범하고 제대로 정의되지 않은 범주를 적용했으므로 각각의 비용이 바르게 평가되었는지 확인하기가 어렵다. 그런 식의 회계에 포함된 금액은 적은 것이 아니다. 어느 지휘관은 1990년 10~12월의 작전 비용 15억달러를 19개 항목으로 분류한 뒤 그중 "특별 활동"이라는 한 항목에 10억달러를 할당하고서는 이 애매한 항목의 세부를 제시하지 못했다.

그 결과, GAO(1991a)는 국방성이 산출한 증가 비용이 지나치게 많다고 보았다. 그러나 GAO에서 산출한 전쟁의 총 비용은 1000억달러를 넘었다. 이 거금의 약 절반은 54만의 미군을 편성하고 장비 지급, 작전 수행, 보급 등을 지원하는 데 직간접으로 지출되었으며, 이 중 관련 비용 100억달러 에는 이집트의 부채 탕감액 70억달러가 들어 있다. 설령 이같은 계산들이 맞는 것이라 가정하고, 그리고 '사막의 방패/폭풍' 작전의 총 비용을 페르 시아만의 원유 가격에 전가하는 것이 옳다고 가정하더라도, 어떤 계산법 을 적용해야 하는 것인가? 그런데 전쟁의 비용을 원유 가격에 전가해야 한다는 둘째 가정은 계산에 대한 첫째 가정보다 더 근거가 약하다. 석유가 미국이 개입한 핵심적 이유인 것은 분명하지만, 이라크의 핵무기와 대량 살상 무기 개발에 따른 중동 지역 정세의 불안정, 이로 인한 미국과 동맹 국의 안보에 대한 위협, 이라크-이란 전쟁의 재발 또는 아랍-이스라엘 전 쟁의 가능성, 호전적인 이슬람 근본주의 세력의 팽창 등도 주요 원인이 되 었기 때문이다.

'사막의 방패/폭풍' 같은 복합적인 작전의 비용을 다양하면서도 상호 관련된 목적에 따라 분류할 수 있는 객관적인 절차는 없다. 석유의 실질 가격에 대한 걸프전 비용의 기여분은 다른 나라들의 전비 부담액 때문에 더욱 불분명해진다. 다른 나라들이 약속한 부담액 483억 달러는 미국 예 산관리국(OMB)이 추정한 미국의 필요 자금보다 8억달러가 더 많으므로 회계 측면에서만 좁혀 생각한다면 미국은 전쟁에서 이득을 보았다고도 할 수 있는 것이다! 그리고 미국이 실제 부담한 비용이 얼마든 간에 그 비 용을 얼마큼의 석유에 할당할 것인가? 미국이 페르시아만에서 수입하는 원유(당시 미국의 총 수입 물량 중에서 5분의 1 이하였다)에만 해야 하는 가, 아니면 그 지역에서 전 세계(주로 일본과 유럽)로 수출하는 모든 원유 에 대하여 배분해야 하는가? 아니면 페르시아만 지역이 안정되면 OPEC 도 안정될 것이므로 세계 원유 생산량 전체에 부과할 것인가?

그리고 그 비용을 배분하는 기간은 얼마 동안으로 해야 할 것인가? '사 막의 방패/폭풍'이 그저 몇개월 동안의 작전에 그치는 것이 아니라는 점은 분명하지만, 그 안정 효과는 얼마 동안 지속되는 것인가? 이라크가 패전은 했지만 점령되지는 않았으므로 일부에서는 전쟁의 목적이 달성되지 않았다고 주장하기도 한다. 뿐만 아니라 이라크 상공 내 비행금지 구역 두개 확보, 지속적인 정찰 활동, 페르시아만 지역 내 항공모함 배치, 사전배치 물자의 지상기지 재보급, 훈련 참가와 비상계획 수립 등 매년 상당한 군사적 활동이 이후에도 계속되었다. 또한 1949년부터 시작된 미해군 함정의 페르시아만 배치는 그 전체 비용을 어떻게 계산할 것인가? 어떤 종류의 비용을 계산해야 하는가? 다양한 임무를 수행하는 데 필요한 총액인가 아니면 단순한 증가 비용인가? 페르시아만에 배치한 군함과 군용기만 계산할 것인가, 아니면 인도양과 지중해 함대의 비용도 포함해야 하는가? 그리고 이 지역에 오래전부터 배치한 군사력은 석유의 안정적인 공급뿐 아니라 강대국 사이의 세력 견제라는 목적이 더 컸는데, 얼마의 비중을 석유에 돌릴 것인가?

그리고 페르시아만 석유 가격에 그 지역에 대한 미국의 경제적 지원액을 가산하지 않는 것은 옳은가? 1962년부터 2000년까지 미국이 이스라엘, 이집트, 요르단에 지출한 총액은 거의 1500억달러에 달하며 그중 약 5분의 3이 이스라엘에 제공되었다. 이 원조에서 상당부분은 그 내용이 군사 무기 구입 대금이든 식량 수입이든 또는 경제 원조이든 그 지역에 있는 우호적인 두 아랍 정권과 미국의 기본 전략적 동맹을 지원하기 위한 지출이었다. 그러한 투자는 논리적으로 중동 석유의 또다른 비용 부분으로 간주할 수 있는 것이다.

물론 그 원조액 중 얼마를 중동산 원유에 부과해야 할지에 대해 의견이 일치하기란 매우 어렵다. 또한 2001년 9월 11일 뉴욕과 워싱턴에 대한 테러 이후 중동 지역에 증강 배치된 군사력도 중동산 석유의 실제 가치 평가를 복잡하게 만든다. 물론 테러 조직과의 싸움이 이 조치의 주 목적이다. 하지만 세계 석유 자원이 가장 많이 매장된 이 지역의 지속적인 안정 외에도, 이집트, 이스라엘, 싸우디아라비아, 이라크, 이란 등에 관한 지정학적 고려 또한 중요한 몫을 차지하고 있는 것이다.

지난 두 세대 동안 에너지(또는 에너지 전환장치)의 실제 가치를 완전하게 산출하는 도상에서 이루어진 진척을 과소평가할 필요는 없지만, 아직 미결로 남아 있는 부분이 더 많을 뿐 아니라 손쉬운 방법도 보이지 않는다. 공산주의식 중앙계획은, 내 소망대로, 에너지나 가격을 비롯해 그밖의 다른 영역에 대한 국가의 포괄적인 개입이라는 경로에 대한 믿음을 완전히 깨뜨렸다. 이전의 여러 공산국가에서는 세계에서 가장 엄격한 수준의 배출 표준 및 공공보건 기준에다 에너지 사용의 엄청난 비효율성과 극심한 환경 파괴를 결합했다. 미국의 CAFE 제한과 마찬가지로 입법부와 산업계의 합의에 의하여 부과된 성능 기준은 훌륭했지만 그 실행 여부는 아직 미지수이다. 가장 터무니없이 면제된 사례는 SUV인데, 분명 승용차인데도 경트럭으로 분류되어 승용차에 적용되는 27.5mph 연비 기준을 적용받지 않는다. 이와 비슷한 또하나의 변명의 여지가 없는 사례는 자동차 회사에 대하여 전체 차량의 연비를 개선하도록 규제하지 않는 것이다. CAFE는 1987년 이후 조금도 강화되지 않았다!

또한 모든 이해 당사자에게 더욱 포괄적인 가격체제가 필요하다는 데 동의한다 하더라도 쉽게 계량화할 방법이 없다. 뿐만 아니라 외적 요인 중에서 가격으로 흡수된 부분이 시장에 작용하여 에너지의 합리적 사용과 환경오염 방지에 기여한다 하더라도 환경은 시장에서 상품이나 써비스로 거래될 수 없는 것이다. 그러므로 더욱 포괄적인 가격체제를 도입하려면 정부가 개입할 소지가 더 커지게 된다. 이에 대한 반대 주장도 있다. 간접적이며 따라서 덜 효율적인 여러 방법으로 이미 정부가 개입하고 있으며 또한 환경오염의 결과에 대처하는 데 늘 관련돼 있으므로, 오염 발생과 범위를 최소화하는 일에 더 주력하는 것이 당연하다는 것이다.

타당성있는 원가를 산출하는 과정에는 불확실성이 많기 때문에 완벽하게 가격을 책정하기란 어려운 일이다(Viscusi et al. 1994). 특히 에너지 사용에 따른 숨은 부담, 즉 나중에 가장 높은 외부비용으로 나타나는 것들을 정확히 내재화하기는 어렵다. 응당 급속한 지구온난화가 우선 떠오른다. 범위(어떤 항목을 포함할 것인가)와 복잡성(어떻게 수치화할 것인가)이 서로 얽혀 있는 이 문제는 앞으로도 더욱 포괄적인 에너지 가격을 산정하는 데 가장 큰 장애가 될 것이다. 그러나 우리는 단계적 개선으로 합리적인 원가 산정에 점차 접근할 수 있을 것이다. 다양한 에너지 전환의 실질 비용과 관련된 구조적인 불확실성 때문에 나는 개별 과정의 상대적인 원가나 신기술의 비교우위적인 장점 등에 관하여 단언하는 흔해빠진 주장들을 그리 신뢰하지 않는다. 물론 특정 선택에 대해서는 표준 계산법으로 명확하게 이득이나 손해를 밝힐 수 있는 사례도 많다. 하지만 나는 에너지 전환에 대한 가능한 최선의 평가는 협소하고 명백히 불완전한 통상적인 수익 산정의 한계를 벗어나야 한다고 믿는다.

에너지와 삶의 질

인간에 의한 모든 에너지 전환은 똑같은 존재의 이유를 공유한다. 일반적으로 에너지 사용을 측정하는 모든 수단은 전환 효율, 에너지 원가, 일인당 사용 수준, 성장률, 소비탄력성, 산출 비율 중 어느 것이든 간에 단지 성능을 표시하거나 그 과정의 역학관계를 나타내는 지표에 지나지 않는다. 에너지 사용의 목적은 기본적인 생존 욕구를 보존하거나 다양한 소비주의적 충동을 만족시키기 위한 것이 아니라 지적인 삶을 풍요롭게 하면서 인간을 더욱 사회적이고 서로 아끼는 생물종이 되도록 만드는 것이어야 한다. 그리고 위의 모든 목적은 우리가 살고 있는 유일한 생물권을 온전히 보존해야 한다는 것을 기본 전제로 하여, 대체재가 없는 우리 환경을 최소한도로 훼손하는 방식으로 달성되어야 할 것이다. 육체적·정신적 삶의 질을 높이는 것이 목적이며 합리적인 에너지 사용은 그 실현 수단이 된다.

한 국가의 평균적인 삶의 질을 평가하려면 어떤 대리변수 하나에만 의존할 수는 없다. 삶의 질이란 명백히 차원 높은 개념으로서, 좁은 의미의 물질적 웰빙(여기에는 넓은 범위의 환경적·사회적 여건이 반영된다)뿐 아니라 정신적 발전과 고양의 모든 측면을 포함한다. 물질적 웰빙에서는 적절한 영양, 보건 의료, 자연적·인위적인 다양한 위험(대기오염에서 범죄까지)을 처리할 수 있는 능력 등이 일차로 고려될 것이다. 이런 여건들이 보장되지 않으면 활기찬 일생을 누릴 수 없다. 웰빙의 정신적 측면은 먼저 누구나 훌륭한 기초교육을 받을 수 있으며 또한 자유를 누릴 수 있도록 하는 것이다.

위의 각 범주에서 하나 또는 그 이상의 중요한 측도를 선정하고 인구가 많은 57개 국가의 일인당 에너지 소비량과 그 상관관계를 검토해보고자 한다. 이들 국가의 인구는 1500만명 이상으로 세계 인구의 90% 이상을 차지한다. 앞에서 검토한 에너지 사용량과 경제 발전의 관계와 마찬가지로, 일인당 에너지 사용량의 증가와 물질적인 삶의 질 사이에는 상당한 상관관계가 있다. 그러나 그 내용을 구체적으로 조사해보면 놀랄 만한 결론을 얻을 수 있으며, 또한 포화 수준이 존재함을 분명히 알 수 있다.

유아 사망률과 평균수명은 아마도 물질적 삶의 질을 가장 잘 나타내는 지표일 것이다. 모든 인간 그룹 중에서 유아가 가장 취약하므로 그 사망률은 영양 상태, 보건, 환경 등의 복합적인 영향을 극히 민감하게 반영하며 그만큼 매우 유용한 지표도 된다. 그리고 평균수명은 이러한 주요 조건들의 장기적 영향을 포괄하는 지표가 된다. 1990년 후반 유아 사망률이 낮은 국가는 일본(1000명당 4명), 서유럽, 북미, 오세아니아 국가들(1000명당 5~7명)이었으며, 유아 사망률이 높은 곳은 주로 사하라사막 이남의 20개 아프리카 국가, 아프가니스탄, 캄보디아 등(1000명당 100명 이상 또는 150명 이상)이었다(UNDP 2001).

이례적으로 낮은 수치가 나온 스리랑카를 제외하고, 수용할 수 있는 수준의 유아 사망률인 신생아 1000명당 30명 이하의 국가들의 일인당 연평균 에너지 사용량이 30~40GJ이었다. 그러나 이보다 더 낮은(20명 이하) 국가에서는 60GJ 이상이었으며, 극히 낮은(10명 이하) 국가에서는 모두 110GJ 이상이었다(그림 2.10). 그러나 에너지 사용량이 더 높아지더라도 유아 사망률에는 더이상 영향이 없었으며, 전체 57개 국가의 상관계수는 -0.67로서 이는 분산의 45%를 설명한다.

모든 국가에서 여성의 출생시 평균 기대수명은 남성보다 3~5년 더 길었다. 1990년대 후반 여성의 평균수명이 낮은 지역은 아프리카의 빈곤 국가들로서 45세 이하였으며 높은 지역은 일본, 캐나다, 유럽 국가들로서 80세 이상이었다. 유아 사망률의 경우와 마찬가지로 평균수명과 에너지 사용량 사이의 상관관계는 0.7 (이 경우는 양의 부호) 이하로서 이는 분산의

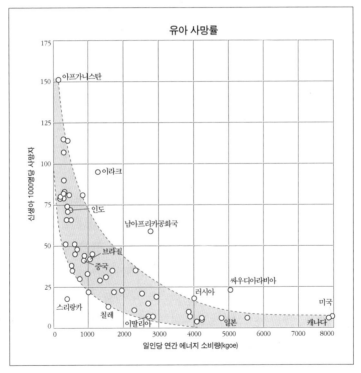

그림 2.10
유아 사망률과 일인당 연평균 에너지 사용량 비교. 자료 UNDP(2001)의 수치를 도표화.

절반 이하만 설명하는 것이다. 그리고 다시 이례적인 스리랑카를 제외하면, 여성 평균 수명이 70세 이상인 나라의 일인당 연평균 에너지 사용량은 45~50GJ 미만이며, 75세는 약 60GJ에 해당하지만 110GJ 이하에서 80세를 넘는 나라는 없었다(그림 2.11).

일인당 평균 에너지 사용량과 평균 식량 공급률 사이에서는 의미있는 상관관계가 도출되지 않았다. 효과적인 식량 배급은 저소득 국가에서 비록 다양한 식품은 아닐지라도 적절한 영양을 공급할 수 있다. 한편 일인당 식량 공급량이 많은 고소득 국가에서는 영양의 과다 공급이 뚜렷하게 나타났으며, 식사량 조사 결과 소매점에 공급된 식량의 약 40%가 폐기되는 것으로 나타났다(Smil 2000c). 이는 국가별 식량 에너지 가용량이란 척도를

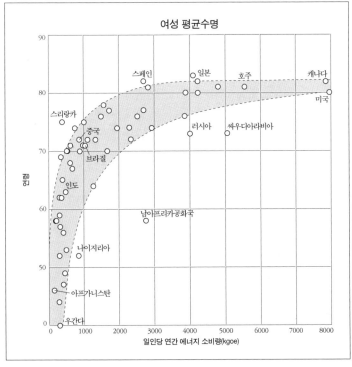

그림 2.11

여성 평균수명과 일인당 연평균 에너지 사용량 비교. 자료 UNDP(2001)의 수치를 도표화

"높을수록 더 낫다" 식의 비교에 쓰기보다는 식량의 상대적 풍부함과 다양함에 대한 지표로 이용해야 한다는 것을 의미한다. 이 두 가지 지표는 거의 모든 문화권에서 '좋은 삶'이라는 개념과 깊이 연관되는 것이다. 적절한 공급량(안심할 수 있는 예비 보유량을 포함하여)과 다양함을 만족시킬 수 있는 최소한의 일인당 식량 가용량은 하루 12MJ로서, 이는 일인당 연평균 40~50GJ의 1차에너지 사용량과 일치하는 것이다(그림 2.12). 식량 가용량을 하루 13MJ 이상으로 높이는 일은 잇점이 없을 뿐 아니라 그와 같은 과식은 현재 널리 퍼져 있는 비만을 유발하게 된다.

교육과 문맹률에 대한 국가별 통계는 쉽게 조사할 수 있으나 그것을 해

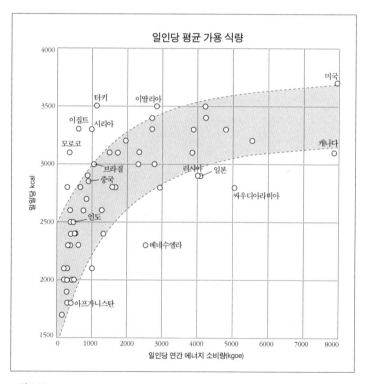

그림 2.12
일인당 일평균 가용 식량과 일인당 연평균 에너지 사용량 비교. 자료 FAO(2001), UNDP(2001)의 수치를 도표화.

석하기란 쉽지 않다. 초등학교와 중등학교의 진학률은 실제 독해·이해·계산 능력을 제대로 반영하지 못하며, 단지 의무교육을 수료하는 학생의 숫자일 뿐이다. 실제로 계속 문맹에 머무르는 사람과 중등 이상의 교육 과정에 진학하는 사람을 질적으로 구분하지 못하는 것이다. 대학 진학률과 졸업률은 지적인 성취보다는 훨씬 낮아진 입학과 평가의 기준을 더 많이 반영하는 것일 수도 있다. 최근 여러 조사에 의하면 미국 학생들의 성적은 참담할 정도다. 예를 들어 1990년대에 고등학생의 23%가 기초 독해능력조차 없었다(NCES 2001).

따라서 식자율과 초·중·고등 진학률은 교육 기회 제공을 나타내는 계량적인 지표로 해석해야지 진정한 질적 척도로 보아서는 안된다. 어쨌든, 높은 진학률은(해당 연령대에서 80% 이상) 일인당 연평균 1차 상업 에너지 사용량이 40~50GJ로 낮은 일부 국가에서도 달성되고 있었다. 대학교육은 비용이 매우 높으므로 높은 진학률(여기서도 20~25% 이상의 청소년이 중등 이상 교육을 받는다는 정도로 보아야 한다)은 일인당 에너지 사용량 70GJ 이상의 국가에서만 나타났다.

UNDP에서는 삶의 질을 나타내는 네 종류의 지표를 사용하여(출생시의 평균 기대수명, 성인의 식자율, 전체 진학률, 일인당 GDP) 인간개발지수(HDI, UNDP 2001)를 산출하고 있다. 세계에서 20위권 이내의 고소득 국가에서는 이 지수에 별 차이가 없다. 2001년에는 노르웨이가 가장 높은 0.939, 그다음 호주, 캐나다, 스웨덴(이상 모두 0.936)이었으며, 20위인 이딸리아도 여전히 높은 0.909였다. 0.35 이하의 가장 낮은 국가는 사하라 사막 이남에 있는 7개 국가였는데, 그중에는 인구밀도가 높은 에티오피아와 모잠비끄 등이 포함되어 있다. HDI 0.75 부근에서 이 지수와 일인당 평균 에너지 사용량 사이에는 개별 변수보다 높은 상관관계가 나타났으나 여전히 분산의 45%는 설명되지 않는다. 데이터를 도표로 표시해보면 높은 지수 집단(0.8 이상)은 일인당 평균 에너지 사용량 65GJ 이상 근처에서 비선형관계가 나타나고, 110GJ 이상에서는 거의 변화가 없다(그림 2.13).

에너지 사용량과 삶의 질이 맺는 모든 주요 관계 중에서 개인의 자유를 보장하는 정치제도가 가장 상관관계가 낮았다. 이것은 에너지 사용량이 20세기 후반 수준의 몇분의 일밖에 안되던 때 기본적인 개인적 자유와 참여 민주제도가 이미 실현되었음을 생각하면 당연한 일이다. 유일한 예외는 여성의 투표권이다. 미국의 많은 주에서는 여성의 투표권을 19세기에 채택했지만 미국 연방법이 통과된 것은 1920년이 되어서였으며, 영국에서 법률이 통과된 것은 1928년이었다(Hanam et al. 2000).

또한 20세기 역사를 보더라도 자유의 억압이나 신장은 에너지 사용과는 관계가 없었다. 에너지가 풍부한 미국에서나 부족한 인도에서나 자유는 번성했으며, 에너지가 풍부하던 스딸린 시대의 소련에서나 에너지가 부

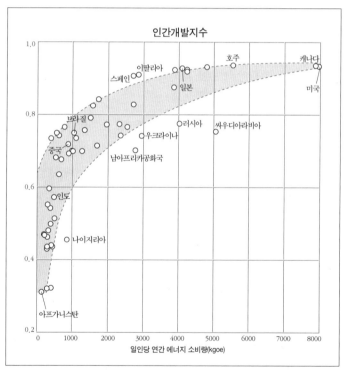

그림 2.13
인간개발지수(HDI)와 일인당 연평균 에너지 사용량 비교. 자료 UNDP(2001)의 수치를 도표화.

족한 북한에서나 자유는 억압되고 있다. 저에너지 사회인 아프리카, 남미, 아시아 등지에서 개인의 자유가 충분히 보장받지 못하고 있음은 분명한 사실이지만, 세계 전체를 포괄적으로 본다면 에너지와 자유 사이에는 별 관계가 없으며 문화적·역사적 요인이 크게 작용한다는 것을 알 수 있다.

따라서 프리덤 하우스(Freedom House 2001)에서 매년 발표하는 개인의 정치적 자유에 대한 비교 평가와 일인당 평균 에너지 사용량 사이에는 뚜렷한 관계를 찾기 어렵다. 자유도가 높은 국가(프리덤 하우스 등급 1~2.5)에는 에너지가 풍부한 서구의 민주주의 국가들뿐 아니라 에너지가 중간 정도이거나 부족한 남아프리카공화국, 태국, 필리핀, 인도 등이 포함되어 있다. 반대로 자유도가 극히 낮은 국가(프리덤 하우스 등급 6.5~7)에는 일인당 에너지 사용량이 적은 아프가니스탄, 베트남, 수단뿐 아니라 석유 자원이 풍부한 리비아와 싸우디아라비아도 있다. 인구 기준으로 세계 57대 국가의 상관계수는 고작 0.51로서 분산의 27%를 설명할 수 있을 뿐이다. 그러므로 개인의 자유는 일인당 연평균 20GJ의 적은 에너지를 소비하는 국가(가나, 인도)에서도 보장될 수 있으며, 인구가 많은 나라 중에도 자유도(1~1.5)가 높지만 에너지를 적게 소비하는 칠레나 아르헨띠나 같은 국가가 있다(그림 2.2).

이상과 같은 상관관계들을 통하여 상당히 매력적인 결론을 얻을 수 있다. 평등을 중시하며, 식량자원을 균등하게 분배하는 데 노력하고, 훌륭한 보건제도를 이용할 수 있으며, 기초교육의 기회가 보장될 경우 만족할 만한 수준의 물질적 웰빙, 긴 평균수명, 고른 영양 섭취, 좋은 교육 기회가 제공되는 사회를 겨우 40~50GJ의 일인당 연평균 1차에너지 사용량으로도 이룰 수 있다는 점이다. 더 나아가 유아 사망률 20 이하, 여성의 평균수명 75세 이상, HDI 0.8 이상이 되려면 일인당 최소 60~65GJ의 에너지가 필요하며, 세계 최고 수준(유아 사망률 10 이하, 여성의 평균수명 80세 이상, HDI 0.9 이상)이 되려면 일인당 110GJ의 에너지가 필요하다. 삶의 질을 나타내는 모든 변수는 평균 일인당 에너지 사용량과 비선형관계에 있

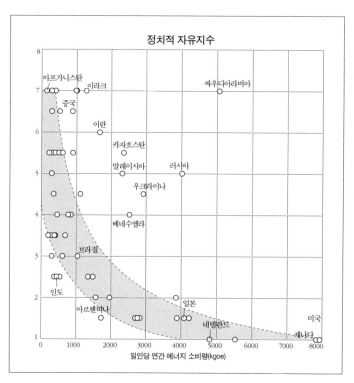

그림 2.14

자유지수(Freedom Index)와 일인당 연평균 에너지 사용량을 비교하면 높은 개인적 자유가 높은 에너지 사용량에 근거하지 않는다는 것을 알 수 있다. 음영으로 표시된 최적 평면에서 우측으로 벗어난 국가들을 보면 여러 주요 산유국들의 경우 오히려 그 반대임이 드러난다.
자료 UNDP(2001), Freedom House(2001)의 수치를 도표화.

으며, 일인당 40~70GJ 사이에서 뚜렷한 굴곡을 보이고 그 이상에서는 다시 감소하다가 110GJ 이상에서는 더이상 변화가 없다. 그리고 국가의 정치적 자유는 기초생계 유지 수준 이상에서는 에너지 사용량과 관계가 없다.

따라서 일인당 연평균 에너지 소비량 50~70GJ은 어떤 사회의 기본적인 육체적 욕구 충족, 지적 성장 기회의 충분한 제공, 기본권의 존중에 필요한 최소 수준인 것으로 보인다. 이 평균이 가지는 흥미로운 의미, 그리고 이로 인해 가능한 성과들과 관련한 몇가지 주목할 만한 기회에 대해서는 이 책의 마지막 장에서 설명할 것이다. 그러나 에너지 사용량과 삶의 질의 관계에 대한 간략한 기술을 마치기 전에 경제적 웰빙과 에너지 사용량은 상관관계가 없으며 개인적·경제적 안정감, 미래에 대한 낙관, 삶에 대한 전반적인 만족과도 상관이 없다는 주목할 만한 사실을 언급하고자 한다.

1999년 미국의 일인당 연평균 에너지 사용량(340GJ)에 비하여 독일의 일인당 연평균 에너지 사용량은 175GJ로 절반이었으며 태국은 40GJ로 8분의 1이었으며, PPP를 감안한 미국의 GDP는 독일보다 34%, 태국보다 5.2배 높았다(UNDP 2001). 그러나 1995년 여론조사에 의하면 독일과 태국 국민의 74%가 자신의 삶에 만족하고 있었으나 미국 국민의 경우는 72%가 그러했다(Moor & Newport 1995). 이같은 결과는 그리 놀라운 것이 아니다. 삶의 질에 대한 개인의 평가는 개별적 감정과 지각에 크게 영향을 받으며, 그러한 감정과 지각은 객관적으로 측정한 현실과 상당히 떨어져 있기 때문이다. 실제로 많은 연구 결과에 의하면 삶의 질에 대한 주관적 평가와 개인적 만족도, 객관적인 사회경제적 지표 사이에는 별 관계가 없다고 알려져 있다(Nader & Beckman 1978; Andrews 1986; Diener, Suh and Oishi 1997). 그러므로 더 많은 에너지 소비를 추구하는 일은 이 절에서 검토해본 객관적 평가나 주관적 자기 평가, 어느 측면에서도 타당하지 않다.

에너지와 환경

석탄과 탄화수소 연료의 생산·수송·가공·연소, 그리고 원자력발전 및 수력발전은 방대한 범위에서 바람직하지 않은 변화를 환경에 가져온다 (Smil 1994a; Holdren & Smith 2000). 1986년 체르노빌 원자력발전소의 차폐되지 않은 원자로 파괴(Hohenemser 1988), 1989년 엑슨사 소속 유조선 발데즈호의 좌초에 의한 원유 유출(Keeble 1999) 등 에너지 씨스템의 대형 실패에서 발생하는 사고는 앞으로도 충격적인 피해의 이미지로 수시로 대중의 주의를 끌게 될 것이다. 그러나 눈에 띄지 않는 반응성 물질이 원인인 생태계의 산성화나 부영양화 등 서서히 누적되어가는 변화가 끼치는 영향은 더 광범하며 지속적이므로 훨씬 우려스럽다. 또한 방사성 폐기물의 안전한 처리나, 지구온난화를 유발하는 가스 배출의 효과적인 억제 같은 장기적 임무 역시 대형 사고보다 훨씬 중요하고 어려운 문제이다.

화석연료를 연소시키면 화학적 에너지가 방출된다. 따라서 화석연료에 의존하는 문명은 특히 대기오염의 영향을 받을 수밖에 없다. 화석연료 연소로 대기 중의 입자상물질, 황산화물과 질소산화물(주로 SO_2, NO, NO_2 등으로 배출됨), 탄화수소, 일산화탄소 등이 대폭 증가했다. 이러한 화합물들은 이전에는 바이오매스의 연소나 박테리아 또는 식물의 대사로만 배출되던 것이다.

입자상물질은 에어로졸 상태의 모든 고체·액체 입자로서 지름이 500㎛ 이하인 것을 말한다. 비산재[灰], 금속 입자, 먼지, 유연(油煙, 타르를 포함한 탄소) 등의 큰 가시성 입자는 주로 가정용 난로나 공장, 화력발전소 등에서 연소가 제대로 되지 못했을 때 발생하며, 대체로 발생 장소 인근에 쉽게 가라앉고 인체에 흡입되는 일이 드물다. 반면 매우 작은 입자(지름 10㎛ 이하)는 쉽게 흡입되며, 지름 2.5㎛ 이하의 에어로졸은 폐의 미세말단조직까지 침투하여 만성 호흡기질환을 악화시킨다(NRC 1998). 또한 미세 입자상물질은 공기 중에 몇주 동안 떠 있을 수 있으므로 바람을 타고 먼 곳까지, 심지어 다른 대륙까지 이동하기도 한다. 가령 1991년 2월 하순 이라크군이 쿠웨이트 유전에 방화한 지 불과 7~10일 후에 거기서 발생한 검댕이 하와이에서 검출되었다. 그리고 그후 리비아에서 파키스탄까지, 예멘에서 카자흐스탄까지 넓은 지역에서 지표 일사량이 감소했다(Hobbs & Radke 1992; Sadiq & MaCain 1993).

아황산가스는 낮은 농도에서는 냄새를 느낄 수 없으나 고농도에서는 자극성이 있는 불쾌한 냄새가 난다. 주로 석탄과 원유에 1~2% 포함된 황이 연소해 발생한다(유색 금속의 용융, 석유 정제, 화학합성 등에서도 발

생). 미국에서는 1970년대 초에 최고 연간 30Mt이 발생했으며 그후 1990
년대 중반에는 20Mt으로 감소했다. 1980~99년의 감소율은 약 28%였다
(Cavender, Kircher and Hoffman 1973; EPA 2000; 그림 2.15). 지구 전체의 발생량
은 20세기 초 20Mt에서 1970년대에는 100Mt 이상으로 증가했다가 그후
서구와 북미 지역의 규제, 공산주의 국가들의 붕괴로 거의 3분의 1로 감소
했다. 그러나 아시아 지역에서는 여전히 배출량이 증가하고 있다
(McDonald 1999).

강하게 결합된 상태로 대기 중에 존재하는 질소 분자를 분해하여 원자
상태의 질소를 산소와 결합시킬 수 있을 만큼 높은 온도로 연소할 때 질소
산화물이 발생한다. 고정식 설비 중에는 발전소가 가장 큰 배출원이며 이
동식 장비 중에는 자동차와 비행기가 주 발생원이다. 탄화수소가 인위적

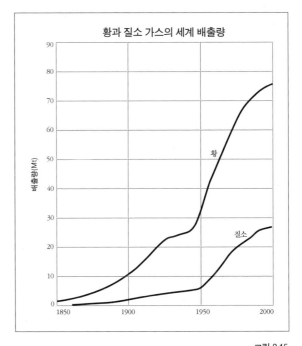

그림 2.15
20세기 세계 황(S) 및 질소(N) 산화물 배출량. 단위는 Mt N, Mt S로 표시함. 자료 Smil(2002),
EPA(2000), Cavender, Kircher and Hoffman(1973).

으로 방출되는 경우는 연료의 불완전 연소, 연료와 용제의 증발, 쓰레기 소각, 타이어의 마모 등이다. 모든 인구 밀집 지역에서는 석유제품의 가공, 수송, 판매, 연소가 휘발성 탄화수소 발생의 가장 큰 원인이다. 미국에서는 적극 규제하는데도 1980년에서 1999년까지 질소산화물의 배출량이 약 1% 증가하여 매년 약 20Mt 수준에 머무르고 있다. 다만 인구 밀집 지역의 평균 농도는 약 25% 감소했다(EPA 2000, 그림 2.15).

무색 무취의 일산화탄소는 탄소연료가 불완전 연소할 때 발생하며, 자동차, 그밖의 고정식 또는 이동식 소형 내연기관(보트, 스노모빌, 잔디깎기, 기계톱 등), 소각(쓰레기나 농업 부산물) 등이 그 주 발생원이다. 이 밖에 주물 공장, 정유 공장, 펄프 공장, 노천탄광의 발화 등도 주요 발생원이다. 1970년부터 시행한 배출 제어(촉매 전환장치를 활용)로 자가용의 보급 확대와 차량당 평균 주행거리 확대 효과가 상쇄되어, 미국 환경보호청(EPA)의 추정에 의하면 1990년대 미국의 일산화탄소 배출량은 최대 수준이던 1970년 대비 약 25% 감소했다(Cavender, Kircher and Hoffman 1973; EPA 2000).

이같은 배출의 영향은 공간적·시간적 범위에 따라, 그리고 보건·생태계·물질에 끼치는 영향에 따라 크게 달라진다. 20세기에는 가장 큰 에너지 관련 환경오염의 원인이 석탄과 탄화수소의 연소에 의한 대기오염이었다. 널리 알려진 런던형 스모그는 입자상물질과 아황산가스를 무분별하게 배출하여 생성된 것으로 1960년대까지 유럽과 북미 지역에서 흔한 문제였다(Stern 1976; 1986). 그 징후는 가시거리 감소, 호흡기질환 빈발 등이며 가장 심했을 때(1952년 런던, 1966년 뉴욕)는 대기의 혼합이 원활하지 못해 만성 폐질환과 심혈관질환으로 유아와 노인의 사망률이 증가했다.

1950년 무렵부터 대기오염 규제법의 시행(1956년 영국의 청정공기법, 미국의 1963년 청정공기법 및 1967년 대기품질법), 석유와 천연가스의 석탄 대체, 정전기식 집진장치의 설치 보급(입자상물질을 99%까지 제거 가능) 등에 힘입어 서구의 도시와 산업 지역에서 매연은 거의 사라지게 되었다. 예를 들면 1940년 미국에서는 연소와 산업 공정에서 발생한 지름 10 μm 미만의 입자상물질이 15Mt이었으나 1990년대 후반에는 약 3Mt으로 감소했다(Cavender, Kircher and Hoffman 1973; EPA 2000).

1980년대 후반부터 수집한 역학(疫學)적 증거에 의하면, 사망률과 질병률의 증가는 이전에 인간 건강에 유해하다고 알려진 것보다 훨씬 작은 미립자 수준과 관련있다는 것이 밝혀졌다(Dockery & Pope 1994). 이런 효과는 주로 자동차, 공장, 목재연료 난로 등에서 방출되는 2.5μm 미만의 입자상물질이 그 원인이었다. 이에 따라 EPA는 1997년에 미세 입자의 농도를 규제하기로 했다(EPA 2000). 이 규제가 시행되면 매년 질병에 의한 사망자 2만명과 천식 환자 25만명을 줄일 수 있을 것이라고 예상하지만 이러한 주장에는 논의의 여지가 있다. 적절한 규제 조치를 단계적으로 시행해야 할 것이다.

인위적인 황산화물과 질소산화물은 최종 산화하여 (몇분 또는 며칠 이내에) 황산염과 질산염의 음이온 그리고 수소 양이온을 생성하고, 이들은 다시 빗물보다 훨씬 더 산도가 높은 비를 내리게 한다. 정상적인 빗물은 대기 중에 있는 이산화탄소(약 370ppm) 때문에 산도(약 5.6)가 낮다(그림 2.16). 산성비에 의한 피해는 1960년대부터 서부 및 중부 유럽과 미국 동부에서 나타나기 시작했으며 주요 배출원에서 바람 방향으로 약 1000km 이내의 넓은 지역에서 관찰되었다(Irving 1991; 그림 2.9). 1980년 이후에는 중국 남부에서도 산성물질의 퇴적이 분명히 나타났다(Street et al. 1999).

산성화의 피해는 산성화된 호수와 하천 생태계의 생물종 다양성 상실(산성에 예민한 물고기와 양서류의 사멸을 포함), 토양 내 화학성분의 변화(주요하게는 알칼리 원소의 유출, 알루미늄과 중금속의 증가), 그리고 수목 특히 침엽수의 급성 및 만성 성장장애 등이다(Irving 1991; Godbold & Hutterman 1994). 또한 산성비는 금속의 부식, 페인트와 플라스틱의 열화, 석재 표면의 손상 등을 가중시킨다. 산성물질의 퇴적으로 생태 씨스템이 입는 피해 중 일부는 단기적이며 쉽게 회복되기도 한다. 하지만 일부는 산

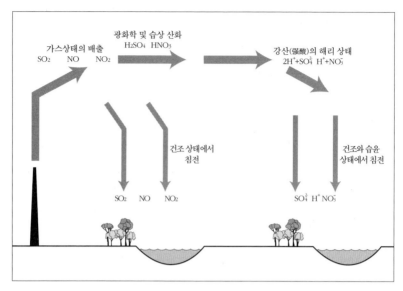

그림 2.16
화석연료의 연소로 방출되는 황산화물 및 질소산화물에 의한 건습 산성물질의 퇴적.

성물질 배출이 감소하거나 거의 완전히 방지되더라도 수십년 동안 지속
될 수 있다.

앞서 언급한 바와 같이 1970년대부터 대규모의 황산화물 발생원에 도
입된 탈황장치에 의하여 미국, 일본, 유럽의 아황산가스 배출량은 대폭 감
소했다(NAPAP 1991; Stoddard et al. 1999; EPA 2000). 황 함량이 적은 연료를 사
용하면서 이같은 개선 조치를 펴자, 특히 예민한 수생 생태 씨스템에 극심
하던 수십년간의 산성화 피해는 더이상 확산되지 않았으며 나아가 회복
되는 경우도 있었다(Stoddard et al. 1999; Sullivan 2000). 그러나 현재 세계 최대
의 아황산가스 배출국인 중국에서는 남부 지방의 산성비 피해 면적이 확
대되는 실정이다(Street et al. 1999).

광화학 스모그를 감소하기 위한 통제 노력에도 진전이 있었다. 광화학
스모그는 질소산화물, 일산화탄소, 휘발성 유기물질 등이 대기 중에서 태
양광선을 받아 복잡한 화학반응을 거쳐 생성되는 여러가지 물질을 말한

다. 이같은 반응에서 산화력이 매우 강하고 사람과 동물에게 호흡기질환을 일으키는 오존이 생겨 농작물 수확이 감소하며 수목과 기타 물질이 손상을 입는다(Colbeck 1994). 1940년대 중반 로스앤젤레스에서 처음 발생한 이런 형태의 대기오염은 이제 세계 전역의 대도시에서 거의 일상적이거나 계절에 따라 일어나는 현상이 되었다. 대도시의 팽창과 도시 간 지상·항공 운송의 증가로 이제 광화학적 스모그는 도시뿐 아니라 더 넓은 지역에서 문제가 되고 있다(Chameides et al. 1994).

고정식 설비에서 발생하는 질소산화물은 통제하기 더 어렵다(제4장 참조). 그러나 1970년대 초부터 자동차에서 배출되는 세 종류의 광화학 스모그 발생 물질은 대폭 감소했다. 엔진의 설계를 개선하고, 일산화탄소·질소산화물·탄화수소 대부분을 제거하는 3원 촉매식 오염 방지장치의 설치를 의무화한 덕분이었다(Society of Automotive Engineers 1992). 그 결과 2000년 미국 자동차의 오염물질 배출량은 관련 규제가 없던 1960년대에 비해 탄화수소는 97%, 일산화탄소는 96%, 질소산화물은 90% 감소했는데(Ward's Communication 2000), 다른 어떤 오염 규제수단보다 훌륭한 효과를 발휘한 것이라 할 수 있다. 새로 설계되는 저오염형 자동차에서는 탄화수소 잔여 배출량의 75%와 질소산화물의 50%를 추가로 감소할 수 있을 것이다.

이처럼 옥외의 주요 대기오염 물질을 감소한 후에야 실내 공기의 오염이 대기보다 더 위험한 문제를 일으킬 수 있다는 것을 인식하게 되었다(Gammage & Berven 1996). 특히 저소득 국가의 농촌에서는 미세한 입자상물질과 발암물질의 농도가 높은 경우가 많으며, 이러한 환경에서는 환기가 불량한 실내에서 바이오매스 연료를 태우므로 만성 호흡기질환에 걸리기 쉽다(World Health Organization 1992). 예를 들어 중국의 경우 폐색성 폐질환에 의한 사망률은 농촌이 도시보다 거의 두 배 더 높다. 농촌의 대기는 깨끗하지만 주민들이 환기가 잘 안되는 집 안에서 불을 피우므로 실내 공기가 오염되기 때문이다(Smith 1993; Smil 1996). 특히 5세 미만의 어린이가 피해를 많이 입는다. 저소득 국가에서는 매년 5세 미만의 어린이 약 200만

~400만명이 실내 오염 때문에 악화한 급성 호흡기질환으로 사망한다.

20세기 후반의 20년 동안 화석연료에 의한 지구의 기후변화와 질소순환 장애가 전 지구의 문제로 대두했다. 인간이 일으킨 지구온난화에 대한 연구가 한 세기 동안 단속적으로 진행된 이후, 1980년대 당시에는 주로 이산화탄소에 의한 온실가스 방출이 기후변화의 주 원인이라는 것이 밝혀졌다. 이 현상의 기본적인 추이는 19세기가 끝날 무렵 아레니우스(Arrhenius 1896)가 잘 규명했다. 등비급수적으로 증가하는 이산화탄소 농도가 지구 표면의 온도를 거의 산술적인 속도로 높이게 된다. 지표의 온도 상승은 적도 부근에서 최소로, 극지방에서 최대로, 그리고 남반구에서는 상대적으로 적게 상승하게 된다. 이 문제는 1957년 로저 레벨(Roger Revell)과 한스 쥐스(Hans Suess)가 아래와 같은 결론을 제기한 뒤로 본격적인 관심을 끌게 되었다.

현재 인류는 역사상 전무후무한 대규모의 지구물리학적 실험을 하고 있다. 몇 세기 안에 인류는 수억 년 동안 퇴적암에 저장되어온 유기 탄소를 대기와 대양에 돌려보내게 될 것이다(Revelle & Suess 1957, 18면).

1958년 하와이 마우나 로아(Mauna Loa)와 남극에 있는 미국 관측소에서 대기 이산화탄소 농도를 처음 체계적으로 측정했을 때 그 농도는 320ppm이었다. 그러나 2000년 마우나 로아에서 측정한 농도는 거의 370ppm에 이르렀다(Keeling 1998; CDIAC 2001; 그림 2.17). 컴퓨터의 성능이 발달해 1960년대 후반 최초로 지구 기후순환의 3차원 모델이 구축되었다. 그리고 이후 개선된 버전을 사용하여 미래의 서로 다른 이산화탄소 농도들에 의한 변화를 예측할 수 있게 되었다(Manabe 1997). 1980년대 이후 지구 기후변화에 대한 연구는 점점 더 분과통합적으로 변해갔고 연구의 확대를 통해 다른 종류의 온실가스(메탄, 아산화질소, 프레온가스)의 중요성을 뒤늦게 알게 되었고, 또한 지구 수계(水界)와 생태계 내에서 일어나는 탄소의 흐름과 저장을 계량화하게 되었다(Smill 1997).

　화석연료 연소에 의한 탄소의 방출량은 1989년 이후 6Gt을 넘었으며 2000년에는 6.7Gt이었다(Marland et al. 2000; 그림 2.18). 매년 약 100Gt의 탄소가 지표와 해양의 탄소동화작용에 의해 대기에서 흡수되며, 흡수된 거의 전량이 식물과 미생물 등의 호흡에 의하여 곧 대기로 되돌아간다. 그중 연간 1~2Gt은 산림에 바이오매스 형태로 남아 있게 된다(Wigley & Schimel 2000). 따라서 대기와 생물권 사이에서 순환하는 탄소의 양에 비하면 인위적인 방출량은 비중이 그리 크지 않다. 그러나 매년 화석연료에서 방출되는 탄소 중 약 절반이 대기 중에 남게 되며, 이산화탄소의 적외선 흡수 파장대가 지구의 최대 열방출 파장대와 일치하므로, 지난 150년 동안 30%

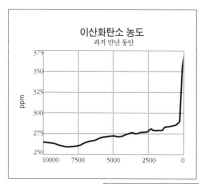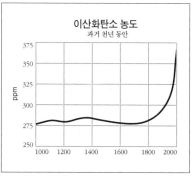

그림 2.17
과거 만년, 천년, 백년의 세 시간대로 표현된 대기의 이산화탄소 농도. 자료 Houghton et al.(2001).

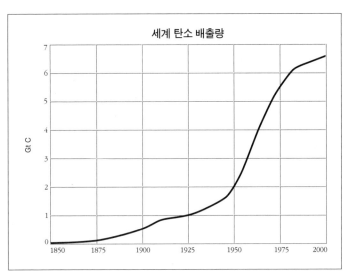

그림 2.18
1850~2000년 화석연료 연소, 시멘트 제조, 천연가스 소각에 의한 세계 인위적 탄소 방출량.
자료 Marland et al.(2000).

증가한 이산화탄소의 농도는 대기에 의한 열에너지의 재방출을 이미 1.5W/m² 만큼 증가시켰다.

뿐만 아니라 온실효과를 발휘하는 다른 가스의 효과도 거의 이산화탄소와 같게 되어 1990년대 후반의 인위적인 재방산율은 총 2.8W/m²가 되었는데(Hansen et al. 2000; IPCC 2001; 그림 2.19), 이 양은 지표에 도달하는 태양 에너지의 약 1%에 해당한다. 이 수치는 이후 점차 증가하여 산업화 이전의 이산화탄소 농도(1850년 280ppm)의 2배에 이르게 되며, 최근 합의된 보고에 의하면(Houghton et al. 2001) 대류권 온도를 현재의 평균치보다 1.4~5.8°C 상승시킬 것이다. 이 문제에 대한 많은 과학적 연구 결과는 기후변화에 관한 정부간 패널(IPCC)에서 제출한 여러 보고서에 잘 요약되어 있다(Houghton et al. 1990; Houghton et al. 1996; Houghton et al. 2001).

대기 중의 이산화탄소 농도가 높아지면 생태계에 긍정적인 영향도 생긴다(Smil 1997; Walker & Steffen 1998). 하지만 학자들과 대중은 의심할 수조차 없으리만큼 과장된 부정적인 영향의 가능성에만 관심을 쏟았다. 이런 영향들은 주로 가속이 붙은 지구의 물순환에서, 그리고 동절기의 고위도 북쪽 지방에 증가하게 될 다음 세 요인에서 비롯할 것이다. 표면 온도의 상승, 해수면보다 지표면에서 상대적으로 더 큰 온도 상승폭, 그리고 강수량 증가와 토양의 습윤화가 바로 그것이다. 온실가스 배출을 줄이기 위한 노력의 결과가 미미하게 나타남으로써 문제는 더욱 악화했다. 20세기 말에 공급된 세계의 1차에너지에는 세기 초에 비해 탄소 함량이 25% 적었지만(1900년 24tC/TJ, 2000년에는 18tC/TJ), 이렇게 감소한 것은 지구 기후변화를 염려해서 조치를 취했기 때문이 아니라 석탄이 탄화수소와 1차전력으로 대체되었기 때문이다(Marland et al. 2000).

급속한 지구온난화를 우려해 막대한 연구비를 투입하여 많은 과학적 연구가 실행되었으며, 온실가스 배출량을 줄이기 위한 전 세계적 협정 체

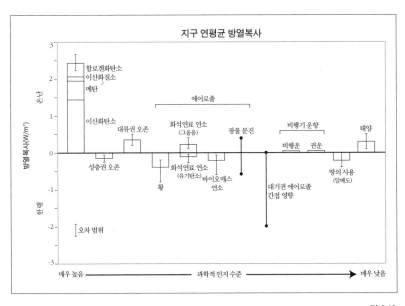

그림 2.19
1750년과 비교한 2000년 지구 대기의 평균 방열복사. 전체적인 영향은 거의 2.5W/㎡이며, 그중 이산화탄소에 의한 것은 전체의 약 60%였다. 자료 IPCC(2001).

결을 목적으로 비밀 협상까지 진행되었지만 아무런 결정도 내려지지 못했다. 심지어 1997년 쿄오또의정서에 의무화된 미약한 온실가스 감축안조차도 실현 불가능하다는 것이 드러났다. 여기에는 변명의 여지가 없다. 왜냐하면 온실가스 배출은 최소한의 사회경제적 비용만으로도 대폭 줄일 수 있다는 사실 역시 의문의 여지가 없기 때문이다(Brown et al. 1998). 이 중요한 문제는 마지막 장에서 다시 논의하고자 한다.

20세기 후반에 고에너지 문명권에서도 지구의 질소순환에 개입하기 시작했다(Galloway et al. 1995; Smil 1997). 합성질소비료의 사용과 화석연료 연소시의 질소산화물 방출이 큰 배출원으로서, 성장을 좌우하는 영양소로 알려진 질소화합물이 대기 중에 높은 농도로 축적되게 한다. 현재 질소의 인위적인 흐름량은 토양 속에서 합성되는 자연적인 양과 거의 맞먹는다. 이 세 가지 배출원 중에서 연료 연소에 의한 배출량이 가장 적다. 매년 질소 약 85Mt이 비료에서, 30~40Mt이 콩과 식물에 공생하는 질소고정 박테리아에서, 25Mt이 화석연료 연소에서 배출된다. 그러나 대기 중의 화학 반응에 의해 생성된, 화학적 반응성이 있는 질소화합물은 매우 먼 거리까지 이동할 수 있으므로 산성물질을 퇴적시키거나, 민감한 생태계에 질소 과잉 현상을 일으키게 된다. 이 문제에도 더욱 효과적인 조치가 필요하다는 것은 분명하다.

화석연료의 채굴·수송·사용에서, 그리고 1차전력 생산에서 초래되는 다른 여러 환경 문제도 다양한 국지적·지역적 영향을 끼친다. 가장 큰 문제로는 애팔래치아 산맥(NRC 1981) 등에 있는 노천탄광의 채굴에 의한 지형 변경, 대규모 토양 파괴에 의한 경관 훼손, 유조선의 원유 유출 등이 있다. 원유의 대량 유출은 특히 연안에서 발생하여 넓은 모래·바위 해변을 오염시킬 경우 야생 동식물과 해변 휴양지에 큰 영향을 끼치게 된다(Burger 1997).

눈에 보이지는 않으나 이에 못지않게 중요한 문제도 많다. 수력발전댐에 토사가 침전되는 일도 있고, 원자력발전소에서 과다한 방사선이 유출되는 일도 있다. 저수지는 때로 놀랄 만큼 많은 양의 온실가스를 방출하기도 하며, 방사선 오염은 기존의 원자력발전소를 해체하더라도 끝나지 않는다. 누적된 방사성 폐기물을 앞으로 100년 내지 1000년 동안 계속 감시 보관해야 하기 때문이다. 이 문제에 대해서는 재생에너지와 원자력발전 등 다른 환경 관련 문제와 함께, 그리고 장래의 기술 발전 예측과 더불어 제5장에서 자세히 논의하고자 한다.

에너지와 전쟁

군사적 비용이 에너지의 실질가격에 얼마나 영향을 주는지 명확하게 산출하기 어렵다는 내용을 포함한 이 장의 초고는 2001년 9·11테러 직후에 완성된 것이었다(그림 2.20). 그 몇주 후에 초고를 다시 읽고서 나는 현대의 전쟁과 에너지의 관계를 간략하게나마 조사하는 것이 필요하다고 생각했다. 무엇보다 전쟁은 20세기 역사의 주요 부분이었으며, 9·11테러에 보잉 747이 발사체로 사용된 사실은 이것이 순진한 "역사의 종말"(Fukuyama 1991)이 아니라 21세기의 특징이 될 새로운 형태의 폭력임을 보여주었다.

값싸고 풍부한 화석연료와 전력을 사용하여 만든 새로운 형태의 이 무기는 지극히 신속하고 무서운 방식으로 군대와 민간인에게 끔찍한 피해를 입힘으로써 20세기의 전쟁을 바꾸어놓았다. 20세기의 다른 발전과 마찬가지로 이 새로운 파괴력의 기초는 20세기 후반에 쎌룰로오스, 글리세린, 페놀, 톨루엔 등의 유기화합물을 질소화하여 제조하는 새로운 종류의 화학물질이 발견되면서 이루어진 것이다(Urbanski 1967). 오랜 역사를 가진 총포용 화약과 같이 알프레드 노벨(Alfred Nobel)이 발명한 다이너마이트나 발리스타이트, 그리고 핵폭탄 다음으로 폭발력이 강한 핸드 헤닝(Hand Henning)의 싸이클로나이트 등은 전통적인 총포용 화약과 마찬가지로 산화제를 포함하고 있지만 폭압에 의한 충격파가 발생할 정도로 훨씬 강력한 것이다.

이러한 고에너지 폭발물의 파괴력이 증가함에 따라 추진장치 역시 설계와 제조에 에너지가 훨씬 많이 필요한 새로운 기계로 대체되어왔다. 이같은 끔찍한 발전은 육해공 모든 곳, 모든 종류의 무기에 공통되는 것이다. 소총과 기관총을, 말이 끌던 야포와 중무장한 탱크를, 축전지 동력식 잠수함과 원자력 잠수함을, 순양함과 항공모함을, 그리고 1차대전 당시 천과 목재 구조에 철선으로 만든 비행기와 1990년대 티타늄 기체의 스텔스기를 비교해보면 잘 알 수 있다. 비행기는 에너지 원가 상승을 보여주는 완벽한 예라 할 것이다. 초기 비행기 제조에 사용된 재료(목재, 천, 철, 강철 등)는 총 5~25MJ/kg의 에너지가 투입되는 것이었으나 현재 스텔스기에 사용되는 복합재와 특수합금은 200MJ/kg의 에너지를 소비한다.

더욱 효과적인 수단에 의해 전달되는 고에너지 폭발물로 전쟁의 사상자는 대폭 증가했다. 19세기 당시 주요 군사 세력들 사이에서 일어난 크리미아 전쟁(1853~56)과 보불전쟁(1870~71)의 사망자는 전투 초기에 야전에 투입된 무장 군인 1000명당 200명 이하였다. 이 전사율은 1차대전 1500명, 2차대전 2000명, 그리고 러시아 전쟁의 경우 약 4000명에 이르렀다(Singer & Small 1972). 독일은 1차대전에서 인구 100만명 대비 2만 7000명의 전투원을 잃었으며 2차대전에서는 4만 4000명을 잃었다. 민간인의 피해는 더욱 급격하게 증가하여 2차대전 때는 총 사망자의 70%가 민간인이었다.

대도시를 겨냥한 재래식 폭격의 경우 하루 또는 고작 몇시간 안에 엄청난 사상자가 발생했다(Kloss 1963). 독일의 사망자 수는 거의 60만에 달했으며, 1945년 3월 10~20일에 일본의 4대 도시에서는 B-29의 야간 폭격으로 약 10만명이 사망했다. 이같은 결과는 특별히 강력한 폭탄을 살포했기 때문이 아니라 소이탄을 대량 투하했기 때문이다. 이와 대조적으로 1945년 8월 약 10만명의 사망자를 낸 두 원자폭탄은 각각 52.5TJ, 92.4TJ의 에너지

파괴된 지역

정리와 청소 필요 지역

손상되었으나
안정된 지역

주요 구조가 손상된 지역

그림 2.20
2001년 9월 11일 세계무역쎈터에 가해진 테러로 파괴, 손상된 구조물들. 자료 the City of New
York and Urban Data Solutions가 제공한 이미지. 〈http://www.cnn.com/SPECIALS/trade.center/
damage.map.html〉.

를 방출했다(Committee for the Compilation 1981). 현재 원자력 잠수함에서 발
사하는 대륙간 탄도탄에 장착된 10개의 개별 목표 타격용 핵탄두가 방출
할 수 있는 에너지는 히로시마에 투하된 원자폭탄보다 800배나 크므로, 돌
이켜보면 그때의 원자폭탄은 장난감이나 다름없는 것이었다. 한가지 더
상상을 초월하는 강한 폭발력의 예를 든다면, 냉전이 종식되던 당시 미국
과 소련이 보유한 핵무기의 총 폭발력은 히로시마 원자탄의 80만배였다.

고에너지 사용과 관련한 현대 전쟁의 또다른 특징은 주요 군사 분쟁을
수행하는 데 필요한 경제력의 동원 규모이다. 이같은 추세는 1차대전부터
시작되었는데, 항공기산업의 성장을 보면 쉽게 이해할 수 있다. 1914년 8
월 영국이 보유한 비행기는 불과 154대였으나, 4년 후 영국의 항공기산업
종사자 수는 35만명, 생산 대수는 연간 3만대에 달했다(Taylor 1989). 이와

비슷하게 미국에서는 1940년 4/4분기에 군대에 납품된 항공기는 겨우 514 대였으나, 2차대전이 끝나기 전에는 총 25만대를 기록했다(Holley 1964).

또한 에너지 사용량과 전쟁 승리의 관계는 앞서 기술한 에너지 사용량 과 삶의 질의 관계와 매우 비슷하다. 즉 양자 사이에 강한 양(陽)의 상관관 계가 존재하지 않는다는 말이다. 물론 냉전 당시 두 강대국의 에너지 소비 량에서 상당부분을 차지할 정도로 막대한 에너지가 핵무기에 저장되어 있었다는 사실이 역설적으로 전쟁 방지에 큰 역할을 했다는 점은 부인하 기 어렵다(내가 보수적으로 추산한 바에 따르면, 1950~90년에 미국과 소 련의 에너지 사용량 중 5%에 달하는 에너지가 핵무기에 저장되어 있었 다). 에너지를 신속하게 방대한 규모로 동원할 수 있다는 사실 덕분에 미 국은 일본과 독일을 이길 수 있었지만, 더 강한 폭탄과 더 정교한 무기를 투입하고서도 베트남전에서는 승리하지 못했다. 그리고 9·11테러는 적 절히 명명된 '비대칭적 위협'이 가져온 위험과 벌칙을 잘 보여준다. 즉 최 소의 에너지 비용으로 사전 계획에 의거하여 수행한 작전이 전 세계의 반 향을 불러일으켜 상당한 규모의 군사력을 배치하도록 만들고 2조달러 이 상의 경제적 손실을 입힌 것이다.

마지막으로 전쟁의 원인이 되는 에너지자원에 대하여 간단히 논의하겠 다. 20세기 역사가들은 1941년 12월 일본이 하와이의 진주만을 기습한 것 은 분명 석유자원을 획득하기 위해서였다고 지적하곤 한다(Sagan 1988). 실 제로 1941년 여름과 가을 동안 일본 군부 지도자들은 해군의 유류 재고가 소진되고 있으므로 행동을 위한 결단이 시급하다는 경고를 거듭했다. 하 지만 관련 서류를 자세히 검토해보면 일본의 유류 재고 소진(미국의 수출 금지에 의한)이 진주만 기습과 직접 관련이 있음을 부정할 수는 없으나, 일본의 오랜 팽창적 군사주의 역사(1932년의 만주 침략과 1937년 중국 침 략으로 잘 드러난)와 미국과 전면전을 벌인 독특한 자해적 성향 역시 드러 난다(Jansen 2000). 또한 히틀러의 폴란드 침공이나 유럽 주요 국가들의 1차 대전 참전 결정도 에너지자원과는 그리 관계가 없었다는 점에 누구나 동의한다.

직접적 형태로든 대리적 형태로든 2차대전 후에 나타난 군사적 개입이나 우호 정부를 지원하기 위한 무기 판매에는 분명히 석유자원이 지배적이 아니라 해도 주요한 역할을 했다. 일례로 소련은 1945년과 1946년 북부 이란 점령을 시도했을 때부터 수십년 동안 이집트, 시리아, 이라크에 무기를 계속 판매했고, 비슷한 시기에 미국도 이란, 싸우디아라비아, 그리고 페르시아 만의 각국에 무기를 판매했다. 이러한 추세는 1980년대 이란과 장기전을 벌이던(1980~88) 이라크에 대한 서방의 지원(이것은 곧 완전히 잘못된 선택임이 드러났다), 1990~91년 '사막의 방패/폭풍' 작전에서 최고점에 도달했다. 당시 투입된 전비에 대해서는 이 장에서 앞서 기술한 바 있다.

이라크는 쿠웨이트를 침공함으로써 원유 매장량을 두 배로 늘리고 세계 원유 부존량의 약 20%를 지배할 수 있게 되었을 뿐 아니라, 세계 최대의 유전 지역인 알 가와르(al-Ghawar)를 포함한 싸우디아라비아의 유전을 직접적으로 위협함으로써 세계 원유자원의 약 4분의 1을 소유한 왕가의 존립 자체가 위태롭게 되었다. 그러나 이같이 명백해 보이는 사례에도 앞서 기술한 바처럼 이라크의 팽창을 저지해야 하는 다른 절박한 이유가 있었다. 현대의 전쟁을 비판적으로 분석하면, 자원과 관련한 목적은 일반적으로 폭넓은 전략적 목표에 의하여 결정되지만 그 역은 성립하지 않는다는 레써(Lesser 1991)의 결론에 전적으로 동감하게 된다.

이 글이 씌어지는 현재 중동 이외의 지역에서 저렴한 석유의 생산량이 감소하고(여기에 대해서는 제3장과 제4장에서 논의하고자 한다) 근본주의자들과 공격적이고 반서구적인 이슬람이 세를 얻어가고 있는데, 이 두 상황이 결합하면 에너지와 전쟁의 관계에 어떤 영향을 미칠지 우리는 단지 추측만 할 뿐이다. 그럴듯한 씨나리오들은 매우 폭넓은 가능성 위에 걸쳐 있다. 그중에는 지금까지 왕조(싸우디아라비아), 종교(이란), 군사(이라크) 독재의 지배를 받아오던 이 지역이 더욱 개방적이며 최소한 유사민주주의의 체제로 원만하게 전환하는 것에서부터, 종교적 신념으로 무장한 자살 군대가 이단에 대항해 일으키는 지구적인 아마겟돈의 참상까지 존재한다.

3장

ENERGY AT THE CROSSROADS

어긋난 예측, 그리고

왜 예측이 필요하지 않은가? 예측 없이 어떻게 미래를 내다볼 수 있는가? 먼저 앞의 질문에 대해서는 과거 100년 이상에 걸친 에너지 문제 관련한 예측들이 몇가지 유명한 예외를 제외하고는 모두 명백한 실패의 기록이라는 사실을 돌아보고 설명함으로써 대답을 대신하고자 한다. 그 예측들이 새로운 에너지 전환기술의 발명과 상업적 확산을 고려했다 해도, 또 분석 대상을 지역, 국가 나아가 지구 전체로 확대하려고 시도했어도 사정은 마찬가지였다. 따라서 나는 그런 실패를 다시 반복하고 싶은 생각이 없다. 그런 일은 비생산적일 뿐 아니라 직관이라는 거짓 느낌을 일으킬 우려가 있으며, 사실상 역효과를 부르는 시도일 따름이다. 거듭된 실패는 근본적인 새 출발을 요청한다. 에너지에 관한 장기 예측이 모두 참담하게 실패하자 구체적인 정량적 예측마저도 일절 하지 말아야 한다는 주장이 나오는 것이다. 그러면 합리적인 대안은 없는가? 구체적이고 정량적인 예측보다는 타당성있는 여러 대안을 분명하게 보여주는 시험적인 예측으로 대체하는 것이 훨씬 합리적으로 보인다. 그러나 이같은 방법은 대개 그 결과의 범위가 너무 넓어서 효과적인 행동의 지침으로 삼기에는 곤란하다.

단순한 방식의 예측을 더 복잡한 컴퓨터 모델링으로 바꾸면 이같은 실패나 문제점이 근본적으로 개선되리라는 기대는 접는 편이 낫다. 그런 중

거는 얼마든지 있다. 그러므로 나는 오직 두 가지 미래 예측만이 가치있고 반드시 필요한 것임을 입증하고자 한다. 첫째는 비상 대비 씨나리오로서, 표준적인 추세의 예측이나 공통된 전망에서 크게 심지어 극단적으로 벗어날 때의 결과를 예상해보는 것이다. 그러한 비상 사태의 손쉬운 예로는 중동 전체가 전화(戰火)에 휩싸이는 경우일 것이다. 이 경우 세계는 원유 매장량의 3분의 1가량을 잃게 되고, 결국 전 세계에 유례없이 깊고 긴 불황이 오며 몇세대에 걸쳐 생활수준이 지속적으로 후퇴하게 된다. 2001년 9월 11일 테러분자의 미국 공격으로 이같은 파멸의 가능성이 비극적인 수준으로 높아졌다. 이제 우리는 대도시 주민이 화학무기나 박테리아, 바이러스로 공격받을 수 있다는 점을 깊이 고려해야 하며, 제트 여객기를 미사일 대용으로 삼아 원자력발전소를 공격하는 가능성에도 대비하지 않을 수 없다. 이런 공격은 테러집단에 의하여 자행될 것이며 그런 집단의 근절이 모든 열린 현대 사회에 중대한 문제가 되고 있다.

두번째 예측은 '후회 없는' 씨나리오로서, 인간의 소망과 생물권의 요청을 조화롭게 만드는 일을 목표로 장기적인 방향을 세워나가는 것이다. 이같은 규범적 계획의 모든 중요 부분에 대하여 세계가 의견의 일치를 이루기는 쉽지 않겠지만, 핵심적인 여러 필수 사항에 대하여 폭넓은 합의를 기대하는 일이 그리 비현실적이지는 않을 것이다. 무엇보다 생물권이 어떻게 바뀔지 예측하기조차 어려울 정도로 지구온난화가 심해지거나, 빈곤 국가들이 겪고 있는 것보다 더 심하게 에너지자원이 편파적으로 분배되기를 바라는 사람은 없을 것이다. 그러므로 넓든 좁든 우리의 목표를 설정하기 전에 우리의 선택을 규정하는 여러 한계와, 우리의 계획을 실패하게 만들 수 있는 다양한 불확실성을 구체적으로 검토해보는 일이 선행되어야 한다.

그러나 바람직한 예측을 위한 논의를 진행하기 전에, 그리고 분석에 필요한 정보의 한계와 불확실성을 구체화하기에 앞서 기술 발전에 대한 예측을 할 때 일반적으로 마주치는 두 가지 상반된 경향을 살펴볼 필요가 있다. 하나는 중요한 에너지 전환기술의 발명과 그에 따른 상업화에 대한 상상력의 실패이고, 다른 하나는 일체의 문제점을 해결해주는(종종 거의 마술처럼) 어떤 기술이 조만간 상용화해 미래의 번영을 가져다줄 것이라는 지나친 확신이다. 여기서는 에너지의 수요, 가격, 집약도, 대체 자원 등에 대한 잘못된 여러 예측에서 공통적으로 찾아볼 수 있는 비관적 측면을 중심으로 살펴보겠다.

실패한 노력들

특정한 기술적, 사회적 또는 경제적 발전에 대한 수많은 예측은 다른 분야의 예측과 마찬가지로 산업화 시대 그리고 산업화 이후 시대의 산물로서, 급속하게 변화하는 기술과 다른 여러 요인 때문에 생긴다. 체계적 방식의 예측은 19세기 말 무렵에 등장했다. 이러한 예측의 보편화는 1960년대 컴퓨터의 보급으로 사업상의 의사 결정, 기술적 설계, 학문적 연구에 다양한 계량적 예측 기법을 쉽게 사용할 수 있게 되면서 시작되었다. 보편화보다 더 중요한 것은 복잡한 현상을 컴퓨터로 실제에 가깝게 모델링할 수 있게 되었다는 점이다. 단순한 대수 공식에서 난해한 컴퓨터 시뮬레이션에 이르는 다양한 예측 도구가 기술적·경제적 예측뿐 아니라 국가정책이나 지구 환경변화의 결과 예측에까지 사용되고 있다.

특히 경제 문제에 관한 정부기관의 공식적인 예측의 대부분은 매우 짧은 기간에 대한 것이다. 높은 경제 성장률에 대한 현대 경제학자들의 뿌리 깊은 집착, 최근 부유한 사람들이 고공비행하는(또는 곤두박질치는) 주식 시장에 열성적으로 뛰어드는 현상 때문에 경제 예측의 수요가 전례 없이 증가했지만 그러한 예측의 대부분은 한 달이나 1~2년 짜리이다. 그러니 10년 정도의 장기 전망은 거의 찾아볼 수 없다. 이 순간에도 계속되고 있는 각종 산업에서의 수많은 수요–공급 예측 역시 마찬가지다. 그러나 운송 수단의 발전(신형 승용차에서 우주선까지), 의학적 발달(특정 질병의 퇴치나 치료 기술의 개발 등), 새로운 소비자 상품의 보급(모든 사람에게 PC가 보급되는 싯점은?) 등의 분야에서는 10년 또는 20년까지의 예측이 흔히 제시되고 있다.

단기적 관심사가 지배하는 세계에서 전체 1차에너지와 전력의 수요, 분야별 에너지 소비 등의 예측은 몇개월 또는 몇년에 그치는 것이 대부분이다. 그러나 10년 또는 반세기 이상에 대한 장기 예측도 다수 있으며, 특히 최근의 지구온난화 문제와 관련한 에너지 예측은 한 세기에 걸친 것이다. 장기 에너지 예측은 1960년대 이후 일반화되었으며, 1974년 초 OPEC이 유가를 4배 인상한 뒤로는 소규모의 성장 산업이 되었다. 현재 에너지 예측의 범위는 매우 광범하다. 개별적인 탐사·생산·전환 기술의 용량이나 성능에 촛점을 두는 매우 좁은 범위에서, 국가·지역·세계 차원에서 연료와 전력의 미래에 대한 야심적이며 고도로 세분화된 수요-가격 모델까지 망라한다. 이런 모델 중 일부는 저자들이 무료 사용을 허용하고 있지만, 독특한 모델링 방식과 예측 능력을 인정받고 있는 데이터 리쏘스사/맥그로우 힐 세계 에너지 예상((DRI/McGraw-Hill World Energy Projection) 등의 일부 모델은 가입자에게 이용료를 받고 있다. 그 연간 이용료는 지구 전체 평균 일인당 소득의 몇배나 된다.

이런 예측들에는 한가지 공통점이 있다. 예측들의 과거 실적을 조사해 보면, 전체 경향과 개별 사안의 전개를 비롯한 예측 전반에서 상당한 오차가 있었다는 점이다. 기술적인 혁신을 평가할 때에는 상상력의 부족이 공통된 오류이지만, 신기술의 상업적 확대 보급을 예측할 때는 특히 그 기술의 개발이나 판매에 관련된 사람에 의한 지나친 확신이 공통적인 오류의 원인이 되고 있다. 중장기 예측은 발표된 후 1년, 심지어는 몇달 이내에 거의 예외 없이 대체로 무가치한 것이 되어버린다. 뿐만 아니라 이같은 실패는 그 예측의 주제나 적용 기법에 관계 없이 나타난다. 정기적으로 수행되는 GDP 성장률과 관련한 국가 에너지 수요와 소비탄력성 장기 예측은

기술 혁신에 대한 세계적 전문가들의 평가보다 나을 바 없었으며, 복잡한
계량경제적 예측도 단순한 수요 모델보다 성공적이지 못했다.

에너지 전환기술

19세기 후반, 수천년 동안 주 에너지원과 전환기술에 거의 발전이 없던
세계가 새로운 발명들에 의하여 혁신되기 시작하면서 기술 발전을 예측
하는 일이 일반화되었다. 이런 예측의 실패 기록을 평가하는 가장 좋은 방
법은 원래의 말할 수 없이 엉성한 예측들을 있는 그대로 살펴보는 것이다.
따라서 나는 1880년대 당시 획기적인 발명이던 상업 발전과 공급을 필두
로 도입된 새로운 에너지 전환기술에 대한 주목할 만한 몇가지 예를 인용

그림 3.1
1882년 9월 4일 토머스 에디슨은 미국 최초로 뉴욕 펄가 255-257번지에 발전소를 세웠다. 여기
설치된 6대의 대형 발전기의 모습. 발전된 전력은 직류송전을 통해 85명의 고객에게 최초 공급되
었으며 400개의 전등을 밝혔다. 자료 *Scientific America*(1882년 8월 26일)에서 복사.

하고자 한다.

에디슨(T. A. Edison)이 런던과 뉴욕에서 조명용 전력(그림 3.1) 판매를 시작하기 불과 3년 전인 1879년, 영국 하원의 전력조명위원회에서 개최한 청문회에서 한 전문가는 이렇게 증언했다. "종합적으로, 전기가 가스의 경쟁상대가 될 가능성은 조금도 없다." 그로부터 정확히 10년 후 에디슨(1889, 630면) 자신도 큰 실수를 하게 된다.

> "개인적으로 나는 교류의 사용을 완전히 금지해야 한다고 생각한다. 영속적인 요소가 없으며 대신 생명과 재산에 위험한 요소가 있는 씨스템을 도입하는 일은 결코 정당화될 수 없는 것이다. 나는 그동안 계속 고전압과 교류 씨스템에 반대해왔다. (교류 씨스템은) 어떤 일반적인 송전 씨스템에서도 신뢰성이 없으며 부적절하기 때문이다."

교류 송전선 매설에 대하여 에디슨은 이렇게 주장했다. "(전력의 송전 대신) 죽음을 맨홀과 가정, 상점, 사무실에 전송할 것이다." 그러나 에디슨은 혁신에 대한 탁월한 감각이 있었기 때문에 이러한 감정적인 '씨스템의 전쟁'은 금방 끝이 났다. 에디슨과 함께 전기시대를 개척한 다른 세 선구자, 즉 테슬라(N. Tesla), 웨스팅하우스(G. Westinghouse), 페란티(S. Ferranti) 등이 선호하던 교류 송배전 씨스템이 1890년대를 지배했다. 자신의 잘못을 깨달은 에디슨은 즉시 예전의 주장을 폐기하고 자신의 회사를 교류 씨스템으로 전환했다(David 1991).

에너지 전환에 대한 에디슨의 두번째 착오는 그로부터 10년 후에 나왔다. 19세기 말 이전 사람들은 대부분 내연기관이 수송용 원동기로는 오래 사용되지 못할 것이라 예상했다. 헨리 포드(Henry Ford)는 자서전에서 전기자동차가 곧 보급될 것이라 믿은 어느 직원이 포드의 휘발유 엔진 시험에 반대한 일을 회고했다. 에디슨의 회사에서는 포드에게 총 감독의 자리를 제안하면서 이렇게 조건을 달았다. "휘발유 엔진을 포기하고 진정 유용한 것에 전념한다"(Ford 1929, 34~35면). 전기자동차는 가격이 내연기관 자동차보다 높았음에도 1900년까지 미국 자동차시장을 지배했다(그림 3.2). 1901년에는 뉴저지에 충전소가 여섯 군데 세워져서 전기자동차가 뉴욕에서 필라델피아까지 주행할 수 있게 되었으며, 1903년에는 보스턴에만 36개의 충전소가 있었다(Mcshane 1997).

그러나 이 시기는 잠시 동안에 그쳤으며, 내연기관 차량이 점차 시장을 점령하게 되었다. 이처럼 명백한 추세에도 불구하고 에디슨은 20세기의 첫 10년을 전기 용량이 높은 축전지를 개발하는 데 거의 허송했다 (Josephson 1959). 많은 비용만 허비했을 뿐 아니라 그 노력은 결국 헛수고가 되고 말았다. 1909년 에디슨이 대안으로 제시한 니켈-철-알칼리 축전지는 광부의 휴대 전등이나 선박의 추진 등을 위한 예비 전원으로는 적합했지만 자동차 원동기로는 경쟁력이 없었다(그림 3.3). 그러나 한 세기가

그림 3.2
초기의 전기자동차(그림은 1888년 터키의 술탄을 위해 제조된 Immisch & Co. 모델)는 현대의 휘발유 차량과 외관이 거의 비슷했다. 위 자동차에는 시속 16km의 속도로 5시간 주행할 수 있는 24개의 소형 축전지가 장착됐다. 자료 Tunzelmann(1901)에서 복사.

지난 지금 전기자동차의 유혹은 아직도 우리 곁에 남아 있다. 10년 안에 전기자동차가 시장의 상당부분을 차지할 것이라는 예측이 계속 나오고 있지만, 막상 그 10년이 지난 후에도 여전히 그 '10년'은 '10년 후'이다.

최근 캘리포니아에서 전기자동차를 장려하는 법안을 통과시켰지만 별다른 도움이 되지 못했다. 1995년 캘리포니아 에너지위원회(CEC)에서는 1998년까지 주 내에서 판매되는 신차의 2% 이상(약 2만 2000대)이 전기자동차라야 하며, 2003년까지는 판매 차량 중 무공해 자동차(ZEV)가 10%(15만 대) 이상이 되어야 한다고 결정했다(Imbrecht 1995). 그러나 1990년대 말까지도 전기자동차는 시판되지 않았으며, 2001년 1월 캘리포니아 대기자원국은 2003년 목표를 신차의 10% 이상이 저공해 차량, 2%가 무공해 차량, 즉 전기자동차여야 하는 것으로 수정했다(Lazaroff 2001). 그 뒤로도 이 요구는 최소한 2005년까지 연기되었다.

그림 3.3
토머스 에디슨은 1913년 사진에서 자신이 점검하고 있는 자동차처럼 매연이 없는 전기자동차가 휘발유 차량보다 더 많이 보급되리라 믿었다. 자료 Smithsonian Institution의 *Edison After 40*, 〈http://americanhistory.si.edu/edison/ed_d22.htm〉.

항공기에 내연기관을 장착한다는 아이디어는 더더욱 받아들이기 어려운 것이었다. 1903년 12월 17일 라이트 형제가 노스캐롤라이나 키티호크에 있는 모래언덕에서 '공기보다 무거운 물체의 비행'(그림 3.4)에 최초로 성공하기 3년 전, 조지 멜빌(George W. Melville) 제독은 다음과 같이 단정했다.

"불가능함이 이미 증명된 것 외에, 사람이 생각할 수 있는 것 중에서 인간이 새처럼 날아보겠다고 시도하는 것만큼 터무니없는 일은 없을 것이다. (…) 설령 날 수 있을 만큼 작으면서도 사람을 태울 만큼 큰 기계를 만드는 데 성공하더라도, 그 다음으로 더 큰 기계를 만들려면 자연이 그렇게 하지 못하는 것과 같은 방법과 이유로 재료의 강도의 한계 때문에 실패할 것이다."

그림 3.4
누구도 예상하지 못한 일이었다. 20세기의 가장 기념할 만한 위 사진에서 1903년 12월 17일 오전 10시 35분, 노스캐롤라이나 키티호크의 모래언덕에서 라이트 형제의 비행기가 날아오르고 있다. 오빌이 비행기를 조종하고 윌버는 서서히 이륙하는 비행기 옆을 따라가며 지켜보고 있다.
자료 Smithsonian National Air and Space 박물관, 〈http://www.nasm.edu/galleries/gal100/wright_flight.gif〉.

그리고 라이트 형제가 실제 비행에 성공하던 바로 그 해에 라이트 형제의 열렬한 지원자였으며 훌륭한 글라이더 설계자이던 옥따브 샤뉘뜨(Octave Chanute)는 비행기에 대한 그의 첫째 원리를 아래와 같이 발표했다(1904, 393면).

"비행기는 장차 빠른 속도로 날게 될 것이며 스포츠에 사용될 것이다. 그러나 상업적 운송 수단으로는 사용되지 못할 것이다. (⋯) 같은 설계에서 무게는 치수의 세제곱에 비례하여 증가하지만 이를 지지하는 표면적은 치수의 제곱에 비례하여 증가하기 때문에 크기는 커질 수 없으며 승객 숫자는 제한될 것이다. 매우 큰 동력이 필요할 것이며, 대략 무게 45kg당 1마력(735.5W) 정도가 들 것이므로 원거리 비행에 필요한 연료를 적재할 수 없을 것이다."

샤뉘뜨의 추정은 비행기 총 무게에 대하여 약 17W/kg까지는 적용된다. 하지만 최대 이륙 중량이 400t에 가까우며 이륙시 4대의 터보팬 엔진으로 80MW의 출력을 내는 보잉 747은 이보다 훨씬 큰 200W/kg이 든다. 이것은 물론 가볍고 출력이 높은 원동기 덕분이다. 라이트 형제가 직접 만든 무거운 4싸이클 엔진(알루미늄 본체에 강철 축)은 출력 대비 무게가 8g/W였으나, 두 세대 후인 2차대전 당시 최고 피스톤 엔진의 출력 대비 무게는 고작 0.8g/W였다. 넓은 동체의 제트기에 하이 바이패스(high bypass) 터보팬 엔진을 장착한 현재의 대형 가스터빈은 0.1g/W 정도이다 (Smil 1994a).

에너지와 관련한 기술적 예상의 오류는 20세기 후반에도 계속되었다. 하지만 2차대전 이전과는 오류의 주 원인이 달랐다. 소극적인 상상력 때문이 아니라 신기술의 실질적인 가능성에 대한 과신 때문이었다. 과신에 의한 사례 중에서 가장 터무니없는 것은 단연 원자력발전이다. 원자력에 대한 무분별함은 비단 1940년대 말과 1950년대 초에만 있는 것이 아니다. 그러나 이 시기는 원자력 개발의 초기 단계였으며 원자력이 "생산이 아니라 소비가 문제가 되는" 새로운 시대를 열어줄 것이라 기대되던 시기였으므로 그럴 법도 하다(Crany et al. 1948, 46면). 한 세대 후 스핀래드(Spinrad 1971)는 1990년대에는 아프리카를 제외한 모든 지역에서 새로 건설되는 발전 시설의 약 90%가 원자력발전소일 것이며 세계 전력의 60% 이상이 원자력 발전에 의하여 공급될 것이라고 전망했다.

같은 1971년, 노벨상 수상자이며(1951년 초우라늄 원소에 대한 화학 연구로 수상) 당시 미국 원자력위원회 의장이던 글렌 씨보그(Glen Seaborg)는 2000년까지 원자력에너지가 세계 인구 대부분에게 생활수준 면에서 '상상을 뛰어넘는 혜택'을 가져다줄 것이라고 말했다(Seaborg 1971, 5면). 원자로는 가정이나 산업용 전력 생산뿐 아니라, 비료 생산과 해수 담수화로 세계의 농업 생산을 혁신할 것이라 기대되었다. 대규모 원자력단지(Nuplex)라는 개념은 1956년 리처드 마이어(Richard L. Meyer)가 제안했으며 그후 미국 오크리지국립연구소에서 발전시켰다(Meier 1956; ORNL 1968; Seaborg 1968). 이 단지는 바다 가까운 사막에 대규모 원자력발전소를 중심으로 건설되어 해수 담수화, 비료 생산, 산업 생산, 농작물 재배에 필요한 에너지를 자급하게 된다(그림 3.5). 따라서 세계의 사막 중 많은 면적을 개발하여 사람이 거주하고 생산 활동을 할 수 있을 것으로 기대되었다.

또한 원자력발전소가 불가피하다는 점에도 이의가 없었다. 씨보그와 콜리스(corlis 1971)는 원자력 없이는 인류 문명이 서서히 정지하게 될 것이라고 생각했다. 그러나 어디서나 값싸게 사용할 수 있는 원자력에너지의 사용을 통해 이루어질 세계에 대해 노벨상 수상자를 포함하여 수많은 과학자와 기술자가 환상을 품은 것이 사실이므로, 특정 인물만 예로 들어서는 공평하지 못할 것이다. 다른 노벨상 수상자인 한스 베테(Hans Bethe, 1967년 항성의 원자력에너지에 관한 연구로 수상)는 "원자력의 적극적인 개발은 선택의 문제가 아니라 필수"라고 말했다(Bethe 1977, 59면).

대담한 예측가들은 수많은 원자력발전소에서 전력을 생산하는 새로운 세계에서는 원자력 화물선과 항공기를 사용하게 될 것이며, 원자탄을 폭

그림 3.5

해안 사막에 대형 원자력발전소를 중심으로 건설된 농공단지의 상상도. 1960년대 후반, 원자력 옹호자들은 20세기가 끝나기 전에 발전, 해수 담수화, 화학적 합성, 산업 생산, 집약적인 농작물 재배 등이 복합된 원자력단지가 인류에게 식량을 공급하고 세계의 사막을 거주 가능한 지역으로 만들 것이라 믿었다. 2000년 현재 실제 건설된 원자력단지의 수는 '0'이다.
자료 ORNL(1968)에서 복사.

발시켜 지하광산을 채굴하고, 강물의 흐름을 바꿀 수 있을 것이며, 운하를 건설하고, 알래스카와 시베리아에 새 항구를 건설하고, 원자력 추진 로켓으로 화성에 유인 우주선을 보낼 수 있을 것이라고 예측했다. 또한 원자핵분열 에너지로 물 분자를 분해하여 대량의 수소를 제조하고 이것을 도시간 교통에 사용하게 될 것이라 예측했다. 원자력의 미래에 대한 또다른 예측으로는 지상을 자연 상태로 되돌리기 위해 인간은 모두 지하에서 생활하게 될 것이며 지상과 연결되는 수단은 승강기뿐일 것이라는 생각도 있었다. 그러한 세계에서 고전적 방식의 핵분열 반응로는 초보자용 마술처럼 될 것이며, 고속증식로에 의하여 대체되기 전까지 임시 수단이 될 것이었다.

1970년 닉슨 행정부는 미국형 액체금속형 고속증식로(LMFBR)의 시범로를 1980년까지 완성한다는 계획을 세웠다. 와인버그(Weinberg 1973, 18면)는 지구 에너지 장기 전망에서 대부분의 사람들과 같은 희망을 표시했다. 그는 "원자 증식로가 성공할 것이라는 점에는 별 의문이 없다. 증식로는 인류의 궁극적 에너지원이 될 것으로 보인다"라고 말했다. 미국형 증식로 건설 계약을 따낸 웨스팅하우스 일렉트릭(Westinghouse Electric)사는 당연히 "세계는 엄청나게 증가한 에너지 자원에서 막대한 혜택을 받게 될 것"이라고 자신했다(Creagan 1973, 16면). 제너럴 일렉트릭(GE)사는 상업용 고속증식로가 1982년까지는 실현될 것으로 전망하고, 2000년까지는 미국에서 새로 건설되는 화력발전소의 절반을 차지할 것으로 예측했다(Murphy 1974; 그림 3.6). 1977년에는 유럽의 공공설비 업체가 컨소시엄을 결성하여 장래 유럽의 원자력발전소 초기 모델인 슈퍼피닉스(Superphénix)를 크레이스-맬빌에 건설하기로 결정했다(Vendreys 1977). 필요 불가결하며 궁극적일 것으로 여겨졌던 이 기술은 실제로는 20세기가 끝나기 오래전에 이미 폐기되었다.

결국 미국의 증식로 계획은 지키지 못한 약속들로 이어졌다. 1967년 최초의 시범용 반응로가 1억달러에 1975년 완공으로 제안되었고, 1972년에는 완공일이 1982년으로 연기되고 비용은 6억 7500만 달러로 증가했다(Olds 1972). 이 계획은 1983년에 완전 폐기되었으며 미국 유일의 소형 증식 반응로(EBR-II, 1964년부터 미국 알곤 국립연구소에서 가동되고 있었음)는 1994년에 정지했다. 유럽의 슈퍼피닉스가 완공을 앞두고 있을 무렵, 벤드리스는 LMFBR의 시대가 "눈앞에 있으며, 필요한 모든 안전 보장도 곧 이루어질 것"이라고 말했다(Vendryes 1984, 279면). 그러나 슈퍼피닉스가 1990년 가동 정지한 이유는 바로 안전 문제 때문이었다.

그런데 궁극적인 에너지를 약속하던 것은 증식로만이 아니었다. 1950년대 초 이후 엄청난 관심 속에서 청정 에너지의 진정한 영구적 자원인 핵융합에 많은 자본이 투입되었다(Fowler 1997). 1960년대 말까지 15년간 집중적인 연구에도 불구하고 근본적인 돌파구를 찾지 못하자 희망이 사라지는 것 같았으나, 1960년대 말 도넛 모양의 자계밀폐(mageneticconfinement) 장치가 처음으로 시험 가동에 성공하면서(Artsimovich 1972)

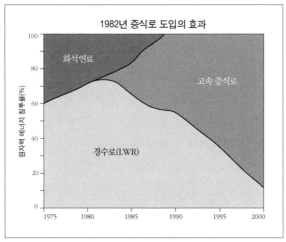

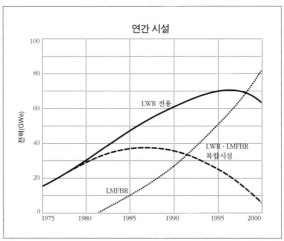

그림 3.6
1974년 제너럴 일렉트릭(GE)사는 미국에서 화력발전소가 1990년 이후에는 추가적으로 건설되지 않을 것이며, 2000년이 되기 전에 액체금속형 고속증식로(LMFBR)가 새로운 설비들 중 주력이될 것이라 예측했다. 자료 Murphy(1974).

낙관적인 기대가 되살아났다. 1971년 씨보그는 1980년 이전에 핵융합 실험에서 투입량보다 많은 에너지가 출력될 것이라고 자신했다. 1972년에는 상업용 핵융합발전이 2000년까지 개시될 것이라 기대되었으며, 의회의 청문회에서 한 증인은 상업용 핵융합 시기를 30년 후에서 20년 후로 앞당기기 위하여 연구비를 대폭 증액해야 한다고 주장하기도 했다(Creutz 1972).

1970년대 초 내가 주관하던 장기 예측 델파이 연구*를 위한 에너지 전문가들의 모임에서, 전체적인 의견을 보면 열원자력발전의 상업적 가동 연도는 중위수 확률뿐 아니라 제75사분위수 추정에 의해서도 2000년도로 나타났다(smil 1974). 그후 10년이 못되어 나는 연구를 종결했으며 국제핵융합연구위원회는 이렇게 결론을 내렸다. "15년 내에 핵융합에서 순에너지 생산이 가능할 것이며, 상업적 발전소는 그후 10년으로 추정하는 것이 핵융합 연구와 개발의 합리적인 목표일 것이다."(International Fusion Research Council 1979) 그러나 미국 기술평가국의 한 패널은 40년 동안 연구비 200억 달러가 투입된 핵융합 연구를 검토한 후 상업적 핵융합발전이라는 어려운 목표는 최소한 50년 뒤에나 가능하다는 결론을 내렸다(OTA 1987). 5년 뒤 콜롬보와 파리넬리는 핵융합을 통한 상업적 에너지 생산의 목표가 40~50년 뒤로 미루어질 것 같다고 발표했다(Colombo & Farinelli 1992). 이는 마치 영원히 달성 불가능한 목표가 되어버렸다고 시인하는 것과 같았다. 그러나 국제 열원자력실험 프로젝트에 참여한 과학자들은 1999년 11월 회합에서 "앞으로 50년 이내에 핵융합발전이 가능할 것"이라고 주장했다 (Arizona 2000, 19면)

그러나 핵융합에 대한 예상이 언제나 예측의 수준에 그칠 수밖에 없었던 것은 지금까지 어느 실험로에서도 투입 에너지와 산출 에너지 사이의 균형점에 도달하지 못했기 때문이다. 뿐만 아니라 더욱 놀라운 것은 21세

---

* 전문가집단의 의견을 축적·교환을 통해 발전시켜 미래 예측에 활용하는 연구기법—옮긴이.

기가 이미 시작되었지만 원자력 농공단지도, 용량 10GW의 발전소가 있는 원자력 아일랜드도, LMFBR도 없다는 점이다. 1967년 아이젠하워 전대통령(전 미국 원자력위원회 의장이던 루이스 스트라우스의 주장을 따라)이나 15년 후의 와인버그(Weinberg 1982)처럼 우리가 현재 이스라엘과 아랍의 분쟁을 해소할 수 있는 최선의 방법이 시나이 반도와 가자 지구에 거대한 원자력 담수 플랜트를 건설하는 것이라고 제안한다면 그것은 완전히 초현실적인 이야기가 될 것이다. 한때 그 규모를 자랑하던 원자력 옹호그룹에 속한 사람들은 아직도 핵분열의 부활과 핵융합의 돌파구를 기대하고 있으며 이같은 원자력 신봉자들은 여전히 상당한 규모에 달하고 있다. 이런 꿈에 대해서는 제5장에서 다시 기술하겠다. 핵분열 에너지가 비록 세계 에너지 1차적 수요의 7%와 전력의 17%를 공급할 정도로 세계 에너지 공급원으로서 상당히 중요한 기여를 하고 있긴 하지만, 현재 원자력발전소 총 용량의 85%를 차지하는 모든 고소득 국가에서(나머지의 대부분은 구소련에 있음) 이미 퇴조하고 있는 게 현실이다.

프랑스와 일본을 제외하면 1980년 이후 고소득 국가에서 원자력발전소가 추가 발주된 일이 없으며, 유럽, 미국, 캐나다 등에서는 기존의 노후 반응로에 대한 교체 계획도 없다(그림 3.7). 오히려 일부 국가에서는 원자력발전 의존도를 줄일 방법을 모색하고 있으며, 수십기의 반응로를 해체하는 문제로 고심하고 있다. 그러나 아직 방사성 폐기물의 장기 보관 문제를 해결한 나라는 없다. 20세기의 마지막 25년 동안 신규 건설된 발전소의 대부분은 이전의 예측과는 전혀 다른 형태로 지어졌다. 바닷가 부지에 GW급의 원자력발전소를 중심으로 인공 에너지 아일랜드를 만드는 식이 아니라, 300MW 이하의 화력발전소 또는 더 작은 용량(100MW 이하)의 가스터빈을 사용하는 것이었다(Williams & Larson 1988). 내가 알고 있는 한, 1GW 이상의 대규모 화력발전소가 우세할 것으로 예측되던 1960년대와 1970년대 초에 발표된 기술 자료에도 그런 추세가 나타날 조짐은 전혀 보이지 않았다(Smil 1974).

그림 3.7

프랑스 블루와와 오를레앙 사이의 루아르에 있는 쌩로랑데조 원자력발전소 전경. 1969년과 1971년에 건설된 소규모 흑연반응로 2기는 1990년과 1992년 가동 정지되었으며, 900MW급 가압경수형 원자로(PWR) 2기는 1981년 준공됐다. 자료 Electricite de France.

원자력 문제 관련해 글을 끝내기 전에 1986년 3월 29일 『이코노미스트』(*The Economist*)에 실린 대담하고 확신에 찬 논설을 간단히 인용하겠다. 그 서두의 요지는 이러했다. "지금 원자력에 집중 투자하는 것만이 1990년대 이후 세계가 높은 에너지 원가를 피할 수 있는 유일한 방법이다." 그리고 이러한 주장의 핵심 근거 중 하나는 이런 것이었다. "광부 수백명이 탄광 사고로 목숨을 잃지만 원자력발전 산업은 초콜릿 공장만큼이나 안전하다"(1986. 3. 29, 11면). 체르노빌 원자력발전소에서 사고가 일어난 것은 이 논설이 나온 지 정확히 4주 후였다. 서구의 엔지니어들이 거듭 그리고 정확하게 그 사고는 원자력발전소에서 불가피한 것이 아니며 소련의 부실한 설계와 부적절한 운전 절차 탓이라고 밝혔지만, 이미 원자력에 대한 불신이 깊어진 대중을 진정시킬 수는 없었다. 더욱 납득하기 어려운 것은, 21세기에 인류가 필요로 할 깨끗하고 값싼 에너지를 원자력만이 풍부하게 공급할 수 있다는 신념에 찬 논설을 그처럼 독단적인 어조로 발표하던 그 주간지였다.

1970년대 후반 열성적인 원자력 지지자들이 자취를 감추기 시작하자, 원자력이 차지하고 있던 기술적 구세주로서의 위상은 새로운 자원에서 추출하는 탄화수소와 재생에너지에 대한 관심이 대신하게 되었다. 첫번째 착각은 땅속에 그러한 연료 자원이 엄청나게 많이 매장되어 있다는 사실에서 비롯한 것이다. 보수적인 평가를 하더라도 고체연료의 총 매장량이 액체 또는 기체연료의 몇배라고 나온다. 거대한 노천탄광에서 채굴한 석탄을 액화·기화할 수 있을 것이며, 액체연료를 유혈암(oil shale)과 타르샌드(tar sand)에서 추출할 수 있을 거라 본 것이다. 국제응용씨스템분석학회(IIASA)는 2030년까지는 5Gtoe(원문에 따르면!)에 상당하는 에너지를 그러한 자원에서 얻을 수 있을 것으로 전망했으며, 소극적으로 예측해봐도 석탄 액화, 혈암, 타르 등에서 2.5Gtoe 또는 2000년 연간 원유 생산량의 70%에 해당하는 에너지를 얻을 것으로 전망했다(Häfele et al. 1981).

이란의 쿠데타에 놀라고 테헤란에서 미국 대사관 직원이 14개월 동안 인질로 잡혀 망신을 당하기 전에도 카터정부는 이미 석탄의 액화·기화를 적극 지원하고 있었다(Hammond & Barron 1976; Krebs-Leidecker 1977). 20세기 말까지 미국은 21EJ 또는 2000년 총 1차에너지 사용량의 5분의 1에 해당하는 에너지를 합성연료에서 얻도록 되어 있었다. 이 거대한 에너지의 대부분은 석탄에서 얻는 가스와 유혈암에서 추출한 합성원유가 될 예정이었다. 1980년 합성연료공사(SFC)가 에너지안보법(Energy Securiey Act)에 따라 설립되고 880억달러라는 거액이 이 계획에 배정되었으며, "어떤 경우에도" 1992년 9월 이전에는 계획을 종료할 수 없도록 규정했다.

당시 석탄을 기화·액화하는 대규모 공장이 하나도 없는데도 이처럼 실험해보지도 않은 액화 공장을 1992년까지 40개 건설할 계획이었으며 각 공장에서 연간 35억~45억달러에 상당하는 2.5Mt의 액화연료를 생산하려 했다는 것을 보면 그 프로그램의 비현실적 성격을 잘 알 수 있을 것이다(Landsberg 1986). 이런 대규모 시설(각 공장은 부지가 2.5km²이고, 연간 석탄 처리량이 7Mt에 달해 환경에 막대한 영향을 주었을 것이다)이 한번도 건설된 일이 없었으므로 이렇게 성급히 산출한 예산이 얼마나 잘못되었는지 알 길은 없다. 레이건 대통령은 1986년 4월 중순 SFC 계획을 폐지하는 법안에 서명했다. 그 계획에 의해 건설된 유일한 가스화 공장은 노스다코타의 그레이트 플레인스 프로젝트(Great plains Project)인데, 이 공장은 연방정부에서 지불 보증한 15억달러로 준공되어 1984년부터 토탄에서 기체연료를 추출하기 시작했다. 그러나 1985년에 지불 불능 상태가 되었고 정부는 이 공장을 1988년 8500만달러에 매각했다(Thomas 2001). 세상의 영광은 덧없이 흘러가는 것이다.

21세기 초 이러한 자원 변환(석탄의 대량 액화나 기화, 타르 오일 회수)은 존재하지도 않거나, 세계 에너지 공급에서 미미한 부분에 그치고 있을(오일쌘드에서 석유 추출) 뿐이었다. 2000년 중북부 알버타에 있는 아타바스카 오일쌘드에서 추출한 석유는 캐나나 국내 원유 생산의 5%, 세계 생산량의 0.2%였다(Suncor Energy 2001; BP 2001). 재생에너지의 생산도 이보다 형편이 조금 더 나을 뿐이다. 증식로에 대한 기대가 사라지자 바이오가스 생산이 1980년대 초에 로우테크(low-tech) 방면의 새로운 총아로 등장했으며, 이 새로운 열광은 다시 한번 새로운 무분별한 기대를 불러일으켰다. 그리하여 재생에너지의 기적 같은 가능성을 격찬하는 예측이 쏟아져 나오기 시작했다. 슈마허식의 소형화주의 신봉자, 환경·반기업 운동가, 향수에 젖은 전원주의자, 자급자족주의자 등 너무나 많은 사람들이 이

장치에 전적인 신뢰를 쏟았다. 단순하고(작동 부품이 거의 없는) 견실하며 탈중앙적이고 사용자와 친근한 장치로서 그 비용은 갈수록 저하되어 조만간 지구 전체에 보급될 것이라 기대했다.

이런 꿈 같은 기술은 땅뿐 아니라 바다에서도 가능할 것이라 생각되었다. 스웨덴에서는 보통의 해초(달뿌리풀 phragmites)를 재배하여 에너지를 생산하고자 했다(Björk & Granéli 1978). 캘리포니아 해안의 태평양에서는 자이언트 켈프(마크로키스티스 Macrocystis)를 재배하여(사람들은 '경작할 수 있는 표면수'라는 용어를 좋아했다) 특수 선박으로 수확한 후 갈아서 혐기성 미생물로 발효시키면 미국에서 필요로 하는 가스연료 전량을 얻을 수 있다고 기대했다(Show et al. 1979). 미국의 대평원 지역에는 풍력발전기 수천기가, 해변에는 풍차의 거대한 행렬이 세워지고, 파력에너지 전환장치로 북해의 끊임없는 파도의 에너지를 흡수하여 영국의 전력 수요를 충족하게 될 예정이었다(Salter 1974; Voss 1979). 배설물을 기반으로 하여 유지되는 경제라는 발상에서 유기폐기물 혐기성 발효는 극단적인 보존주의자에게 특히 주목받았으며, 바이오가스는 세계에서 가장 인구가 많은 아시아에서 현대화의 기반 연료가 될 예정이었다.

1980년대 초 나는 이러한 비현실적인 주장에 대하여 사실을 분명히 밝힐 필요가 있다고 생각했다. 그리하여 바이오매스 에너지의 장래에 대한 이같은 오류를 한권의 책에 구체적으로 기술했다(Smil 1983). 수십억톤의 켈프를 바다에서 경작, 수확하고 가스를 추출하여 미국의 가스연료를 충당하는 일을 생각해보시라! 또는 옥수수 전분에서 뽑아낸 알코올로 연비가 낮은 미국 자동차를 달리게 한다고 생각해보시라. 연료보다 더 많은 에너지가 알코올 생산에 투입될 것이 거의 확실하다! 그러나 나는 그리 염려할 필요가 없었다. 1970년대에 창안돼 널리 퍼진 거의 모든 "쏘프트 에너지" 구상은 너무나 단견적이었으며 비효율적인 기술을 바탕으로 했다. 그리고 너무나 비실제적이었으므로 "하드 에너지(대부분 원자력에너지)"와 같은 운명을 맞게 되어 있었다. 이 장의 후반에서 다시 설명하겠지만, 쏘프트 에너지의 미국 시장 점유율에 대한 가장 유명한 예측(Lovins 1976)은 2000년의 경우 목표에서 90% 이상 빗나갔다. 바이오매스 에너지 전환의 현실적 전망과 다른 재생에너지 자원에 대해서는 제5장에서 기술하겠다.

진보의 강박관념에 사로잡힌 우리 사회에서 새로운 실험적 기술 개발에 대한 기대는 항상 지속된다. 낡은 후보가 빛을 잃으면 새로운 가능성이 등장한다. 어떤 것이 곧 잊혀질 것이며 무엇이 살아남아 세계의 미래를 바꾸어놓을 것인가? 가능성있는 대상으로 최근 발표된 기술 발전은 세 가지다. 자기조직형 원반상(self-organized discotic) 태양전지는 결정성 염료와 액정에서 만들어지는 단순 구조체로서, 490nm 파장대에서 34% 이상의 효율을 발휘한다(Schmidt-Mende et al. 2001). 효율 높고 내구성있는 유기성 태양전지가 전 세계에 보급될 수 있을 것인가? 열음향(thermoacoustic) 엔진과 냉장장치에 들어갈 음파는 피스톤과 크랭크를 대신할 수 있을 것이다(Garrett & Backhaus 2000). 그렇게 된다면 우리는 구동부가 없는 새로운 기계를 볼 수 있을 것인가? 200~450°C에서 동작하는 새로운 고체 열다이오드는 터빈이나 그와 유사한 발전기 없이도 다양한 에너지원에서 전기를 생산할 수 있다(MIT 2001). 이미 100년 전에 개념이 밝혀진 열전자학(thermionics)의 이 새로운 발전으로 장소에 구애받지 않고 오염의 염려도 없는 발전이 가능할 것인가?

1차에너지 수요

총 1차에너지 소비량을 예측하는 일은 특정 에너지 전환기술의 미래를 예견하는 것보다 쉬워 보일 것이다. 결국 상업 에너지의 장래 수요는 분명히 인구 증가와 전반적인 경제 성장에 달려 있는 것이다. 단기간(10년까지) 내의 인구 증가는 정확하게 예측할 수 있다. 그리고 특히 성숙 단계에 있는 경제권에서는 GDP가 비교적 안정된 상태로 증가한다. 뿐만 아니라

20세기 후반에 에너지 관련 문제 중에서 연료와 전력의 수요탄력성과 최근의 국가경제 에너지 집약도 변화만큼 집중적으로 연구된 분야는 없다. 이처럼 쉬워 보이지만 에너지 수요를 인구와 경제 성장에 결부해 예측하는 시도는 순수한 기술적 예측보다 결코 성공적이지 못하다. 내 경험 두 가지를 예로 들어 이러한 직관과는 정반대되는 일을 설명해보겠다.

1983년 국제에너지워크숍(IEW)에 제출된 2000년의 1차 상업 에너지 소비량 예측은 낮게는 애모리 로빈스(Amory Lovins)의 5.33Gtoe에서 높게는 국제원자력기구(IAEA)가 제시한 값인 15.24Gtoe까지며, 나의 예측은 9.5Gtoe였다(그림 3.8; Manne & Schrattenholzer 1983). 2000년의 실제 세계 1차에너지 소비량(1983년에 내가 채택한 방법 그대로, 수력과 원자력의 발

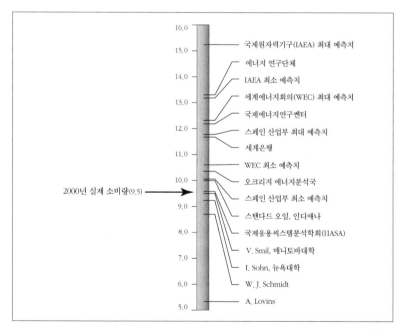

그림 3.8
1983년 국제에너지워크숍 참가자들이 작성한 2000년도 세계 1차에너지 총공급(TPES) 최대 및 최소 예측치는 실제보다 각각 60% 높거나 45% 낮았다. 자료 Manne & Schrattenholzer(1983)의 목록을 도표화.

전량을 화석연료발전의 평균 효율을 적용하여 환산)은 약 9.2Gtoe로서, 로빈스의 예측보다 73% 높았으며, IAEA의 예측보다는 40% 낮았다.

나의 예측은 고작 3% 빗나갔다. 그러나 상당히 정확했던 이 예측을, 최소 및 최대치를 예상한 "쏘프트 에너지"와 "하드 에너지" 주창자들보다 잘했다고 자랑하려고 내세우는 것은 아니다. 오히려 내가 얼마나 크게 틀렸는지 보여주려는 것이다. 비록 나의 예측이 전체적으로는 거의 적중했지만, 세계 1차에너지의 구성비 예상은 맞지 않았다. 나는 천연가스와 석유의 사용량을 과소평가했으며(각각 17%와 12% 오차), 석탄(14% 오차)과 재생에너지를 과다평가했다. 만약 나의 예측을 적용하여 천연가스나 석탄산업의 투자비를 책정하거나, 온실가스인 이산화탄소의 배출량을 예측하거나, 인위적인 오염 가스 대부분을 차지하는 이산화황이나 질소산화물의 배출량을 계산했다면 그 오차는 상당히 클 것이다.

그러나 포괄적인 수요 예측에서 비록 전체 수치는 잘 맞더라도 전반적인 상황과 많은 세부 사항에서 엄청난 차이를 보인 더 좋은 예가 있다. 1975년 중국의 에너지에 관해 쓴 첫 책에서, 나는 1985년과 1990년의 1차 상업 에너지 소비량의 중위수 예측에서 각각 2%, 10% 틀렸다(Smil 1976; Fridley 2001). 나는 마오 쩌뚱(毛澤東)이 사망하고 나면(그는 1976년 9월 사망했다) 중국에 중요한 변화가 있을 것이라 확신했으며, 당시 내가 주관하던 장기 전망 델파이 연구에서 그러한 변화를 여럿 예측해본 일이 있었다(Smil 1977). 그러나 10년, 20년 후에 추적한 결과, 에너지 수요, 경제성장률, 환경오염 등 여러 복잡한 사항에서 1979년 이후 중국 현대화의 속도나 범위를 제대로 예측하지 못했음을 알게 되었다(Smil 1988, 1998a). 1980~2000년에 급속하게 현대화한 중국의 GNP는 약 6배 증가하여, 1970년대 중반 나의 예측보다 약 2배 더 높았던 반면 상대적인 에너지 수요는 훨씬 더 적었던 것이다.

마오 쩌뚱 집권기의 마지막 6년 동안 중국 경제의 에너지 집약도는 34% 증가했다. 그러나 그후 떵 샤오핑(鄧小平)의 현대화 추진으로 비효율적인 기업의 폐쇄, 고에너지 소비형 공정의 대대적인 현대화, 고부가가치 위주의 점진적인 구조조정 등이 이루어졌다. 1980~90년에 중국 경제 생산의 평균 에너지 집약도는 약 40% 감소했다(Fridley 2001). 그 결과 내가 1985년과 1990년 중국의 총 에너지 수요를 상당히 정확하게 예측한 것은, 실제 경제성장률이 나의 예측보다 2배나 높았는데도 에너지 집약도가 나의 예측의 절반밖에 되지 않았기 때문이었다. 나는 그 집약도를 잘못 예측했지만, UN은 효율 제고가 큰 폭으로 실현되고 나서 10년이 지난 1990년에도 에너지 집약도의 저하 자체를 전혀 인식하지 못했다.

UN은 1990년 보고서에서 중국의 에너지 수요 증가율을 그 평균 경제성장률과 같은 5%로 예측했다(UNO 1990). 그러나 실제 수요탄력성은 UN 예측과 같은 1.0이 아니라 0.5에 가까웠다(Fridley 2001). 그리고 중국의 에너지 집약도가 지속적으로 감소한 것은 10년도 채 되지 않은 예측이 이미 크게 틀렸음을 보여주는 것이다. 1994~99년에 발표된 국내외 6개 보고서에서는 중국의 2000년 1차에너지 사용량을 1.491~1.562Gtce(평균 1.53Mtce)로 예측했으나, 실제 사용량은 1.312Gtce로서 겨우 몇년 전의 예측이 12~19% 빗나갔다.(Chine E-News 2001).

예상 목표에서 크게 빗나간 국가 또는 세계 에너지 수요 장기 전망의 수많은 사례를 찾아보려면 1960년대 이후 모든 주요 기관들의 예측 자료를 보기만 하면 된다. 그림 3.9는 1960~79년에 주요 기관들이 예측한 미국의 2000년 총 1차에너지 사용량이다(Battelle Memorial Institute 1969; Perry 1982; Smil 2000d). 대부분의 예측이 실제 사용량 2.38Gtoe보다 40~50% 상회하고 있다. 아마도 잘못된 국가 장기 에너지 수요 예측의 가장 좋은 예는, OPEC이 처음 유가를 인상한 직후 닉슨행정부에서 작성한 에너지 자급 목표일 것이다(Federal Energy Administration 1974). 이 예측은 지나친 의욕에서 비롯한 꿈 같은 소망의 극치를 보여준다. 당시 백악관 에너지 연구개발실 책임자이던 앨빈 와인버그(Alvin Weinberg)는 2천만달러가 투입된 그 계획서가 틀리게 된 이유를 이렇게 회고했다. 그 보고서에서는 당시 거

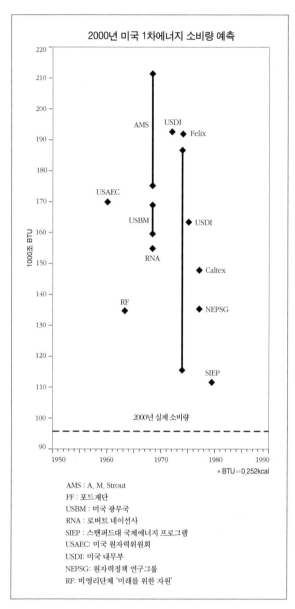

2000년 미국 1차에너지 소비량 예측

1000조 BTU

AMS : A. M. Strout
FF : 포드재단
USBM : 미국 광무국
RNA : 로버트 네이선사
SIEP : 스탠퍼드대 국제에너지 프로그램
USAEC: 미국 원자력위원회
USDI: 미국 내무부
NEPSG: 원자력정책 연구그룹
RF: 비영리단체 '미래를 위한 자원'

그림 3.9
1960년에서 1980년 사이에 여러 기관에서 발표된 미국의 2000년도 1차에너지 소비량 장기 전망. 이 예측들의 평균치는 실제 수요보다 약 75% 더 높았다. 자료 그래프 나오는 연구들의 수치를 도표화.

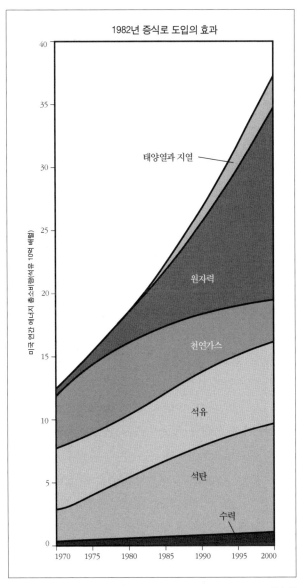

1982년 증식로 도입의 효과

태양열과 지열

원자력

천연가스

석유

석탄

수력

미국 연간 에너지 총소비량(석유 10억 배럴)

그림 3.10

미국의 에너지 소비에 대한 펠릭스의 예측은 크게 빗나갔는데, 이는 1985년에는 에너지 자급이 가능할 것이라는 예상뿐 아니라, 그래프에 나타나 있듯이 수요가 계속 기하급수적으로 증가할 것이며 2000년에는 원자력이 에너지 수요의 40%를 공급하리라는 예상 때문이었다.
자료 Felix(1974)를 단순화.

의 밝혀져 있지 않던 액체연료의 가격에 대한 수요탄력성에 거의 전적으로 의존하여 미래의 석유 수요와 공급을 예측했기 때문이다(Weinberg 1994). 그러나 많은 전문가들은 그 목표가 달성 가능할 뿐 아니라 장래의 막대한 총 1차에너지 소비 증가에도 적용될 수 있다고 믿었다. 예를 들면 무분별한 지수함수적 예측의 전형적인 사례가 있다. 펠릭스는 1985년 미국의 에너지 수요를 3.1Gtoe, 2000년에는 5.1Gtoe로 예측했다(Felix 1974). 그리고 이러한 대폭 증가에도 불구하고 그는 석탄의 증산과 급속히 늘어나던 원자력발전에 의하여(그림 3.10) 1985년에는 에너지 자급을 이룰 수 있으며 이후에도 그 상태를 유지할 수 있을 것이라 믿었다. 2000년 미국의 실제 1차에너지 사용량은 2.38Gtoe로서 펠릭스의 예측보다 약 55% 적었는데도 2000년에는 총 수요 중 30%를 수입에 의존했으며, 액체연료 수요의 55%를 수입했다(EIA 2001e). 크레이그, 개질, 쿠미(Craig, Gadgil and Koomey 2002)는 과거 미국의 장기 에너지 수요 예측에서 실패한 또다른 사례를 보여준다. 지나친 과장은 세계의 장기 에너지 수요 예측에는 역시 뚜렷하게 드러나는 현상이다.

한 세대 전에 가장 많이 인용되던 예측은 세계에너지회의(World Energy Conference 1978)와 IISA(Hafele et al. 1981)에서 발표하는 것이었다. 전자는 세계에서 가장 오래된 국제기구(1924년 설립) 중 하나로서 에너지 씨스템 연구기관이며, 2000년 세계 총 1차에너지 수요의 최저, 최대 예측치는 각각 12.3, 13.9Gtoe였다. 후자의 예측은 20개 국가의 과학자 140명 이상이 제출한 자료를 토대로 작성되었고, 세계를 7개 지역으로 나누고 GDP 성장과 1차에너지 대체의 대안들을 사용하여 2000년 세계 에너지 소비량의 최소치와 최대치를 각각 10.2와 12.7Gtoe로 산출했다. 로빈스의 비현실적으로 낮은 예측(5.5 Gtoe)을 제외하고는 한 세대 전에 발표된 예측이 모두 지나치게 높았다(그림 3.11). 세계의 실제 총 1차에너지 소비량인 8.75Gtoe(수력전기를 에너지량으로 환산하고 원자력발전은 등가 화력발전으로 환산) 나 9.2Gtoe(수력발전과 원자력발전 모두 등가 화력발전으로 환산)에 비해 그 예측들은 보통 30~40%에서 심지어 50%나 높았다.

가격과 수요의 급격한 변동 때문에 심지어 일부 단기 예측, 특히 개별 연료에 대한 예측은 즉시 빗나갈 수도 있다. OPEC의 첫 유가 인상보다 불과 1년 전 OECD가 발표한 예측은 1980년 세계 에너지 소비량을 8.48Gtoe로 추정했으며 그중 원유 비중은 4.05Gtoe였다(OECD Oil committee 1973). 그러나 1980년 세계의 실제 소비는 6.01Gtoe로서 그중 원유는 3.02Gtoe였다. 그러므로 OECD의 예측은 고작 8년 만에 각각 30%, 25% 틀린 것이다. 1974~77

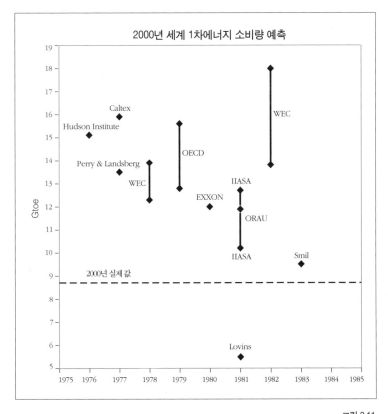

그림 3.11
1960년에서 1980년 사이에 발표되었던 2000년도 세계 총 1차에너지 소비에 대한 장기 예측들.
자료 그래프에 나오는 연구들의 수치를 도표화.

년에 범정부 국제기구로서 활동한 대안에너지 전략워크숍(WAES)에서 고소득 국가의 장기 에너지 수요를 예측하기 위해 적용한 세계 예상 유가는 그 기구의 보고서가 널리 받아들여지고 나서 겨우 2년 만에 OPEC의 2차 유가 인상으로 완전히 폐기되어버렸다(Basile 1976; WAES 1977).

덧붙여 요즘 에너지 수요의 급격한 변동이 단지 OPEC의 예측 불가능한 행동 때문이라는 통념을 논박하기 위해, 최근 중국에서 석탄 생산이 예측을 벗어나 급격히 감소한 사례를 지적하고자 한다. 이 변동은 앞서 언급한 바와 같이 중국 경제의 평균 에너지 집약도 감소에서 비롯한 것이다. 이 변화의 요인으로는 다음과 같은 것을 들 수 있다. 경제성장률의 완만화로 인한 석탄 시장 축소, 석탄에 의한 대도시 대기오염 방지 정책의 실시, 고품위의 액체연료와 가스연료 사용(중국의 석유 수입은 2000년에 2배로 증가했다), 중국의 낙후한 중소 탄광에서 생산된 저질탄(세척과 분류를 거

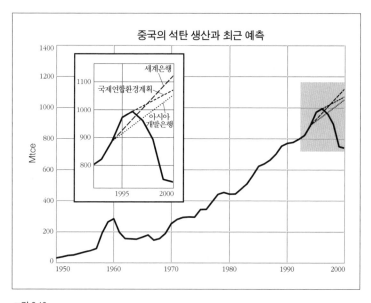

그림 3.12
1950~2000년 중국의 석탄 생산과 2000년도에 대한 최근의 예측들. 자료 Smil(1976), Fridley(2001), China E-News(2001)의 수치를 도표화.

치지 않고 채굴한 상태로 직접 판매), 거의 규제를 받지 않는 탄광 작업에서 비롯한 과다한 사상자 비율에 대한 우려 등이다.

중국의 석탄 생산량은 불과 5년 만에 26%가 증가한 후 1996년 1.374Gt(약 1.04Gtce)에 이르렀으며 1990년대에도 같은 수준의 높은 증가율을 이어갈 것이라고 예상되었다. 그러나 1990년대에 중국의 에너지 수요가 감소하고 경제의 에너지 집약도가 낮아지자 관계 당국에서는 효율 낮고 위험한 지방의 중소 탄광 수만곳(사유 또는 집단 소유를 합하여)을 폐쇄했으며, 2000년도 실질 생산량은 1990년대 중반에 발표된 최근의 예측치 1~1.1Gtce에 비해 740Mtce에 불과했다.

전력 수요

발전소를 건설하여 전력을 생산·공급하기까지는 시간이 오래 걸리므로 전력 수요에 대한 장기예측은 필수이다. 뿐만 아니라 현대 사회에서 전력이 필수라는 점(수백만대의 전동기, 조명, 컴퓨터 등은 다른 대체 에너지원을 사용할 수 없다)과 그 용도가 나날이 다양해지고 있다는 점을 감안하면 아주 작은 수요 변동 가능성이라도 즉각 자세히 검토해야 할 것이다. 그러나 이 중요한 부문에서도 장기 예측은 총 1차에너지 사용에 대한 예측 결과와 별반 다르지 않았다. 세계 최대 전력 생산자의 경험을 보면 그 부정확한 예측 사례가 잘 드러난다. 미국의 전력 회사들은 누구도 1970년대 수요가 감소할 것이라 예상하지 못했으며, 한 세대 후에는 불가사의하게도 다시 발전시설을 증설해야 한다는 것을 예측하지 못했다.

1950~70년에 매년 약 7~10% 수요가 증가한 이후(이는 7~10년마다 2배가 되는 셈이다) 미국의 예측가들은(캐나다도 마찬가지로) 거의 모두 이후의 수요도 그와 비슷하거나 더 높게 증가할 것으로 예상했다. 그같은 예측의 결과로 믿을 수 없으리만큼 높은 수준의 총 수요치가 제시되었다.

1970년 당시 미국 원자력에너지위원회 의장이던 씨보그는 원자력발전의 환경적 측면에 관한 어느 회의에서 미국의 전력 수요에 대하여 아래와 같이 개회 연설을 했다(Seaborg 1971, 5면).

"미국 발전용량의 증가 전망에 대해서 많은 예측이 있지만 그 중간선은 대략 2000년에 16억kW입니다. 높은 예측은 21억kW로서, 저는 이 수치를 더 신뢰하고 있습니다. 이 경우 우리는 앞으로 30년에 걸쳐 10년마다 100만kW 용량의 발전소를 각각 300개, 600개, 900개 건설해야 합니다."

그러나 실제로 2000년 미국의 발전 시설용량은 7.8억kW로서 이는 씨보그가 '더 신뢰성이 있다'고 말한 21억kW의 40%에도 못 미치는 것이다. 이같은 과장된 예측은 미국에만 있는 것이 아니다. 1974년 영국 원자력에너지청은 2000년 영국의 발전 시설용량이 2억kW 이상 필요하며 그중 1.2억kW가 원자력발전이 될 것이라 예측했다(Bainbridge 1974). 실제 영국의 2000년 발전용량은 겨우 0.7억kW였으며(예측의 35%), 그중 원자력은 0.13억kW로서 이 수치는 거의 한 자릿수나 차이 난다.

수요의 감소로 이러한 예측은 거의 발표되자마자 쓸모없게 되어버렸다. 미국 전력 판매의 10년간 증가율은 1960년대 202%에서 1970년대 50%, 1980년대 30%, 1990년대 23%로 낮아졌다(EIA 2001e). 예상 외의 추세가 계속되자 미국의 발전용량 연간 예상 성장률도 그에 따라 서서히 감소했으나, 미국의 전력 업체에서는 단기-중기 전력 수요 예측을 종전과 같이 계속 과장하고 있었다. 따라서 낮추어 추정한 예측도 항상 실제 성장률보다 높게 유지되었다. 1974년 북미전력신뢰도위원회(NAERC)는 미국의 피크 발전용량에 대한 10년 예측에서 연평균 성장률을 7.6%로 예상했다. 1979년 발표에서는 이 수치가 4.7%로 낮아졌으며, 1984년에는 다시 2.5%로 내려갔다(그림 3.13). 이 싯점에야 비로소 일시적이나마 진정한 예측이 이루어졌다고 말할 수 있다. 예측치가 실제와 일치했기 때문이다. 미국의

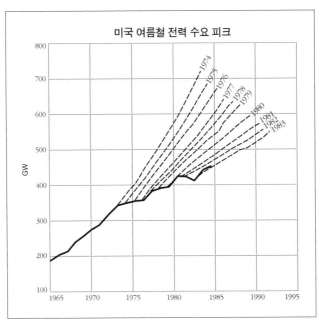

미국 여름철 전력 수요 피크

그림 3.13

1974년에서 1983년 사이에 북미전기신뢰도위원회(NAERC)가 매년 발표한 미국 발전용량 연평균
성장률의 10년 연속 예측치를 보면 미래 수요가 반복적으로 과장되었음이 나타난다.

실제 연평균 성장률은 1980년대에 2.5%, 1990년대에 2%였다(EIA 2001e).

예측 성장률이 계속 내려간 것은 캘리포니아도 마찬가지였다. 가장 큰
전력 회사 중 하나인 써던 캘리포니아 에디슨사가 10년간 부하 증가를 예
측한 것을 보면, 1965년 9%에서 1970년 8%, 1975년 5%, 1980년 3%, 1985
년 2%였다(Southern California Edison Company 1988). 1990년대 초에도 성장률
은 낮아서 이 기간 전력 수요는 겨우 5% 증가했다. 그러나 1990년대 후반
급작스러운 인구 증가와 경제 성장에 의하여(높은 전력 집약도와 함께 '신
거품 경제 성장'이 있던 1995~2000년에 이 주의 인구는 250만명 증가했
다). 전력 수요는 약 20% 증가했다. 이 기간 발전 시설용량의 순증가는
1995년 1년 동안 겨우 1.4%였다. 세계에서 가장 심한 님비현상으로 당국
에서 신규 발전소 건설을 반대했기 때문이다(그림 3.14; CEC 2001a; Pacific Gas

& Electric Company 2001). 여기에 주 당국의 발전산업에 대한 부적절한 규제 완화가 더해지자 주기적인 정전 사태, 위기 관리책 가동, 미래의 전력 공급에 대한 불안감이 유례없이 나타났다.

흥미로운 점은 많은 예측 전문가가 1990년대의 높은 성장률에 놀랐지만 캘리포니아 에너지위원회에서는 수요의 재증가를 거의 정확하게 예측했다는 사실이다. 위원회는 1988년 5월의 보고서에서 2000년 주의 최대 부하를 56.673GW로 예측했다. 주 전체 전력 사용자들의 자발적인 제한을 감안했을 때 2000년 최대 부하는 53.357GW였다. 위원회의 총계가 6.5% 더 높았는데(CEC 2001a), 이는 12년 전의 예측치고는 매우 정확한 것이며 다소 단기적인 것이지만 훌륭한 예측 사례로 인정된다.

한편 일시적이기는 하나 그와 반대되는 변화가 1990년대 후반부터 중국에서 진행되고 있었다. 중국에서는 수십 년 동안 전력이 안정적으로 공급되지 못했다(Smil 1976, 1988). 1990년 이후 화력·수력발전소가 대규모로 건설되고, 산업에서 전력을 효율적으로 사용하면서 부족 현상이 역전되었고 발전용량에 여유가 생겼다. 그 결과 중국의 최대 수력발전소들 중에서 쓰촨(四天)성의 얼탄(二灘)(3.3GW, 1998년 준공. 2001년에 최대 용량의 40%로 가동), 허난(河南)성의 샤오랑띠(小浪底)(1.8GW, 2001년 준공) 등에서는 상대적으로 비싼(건설 기간이 짧은 소규모 화력발전소 대비) 전력의 판매에 대한 장기 계약을 체결하지 못했다(Becker 2000).

에너지의 가격과 집약도

세계의 가장 중요한 화석연료인 원유의 가격은 20세기 후반의 30년간 다른 에너지원에 비해 가장 큰 관심을 끌었다. 또한 가장 많은 가격 예측이 제시되었다. 약 140년(1860년대 펜실베이니아의 석유붐부터 시작) 간의 원유 가격 기록을 보면 한 세기 이상의 전반적인 하락세가 눈에 띈다.

불변화폐로 환산하면 1970년의 평균 원유가는 1870년의 4분의 1 이하였다. 따라서 뒤이은 1973~83년 OPEC 주도의 유가 급등은 엄청난 충격을 안겨주었다. 불변가격 비교보다는 1970년대와 1980년대 초의 급속한 물가상승률을 배경으로 그러한 상승이 훨씬 도드라졌다(그림 2.8).

제2장에서 언급한 바와 같이 단기간의 인상 이후에는 1920~60년대의 평균 정도가 아니라 한 세기 전보다 더 낮은 수준으로 인하되었다(그림 2.8; BP 2001). 급격한 인상 이전의 40년 동안, 즉 1930~70년에 유가는 매우 안

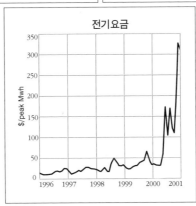

그림 3.14
2000년 캘리포니아의 전력 문제를 3개의 도표로 나타냈다. 신규 발전용량 부족, 1990년대 경제 고성장에 따른 수요 증가, 불완전한 규제 완화가 복합돼 전기료의 급격한 인상을 유발했다. 자료 CEC(2001a).

정되어 있었다. 가장 큰 생산 카르텔이던 텍사스 철도위원회(TRC)가 생산량 할당을 통해 미국의 생산량을 통제했고, 미국의 생산량이 다시 세계의 생산량을 조절했기 때문이다(Adelman 1997). 2차대전 이후 중동의 석유 증산이 시작되자 생산 회사들은 원유 공시가격 제도를 도입하여 가격 변동을 막았다. 1960년 이란, 이라크, 쿠웨이트, 싸우디아라비아, 베네수엘라가 OPEC을 결성한 주 목적은 공시가격의 인하를 막아서 회원국의 세입을 확보하는 것이었다.

1971년 알제리와 리비아에서 처음으로 외국 석유회사의 국유화가 시작되었다. 국유화가 중동 전체로 확산하자 OPEC의 공시가격(싸우디아라비아 경질유 기준)은 1973년 초 1배럴당 2.59달러이다가 그해 10월 1일에는 3.01달러로 인상되었다. 그로부터 5일 후, 욤 키푸르('속죄의 날')에 이집트 군대가 수에즈 운하를 건넜고 1967년 이스라엘의 6일전쟁 승리 후 설정된 바르 레브 라인을 돌파했다. 끝내는 이스라엘이 전쟁의 주도권을 회복했지만 OPEC 국가들은 이 전쟁을 이윤을 늘릴 기회로 삼았다. 유가는 10월 16일에 5.12달러로 올랐으며, 하루 뒤에 아랍 회원국들은 "석유 무기"를 사용하기로 결의하고 대미 석유 수출을 중단했으며, 며칠 후에는 네덜란드에 금수 조치를 취했다. 그리고 이스라엘이 아랍 영토에서 철수할 때까지 석유 생산을 단계적으로 감축했다(Smil 1987; EIA 2001f).

예측하던 대로 이 조치는 오래 지속되지 않았다. 다국적 석유회사들이 간단히 대형 유조선의 항로를 바꾸자 1974년 3월 18일에 종료되었다. 그러나 유가는 1974년 1월 1일에 11.65달러로 올라서 겨우 6개월 만에 4배가 되었다(그림 3.15). 비록 석유의 실질적인 대량 부족 위험은 없었지만 OPEC 아랍 회원국(얄궂게도 이때의 조치에는 이라크만 빠져 있었다)들의 생산 감축은 서방에 공황에 가까운 반응을 불러일으켰다. 주유소 앞에 줄을 서는 일은 비록 폭력 사건이 간혹 있기는 했지만 가벼운 문제였다. 가장 중요한 것은 높은 유가가 지속될 경우 경제 성장이 안되고, 대량 수입국은 무역적자가 확대되며, 저소득 국가는 현대화의 기회를 영영 잃어

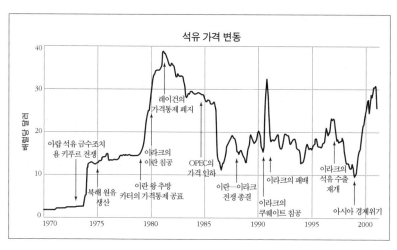

그림 3.15
1970~2000년 석유 가격 변동. 자료 EIA(2001f).

버리게 되는 것이라 생각되었다.

이란 왕정이 붕괴하고 이란-이라크 전쟁이 발발하면서 시작된 OPEC 의 두번째 유가 인상은 1차 인상 5년 뒤에 있었다. 1979년 1월 16일 팔레 비 이란 국왕이 테헤란 공항을 떠나 망명길에 올랐을 때 유가는 1배럴당 13.62달러였다. 그해 11월 호메이니의 청년 신도들이 미국 대사관을 점거 했을 때 싸우디아라비아 경질유 가격은 24.20달러였다. 1980년 9월 23일 이라크가 이란을 침공하자 그해 말의 유가는 1배럴당 32.95달러로 뛰었으 며, 이어서 1981년 3월에는 34.89달러로 최고치가 되었고 로테르담의 현 물시장 가격은 50달러에 육박했다(그림 3.15; EIA 2000f).

당연히도 앞으로의 유가를 예측하기 위하여 온갖 방법이 동원되었다. 거의 대부분 대폭 인상이 있을 것으로 예상했다. 조만간 서방 세계의 교환 가능한 모든 재화가 OPEC 국가의 재무부 소유가 될 것이며, 엄청난 부를 소유한 아랍인들이 유럽과 북미의 부동산을 매점할 것이라는 우려가 팽 배했다. 1970년대의 관련 수치는 놀라울 정도이다. 1970년 OPEC 국가의 석유 수입은 80억달러에 불과했으나 1979년에는 3000억달러로 증가했다 (Smil 1987). 그러나 이런 추세는 1970년 이후까지 지속되지 않았으며, 그러한 우려는 크게 과장된 것임이 금세 분명해졌다. 1980년과 1982년에 공시 유가가 소폭 인하되고 수요 감소로 석유 공급이 과잉 상태를 보이자 OPEC에서는 생산량을 줄이고 1983년 3월 공시유가를 28.74달러로 조정했다. 이 가격은 다소 변동은 있었지만, 1985년 8월 싸우디아라비아가 수요 감소에 따른 세입 감소에 대처하기 위해 이후 5개월간 생산량을 2배로 늘려 시장 점유율을 높이려 할 때까지 유지되었다.

그러나 이 가격이 유지된 기간은 고작 3개월이었다. 1986년 1월에 와서는 20달러 이하로 인하되었고 4월 초에는 10달러 이하로 떨어졌다가 그후에는 15~20달러 사이를 오르내렸다. 몇년 전만 해도 중동산 석유를 하루 1000만배럴씩 1년간 잃을 경우 서방세계 경제에 30% 또는 심지어 50%의 충격이 올 수 있다고 염려하던 유가 전문가들이(Lieber 1983) 이제는 "유가가 지나치게 인하될 가능성이 있으므로 매우 걱정스럽다"(Greenwald 1986, 53면)라고 염려하게 되었다. 1986년에 일어난 이러한 유가의 급락은 물가 상승을 감안하면 유가가 거의 1973년 말 이전 수준으로 되돌아왔음을 의미한다. 그러나 가격표가 보여주듯이(그림 3.15) 당시와 이후의 가격 하락 직후에는 단기 반등이 따랐다. 최고의 상승은 1990년 10월 1배럴당 약 33달러로서, 1990년 이라크의 쿠웨이트 침공 직후였다. 미국이 이라크에 공습을 개시한 1991년 1월 16일에는 9~10달러로 떨어졌는데, 이 가격은 이라크군이 쿠웨이트에서 철수하면서 유정에 방화하여 지옥이 지상에서 재현된 것 같은 장면이 연출되었음에도 움직이지 않았다(Sadiq & MaCain 1993).

그다음의 큰 하락은 1994년 2월(1배럴당 13달러 이하)이었으며, 1990년대 최고 가격은 1996년 10월(1배럴당 23달러 이상)이었다. 그후 이라크의 판매 재개와 아시아의 경제 불황이 맞물려 상당 기간 꾸준하게 하락했다. 1998년 말 유가는 1배럴당 10달러 이하로 하락했으나 직후 북반구의

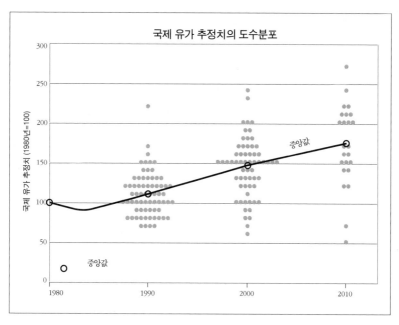

국제 유가 추정치의 도수분포

그림 3.16
1983년 국제에너지워크숍(IEW) 참가자들이 작성한 국제 유가 도수분포와 중앙값. 가장 보수적인 예측도 과도했음이 드러났다. 자료 Manne & Schrattenholzer(1983).

추운 겨울과 수요 증가, 유류 재고 감소 등에 의하여 급한 반등세를 나타내었으며 1999년 1월과 2000년 12월 사이에 3배로 인상되었다. 정유회사에 제공되는 월평균 가격은 30.53달러였고, 9월 20일 뉴욕상품거래소(NYMEX) 거래가는 최고 37.80달러가 되었다(EIA 2001f). 당연히 2001년 초 몇개월간은 대개 그해 후반기에 가격이 급격히 인상될 거라 예상했으나, 7월에 유가가 20달러 이하로 떨어지자 OPEC 국가의 장관들은 생산을 추가 감축하여 가격의 반등을 시도했다(그림 3.15).

장기 유가 예측의 실패 사례를 장황하게 제시하는 대신 국제에너지워크숍에서 1980년대 초에 발표한 예측을 들어 대표적인 예측 오류 두 종류를 설명하고자 한다. 두 예측 오류란 '최근 사례'라는 마법과 예측가들의 무리본능이다. 2000년 총 1차에너지 수요 사례(내가 3% 이내 오차로 적중한)와 달리 나의 원유 가격 예측은 지금 보기에 엉터리다. 1983년 당시 나는 2000년의 유가를 1980년 수준보다 30% 높게 예측했다(Manne & Schrattenholzer 1983; 그림 3.16). 예측 전문가들의 고질적 문제인 시대의 분위기가 작용한 것이다. 1983년 유가는 1980~81년의 사상 최고치에서 아주 약간 벗어나 있었으며, 추가 인상을 예상하는 것이 대세였다. 따라서 대부분의 예측이 특정 수치에 밀집되어 있었다. 나는 물가 상승을 감안할 때 원유 1배럴당 평균 가격은 2000년에 75달러가 될 것이라고 예측했다. 그러나 앞서 말한 대로 2년도 지나기 전에 OPEC이 세계 원유 시장에서 지배력을 잃기 시작했으며, 1990년대에는 평균 가격 20달러 수준에서 큰 변동이 지속되는 새로운 시기로 접어들었다.

1990년대 중반 물가 상승을 감안한 유가는 최하 1920년 수준까지 내려갔으며, 비록 2000년에 20달러 이상으로 상승해 곧 30달러 웃돌았지만 여전히 나의 1983년 예측 가격보다는 훨씬 낮은 수준이었다(그림 3.15). 나의 예상처럼 원유의 도매 가격이 75달러(2000) 이상이었다면 아주 딴세상이 되었을 것이다. 그해 대부분의 기간에 유가는 그 3분의 1 수준으로 판매되었기 때문이다! 이 실패에서 내가 그나마 스스로 위안을 삼는 것은 내 예측이 세계은행(World Bank) 수석 연구원의 예측보다는 조금 나았다는 점뿐이다(그 전문가는 1980년 수준보다 54% 높게 예측했다). 여기서 또 한 가지 지적할 것은, 미래의 에너지 가격을 지나치게 높게 예측한 기관들은 총 에너지 수요 역시 높게 잡았다는 점이다. 그러므로 그들의 수요 예측 오차는 실제 에너지 수요와 비교했을 때 더욱 커진다.

장기 예측이 이처럼 명백한 오류로 나타났지만 단기 예측 역시 사정이 나은 것은 아니다. 예를 들어 1995년부터 1996년까지 미국과 영국에서 발표된 (EIA 1996) 예측 9개는 평균 유가를 18.42달러(1994)로 추정했으나 모두 틀렸다. 그해의 평균 유가는 27.84달러(2000)로서 물가를 감안하면 25.77달러(1994)이므로 예측 그룹의 평균치보다 무려 40%나 높은 것이다! 그리고 1985년 이후의 급격한 하락과 상승을 표시한 그래프에서 알 수 있듯이 가격 추세가 바뀔 때마다 직후에 대폭 변동이 있으며 이때 예측은 크게 빗나가게 되는 것이다(그림 3.15와 3.16을 비교해보라). 그러나 앞날을 내다보고 싶은 것은 누구에게나 공통적인 심리다. 1999년 2월 유가가 고작 10달러 수준일 때 『이코노미스트』는 한 달 뒤 유가가 곧 5달러 이하로 하락할 것이라고 전망했다. 그러나 그해 말 가격은 무려 그 5배였으며, 『이코노미스트』는 머릿기사에서 "우리가 틀렸습니다!"라고 사과했다.

이에 대해 어느 명민한 독자가(Mellow 2000, 6면) 훌륭한 평가를 하고는 그 주간지의 편집자들뿐 아니라 모두에게 해당될 충고를 덧붙였다.

"모델링 신비주의가 번성하면서 도저한 '샤머니즘'이 예측 사업에 스며들게 되었다. 정책 결정자는 샤먼을 찾아가서 매달린다. 길이길이, 또는 더 나은 샤먼이 나타날 때까지만이라도. 『이코노미스트』는 그런 샤먼 역할을 삼가야 할 것이다."

그러나 샤머니즘은 여전히 남아 있다. 유가 예측은 지금도 끊임없이 쏟

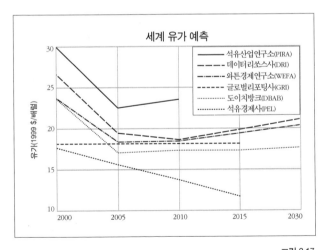

그림 3.17
1997년에서 2001년 사이에 발표된 세계 유가 전망들은 2015년도까지 상당히 좁은 범위($15~22)에 놓여 있다. 자료 EIA(2001e)의 수치를 도표화.

아져 나오고 있으며, 그중에는 2020년까지 내다보는 것도 있다. 1997년부터 2001년까지 발표된 예측들 중 상당수는 비교적 안정된 상태로 중저가 수준을 유지하던 1990년대의 영향을 받아, 매 연도의 최고치에서 상당히 급한 하락세로(이러한 경향은 실제로 나타났으며, 예측보다 더 급하게 하락했다) 20달러 수준까지 내려오고, 그후 10~15년은 비교적 좁은 범위 내에서 등락을 거듭하는 것으로 예측했다(EIA 2001a; 그림 3.17).

내 생각에 위 그래프는 OPEC의 꿈의 씨나리오인 비교적 높은 가격의 안정적 지속을 보여준다. 그중 한 예측만 2015년에 유가가 배럴당 30달러까지 상승한다고 보았고, 다른 하나는 10달러 가까이 내려오는 것으로 예측했다. 내가 이들 구제할 길 없는 샤먼들에게 해줄 수 있는 최선의 충고는 1974년 이후 세계 유가의 연도별 등락으로 보여주는 그림 3.18을 자세히 보라는 것이다. 이 변동들은 매우 불규칙하며 따라서 미래의 유가를 예측할 때 안정된 수평선의 형태가 나타나리라는 예상보다 큰 오류는 없을 것이다.

또한 OPEC이 서구의 부를 모두 흡수하는 일은 일어나지 않았다. 1980년의 최고치 이후 OPEC의 세입은 그 뒤 2년 동안 감소했으나 총 지출은 증가했으며, 1982년 OPEC의 총 경상수지는 적자로 돌아섰다(100억달러). 그리고 1985년까지 지출이 수입을 500억달러 정도 초과했다(Smil 1987). 1973년과 1983년 사이에 세계 7대 석유 수입국들은 OPEC 국가에 대한 수출을 석유 수입보다 더 빠르게 증가시켰고, 그러자 OPEC 국가에 대한 그들의 무역적자는 1973년보다 오히려 더 작아졌다! 또한 원유의 수출량은 1990년대에 30% 증가했으나 같은 기간 급속히 증가한 대외무역으로(1990년에서 1999년까지, 3.4조달러에서 5.6조달러로 1.64배 증가) 세계 총 무역 거래액에서 원유 거래액이 차지하는 비중은 겨우 4.5%로 감소했다(1990년에는 약 8%). 1999년에 원유의 총 수출액은 식량 수출액의 절반, 그리고 급성장하는 제조업 상품 무역액의 6%에 불과했다(WTO 2001).

에너지 집약도의 변동은 그 대상이 부분적인 것이든 국가경제 전체이

든 1975년 이전의 장기 예측에서 거의 무시되었다. 에너지 관련 분야에서
지배적인 위치에 있는 미국을 분석하면 왜 이 중요한 요인이 누락되었는
가를 설명할 수 있다. 미국 경제의 에너지 집약도는 1920년에 정점을 이
루었으며, 2000년에는 약 60% 감소했으나, 1952~74년에는 상당히 안정되
어 기존 평균에 대하여 5% 이내의 변동을 보이다가, 최종적으로 7% 감소
했다(그림 3.19; EIA 2001e). 이러한 항상성은 에너지 소비와 부의 창조 사이
에 불변의 관계가 있다는 그릇된 인식을 심어주었으며, 1970년대 발표된

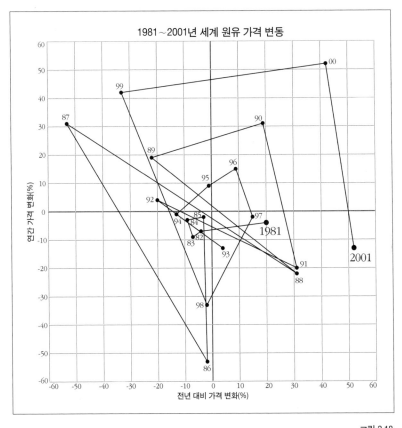

그림 3.18
1981년 이래 전년 대비 유가 변화 그래프에 나타나는 무작위적 변동은 앞일을 예측하는 것이 불
가능함을 잘 보여준다. 자료 BP(2001)의 연평균 가격을 도표화.

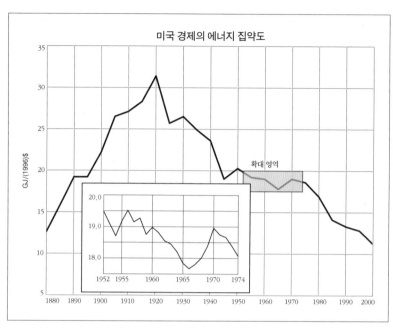

그림 3.19

1880~2000년 미국 경제의 에너지 집약도. 1920년 이후 감소세는 상대적으로 안정적이던 20년간
중단되었다가 1974년 이후 재개했다. 자료 Schurr & Netschert(1960), the U.S. Bureau of the
Census(1975), EIA(2001a)의 수치를 도표화.

미국의 에너지 수요 예측이 크게 과장된 이유를 설명해준다.

1973~74년 OPEC의 급격한 유가 인상은 미국의 에너지 씨스템을 뒤흔
들어 당시로서는 예측할 수 없던 놀라운 결과를 가져왔다. 1974년과 2000
년 사이 미국의 에너지 집약도는 약 40% 감소했다(그림 3.19). 그러나 1973
년과 1985년 사이의 고유가는 놀랍게도 제조업에서 에너지를 절약하는
데 별로 효과가 없었다. 마이어스와 쉬퍼(Meyers & Schipper 1992)에 따르면
각 산업별 구조를 불변으로 놓고 분석할 때 미국 제조업 전체의 에너지 집
약도는 유가가 근본적으로 안정되어 있던 1960~73년 동안과 거의 같은
비율로 감소했다는 것을 발견했다(그림 3.20). 이것은 유가보다는 기술적
발전이 제조업의 효율 상승에서 더 중요한 역할을 한다는 것을 의미한다.

이와 매우 유사한 경향이 일본에서도 발견되었다. 그러나 일본 경제에서 진행된 에너지 집약도의 역사는 미국의 것과 매우 다르다.

1885년(관련 기록이 있는 첫 해)과 1940년 사이에 급속한 현대화 과정을 거치면서 일본의 에너지 집약도는 약 2.7배 증가했다. 1960년까지는 30% 감소했으나 1975년에는 다시 2차대전 초기 수준으로 되돌아왔다(그림 3.21; IEE 2000). 에너지 사용 효율이 제고된 기간을 다시 한차례 지나면서 이후 15년 동안 집약도는 약 3분의 1 감소했으나, 전혀 예측할 수 없었던 이상한 변화가 1990년대에 일어났다. 1974년 이후 최대의 에너지 효율 상승 국가인 일본이 1990~2000년에 GDP는 서서히 또는 정체하면서 고작 13% 증가했으나 에너지 사용량은 22%나 증가한 것이다. 그 결과 1990년

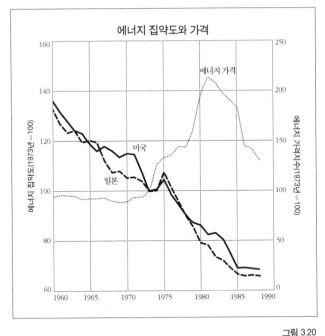

그림 3.20

에너지의 평균 실질비용과 대조한 미국과 일본 제조업의 에너지 집약도(구조 보정). 에너지 사용의 개선으로 가격 추세와는 무관하게 에너지 집약도가 매우 비슷하게 감소했음을 보여준다.

자료 Meyers & Schipper(1992).

대 일본의 평균 에너지 집약도는 실제 8% 증가했다(그림 3.21).

마오 쩌뚱 시대에 매우 비효율적이던 중국의 에너지 집약도는 1950~
77년에 약 4배 증가했다. 당연히 IIASA의 장기 전망(Hafele et al. 1981)은 당
시 나의 전망(Smil 1976)과 마찬가지로 중국의 에너지 소비량은 이후 수십
년 동안 GNP 성장률보다 빠르게 증가할 것이라고 예측했다(즉 에너지 수
요탄력성이 1.0을 약간 상회). 그러나 마오 쩌뚱 사망 3년 후에 떵 샤오핑
이 국가의 진로를 바꾸어놓았다. 그리고 전혀 예측할 수 없는 또 하나의
사례도 있었다. 체제 변혁과 기술 혁신, 에너지 보호 정책 등을 결합하여
1980~95년에 중국의 에너지 집약도를 거의 60% 낮춘 것이다(Fridley 2001;
그림 3.22). 뿐만 아니라 1990년대 후반의 변화는 더욱 놀랄 만한 것이었다.
이전 15년간 효율이 대폭 제고했음에도 중국 경제의 평균 에너지 집약도
는 다시 35% 감소했다. 심지어 물가 상승을 감안한 GDP가 45%나 증가했
음에도 총 1차에너지 소비량은 거의 5% 감소했다(NBS 2001)!

그림 3.21
1880~2000년 일본 경제의 에너지 집약도. 자료 IEE(2000)의 수치를 도표화.

우리는 미국, 일본, 중국을 살펴봄으로써 경제 성장과 에너지 사용량 사이의 밀접한 관계(미국 1952~74년, 일본 1940년 이전과 1960~75년, 중국 1949~78년), 새로운 괴리(미국 1974년 이전, 일본 1975~95년), 극적이며 예측하지 못했으며 현재도 진행중인 괴리(중국은 1978년 이후-), 그리고 놀라운 역전 추세(일본은 1960~75년) 등과 같은 훌륭한 사례들을 찾아볼 수 있다. 이 사례들은 국가경제의 장기 에너지 집약도가 국가의 동향과 조응하거나 상치되는 복잡한 조합의 결과물이므로 본질적으로 매우 까다로운 것임을 보여주는 것이다. 또한 그 국가의 동향은 넓게는 공통적인 변화의 패턴을 따르지만 그 변화의 싯점과 속도는 국가마다 다른 것이다.

에너지 집약도가 산업화 초기 단계에서 증가하며, 최고치에 도달했다가, 경제가 에너지를 효율적으로 사용할 수 있게 됨에 따라 다시 감소하는 경향은 일반적으로 공통적이지만 국가마다의 차이는 크게 나타난다. 증

그림 3.22
1970~2000년 중국 경제의 에너지 집약도. 조정된(즉 더 낮은) GDP 값을 사용하면 에너지 집약도의 감소가 덜 급격하게 된다. 자료 *China Statistical Yearbook*의 여러 호와 Fidley(2001)의 공식 GDP, TPES 수치를 도표화함.

가와 감소 비율은 매우 다르며, 정점은 날카롭거나 평탄할 수도 있고, 경향이 역전될 수도 있으며, 산업과 농업 부문의 에너지 효율이 크게 증가하던 것이 부유해진 가정의 에너지 소비 증가로 역전되는 경우도 있다. 유일하게 확실한 결론은 에너지 집약도는 미리 결정되어 있는 것이 아니며 점진적인 기술 발전이나 확고한 에너지 절약 정책에 의해 감소할 수 있다는 사실이다.

에너지자원의 대체

에너지 관계의 예측에서 사실상 오차가 있을 수 없는 부분이 있다. IIASA의 상임 장기 에너지 예측 전문가인 체자르 마르체띠(Cesare Marchetti)는 에너지 대체의 역사 연구를 통해 각 에너지자원이 취합되어 이루는 TPES의 개별 싸이클이 정규분포곡선(가우스-라플라스) 형태를 취하므로 에너지자원 변천 과정이 매우 규칙적이라는 것을 발견했다 (Marchtti 1977; 그림 3.23). 그 변천 패턴은 1차 상업 에너지 소비량의 시장점유율(f)을 〔f/(1-f)〕의 로그 그래프로 표시하면 더욱 강조되어 깔끔하게 나타난다. 상승과 하강은 직선으로 나타나며, 미래를 예측하려면 19세기 중반에서 1975년까지의 경향을 표시한 그래프(그림 3.23)를 참조하기만 하면 된다. 변천 과정은 매우 느리며, 새로운 에너지자원이 시장에서 절반의 점유율을 차지하는 데 대략 한 세기가 걸린다. 이러한 과정은 놀라울 만큼 규칙적이다.

전쟁, 경제 불황이나 호황 등의 변동 요소가 있지만 시장 침투율은 20세기 처음 3분기 동안 일정하게 유지된다. 마르체띠와 나키쎄노비치 (Marchetti & Nakićenović 1979, 15면)가 "씨스템은 마치 일정표와 의지력, 시계를 가진 것처럼 보이며 모든 변동 요인은 전체 추세에 영향을 끼치지 못하고 다시 흡수된다"고 결론 내린 것은 이 때문이다. 이러한 규칙성을 이용

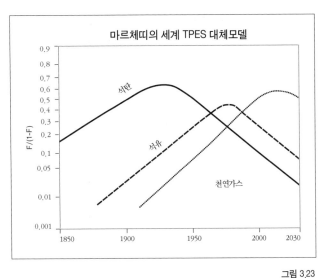

그림 3.23

마르체띠의 세계 1차에너지 총공급(TPES) 대체모델에서는 씨스템이 마치 "일정표에 따라 의지와 시계를 가지고" 작동하는 것처럼 보인다. 자료 Marchetti(1997).

하면 훌륭한 예측 도구를 만들 수 있다. 석탄이 목재를, 석유가 석탄을 대체했듯이, 천연가스와 원자력, 태양에너지가 거의 정확히 예측 가능한 전지구 규모의 시간표에 따라 석유를 대체하도록 경제적·기술적 강제가 작용할 것이다. 마르체띠에 따르면, 이같은 변화의 과정을 바꾸는 일은 불가능하다. 인간은 결정권자가 아니라 기껏해야 조정자일 뿐이며, 모든 것은 씨스템에 의해 결정된다. 그러나 씨스템의 동역학이 불변이라는 마르체띠의 결론은 잘못된 것이다. 1973~74년의 유가 폭등 이후, 지구의 에너지 씨스템에 여러 힘이 작용하여 대규모 변화가 시작되었다. 그 결과 겉보기에는 예정돼 있는 듯한 에너지 대체 체제는 비교적 적은 구조적 변화를 통해 놀랄 만큼 안정된 에너지 종류별 비율로 옮겨져왔다.

마르체띠가 자신의 예측을 내놓은 지 겨우 10년이 흘렀지만 세계 에너지 소비에서 석유가 차지하는 실제 비율은 예측치보다 훨씬 높았다. 그리고 2000년에도 마르체띠의 모델과 현실 사이에는 큰 격차가 있었다. 2000

년 세계 1차 상업 에너지 소비량에서 석유 공급의 비중은 40%로서 마르체띠의 예측치 25%와 비교하면 거의 60%나 높다. 그리고 석탄과 천연가스는 각각 23%를 공급했는데 이는 총 1차에너지의 25%에 해당한다. 이러한 패턴은 마르체띠가 예측한 10%와 50%(그림 3.24)에 비하면 큰 차이가 있는 것이다. 곧 생산이 감소하기 시작할 것이라는 수많은 예측에도 불구하고 (제4장 참조) 석유는 그리 빠르게 감소하고 있지 않으며 천연가스는 예상보다 훨씬 천천히 증가하고 있다. 그리고 석탄은 마르체띠의 정확한 매커니즘에 의해 되돌릴 수 없이 예정된 것보다 두 배나 더 큰 비중을 아직도 차지하고 있다. 단지 원자력발전이 세계 총 1차에너지 소비량에서 차지하고 있는 비율(7.5%)만 그의 예측(6%)에 근접한다.

나는 2000년의 총 상업 에너지 소비량에서 각 에너지가 차지하는 비중을 모두 계산했다. 이때 마르체띠의 이론에 의하면 목재는 1990년대 중반 이후에는 1% 이하로 낮아져야 한다. 그러나 이는 명백히 그의 오류이다. 제1장에서 언급했듯이, 그리고 제5장에서 자세히 설명하겠지만 바이오매스 연료(거의 대부분 목재이며, 약간의 곡물 잔여물과 배설물)는 2000년 현재 여전히 세계 1차에너지의 10%를 공급하고 있는데 이는 원자력발전 총량보다 많은 것이다. 여기서 이같은 총 에너지 투입량의 비교가 틀린 것은 아니지만 자칫 오해를 부를 수 있음을 지적하고자 한다. 바이오매스 연료는 전환 효율이 매우 낮으므로 35~45EJ로는 원자력에너지 28EJ에 훨씬 못 미치는 가용 에너지를 가정이나 산업에 제공할 뿐이다. 그러나 이 사실은 바이오매스 에너지가 마르체띠의 예측보다 훨씬 큰 비중을 차지하고 있다는 지금의 논의에 영향을 미치지 않는다.

끝으로, 마르체띠의 모델에서는 새로운 에너지자원이 규칙적으로 등장해야 한다. 그렇지 않으면 대체 순서에서 마지막 도입된 에너지, 즉 현재로서는 원자력발전이 종국에는 세계의 모든 에너지 수요를 공급하게 될 것이다. 그러나 앞서 언급한 바와 같이 지탄받고 축소되고 있는 원자력이 복권될 것 같지는 않다. 유럽이나 미국의 전력회사에서 신규 원자로 제작

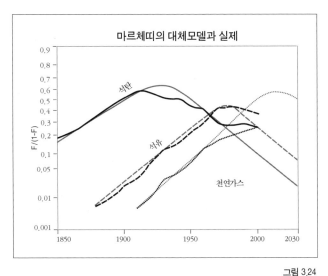

마르체띠의 대체모델과 실제

그림 3.24

실제 수치와 마르체띠의 '시계' 비교. 1975년 이후 세계 1차에너지 총공급(TPES)에서 세 가지 화석연료가 차지하는 실제 비율은 예상 추이와 상당한 차이를 보이고 있다. 석탄과 원유의 소비는 마르체띠의 대체모델보다 훨씬 느리게 감소하고 있으며, 천연가스의 소비도 덜 빠르게 증가하고 있다. 자료 UNO(1956; 1976; 1980~2001), BP(2001).

주문이 끊긴 지는 이미 20년이 넘었다. 뿐만 아니라 고소득 국가 중 어느 나라도 원자력발전소를 증설할 계획이 없다(제5장 참조). 당분간은 신규 원자로 건설보다는 기존 원자로 해체 사업이 주가 될 것으로 보인다(Farber & Weeks 2001). 따라서 2020년까지 세계 TPES의 약 30%를 원자력이 차지할 것이라는 예측은 명백하게 틀린 것이다.

재생에너지가 증가할 것이라는 그의 예측도 마찬가지다. 2020년까지 태양전지가 전체 에너지의 5%를 차지할 것이라는 예상은 실현될 가능성이 상당히 높아 보이기도 한다. 그러나 세계 에너지 수요가 증가하지 않더라도(물론 전혀 비현실적인 가정이다) 5%의 비중은 거의 450Mtoe로서 이는 2000년 수력발전 에너지 총량보다 많은 것이다. 설령 마르체띠의 "태양에너지"를 태양전지뿐 아니라 풍력과 파력 에너지까지 합친 것이라 해석하더라도 여전히 타당성이 없다. 세 가지 에너지는 현재 세계 1차 상업

에너지의 0.01%를 공급하고 있을 뿐이므로, 마르체띠의 2020년 예측이 맞으려면 지금부터 매년 연평균 30%씩 증가해야 한다. 비현실적이라는 말은 이런 전망을 묘사하는 데 관대한 형용사이다.

IIASA의 세계 에너지 소비 예측에는 당연히 이같은 대체의 불변 법칙을 적용하고 있지 않으며, 화석연료가 곧 대체될 것이라 보지도 않는다. 대신 세계에너지회의와의 공동연구(WEC & IIASA 1995; Grübler et al. 1996)나 21세기 말까지의 세계 에너지 수요를 예측한 것을 보면 세 종류의 씨나리오를 제시하고 있다. 여기에는 두 가지 경우의 고성장 씨나리오 (기존의 또는 새로운 탄화수소에 의존하는 것과 석탄에 의존하는 것), 중간 정도의 성장 씨나리오, 그리고 두 가지 경우의 "생태계 중심" 씨나리오가 있다. "생태계 중심" 씨나리오 중 하나는 원자력 에너지가 완전히 사라지는 것이며 다른 하나는 근본적으로 안전한 소형의 반응로가 출현하는 것이다. 그러나 여기서 중요한 것은 1990년대 말의 세계가 단지 석유시대의 3분의 1, 천연가스시대의 5분의 1을 경과했을 뿐이라는 것을 명시하고 있다는 점이다(그림 3.25). 씨나리오 예측에 대해서는 이 장의 다음 절에서 자세하게 논의하겠다.

마르체띠의 예측과 유사한 오류들은 에너지 스펙트럼의 양극단에 대한 어긋난 예상에서 흔히 찾아볼 수 있다. 실제 현실에서 그의 예측은 이른바 불변적인 내부 스케줄에 맞게 씨스템에 고정된 것으로 논박되고 있지만, 하드 및 쏘프트 에너지의 열렬한 지지자들의 호응을 얻어 정부가 주도하는 엄청난 임시변동의 지나친 전망에 따르는 데도 실패했다. 세계석탄연구(World Coal Study)가 제안한 전 세계 규모의 석탄 부활 계획(1977년에서 2000년까지 세계 생산량을 거의 3배로 증가)은 하드 에너지 지지자들에 의한 오류의 좋은 사례이다(Wilson 1980). 이 연구에 따르면 세계의 석탄 생산은 2000년까지 6.8Gtce(4.74Gtoe와 등가)에 이르게 되어 있으며, 미국이 이 막대한 양의 25%를 생산하는 것으로 되어 있다. 2000년 세계의 실제 석탄 생산량은 그 계획의 절반 이하였으며 미국의 생산량은 그 계획의 3분의 1 이하였다(BP 2001). 그러므로 세계의 석탄 생산은 마르체띠의 예상처럼 급격하게 감소하지도 않았으며 세계석탄연구의 예측처럼 증가하지도 않았다.

　재생에너지 역시 오랜 기대를 만족시키지 못하고 있다. 이 점은 "쏘프트 에너지"의 실제 성과와 그것을 가장 자주 내세우는 예측을 비교해보면

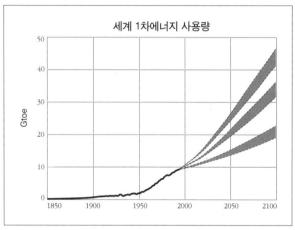

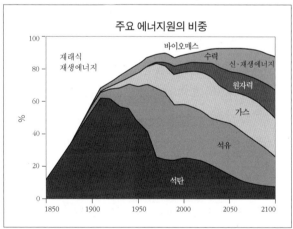

그림 3.25
세계에너지회의(WEC)와 국제응용씨스템분석학회(IASA)의 세계 1차에너지 사용량 예측 범위와, A1 씨나리오(높은 경제국제성장과 탄화수소 연료의 대량 사용 가능을 전제로 함)에서의 주요 에너지원의 비중. 자료 WEC & IIASA(1995).

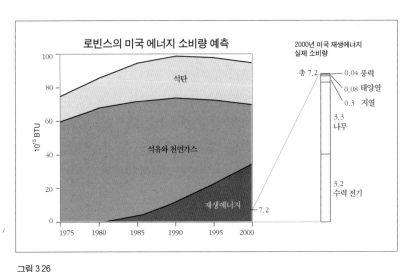

그림 3.26

1976년 로빈스는 "쏘프트 에너지"가 2000년까지 미국 1차에너지 총공급(TPES)에서 1/3을 차지할 것이라고 예측했다. 실제 모든 재생에너지의 비중은 7%이며, 소규모의 쏘프트 에너지 기술은 약 3%를 넘지 않는다. 따라서 로빈스의 예측은 90% 정도 빗나간 것이다. 자료 Lovins(1976)의 그래프와 EIA(2001a)의 소비량 보고.

쉽게 알 수 있다. 1992년 애모리 로빈스는 1976년 발표된 미국 내 총 에너지 소비에서의 "쏘프트 노선"에 대한 자신의 예측을 회상하면서 지난 15년 동안 자신의 씨나리오가 다른 통설에 비해 월등히 우수하게 잘 맞아가고 있다고 결론 내렸다(Lovins 1992). 1970년대에 발표된 정부의 극단적으로 단순화되고 전형적인 예측에 비하면 그의 예측이 현실과 상대적으로 더 가까운 것은 사실이다. 그러나 "하드 노선은 실현된 적이 없었으며 앞으로도 그러지 못할 것이다"라는 그의 말은(Lovins 1992, 9면) 현실을 기묘하게 해석한 것이다. 당시 하드 에너지 지지자들이 예측한 대규모의 원자력 아일랜드는 실현되지 않았지만 상업적 재생에너지에 상당부분 의존하는 신경제는 없으며 그런 방향으로 전환하려는 움직임도 없다.

1976년 로빈스는 미국이 2000년까지 쏘프트 기술에서 750Mtoe의 에너지를 얻을 수 있을 것이라 기대했다. 그러나 수력, 바이오매스, 태양에너지를 포함한 총 재생에너지는 2000년에 175Mtoe였다(Lovins 1976). 종래의 대형 수력발전소를 제외하면(이는 분명 소형 에너지나 쏘프트 에너지의 전환이 아니다) 재생에너지의 실제 비중은 고작 75Mtoe로서 한 세대 전에 그 자신이 예측한 양의 10%를 넘지 못한다(그림 3.26). 24년의 기간 동안 목표에서 90% 벗어난 것을 훌륭한 예측이라 하기는 어렵다. 적어도 로빈스는 2000년 미국 총 에너지 소비 중 "고작" 30%를 재생에너지가 공급할 것이라 예측했다. 반면 쏘렌센(Sorensen 1890)은 2005년 미국 에너지의 49%를 재생에너지가 공급할 것이며 그중 바이오가스와 풍력이 각각 전체의 5%, 광전지가 전체의 11%가 될 것이라 예측했다. 2000년 미국의 에너지 사용 실적을 보면 바이오가스 0%, 풍력 0.04%, 모든 형태의 직접적 태양에너지 전환장치가 0.08%였다(EIA 2001e). 쏘렌센의 예측은 모두 두 자릿수 이상 또는 무한대의 오차가 있는 것이다.

대체에너지에 관한 이야기를 마치기 전에, 에너지자원의 고갈과 그 결말에 대한 강박관념을 창안한 인물을 언급하고자 한다. 윌리엄 스탠리 제 번스(William Stnaley Jevons, 1835~82)는 빅토리아 시대의 뛰어난 경제학자 중 한 사람으로서 유명한 저서 『석탄의 문제』(The Coal Question)를 집 필했다. 이 책에서 그는 석탄을 증기의 기계적인 에너지로 전환한 덕분에 영국의 국력이 신장되었다고 올바르게 지적했다. 그러나 그는 석탄의 고 갈로 국가의 영광이 필연적으로 종말을 맞을 수밖에 없을 것이라고 잘못 결론 내렸다. 그는 석탄 수요 예측에서 미래의 성장률을 지나치게 과대평가하는 보편적인 실수를 범했다. 석탄을 대체할 가능성이 있는 모든 에너지자원(풍력, 수력, 조력, 번개, 토탄, 이탄, 석유)을 검토한 후 그는 이렇게 결론을 내렸다. "물론 어떤 대체에너지로도 석탄을 대체할 가능성은 없다. (미래 과학의 발전이) 증기와 석탄의 우월성을 더욱 증가시킬 것이다" (Jevons 1865, 183, 188면). 135년 후, 제1장에서 언급한 대로 2000년 현재 영국에서 탄광은 주변으로 밀려났으며 석탄 생산량은 현재 20Mt이었다. 하지만 지금 영국은 세계 9위의 석유 생산국이며 4위의 천연가스 생산국이다. 그리고 이 두 종류의 탄화수소를 상당량 수출하고 있다!

복잡한 모델과 현실

장기 에너지 예측의 우울한 기록은 상호 결부된 세 가지 원리로 요약할 수 있다. 첫째, 장기 예측은 그 핵심적인 부분 모두에서 정확할 수는 없다. 둘째, 장기 예측 대부분은 정량적, 정성적 측면에서 모두 오차를 보인다. 셋째, 일부 예측은 양적 차원에서 거의 맞을 수 있으나, 미묘한 것에서부터 근본적인 것까지 총체적인 변경에서 비롯하는 실제의 질적 측면은 놓치게 된다. 이 세 가지 현실 중 마지막 원리는, 점점 복잡해지고 컴퓨터화한 계량 모델을 사용하면 예측의 획기적 개선을 도모하리라 기대해서는 안된다는 것을 설명해준다.

그러나 극히 복잡하고 매우 동적인 씨스템도 훨씬 복잡한 모델을 사용하여 씨뮬레이션할 수 있으므로 이러한 주장은 타당하지 않은 것처럼 보일지 모른다. 현재 그러한 모델을 잘 계량화하여 실행시키면 합리적인 범위에서 현실을 재현할 수도 있는 것이다. 지구 기후의 모델링은 이처럼 느리지만 논의의 여지가 없는 추세의 좋은 예로서, 가장 근본적이며 가장 복잡한 전 지구의 과정을 재현하는 데 성공하고 있다. 지구 기후순환에 대한 3차원 모델은 1960년대 말에 최초로 고안되었는데, 지구 대기의 동역학에서 아주 기초적인 특징에 한해 씨뮬레이션할 수 있었다. 오늘에 와서도 지역적·지방적 조건을 정확하게 투사하기에는 여전히 너무 단순하지만 현재 가장 진보된 3차원 모델은 지구의 기후적 패턴이 지닌 수많은 복잡성을 잘 재현할 수 있으며, 자연적·인위적으로 발생한 온실가스와 황화합물에 의해 온도가 상승하는 것을 설명할 수 있다(GAO 1995a; Shukla 1998).

식물의 광합성 생산성부터 점보 제트기의 항공역학까지 복잡하고 사실적인 모델링의 훌륭한 예는 얼마든지 있다. 이러한 다양한 모델링의 성공 사례에는 공통점이 있다. 그 대상 씨스템들이 비록 지극히 복잡하더라도 에너지의 생산과 소비에서처럼 사회, 경제, 기술, 환경 인자의 복잡한 상호작용은 없다는 점이다. 에너지 소비에 대한 1970년 이전의 표준 모델은 이러한 인자의 기초적인 상호작용도 계산할 수 없었을 뿐 아니라 이들 변수 중 대부분을 무시해버린 채 인구와 경제성장률(에너지 사용 효율의 변화에 대한 고려 없이 예측된 GDP나 GNP)만이 미래 에너지 사용을 결정하는 것으로 단순화했다. 불행히도, 이러한 핵심 인자들과 그 인자들 사이의 많은 상호작용을 모두 포함하려 한 최초의 모델은 훌륭한 혁신과 구제 불가능한 일반화가 혼란스럽게 뒤섞인 것이 되었다.

동적 씨스템에 대한 제이 포레스터(Jay Forrester)의 연구에서 비롯한 『성장의 한계』(The Limits to Growth)(Meadows et al. 1972)는 1970년대의(그 후까지는 아니더라도) 예측 중에서 가장 널리 알려지고 따라서 가장 많은 영향을 주었다. 이러한 전 지구 범위의 작업 수행에서 에너지 소비 예측은 당연히 중요한 부분이 되었다. 그러나 시뮬레이션 언어인 '다이나모' (DYNAMO)에 대해 알고 있거나 이 모델을 자세히 살펴본 사람이라면 이 작업이 가치있는 통찰력 대신에 그릇된 정보를 제공해 혼란을 일으키고 있음을 곧 알 수 있을 것이다. 특히 나는 '재생 불가능 자원'과 '오염'이라고 이름 붙인 변수를 보고서는 놀란 바 있다. 대체 가능하지만 상대적으로 제한되어 있는 액체연료 자원과, 대체 불가능하지만 무한히 매장되어 있는 퇴적 인산염 광석을 동일하게 취급하는 일이 나에게는 지극히 무의미해 보였기 때문이다. 수명이 짧은 대기 중의 가스와, 수명이 매우 긴 방사성 폐기물을 하나로 취급하는 일도 마찬가지였다.

『성장의 한계』가 출판된 후 일부 논문 등에서 그 책의 오류를 지적했지만(Nordhaus 1973; Starr & Rodman 1973), 많은 사람이 세계를 그로테스크하게 그려놓은 이 책을 진지하게 받아들였다. 이 책은 인구, 경제, 천연자원, 산업 생산, 환경오염 등의 복잡한 상호작용을 파악하는 척하기 위하여 무의미한 변수들의 수많은 범주를 고작 150줄 미만의 간단한 공식과 의문스러운 가정을 가지고 결합하려 했다. 그러나 어떤 복잡한 모델을 가지고 관련된 자연적, 기술적, 사회경제적 범주 전체를 개념적으로 결합하는 데 성공한다 하더라도, 대개 훨씬 간단한 작업보다 더 나을 것이 없는 경우가 많다. 이러한 실패의 핵심 원인 두 가지 중 하나는 많은 핵심 변수가 적절하게 계량화되거나 또는 만족할 만한 확률로 제한될 수 없다는 것이다. 계량화나 확률적 제한은 가능성 높은 정제된 대안을 산출하기 위한 신뢰성있는 의사결정에 필요하다.

물론 이 때문에 많은 예측 전문가들이 필요한 예측 수치를 제공하지 않게 된 것은 아니다. 다시 한번 나는 IIASA에서 20년 이상 애매모호하고 복잡한 모델을 구사해온 전문가들의 예를 들고자 한다. 나는 MEDEE나 MESSAGE(Sassin et al. 1983) 같은 다채로운 약칭을 가진 컴퓨터 모델로 헛된 것을 예측하는 우스운 시도를 지켜본 적 있는데, 그때 느낀 불신감을 아직도 잊을 수 없다. 1980년대 초, 특정 경제권의 2015~30년 평균 GDP 성장률을 예측하려던 작업에는 그릇된 자만감이 드러나 있다. 2025~30년의 서부 유럽, 일본, 호주, 뉴질랜드, 그리고 남아프리카공화국(원문에 따르면!) 등 아주 인위적으로 구성된 단위에 대하여, 공공기관 중 냉방시설을 갖춘 면적비, 평균 버스 탑승률, "제3지역"에서의 주택 철거율 등의 수치를 산출하는 일은 완전히 별다른 신비의 세계라 할 것이다.

체셔와 써레이는 이런 종류의 모델링에서 나올 수 있는 명백한 위험을 이미 오래전에 경고한 바 있다(Chessshire & Surrey 1975, 60면).

> "컴퓨터의 뛰어난 계산능력으로 인해, 컴퓨터 모델을 사용한 예측은 조작된 정밀도가 자신의 기반이 되는 가정을 초월하는 오류에 빠진다. 모델링하는 사람 자신이 모델의 한계를 인식하고 그 예측을 구세주처럼 떠받들지 않는다 하더라도, 비전문가나 정책 수립자들은 보통 컴퓨터의 예측에 이의를 제기하지 못한다. 계산이 이해를 대체해버리는 위험한 상황이 발생할 수도 있는 것이다."

뿐만 아니라 본질적인 불확실성 때문에 산출 결과의 범위가 지나치게 넓어진다면 그처럼 복잡한 모델을 구축할 이유가 없다. 차라리 소형 탁상용 계산기와 이면지만으로도 그와 비슷한 결론은 얻을 수 있다. 최근의 에너지 모델은 이같은 예측 문제에서 좋은 사례를 제공한다. 앞서 언급한 WEC와 IIASA(1995)의 다섯 가지 씨나리오는 최근 20년간의 세계 에너지 사용량에 60~285%의 증가율을 적용하여 2050년의 세계 1차에너지 소비량을 14~25Gtoe의 범위로 산출하고 있다. 그러나 간단하게 세계 1차에너지 수요가 최근(1980~2000)의 연평균 증가율 1.9%로 계속 증가할 것이라고 가정하기만 하면 비슷한 결과를 얻을 수 있다. 또는 계속되는 기술 발전, 더 높은 에너지 가격, 지구온난화를 막기 위한 에너지 절감 노력 등을 모두 고려하여 연평균 증가율을 3분의 1 정도 낮추어 1.25%로 가정하더라도 마찬가지다. 이처럼 단순하면서도 타당성있는 가정을 바탕으로 계산하면 2050년의 1차에너지 소비량은 16~23Gtoe가 나온다. 이 범위는 복잡한 WEC-IIASA의 복잡하기 짝이없는 씨나리오를 적용하여 계산한 14~25Gtoe와 거의 비슷한 것이다.

가장 최근의 지구온난화 평가에서는 장래의 세계 에너지 사용량을 상당히 넓은 범위로 가정하여 적용하고 있다(Houghton 등 2001). 네 개의 기본 스토리 라인이 있는데 그중 하나의 특정한 계량화를 재현하는 씨나리오가 40가지다. 각 스토리 라인은 장래의 온실가스와 황산화물 배출을 지배하는 넓은 범위의 인구, 경제, 기술 요인을 고려한 것이다(SRES 2001). 씨나리오들은 그 범위가 매우 넓다. 그중에는 2050년에 인구가 최대가 되고 경제가 빠르게 성장하며, 새롭고 더 효율적인 에너지 전환기술에 의존함을 통해 동반 발전하는 세계도 있다. 한편 인구의 지속적 증가 때문에 환경 보호와 사회적 평등이 좀더 강조되는 국지적 해결책 위주의 세계도 있다. 이 씨나리오들에서 1차에너지 소비량의 범위는 2020년까지는 12.4에서 20.8Gtoe이고, 2100년까지는 12.2에서 63.9Gtoe이다(그림 3.27).

앞의 사례와 마찬가지로 여기에서도, 간단하면서도 타당성있는 몇가지 가정을 사용하는 한 문장짜리 씨나리오를 사용하더라도 아주 쉽게 거의 같은 결과를 산출할 수 있는 것이다. 가령 70억 인구가(2100년 씨나리오에서 기후변화에 관한 정부간 패널(IPCC)이 적용한 최소 인구) 일인당 연평균 60GJ의 에너지를 사용한다면(현재 세계 평균) 2100년의 총 수요는 겨우 10Gtoe가 될 것이다. 그러나 만일 그만큼의 에너지를 지금보다 2배 높은 효율로 사용하게 된다면(다소 소극적인 가정이다. 지난 100년 동안 효율은 이보다 훨씬 더 많이 상승했다) 지구인 모두가 현재 이딸리아인 (잘 먹고 건강하게 생활하는)의 평균 에너지 사용량과 같은 에너지를 쓸 수 있게 될 것이다. 반면 현재의 세계 일인당 평균 에너지 소비량이 20세기 동안만큼(3.6배) 증가한다면, 2100년 100억 인구(IPCC가 적용한 인구보다 더 많은)가 57Gtoe의 에너지를 필요로 하게 될 것이다.

이처럼 매우 간단하게 나는 극단적이면서 타당성이 매우 높은 두 가지 씨나리오를 작성하고 그 결과 2100년의 에너지 사용량을 10~57Gtoe로 산출할 수 있었다. 이 결과는 IPCC의 40개 씨나리오가 훨씬 더 애매모호한 수많은 가정을 연결하여 산출한 결과인 12~64Gtoe와 거의 같은 것이다. 어떻게 2100년의 일인당 평균 소득이나 에너지 집약도를 배출 씨나리오

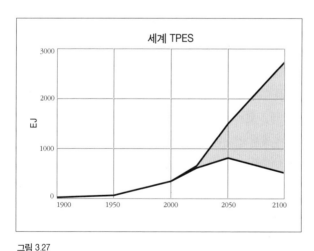

그림 3.27
배출 씨나리오에 대한 특별보고서(SRES)의 예측은 100년 단위의 장기 예측의 문제점을 잘 보여준다. 2100년 세계 1차에너지 총공급(TPES)의 양 극단값들은 5배 이상 차이가 난다.
자료 SRES(2001)의 수치를 도표화.

에 대한 특별보고서(SRES 2001)가 한 것처럼 가정하려 들 수 있는가? 그토록 복잡한 작업으로 도대체 무슨 심오한 통찰을 얻었단 말인가? 그 모델의 작성자들이 부기했듯이, 4종의 각각 다른 특징을 가진 시장의 씨나리오들은 각 씨나리오 그룹에서 단지 스토리 라인과 특정 모델의 주요 속성을 가장 잘 반영한다는 이유만으로 선정된 것이다. 다른 씨나리오보다 더 타당성이 있기 때문에 선택된 것이 아니었다. 이런 이유로 그뤼블러와 나키쎄노비치(Grübler & Nakićenović 2001)는 자신들의 씨나리오에 주관적인 확률을 입력해달라는 슈나이더(Schneider 2001)의 요청을 거절했으며, 미래의 에너지 사용량에 관한 계속되는 불확실성을 파악하려면 모든 대표 씨나리오가 똑같이 타당한 것이라야 한다는 점을 계속 강조했다.

이러한 불가지론이 논리적으로는 의미가 있을 수도 있겠지만(미래의 1차에너지 소비량과 계속되는 온실가스 방출은 여전히 매우 불확실하다) 합리적인 결정을 내리는 일에는 전혀 도움이 되지 않는다. 10~60Gtoe는 한마디로 너무나 범위가 넓은 것이다. 그리고 일단 미래 에너지의 타당성 있는 범위를 도출하는 일에 스토리 라인이나 줄줄이 이어지는 가정의 사슬, 컴퓨터가 필요한 것은 아니다. 이같은 작업은 내가 해 보였듯이 지수 계산을 할 줄 알고, 현재 세계 일인당 연평균 에너지 소비량이 60GJ이라는 것과 원유 1톤의 에너지가 42GJ이라는 것만 알고 있으면 휴대용 전자계산기로 몇분 안에 계산할 수 있는 것이다.

그러나 모델 작성자들이 복잡성을 포함시키기 좋아한다는 것은 새로운 사실이 아니다. 그들은 더 많은 동인(動因)과 더 많은 피드백을 포함시켜서 모델을 복잡하게 만들수록 더 나은 결과를 얻을 수 있다고 생각한다. 그들은 그처럼 상호작용적인 모델을 더욱 사실적으로 만드는 데 필요한 더 큰 복잡성이 어떤 결과를 낳는지 인식하지 못하는 것 같다. 더 큰 복잡성을 더 의심스러운 추정(곧 순전히 추측이 되어버린다) 그리고 흔히 더 긴 가정의 사슬을 도입하도록 만들며, 이러한 추정이나 긴 가정의 연속 사슬은 사실성을 더욱 훼손해버린다. 변수가 많아지고 장기간에 걸친 예측을 할수록 정량화된 예측치가 더욱 자의적이 되어가는 것을 피할 수 없는 것이다. 더욱 중요한 사실은 모델이 아무리 복잡하다 해도 그리고 예측 전문가가 운좋게 특정한 비율이나 비중(또는 심지어 가정의 연쇄까지도)을 정확하게 맞힌다 하더라도, 예측 불가능한 사건의 종류나 정도는 근본적으로 기대할 수가 없는 것이다.

예기치 못한 사건들

역사는 한 국가의 운명을 뒤바꾸는 사건, 아니 이제는 장래 몇세대 이내에 인류 전체의 운명을 바꿀 수도 있는 특이한 사건 또는 예측 불가능한 사건으로 가득차 있다. 1970년대의 어떤 전문가 집단도 20세기 말에 세계의 에너지 장래를 바꾸고 앞으로도 영향을 끼칠 결정이나 행동을 한 사람들을 알 수 없었을 것이다. 2001년 여름에 이 절의 초고를 썼을 때 나는 세계의 미래를 완전히 불확실하게 만드는 행동을 한 사람들의 명단에 반드시 포함되어야 할 4명을 선정했다. 그 다섯번째의 인물은 분명 2001년 9월 11일 이후에 추가된 것이다.

갑작스러운 유가 인상으로 혼란스럽던 시기에 와하비테(Wahabite) 왕국의 석유장관이던 샤이크 아마드 자키 야마니(Shaikh Ahmad Zaki Yamani)는 싸우디아라비아의 석유정책을 수정하여 OPEC의 시대를 열고 그리고 다시 닫는 데 기여했다(Robinson 1988). 1970년 망명지 이라크의 나자프에서 감자를 먹으며 수행하던 시아파의 물라(지도자) 아야톨라 루홀라 호메이니(Ayatollah Ruhollah Khomeini)의 존재를 아는 서구 사람은 전문가 몇명밖에 없었지만, 그는 레자 팔레비(Reza Pahlavi) 왕을 축출하고 이란에 강력한 근본주의 국가를 수립한 후, 10년 내에 세계의 유가를 거의 4배로 인상하는 데 일조했으며, 중동 지역의 지도를 바꾸었다(Zonis 1987). 역전의 중국 공산당 지도자 떵 샤오핑은 마오 쩌뚱의 문화대혁명 시기에 간신히 살아남았으나, 1970년 당시에는 내륙 쓰촨성의 유배지에 살고 있었다. 8년 후 그는 대담한 개혁 정책을 펴서, 간신히 연명하던 스딸린식 경제에서 세계의 신흥 강국으로 중국을 변모시켰다(Ash & Kueh 1996). 그리고 1970년, 20년 후 소련을 놀라울 정도로 순식간에 해체하는 미하일 고르바초프(Mikhail Gorbachev)는 벽촌이던 스따브로폴의 공산당 서기였다(Ruge 1992).

1970년대의 에너지 CEO 중에서 설립된 지 10년 되던 OPEC을 걱정한 사람이 있었을까? 당시 OPEC은 석유를 1배럴당 1.85달러에 팔고 있었으나 1970년대가 다 가기 전에 그 값은 20배로 올랐다. 당시의 경제 전문가 중에서 누가 이같은 유가 급등에 따라 석유 수요도 같이 증가할 것이라고 예상할 수 있었을까? 수요-가격의 탄력성에 무슨 일이 생긴 것일까? 1973년 아랍 석유 수출 중단의 직접적 원인이던 욤 키푸르 전쟁을 분석하던 정치 전문가 중에서 누가 고작 4년 후에 싸다트(Sadat)와 베긴(Begin)이 예루살렘에서 건배할 것이라 생각했을까? 로널드 레이건(Ronald Reagan)의 B급 영화를 경멸하던 미국 동부의 자유주의자 중에서, 그가 대통령이 되어 미하일 고르바초프에게 "이 벽을 해체하시오!"라고 말하는 게 겨우 2년 뒤에 현실이 될 줄 누가 알았을까(Reagan 1987)? 또 레이건의 정책이 그 역사적인 개방을 촉진하게 될 줄 누가 알았을까? 핵폭탄을 1만개 보유한 악의 제국, 냉전시대 미국의 영원한 악몽 같던 소련이 2001년에 사라지고 그 막대한 천연자원에도 불구하고 불가사의하게도 경제가 더욱 침체하여 일인당 소득이 말레이지아나 우루과이보다 더 적어질 줄 누가 알았을까(UNDP 2001)?

1993년 오사마 빈 라덴(Usama bin Ladin)이 뉴욕 무역쎈터를 폭탄 트럭으로 공격하려다 실패했는데 그 시도는 이상하게도 과소평가되어왔다. 그로부터 8년 후 그는 세계 최강의 경제를 상징하던 건물과 펜타곤을 보잉 767기로 공격하여 미국을 공포에 떨게 했다. 역시 그는 세계의 미래를 불확실하게 만든 인물 중의 하나로 기록되어야 할 것이다(그림 2.20 참조).

그의 잔혹한 계획은 방대한 정치·군사·경제 혼란을 불러일으키기 위하여 명확하게 계산된 것이었으며, 단기간의 경제적 피해와 대테러 작전에 드는 군사 비용은 장기적인 결과(상상할 수는 있으나 세부 내역은 알 수 없는)에 비하면 사소한 액수일 것이다. 세계의 원유 수요 감소는 단기 또는 중기적 효과일 것이며, 서방 국가들이 중동 석유에 대한 의존도를 낮추려는 시도를 새로 하게 된 것은 장기적 효과일 것이다.

그리고 미국의 시사평론가 중에서 누가 기사나 텔레비전 출연을 통해 미국 산업이 우위이던 시대가 끝났음을 알리는 우울한 일을 하게 될까? 아니면 일본의 경제 기적이 끝나고 미국 경제가 강하게 되살아나서 생산성과 경제성장률이 1990년대의 GDP 성장률 30%를 회복했음을 알리게 될까? 물론 이런 예기치 못한 사건들은 모두 세계의 에너지 문제에 큰 영향을 줄 것이다. 나는 일본의 경제 회복과 화석연료 연소에서 방출되는 이산화탄소 문제를 자세히 살펴보고자 한다. 이 두 가지는 각기 매우 다르지만 한편 그 시기와 강도, 그리고 발생 자체가 어떤 전문가도 예상하지 못한 일이라는 점에서 우리 논의에 매우 훌륭한 사례가 될 수 있기 때문이다.

일본의 경제는 2차대전 후부터 빠른 속도로 성장해왔다. 물가 상승을 감안한 GNP 성장은 1960년대에 평균 10%, 1970~73년에는 5% 이상(Statistics Bureau 1970~2001; IEE 2000)을 유지했다. 1차 석유파동으로 2차대전 이후 첫번째 GNP 감소(1974년 -0.7%)를 겪었다. 지속적으로 증가하는 대량의 석유 수요 중에서 99.7%를 수입에 의존하기 때문에 고유가시대를 헤쳐 나가기가 쉽지 않다는 점에서 이해할 수 있는 일이었다. 그러나 1970년대 후반 동안 일본의 경제는 수출 위주의 제조업이 높은 에너지 비용을 흡수하고, 생산성을 향상시키고, 교역량과 대미 무역흑자를 늘림으로써 4% 이상의 성장률을 회복했다. 놀랍게도 1차 석유파동이 끝난 지 5년 후, 2차 석유파동이 막 시작될 무렵 에즈라 보겔(Ezra Vogel)은 일본을 세계 제일의 경제국으로 전망했으며 미국은 일본의 지속적이고 견실한 성장으로 인하여 심중한 자기성찰의 시기를 겪게 되었다(Fallows 1989; Openheimer

1991).

1980년대 일본의 경제는 4%대 성장을 지속하여 1985년에는 플라자협정으로 엔화 가치가 미화에 대해 유례없이 높아졌다. 그때 일본의 투자가들은 미국의 자산을 매입하기 시작했다. 1980년 7000 이하이던 일본 증시의 닛께이(日経)지수는 1989년 말 40000에 접근했으며 그동안 엔화 가치는 상승했다. 1980년대 초 미화 1달러당 250엔이던 것이 1989년 말 144엔이 되었다(그림 3.28). 1980년대에 널리 인정받던 예상이 맞았다면 북미와 유럽은 새로운 대일본제국의 가난한 속국이 되어 있을 것이다.

그런데 이른바 '거품경제'가 1990년 봄 갑자기 일본을 덮쳤고 일본의 유례없는 호황은 전례없는 불황으로 바뀌었다(Wood 1992). 1990년 말 닛께이지수는 최고치보다 40% 하락했고 수많은 전문가가 빠른 시일 내의 회복을 예상했으나 지수는 10년 이상 상승하지 않았다. 1990년대 대부분의 기간을 최고치의 절반 수준에서 지냈고 2001년에는 10000 아래로 하락했

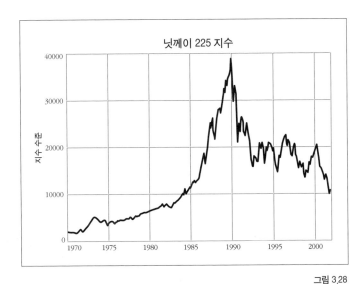

그림 3.28
25년간의 닛께이지수(1976~2001)는 1984년 이전의 점진적인 상승, 1980년대 후반의 급속한 상승, 1989 이후의 가파른 하락, 그리고 최근의 침체를 보여준다. 자료 Nikkei Net Interactive, ⟨http://www.nni.nikkei.co.jp⟩.

다(Nikkei Net Interactive 2001; 그림 3.28). 1990년대 중반 아시아의 빠른 성장을 칭송하던 사람들은(IMF와 세계은행을 포함하여) 관심을 대륙의 더 작은 국가들(인도네시아, 태국, 한국, 대만)로 돌렸으나, 1997년 이 국가들이 급작스럽게 추락하자 경악하게 되었다. 1989년 이후 일본의 장기 불황과 최근 아시아 각국의 경제 침체는 당연히 방대하고 즉각적인 그리고 중요한 장기적 영향을 세계의 화석연료 교역에, 그리고 그 가격에 끼치게 되었다. 아시아의 태평양 지역 국가들은 현재 세계 원유 수출량의 3분의 1을 수입하고 있다(BP 2001).

예기치 못한 두번째 사건은 석탄과 탄화수소의 연소에서 방출되는 이산화탄소에 관한 것이다. 예전에 비해 그 위세가 많이 줄었다 해도(제1장을 보라) 현재 이산화탄소는 대류권의 온난화에 가장 큰 원인이며, 그 방출량은 사회경제적 불연속성, 즉 에너지 수요의 변화에 크게 영향을 받는다. 20세기의 마지막 20년 동안 지구 이산화탄소 방출에 가장 큰 영향을 끼친 사건은 소련의 급속하지만 비폭력적인 붕괴와, 놀랄 만큼 효율적으로 성장하고 있는 중국의 등장이었는데, 1980년대의 아무리 훌륭한 예측 모델 전문가라도 이 사건들을 예상하지 못했을 것이다. 결국 이 사건들은 두 국가를 연구하던 전문가들조차도 경악할 수밖에 없는 것이었다.

1990년대에 러시아 및 구소련에서 독립한 국가들의 에너지 사용량은 약 3분의 1이 감소했다(BP 2001). 따라서 이 국가들이 1980년대처럼 이산화탄소를 배출했을 경우보다 2.5Gt 더 적은 탄소가 방출되었으며, 이들이 1980년대와 같은 수준의 성장률을 지속했을 경우보다는 3Gt 더 적었다. 그리고 1990년대 중국의 급속한 경제 성장에 따라 GDP 대비 에너지 집약도가 절반으로 감소했으므로 그 10년간 중국의 총 탄소 방출량은 3.3Gt이 줄어들었다. 결과적으로 소련 제국의 불운과 중국이 이루어낸 기대 이상의 에너지 사용 효율화에 의해서 1990년대에 탄소 방출은 약 6.5Gt이 억제되었다. 이 양은 세계 전체에서 1990년대 마지막 2년 동안 화석연료를 통해 방출한 것과 같았다(Marland et al. 1999). 지구의 이산화탄소 방출 전문가들(대개 대기물리학자들) 중 어느 누구도 1980년대 초 자신이 만들던 지구 기후모델에서 이처럼 에너지 사용이 대규모로 바뀌는 것을 예측하지 못했을 것이다.

이제는 실패한 예측의 사례가 더 필요치 않을 것이라 생각한다. 결론은 분명하다. 에너지 문제에서 장기 전망은 지난 두 세대 동안 있었던 모든 중요한 변동을 예측하지 못했다. 그들은 OPEC이 조용히 등장하는 것 (1960~71)을 거의 주목하지 않았으며, 아마도 유가가 5배 인상(1973~74) 하고 다시 4배 인상(1979~80)하는 것에 놀란 만큼 OPEC이 급작스레 영향력을 상실(1985)하는 것에도 놀랐을 것이다. 그들은 이라크의 쿠웨이트 침공과 그에 이은 걸프전(1990~91)에 놀랐을 것이며, 최근 유가의 3배 인상(1999~2000)에도 놀랐을 것이다. 무엇보다 그들은 1970년 이후 서구에서 전력 수요가 대폭 감소할 것을 예상하지 못했으며, 곧 고속 증식로로 바뀌고 궁극적으로는 핵융합으로 발전할 것이라 기대되던 원자력발전의 몰락을 예견하지 못했다.

이와 동시에 예측 전문가 대부분은, 석탄이나 새로운 탄화수소에서 추출한 합성연료, 바이오매스·풍력·지열·중앙 집중형 태양열의 다양한 사용, 연료전지·수소·전기자동차의 상업적 보급률 등 새로운 에너지 전환 기술에 대해 거듭 과대평가하는 잘못을 범했다. 반면 그들이 과소평가한 것은 개인의 평범한 에너지 절약(벽이나 문의 단열 강화에서 조명, 가전제품의 효율 제고)이 누적되어 끼치는 영향과, 종전에 극히 비효율적이던 주요 경제권에서의 에너지 집약도를 감소할 수 있는 가능성 등이었다.

이처럼 엄청나게 부정확한 예측들 대부분은 반대되는 두 종류의 기대감 때문이라고 설명할 수 있다. 첫째는 당시의 경향과 분위기에 휩쓸리는 일로서, 가까운 과거의 추세와 당시의 희망이 중기적일 뿐 아니라 장기적으로도 맞아들어갈 것이라는 일반적인 믿음이다. 그 결과 즉각적인 경험과 지배적인 예상이 몇몇 이단자들 이외에는 모두의 시각을 같은 색으로 물들어버리는 무리본능의 현상이 반복되는 것이다. 둘째는 신기한 것이나 겉보기에 단순하고도 마술적인 해결 방안에 기술적 조정을 가한 다음 열중하는 것이다. 이처럼 희망에 찬 생각은 마음에 드는 기술의 미래 성능을 과대평가하게 만들거나, 선호하는 정책을 현실에서 가능한 수준 이상으로 추진되도록 한다.

1960년대 말 나는 유럽에서 미국으로 건너와서 당시 기준으로는 성능이 뛰어나던 메인프레임(이제는 우스운 수준인 IBM 360/67) 컴퓨터를 처음 접했다. 그때 나는 복잡한 씨스템을 컴퓨터로 모델링할 수 있는 가능성에 매료되었다. 그러나 수많은 수치 가정을 무수한, 계량화가 불가능해 보이는 필드에 입력해야 한다는 것을 알게 되자 초기의 열정이 점차 사라졌다. 1970년대 중반 『성장의 한계』를 분석한 후 나는 의사결정 과정에 그러한 모델을 도입하는 일에 회의적이게 되었다. 그뒤 더 복잡한 모델들이 잇달아 새로 등장함에 따라 회의는 불신으로 바뀌었다. 그런 모델들은 그릇된 방향으로 정밀한 비중, 비율, 수많은 합계 등을 제공하는데, 그 때문에 나는 복잡하고 형식적으로 계량적인 컴퓨터 예측을 완전히 포기하게 되었다. 나의 소감은 '어떻게 이처럼 많은 가정, 애매모호함, 자동적인 제안이 있을 수 있는 것일까? 왜 그런 우스꽝스러운 놀이를 하는 것일까?' 하는 것이었다.

누군가가 나와 같은 문제를 풀면서 내게 떠오르는 것과 같은 생각을 더욱 명료하게 표현해주는 것을 보면 매우 기쁘다. 에너지의 미래에 대한 문제에서 와인버그(Weinberg 1979a)는 그러한 모델의 배경에 있는 수학이 비결정적일 뿐 아니라 "기저에 깔려 있는 현상이 수학으로 처리할 수 없는 것이므로" 에너지 분석은 직관적으로나 실제적으로 결정할 수 없는 명제로 둘러싸여 있으며, 따라서 "우리는 이 지적 작업에서 겸손한 태도를 유지해야 한다"(Weinberg 1979a, 9, 17면)고 했다. 그렇다면 우리는 무엇을 해야 할 것인가? 정말 중요한 것을 해야 한다.

규범적인 씨나리오를 지지하며

오늘날 예측은 기반이 탄탄하고 매우 조직화된 수십억달러 규모의 사업이 되었다. 예측의 대부분이 뱅크스(Bankes 1993)가 통합적 모델링 방식이라 부른 것을 따라가고 있으며, 여기서 알려진 인자들은 점점 더 복잡해지는 하나의 패키지로 결합해 실제 씨스템의 대리물이 된다. 그런 모델과 현실이 잘 일치하는 경우에 이 기법은 복잡한 씨스템을 이해하고 예측하는 데 강력한 도구가 된다. 그러나 이해가 부족하거나 분석할 수 없는 불확실성 때문에 실제 씨스템의 효과적인 대리물을 구축하지 못하는 경우 이 통합적 접근법은 제대로 작동하지 않는다. 세계의 에너지 씨스템, 그리고 국가적·지역적 하위 씨스템은 분명히 이처럼 정리될 수 없는 범주에 속하는데도 많은 전문가가 이 부적절한 방법을 고수하고 있다.

전형적인 예측은 통상적으로 비즈니스의 선형적 연장 이상을 제공하지 않는다. 예를 들어 미국 에너지부(DOE)는 2020년까지 저소득 국가의 소비가 대략 2.2배 증가하고 미국의 수요는 3분의 1 증가한다고 가정하여 세계의 TPES가 60% 증가하는 것으로 예상한다(EIA 2001d). 이런 노력의 결과는 너무나 자명하다. 이런 모델들은 작성되는 즉시 실제와 맞지 않게 되어버리는 수천 페이지의 보고서만 인쇄할 따름이며, 기업의 사무실과 도서관은 읽히기도 전에 가치가 의심스러워지는 컴퓨터 인쇄물, 바인더, 책 등으로 어지럽혀진다.

에너지 예측에서 현재 지배적인 접근 방법과 관행을 고려해보면 당혹스러워할 일이나 빠뜨리는 부분이 있을 수밖에 없다. 고지식하고 나중에 생각해보면 믿을 수 없을 만큼 단견적이거나 그 즉시 우스갯소리가 되는 예측들이 수없이 계속 쏟아져나올 것이다. 한편 우리는 예기치 못한 사건으로 계속 놀라게 될 것이다. 쉽게 제거될 수 있는 극단적인 예측이 끝까지 살아남는 일도 흔하다. 앞으로도 가장 어려운 문제로 남아 있게 될 것은 잘 이해되고 필연적인 것과 심각하게 불연속적이고 놀라움을 주는 것이 뒤섞인 속에서 실제로 무엇이 가장 가능성이 높은지를 찾아내는 일이다. 이런 점에서 새로운 세기에도 우리의 예측 능력에는 별다른 차이가 없을 것이다. 우리는 미래 게임에 더 많은 시간과 돈을 소비할 것이지만 여전히 우리의 예측은 틀릴 것이다.

컴퓨터가 수많은 변수를 처리해주고 우리가 그 변수들의 상호작용을 연계해 더 복잡한 모델을 구축한다 하더라도 사정은 나아지지 않을 것이다. 생각할 수 있는 모든 인자를 평가에 포함한다 하더라도 그 속성이 계량화될 수 없거나 그 계량화가 지적 추론 능력을 초월하므로 나아지지 않을 것이다. 결국 우리는 원하는 단일해를 얻을 수 없을 것이다. 그것이 10년 또는 100년 후의 절대적인 성능이나 비율, 비중이든 마찬가지다. 상상 가능한 모든 우발성과 만일의 경우를 파악하기 위해 대안 씨나리오를 아무리 많이 작성하더라도 거기에서 근본적인 통찰력을 얻을 수 없을 것이다. 그러나 미래를 내다보는 일을 완전히 포기하라는 말은 결코 아니다.

예측의 목적은 미래의 현실을 더 잘 예상하려는 것이며, 바람직하지 않은 결과는 예방하거나 최소화하고 바람직한 경향은 강화하는 데 필요한 행동의 종류와 정도에 관해 명료한 통찰을 얻는 것이다. 간단히 말하자면 미래에 단순히 순응하지 않고 그것을 더 낫게 만들어가기 위한 것이다. 매우 복잡한 사회가 수행하는 통제의 범위가 확대되고 우리의 에너지 의존형 문명이 지속되면서 생물권의 필수적인 구조와 기능에 훨씬 강한 압박이 가해지고 있다. 그러므로 우리는 가능성있는 결과에 대해 수동적이며 불가지론적인 예측을 삼가야 한다. 대신 인간의 존엄성 및 적절한 삶의 질 유지와 생물권의 대체 불가능한 통합성 보호의 조화라는 전일적으로 정의된 목표를 지향하하는 데 전력해야 한다. 미래는 본질적으로 예측 불가능한 것이므로, 바람직한 목표를 수립하고 그 목표를 향해 효과적이고 후회하지 않을 경로를 형성해나가야 한다. 그래야만 이성적인 관리라는 우리의 추구에 가장 큰 성과를 가져다줄 수 있을 것이다.

그러므로 무엇이 일어날 가능성이 높은가보다 무엇이 일어나도록 해야 하는가라는 규범적인 씨나리오가 꼭 필요할 것이다. 그다음에 계량적인 연합적 모델을 포함한 일련의 형식적 예측 실험을 수행하는 탐구적 모델링을 사용하여 다양한 가정과 가설의 영향을 평가할 수 있을 것이다 (Bankers 1993). 지구상의 존재에 대한 장기적 피해를 방지할 필요가 증가하고 있으므로 나는 규범적 씨나리오가 유용할 뿐 아니라 필수라고 굳게 믿는다. 물론 의도와 실행은 다른 문제이다. 규범적 씨나리오가 실제적인 동시에 유용하기 위해서는 현실 세계의 다양한 한계와 불확실성에 대한 인식, 더 나은 삶의 질을 위한 이성적인 정신, 그리고 생물권의 통합성을 보호하겠다는 헌신 등이 함께 결합되어야 한다. 또한 규범적 씨나리오는 철저하고 유연하며 비판적이어야 한다. 경직되어서는 안되며, 충실한 신도들에 의하여 추진되는 일견 대담해 보이나 상상력이 부족한 옹호 도구가 되어서도 안된다. 또한 그 씨나리오들은 항상 후회하지 않을 처방을 내리도록 노력해야 한다. 이것이 불쾌한 것이든 반길 만한 것이든 불시의 것 사건이 미치는 영향에서 벗어날 아마도 최선의 길이다.

특수한 이해관계로 분열되고 미래에 대한 서로 다른 비전을 지향하는 부유한 현대 사회에서는 바람직한 목표의 형성이 불가능한 일로 보일 수도 있다. 나는 그런 패배주의에 빠지는 것을 거부하며, 기본적인 규범적 씨나리오 만들기가 그리 어렵지 않다고 믿는다. 그 씨나리오가 필요한 유연성을 확보하고 미시적 관리의 명백한 실패를 방지하기 위해서는 목표를 지나치게 구체화해서는 안된다. 그 목표는 질적으로 규정되거나 또는 폭넓고 경직되지 않는 선에서 계량화될 수도 있을 것이다. 그러나 실제로 규범적 씨나리오를 작성할 때에는 먼저 사용 가능한 선택안 모두를 비판적으로 분석 평가하여 바람직한 사회경제적·환경적 목표를 달성하도록 해야 한다.

현대 에너지 씨스템의 복잡성을 생각하면 그러한 분석 평가는 무엇보다도 석탄, 종래의 또한 새로운 탄화수소, 원자력 및 재생에너지 등이 기여할 수 있는 것에 관련된 여러가지 불확실성과 연료 및 전력의 합리적 사용에 촛점을 두어야 할 것이다. 이런 문제들 중 일부는 오랫동안 우리와 공존해왔으며 상대적으로 새로운 것도 있다. 어느 쪽이든 관념과 해석은 경제적 측면, 국가 및 국제적 안보, 새로운 형태의 환경 교란 등의 변화에 따라 달라질 것이다. 석유시대의 종말이 임박한 것은 첫째 범주의 예일 것이며 재생에너지의 친화적 특성을 한번 더 고려해보는 일은 둘째 범주에 속할 것이다.

그리고 환경과 관련해 아마도 가장 두드러진 사례는 에너지 전망의 장기적 평가일 텐데, 이는 지구 기후변화의 속도와 정도에 따라 인식이 변화하는 데서 큰 영향을 받을 것이다. 자연의 장기적 변화에서 거의 인식할 수 없을 정도로 제한적으로 서서히 진행되는 과정보다는 급속하고 현저한 지구온난화가 석탄 사용과 연료전지의 운명에 확연히 다른 결과를 가져올 것이다. 비록 한계와 불확실성에 대한 최선의 비판적 평가라 하더라도, 모든 과장된 희망과 불필요하게 소극적인 예상을 제거할 수 있다고 믿을 만큼 무분별하거나 교만해서는 안될 것이다. 물론 그러한 것은 판단에서 일반적인 오류를 제거하는 데는 도움이 될 것이다. 다음 두 장에서는 이러한 불확실성에 대하여 논의할 것이다. 먼저 화석연료의 미래를 살펴본 다음 비화석에너지의 장래 전망을 체계적으로 검토하자.

4장

ENERGY AT THE CROSSROADS

화석연료의 미래

화석연료의 미래에 대한 평가는 화석연료의 가채매장량(reserves)과 자원량(resources)만을 따지는 것이 아니다. 이 두 단어는 이번 장에서 자주 등장할 것이므로 간단하게나마 그 정의를 제시하고자 한다. 지질학적으로 말하자면 두 낱말은 유의어가 아니다. 자원량이라는 말은 일상 어법에서처럼 자연 광물 또는 생명체로부터 주어진 모든 것을 뜻하지 않으며, 지구 지각에 있는 특정한 광물의 총체를 가리킨다. 가채매장량은 적정한 비용으로 가용 기술을 활용하여 추출해낼 수 있으며 이미 탐사되어 알고 있는 자원 전체를 가리킨다. 따라서 광범위하고 잘 알려지지 않은 광물은 자원 탐사와 채광 활동을 통해 자원량의 범주에서 가채매장량의 범주로 옮겨진다(Tilton & Skinner 1987).

단순하게 말해서 특정 광물 상품의 자원량은 자연 상태 그대로의 것이며, 그 광물의 가채매장량은 인간의 행위를 통하여 사용 가능해진 것이다. 이 두 개념은 그림 4.1에서 흔히 사용되는 하부 범주를 보여준다. 보통 자원 고갈이라 함은 실질적이고 물리적인 고갈이라기보다 결과적으로 적정한 비용으로는 더이상 그 자원을 사용할 수 없게 되었다는 의미다. 여기서 자원을 적정한 비용으로 사용할 수 없다는 말은 단지 경제학적 의미(생산하거나 먼 시장까지 운반하는 데 비용이 너무 많이 든다든지)뿐 아니라

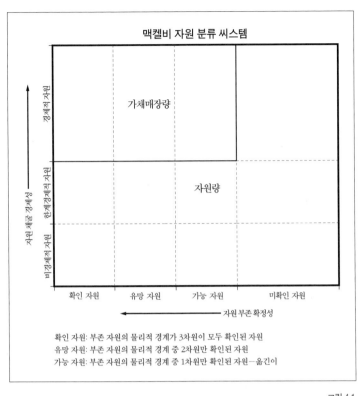

그림 4.1

미국 표준 자원 분류 씨스템의 도해(McKelvey 1973). 현재는 위 맥켈비 도표의 수정판들이 쓰이고 있다.

환경적 의미(지나친 환경오염, 수용할 수 없는 생태학적 파괴 및 손상), 사회적 의미(개발함으로써 많은 사람들을 이주시켜야 한다든지, 인체에 심각한 악영향을 끼친다든지)도 있다.

앞으로 설명하겠으나, 자원 개발 과정이 대단히 동적인 특성을 가진다는 것은 비록 화석연료에 기반을 둔 문명이 한정적이고 재생 불가능한 자원에 의존하고 있으나, 특정 자원의 고갈 씨나리오에 따라 그러한 중대한 의존의 중단 싯점이 언제일지 정확히 제시하기는 힘들다는 얘기이다. 흔히 말하는 R/P(매장량/생산량) 비율은 알려진 자원 상품의 가채매장량을 매년 산출량(또는 수요량)으로 나눈 값으로, 곧 다가올지 모르는 자원 고갈을 알리는 유용한 경고 메씨지가 될 수도 있다. 하지만 R/P 비율은 광물 재생에 대한 장기적 전망에 대해서는 말해주는 바가 거의 없다. 경계가 명확히 획정되고 잘 알려진 광상(鑛床)에서 채굴되는 광물에 대해 그 지역의 R/P 비율이 매우 낮다면, 이는 해당 지역의 광물 고갈이 임박했다는 신호임이 분명하다. 그러나 어느 광물이 전 세계에서 낮은 R/P 비율을 나타낸다 해도 아직 개발 초기 단계이며 생산 원가가 기술 진보에 따라 낮아질 것으로 전망된다면, 향후 그 광물의 산출에 대해서는 예단할 수 없다.

지난 한 세기 동안 막대한 양의 화석연료를 채굴했음에도(석탄 250Gt, 석유 125Gt, 가스 60Tm³), 이들의 R/P 비율은 100년 전보다도 2000년도에 더 높았다(BP 2001). 약 225년간 석탄의 R/P 비율과 석탄자원의 막대함으로 볼 때 앞으로는 석탄의 사용 가능성보다도 채취 및 수송 원가와 환경영향이 중요한 걱정거리가 될 것이다. 이 상황은 탄화수소라든가 20세기에 많은 사람이 돌이킬 수 없이 감소하기 시작했다고 본 석유의 경우와는 무척이나 다른 것이다. 이러한 예상들 중 일부는 자원 생산의 과정이 정규분포곡선에 따른다는 관념을 기반으로 한 것인데, 이는 그동안 마치 바뀔 수 없는 현실처럼 제시돼 왔다. 하지만 나는 그러한 결과가 반드시 미리 정해진 것은 아니라는 점을 아래에서 보일 것이다.

그 결과들이 신빙성이 있으려면 지구 자원들의 범주들이 매우 정확하게 알려져 있고, 우리의 기술력에 어떤 개선도 없다고 가정해야 하며, 우리가 미래 수요에 대해 완벽한 지식을 가지고 있어야 한다. 이러한 조건들 중 어느 것 하나도 현실에 부합하지 않는다. 기존 원유와 천연가스의 채굴 가능한 자원은 오늘날 우리의 최빈값 예측의 3배까지는 아니더라도 최소한 50%, 또는 100% 정도는 높을 것이다. 궁극적으로 사용 가능한 자원의 양이 무엇이든 간에, 기술 진보는 이들의 생산 가능성을 높여줄 것이며, 개발 및 채굴 과정에서의 혁신은 재래식(액체) 석유와 비재래식 석유 자원 간의 구분점을 조금씩 바꿔놓을 것이다. 마지막으로, 자원의 고갈 속도는 지각에 광물이 존재하는 양뿐 아니라 수요에 의해서도 결정되며, 특정한 상품에 대한 필요는 물리적 고갈에 이르기 한참 전에라도 여러가지 이유에 의해서 큰 폭으로 낮아질 수 있다.

복잡한 에너지 체계에 내재된 관성적 성질을 감안한다면 주된 에너지 자원의 근본적인 대규모 변화가 10~15년 안에 일어날 확률은 매우 낮다. 그러한 극적인 변화는 결코 불가능한 것이 아니다. 그러나 20세기 후반부에 그러한 상황은, 대규모 탄화수소 매장량의 발견으로 어느날 갑자기 석탄 채굴을 그만둘 수 있었거나 아니면 최소한 극적으로 규모를 감축할 수 있었던 몇몇 운좋은 국가들에 한정되어 있었다. 네덜란드의 그로닝겐 지역 가스 발견이나 영국의 북해 유전 발견이 가장 좋은 예가 될 것이다. 결국 우리는 지난 20세기의 마지막 25년간 그래왔듯이 오랫동안 확립된 연료의 구성과 연료간 전환의 탄력성, 그리고 사용 연료들을 경제와 환경 면에서 수용 가능하게 만들어주는 시장의 창의성에 거듭 놀랄지도 모른다.

뒤집어 말하자면, 100년 뒤를 내다볼 때 화석연료가 21세기 세계를 견인할 가능성은 매우 낮을 수도 있다. 석탄과 탄화수소 의존도의 감소와 비화석에너지의 부상이 채굴 가능 자원의 물리적 고갈 때문에 일어나지는 않을 것이다. 과거 자원의 이전 사례에서 보듯 생산 원가 상승, 그리고 더욱 중요하게는 연소시 환경에 끼치는 영향 때문에 그렇게 된다고 보아야 한다. 현재 우리가 살고 있는 이 싯점에서 볼 때 특히나 그 전망이 불확실한 채로 남아 있는 기간은 2020년에서 2080년까지다. 이 동안에 일어날 수 있는 상황에 대한 분석의 결과들은 OPEC의 담합 여부나 휘발유 가격의 급등에서부터 지구온난화에 대한 새로운 증거나 중동 지역 분쟁의 발발에 이르기까지 다양한 변수에 영향을 받을 수 있다. 여기서는 체계적 방법에 따라 화석연료의 미래를 논하고 있으므로 그러한 일시적 요인들은 일단 고려하지 않을 것이다. 수많은 반대 주장도 우선은 그냥 넘기기로 한다. 여기서는 전 세계 원유 생산량의 정점이 임박했다고 보는 오늘날의 견해부터 살펴보자.

전 세계 원유 생산량 감소가 임박했는가?

석유 채굴의 역사를 검토하고 석유산업의 미래에 대한 최근의 논쟁을 다루기 전에, 나는 평소에 즐겨 쓰는 미터 단위가 아니라 배럴 단위를 사용할 것임을 밝힌다. 이 오래된 단위는 bbl(42갤런을 담을 수 있는 표준용기를 지칭)로 줄여서 표기하기도 하는데, 미국 석유산업의 초창기인 1872년 미국 통계국에 의해 공식 채택되었으며 오늘날 가장 일반적으로 사용된다. 원유의 밀도가 다양함을 감안할 때, 이러한 부피 단위를 다른 대체 단위로 바꿀 수 있는 방법은 여러가지다. 원유는 740에서 $1040kg/m^3$까지 밀도가 다양한데, 이는 원유 1t이 실제로는 6.04에서 8.5배럴의 범위로 분포함을 말한다. 대부분의 원유는 7에서 7.5bbl/t의 구간에 해당한다. 평균치로는 7.33bbl/t의 수치가 흔히 사용되어왔으며, 브리티시 페트롤리엄(BP)사가 사용하는 평균치는 7.35bbl/t이다(BP 2001).

19세기의 마지막 40년간 석유 생산은(1859년 펜씰베이니아에서 처음으로 상업적 석유 생산이 시작되었다) 천천히 성장했으며, 미국과 러시아, 루마니아 등 몇몇 국가에 의해 지배되었다. 1900년에는 연간 세계 석유 생산량이 약 1억 5000만배럴에 달했는데, 이는 오늘날 우리가 겨우 이틀 만에 채굴해내는 양에 불과하다. 2000년에 연간 석유 유통량은 260억배럴을 상회했고 인플레이션을 감안할 때 100년 전보다 낮은 평균 가격에 팔리고 있었다(그림 4.2; 가격 변동 추이는 그림 2.8과 3.15 참조). 어떠한 기준에 의하더라도 이러한 현실은 현대 문명이 기술과 조직 면에서 얼마나 뛰어난지 보여주는 훌륭한 증거가 된다. 이러한 상황이 얼마나 오래갈 수 있을까? 세계 원유 생산량이 언제쯤 영구적으로 감소할 것인가? 이 모든 것이 세계 원유의 대부분을 소비하는 부유한 사람들에게, 그리고 평균 석유 소비량이 매우 낮지만 경제 성장에 대한 열망은 매우 강한 저개발 국가의 사람들에게 어느 정도로 영향을 끼칠 것인가? 그리고 지금 우리는, 다양하

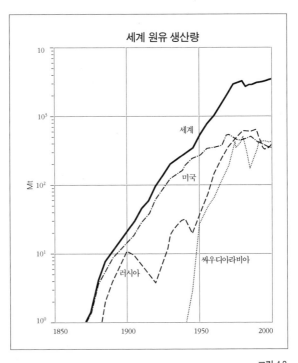

그림 4.2
1850~2000년 세계 석유 생산량. 자료 Smil(1994a)를 바탕으로 BP(2000)와 UNO(2001)의 수치를 추가함.

고 상반되는 견해들이 경합하던 세대를 거치면서, 이러한 흥미진진한 질문에 대한 답에 가까워지고 있는가?

이들 중 마지막 질문만이 유일하게 답하기 쉬울 듯하다. 답은 "그렇지 않다"이다. 극단적인 견해들이 절충될 가능성이 매우 희박하기 때문이다. 한편으로는 석유를 대신하는 다른 에너지자원으로 순조롭게 옮겨가기 전까지 낮은 가격에 의해 석유 공급이 지속될 것으로 보는 견해가 있다. 또 다른 한편으로는 향후 전 세계 원유 생산이 빠른 속도로 정점에 가까워지고 석유 채굴량이 급격히 감소하면서 저가의 석유가 공급되는 일은 더이상 없을 것이라는 견해도 있다. 이처럼 자원에 관한 논쟁이 반복된다는 점도 주목할 만하다. 사람들은 바뀌어도, 조화될 수 없는 결론들은 여전히 남아 있다. 어느 때건 정책 결정자들로부터 신뢰받는 사람들은 대개 단기적 가격 추이의 즉각적 영향에 대해 더 신경을 쓴다.

남아 있는 석유 자원량과 미래의 생산량에 대한 극단적 주장들은 대체로 지구 자원의 미래를(그리고 장기적으로 인류문명에 대한 전망을) 평가하는 두 가지 견해에 각각 속해 있다. 낙관적 견해는 자원 사용의 역사에 대해 연구하고 가격의 지배적 역할과 끊임없는 인간의 창의력, 그리고 기술 개발의 문제 해결력을 열렬히 신봉하는 사람들이 지지해왔다. 여기에 동조하는 사람들은 주로 경제학자들인데(대표적 저술로는 Hirsch 1976; Simon 1981, 1996; Goeller & Zucker 1984; De Gregori 1987; Tilton & Skinner 1987; Adelman 1997), 이들은 특정한 자연자원이 지각에 존재하는지가 문명의 운명을 좌우하는 결정적 요소라고 생각지 않는다.

이러한 견해에 따르면 지구 지각에 매장된 광물량이 한정되어 있다는 사실은 중요하지 않다. 이러한 자원들을 채굴하려는 우리의 노력이 전 세계 자원의 물리적 고갈에 이르기 오래전에 끝날 것이기 때문이다. 탐사와 개발 과정을 거쳐 (당장 상업적으로 사용이 가능한) 새로운 자원 매장지역을 확보하는 데 드는 비용이 너무 높아지면 관련 산업은 더이상 존재하기 힘들어진다. 지각에 남아 있는 자원의 양이 얼마인지는 몰라도, 만약 그 자원의 대체제가 시장에 등장하면 더이상 아무도 이를 채굴하려 들지 않을 것이다. 원유에 대해 말하자면, 그것의 자원량을 가채매장량으로 바꾸는 탐사 및 개발 비용은 석유 고갈이 임박했다는 어떤 신호도 주지 않고 있다. 이는 앞으로 계속해서 석유 매장량이 늘어날 것임을 뜻한다.

따라서 우리가 당면한 과제는 아무런 대체 자원이 시장에 나오지 않은 상황에서 남은 자원의 채굴 비용이 너무 올라 경제와 사회구조의 원활한 흐름을 방해하는 상황을 피하는 것이다. 지금껏 산업 문명은 질낮은 자원을 경제적으로 개발할 수 있는 새로운 기술을 개발해내고 사용 효율을 높이는 한편, 너무 비싸서 불합리하게 된(주로 채굴과 사용이 환경에 끼치는 영향 때문에) 자원을 대신할 수 있는 효과적인 대체 자원을 개발해냄으로써 이러한 상황을 피할 수 있었다. 결국 특정 자원이 물리적으로 고갈되지 않을까 우려하는 것은 번번이 근거가 없다는 게 밝혀졌다. "적응적 풍요주의자"(cornucopian)*란 말로 이러한 시각을 가장 잘 나타낼 수 있을 것 같다.

줄리언 싸이먼(Julian Simon)은 현대 경제학자들 중 아마 가장 잘 알려진 풍요주의자일 것이다(Simon 1981; Simon & Kahn 1984; Simon 1996). 그는 시장 조정의 효율성을 증명하기 위해 최근 석유 가격의 동향을 제시하는 방법을 즐겨 썼다. 또한 그는 이미 가채매장량이 미래의 자원 공급량의 척도로는 무용하다는 것을 증명하기 위해 미국과 전 세계석유의 R/P 비율을 사용하며 그는 어떻게 매장량이 늘 수요보다 꼭 한걸음씩 앞서는지 설명했다. 그리고 그는 "언제 석유가 고갈될 것인가?"라는 질문에 "절대로 그렇지 않다"가 유일한 정답이라는 것에 의심이 없었다(Simon 1996). 모리스 아델만(Morris Adelman)은 MIT에서 자원경제학자로 주로 활동했는데, 석유산업을 연구하는 학자들 중에서는 위와 같은 견해를 가장 잘 대변하고 있다. 그의 함축적 설명에 따르면 "자원이 한정되어 있다는 말은 공허한 표어에 불과하다. 한계비용만이 중요할 뿐이다."(Adelman 1992, 7~8면)**

한정된 공급과 끊이지 않는 기술 개발에 대해 언급하는 것은, 전반적으로 자원이 바닥나고 특히 석유 채굴 감소가 불가피할 것이라는 생각에 사로잡혀 있는 사람들에게는 경멸의 대상이다. 그들은 21세기의 첫 10년이 끝나기 전에 전 세계 석유 채굴이 감소할 수밖에 없고, 그에 따라 석유시대가 곧 막을 내릴 것이라며 우려하고 있다. 이러한 점을 알기 때문에 그들은 현대 문명을 만들어내는 데 그토록 유용하던 연료들의 예상된 희소성을 세계 경제·사회·환경에 대해 지대한 영향을 끼치지 않고 과연 어떻

---

* 그리스신화의 '풍요의 뿔'(Corcucopia)에서 유래한 말로, 기술 발전에 따른 자원 공급의 유지와 인류문명의 지속을 믿는 사람을 가리킨다—옮긴이.

** 아델만은 에너지, 특히 석유도 일반적인 재화의 속성을 따른다고 주장하면서 고갈의 위험으로 인한 에너지시장의 실패를 인정하지 않는 대표적인 경제학자이다—옮긴이.

게 해결해나갈지 예견하지 못한다. 이처럼 다소 이질적인 집단에는 거침 없는 환경재앙론자부터 신중한 지질학자까지 구성원이 다양하다.

비록 그들 중 대부분이 그것을 알지 못하지만, 그들은 영국의 오랜 지적 전통을 이어받았다. 윌리엄 제번스(William Jevons 1865)가 대표적인데, 그는 특히나 잘못된 예상으로 이미 제3장에 소개된 바 있다. 석탄 공급량의 유한성에 대한 우려가 이미 18세기 후반 영국에서 제기되었다는 사실은 그리 놀라운 것이 아니다. 1830년 이전에 발표된 예측은 좀더 낙관적인데, 고갈되기까지 2000년 정도가 남았다는 것이다(Sieferle 2001). 그러나 1860년경에 이르면 남은 기간에 대한 합의는 수백년 정도로까지 줄었고, 점증하는 영국의 석탄 생산이 전 세계 석탄 채굴을 지배하던 시절에도 제번스는 제국의 쇠퇴를 가져올 석탄자원 고갈에 대해 걱정했다. 약 150년이 지난 후에도 영국은 여전히 석탄 매장량이 많고 EU 국가들 중에서는 가장 낮은 가격으로 생산이 가능하다(UK Coal 2001). 그러나 제1장에서 설명한 바와 같이(그림 1.6을 보라), 영국의 석탄 채굴은 현저히 축소됐고 2000년에는 영국의 1차에너지 총공급(TPES)의 10%에도 미치지 못했다.

재앙론자들 중에서도 좀더 비관적인 견해를 가진 사람들은 재생 불가능한 자원의 고갈과 보정할 수 없는 지구 환경의 악화를 향해 달려오는 동안 사회적 위기가 심화되고 현대 문명이 이미 돌이킬 수 없는 지점에 가까워졌다고(또는 이미 그러한 지점을 넘어섰다고) 주장해왔다(Meadows et al. 1972; Ehrlich & Holdren 1988; Ehrlich 1990; Meadows & Meadows 1992). 보수적인 지질학자들은 석유 채굴량이 대다수의 생각보다 더 빨리 감소할 것이며 그러한 영구적 변화는 석유 가격을 급격히 높일 것이라고 하면서 위와 같은 견해를 지지한다.

이러한 결론들은 세계가 제3차 석유 위기에 급속히 가까워지고 있다는 예측으로 해석될 뿐 아니라(Criqui 1991) 조만간 석유시대가 종말을 맞을 거라는 한층 걱정스러운 씨나리오라 할 수 있다. 여기서는 영구적인 채굴 감소가 "세계의 여러 선진국이 미국보다는 오늘날의 러시아와 같은 모습을 띠게 되는 경제적 폭발"에 이어 "피할 수 없는 운명의 날"을 맞이하리라고 본다(Ivanhoe 1995, 5면). 이러한 결론이 논쟁의 여지가 전혀 없는 결정적 증거에 근거를 둔 것인가? 아니면 유사한 여러 암울한 예측들 중 가장 최근 판본에 불과하므로 기각되어 마땅한 것인가? 이른바 운명의 날이 조만간 닥친다 하더라도, 세계적인 원유 생산의 영구적 감소가 경제에 파괴적 영향을 미칠 것이 확실한가? 나는 이 흥미로운 논쟁에서 반대 주장을 펼치는 학자들의 주장을 좀더 면밀히 살펴본 다음에 그 결정적 질문들 답하고자 한다.

풍요주의자들은 천연자원의 구분법에 사용되는 기술적 용어들의 정확한 정의나 자원 평가의 규모 및 가능성에 대해 특별한 관심을 보이지 않는다. 그들은 지속적으로 풍족한 공급과 그것의 근본적으로 확실한 전망을 증명하기 위해 장기적 가격 변동 추이나 단순한 R/P 비율을 사용하는 데 만족한다. 전반적으로 감소하는 장기적 석유 가격 변동 추이는 제2장에서 이미 기술한 바 있다. 전 세계 R/P 비율에 대한 수용할 만한 기록은 석유 산업계에서 매년 전 세계 매장량 조사 결과를 발표하기 시작한 2차대전 이후에야 비로소 시작되었다. R/P 비율은 10년이 채 되지 않아 20에서 40으로 두 배가 된 후에, 1974년에서 1980년 사이에는 다시 30 이하로 떨어졌다. 이후 R/P 비율은 다시 높아졌고 지금은 약 40 정도로 추산되고 있는데, 이는 1945년 이후 가장 높은 수치이다(그림 4.3). 가격이든 R/P 비율의 역사든 비관적인 추이는 나타나고 있지 않으며, 풍요주의자들은 풍부한 자원과 지속적 기술 혁신이 이러한 추세를 이어나갈 것이라고 주장한다.

새로운 발견의 가능성에 대한 그들의 열정은 종종 산업계의 경영자들과 공유되며 자주 과장되곤 한다. 1970년대에 엄청난 장밋빛 가능성 때문에 자주 회자되던 미국 동부연안 수역(볼티모어 협곡)과, 많은 사람이 그 잠재력을 높이 평가하여 1980년대 거의 모든 석유 회사를 끌어들인 바 있는 남중국해 연안 같은 경우들은 아마 가장 눈여겨볼 만한 사례가 될 것이다. 또한 카스피해는 석유 매장량이 싸우디아라비아의 3분의 2에 달할 정

그림 4.3

1945~2000년 세계 원유 R/P 비율(매장량/생산량). 자료 Oil & Gas Journal의 각 연도호.

도라며 기대를 모았는데, 아마 최근 가장 실망스러운 사례로 남을 것이다 (EIA 2001g).

그러나 이처럼 빗나간 예상도 풍요주의자들의 주장에 별 영향을 끼치지는 않는다. 비록 볼티모어 협곡이나 펄강의 삼각지, 카스피해가 당초 예상대로 원유가 풍부하지 않다 하더라도, 전 세계에서는 새로운 유전 발전으로 아직도 수요를 초과하는 매장량이 계속 추가되고 있다. 특정 연도에는 결손이 날 수도 있지만 장기적 추세는 변함이 없다. 『오일 앤드 가스 저널』(Oil & Gas Journal)의 매장량과 생산 평가치를 사용해서 설명하자면, 세계는 1970년에서 2000년까지 대략 석유 680Gb를 채취했으나, 약 980Gb의 새로운 매장량이 추가되었고, 세계의 R/P 비율은 40에 달한다. 이는 1970년보다 높은 수치이다.

아델만(Adelman 1992)에 따르면, 중동의 매장량이 398Gb인 것으로 확인된 1984년에 미국 지질조사국(USGS)은 추가적으로 199Gb를 발견할 가능성이 5% 이하인 것으로 평가(Masters et al. 1987)하고 있었다. 그러나 1989년 말에는 확인 매장량이 289Gb나 증가했다. 다음 장에서 언급하겠으나, 이를 달리 해석하면 조기에 석유가 고갈될 것이라던 주장과 정반대되는 결과가 도출되기도 한다!

괼러와 마르체띠는 특히 자원의 이용 가능성과 대체 가능성에 대해 느긋한 견해를 강력하게 지지했다. 괼러의 유한자원론은 주요 금속과 희귀 금속의 과거·미래 대체성을 세부적으로 검토하는 데 바탕을 두고 있었다 (Goeller & Weinberg 1976; Goeller & Zucker 1984). 그러나 지난 150년간 효과적인 연료간 대체의 역사가 보여주었듯이, 이러한 결론은 1차에너지의 연속성을 잘 보여주고 있다. 1차에너지원에 빈틈없이 대응하는 대체물에 대한 마르체띠의 주장은 이미 제3장에서 검토한 바 있으며 완벽하지는 않은 것으로 밝혀졌다. 석유는 경제적, 기술적 필연에 의해 천연가스나 재생 가능 자원, 핵에너지로 대체될 것이다. 그러나 그러한 전이의 싯점은 마르체띠가 생각한 것처럼 질서 정연하지는 않다.

최근 전 세계 석유 생산이 곧 정점에 도달할 것이라고 주장하며 홍수처럼 쏟아진 논문들에 대한 검토는 이 새로운 분야에 가장 두드러지게 기여한 캠벨과 라에레르(Campbell 1991, 1996, 1997; Campbell & Laherrère 1998; Laherrère 1995, 1996, 1997, 2001) 같은 학자들의 논문을 우선 살펴보는 데서 시작해야 할 것이다.

그들의 주장은 공표된 가채매장량의 신빙성에 대해 의문을 제기하고 과거 가채매장량의 수정을 통한 신규 자원 발견율의 보정, 그리고 이렇게 수정된 매장량과 가능한 미래의 발견을 대칭형 고갈 곡선(exhaustion curve)에 맞추는 작업에 기반을 둔다. 이 곡선은 40여년 전 허버트가 표준적인 예측 도구로 도입했으며(Hubbert 1956), 1960년대에 발표된 미국 석유 채굴량의 영구적 감소에 대한 그의 예측에 의해 널리 알려졌다(그림 4.4; Hubbert 1969). 전 세계에서 석유 생산량이 정점에 도달할 것을 조기에 예측하기 위해—그리고 세계적으로 석유가 부족하게 되고 산업 문명이 불가피하게 종말을 고할 것이라는 결론을 내리기 위해—그의 접근법을 사용한 다른 연구자로는 아이반호(Ivanhoe 1995, 1997), 던컨(Duncan 2000), 던컨과 영퀴스트(Duncan & Youngquist 1999), 디페이에스(Deffeyes 2001) 등이 있다. 최근 그들이 발표한 다양한 비관적 논문들은 임박한 세계 석유 위기를 예측하는 웹싸이트에서 찾아볼 수 있다(The Coming Global Oil Crisis 2001).

석유시대가 조만간 종식될 것이라는 이 모든 주장은 대부분 다음과 같은 논거에 의존하고 있다. 19세기 후반에 탐사를 통해 석유의 상업적 채굴이 시작되기 전에 이미 지각에 있는 석유의 약 90%가 발견됐다는 것이다. 달리 말하면 이는 몇몇 국가의 석유 매장량 전체에 대한 최근의 수정 평가치가, 또는 새로 대량 발견했다는 주장이 기껏해야 과장되었거나 최악의 경우 거짓말에 불과하다는 것이다. 1970년대 후반 이후로 매년 발견된 양보다 많은 석유가 채굴되어왔으며, 세계 석유 생산량의 약 80%가 1973년 이전에 발견된 유전에서 생산되었다. 그리고 이들 중 대부분은 가파른 속도로 채굴량이 감소하고 있다. 더구나 새로운 탐사 개발 기술이나 비재래 석유자원의 생산도 이러한 감소 추세를 막을 수 없다. 디페이에스(Deffeyes 2001, 149면)는 한걸음 더 나아가 아래와 같이 결론 내리고 있다.

오늘날 어떠한 시도도 석유 생산량이 정점에 도달하는 데 결정적 영향을 끼치지는 못한다. 카스피해에서 아무리 탐사를 하더라도, 남중국해에서 아무리 시추를 하더라도, SUV를 아무리 대체한다 하더라도, 아무리 재생에너지 계획을 채택한다 하더라도 얼마 남지 않은 석유를 쟁취하기 위한 투쟁을 피할 수는 없다.

복잡한 현상을 분석하는 여느 연구와 마찬가지로 이러한 예측치를 발표하는 학자들은 상당한 양의 정확한 관찰과 결론을 도출하고 있다. 하지만 애석하게도 석유 가채매장량을 정확하게 산출해낼 엄밀한 국제적 기준은 없다. 미국은 이미 확인된 매장량만을 포함하지만 다른 나라들은 각양각색의 정확도에 따라 확인된 정보에 추정치까지 혼합해 총계를 낸다. 뿐만 아니라, 이러한 통계를 발표할 때는 정치적 동기가 개입되어 매년 변

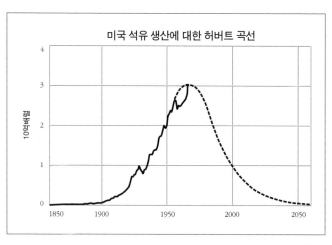

그림 4.4
미국 석유 생산에 대한 허버트 곡선(Hubbert curve). 자료 Hubbert(1969).

하지 않는 수치와 갑작스레 상승하는 의심스러운 수치까지 곁들여진다.

결국, 가장 자주 인용되는 두 개의 연례 조사에 의해 보고되는 총계들—『오일 앤드 가스 저널』(그리고 『BP 세계 에너지 통계 리뷰』(BP *Statistical Review of World Energy*)에 포함되면 더 널리 알려지기도 한다)와 『월드 오일』(*World Oil*)에 의해 편찬되고, 종종 소숫점 세 자리까지의 잘못된 정확성으로 기재되는—은 서로 일치하지 않을 뿐 아니라 그들의 현저하게 상승중인 장기 추세는 미래의 석유 매장량 추세에 대해 잘못된 정보를 제공하기도 한다. 이러한 점은 이들 수치와 라에레르가 명명한 "기술적" 매장량의 현재 평가치를 비교해볼 때 명확해진다. 기술적 매장량이란 석유 회사들이 원유 발견 연도까지 소급해 비밀 데이터베이스에 기록해놓은 확인 또는 추정 매장량을 말하는 것이다. 이 방식에 따르면 1980년 이래의 감소 추세가 분명히 나타난다(그림 4.5).

캠벨과 라에레르가 대단히 광범한 유전 조사 자료들을 면밀히 분석한 결과, 1996년 석유 매장량은 850Gb에 불과했다. 이 수치는 『오일 앤드 가스 저널』에서 발표한 1019Gb보다 17% 적은 것이며, 『월드 오일』 수치보

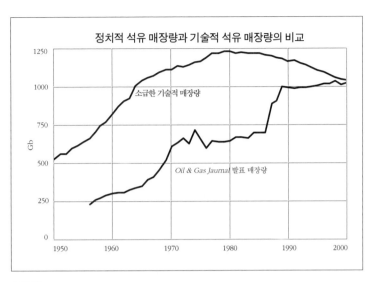

정치적 석유 매장량과 기술적 석유 매장량의 비교

소급한 기술적 매장량

Oil & Gas Journal 발표 매장량

그림 4.5
1950~2000년 라에레르가 대별한 정치적 석유 매장량과 기술적 석유 매장량 비교. 자료 Laherrère(2001).

다는 무려 27%나 적은 것이다. 이러한 불일치의 가장 큰 원인이 무엇인지 세계 석유 전망에 관심 있는 사람이라면 누구나 알 것이다. 1987년 OPEC 회원국들의 세계 석유 매장량 조사에서 가장 큰 폭으로 상승하는 경우는 새로운 유전을 발견해서가 아니라 계산상의 증가에 따른 것이다(그림 4.5; *Oil & Gas Journal* Special Report 1987). 현존하는 매장량의 상향 평가가 기대되기는 하나, 캠벨과 라에레르는 이러한 증가폭과(1986년과 비교해서 27% 상승) 세계 석유 가격의 하락 싯점이 모두 정치적 조작의 주된 사례이며, 그 타당성에 대한 의문은 관련된 석유회사들이 자신들의 장부를 세부 조사를 위해 공개할 때에만 풀릴 수 있다고 했다.

190Gb의 증가분 중 165Gb 이상이 6개 OPEC 국가들에서 수정된 평가치에 기인한 것이며, 그들 중 5개는 페르시아만에 있는 국가들이다. 주목할 점은, 당시 전쟁중이던 두 나라가 매장량이 큰 폭으로 증가했다고 발표했다는 것이다. 이라크는 112%, 이란은 90% 증가했다. 1980년대 후반 OPEC

의 11개 국가들 중 6개 나라가 총 287Gb의 매장량을 수정했는데, 이는 지난 140년간 전 세계에서 생산된 석유의 3분의 1에 해당하는 양이다. 과장 발표의 또다른 이유는 몇년간 내내 한결같은 매장 총량을 주장해온 나라들이 점점 늘어왔기 때문이다.

21세기 초반에 세계에 알려진 채굴 가능한 석유의 4분의 3이 370개의 거대 유전에 속해 있었다(각각의 유전에는 최소한 500Mb의 석유가 매장되어 있다). 이들 유전의 발견은 1960년대 초반에 집중되어 있으며 그 매장량도 발견 직후 단기간 내에 대부분 확인되었다. 캠벨과 라에레르가 유정의 수가 이미 알려진 것 외에 큰 폭으로 늘어날 가능성이 없다고 보는 것은 이 때문이다. 그들은 궁극가채매장량의 약 92%가 이미 발견되었다고 결론 내린다. 그 결과, 새로운 시굴정(試掘井) 누적 개수에 대한 누적 발견치를 나타내는 크리밍(creaming) 곡선들은 전형적인 수확체감곡선의 모습을 보인다. 그 곡선이 보여주는 것이 개별적인 거대 유전이든, 전체 국가, 지역, 대륙이든 말이다(그림 4.6). 또한 그들은 현존하는 유전의 매장량 증가가 산출량 감소의 시작 싯점을 상당기간 늦출 수 있다는 일반적인 견해에 대해서도 회의적이다. 그들은 초기에 발표된 매장량이 유전의 전 생산주기 동안 거의 항상 상향 수정되는 미국 연안 유정들의 사례를 지적한다. 이러한 상향 수정은 개발이 확인된 유정의 매장량만을 고려하라는 증권거래위원회(SEC)의 엄격한 매장량 보고 규정 때문이다.

그리하여 미국의 연간 기존 유전 매장량 증가분은 새로 발견된 양을 초과한다. 그러나 이러한 특수한 사례가 발견 당시의 전체 매장량이 가능한 최대로 평가되거나 추후에 하향 조정도 상향 수정도 가해질 수 있는 세계 다른 지역들에 맞아들어갈 것 같지는 않다. 따라서 미국 유정의 경우에 흔히 볼 수 있는 대규모 수정이 세계 모든 곳에 적용되리라 기대하는 것은 비현실적이다. 그렇다고 우리에게 가장 가능성 높은 수정 요인을 더욱 신빙성있게 산정할 수 있는 자세하고 포괄적인 세계 매장량 수정 평가치가 있는 것도 아니다.

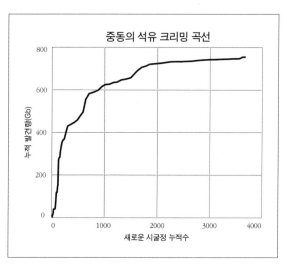

그림 4.6
중동의 원유 및 초경질 원유(condensate)에 대한 크리밍(creaming) 곡선. 자료 Laherrère(2001).

더구나 현재 발견율을 과장하는 것을 피하기 위해서는 모든 매장량 증가를 유전 발견 당시로 소급해서 고려해야 한다. 이러한 소급 없이는 발표된 매장량이 여전히 증가하고 있는 것으로 보이게 마련이다. 물론 이미 살펴본 바와 같이, 소급하게 되면 매장량은 새로운 유전 발견과 함께 1980년 이래 감소중임이 나타날 것이다.

캠벨과 라에레르는 또한 현존하는 유전의 회수율 증대가 미래에 기여하는 바에 대해서도 지나치게 과소평가한다. 그들은 회수율의 증가가 채취 기술의 주기능이 아니라 유정 관리의 일부 기능이며 회수율의 증가는 단지 초기의 석유 매장량이 저평가되었음을 의미한다고 결론 내리고 있다. 또한 그들은 비재래식 석유자원의 중요성을 인정하면서도 하락하는 재래식 석유 채굴을 보충하려면 시간이나 자본 면에서 산업이 압박을 받을 것이라 생각한다. 그렇기 때문에 그들은 유혈암, 타르쌘드, 중유 등을 재래식 채굴의 현실적 대안으로 여기지 않는 것이다. 석유 가격 상승과 관련해서 그것들은 한계지역의 시추 결정에 영향을 끼치겠지만 회수될 석유의 총량을 늘리지는 못할 것이다. 질낮은 원석(ore)의 경우 채굴하면 더 높은 가격에 팔아 경제적 이윤을 남길 수 있지만, 석유는 10분의 9가 이미 발견되었고 한계지역에서의 작업은 성공률을 낮추고 순 에너지 비용만 높일 뿐이다.

현존하는 석유 매장량이 850Gb이고, 앞으로 발견될 양이 150Gb가 채 되지 않는다면 우리가 미래에 생산해낼 석유는 1000Gb를 넘지 않을 것이다. 이는 우리가 이미 소비한 양보다 고작 20% 정도 많을 뿐이다. 장기적인 유한 자원 채취 곡선은 대칭적인 종 모양을 나타내기 때문에, 전 세계 석유 채굴량은 일단 축적된 생산이 궁극가채매장량의 중간점, 캠벨과 라에레르에 의하면 약 900Gb을 지나면 감소할 것이다. 그들은 이처럼 불가피한 정점이 21세기의 첫 10년 안에 도래할 것이라 본다(그림 4.7). 아이반호는 생산을 제한하더라도 이르면 2000년 무렵에는 찾아올 것으로 보았다(Ivanhoe 1995, 1997). 디페이에스는 2003년이 가장 유력하다고 보았으나 2004년에서 2008년까지를 가능한 시기로 보았다(Deffeyes 2001). 던컨과 영퀴스트는 2007년으로 잡고 있다(Duncan & Youngquist 1999). 햇필드는 1550Gb 정도의 궁극가채매장량을 사용해서 유예 기간을 몇년 더 두고는 최고 생산 시기를 2010년에서 2015년까지로 예측하고 있다(Hatfield 1997). 그후로는 전통적 석유 산출이 영구적으로 감소할 것이며, (디페이스에 의하면) 전 세계 석유 부족이나, 던컨의 좀더 암울한 예측에 따르면 실업, 구호품 행렬, 생활고로 인한 가정 파괴, 산업 문명 종말이 올 것이라고 한다(Duncan 2000).

석유시대에 대한 서로 다른 시각

늘상 새롭고 비관적인 뉴스를 만들어내기 좋아하는 언론은 세계 석유 생산 정점의 임박에 대한 관습적인 통념을 열성적으로 지지해왔고, 따라

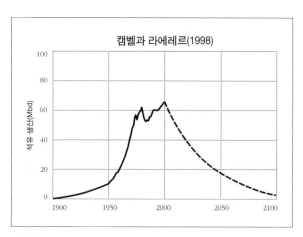

그림 4.7
2007년에 세계 석유 생산이 정점에 도달할 것이라는 캠벨과 라에레르의 예측. 자료 Campbell & Laherrère(1998).

서 우리는 "석유시대는 끝났다"는 말을 여러차례 들어야만 했다. 이러한 발표의 모순점은 너무도 명백해서 그것의 소문꾼들은 오히려 알아차릴 수 없다. 설령 석유생산 정점이 2010년 전에 틀림없이 도래한다고 믿더라도, 허버트 학파의 주장에 따르면 그 싯점 이후에도 모든 석유의 절반이 여전히 채취하지 않은 상태라는 것이다. 또한 석유 생산 곡선이 정규분포 근처 어딘가에 위치할 경우, 비록 석유 생산량이 감소할지언정 앞으로 최소한 100년은 더 석유를 생산할 수 있을 것이다(그림 4.7 참조).

이러한 예측에 의심의 여지가 없다면, 그 전례 없는 도전에 대처하기 위한 확고하고 광범한 준비를 갖추는 일에 우리는 너무나 늦어버린 것이 확실하다. 조기에 석유자원이 고갈될 것이라는 주장이 맞다면, 이는 세계가 주 연료 공급의 영구적 감소라는 현상에 역사상 최초로 직면하게 되는 것이다. 나무에서 석탄으로, 그리고 석유로의 전환은 자원 고갈 때문에 일어난 것이 아니라 새로운 연료가 값싸고 질 좋기 때문이었다. 석유 채굴의 정점이 언제라고 명시적으로 예측하는 것은 사실 새로운 일이 아니다. 오히려 우리가 옛날 이야기의 최신판을 볼 뿐인지, 아니면 현재가 정말 근본적으로 다른 상황인지를 결정하는 것이 우리 앞에 놓인 도전이다.

나는 앞 장에서 상당부분을 할애해 실패한 에너지 예측의 사례를 다루었다. 무조건 석유시대가 조기에 종식될 것이라고 선언한다면—석유 채굴의 급격한 감소가 임박했다는 생각에 이끌려—석유의 미래에 대한 수많은 예측 실패 사례에 하나를 더 추가할 따름이다(Smil 1998b). 이러한 주장을 펼치는 사람들은 석유시대의 종말 싯점이 알려지지 않은 궁극가 채매장량뿐 아니라(이 점은 거듭 과소평가되어 왔다) 미래의 수요에도 좌우된다는 근본적인 사실을 간과해왔다. 미래의 수요는 그 성장폭이 대개 과장되어왔으며 에너지 대체와 기술 진보, 정부정책, 환경적 고려 등 복잡한 요인에 의해서 결정되는 것이다.

결국 세계 석유 산출의 정점과 감소를 예측하고자 하는 과거의 모든 노력은 실패로 돌아갔으며, 최근 경향도 그다지 이같은 시기 예측에는 성공적이지는 않을 것으로 본다. 프랫(Pratt 1944)과 무디(Moody 1978)는 허버트의 연구 이전에 나온, 미국의 석유 고갈에 대한 잘못된 예측을 교훈적인 사례로 들고 있다. 허버트가 원래 예측한 석유 채굴 정점 도달 시기는 1993년과 2000년 사이였다(그림 4.8). 나는 실패한 예측들 중에서 주목할 만한 몇가지를 소개하고자 한다(그들 중 몇몇은 불과 수년 만에 잘못된 것으로 드러났다!). 세계 에너지 수요에 대한 대안에너지 전략워크숍의 과장된 예측은 이미 제3장에서 다룬 바 있는데, 이들은 지속적으로 증가하는 수요를 세계 석유 공급이 2000년이 되기 전에 감당하지 못할 것으로 내다보았다(Flower 1978; Workshop on Alternative Energy Strategy 1977). 이 프로젝트에서 만들어진 석유 고갈 곡선은 세계 석유 산출 정점이 빠르면 1990년에 도래할 것으로 내다보고 있으며(2004년 이전), 가장 가능성이 높은 싯점으로 1994년과 1997년을 예상하고 있다(그림 4.9).

1년 후 미국 CIA는 이란에서 혁명이 일어날 시기에 즈음하여 훨씬 더 혼란스러운 내용을 발표했다. CIA는 "세계의 에너지 문제는 석유자원의 유한성을 나타내는 것이다"라면서, 공급을 훨씬 초과하는 소비 때문에 "생산량은 10년 안에 감소 국면에 들어설 것이다"(National Foreign Assessment Center 1979, 3면)라고 결론 내렸다. 그 결과 "세계는 더이상 에너지 필요를 충족하기 위해 석유 생산량 증가에 의존할 수 없게 될 것이다"라고 한 후, "대안에너지로 옮겨갈 충분한 시간이 없다"고 했다. 다음의 마지막 문장은 완전히 불가능한 일을 해야 한다는 뜻이니 놀랍기 짝이 없다. 세계의 1차에너지 공급을 몇달 내에 다른 에너지원으로 전환하는 것이다! 한 세대가 지났지만 나는 아직도 이러한 말의 배후에 있는 무지함에 어이가 없을 따름이다.

같은 해에 BP사의 연구 역시 경악스럽기는 마찬가지다. 그들은 당시 소련 블록을 제외한 원유의 미래에 대해 세계 총생산이 1985년에 정점에 도달했다가 2000년경에는 1985년 최대치보다 25% 정도 떨어질 거라고 발표했다(BP 1979, 그림 4.10). 실제로 세계 석유 생산량은 2000년에 1985년보다 약 25% 높았다! 더욱 최근에는 루트와 어테네시(Root & Attanasi 1990)가 OPEC 국가들을 제외한 석유의 생산 정점이 1995년 이전에 40Mbd에 미치지 못할 것이라고 예견했다. OPEC의 산출량은 2000년에 42Mbd보다 높았다. 이와 유사하게, 1990년 UNO는 비OPEC 국가들의 석유 생산이 이

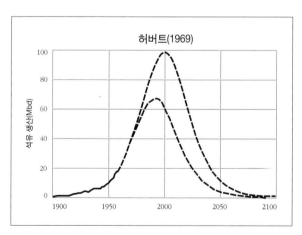

그림 4.8
두 가지 다른 생산 총량에 대한 허버트의 세계 석유 채굴 예측. 자료 Hubbert(1969).

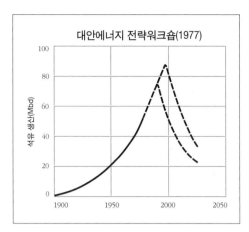

그림 4.9
대안에너지 전략워크숍의 세계 원유 고갈 곡선. 자료 WAES(1977).

미 정점에 도달했으며 향후 쇠퇴할 것으로 내다보았다. 그러나 10년이 지난 후에 이들 국가의 석유 채굴은 1990년 총계보다 오히려 5% 정도 더 높았다.

지역 또는 유전에 관해 잘못 예측한 경우는 얼마든지 찾아볼 수 있다. 북해에서의 석유 생산은 매우 좋은 예다. 북해 석유 생산은 1980년대 초반에 영구히 감소할 것으로 생각되었다. 그러나 2000년 6Mbd을 넘겼다. 이는 1980년 수준의 3배에 가까운 것이었다(EIA 2001h)! 또한 약 20년간 큰 폭의 생산 감소가 반복해서 예견되었음에도, 중국의 최대 유전인 따칭(大慶)(1961년에 발견되었다)은 아직도 연간 55Mt의 석유를 생산하고 있는데, 이는 1980년대 후반과 비슷한 수준이며 20년 전보다 많은 양이다(Fridley 2001).

지나친 자신감을 갖고 내놓았으나 잘못된 결론을 도출한 과거의 여러 발표를 보노라면 석유 생산 감소가 임박했다는 새로운 예측이 풍요주의자들을 겨냥한 것이라는 점은 별로 놀랍지 않다. 석유 생산 감소가 임박했다고 주장하는 사람들은 이러한 회의주의를 인정하지만, 그러면서도 지금의 상황은 1970년대를 포함한 예전과는 판이하다고 주장한다. 당시 전

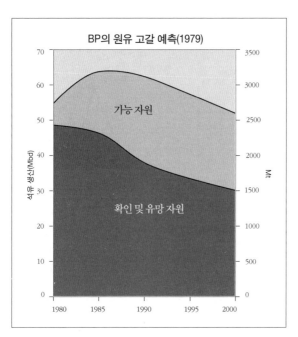

그림 4.10
1979년에 브리티시 페트롤리엄(BP)사는 6년 이내에 세계 원유 생산이 정점에 도달할 것으로 예측했다. 자료 BP(1979).

세계는 이미 발견된 알래스카와 북해, 그리고 다른 비OPEC 국가들의 새로운 유전에서 추가로 공급되는 석유에 의존할 수 있었다. "현재로서는 더이상 새로운 유전이 보이지 않으며, 아마 존재하지도 않을 것이다"(Campbell 1996, 12면). 라에레르는 "오늘날 우리는 지금 발견하는 것보다 3배나 많은 석유를 소비한다. 기술적으로는 이러한 난국을 돌파할 수 없다"고 결론 내린다(Laherrére 1997, 17면). 석유 생산 정점이 임박했다고 주장하는 사람들은 석유의 미래에 관해 이와 근본적으로 다른 해석을 남길 여지가 없다.

그러나 이들이 선임자들이 내놓은 실패한 예측을 설명해주는 두 가지 중요한 실수를 피할 수 있었다고 어떻게 확신할 수 있을까? 궁극적으로 생산 가능한 석유의 총량을 과소평가하고, 미래 에너지 공급에서 석유의 역할을 과소평가하는 것 말이다. 그들의 주장에 따르면 자원에 대한 자신들의 설명은 다른 어떠한 평가보다도 더 믿을 만한 것이다. 라에레르는 최근 USGS의 전 세계 미발견 석유 평가에 대해 매우 혹평을 가했다. 예전의 USGS 연구는 2900Gb을 석유의 궁극가채매장량의 최대치로 산정하고 있었는데, 이는 달리 말하면 우리가 석유시대가 시작된 이래 생산해낸 석유(1997년 말까지 약 800Gb)의 2.5배를 더 채굴할 수 있다는 뜻이다. 그러나 최근 연구에 의하면 발견되지 않은 재래식 석유 총량과 발견된 유전의 매장량 증가 및 해당 연도까지의 누적 생산량의 평균 수치는 현재까지 3012Gb이며, 이는 이전 예측보다 20% 높은 것이고 캠벨과 라에레르가 발표한 1750Gb보다 72%나 높다.

라에레르는 USGS의 외로운 학구적 지질학자들이 유정이나 지진대에 대한 자료(석유회사들이 비밀에 부치는)를 전혀 보지 못한 채, 발견되지 않은 유전의 수량이나 규모를 적어놓은 한장의 종이에 담긴 지질학자 한 명의 가정을 가지고 연구하고 있다고 보았다. 그의 최종 판단은 그러한 연구가 "순전히 추측이며 희망적 사고"에 불과하고 "이러한 연구에 대해서는 전혀 과학적으로 신뢰할 수 없다"는 것이다. 실제로 라에레르는 모든 "학문적" "이론적" 저서들을 배척하는 태도를 견지하고 있다. "은퇴해서 자유로이 발언할 수 있으며 방대한 경험을 가지고 있고 비밀 자료에 접근할 수 있는 지질학자만이 진실을 알고 있다"는 것이다(Laherrère 2001, 62면). 그러나 USGS가 최근 내놓은 연구 결과에 따르면 석유의 궁극가채량에 대한 최근 평가들 중 오직 하나만이 캠벨과 라에레르가 제시한 총량보다 실질적으로 높다고 한다.

1984년 오델은 2000Gb라는 총량은 너무나 비관적이며, 앞으로의 석유 탐사 가능성을 감안할 때 터무니없이 낮다고 생각했다(Odel 1984). 1992년에 그는 1950년대 이후에 추가된 매장량들을 검토하면서, "세계는 석유에서 빠져나오는 것이 아니라 그 속으로 점점 더 빠져들어 가고 있다"고 결론 내렸다. 『석유의 미래』(*The Future of Oil*, Odel & Rosing 1983)에서 그는 소비 증가율 1.9%와 석유 생산량 5.8Gb을 가정하며 전 세계의 석유 채굴량이 2046년에는 1980년대의 약 3.5배에 달할 것이라는 씨나리오에 대해 약 50%의 가능성을 부여했다. 재래식 석유 중 약 3000Gb가 궁극적으로 생산 가능하다는 전제하에 오델은 정점이 2015년에서 2020년 사이에 회복할 것으로 보았으며, 2045년 세계적 석유 이동은 20Gb가 넘어 1980년대 중반과 비슷한 수준이 될 것으로 예측했다. 라에레르는 액상 천연가스와 비재래식 석유 매장량 산정치의 중간값(각각 200Gb, 700Gb)을 추가하면 1900Gb의 석유가 아직 생산되지 않았으며, 이는 재래식 원유에 대한 자신의 보수적 산정치의 두 배에 해당한다고 밝힌 바 있다.

이미 살펴본 바와 같이, 초기의 석유시대 종말론자들은 1940년대 이후 매년 발표되어온 석유의 궁극가채매장량 산정치의 중간값이 1960년대 후반까지 증가했으나 1970년대 초반부터는 대부분 2000Gb(혹은 300Gtoe) 부근에서 예년 수준을 유지하거나 감소했다는 사실에 주목한다. 이러한 산정치 전체는 1980년대 이후 발표된 총계 4개를 제외한 나머지 모두 300Gtoe 이상이며 최근 산정치들의 중간값이 약 3000Gb(혹은 400 Gtoe)를 조금 상회하는 것을 보여준다(그림 4.11). 이처럼 궁극가채매장량을 기반으로 한 완성된 생산 곡선은 재래식 석유 생산의 정점이 2030년에 4.33Gtoe에 달할 것이며, 22세기까지는 석유 생산이 지속 가능할 것으로 보인다. 비재래식 석유 채굴이 서서히 증가하게 되면 이러한 정점을 6.5Gtoe 수준까지 끌어올리거나 2060년까지 그 시기를 늦추게 된다(그림 4.12)

오델은 지금껏 알려진 매장량을 해당 유전이 발견된 해로 소급해야 한다는 캠벨의 주장을 반박하며(Odell 1999), 이러한 과정을 통해 관련된 경제적 결정을 내려야 하는 사람들의 눈에 과거 시절이 실제보다 더 좋았던 것처럼 비치는 한편, 최근에 발견된 매장량은 다가올 미래에 충분히 평가받을 것이므로 현재에는 덜 매력적인 것으로 보이게 만든다고 지적했다. 그 결과, 오델은 1945년 이래 확인된 재래식 석유의 매장량을 더욱 적절히 역사적으로 평가하는 그래프를 제시했다(그림 4.13)

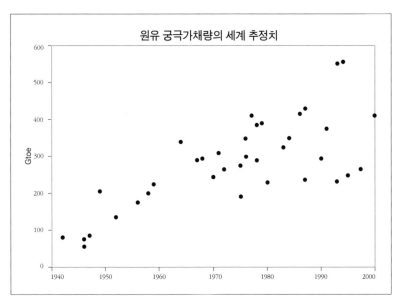

그림 4.11

1940~200년 세계 원유 궁극가채량 추정. 자료 Smil(1987), Laherrère(2000).

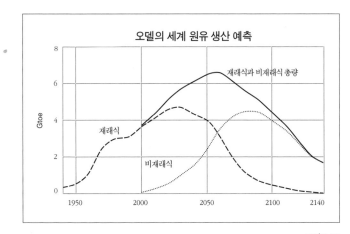

그림 4.12

오델의 세계 재래식과 비재래식 원유 생산 곡선 예측. 비재래식 원유의 채굴로 생산 정점을 2060
년까지 늦출 수 있다. 자료 Odell(1999).

세계의 석유자원에 대해 평가를 내리기 전에 나는 탄화수소가 심해 무
생물에서 기원했다는 러시아와 우크라이나의 이론을 언급해야겠다. 이러
한 견해는 서방 세계에서 별다른 주목을 받지 못했지만, 수십년간 비판의
도마 위에 오른 광범한 현장 경험과 이론적 고찰에 토대를 두고 있다. 이
이론의 발단은 1950년대 초반으로 거슬러 올라가며 그때부터 4000건 이
상의 논문과 저서를 통해 논의된 바 있다(Kudryavtsev 1959; Simakov 1986;
Kenney 1996). 더욱 중요한 것은 이 이론이 카스피해 지역과 서부 시베리아,
그리고 드네쁘르-도네쯔(Dnieper-Donets) 유역의 결정질 기반암에 위치
한 유전에서 석유 생산을 가능하게 한 광범한 탐사 채굴을 이끌었다는 것
이다.

　　모든 석유와 가스의 기원에 대한 일반적인 설명과는 달리 러시아와 우
크라이나의 과학자들은 고도로 산화된 저에너지 유기분자를 크게 감소된
고에너지 탄화수소의 전구체(precursor)로 여기지 않는다. 대신 그러한 진
화가 열역학 제2법칙에 위배되며 그처럼 고도로 감소된 분자들은 지구의
맨틀에서만 상쇄될 수 있는 높은 압력을 필요로 하게 된다고 생각한다. 또

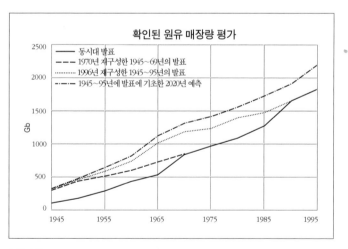

그림 4.13
확인된 재래식 석유 매장량 평가 : 캠벨 대 오델. 자료 Odell(1999).

한 그들은 거대 유전들이 유기물의 비상한 축적이라는 가정보다는 무기물 이론에 의해 더욱 논리적으로 설명될 수 있다고 결론 내렸다. 왜냐하면 퇴적물에 함유된 잠재적인 탄화수소량을 계산한 결과 그처럼 엄청난 구조에서 발견된 석유의 양을 공급하기에 유기물이 충분해 보이지 않기 때문이다(Porfir'yev 1959, 1974).

이 이론 때문에 우리는 결정질 기반암이나 화산암, 운석구 등의 비퇴적암으로 구성된 지역이나 이미 생산중인 유정보다 더 깊은 곳에서 탄화수소를 찾게 만든다. 더욱이 탄화수소가 심해 무생물로부터 나온다면, 현존하는 석유 매장지는 서서히 다시 채워질 가능성이 있는 것이다(Mahfoud & Beck 1995; Gurney 1997). 그렇다면 석유나 가스의 광상(鑛床)은 화석연료의 범주에서 제외되며, 비재생에너지에서 재생에너지로 바뀌는 것이다. 이 이론은 몇몇 서구의 지질학자를 제외한 모든 학자로부터 배척당했다. 석유나 가스 등 탄화수소의 동위원소 구성—탄소의 무거운 동위원소인 ^{13}C의 구성비가 육지 및 바다 식물의 구성비와 일치하며 무생물 기원으로 만들어진 CH_4에 들어 있는 구성비보다 낮음(Hunt 1979)—은 이들 에너지자원의 생물학적 기원에 대한 일반적 표준 시각을 대변하는 가장 좋은 논거이다.

여기서 이러한 논쟁에 대해 평가하려는 것은 아니다. 단지 무생물 탄화수소 기원론을 완전히 불가능하다고 배척하는 사람들에게 세계의 탄화수소 자원 중 최소한 일부라도 개발될 가능성에 대해 고려해보라고 말하고 싶다. 거기에는 두 가지 이유가 뒷받침된다. 첫째, 비퇴적층에서 석유 생산이 의심할 바 없이 성공적이었다는 점이다(표준적인 시각에선 지층 이동에 의해 설명 가능하다고 말한다). 둘째, 오랫동안 지질학자 대부분은 오늘날 그들의 과학에서 중추적 패러다임을 이루는 생각, 즉 알프레드 베게너(Alfred Wegener)가 주창한 판구조론에 저항해왔다(Oreskes 1999). 바로 다음 절에서 탄화수소의 무생물 기원을 다시 논하면서 21세기의 천연가스 생산 전망을 함께 검토해볼 것이다.

석유 궁극가채매장량의 낮은 산정치를 설명하는 또다른 방식은 경제학적 관점에서 접근하는 것이다. 아델만의 연구 결과들이 이 접근 방식에 가장 잘 들어맞는다고 생각된다. 그는 발견된 그리고 발견되지 않은 석유의 가채매장량의 산정치가 실제로 땅속에 무엇이 있는지 말해주는 것은 아니라고 믿는다. "그것들은 묵시적이고 불명료한 비용/가격 예측일 뿐이다. 즉 생산하면 이윤이 어느 정도 남는가에 대한 것이다"(Adelman 1990, 2면). 그러나 "실제로 자연 속에 존재하는 양"을 측정하지는 못한다는 것이다. 엑슨(Exxon)사의 전직 선임 지질학자의 말을 인용하면서 아델만은 이러한 수치들이 마치 서수(序數)처럼 어느 지역이 더 유망한지를 알려주긴 하지만 현재와 미래의 희소성에 대해서는 아무 말도 해주지 못한다고 했다. 그는 늘어나는 과학기술 지식이 지금까지 감소하는 수익을 상쇄하는 속도를 유지해오고 있으며, 광물자원 대부분의 경우 가격이 유지되거나 하락한다는 점을 과거의 경험들로부터 알 수 있다고 지적했다. 아델만은 "누군가에게 입증의 책임이 있다면 바로 이러한 과정이 예측 가능한 미래에 역전될 것이라거나 이미 역전되었다고 믿는 사람들에게 있다"고 결론 내렸다(Adelman 1997, 40면). 캠벨과 라에레르는 자신들이 이러한 질문에 이미 답했다고 분명히 생각하고 있다.

그러나 기존에 석유의 조기 생산 감소를 예측한 연구들이 가격의 영향력을 간과하고 있음을, 또는 2001년 싯점의 낮은 가격에서도 석유의 궁극가채매장량에 대한 매우 보수적인 평가들이 대부분 너무 비관적으로 예측되었음을 알아차리기기 위해 우리는 아델만이 궁극가채량의 산정을 기각하는 것에 동의할 필요는 없다. 새로운 거대 유전을 발견할 가능성이 극단적으로 낮다는 주장을 인정하는 것이, 높은 가격이 크기는 작지만 합치면 상당히 큰 규모의 가채매장량으로 나타날 수많은 작은 유전들의 발견을 가능케 할 보다 적극적인 개발로 이어지지 않을 것이라고 믿는 것보다 훨씬 쉬울 테니까 말이다.

이러한 가정은 북미 이외의 지역에서, 그리고 특히 아프리카와 아시아에서 이루어지는 여전히 상대적으로 드문 탐사 채굴—과거 베르나르도 그로슬링(Bernardo Grossling 1976)이 최초로 설득력있게 지적한 바와 같이—에 의존하고 있다. 또한 석유 가격이 불변화폐 기준으로 전 세대에 비해 낮아졌음에도 불구하고 1985년 이후 지속된 석유 발견에도 기대고 있다. 상대적으로 높은 회수율에 대한 가정이 최근 석유 생산에 대한 장기적 예측의 배후에 있다는 사실은 그리 놀라운 일이 아니다. 세계에너지회의(WEC)의 고도성장 씨나리오는 2020년 34Gb에 가까운 연간 석유 소비를 가정하고 있으며, 2050년에 대한 최근의 예측에서는 석유시대가 전체로 보아 3분의 1 정도밖에 지나지 않았으며, 전 세계 석유 소비는 2050년에도 30Gb에 이를 수 있다는 것이다(IIASA & WEC 1995). 또한 미국 에너지정보국은 2020년 이전에는 석유 생산 정점이 오지 않을 것으로 보고 있다(EIA 2001d).

나 역시 최근의 기술 혁신으로 현존하는 유전에서 앞으로 채굴될 석유와 아직 발견되지 않은 유전의 석유의 총량에 근본적 변화가 있으리라고 본다. 캠벨과 라에레르는 지각에 남아 있는 알려지지 않은 규모의 석유에서 새로운 매장량을 창출한다는 발상의 독창성을 낮게 평가하며 기술의 기여를 사실상 기각한다. 석유 채굴에서의 기술 혁신의 누적적 효과는 이미 잘 알려져 있으며 앞으로 그러한 일이 발생할 가능성은 다분하다(Anderson 1998). 가장 좋은 두 가지 예는 탄화수소 화상 탐사와 지향성 시추에서 찾아볼 수 있다. 진보된 석유 매장지 화상 탐사와 지향성 시추의 결합은 대개 30~35%이던 잠재적 석유 채굴량을 최소한 65%까지 높여준다. 또한 가까운 장래에는 원시량의 75%까지 높아질 것이다. 이처럼 큰 증가폭은 미국 외 지역 매장지에서 원천적 평가가 이루어지던 시기에는 예상하지 못한 것이며, 우리는 미국 외 지역의 매장 총량에서 상당한 증가를 보게 될 것이다.

또한 어떠한 장기적 예측이라도 전 세계에서 400Gtoe가 넘을 것으로 추산되는 방대한 비재래식 석유자원을 제대로 고려해야 한다. 그중 약 3

분의 1은 유혈암이고 5분의 1은 중유, 나머지는 타르쌘드다(Rogner 2000). 이러한 자원 채굴에 대한 과거의 열정은 명백히 그 대상이 잘못되었고 그 점은 특히 유혈암 채취에서 두드러지지만, 최근의 기술 혁신은 비재래식 자원의 개발이 먼 미래의 일만은 아니라는 점을 뜻한다. 상업 활동은 오늘날의 낮은 석유 가격에도 수익이 좋으며, 미래에는 더욱 진보할 것이라는 고무적 전망이 있다(George 1998).

이미 제3장에서 살펴본 바와 같이, 캐나다의 썬코 에너지사는 1967년 이래 북부 앨버타의 거대한 애써바스카(Athabasca) 유전에서 원유를 생산해왔는데, 그 양은 적절히 조금씩 증가했다. 1990년대 후반 연간 채취율은 원유 7Mt에 맞먹으며, 현재 추세라면 2010~12년에는 산출량이 4배로 늘어날 것이다(Suncor Energy 2001). 이보다 덜 알려진 비재래식 석유의 예로서 베네수엘라 석유공사(Petróleos de Venezuela)의 오리멀전(Orimulsion) 석유 생산이 있다(PDVSA 2001). 이 액체연료는 오리노코(Orinoco) 유역의 방대한 지역에서 생산되는 70% 천연 역청으로, 수분 30%와 유화(emulsion) 고정을 위한 소량의 첨가제를 함유하고 있다. 오리멀전은 환경적으로 수용 가능하고 가격 경쟁력이 있는 발전용 연료와 산업용 보일러 연료를 생산해낸다. 매년 거의 4Mt이 미국, 일본, 캐나다, 영국, 독일 등 10여개국에 수출되고 있다.

석유시대 조기 종말론자들은 이러한 개발의 관점에다 하우쌔커의 견해를 곁들인다면 더욱 믿음을 가질 것이다. 하우쌔커는 최근의 우려를 보다 현실적으로 해석하면 다음과 같다고 했다. 충분한 양의 석유가 비재래식 석유자원에서 효과적으로(경제적으로) 얻어질 때까지는 2000년에서 2020년 사이에 재래식 석유의 가격은 계속 상승할 것이다(Houthakker 1997). 어떠한 경우이건 장기적 석유 채취율의 예측은 가능한 가격 변화를 고려해야만 의미가 있다. 그러나 이 결정적 요소는 대개 획일적이며, 알 수 없는 일이지만 석유 고갈에 대한 계산 모두에서 빠져 있다. 치솟는 석유 가격은 명백히 다른 에너지원으로의 전이를 촉진할 것이며, 이는 1979~83년

OPEC의 가격 인상 기간 및 이후에 석유 생산자들이 배운 뼈아픈 교훈이다. 그러나 안정된 또는 하락하는 석유 가격조차도 석유 수요의 근본적 감소를 막을 수는 없을 것이다.

석탄의 선례가 보여주듯이 매장량이 풍부하고 가격경쟁력이 있다 하더라도 그 둘은 해당 연료의 미래를 결정짓는 요소가 될 수는 없다. 석탄 채굴은 오늘날 완전히 제한된 수요에 의해 결정되며, 땅속에 남아 있는 엄청난 양의 석탄과는 거의 아무런 관계도 없다. 남아 있는 주요 산탄국들의 생산은 낮은 가격에도 불구하고 정체되어 있거나 아니면 감소하고 있다. 감소된 수요는 궁극가채량이 어떻든 간에 석유 채굴의 일생주기를 현저하게 연장한다. 1974년 이후 세계의 석유 생산 추세는 이러한 방향으로 명백히 옮겨가고 있다. 1950년에서 1974년 사이에 연간 7%의 평균 성장률을 보이다가 1974년 이후 2000년까지는 1.4%로 급격한 변동이 있었다. 1979년의 생산량 정점은 1994년까지는 회복되지 않았으며, 20세기의 마지막 30년간 총 원유 소비량은 1970년대 초 워먼(Warman 1972)의 예측치 250Gtoe에 훨씬 못 미치는 약 93Gtoe였다.

전 세계 석유 궁극가채량(액체와 비재래식 모두)이 아주 정확하게 알려져 있다고 가정하더라도, 세계의 석유 생산 곡선을 형성할 주된 요인은 현재 싯점에서 잘 알 수도 없는 미래의 수요일 것이다. 그리고 완만하게 또한 가까운 장래에 궁극적으로 감소할 수요에 기반을 둔 현실적 씨나리오를 제시하는 것은 어려운 일이 아니다. 석유 고갈이 임박했기 때문이 아니라 이 연료가 더이상 과거에 예상된 양만큼 필요하지 않기 때문에 채굴량 감소가 초래될 것이다. 세계 석유 수요가 크게 증가할 것이라고 보는 견해는 입증된 네 가지 추세에 기반을 두고 있다. 첫째는 아시아·아프리카·남미 인구의 꾸준한 증가이다. 이들 지역에서 복지는 단지 평균적인 생활수준 개선과 결부된다 할지라도 상대적으로 급격한 경제성장률을 요구할 것이다.

두번째는 앞서 말한 추세의 결과로서, 농업적 생활기반에서 점점 더 도시화하는 사회가 지닌 초기의 풍족함으로 대거 전이하는 것이다. 이러한 이동은 최근 중국의 예에서 찾아볼 수 있는데, 언제나 일인당 에너지 소비의 상당한 증가와 연결된다. 세번째는 개인 승용차의 강력한 유혹이다. 이는 두번째 범주의 부분집합이겠지만 세계적 추세인 동시에 원유 수요에 끼치는 각별한 영향 때문에 별도로 다루어야 할 것이다. 마지막으로 나는 세계 최대 석유시장인 미국의 중대한 인프라 변화를 언급하지 않을 수 없다. 미국에서는 준교외(더이상 단지 교외가 아닌)에서 통근하는 사람들이 터무니없이 크고 휘발유를 집어삼키는 자동차를 몰고 다닌다. 세계에서 가장 바람직하지 못한 부유한 나라 사람들의 예라 할 수 있다.

그러나 이를 상쇄하는 강력한 추세 또한 고려해야 할 것이다. 최근의 인구 전망들은 전 세계 인구성장률이 급격히 둔화될 것으로 내다본다. 상대적인 인구성장률은 1960년대 후반 이후 감소해왔으며, 1990년에는 1.5% 이하까지 떨어졌는데 이는 절대적 기준에서조차 성장이 감소하고 있다는 뜻이다. 그 결과, 1990년에 우리는 31억명이 2025년 저개발 국가에서 새로이 태어날 것으로 예견했지만(UNO 1991), 2001년에는 25억명으로 약 20% 하향 조정되었다(UNO 2002). 제2장에서 보았듯이, 감소하는 에너지 집약도는 이미 전 세계의 1차에너지 수요에 커다란 변화를 가져왔으며, 각 경제의 석유 집약도는 더욱 빠른 속도로 감소하고 있다. 1985년 이후 낮은 석유 가격에도 불구하고, 석유 집약도는 상대적으로 낭비가 심한 미국에서조차 감소했다. 1950년에서 1975년까지 완만한 추세를 보이다가 1975년에서 2000년 사이에 50% 가까이 하락했다(EIA 2001a). 중국 경제의 석유 의존도는 더욱 빠른 속도로 하락했다. 공식 GDP 수치로 보면 1980~2000년 70% 이상 하락한 셈이다. GDP 총계를 조정할 경우 약 60%가 넘게 된다(Firdley 2001).

세계 총생산은 정확한 수치는 아니지만 전 세계 석유 집약도 계산에서 가능한 최선의 합계를 활용해보면 1975~2000년에 대략 30~35% 감소한 것을 보여준다. 모든 경제 분야에서 효율성이 더 높아질 기회가 충분히 남아 있으므로 석유 집약도가 하락하리라고 보지 않을 이유가 없다. 이러한 감소는 더욱 효율적인 교통수단과 비연소 자동차의 대규모 확산에서 비롯할 것이다. 오늘날 운송 분야는 일반적으로 90% 정도가 액체연료에 의존하고 있으나 훨씬 효율적인 자동차가 도입되면 절대 수요량을 크게 줄일 수 있을 것이다. 미국의 전지형용(all-terrain) 트럭과 대형 밴의 에너지 낭비는 낮은 석유 가격 때문에 가능한 것이지만 소비의 대폭 감축을 위해 로키마운틴연구소(RMI)가 개발하는 미래형 하이퍼카(hypercar)를 기다려야 하는 것은 아니다.

휘발유를 집어삼키는 도시 주행용 SUV(경트럭으로 분류되므로 승용차에 대한 자동차 업체별 평균 연비 기준(CAFE) 최소 요구치 적용에 제외된다)의 판매를 제한하고 새로운 CAFE(1987년 이래 불변이었다)를 27.5mpg에서 35mpg로 높인다면(이는 일본 자동차의 효율성 수준이다) 미국 개인 자동차의 평균 연료 소비량은 수년간 3분의 1가량 줄어들 수 있었다. 또한 미국의 휘발유 소비를 향후 10년 내에 절반 혹은 그 이상으로 줄이는 데 기술적인 장애는 없다. 이러한 추세들이 결합함으로써 우리는 석유가 보편적인 연료의 지위에서 몇가지 틈새 영역으로 꾸준히 전환되는 것을 현실적으로 그려볼 수 있는데 비슷환 전이가 이미 석탄시장에서 완수되었다(제1장을 보라).

1950년대 들어 정유제품이 가정이나 기관의 난방 및 산업 생산, 전력 발전 등에 광범위하게 사용되었다. 20세기 말에 이르러서는 대부분의 난방기기에서 천연가스가 석탄을 대신하게 되었으며, 석유는 1970년대 초반에 그랬듯이 OECD 국가의 전력 중 절반 정도만을 생산하게 되었으며, 같은 기간 세계 전력 생산에서 차지하는 비중이 20%에서 10% 이내로 떨어졌다. 부유한 여러 국가에서 정유는 이미 운송에 전일적으로 쓰이고 있는데 이 분야는 향후 주요한 효율 증대를 앞두고 있다.

결국 미래의 석유 소비는 이산화탄소 방출을 줄이기 위해 제한될 가능성이 있다(이러한 환경적 불확실성에 대해서는 이 책의 마지막 장에서 자세히 다룰 것이다). 이러한 우려는 천연가스가 석유를 대체하는 경향을 가속화한다. 이러한 전이를 용이하게 만들 수 있는 중요한 발전은 최근 메탄을 고효율로 산화해(70% 이상) 메탄올 파생물로 만드는 백금 촉매의 발견이다(Periana et al. 1988). 이러한 발견은 원거리 유정 근처에서 천연가스를 최종적으로 메탄올로 만드는 대규모 전환의 길을 보여준다. 아울러 이러한 전환은 메탄보다 더욱 쉽게 수송될 수 있고 내연기관에 더욱 적합한 액체연료를 만듦으로써 두 가지 중요한 문제를 해결할 수 있다. 현재 상황으로 이러한 촉매 반응의 최종 산물은 메탄올이 아니라 메틸 중황산염이다. 메탄올로의 전환은 아마도 대규모의 공정으로는 경제성이 없을 것이며, 무독성 용매와 개선된 촉매로 고효율의 직접 메탄올 생산으로 귀결될 것이다(Service 1988).

미래의 석유 수요를 제한하게 될 이 모든 요소의 결합은 석유의 미래와 관련해 가장 널리 공유된 견해가 무엇인지 의문을 던질 수 있게 해준다. 그 견해란, OPEC 혹은 더 정확하게는 페르시아만이 세계 석유 가격의 중재자이자 다가올 세대의 새로운 수요 대부분에 대한 공급원으로서 어쩔 수 없이 다시 등장하는 것이다. OPEC은 현재 21세기 석유 수요의 총증가량을 회원국들의 석유 증산으로 감당할 수 있을 것이라고 보며, 세계 석유 시장에서 OPEC이 차지하는 비율이 1995년의 40%에서 2010년에는 46% 이상으로, 그리고 2020년에는 52%까지 상승할 것이라고 내다본다. 일단 OPEC이 1973년과 같이 세계 석유 생산에서 차지하는 비율이 50%를 넘게 되면, 이 카르텔은 가격 결정 능력을 더욱 강화할 것이며, 세계는 막강한 OPEC 생산자들의 손아귀로 떨어지거나 과격 이슬람 체제가 생각만 해도 끔찍할 정도로 발전할지 모른다.

후자의 공포는 리차드 던컨이 클린턴 대통령에게 보낸 편지에서 두드러진다(Richard Duncan 1997). 그는 2010년경에는 이슬람 국가들이 세계 원유 생산의 거의 100%를 지배하게 될 것이라고 말하고 있다. 또한 그들은 예루살렘을 해방시키자는 아라파트의 구호에 이끌려, 그 존재만으로도 세계 주식시장을 하루 만에 50% 이상 폭락시킬 수 있는 새로운 이슬람권 석유 수출국 동맹을 만들어낼 수도 있다고도 말한다. 의심할 바 없이 여러 재앙론자는 그러한 씨나리오가 2001년 9·11테러 이후 실현 가능성이 더욱 높아졌다고 보고 있다.

중동 지역의 매장량 규모와(그림 4.14), 이 지역의 초대형, 대형 유전에서 나오는 엄청난 생산량을 감안할 때 아무리 냉정한 분석가라도 최소한 OPEC의 새로운 세계 석유시장 지배가 나타날 가능성이 불가피할 정도는 아니더라도 매우 높게 보아야 할 것이다. 아델만은 "중동의 석유는 다음 세기에도 매우 중요할 것이다"(Adelman 1992, 2면)라고 결론 내리면서 이러한 가능성을 요약하고 있다. 이러한 견해들이 몇몇(대개 미국의) 석유경제학자들로 한정되지 않는다는 점을 명백히 하기 위해서, 나는 최근 OPEC의 식견있는 내부인 두 명의 결론을 인용하고자 한다. 이 둘은 세계경제가 붕괴한다거나 석유에 의해 자금을 제공받는 지하드가 나타나리라는 씨나리오는 일고의 여지도 없다고 주장한다.

쿠웨이트 과학연구소(KISR)에서 연구하는 내기 엘토니(Nagy Eltony)는 비OPEC 국가들이 공고하게 남아 있고 기술 진보, 에너지 집약도 감소, 환경에 대한 우려 등이 결합해 미래에는 중동 석유에 대한 수요가 낮아질 것이며 이 지역 국가들이 "아무도 원하지 않는 막대한 석유 매장량을 지닌 채 도태되는 궁극적인 위험을 감수해야 할지 모른다"고 주장하면서, 페르시아만 지역 석유에 대한 세계의 의존도가 높아질 것이라는 가정에만 너무 매달리지 말 것을 페르시아만협력회의(GCC) 국가들에게 경고한 바 있다. 1962년부터 1986년까지 싸우디아라비아의 석유장관을 지냈으며 OPEC을 구상한 사람 중 하나인 샤이크 아메드 자키 야마니는 효율적인 신기술이 "수송 연료에 대한 수요를 크게 삭감시킬 것"이며 중동 석유의 상당량이 "땅속에 그대로 남게 될 것"이므로 높은 원유 가격은 석유시대의 OPEC이 "아직 손도 대지 않은 연료 매장량을 쓸쓸히 지켜보며 석유시대의 종말을 고하게" 될 날을 앞당길 뿐이라고 믿는다(Yamani 2000, 1면).

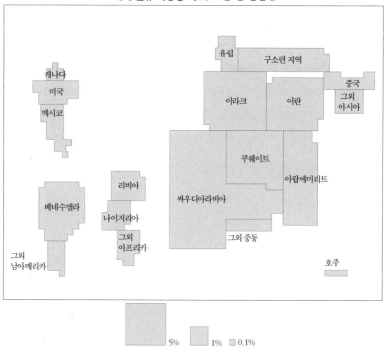

세계 원유 매장량 비교(2000년 1월 1일 현재)

5% 1% 0.1%

그림 4.14
매장량에 따른 세계 원유 분포 지도. 각 도형의 넓이는 2000년 말 BP사가 발표한 매장량에 조응
한다. 자료 BP(2001).

아델만과 엘토니, 그리고 야마니는 너무 낙관적인 입장인지 모르겠으
나(보기에 따라 너무 비관적이라 할 수도 있겠다), 그들의 결론은 누구나
탐내는 자원을 가지고 있어서 곧 지배권을 획득하게 되는 세상에서는 쉽
게 배척될 수 있는 것이다. 기술적·사회적 조정, 그리고 가장 중요하게는
수용 가능한 환경을 보호할 영속적인 필요성은 향후 10, 20년간 페르시아
만 지역에 기대 이하로 의존할 가능성을 무시할 수 없게 만들 것이다. 이
러한 결론에 이의를 달기 전에 OPEC이 차지하는 비율이 1973년 52%에서
1984년 29%로 낮아졌음을 상기하라. 그리고 1차에너지 수요에 대한 예측

의 실패는 제3장에서 검토했으며 석유 채굴 정점 임박에 대한 예견은 이 장의 앞부분에서 자세히 다룬 바 있다.

세계 석유의 미래에 대한 좀더 현실적인 평가는 아래와 같이 요약할 수 있다. 재래식이든 비재래식이든 지구 지각에는 많은 양의 석유가 있으며, 비록 전체 탄화수소 공급에 대한 석유의 기여도는 감소하겠으나(2020년까지는 천천히, 그후로는 빨리), 원유의 상당한 총량은 세계 시장에서 21세기 내내 유지될 것이다. 석유 채굴이 점점 비싸질수록 더 효율적인 방법이 고안될 것이며, 가변 연료 선택의 폭은 더 넓어질 것이다. 임박한 석유 채굴 정점에 대한 어느 특정한 평가에도 불가피한 것은 전혀 없다. 이러한 일은 금세기 십년 내에 일어날 수도 있고 수년 내지 수십년 후 미래의 어느 때에 일어날 수도 있다.

이러한 일이 언제 발생할지는 궁극가채자원의 알려지지 않은(또는 빈약하게 알려진) 총량에 달려 있다. 몇몇 지질학자처럼 확신에 차서는 아니지만 우리도 이 양을 산정해볼 수 있는데, 아직 발견되지 않은 재래식 석유는 캠벨과 라에레르가 산정한 150Gb의 최대치를 상회한다. 그리고 현존하거나 새로 발견된 유전, 그리고 비재래식 석유원에서 회수될 수 있는 양은 우리의 계산치보다 30~40% 많다. 임박한 석유 생산 정점에 대한 모든 표준 예측은 최대 세계 생산 용량에서 채취하는 것을 가정하고 있으나, 이는 지난 25년간 실현되지 못했고 앞으로도 그럴 것이다. 석유 생산 정점 시기는 공급뿐 아니라 수요에도 달려 있으며, 수요의 변동은 복잡한 에너지 대체, 기술 진보, 정부정책, 환경에 대한 고려 등에 의해 결정된다.

좀더 많은 석유의 궁극자원량과 제한되지 않은 수요의 결합은 생산 정점이 도래하는 시기를 몇년 정도 늦출 수는 있을 것이다. 그러나 많은 석유 자원량과 상대적으로 낮은 미래의 석유 소비 성장률, 그리고 1차에너지의 다른 자원으로의 혹은 더 효율적인 전환장치에 의한 빠른 대체율의 결합은 석유시대를 더욱 지속시킬 것이다. 이러한 발전에 대한 극단적 해석은 효율성과 에너지 대체가 석유 고갈 속도를 추월할 것이며, 원유가 석탄이나 우라늄처럼 "가격과 무관하게 사용 불가해지기 한참 전에 아주 저가에서도 경쟁력이 없게" 되리라는 것이다(Lovins 1998, 49면).

전 세계의 궁극적인 석유 생산을 나타내는 허버트 학파의 곡선은 여러 요인에 의해 제약을 받지만 이러한 제약 내에서도 가능한 결과의 범위는 상당히 넓다(그림 4.15). 1975년 이후의 세계 원유 생산은 세계 1차에너지 공급에서 석유의 중요성이 감소하리라 예상한 추세로부터 이탈했는데, 여기서 오로지 두 가지 논리적 결론만이 도출된다(그림 3.24를 보라). 세계의 1차에너지 소비에서 석유가 차지하는 비율이 장기적 대체모델에서 예견한 것처럼 빠르게 감소하지 않았다는 사실은 예상보다 석유가 더 많이 있다는 점을 강력하게 시사하는 것이거나 이 탁월한 연료에서 우리가 손을 떼지 않으려 한 결과라는 것이다. 그러나 후자의 진술이 맞다면 이 기대보다 높은 기여도는 미래 석유 생산의 더욱 급격한 붕괴로 이어질 것이고, 허버트 고갈 곡선의 균형을 완전히 깨뜨리며, 결국 석유시대 조기 종말론자들이 사용하는 핵심 예측 수단의 유효성을 손상시킬 것이다.

마지막으로, 미래에 석유 채굴이 실제로 어떤 경로에 놓이든 간에, 오

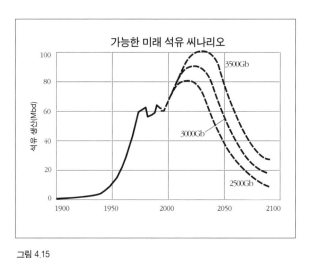

그림 4.15
서로 다른 궁극가채량 추정치에 의한 가능한 미래 석유 씨나리오를 보면 21세기에도 원유가 여전히 세계 1차에너지의 주 자원임을 알 수 있다.

늘날 값싼 석유의 쇠퇴가 걷잡을 수 없는 문명의 곤경을 암시한다고 해석할 역사적, 경제적 또는 기술적인 이유는 없다. 에너지 전이는 기술 진보에서 언제나 가장 중요한 과정이었다. 그것은 발명을 촉진하고 현대 산업과 산업 후 문명의 틀을 잡아왔으며, 경제의 구조와 생산성뿐 아니라 사회의 조직과 복지에도 선명한 흔적을 남겼다(Smil 1994a). 물론 이러한 전이는 대체 과정에 있는 에너지를 공급하는 사람들에게 엄청난 문제를 불가피하게 떠안기며, 아울러 많은 구시대적 인프라를 철폐·재구성하고 새로운 절차와 관행을 도입하게끔 한다. 부문별·지역별 사회경제적 혼란은 일반적이며(또한 과거 주요 석탄 채굴지의 불황에서 보듯 혹독할 수 있다) 인프라 변화는 종종 비용이 상승하고 기간이 늘어나며, 매우 고르게 전파된다. 또한 새로운 에너지원과 새로운 전환방법에 적응하는 데는 여러 세대가 소요된다.

그러나 역사적 관점에서 보면 이러한 전이—바이오매스 연료에서 석탄·석유·천연가스로, 연료의 직접 사용에서 전기로—는 사회 전체에 엄청난 혜택을 가져다주었다. 지금까지 이러한 전이는 모두 세계의 경제활동을 손상하지 않고 경제와 사회를 생산성과 부유함의 새로운 수준으로 끌어올리는 한편 환경의 질을 개선하면서 이루어졌다. 그렇기 때문에 우리가 재래식 석유 생산의 감소를 겪게 된다 하더라도 이러한 추세를 재앙이라기보다는 기회로 여겨야 할 것이다. 에너지 전이는 언제나 새로운 생산자들에게 놀랄 만한 혜택을 가져다주었다. 또한 역사적 경험에 비추어 볼 때 소비자의 시각에서는 하나의 에너지 시대가 종말을 맞더라도 전혀 두려워할 것이 없다.

더욱이 현재 진행중인 원유에서 천연가스로의 이동은 석탄에서 탄화수소로의 전이에 의해 석탄 생산자들이 입은 타격에 비해 대부분의 주요 산유국에 별다른 피해를 입히지 않는다. 오늘날 주요한 재래식 석유 생산국 대부분은 천연가스를 많이 보유한 나라들이기도 하다. 어떠한 변화가 일어나든 그 실제 속도는 경제적, 기술적, 정치적, 환경적 고려의 복잡한 상호작용에 따라 결정될 것이며 여기서 돌발적인 요소는 예상된 추세와 같은 정도의 역할을 맡을 것이다. 그렇다면 명백한 질문은 바로 이것이다. 천연가스는 얼마나 갈 것인가?

천연가스는 얼마나 갈 것인가?

제3장에서 살펴보았듯이, 이 질문에는 원유를 거의 전적으로 갈아치우자는 마르체띠의 시계태엽〔처럼 정확히 들어맞는—옮긴이〕 대체모델을 신봉하는 사람이 대답해야 할 것이다. 마르체띠의 원래 모델에 따르면 1990년 후반에 이르러 천연가스는 세계에서 지배적인 화석연료가 되었으며, 2000년에 이르러서는 상업적 1차에너지 전체의 절반을 공급했다. 천연가스의 생산 정점은 2030년경에 도래할 것이며, 세계의 1차에너지 소비 중 원유가 10%도 되지 않는 데 비해 70% 이상을 공급할 것이었다(Marchetti 1987; 그림 4.16). 앞 장에서 이미 설명한 바와 같이, 2000년경에는 천연가스 생산이 대체모델에서 예상한 비율보다 훨씬 낮아서 세계의 1차 상업 에너지 중 약 25%만을 공급했으며, 이는 애초 예측한 50%의 절반밖에 되지 않는 것이다(그림 3.24를 보라). 그러나 이러한 현실이 에너지 대체에 관한 시계태엽 모델의 수용 불가성을 입증한다 하더라도, 이 모델을 천연가스의 세계적 전망을 하향 조정하기 위해 사용한다면 이는 잘못이다.

이러한 결론이 도출되는 주된 이유는 천연가스의 석유 대체가 늦추어진 게 별로 놀라운 일이 아니라는 것이다. 고체연료(석탄과 나무)에서 액체연료로의 전이는 정유제품의 우월성 때문에 쉽게 이루어졌다. 그들은 에너지 밀도가 더 높으며(최상급 역청탄보다 약 1.5배, 일반 연료탄보다 보통 2배), 가변 연료만큼이나 더 청정하고(최하급 석유를 제외하고) 저장과 수송이 더 쉽다. 사실 마브로는 모든 연료의 가격이 순전히 시장에서 결정된다면, 석유는 주요 유전의 낮은 생산 원가에 힘입은 저렴한 가격으

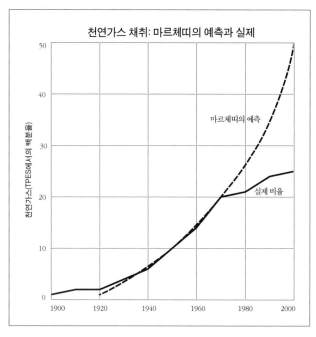

그림 4.16

천연가스 채취량이 세계 1차에너지 총공급(TPES)에서 차지하는 비율에 대한 마르체띠의 예측은 발표된 지 채 15년이 되지 않아 실제 수치에 비해 두 배 정도 과장된 것으로 밝혀졌다.
자료 Marchetti(1987), UNO (1980~2000), BP(2001).

로 석탄과 가스, 그리고 원자력 산업에 대한 모든 투자를 막아버렸을 것이며, 전 세계의 에너지 공급을 거의 지배하다시피 했을 것이라고 주장한다 (Mabro 1992).

이와 대조적으로 천연가스는 원유보다 에너지 밀도가 훨씬 낮다(대개 34MJ/m³ 정도로, 34GJ/m³인 석유와 1000배 차이가 난다). 따라서 이를 운송에 사용하기에는 한계가 있다. 다른 정제 연료보다 청정한(혹은 그렇게 처리될 수 있는) 반면 대륙간 가스관을 사용해서 수송하고 저장하는 비용이 더욱 오를 것이다(대양간 무역을 위해 LNG 탱크를 사용하면 더욱 그러하다). 결국 실용성 면에서 보자면 세계의 에너지 시장은 더 편리한 액체

연료에 머물러야 한다는 생각에도 일리가 있다. 그리고 급속한 지구온난화에서 비롯하는 잠재적 문제가 낯설지 않은 현실에서 천연가스 연소 증가에 얽힌 또다른 복잡한 문제도 불거진다. 천연가스는 모든 화석연료 중 탄소 함량이 제일 적고 따라서 세계 에너지 공급의 탈탄소화 진전에 실마리가 될 수 있지만, 다른 한편 주요한 아니 유일하다고 할 성분인 메탄이 유력한 온실가스라는 사실에서 모순적인 면모를 지니고 있다.

가장 질 좋은 석탄의 탄소 함량이 85% 이상이며 원유의 경우 84~87%에 머무는 데 반해, 메탄은 75%에 불과하기 때문에 연소시 그 둘에 비해 이산화탄소를 적게 발생시킨다. 역청탄의 일반적인 방출 비율은 25kgC/GH이며 정제 석유는 19kgC/GJ, 천연가스는 14kgC/GJ 미만이다. 동시에 메탄은 주된 온실가스이며, 지구온난화지수(GWP, 몰 기준으로 비교해서)는 이산화탄소보다 매우 높다. 100년간 메탄의 GWP는 이산화탄소의 21배였으며, 1750년에서 2000년 사이에 이 가스는 지구의 누적 GWP 중 약 20%를 차지했는데 이때 이산화탄소는 60%였다(IPCC 2001). 인위적인 메탄 방출의 총량은 정확하게 계산할 수는 없으나, 1990년대 후반에는 가축과 쌀 재배가 가장 큰 원천이었으므로 거의 400Mt 정도였다(Stern & Kaufmann 1998). 천연가스 산업(소각, 운송)은 전체 메탄가스 방출량의 약 10%를 차지하고 있다.

적절히 건설되고 잘 보수된 가스관은 운반하는 가스의 1~2% 이상을 잃어서는 안된다. 그러나 과거 소련의 노후한 가스관은 수송중에 많이 새곤 했다. 그 손실은 주입-배출량 차이를 보면 정확히 나오는데, 대략 1990년 초반에만 47~67Gm³에 달했는데 이는 전체 채취량의 6~9%였다(Reshetnikov, Paramonova and Shashkov 2000). 50~60Gm³의 손실은 싸우디아라비아의 연간 소비량보다 많으며 이딸리아의 연간 수입량과 비슷하다. 가스관 수송중의 손실 절감은 천연가스의 가용량에 큰 변화를 주고 GWP에의 기여도를 낮춘다. 반면 천연가스 채취 및 장거리 수출이 늘어남에 따라 불가피하게 메탄 방출 또한 증가할 것이다.

천연가스 매장량의 표준 평가는(BP 2001) 2000년 말까지 대략 150Tm³을 추가했는데, 이는 원유로 환산하면 약 980Gb(또는 130Gt가 조금 넘는다)에 해당한다. 세계 천연가스 매장량이 크게 증가한다는 것은— 1975~2000년 3배, 1990년 25% 이상 증가—1970년 이래 채취량이 2배가 되었음에도 불구하고 전 세계의 R/P 비율이 1970년대 초반의 40에 비해 60 이상이 된다는 것을 뜻한다. 천연가스는 주로 러시아(전체의 약 3분의 1), 이란(약 15%), 카타르(7% 이상), 싸우디아라비아 및 아랍에미리트(각 각 4%)에 집중되어 있다. 중동은 현재까지 알려진 매장량의 약 35%를 가지고 있는데, 이는 원유(65%)에 비하면 훨씬 적은 비율이다. 북미는 전 세계 천연가스의 5% 정도 보유하고 있으며 이는 유럽보다 많은 양이다. 두 대륙 모두 난방과 발전 수요에 견인되어 천연가스의 주 소비국이 되었다. 미국은 R/P 비율이 10 이하이지만 러시아는 80 이상이며, 주요 중앙아시아 국가는 대부분 100 이상이다.

원유의 경우와 마찬가지로, 천연가스의 미래에 관해서도 두 개의 학파가 이 청정하고 편리한 연료의 궁극가채량에 대해 대립하고 있다. 한편에서는 비관론자들이 천연가스의 궁극자원량이 실제로는 원유보다 적다고 주장한다. 반면 풍요로운 가스의 미래를 믿는 사람들은 지구의 지각에 훨씬 많은 가스가 매장돼 있다고 생각한다. 다만 그 매장처가 지각 심층부이며 매장 형태가 현재로는 비재래식 범주에 포함될 따름이다. 여기서 또다시 나는 그 우울한 주장을 언급해야겠다. 라에레르는 석유에 비해 천연가스에 대해서는 조금 덜 비관적이다(Laherrère 2000). 그는 천연가스의 궁극가채량이 석유로 환산하면 1680Gb 정도라고 산정하며, 이는 원유의 약 96%에 해당한다. 그러나 전체 가스의 약 25%만이 생산되었으며(석유는 45% 정도이다), 남아 있는 매장량과 발견되지 않은 부분을 감안해 이 계산을 따르면 석유환산치로 약 1280Gb는 더 늘어날 수 있는데 이는 남아 있는 재래식 석유보다 30% 정도 많은 것이다.

남아 있는 매장량에 대한 "정치적" 산정과 "기술적" 산정의 구별로 다

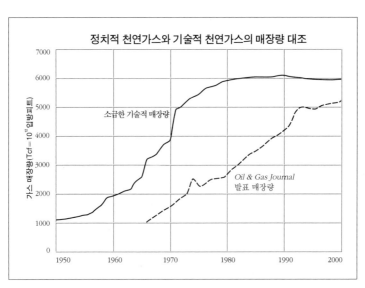

그림 4.17
세계 현존 천연가스 매장량에 대한 라에레르의 비교는 1980년 이후 일정하게 유지되고 있는 기술적 추정량과 대비하여 그가 명명한 정치적인 원인(여기서는 『오일 앤드 가스 저널』의 연간 자료)으로 인한 총량의 증가를 보여준다. 자료 Laherrère(2000).

시 돌아가면, 라에레르는 전자가 느리지만 꾸준히 상승한다고 설정했지만 후자에서는 1980년 이후 아무런 변화가 없다고 보았다(Laherrère 2001; 그림 4.17). 뿐만 아니라 그는 비재래식 가스의 산정치가 하락해왔다고 결론 내리며, 가스하이드레이트가 경제적으로 생산될 수 있다는 주장에도 반대한다(하이드레이트에 대해서는 이 절의 뒷부분을 참조하라). 자원이 한정되어 있으므로 천연가스는 장기적으로 석유를 대체할 수 있는 연료가 되지 못한다. 만약 천연가스가 1990년 후반 소비율에 더하여 최근의 원유소비를 완전히 대신하고 세계의 1차에너지 사용이 현행 속도로 지속된다면, 세계의 가스 공급은 약 35년 내에 고갈될 것이며, 세계의 가스 산출은 2020년 이전에 정점을 지나 하락하게 될 것이다.

따라서 라에레르는 21세기 동안의 천연가스 채취에 대해 IPCC가 최근 발표한 40건의 씨나리오들 중 가장 낮은 예상치조차 비현실적이라며 받아들이지 않는다(Laherrère 2001; 그림 4.18). 이들 씨나리오 중 대부분은 연간 천연가스 소비가 2030년에서 2100년 사이에 200EJ를 넘을 것으로 가정한다. 그러나 라에레르는 2040년 전에는 그보다 낮게 유지되다가 그후에는 절반 수준으로 떨어질 것으로 예견한다. 만약 그가 옳다면 천연가스가 지구의 1차에너지 소비 중 절반에 가까운 양의 연료를 공급하는 일은 불가능하게 된다. 이는 현재 구상중인 천연가스 초대형 계획들, 즉 중동에서 유럽과 인도, 시베리아에서 중국, 한국, 일본까지 잇는 거대 직경 가스관) 중 몇몇은 상당히 축소되거나 폐기되어야 하며, 세계 화석연료 공급에서 가스에 기반한 적극적인 탈탄소화 전략은 미완인 채로 남아 있어야 함을 뜻한다.

다시 원유의 경우와 비교하자면, 최근 USGS(2000)는 세계 천연가스 자원에 대해 훨씬 낙관적인 평가를 내놓았다. 그에 따르면 천연가스의 총량은 430Gm³ 이상, 또는 원유의 2600Gb(345Gt)에 상당하며 이는 캠벨과 라

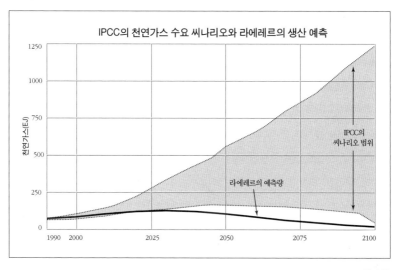

그림 4.18
라에레르의 현존 매장량의 기술적 추정량에 근거한 세계 천연가스 채취량 예측은 최근 기후변화에 관한 정부간 패널(IPCC)의 미래 이산화탄소 배출의 모델링 평가에 사용된 모든 씨나리오의 수치보다 낮다. 2050년에는 IPCC 추정량의 중앙값의 절반 이하가 된다. 자료 Laherrère(2000), SRES(2001).

에레르가 제시한 수치보다 높다. USGS 산정치를 분석해보면 궁극가채 가
스의 11%만이 생산되었고, 남아 있는 매장량은 약 31%에 해당하며, 종국
적인 증가는 거의 24%에 이르고, 발견되지 않은 잠재적 매장량은 전체의
33%에 달할 것으로 보인다. 최근의 다른 산정치들은 다소 보수적인 학자
들이 제시하는데, 석유로 치면 대략 382~488Gt에 해당한다(Rogner 1997).
결국 오델(Odell 1999)은 세계 천연가스 채취가 2050년경 5.5Gtoe에서 정점
에 도달하며 22세기 초에는 2000년 수준으로 감소할 것으로 본다(그림
4.19)

 이상의 수치는 모두 재래식 천연가스에 관한 것이다. 재래식 천연가스
란 모체암석을 빠져나와 불투과 매장층에서 단독으로 또는 석유와 섞여(수
반가스 associated gas, 1980년대까지 가장 일반적인 연료 형태였다) 축적
된 것을 말한다. 비재래식 가스는 이미 회수중인 자원을 망라하며, 탄층에
있는 메탄과 조밀한 매장층의 거대한 광상, 고압의 대수층(aguifer), 최종
회수를 위해서는 기술적 진전을 기다려야 할 메탄 하이드레이트 등도 포

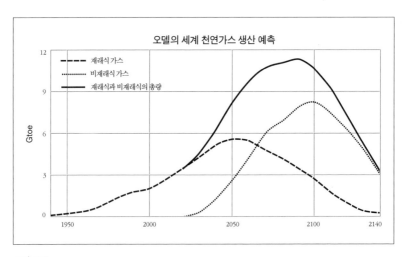

그림 4.19
세계 재래식 및 비재래식 천연가스 채취량에 대한 오델의 예측에 따르면 총 채취량은 2090년이
되어야 정점에 도달한다. 자료 Odell(1999).

함된다(Rogner 2000). 탄층의 가스는 석탄의 구조 안에 스며들어 있는 반면, 조밀한 매장층에 있는 가스는 누출 속도가 충진 속도보다 느린 불투과성 암석에 함유돼 있기 때문에 경제적인 채취를 위해서는 저렴한 비용으로 파쇄되어야 할 것이다. 고압 대수층에 있는 가스는 지표 아래의 소금물에 고온 고압 상태로 용해되어 있는데, 멕시코만의 경우만 하더라도 캠벨과 라에레르가 추산한 지질압력을 받는 전 세계 재래식 가스 매장량보다 많다. 전 세계 가스 자원은 현재까지 밝혀진 자원량의 110배에 달하는 것으로 추산된다(Rogner 2000).

비재래식 천연가스 중 두번째로 풍부한 자원은 동결된 물 분자에 의해 형성된 격자 바구니 모양에 갇힌 메탄인 가스하이드레이트이다(Holder, Kamath and Godbole 1984; Kvenvolden 1993; Lowrie & Max 1999). 이러한 가스하이드레이트는 얼음과 유사한 흰 화합물이며, 가장 일반적인 동결된 격자 배열은 메탄과 에탄 또는 다른 유사한 크기의 가스 분자가 포함되게끔 허용한다(그림 4.20). 위상-경계표(그림 4.20)에서 볼 수 있듯이 메탄 하이드레이트가 존재하는 최대 수심은 온건한 압력하에 있고—대륙 극지방에서는 100미터, 대양 퇴적층에서는 300미터의 깊이이다. 반면 따뜻한 대양에서의 최소 수심은 대략 2000미터이다—온도는 빙점 근처에 위치한다. 완전히 녹아 들어간 가스하이드레이트는 물 분자 5.75개당 메탄 분자 1개를 가지고 있으며, 이는 하이드레이트 $1m^3$가 메탄 $164m^3$를 함유할 수 있다는 뜻이다(Kvenvolden 1993). 가스하이드레이트는 모든 위도에서 발견되나 그 압력이나 기온, 가스의 부피 요건 때문에 극지방 영구동토층의 대륙과 연안, 아니면 심해 같은 두 가지 환경으로 제한되어 있다(그림 4.21).[*]

하이드레이트로 존재하는 가스 대부분은 메탄 박테리아에 의해 유기 퇴적층의 무산소 침전에서 방출된 것이다. 가스하이드레이트는 모든 대륙의 언저리에서 발견되었는데, 그 지역에서는 대체로 비슷하게 두꺼운

---

[*] 한국 정부는 2006년 6월 동해안에 가스하이드레이트가 부존되어 있음을 확인했다고 발표했으며 세부적인 탐사와 경제성 분석이 진행중이다—옮긴이.

가스층이 묻혀 있다. 그러나 이러한 자원이 함유한 메탄의 총량은 정확하게 산정하지 못하고 있다. 몇몇 지역에 한정된 축적량은 매우 많아 보인다. 대서양 서부 연안 캐롤라이나에 있는 블레이크 리지(Blake Ridge)층은 급속한 퇴적 누층에 의해 만들어진 리지 아래에 위치하며, 탄소화합물을 하이드레이트 형태로 최소한 15Gt 가지고 있으며 하이드레이트 지대의 퇴적층도 그만큼의 거품 형태의 자유가스(free gas)를 지니고 있다(Dickens et al. 1997). 그 총량은 미국 재래식 천연가스 매장량의 6배에 달하며, 미국의 연안 수역 전체의 하이드레이트는 미국 재래식 가스 매장량의 1000배에 달한다(Lowrie & Max 1999). USGS 산정치는 가스하이드레이트에 들어 있는 유기탄소의 양을 10Tt로 추정하고 있으며, 이는 전체 화석연료에 들어 있는 원소 총량의 대략 2배에 달한다(Dillon 1992).

만약 우리가 아주 얕은 퇴적층에 있는 하이드레이트의 극히 일부만 생산한다 할지라도 세계의 천연가스 산업이 완전히 변할 것임은 말할 필요도 없다. 이 자원의 1%만 개발해도 현재까지 알려진 천연가스 매장량보다 많은 메탄을 생산할 수 있을 것이다. 그러나 이러한 일은 쉽지 않을 것이다. 가스하이드레이트가 밀집되어 있지 않고 넓게 퍼져 있기 때문이다(가령 블레이크 리지층의 넓이는 약 2만 6000km²에 달한다). 이는 가스가 트랩(trap, 천연가스가 모이는 지질구조)으로 쉽게 이동할 수 없음을 의미한다. 따라서, 이러한 대량 자원이 개발되기 전에 새로운 생산 방식이 발견되어야 한다. 비관론자들이 하이드레이트 생산을 환상이라고 여기는 것은 놀라운 일이 아니다. 그런 반면에 여기에 열정을 가진 많은 사람들은 그것을 어떻게 하면 채취할 수 있을지 생각한다(Hydrate.org 2001; Kleinberg & Brewer 2001). 하이드레이트 광상의 감압(減壓)이 채취를 위해 맨 먼저 해야 할 것임은 분명하며, 최초의 적용은 당연히도 규모가 큰 곳이 아니라 넓게 분포하는 연안 광상이나 알래스카 프로도만(Prudhoe Bay)의 영구동토층처럼 수화물이 퇴적층 두께의 3분의 1을 차지하는 작고도 풍부한 매장지대 같은 곳에서 이루어져야 한다.

어떠한 경우든 감압 작업을 신중하게 하지 않을 경우 얼음이 녹거나 가스가 유출되어 광상에 갑작스러운 불안정이 야기될 수 있다. 그러한 일은 소규모 지층에서는 일어나도 괜찮을지 모르나 대규모에서라면 재앙을 낳을 수 있다. 거대한 해저 사태(沙汰)와 메탄의 막대한 대기 분출이 발생할 수 있다. 자연적으로 발생하는 그러한 해저 사태는 메탄의 대규모 방출과

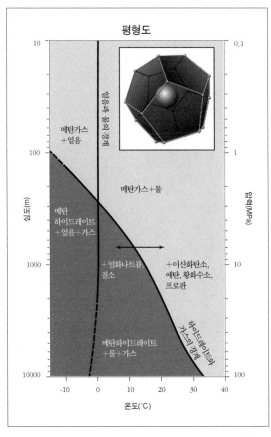

그림 4.20
하이드레이트의 자연 발생 경계를 표현하는 평형도. 자유로운 메탄(CH4)과 가스하이드레이트의 경계는 순수한 물(H2O)과 메탄이다. 염화나트륨(NaCl)이 물에 첨가되면 경계는 왼쪽으로 이동한다. 이산화탄소, 황화수소(H2S) 같은 다른 가스가 존재하면 경계는 오른쪽으로 이동한다. 상단 삽화는 얼음 결정 속 메탄 분자의 모습이다. 자료 Kvenvolden(1993), Suess et al.(1999).

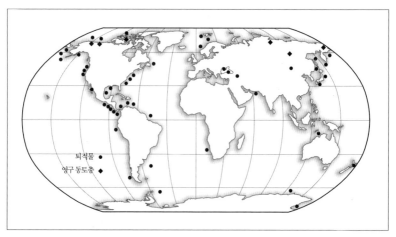

그림 4.21
대륙 및 해저 하이드레이트의 세계 분포. 자료 Kvenvolden(1993)와 Suess et al.(1999)의 지도.

밀접하게 연관돼왔으며 이를 통해 55Ma(mega annum, $1Ma=10^6$년) 전 급속한 지구온난화에 기여한 바 있는데 심지어 그러한 사건에 대한 작은 반동도 기후변화를 가속시킬 수 있다. 하이드레이트층에 증기나 고온 액체, 또는 화학물질을 주입함으로써 하이드레이트를 융해할 수 있다는 것은 분명하다. 현재 싯점에서는 미래의 회수 비용이 얼마나 들지 평가할 적당한 방법이 없으나 얼마가 들든 가스하이드레이트 개발의 경제성은 일본이나 인도 같은 에너지 빈국에 아주 매력적일 것이다. 이들 또한 미국과 마찬가지로 하이드레이트 회수 연구를 진행중이라는 사실은 일면 당연한 것이다.

1950년대 이후 하이드레이트 개발과 채취에서 일어난 진보를 감안할 때(제1장에서 검토한 3·4차원 화상 탐사와 연안 및 심해 유전, 지향성·수평 굴착을 떠올려보라), 재래식 가스의 상당한 신발견은 하이드레이트처럼 중요한 또한 증가하는 비재래식 가스의 상업적 채취를 방해할 수 있다. 오델 역시 비재래식 가스 생산의 증가는 2020년 이후에야 빨라질 것이며, 2100년경 8Gtoe에서 정점에 도달할 것이라 보았다(Odell 1999). 새로운 비재래식 발견들이 배제될 수 없는 것이, 앞 절에서 살펴본 대로 천연가스 자원과 관련해 연료의 무생물 기원이라는 매혹적인 주제가 있기 때문이다.

원유의 무기물 기원에 관한 러시아-우크라이나의 이론은 거의 완전히 무시되다시피 한 반면에 가스의 무생물 기원 가능성은 토마스 골드(Gold 1993, 1996)가 내놓은 구상에 강력하고 꾸준한 홍보가 뒷받침된 덕분에 서구에서 광범위한 관심을 받았다. 골드의 논리는 다음과 같이 전개된다. 우리는 무생물 탄화수소가 유성이나 은하계 같은 다른 천체에도 존재한다는 사실을 알고 있다. 지구에서는 수소와 탄소가 외부 맨틀의 고압, 고온 상태에서 탄화수소 분자를 즉각 형성할 수 있는데, 이들 중 안정적인 분자들은 외부 지각으로 올라간다. 탄화수소로 구성된 생물 분자들은 전부 대륙과 대양의 지각 최상층에 존재하는 지하 박테리아의 대사작용을 통해 쉽게 생성될 수 있다. 탄화수소 무생물 기원론은 또한 이 혼합물이 화학적으로 불활성인 헬륨을 거의 항상 높은 정도로 포함하는 이유를 설명해준다.

골드의 논리는 러시아-우크라이나 이론과 마찬가지로 서구의 석유 지질학자들 대부분에 의해 소망적 사고라고 일축되었다. 그들은 풍화되거나 파쇄된 결정암에서의 생산은 측면 또는 상위의 재래식 근원암으로부터의 이동에 의해 쉽게 설명될 수 있으며 따라서 모든 화석연료가 생물적 기원을 지닌다고 주장한다. 여기서 골드의 생각을 무작정 수용하자는 것은 아니지만 그와 같은 비정통적 발상에 대한 좀더 관대한 태도를 간청하는 바이다. 아울러 깊고 뜨거운 생물계(deep hot Piesphere)의 존재에 대한 그의 개척자적 개설(Gold 1992, 1999)이 여러 나라와 상이한 기층에서 실험 채굴을 통해 확인되었다는 점을 지적하고자 한다(Pederson 1993; Frederickson & Onstott 1996).

몇몇 연구는 상세 불명의 지표 아래 박테리아들의 존재를 확인하는 데 그쳤지만, 다른 연구들은 그러한 지배적 종들이 빠리 동부 바쟁(Basin) 분지 원유 매장지역의 지하 1670미터에 있는 고온성 혐기미생물인 테르모아나이로박테르(Thermoanaerobacter)나 아르카이오글로부스(Archaeoglobus)임을 밝혀냈다. 더욱 인상적인 것은, 테르모아나이로박테르와 관련있는 박테리아인 테르모아나이로비움(Thermoanaerobium)과 클로스트리듐 휘드로술푸리쿰(Clostriduim hydrosulfuricum)이 스웨덴 중부의 고대 운석구인 실랸호(Siljan Ring) 내부에 침전물이 전혀 없는 화강암층까지 깊이 6779m에 달하는 시추공 그라브베리(Gravberg) 1을 뚫고 지하 3900∼4000미터 지점에서 추출된 지하수 표본에서 나왔다는 점이다. 스웨덴은 골드의 권고에 따라 이같은 시추를 시작했다(Szewzyk et al. 1994).

마지막으로 천연가스의 지역적 전망과 관련된 몇가지 진술을 살펴보자. 가스의 수송에서 탄력성이 떨어진다는 점을 감안하면, 이에 대한 관심은 수송이 용이한 석유의 경우보다 더 중요하다. 구소련이나 중동의 거대한 매장량은 이들 두 지역에만 공급되는 것이 아니라 가스관을 통해서나 LNG의 형태로 유럽, 아시아 등지에 점점 더 많이 수출될 것이며 중국과 인도 역시 주요한 수입국이 되고 있다. 아프리카에서 증가 추세에 있는 매장량은 이 대륙에 공급상의 문제를 전혀 야기하지 않는다. 유럽의 상황은 대륙의 가스 매장량이 한정되어 있음에도 아주 괜찮은 편이다. 오델이 말한 바와 같이 "서유럽과 중부유럽 국가들은 사방에서 몰려오는 말벌에 둘러싸인 잼단지다"(Odell 2001, 1면). 시베리아, 북해, 북아프리카(종국에는 중동을 포함하여)에서 오는 풍족한 천연가스 자원은 이미 유럽의 에너지 공급을 변형해놓았고(석탄업은 붕괴했고 원자력발전소는 건설되지 못한다), 앞으로 대륙에서 완전히 통합된 가스 수송 네트워크를 구축하는 2020년에는 유럽 에너지의 35%를 공급하게 될 것이다.

2000년 1월에서 2001년 1월까지, 미국 천연가스의 생산자 공급가격(wellhead price)이 380% 상승해 1970년대 유가 상승을 뛰어넘자 여러 분석가들은 북미의 가스 전망에 대해 냉혹한 평가를 내놓았고 이 연료가 이 나라의 장래 에너지 공급을 주도할 것이라는 일반적인 기대에 의문을 던지기 시작했다. 일시적인 공급 부족에 의한 단기간 이상이 장기간 추세로

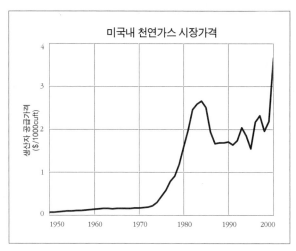

미국내 천연가스 시장가격

그림 4.22
1950~2001년 미국의 천연가스 가격. 자료 USBC(1975), EIA(2001a)의 수치를 도표화.

혼동되어서는 안된다. 2001년 8월까지 생산자 공급가격은 1999년 중간치를 단지 50% 정도 웃도는 수준까지 떨어졌고 2000~2001년의 평균 주택용 가격 증가는 30%에 불과했다(EIA 2001i). 더욱이 1990년 이래 대륙 천연가스 매장량의 25% 감소는 탐사 채굴의 낮은 수준과 밀접한 관련이 있는데 이는, 2000년까지 우세하던 대단히 낮은 생산자 공급가격에 의해 비롯된 것이다(그림 4.22). 예상한 대로 1999년 이후 가격 상승은 채굴의 대규모 확장으로 이어졌고 공급과 가격은 이제 안정될 것이라고 일반적으로 기대하고 있다.

그러나 주택용 및 산업용에서의 높은 수요와, 설계된 발전 장비의 90% 이상이 가스연료를 사용한다는 사실을 고려할 때, 개발을 활발히 벌인다고 할지라도 캐나다, 나아가서는 멕시코에서 수입을 늘리려는 필요를 막지는 못할 것이다. LNG는 초기에는 알제리에서 수입되었으나 현재는 주로 트리니다드토바고에서 수입되고 있으며, 점점 더 모든 생산지역(호주, 중동, 아프리카)에서 시작된 현물매매에 의존하고 있는데, 이는 국내 수요와 공급 부조화의 또다른 조짐이다. 이것이 아마도 가장 강조되어야 할 부분인데, 나는 석유의 미래를 논하면서 중장기 수요 증가 속도가 효율 개선에서 큰 영향을 받을 것이라고 강조한 바 있다. 이들 중 일부는 이미 사용 가능하며, 나머지는 연구와 상업화가 좀더 필요하다.

활용 가능한 효율성 개선의 가장 좋은 예는 천연가스로 가동하는 고효율 난방로가 널리 사용되고 있다는 것이다. 미국의 주택용 난방에 사용되는 에너지의 약 70%가 천연가스이며 이는 미국 가스 수요의 25%에 해당하는데, 상업용은 15%를 차지한다(EIA1999a). 하지만 아직도 수백만대의 오래된 난방로들이 60%에 못 미치는 효율로 도처에서 가동되고 있다. 연방정부가 제정한 가정에서의 연간 연료사용효율(AFUE)은 현재 최저 78%, 중간 등급은 78~82%, 고성능은 88~97%에 맞춰져 있다(Wilson & Morril 1998; LBL 2001). 이런 장치들은 더 비싸지만 전기 스파크 점화로 점화용 불씨를 없앴고, 배기가스를 굴뚝이 아니라 플라스틱 배관시설로 벽을 통해 환기를 시킬 만큼 온도를 낮췄다. 현재 저-중효율 난방로가 15년 이내에 고효율 기기로 대체될 것이라고 현실적으로 가정해볼 때 미국 주택들의 천연가스 수요는 최소한 20~25% 낮아질 것이다.

미국(2000년 전체 가스 운송의 15%를 소비했다)과 EU의 천연가스 발전의 증가는 효율적인 전환기기의 설치를 불러왔다. 복합화력발전소는 전기를 더 많이 생산하기 위해 폐열을 사용하고, 열병합발전에서는 열과 증기를 다른 건물이나 공정에 전달하기 위해 폐기물 에너지를 사용한다. 둘 중 어느 하나라도 전체적인 전환 효율을 50% 이상 높일 수 있으며, 이러한 방법이 조만간 보편적으로 사용되면 표준 보일러나 발전기의 35% 전환 효율 평균에 비해 엄청난 연료를 절약할 수 있을 것이다.

널리 보급된 고효율의 가스터빈이나, 통제되지 않은 연소에서 발생하는 높은 수준의 질소산화물(NO_x) 방출(약 200ppm)에 대한 심각한 우려는 점점 더 효과적으로 개발되어온 통제 수단에 의해 해결돼왔다. 1975~85년에 방출량은 한 자릿수 정도 감소했고, 최근 XONON 기술은 촉매가 있는 상태에서 연료를 질소산화물 생성이 일어나는 온도 이하에서 연소시 킴으로써 질소산화물 방출을 2ppm까지 낮추어 준다(Catalytica Energy Systems 2001; 그림 4.23). 다음 절에서는 석탄 연소 발전의 진보를 기술하면서 효율적인 연소 과정에 몇가지 세부 사항을 추가할 것이다.

마지막으로 천연가스는 연료전지를 통한 간접 발전에 점점 더 많이 사용될 것이며 이러한 전환 덕분에 지금은 중요한 자동차 연료로서도 자리를 잡았다(Srinivasan et al. 1999). 질소를 만들어내는 천연가스의 증기 개질(reforming)은 매우 효율적인데(최소 70%) 이 개질기를 장착한 조립형 인산 연료전지(PAFC)는 이미 공공시설과 산업설비(사무실, 학교, 병원, 호텔, 폐기물 처리장)나 대형 자동차 등에 쓰이는 소규모 전력(kW에서 MW까지)을 생산하는 단계에 들어섰다. 이들의 최고 열병합발전 효율은 거의 85%에 이르며, 불순한 수소를 연료로 사용할 수도 있지만 이때는 값비싼 백금을 촉매로 써야 한다. 이와는 대조적으로 용융 탄산염 연료전지(MCFC)는 약 650℃에서 가동되며, 음극에서 만들어진 열과 수증기는 저렴한 촉매를 사용하여 메탄을 증기 개질하거나 열병합발전을 하는 데 쓰인다. 반면 고열이 부식과 전지 부품의 와해를 촉진한다는 단점도 있다. MCFC는 2MW까지의 스택(Stack, 여러개의 단위 전지를 쌓아 직렬연결한 것)이 실험되었는데, 효율성을 50% 초과하여 작동되었으며 미래에는 좀더 대규모의 전기 생산에 사용될 수 있을 것이다.

내연기관 역시 천연가스로 작동할 수 있으나 메탄의 낮은 에너지 밀도 때문에 운송 연료로 사용하기에는 부적합하다. 공급 가스와 증기의 재래식 촉매 개질에 의해 메탄에서 파생되는 메탄올이 훨씬 더 나은 선택이 될 것이다. 이 혼합물은 상온에서 액체 상태이기 때문에 가스보다 에너지 밀도가 높으며 휘발유처럼 저장하거나 취급할 수 있다. 그러면서도 훨씬 인화성이 낮으며(연소 하한 부피가 휘발유의 1.4%에 비해 7.3%로 높다), 일단 발화하면 불꽃이 덜 생긴다(그렇기 때문에 '인디500' 같은 자동차 경주에서 사용되는 유일한 연료이다). 적은 배출량은 메탄올 연소의 주된 장

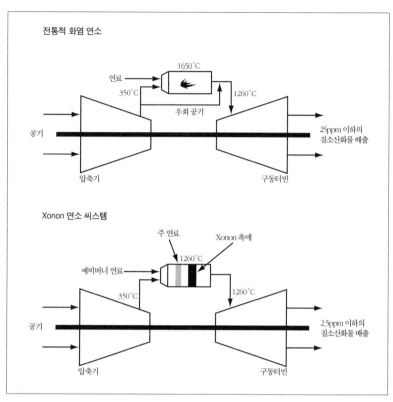

그림 4.23
전통적 연소와 XONON 연소의 비교. 자료 Catalytica Energy Systems(2001)의 그림.

점 중 하나이며, 옥탄가가 높으므로 가속력도 뛰어나다. 그러나 메탄올의 에너지 밀도는 휘발유의 저발열량에 비해 절반밖에 되지 않으며 그 비용은 더 높다. 따라서 오늘날 메탄올로 움직이는 자동차 대부분은 렌터카 업체에 일괄 판매되는 차량과 버스들이다.

미국은 전 세계 메탄올의 약 4분의 1을 생산하며 그중 대부분을 메틸터셔리부틸에테르(MTBE)를 합성해 깨끗하고 재합성된 휘발유에 섞는 데 사용한다(Methanol 2002). 메탄올의 대량 생산(석탄이나 나무 같은 탄소 원료에서 만들어낼 수 있다)은 운송 연료 공급을 다원화할 것이지만 TPES의 전반적인 효율성을 개선하지는 못할 것이다. 그보다는 가스에서 추출한 메탄올을 연료전지에서 사용하는 편이 훨씬 낫다. 연료의 특성을 감안할 때 메탄올 연료전지는 자동차에 사용하기에 분명 장점이 많지만 연료를 개질(가열실에서 물과 함께 촉매를 통과시킨 다음에 수소를 생산한다)해야 하기 때문에 메탄 연료 PAFC의 전반적인 효율성은 40% 이하까지 감소될 것이다. 직접 메탄올 연료전지(DMFC)의 원형은 캘리포니아 패써디나의 제트추진연구소(JPI)에서 창안했다. DMFC는 개질기를 제거하고 더 가벼운 스택을 사용하는데 전반적인 효율성 면에서는 양자 교환막 연료전지(PEMFC)와 견줄 만하며, 현재 자동차용 PEMFC의 가장 중요한 개발자인 발라드파워씨스템(Ballard Power System)의 선도적인 경쟁자이다(연료전지와 수소 씨스템에 대한 더 상세한 내용은 다음 장을 참조할 것).

지금 바로 실용화할 수 있는 구상들도 대규모로 상업화하려면 높은 원가가 가장 문제가 된다. PAFC나 MCFC를 1~100MW 범위의 고정식 발전에 사용할 때 일반적인 원가는 재래식 열전환의 자본비용과 엇비슷할 것으로 추정된다. 그러나 석탄 및 탄화수소를 연료로 사용하는 보일러와 터보 발전기는 수명이 20년 이상인 데 비해 연료전지 스택의 수명은 고작 5년이다(Srinivasan et al. 1999). 운송 부문에서는 원가 차이가 더욱 커진다. 휘발유나 디젤 엔진은 원가가 1Kw당 약 10달러이지만, 메탄올에서 추출된 수소를 사용하는 PEMFC의 예상 원가는 1Kw당 30달러이며, 메탄올을 사용하는 PAFC와 DMFC는 1Kw당 100달러이다. 물론 부분적인 보상도 있다. 효율이 30~40% 정도이더라도 대표적인 내연기관보다는 20~35% 더 높으며 저배출이라는 것이 이 장치의 장점이다.

따라서 다임러-크라이슬러, 토요따, 혼다, 포드를 위해 발라드파워씨스템이 개발한 PEMFC는 2004년 이전에 수만대에 설치됐다. 현실적으로는, 2002년 시작된 연료전지 하이브리드 차량의 제한적인 마케팅과 판매가 향후 몇년간은 온건하게 유지될 것이다(Srinivasan et al. 1999; Fuel Cell 2000; Methnex 2000). 주의: 급속하게 진전되는 연구와 여러 종류의 연료전지의 실험적 응용 등으로 향후 10~20년 동안 어느 방식이 선두 모델로 등장할지는 알기 어렵다는 점에 유의하자. 다음 장에서 수소 기반 에너지 씨스템의 가능성을 논의할 때 연료전지의 미래에 대한 관측을 추가하도록 하겠다. 어느 경우든 가까운 장래에 메탄올 연료전지가 분명 주요 경쟁자가 될 것이며 보급에 성공하면 천연가스는 중요한 자동차 연료가 될 것이다.

다행한 것은 앞으로 예상되는 수요는 효율적 사용으로 충분히 감당할 수 있다는 점이다. 다만 세계 천연가스 매장량의 풍부함을 인정하기를 거부한다는거나, 재래식·비재래식 자원의 탐사와 생산에서 앞으로 나타날 발전과 전환 효율의 점진적 개선에 대해 지나치게 비관적으로 평가한다면 21세기 전반기의 세계 에너지 공급에서 이 연료의 역할에 대한 평가는 매우 왜곡될 것이다. 에너지정보국은 2020년까지 세계의 생산이 거의 2배에 달할 것이며 그때 가스는 1차에너지 전체의 30%를 공급하게 될 것으로 예측하고 있다(EIA 2001f). 오델은 더욱 보수적인 평가를 내놓는다. 같은 기간에 재래식 에너지의 세계 생산량이 3분의 2 증가할 것이며 2050년에 2000년 생산량의 2.6배로 최고치가 될 것으로 전망하는 것이다(Odell 1999). 그때는 비재래식 가스 생산의 증가로 총 연간 채취량이 2000년의 거의 4배가 될 것이다. 이러한 예측이 과다평가된 것일 가능성도 높다. 그러나 실제 총량이 매우 낮다 하더라도(가령 20~35%) 천연가스가 앞으로 수십년간 화석연료 공급에서 가장 빨리 성장할 것이라는 데는 의문의 여지가 없음을 강조하기 위해 이 예측을 인용한 것이다.

석탄은 어떠한 역할을 할 것인가?

1970년대 초반에 원유 가격이 싸고 핵발전이 지속적으로 증가할 것으로 보이던 시절 다들 석탄은 한물간 연료로 여겼다. 그러나 전 세계 생산량은 계속 증가했고 1989년에는 1975년 수준에 비해 30%나 증가했다.

1990년대 초 구소련과 동구권 공산주의 국가들에서 생산이 급격히 감소하고 중국의 석탄 채취도 1990년대에 갑작스레 감소했지만, 2000년 석탄 생산량은 1975년보다 18%나 더 많았다. 결국 석탄은 세계 TPES의 25%를 공급하면서 천연가스에 견줄 만한 역할을 하고 있다.

따라서 석탄 생산은 제3장에서 이미 살펴본 바와 같이 1975년에서 2000년 사이에 생산량이 두 배가 될 것이라는 일반적인 낙관적 기대에 훨씬 못 미쳤지만(Wilson 1980), 마르체띠의 자동적 대체모델에서 예견한 수준보다는 훨씬 높다. 이 모델에 따르면 석탄은 2000년에 이르러 세계 1차 에너지 소비의 10% 정도로 떨어지고 2030년대 말이 되면 전체 상업용 에너지 소비의 2%밖에 공급하지 못하게 된다고 예측한다(Marchetti 1987; 그림 3.23). 석탄의 단점들을 감안할 때 이 연료가 쇠퇴하지 않고 계속해서 주요 연료로 남아 있다는 것은 천연가스가 지배적 위치를 차지하는 일이 지연되는 것보다 더 주목할 만한 현상이다. 그러나 석탄이 1975년 이후 상대적으로 건실한 성과를 냈다는 사실로 미래를 예측해서는 곤란하다. 이는 어떤 자원량과 관련된 우려 때문이 아니다. 다른 두 탄화수소 연료와는 달리, 석탄 자원은 너무나 막대한 양이 존재하기 때문에 21세기나 22세기 안에는 부족해질 가능성이 없다.

지구의 석탄 가채매장량은 6.2~11.4Tt으로 추정되지만 지구 규모의 통계가 처음 나온 20세기 동안 총합 범위의 하한에는 거의 변함이 없었다. 제13차 국제지질학회의(IGC)에서 제시된 것은 6.402Tt(McInnes et al. 1913), 1996년 IIASA의 자료에는 6.246Tt(Roger 1997)이었다. 석탄 매장량의 장기적 변동은 서로 다른 분류법과 주요 석탄 생산국(미국, 중국, 러시아)의 국내 통계의 상향·하향조정에 따른 것이다. 그러나 1913년의 총 가채매장량 671Gt은 최근 집계인 무연탄 환산 770Gt와 큰 차이가 없다(그림 4.24)

이것은 세계의 원유 가채매장량에 대한 가장 적합한 추정치가 1940년대에 비해 3~4배 증가한 것과는 매우 대조적이다(그림 4.11). 석탄의 총 확인매장량이 지구상에 존재하는 총 석탄 자원량의 10%에도 못 미치는 양

그림 4.24
1913~1996년 세계 석탄 매장량 추정치의 변화. 자료 Smil(1991), Rogner(2000).

에 대한 구체적인 탐사 결과를 바탕으로 한 것이라는 사실은, 일단 매장량의 규모가 확인되면 실제 지각 속에 있는 원시량을 구체적으로 조사할 필요성이 그리 크지 않음을 의미한다. 다르게 말하면, 아무리 세계 석탄 가채매장량을 정확하게 산정한다 할지라도 지하에 있는 석탄 자원의 대부분은 손대지도 않은 상태로 남아 있기에 그 산정치는 큰 의미를 가지지 못한다는 것이다.

세계 석탄의 R/P 비율은 거의 230(2000년 기준)인데 이 수치는 천연가스의 3배, 원유의 4배에 해당한다. 석탄자원은 탄화수소보다 더 넓게 분포해 있지만, 일반적인 인식과는 달리 고품질의 석탄은 실제로 편중돼 있다. 2000년 현재 석유는 5개 국가(싸우디아라비아, 이라크, 아랍에미리트, 쿠웨이트, 이란)가 전체의 64%를 보유하고 있지만 5대 석탄 매장량 보유 국가(미국, 러시아, 중국, 오스트레일리아, 독일)는 세계 전체 매장량의 69%를 차지하고 있다(BP 2001). 미래의 석탄 사용은 현존하는 두 개의 최대 시장, 즉 발전과 철강 산업의 상황에 달려 있다.

　석탄은 앞으로도 수십년 동안 제철과 제강에 빠질 수 없는 원료가 될 것이다. 하지만 그 두번째로 큰 시장에서 성장은 매우 느리게 진행될 것으로 예측된다. 이는 제강산업의 낮은 성장률에 기인하는 것이다. 제강은 1975~2000년에 불과 1.2% 성장했으며 이에 비해 1945~1975년에는 6% 성장했다(그림 4.25). 그리고 적어도 세가지 효율성 조치가 야금용 석탄의 장래 수요를 감소시킬 것이다. 첫째는 용광로에 석탄을 직접 투입하는 방법을 널리 활용하는 것이데, 이 경우 투입 석탄 1t이 코크스 1.4t을 대체하게 된다. 둘째는 직접환원제철법을 점차 개선시키는 것으로서 용광로가 필요 없으며 주로 천연가스에서 동력을 얻는다(Chatterjee 1944). 끝으로, 여전히 지배적(세계 생산량의 약 3분의 2)이지만 1t의 철강 생산에 630kg의 석탄을 써야 하는(WCI 2000) 용광로 방식 대신 전기아크로(eletric arc furnace)에서 철이 더 많이 생산되고 있다. 1975년 이후 지속된 성장과 효

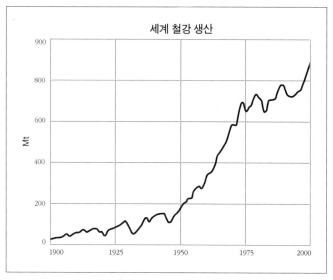

그림 4.25
1945~2000년 세계 조강(crude steel) 생산량. 자료 WCI(2000)의 그래프, IISI(2001)의 수치.

율의 제고로 세계 철강산업에서 석탄의 수요는 2025년에 750Mt에 도달할 것인데 이는 2000년보다 불과 150Mt 많은 수준이다.

석탄이 풍부함을 감안하면, 발전분야에서의 향후 비중이나 석탄 소비 각국의 최대 시장은 무엇보다 경쟁적 위치에 있는 천연가스에 의해 좌우될 것이다. 또한 이는 단지 석탄 전환 자체의 합리적인 비용뿐 아니라 채굴과 연소에 따르는 수많은 환경적 영향을 어떻게 통제하는가에 달려 있다. 석탄을 경쟁력있는 가격과, 반복해 말하자면 허용할 수 있는 환경영향 아래 가스화(또는 액화)할 수 있다면 다른 시장, 무엇보다 가정의 난방과 취사에 사용될 수 있을 것이다. 이 점은 20세기 후반 내내 중요한 고려 사항이었지만, 석탄은 다른 화석연료보다 전환 에너지 단위당 더 많은 온실가스를 배출하므로 지구온난화에 대한 우려 속에서 더욱 중요한 문제로 대두한 것이다.

그러므로 석탄의 장래는 단순히 가채매장량이나 생산비용의 문제가 아니라 환경적 수용의 가능성에 달린 것이다. 환경적 관심의 몇가지 요소 중에서 무엇보다 입자상물질, 황화합물, 질소산화물은 곧 기술적인 해결책이 나올 것이다. 그러나 석탄 연소 후 발생하는 이산화탄소를 대규모로 제거 또는 격리하는 효율적이고 실용적이며 대대적인 방법은 아직 없다(제5장 참조). 석탄의 온실가스 문제에 대하여 유일하게 실행 가능한 부분적인 해결책은 전환 효율을 향상해 이산화탄소 집약도를 낮추는 것이다. 최선의 기술적인 해결책이 나온다면 에너지원으로서 석탄의 수명을 대폭 연장할 수 있을 것이다. 그렇지 않다면 비교적 높은 수준으로 성공하더라도 유례없이 급속한 지구온난화에 종속된 세계에서는 충분하지 못할 것이다.

석탄의 장래 예측에는 국가별 편향의 문제 또한 중요하다. 중국과 인도는 석탄에 주로 의존하고 있으며 석유나 천연가스 자원이 부족한 편이다. 이들은 석탄 의존도를 낮추기 위해 노력하겠지만 경제의 확대로 석탄 채굴은 틀림없이 증가할 것이다. 에너지정보국의 세계 석탄 생산 예측에 의하면 2020년까지 세계 석탄 소비의 총 예상 증가 중에서 92%를 이 두 국가가 차지할 것이다(EIA 2001). 나머지 대부분 아시아, 북미에서의 화력발전에 돌아갈 것이다. 그러므로 세계 석탄의 운명은 중국과 인도, 미국의 발전에 거의 전적으로 달려 있다.

물론 석탄의 채굴과 연소가 "인간 건강에 가장 큰 위협이며, 환경에 가장 해로운 인간 활동 중의 하나"(Dunn 1999, 10면)라고 생각하는 사람들에게 석탄은 엄연한 퇴보로 보일 것이다. 석탄을 죄악시하는 것은 역사적으로 본다면 석탄에게 매우 억울한 일이다. 인간 삶의 질을 대폭 높인 현대 문명은 결국 이 더러운 연료의 전환 위에서 이루어진 것이었다. 석탄에 대한 명예훼손은 미래 전망의 공정한 평가도 봉쇄한다. 반대론자들은 석탄의 전환 효율을 높이고 그 결과 발생하는 오염을 줄이는—이러한 변화를 통해 이미 상당한 외부비용을 내재화했다(제3장 참조)—에서 오는 막대한 이익을 강조한다. 청정석탄기술(CCT)은 석탄 지지자들이 수십년 동안 외워온 주문이며, 특히 미국에서 상당한 정부 및 개인 자금이 석탄 연소 전 처리나 연소 효율 제고, 분진과 가스 배출의 최소화 또는 거의 완전한 제거를 위한 개발에 투입되었다(Alpert 1991; DOE 200b).

1970년대 유럽과 북미 동부에서 가장 심각한 환경 문제로 널리 알려진 산성 침적은 연돌가스 탈황처리(FGD)의 폭넓은 보급으로 이제 통제 가능한 문제 중 하나가 되었다. 1990년대 후반 미국과 유럽의 석탄연료 용량 중 약 230GW에 건식이나 습식 FGD가 설치되었다(이는 두 지역의 화석 연료 용량 중 약 25%이다). 이와 함께 아황산가스를 황화물의 형태로 포집하는 과정에서 부피 큰 폐기물의 처리가 새로운 문제로 대두했다. 마찬가지로 비산재, 바닥재, 보일러 슬래그 등 석탄 연소시의 입자상 부산물과 대기오염 물질 통제로 폐기물이 매년 수백만톤 발생하고 있다.

EU에서는 이러한 생산물의 재활용이 활발하여 FGD 부산물의 40%를 석고 제조에 쓰거나 비산재의 경우 재활용도가 90%에 이르지만 미국은 석탄재의 33%, FGD의 10%만을 재활용하고 있다(Giovando 2001). 입증되었거나 실험중인 재의 이용 방법으로는 재(대부분이 세 가지 산화물인 규소,

산화철, 알루미나의 아주 다양한 혼합물이다)를 구조 충진재, 콘크리트 혼입, 포장재, 해안 산호초의 안정제로, FGD 집진물을 연못가 방수제, 토양개질제(산도 조절), 건설업 등에 활용하는 예가 있다. 특히 중국에서는 높은 석탄 의존도와 매립지 부족을 고려하면 이러한 재활용이 요긴할 것이다.

그러나 정전기식 집진장치나 FGD는 모두 질소산화물 방출량을 줄일 수 없을 뿐만 아니라 일정량 이상의 전력을 소모한다. 발전소는 발전 전력의 2~4%를 비산재의 포집에 사용하며 FGD는 총 발전 전력의 8%까지 사용하므로 이 설비의 효율 관리는 사실상 전체적인 발전소의 연료 전환 효율을 떨어뜨린다. 하지만 고소득 국가의 화석연료 발전의 평균 효율이 1960년대 초 이후 오랫동안 정체된 상황에서 이와는 반대의 과정이 절실해진다.

미국의 기록은 연료 전체의 3분의 2가 허비되는 이 높은 비효율의 용인할 수 없는 공고화를 보여준다(그림 1.17). 이러한 정체는 산업 공정과 가정에서 에너지 사용 효율이 대폭 개선된 것과 뚜렷이 대비되며, 기술 혁신에 무관심한 관리독점 기업들을 그 실패의 주 원인으로 지목한다(Northeast-Midwest Institute 2000). 어떠한 기술적 실패든지 금방 활용 가능한 방법에 의해 처리될 수 있듯이 이 문제 역시 많은 기회를 제공하고 있다. 전력 수요가 많은 1950~60년대에 건설된 노후 발전소들은 대체되어야 하며, 새로운 연소 기술과 발전소들이 준비돼 있거나 곧 상업화할 것이다.

질소산화물을 외부 배출 관리 없이 제거하면서 전체 효율도 높여주는 상업적 기술이 있다. 유동층 연소(FBC)의 아이디어는 1920년으로 거슬러 올라가는데, 오랫동안 실제 효과에 비해 큰 기대를 받아왔다(Valk 1995). FBC 프로쎄스에서는 고체 연소물질이 상향 제트기류에 실려 부유 상태로 난류혼합이 일어나므로 화학반응률과 전열률이 높아지게 된다. 또 중요한 것은 이 연소가 대기질소의 분리로 질소산화물이 생성되는 $1370\,^{\circ}C$보다 훨씬 낮은 온도인 $760\sim930\,^{\circ}C$ 진행된다는 점이다. 뿐만 아니라 미세한 석회석($CaCO_3$)이나 돌로마이트($CaMg(CO_3)_2$) 분말을 연소 가스와 섞어서 연료 속의 황을 최고 95%(통상 70~90%)까지 황산화물로 만들어 제거할 수 있다 (Henzel et al. 1982; Lunt Cunic 2000).

1990년대 FBC는 널리 보급된 가스터빈 발전에 가려져 있었으나, 이제는 대기 유동층 연소(AFBC) 기술로 상업적 경쟁력을 충분히 가지게 되었으며 대형 보일러 제작소에서는 이 설비를 표준 패키지로 판매하고 있다. AFBC 장치는 300MW 용량까지 제작되고 있고 석탄, 도시 쓰레기 등 다양한 연료를 사용할 수 있으며 신설 설비에서는 종종 천연가스를 사용하는 열병합발전과 경쟁하기도 한다(Tavoulareas 1991 1995; Schimmoller 2000). 최고 30GW까지 나오는 AFBC 보일러 600대가 현재 미국에서 가동중이다. 유럽의 용량도 이와 비슷하며 중국에는 소형이 2000대 넘게 설치되어 있다. AFBC는 미분탄을 사용하는 동일 용량의 플랜트보다 5~15% 저렴하며 습식 또는 건식 FGD를 사용한다. 가압 유동층 연소(PFBC)는 가스터빈을 구동할 수 있는 가스를 생산하여 복합싸이클 운전을 할 수 있다. 미국 에너지부의 청정석탄기술 프로그램은 처음으로 PFBC 발전설비를 가동했으며 2000년까지는 세계 전체에 약 1GW의 설비가 설치될 예정이다(DOE 2001b).

2세대 PFBC는 석탄 가스화 설비와 결합하여 연소기에 사용될 연료가스를 생산하며 또한 가스터빈에 투입되는 연돌가스 에너지를 보태준다. PFBC 보일러는 미분탄용 기존 설비보다 설치 면적이 훨씬 작다. 새로운 방식의 버너와 내식성 재료, 흡착제 및 가스터빈의 도입에 기반하고 2010년경에 실용화할 것으로 예측되는 이 프로세스는 질소산화물과 아황산가스, 그리고 미립자의 배출을 무(無)에 가깝게 낮추면서도 전환 효율을 52%로 유지할 수 있게 해준다(DOE 2001b). 이 효율은 기존의 표준형 석탄 화력발전소보다 30~50% 더 높은 것이므로 이산화탄소 배출에 따르는 불이익을 감소시키는 데도 큰 도움이 될 것이다.

초임계(supercritical) 화력발전소도 효율을 높일 수 있을 것이다. 이 발전소의 가동 압력은 35MPa, 온도는 720℃이다(초임계라는 말은 구동 조건 압력이 22.1MPa 이상임을 가리킨다. 이러한 압력에서 물은 액체와 기체 상태가 구별되지 않으며 균질 유체를 형성한다). 초임계(25MPa까지) 화력발전소는 1970년대 미국에서 선호되었으나 1980년대 초반부터 대개 가용성과 관련된 초기 문제로 건설이 급격히 하락했다. 일본과 유럽에서는 1990년대 말까지 호조를 보여 총 462대가 발전용량 270GW로 설치되었다(Gorokhov et al. 1999). 최근 기술로는 운전 압력이 상시 30MPa(12% 크롬강 사용)로서 효율은 45% 이상이다. 31.5MPa 압력은 고가의 오스테나이트강을 사용하면 가능하며, 35MPa는 니켈 합금을 사용하는데 그 효율은 50% 이상이다(Paul 2001). 미국 에너지부는 저오염 배출형 초임계 설비를 설계하고 있는데 이것으로 에너지 변환 효율 50%(2010년까지) 이상, 질소산화물 및 아황산가스 제거 기능의 향상을 결합할 것이다(Gorokhov 1999).

또다른 오래된 고효율 구상으로서 유럽, 러시아, 일본에서 사용되었지만 북미에서 외면받은 것은 단일 열원으로 전기와 열을 동시에 생산, 공급하는 방식이다(Clark 1986; Elliott & Spurr 1999). 열병합발전으로 알려진 이 방식은 20세기 초 널리 사용되었으며, 미국에서도 보편화되었으나, 1950년 이후 산업체와 대형 기관(병원, 대학, 공업단지 등) 대부분에서는 필요한 열에너지(증기, 온수)만 현지에서 생산하고 전력은 외부에서 구입하기 시작했다. 1990년대 말까지 열병합발전은 미국 발전용량의 6%에 불과했으나 2010년까지는 10%로 증가할 수도 있을 것이다(Smith 2001). 유럽에서는 덴마크가 40%, 네덜란드와 핀란드가 30%의 전력을 지역의 열병합발전소에서 대부분 조달하고 있다. 효율 증대는 명확하다. 일반 화력발전소의 발전 효율 33~35%와 비교해볼 때 전력 발전과 열 생산을 결합하여 연료의 70%까지를 유용한 에너지로 변환할 수 있는 것이다.

끝으로 높은 효율(45% 이상), 낮은 질소산화물 배출량(표준 미분탄 연소에 비해 절반) 등의 성능을 가스터빈과 증기터빈의 복합형인 석탄 가스화 복합싸이클(IGCC)에서 얻을 수 있다(William 2000; Falsetti & Preston 2001). 2001년 현재 미국, 유럽, 아시아에서 30기 이하의 IGCC가 가동되고 있다. 그러나 이는 2000년 현재 자본비용이 1kW당 1300달러로, 효율이 더 높으면서도(50% 이상) 자본비용이 1kW당 500달러 이하이며 이산화탄소 배출량도 절반인 복합싸이클 가스터빈에 비해 불리하다. 경제적으로 경쟁력 있는 IGCC는 2010년(Schimmoler 1999) 이전에 실용화가 가능할 것으로 산업계는 보고 있으나 역시 이산화탄소를 많이 배출한다는 약점이 있다.

국가별 그리고 대륙 전체의 전망을 보더라도 EU에서 석탄이 부활할 것이라 생각하는 사람은 없으며 앞으로 더 감소할 것이라고 볼 뿐이다. 구소련과 동구에서도 석탄은 사양화할 것이다. 일부 산업 관계자의 전망에 따르면 미국에서도 석탄 화력발전소의 전망은 어둡다. 기존의 화력발전소 숫자가 줄어들고 새로운 건설을 반대하는 움직임이 약화될 기미는 보이지 않으며, 거기에 자금을 댈 열기도 없으므로 일부 전문가들은 미국의 화력발전 비중이 2000년의 50%에서 2020년에는 불과 15%로 감소할 것이라 본다(Makanski 2000). 그러한 예측은 지나치게 비관적인 것이다.

앞서 말한 바와 같이, 앞으로 20년 동안 노후 발전설비를 대폭 교체해야 할 필요는 명백하다. 반면 석탄은 공급 확보와 저렴한 가격 면에서 우위가 있으며 이 장점들은 앞으로 더 커지거나 또는 큰 폭으로 변동하지 않을 것이다(NRC 1995). 이러한 장점과 더불어, 발전된 연소기술로 효율이 높아지고 질소산화물 및 아황산가스 배출이 줄어들며 전환 효율 상승에 따라 이산화탄소 배출이 감소하면 석탄도 상당한 경쟁력을 가질 수 있을 것이다. 이 때문에 에너지정보국에서는 21세기 첫 20년 동안 석탄 화력발전의 비중이 2020년에도 전체 수요의 44%를 유지하고 석탄 소비는 25% 증가할 것이라 예측한다(EIA 2000).

1990년대 후반 수요와 생산이 급격히 감소한 것만으로 중국 석탄의 미래를 판단해서는 안될 것이다. 1995년 석탄은 중국 1차 상업 에너지의 75% 이상을 공급했으며 이 비율은 1972년 이래로 최고치였다(Fidley 2001). 그러나 불과 4년 후 이 비율은 68%로 떨어졌다. 이것은 상대 감소 비율로는 10%, 절대량으로는 250Mtce을 살짝 웃도는데 미국을 제외한 다른 모든 국가의 석탄 생산량보다 많은 것이다. 이런 추세가 앞으로 조금만 더 계속되더라도 대량의 석유 수입이 불가피할 것이다. 천연가스는 이렇게 짧은 기간에 대량으로 도입할 수 없기 때문이다. 그럼에도 석탄의 비중이 점차 감소할 것은 분명해 보인다.

석탄의 점차적 퇴조의 첫째 원인은 크게 보면 에너지 집약도를 줄인 중국 경제의 구조조정 때문이고, 자세히 보면 도시 및 산업에서의 석탄 연소 필요의 감소 때문이다(자세한 내용은 제2장 참조). 둘째 원인은 늦게나마 대도시의 대기오염을 해소하겠다는 확고한 정책이다. 일례로 뻬이징에서는 2008년 올림픽을 앞두고 석탄을 사용하지 않도록 할 계획이다. 이런 추세를 보면 중국과 외국의 석탄 소비에 대한 중기적 예측들은, 2020년까지 2.4배 증가할 것이라는 EIA의 견해들 포함하여 모두 비현실적으로 높은 것이다(제3장과 그림 3.12 참조).

반면 중국의 전력 공급 사정이 지극히 불안정하다는 것과 화력발전 비중이 매우 높다는 점도 고려해야 할 것이다(World Bank 1995; IEA 1999; Fridley 2001). 1990년대 후반 중국의 일인당 전력 소비량은 대만의 8분의 1, 일본의 10분의 1에 불과하며, 그 4분의 3이 화력발전에서 충당된다. 그렇다고 다음 한 세대 동안 매년 20GW의 신규 발전소가 건설되리라는 예측은 역시나 실제 상황을 과장한 것으로 보인다. 하지만 그 절반 속도로 화력발전을 확장하더라도 최소한 2015년까지 250Mtce가 필요하게 된다. 새롭고 풍요로운 중국은 불가피하게도 발전 분야에서 석탄 의존을 끊지는 못할 것이며, 따라서 AFBC, PFBC, IGCC 또는 열병합발전 등 고효율 저오염 연소기술에 투자를 많이 하게 될 것이다.

확실하게 말할 수 있는 것은 여기까지일 것이다. 20세기의 마지막 25년 동안 석탄 소비가 지속적으로 급격히 감소할 것이라는 예측은 어긋났다. 아직도 석탄은 세계 1차 상업 에너지 중 약 4분의 1을 공급하고 있다. 만일 1974년 이전의 감소율을 재개한다면 2025년에는 단지 세계 에너지의 10%만을 공급할 것이며 2050년 이전에 무시할 수 있는 수준이 될 것이다. 그러나 그러한 감소 추세는 그 증가 속도가 지난 세대에 비해 크게 높아지고 있는 천연가스의 소비로 상쇄될 것이다.

　나는 미래에 석탄의 급감과 천연가스의 급증이 하나의 조합으로 나타날 확률은 매우 낮다고 본다. 석탄이 세계 에너지원에서 차지하는 비중이 아주 서서히, 그리고 가끔씩 들썩거리면서 줄어들고 있기 때문이다. 미래를 멀리 바라볼수록 더 중요하게 고려해야 할 것은 천연가스의 앞으로의 역할뿐 아니라 비화석에너지의 상업적 사용 증대, 그리고 기술 개발, 적정 가격 책정, 효율화 목표 선정 및 소비 행태의 점진적 변화 등을 통해 이루어갈 에너지 절약의 실현 가능 여부라고 생각한다.

5장

비화석에너지

문명 이래 전 세계의 에너지 공급을 조사해보면 적어도 한 가지 명백한 사실을 알 수 있다. 사용 에너지의 대부분을 화석연료에 의존하는 우리 사회는 분명 하루살이 목숨 같은 상태에 놓여 있다는 것이다. 이러한 결론이 명확해지려면 두 가지 조건이 충족되어야 한다. 첫째, '대부분'이라는 핵심적인 형용사가 의미하는 양이 구체적이어야 한다. 만일 대부분이라는 말이 세계 1차에너지 총공급(TPES)의 75% 이상을 의미한다면, 우리는 언제나 이 수치 이상을 기록했다. 2000년에는 전 세계 320EJ의 TPES 중에서 화석연료로부터 나오는 에너지의 비율이 82%에 달했으며, 35EJ이 수력발전과 원자력발전에서 그리고 최소한 35EJ이 바이오매스에서 생산되었다. 둘째, 탄화수소의 매장량이 충분하다고 가정하더라도 그 재생 속도가 지난 10년에서 100년 동안의 채굴 속도를 따라잡으려면 더욱 빨라져야 한다.

지금처럼 화석연료에 의존하는 시대가 얼마나 갈지는 알 수 없으나, 이러한 시대가 인류문명이 존속하는 기간 내내 지속될 수는 없을 것이다. 인류는 대략 1만년 동안을 농업을 기반으로 정착해왔고, 고도로 문명화한 도시 중심의 사회가 최초로 나타난 것은 5000년 전 정도이다. 단지 지난 3세대(즉 60~75년), 즉 문명화 시대의 1.5%를 넘지 않는 기간에 인류는 급변하는 에너지 수요의 대부분을 화석연료로 충당해왔다. 심지어는 막대한 재래식 화석연료의 궁극가채량과 매우 효율적인 에너지 전환, 그리고 안정된 세계 인구의 매우 낮은 에너지 수요라는 요건들의 조합이 충족되더라도 화석연료에 대부분을 의존하는 사회를 몇백년 이상 지속하기란 불가능하다. 환경 변화의 충격을 잘 흡수하기만 한다면, 대규모의 비재래식 에너지 채굴을 통하여 이러한 기간을 연장할 수도 있을 것이다.

화석연료 이후에는 어떤 시대가 도래할까? 이러한 질문을 후회나 불안의 어조로 논해서는 안될 것이다. 악마처럼 여겨지는 많은 양의 석탄과 더 깨끗하고 유용한 탄화수소들이 그동안 우리에게 도움을 주었다는 사실에는 의심의 여지가 없다. 탄화수소들은 최소한 인류의 4분의 1(이들 중 대략 3분의 2는 선진국에 속해 있으며, 나머지는 후진국의 고소득층이다)에게 몇백년 전에는 극소수 부유층도 사용할 수 없던 것을 일상생활 속에서 누릴 수 있게 해주었다. 더 중요한 것은 순전히 숫자로만 보았을 때, 나머지 30억 인류에게 이러한 전환은 상반된 영향을 미쳐왔다는 것이다. 한편으로는 비참하고 불안정하며 문맹인 환경을 가져왔고, 다른 한편으로는 어느정도 안락함과 크게 개선된 평균수명 그리고 기본적인 교육기회를 제공했다. 에너지로부터 간접적이고 부분적이며 따라서 매우 불충분한 혜택만 받고 있는 사람은 여전히 최소 15억이나 된다.

화석연료에서 비화석에너지로의 점진적인 이동은 불가피하겠지만 이것이 지금까지 우리가 성취해온 것들을 유지하는 데 위협을 가해서는 안된다. 게다가 에너지를 가장 필요로 하는 사람들이 혜택을 누리는 것을 어렵게 만들어서도 안된다. 태양복사에 의해 지구에 직접 도달하거나 물의 흐름이나 바람, 파도, 바이오매스 등으로 자연스럽게 전환되는 거대한 에너지 흐름이 있는 한, 재생에너지의 양은 문제가 되지 않을 것이다. 지구의 어떠한 문명을 고려하더라도 이러한 에너지원은 앞으로 5억년간, 즉 태양 팽창으로 복사에너지가 증가하여 대양을 가열하기 전까지는 재생이 가능할 것이다. 이때는 거대한 부피의 수증기가 성층권으로 옮겨가 지구에서는 거세고 뜨거운 바람만이 대기를 휩쓸고 다니게 된다(Smil 2002). 아무리 과감한 SF소설가라 할지라도 이처럼 먼 미래에 대한 이야기를 쉽게 설정하지는 못할 것이다.

문제가 되는 것은 시공간상의 재생에너지 흐름이 지닌 효용성과 재생에너지의 밀도이다. 모든 종류의 재생에너지 흐름 가운데 오직 태양복사만이 상당히 높은 에너지 밀도를 지니고 있다. 지구 대기권 정상에 도달하는 태양복사 에너지의 양은 대기권 밖에서 $1347W/m^2$에 달한다. 이러한 에너지량을 일반적으로 태양상수라 하지만 대기권으로 들어오는 태양에너지는 지구 표면적과 대기에 의해서 흡수되는 양과 우주로 반사되는 양을 고려하여 실제 표면에서의 에너지, 즉 표면에서 실제로 흡수되는 태양복사 에너지를 계산해보면 평균 $168W/m^2$이다. 이 값을 일반적인 의미의 일사량으로 본다(그림 5.1). 최대 일사량은 구름이 없는 고기압대의 아열대 사막지역에서 $250W/m^2$에 달하며, 최소량은 겨울 극지방에 존재하는데 그 양은 $0/m^2$이다. 현재 기술로는 일사량 중 $20\sim60W/m^2$ 정도만 전기에너

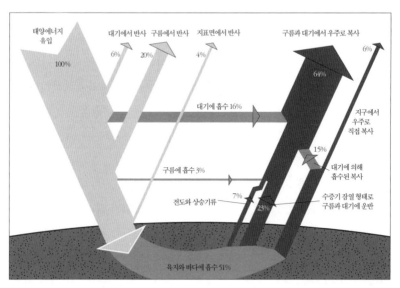

그림 5.1
태양 복사에너지 유입의 구분. 자료 Smil(1999a).

지로 전환이 가능하며, 재생 가능한 그 어떠한 에너지량도 이보다 높은 효율을 갖지 않는다.

모든 간접적인 태양에너지 흐름은 매우 빨리 확산한다는 특징을 가지고 있다. 이러한 에너지 밀도는 일반적으로 $10W/m^2$ 미만으로, $1W/m^2$를 넘지 못하는 경우도 많다. 또한 간접적으로 태양에너지를 이용하는 현존 기술들 대부분은 매우 비효율적이다(수력발전이 유일한 예외이다). 그래서 화석연료를 이용하여 얻는 에너지에 비해 매우 작은 비율(대부분 숫자의 단위 자체가 작다)의 에너지 밀도만 사용할 수 있는 전기나 액체연료의 형태로 전환될 수 있다. 상징적인 비율이 이러한 불균형을 설명해준다. 조수 간만의 차와 강 상류의 운동에너지에 의해 $10~50W/m^2$의 에너지가 생산되며 $5~20W/m^2$가 바람을 통해, $1W/m^2$가량이 대규모 저수지가 필요한 강 하류의 수력발전을 통해 에너지가 생산된다. 그리고 $1W/m^2$ 미만이 바이오매스 에너지를 통해 생산된다(그림 5.2).

이것은 화석연료의 추출이나 화력발전과는 상당히 대조적이다. 현대의 고에너지 문명을 만든 이러한 방법들은 약 $1~10kW/m^2$ 범위의 밀도 높은 상업용 에너지를 만들어낸다(그림 5.2). 현대 사회에서 사용되는 최종 에너지 밀도의 범위는 가정이나 에너지 강도가 낮은 제조업과 사무실, 교육기관과 도심 지역의 경우 $20~100W/m^2$이다. 슈퍼마켓과 일반적인 사무용 건물은 $200~400W/m^2$이며, 철강이나 정유 산업 같은 에너지 집약 산업에서는 $300~900W/m^2$를, 고층 건물은 최고 $3kW/m^2$의 에너지를 사용한다(그림 5.3). 화석연료에 의존하는 우리 사회는 이러한 에너지 밀도를 공급하기 위해서 건물, 공장 또는 도시 일반에서 최종적으로 사용되는 것보다 $10~1000$배 높은 밀도를 지닌 연료와 화력 전기를 생산해 응축된 에너지 흐름을 분산하고 있다.

그 결과 연료의 추출이나 전환에 사용되는 공간은 연료를 운반하여 소비자에게 전달하기 위한 송유관이나 송전선이 차지하는 공간에 비하여 상대적으로 작다는 것을 알 수 있다. 예를 들어 미국에서 화석연료를 추출

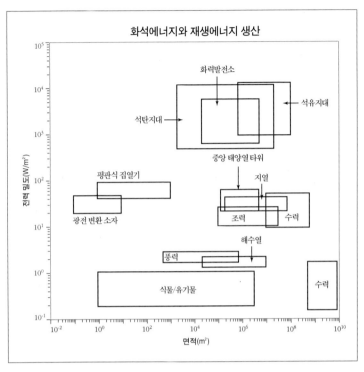

그림 5.2
화석에너지 및 재생에너지 전환의 전력 밀도는 1차에너지 공급의 두 가지 방법 사이의 차이가 1만배에 이름을 보여준다. 자료 Smil(1991).

하기 위하여 사용되는 총 공간은 1000km² 미만(국가 면적의 약 0.01%)이다. 반면 송유관과 변전소, 송전시설 등이 차지하는 공간을 합하면 거의 3만km²에 이른다(Smil 1991). 기존의 주거 및 산업 인프라를 그대로 물려받은 태양에너지 중심의 사회라면 이와 반대로 흩어진 에너지를 집중해야할 것이다. 특히 고효율 난방·조명 주택 같은 일부의 최종적인 사용에서는 사용된 에너지와 같은 밀도의 재생에너지를 활용할 수 있다. 광전지를 사용해 에너지를 전기로 전환하여 동력을 분산하는 것이 가장 대표적인예가 될 수 있다. 그러나 대도시와 산업지역에 에너지를 공급하려면 태양에너지 기반 사회는 에너지 밀도 면에서 현재 사용되는 에너지의 100~

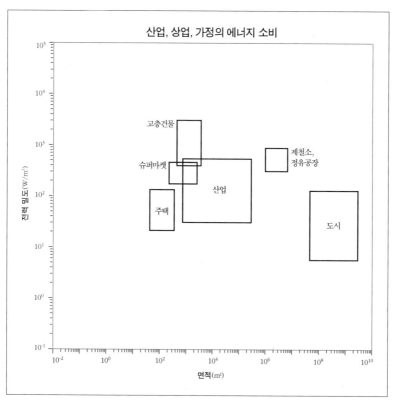

그림 5.3
산업, 상업 및 가정 에너지 소비의 전력 밀도는 주로 10~100W/m2의 범위에 속한다.
자료 Smil(1991).

1000배 되는 차이를 극복해야 하며, 이를 위해 분산된 에너지 흐름을 집중시켜야 한다(그림 5.2, 그림 5.3).

저밀도의 재생에너지와 상대적으로 고밀도인 오늘날 최종 에너지의 밀도 차이 때문에 대규모의 태양에너지를 전환하여 분산시키려면 어떤 식으로든 상당한 공간적 재건축이 필요하다. 그리고 여기서 주요한 환경적, 사회경제학적 영향이 일어날 것이다. 가장 두드러지게는 에너지 1차 전환에 사용되는 고정설비용 부지에 대한 요구가 상당히 증가할 것이고, 이러한 부지의 재배치로 인하여 부득이하게 더욱 성능 좋은 변·송전시설이 필요할 것이다. 또한 직간접적인 태양에너지 발전시설의 위치 선정에 따르는 비용통성과 불가피한 토지 사용 때문에 발생하는 농경지와의 충돌 문제는 부가적인 약점이다. 개별적인 재생에너지의 상업적 이용에 내포된 장단점에 대하여 논의할 때 이러한 전력 밀도 불일치의 구체적 내용에 대하여 다시 설명할 것이다.

현대의 산업, 상업, 주거를 위한 사회 기반시설은 안정적이면서도 신뢰성 높은 에너지 공급을 목표로 하는 에너지 전환 씨스템을 요구한다. 이러한 요구를 만족시키기 위해 전체 태양에너지 흐름에 대한 통계를 만드는 것이 두번째 주요 과제이다. 태양에너지는 식물을 광합성(수분과 영양의 부족을 막고 해충의 공격으로부터 보호하는)에 의해 화학에너지로 전환되었을 경우에 한해 유용하고 예측 가능하게 활용될 수 있다. 대용량의 에너지 저장매체 없이는 어떠한 종류의 동적 재생에너지 흐름도 현대의 전

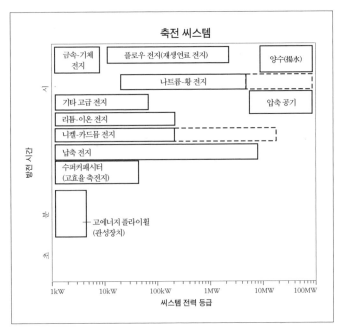

그림 5.4
주요 대용량 축전지의 전력 등급과 방전 시간. 자료 ESA(2001).

기 집약적 사회가 요구하는 대용량의 기초 전력을 공급할 수 없다. 비효율적이고 부적절한 에너지 저장매체를 효율적인 저장매체로 바꾸기 위한 1세기 이상의 노력에도 불구하고 대량의 물을 가두어두는 것만이 사용 가능한 형태로 즉시 전환할 수 있는 대량의 에너지를 저장하는 유일하고 실질적인 수단이 되어왔다(그림 5.4). 제6장에서 이러한 기본적인 문제에 대해 다룰 것이다.

마지막으로 태양의 핵융합반응에서 비롯하지 않은 재생에너지 흐름이 두 가지 있다. 첫째는 기본적인 지표면 냉각과 지각의 방사성 원소(U^{235}, U^{238}, Th^{232}, K^{40}) 붕괴로 인한 지구 표면상의 열 유동이고, 둘째는 달과 태양의 인력에 의해 발생하는 조력에너지이다. 지열은 직접적인 태양에너지 흐름뿐 아니라 간접적인 에너지 흐름과 비교해도 에너지 밀도가 평균 $85mW/m^2$ 정도로 아주 낮다. 하지만 에너지 흐름 자체는 시간과 장소에 관계없이 언제나 사용할 수 있다. 판구조와 열점(hot spot) 현상으로 인해 지구의 많은 곳에서 강한 열 흐름이 지각을 통해 발생한다. 이러한 열 흐름은 높은 온도의 물과 증기에 의해 종종 지표면으로 전달되는데, 이렇게 전달되는 에너지는 상업적인 추출에 적합한 지열에너지이다. 조수운동은 예측 가능한 주기성이지만, 높은 에너지 밀도를 보이는 지역은 전 세계에 몇군데밖에 안된다.

이 장에서는 경제성있는 비화석에너지 중에서 가장 중요한 수력발전에 대해 세밀하게 검토하는 것에서부터 비화석연료에 대한 고찰을 진행하고자 한다. 그 다음으로 나무와 석탄, 수확 잔류물, 분뇨 등 비영리적이며 비화석연료인 바이오매스의 중요성을 살펴볼 것이다. 이러한 연료는 저소득 국가의 수많은 소규모 제조업체와 몇몇 대기업뿐 아니라 수백만에 이르는 가구의 난방에 사용되고 있다. 또한 그보다는 큰 기업에서는 바이오매스 연료인 숯이 에너지 공급원으로 사용되기도 한다. 이같이 일부 지역에서는 중요하지만 일반적으로 전환하여 사용하기에는 효율이 떨어지는 연료가 현대화될 수 있을까? 아니면 저소득 국가에서는 바이오매스 에너지를 사용하는 데 전혀 다른 방식이 필요한 것일까? 에너지자원이 풍부한 국가들은 바이오매스 에너지를 주변적인 1차에너지 공급원에서 다변화된 에너지 씨스템의 중요한 에너지원으로 향상시켜야 하는가?

그 뒤를 이어 재생에너지를 이용한 전기 생산 중에서 요즘 급부상하는 두 가지 방식인 현대식 터빈을 이용한 풍력발전과 태양광 및 태양열 전지를 사용하는 태양발전을 다룰 것이다. 또한 상용화되지는 못했지만 대안으로 남아 있는 에너지 전환 방법들과 실제로 상용화된 재생에너지를 이용한 발전 방법에 대해서는 뒤에서 두번째 절에 실었다. 마지막으로 20세기 초에는 완전하게 알려지지 않았지만 그후 40여년에 걸쳐 실험적으로 사용해오다가 반세기 전부터 본격적으로 상업화된 원자력에너지로 비화석 에너지에 관한 장을 끝맺겠다. 원자력에너지의 급격한 흥망성쇠와, 원자력에너지가 우세할 것이라는 예견이 실패했음은 이미(각각 제1장과 3장에서) 살펴보았다. 따라서 여기에서는 예측보다는 원자력에너지의 부활 가능성을 높이거나 낮추는 요인과 그 기본 양상, 즉 본질적으로 안전한 새로운 발전과 확산 방지 씨스템에 대해서도 살펴보겠다.

수력에너지의 잠재력과 한계

물이 터빈을 회전시켜 얻는 에너지, 즉 수력발전은 전 세계 전기 공급의 20% 정도를 담당하고 있다. 수력발전은 열대지역 국가에서 상대적으로 더 중요한 전력 생산 수단이다. 수력발전량을 에너지 산출량을 사용하여 비교하면(TPES 통계를 작성할 때 사용하는 방법은 제3장을 참조) 전 세계 수력발전량은 현재 10EJ 정도이다. 그러나 동일한 양의 전력을 화석연료에서 얻기 위해서는 발견, 채굴, 운송, 정제하는 데 거의 30EJ의 에너지가 더 필요하다. 게다가 1.3Gt가량의 보일러용 석탄도 추가로 소모된다. 이럴 경우 최소 1Gt가량의 탄소와 25Mt가량의 황을 대기 중으로 내보내게 된다.

이런 추가 오염물질은 오늘날 전 세계 인류가 만들어내는 오염물질의 15
~35%에 해당하는 양이다.

수력발전은 또한 다른 전기 생산에 비해 운영 비용이 낮고 설비의 수명
도 길어 소비자 입장에서는 저가로 전기를 사용할 수 있게 된다. 전기 씨
스템적 관점에서 수력발전은, 더 자세히 말해 순동 예비전력*(씨스템에 0
의 부하로 동기화됨)은 갑작스러운 수요 증가로 인해 최대 부하가 걸렸을
때 이를 해결하는 최상의 방법이다. 그리고 수력발전을 위해 만든 많은
댐과 저수지는 관개 및 상수원, 홍수 방지장치, 양식장, 휴양지로도 사용
되고 있다.

게다가 전 세계 수력에너지의 잠재력을 조심스럽게 평가해보더라도,
무공해 전기를 만들어내는 수력에너지는 아직도 광범하게 미개발 상태로
남아 있으며 심지어 대형 터빈이 설치된 곳에서도 아직 두 배 가까운 자원
을 더 이용할 수 있다. 이를 수치로 보면 다음과 같다. 전 세계 지표유수
는 3만 3500~4만 7000Km³나 되며, 평균 4만 4500Km³(남극대륙의 빙하는
제외, 대륙 안쪽으로 흘러드는 빗물은 포함)에 이른다(Shiklomanov 1999). 대
륙의 평균 고도를 840m라 가정하면 유수의 위치에너지는 대략 367EJ으로,
거의 2000년도 세계 TPES와 맞먹는 수준이다. 자연 유수를 100%의 효율
로 사용할 수 있다면 지구 전체 강에서 얻는 이론상의 총 발전량은 11.6TW
에 이른다.

그러나 수많은 현실적 문제 때문에 이 수치는 낮아질 수밖에 없다. 강물
의 경쟁적 이용이라든가, 수력발전소 건설에 적합하지 않은 환경조건, 계절
에 따른 유량 급변, 물의 운동에너지를 완벽한 효율로 전환할 수 없는 한계
등이 가로막고 있다. 그래서 개발 가능성(이론적 잠재성 중에서 현재 기술
로 이용 가능한 비율)은 50%를 약간 웃돌 뿐이며, 설치용량이 1MW가 넘

---

*spinning reserve. 순간적으로 발전을 시작할 수 있는 전력 예비능력을 말한다. 수력발전에서는
물이 늘 흐르고 있기에 화석연료 발전이나 원자력발전에서처럼 터빈을 돌리는 에너지(보통 증
기)를 얻는 데 시간이 거의 걸리지 않는다―옮긴이.

는 수력발전의 효율은 대체로 30%밖에 안된다. 따라서 기술적으로 가능한 용량의 전 세계 총합은 국가별 수치를 더해서 산출해내야 하고 국제대형 댐위원회(ICOLD, 1998)는 이를 전력으로 따지면 52EJ(14PWh 이상), 즉 이론상 총량의 약 14%로 설정해두고 있다. 예상대로 이러한 총량 분포는 대륙별 차이가 심하다. 아시아의 경우는 47%, 라틴아메리카는 20%에 달한다. 국가별로 봤을 때 중국이 가장 높은 수치(약 15%)를 보이고 있으며 구소련은 2위인 12%를 기록하고 있다. 기술적으로 실현 가능하다고 해서 그것이 곧 경제적으로 적합하다는 것은 아니다. 경제적인 가능성을 갖고 진행되는 프로젝트는 전 세계 30EJ, 8PWh 정도로, 현재 개발해서 사용하는 총 용량의 3분의 1 수준밖에 안된다.

또한 잠재적 용량에서 이미 개발된 부분이 차지하는 비율에도 큰 차이가 존재한다. 유럽은 1990년대 말 최대 점유율인 45%를 보였고, 그 뒤를 북미(거의 45%)가 따르고 있었다. 라틴아메리카는 수자원의 약 20%를 개발했으나 아시아의 경우는 단 11%, 아프리카는 3.5%에 그치고 있다 (ICOLD 1998). 일인당 전기 소비량이 선진국 평균의 극히 일부에 지나지 않지만 인구의 80% 이상이 사는 3개 대륙은, 경제를 현대화하고 삶의 질을 높이면서도 이산화탄소나 황산화물 및 질소산화물의 배출을 억제할 수 있는 수력에너지를 개발하기에 좋은 곳으로 환영받고 있다.

1960년대에서 1970년대 사이 이런 희망적인 메씨지는 진부할 정도로 자명한 것이었다. 전 세계에서 10년간 5000기의 신규 대형 댐이 건설되는 붐이 인 것이다(그림 5.5). 그러나 21세기에 들어서면서 이 메씨지는 그렇게 희망적이지만은 않게 되었다. 현재는 좋게 보면 오해이고 나쁘게 보면 환경적으로 유해하고 사회적으로 혼란을 일으키며 경제적으로도 불안하다고 인식되고 있는 MW급 대형 수력발전 프로젝트를 추진한 기업의 터무니없는 프로파간다였다는 것이 중론이다. 점점 목소리를 높이는 댐 건설 반대론자들은 꽤 오랫동안 미국을 비롯해 저수지가 많은 다른 나라들(서둘러 덧붙이자면 이들 모두가 전력발전을 위해 건설·사용된 것은 아

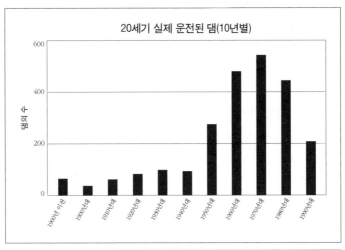

20세기 실제 운전된 댐(10년별)

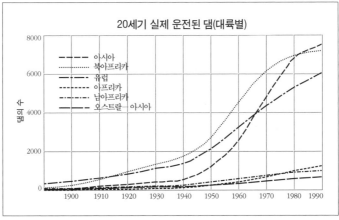

20세기 실제 운전된 댐(대륙별)

그림 5.5
세계 대형 댐의 운전 상황: 1990~2000년 10년 합계 및 대륙별 누적.
자료 WCD(2000).

니다)에서도 이러한 건설 활동이 광범한 생태계적 관점뿐 아니라 적절히
제한된 경제적 시야에서도 옹호받을 수 있는 모든 합리적 한계를 멀찍이
벗어난 것이라고 주장해왔다.

이런 주장을 극단적으로 밀어붙이며 디바인(Devine 1995, 74면)은 "좋은
댐이라는 것이 있는가?"라고 물었다. 이 질문은 꽤 유용했으니, 미국대형

댐위원회 부의장조차도 단 두 가지 댐, 즉 콜로라도에 있는 후버(Hoover) 댐과 컬럼비아에 있는 그랜드 쿨리(Grand Coulee)댐을 언급하면서, 미국 전역에 있는 5500개의 댐 중에 몇개 더 있을지 모르지만 "생각나지 않는 다"고 대답했다. 더 주목할 만한 사실은 수자원공학 분야에서 손꼽히는 학술지에 따르면 "미국에서는 수력발전이 재생에너지로 승인받는 것에 대해 아직도 논쟁이 진행되고 있다"는 점이다(Moxon 2000, 44면). 논리적으로는 당연하게 보이는 것들이 현실에서는 아니다. 댐은 기술적 오만이나 경제적 관리 부실, 또는 환경 파괴의 화신처럼 보인다.

수력발전용 댐이 (주로 부패 식물에서 발생하는 이산화탄소나 메탄 같은) 온실가스의 주요 배출원이라는 최근 연구 결과는 수력발전의 마지막 잇점, 즉 화석연료의 대체에너지라는 역할조차도 부분적으로 부정하고 있다. 동시에 댐 건설 때문에 많은 사람이 삶의 터전을 잃고 떠나야 하는 부인할 수 없는 곤경 또한 발생하고 있다. 또다른 두 가지 논쟁거리는 막대한 초과 비용과 의심쩍은 경제적 효과이다. 한 세기 이상 동안 관례적으로 널리 인정받던 사실과는 반대로 이러한 의구심과 부정적 의견들 때문에 세계댐위원회(WCD)가 발족하게 되었다. 이 기구에 의해 댐에 대해 포괄적으로 다시 검토하게 되었으며 대형 댐과 저수지의 부정적 효과에 대해 연구 조사가 이루어졌다. 또한 WCD는 미래에 세워질 댐은 경제적 이익만큼이나 중요한 환경적 영향과 사회적 영향을 고려해야 한다고 주장했다(WCD 2000).

이런 새로운 현실 때문에 아프리카, 아시아, 라틴아메리카에 남아 있는 거대한 에너지 잠재력의 미래 개발은 20세기 후반 수력발전 용량이 추가되는 속도에 맞추거나 추월하기가 어렵게 되었다. 수자원 공급과 홍수 방지 전용으로 건설된 것을 포함한 대형 댐의 전체 수는 이 기간에 5000개미만에서 4만 5000개 이상으로 9배 이상 증가했고, 수력발전의 전력용량은 약 80GW에서 700GW로 커졌다(UNO 1956; WCD 2000; UNO 2001). 21세기 초반 전 세계 수력발전 개발이 지난 50년간의 발전 속도에 미치지 못한 이유를 살펴보면 이 분야의 산업적 전망에 대해 더욱 현실적인 관점을 얻을 수 있을 것이다.

빈곤층의 대규모 퇴거는 가장 논쟁적인 문제가 되어왔다. 1950년대까지 수력발전 대형 프로젝트 대부분에서 집단 이주는 필요치 않았다. 그러나 인구가 밀집된 국가, 특히 아시아에 대형 댐이 건설되기 시작하면서 이주 규모가 커져 저수지 하나당 10만 이상이 이주를 하게 되고, 거기서 영향을 받는 사람의 수는 곧 100만을 넘게 되었다. 20세기 동안 대형 댐 건설로 최소 4000만명이 거주지를 옮겼으며, 1990년대 초반 매년 300개의 댐이 들어서기 시작했을 때는 연간 400만 이상의 인구가 거주지를 옮겼다(WCD 2000). 몇십년에 걸친 경험으로, 계획 수립자들이 이주자의 총계뿐 아니라 전체적인 인구 재배치의 복잡성, 영향을 받는 사람들에게 미치는 부정적인 작용을 과소평가해왔다는 것이 드러나게 되었다. 이주가족에 대한 불충분한 보상이나 강제 이주 후 십년이 지나더라도 연간 수입을 이전 수준으로 올리지 못하는 것은 흔히 볼 수 있는 현상이 되었다(Gutman 1994).

쉽게 예상할 수 있듯이 세계 대형 댐의 60%를 차지하는 중국과 인도는 주민 대부분을 이주시켜야 했다. 중국에서는 1000만 이상의 인구가, 인도에서는 1600만 이상의 인구가 이주했다. 지금까지 대규모 집단 퇴거로 가장 대중적 관심을 끈 사례는 인도 나르마다(Narmada)강 유역의 대형 댐 여러개의 건설과 세계 최대의 수력발전소인 중국 양쯔강 싼샤(三峽)댐의 경우이다(Dai 1994). 나르마다강의 싸르다르 싸로바르(Sardar Sarovar)댐이 30만명 이상의 인구를 이동시켜 논란이 일자 세계은행은 프로젝트 재정 투자에서 빠지게 되었다. 싼샤댐에 있는 길이 600km, 깊이 175m의 저수지는 최소 130만의 인구를 농업 재정착에 적당한 땅이 부족한 곳으로 내몰 것이다. 정착에 필요한 자금 대부분을 세계에서 아마도 가장 부패한 관료들이 횡령해버렸기 때문이다.

여타의 간접적인 태양에너지 흐름의 동력화와 마찬가지로 수력발전도 대체로 낮은 전력 밀도로 운영되며, 고유종이 풍부하고 생물 다양성이 높은 숲과 습지를 포함한 광대한 자연 생태계를 물에 잠기게 한다. 현재 전세계의 높이 30m 이상인 대형 댐이 차지하는 전체 침수 면적은 60만 km²(이딸리아 전체 넓이의 약 2배)이고 발전시설이 단독 또는 공동으로 차지하는 면적은 17만 5000km² 정도이다. 이런 댐은 단위당 시설용량이 4W/m²이지만(실제 발전량은 1.7W/m²) 개별 댐 프로젝트의 전력 밀도는 그 1000배에 달한다. 큰 강 하류에 있는 댐은 상대적으로 얕은 곳의 댐보다 물을 많이 저장할 수 있다. 하류에 있는 전 세계 7대 댐의 복합 지역을 합친 면적은 네덜란드 전체 면적과 같아지며, 면적이 세계 1위와 2위 가나

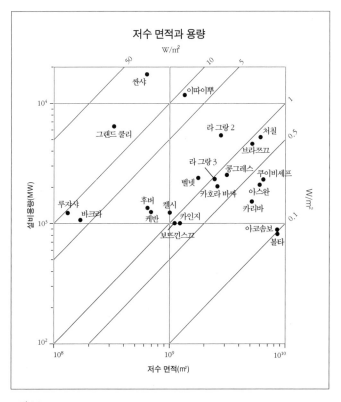

그림 5.6
100MW급 이상의 세계 최대 수력발전 프로젝트들의 전력 밀도. 자료 Smil(1991), ICOLD(1998), WCD(2000).

볼타강의 아코솜보(Akosombo 8730km²)와 러시아 볼가강의 쿠이비셰프(Kuybyshev 6500km²)는 레바논이나 키프로스 같은 작은 국가와 맞먹는다. 이러한 댐의 전력 밀도는 1W/m² 미만이다(그림 5.6).

반대로 경사가 가파른 강의 중상류 지역에 있는 댐은 훨씬 작지만 깊은 저수지를 지니며 전력 밀도는 10W/m²이다. 현재 세계에서 가장 큰 규모의 수력 프로젝트(12.6GW)이던 이따이뿌(Itaipu) 프로젝트의 전력 밀도는 9.3W/m², 그랜드 쿨리(Grand Coulee)는 20W/m²(6.48GW), 2008년도에 세계에서 발전 규모(17.68GW)가 가장 클 것으로 예상되는 중국의 싼샤댐은 약 28W/m²다. 고산지대의 발전소 몇군데는 100W/m² 이상의 수치를 보인다(그림 5.6). 세계 기록은 네팔의 아룬(Arun) 프로젝트로, 댐 저수지 면적 42ha에 용량 210MW으로 전력 밀도는 500W/m²이다. 일반적으로 수력발전소 대부분의 부하율이 50% 정도이고, 여러 댐은 최대 수요를 보이는 시간대에 전력을 공급하기 위해 건설되었기 때문에 발전소의 운전 시간이 짧다. 이런 이유로 실제 전력 밀도는 이론상 수치의 25~50% 수준밖에 안된다.

전 세계에서 댐과 저수지의 건설 때문에 전체 수계(水界)의 심각한 영향이 누적되고 있다. 대형 저수지의 설계 명세서를 보면 저수량은 현재까지 6000km³(WCD 2000)으로 증가했으며, 다른 추산치에 따르면 인공적인 저수량은 1만km³에 달하며 이는 전체 유수의 5배 이상이다(Rosenberg et al. 2000). 이러한 저수량으로 인해 하류의 온도는 낮아지며 유수의 거류시간은 증가한다. 뵈뢰슈마티와 사하지안(Vörösmarty & Sahagian 2000)에 따르면 일반적인 평균 유수의 거류시간은 16~26일인 데 비해 대형 저수지는 평균 60일 정도로 추산된다. 게다가 황하, 유프라테스, 티그리스, 잠베지 같은 세계 최대 강은 6개월이 넘으며 심지어 콜로라도, 리오그란데, 나일, 볼타의 경우에는 1년 넘게도 걸린다고 한다.

많은 열대지방 저수지의 수위가 들쭉날쭉하여 말라리아모기가 서식하기 좋은 환경이 만들어졌고 한때는 주혈흡충병(shistosomiasis)을 옮기는 달팽이가 새로 만든 저수지로 몰려와 (또는 수몰 전에 박멸되지 않아) 제 거하기 어려운 적도 있었다. 댐은 대부분 수중 서식종, 특히 산란을 위해 강을 거슬러 오르는 회귀성 어종에게는 넘을 수 없는 장애물로 작용한다. 터빈에서 배출되는 용존산소량을 증가시키고 터빈을 통과하는 어류가 생 존할 수 있도록 새로운 터빈 설계와 제어 씨스템이 나왔지만(March & Fisher 1999), 강에서 서식하던 수많은 물고기의 입장에서 보면 이는 너무 늦은 조 치이다. 여러개의 댐은 강을 조각조각 나누어 이제 세계 최대 강의 75% 이상이 그 영향을 받게 되었다.

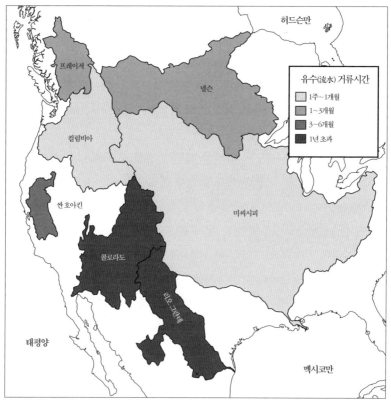

그림 5.7
북미 서부 주요 유역의 댐들로 인한 유수 거류시간. 자료 Vörösmarty & sahagian(2000).

요컨대 온난화의 위기를 맞은 지구에서 화석연료를 대체할 에너지원으로 제시되어온 수력발전의 설득력은 약화되었다. 이전에는 무시되던 환경영향에 대한 최근의 연구 때문이다. 화석연료가 지구온난화의 주범이기는 하지만 대규모 저수지 또한 온실가스의 주요 발생원이다(Devine 1995; WCD 2000). 북반구 아한대와 온대지방의 저수지에서 발생하는 온실가스는 상대적으로 적은 편으로 자연 호수와 비슷한 정도이며 화력발전소에 비하면 극히 미미한 수준이다. 열대지방의 저수지는 일반적으로 더 큰 배출원이지만 지역이나 연도에 따라 큰 변화가 나타나기도 한다. 저수지에 따라 어떤 해에는 화석연료 발전으로 생성되는 양보다 많은 온실가스를 배출하는 경우도 있다(그림 5.8). 이러한 변동으로 인해 저수지의 온실가스가 지구온난화에 실제로 얼마나 영향을 미치는지 평가하기가 어려워진다. 아마도 인류 전체 배출량의 최소 1%에서 최대 28%에 해당할 것이다(WCD 2000).

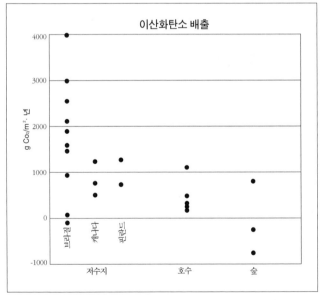

그림 5.8
저수지, 호수 및 숲에서 발생하는 온실가스. 자료 WCD(2000)의 그림.

그리하여 새로운 연구들이 미묘하게 지속되고 있는 다양한 환경영향을 계속 밝혀내고 있다. 대형 댐 건설로 인한 환경영향으로는 강의 상류와 하류에서 수중 생태계의 다양성이 감소하고 있다는 것이 단골 메뉴다. 예를 들어 실제 댐을 건설한 강의 하구에서는 자유 하천에 비해 생태계 종의 수가 감소하고 있는 것을 알 수 있다(Nilsson, Jansson and Zinko 1997). 이러한 강의 지류에서는 용존산소량과 황화수소의 독성이 감소해 열대 수초가 증가하고 그로 인해 건조할 때의 증발량이 증가한다.

하지만 무엇보다도 댐 건설에서 가장 큰 문제는 장기적으로 발생하는 과도한 침적에 따라 저수지의 수명이 위협받는다는 사실이다. 대다수의 저수지는 100년 이상 지속될 수 있도록 건설되었지만 자연적이거나 인공적인 영향에 의하여 침적 속도가 증가해 실제 저수지 수명은 줄어든다. 먼저 자연적 요인으로는 산맥에서의 빠른 침식과 황토지역의 침식 속도 변화 그리고 홍수와 산사태에 의한 유입 등을 꼽을 수 있다. 인공적 요인으로는 무절제한 벌채나 무작위 방목 그리고 부적절한 작물 경작이 있다. 또한 퇴적물의 하중이 늘어나 발전소의 유입 터널과 터빈 날개들이 압박되면 발전기의 운전에도 직접 영향을 미치며, 그로 인한 복구 비용이 증가할 뿐 아니라 예기치 않은 고장 또한 자주 일어난다. 과도한 토양 침전은 미국의 많은 지역에서 큰 문제가 되고 있다(Dixon 2000). 그러나 우기가 존재하는 아시아가 부식 가능성이 훨씬 높은 곳이다.

중국의 고원지대와 인도 히말라야 산맥을 낀 강의 지류에 건설된 여러 댐도 위와 같은 문제에 직면하고 있다. 인도의 일부 대형 수력발전소는 저수량이 30년 전에 비해 절반 이하가 되었으며 2020년경에 이르면 전체 수력발전소의 20%가량이 침적 때문에 저수량의 50% 이상이 감소할 것으로 예측된다(Naidu 2000). 중국의 황하에 건설된 싼샤댐의 경우 1950년대 작동 이래 1.1GW에 달하던 발전량이 과도한 침적 때문에 현재는 250MW(Smil 1984)로 감소한 상태이다. 또한 중국 전체를 살펴보면 이러한 침적의 영향 때문에 1960년에서 1989년까지 건설된 총 발전소 저수량의 25%가 줄어들어 그로 인한 직접 손실이 20억위안(1989년)에 달하는 것으로 추산된다 (Smil 1996).

강의 이러한 퇴적작용은 전 세계 강에서 침전물의 흐름을 25% 이상 단절하고 충적토와 습지에 필요한 유기체, 씰트를 줄이는 등 강의 먼 하류에까지 영향을 미친다. 그 결과 강의 하안선에서는 매우 빠른 속도로 침식이 일어난다. 나일강에 건설된 아스완(Awan)댐(2.1GW)으로 인하여 강의 하안선은 1년에 5~8m가량 후퇴했으며 가나의 볼타강에 건설된 아코솜보댐(833MW) 역시 해마다 토고와 베닌 지역의 하안선을 1년에 10~15m 후퇴시키고 있다(WCD 2000). 규산염이 체류되어 몇몇 하구와 해안지대에서는 규소 껍질로 된 규조류가 규소를 함유하지 않은 식물성 플랑크톤으로 바뀌고 있다(Ittekkot et al. 2000). 댐이 노후함에 따라 불가피하게 상황이 악화되고 있으며 최종적인 댐 해체 비용과 방법에 대한 문제가 부각되고 있는 실정이다. 장기적으로 봤을 때는 주위의 물(고산성 물과 지하수에 녹아 있는 황이 특히 이 반응을 가속화한다)로 인한 콘크리트 분해, 하중으로 인한 강도 감소, 녹고 어는 과정이 반복되면서 일어나는 저항력 감소가 발생한다(Freer 2000).

대형 댐들의 최장 수명은 아직 알려진 바가 없다. 많은 댐들이 이미 50년으로 설계된 경제수명을 지나 잘 운영돼왔지만 침적과 구조 약화로 다른 댐들은 내용연수가 단축되어가는 실정이다. 원자력발전소의 폐기 싯점이 광범하게 연구되고 알려진 데(이 장 마지막 절 참조) 비해 대형 댐의 폐쇄 방식은 아직 기본적인 문제도 해결하지 못한 채 모호하고 불투명한 추측만 난무하고 있다(Leyland 1990; Farber & Week 2001). 많은 경우 저수위 배출구가 없고 물이 쉽게 배출되지 못하게 되어 있어서 댐 방수로를 열어 하류로 물을 흘려보내면 댐의 구조 자체를 위협할 수 있다. 또한 댐 파괴를 위한 발파로 엄청난 홍수가 일어날 수도 있다. 현재 우리는 영구적인 대형 댐을 설계하지도 장차 좀더 쉽게 폐쇄할 수 있게끔 건설하고 있지도 못하다.

서유럽에는 이러한 단점들이 이미 잘 알려져 있다. 그래서 대형 댐 같은 수력발전소 프로젝트는 반대 여론에 막히는 실정이다. 실제로 스웨덴의 경우 수력발전소 계획을 백지화했으며 노르웨이는 모두 연기한 상태다. 미국 연방에너지규제위원회(FERC)는 1834년부터 메인의 케네벡강을 막고 있던 에드워드(Edwards)댐의 철거를 최초로 결정했다(Isaacson 1998). 이 결정은 특히 미국 태평양 연안 주에서도 같은 명령을 내릴 수 있는 시발점이 되었다. 댐 때문에 그 지역에서는 연어떼의 대규모 이동이 줄거나 완전히 사라진 터였다. 1998년부터는 미국내 대규모 댐의 철거 속도가 건설 속도를 사실상 능가했으며(WCD 2000), 댐 철거 방식과 그 결과가 생태 연구의 새로운 분야가 되었다(Hart et al. 2002).

　수자원이 풍부한 국가라 할지라도 대형 댐 건설 프로젝트에 선행하는 환경적 고려나 이주 문제 때문에 세계은행이나 아시아개발은행(ADB)에서 차관을 얻는 일이 점점 더 어려워졌다. 결국 네팔 마하칼리강의 판체슈와(Pancheshwar)댐(6GW)과, 이보다 규모가 더 큰 카르날리(Karnali)댐(10.8GW) 프로젝트는 개인 투자를 받아야 하는 상황에 처하게 되었다. 심지어 이러한 프로젝트는 댐, 강 및 인류에 관한 국제위원회(ICDRP) 및 국제강네트워크(IRN) 같은 조직의 집중적 반대에 부딪히게 되었다. 그러나 섣부른 결론을 내리기에 앞서 더욱 넓게 볼 필요가 있다. 최근 들어 댐에 퍼부어진 집중 포화를 분석해보자.

　지금까지 산업계의 무비판적인 행동을 보면 수력발전에 대해 이처럼 부정적 의견이 쏟아진 것이 납득할 만하다. 하지만 좀더 중립적으로 보면 그렇게 부정적이지만은 않다. 여기서 중요한 사실은 이 절의 첫머리에서도 밝혔듯이 수력발전은 화력연료를 태워 생기는 대기오염 물질(특히 이산화황과 산화질소)과 이산화탄소의 배출이 예방되고 상당한 경제적·환경적 악영향을 피할 수 있다는 사실이다. 하이드로 퀘벡사에 의하면 발전소의 일반적인 수명 동안 생산되는 에너지를 건설, 유지·보수, 발전시설 작동에 들어가는 에너지로 나눈 비율인 에너지 수거율(energy payback)

은 풍력발전 40, 산림 폐기물을 이용한 화력발전 30, 특히 중유와 석탄을 이용하는 화력발전일 경우 10~20에 지나지 않는 데 비해 수력발전소는 200에 달한다(Hydro-Québec 2000).

수력발전용으로 건설한 저수지를 이용해 생활용수와 농업용수를 제공하고 수경재배를 보조하거나 주기적으로 발생하는 홍수 예방 기능들도 간과할 수는 없다. 대형 저수지를 기능상 목적에 따라 분류하면 유럽의 25%, 중국을 제외한 아시아의 26%, 북중미의 40%가량이 다목적이다(WCD 2000).

또한 수력발전은 여러 나라에서 주요한 전력 생산 수단이다. 그중 20여 개 국가 이상에서는 90% 이상, 3분의 1 이상의 국가가 50% 이상 수력발전에 의존하고 있다(WCD 2000). 20억 이상의 인구가 아직 전기를 사용하지 못하고 있는데, 이러한 국가들에서 수력발전은 현대화의 중요한 초석이 될 것이다. 그렇기 때문에 21세기의 첫 10년 내에 건설될 발전용량 700GW의 약 20% 이상을 수력발전이 차지할 것으로 예측된다(IHA 2000).

이러한 확대 현상은 중국(2000년 건설중인 신규 댐이 371기)과 인도뿐 아니라 인도네시아와 일본(2000년 건설중인 신규 댐이 125기)을 포함한 아시아 전역에서 일어나고 있다. 아프리카의 사하라 이남 지역은 무궁한 발전력을 갖고 있어, 내분이 종결되고 대륙간 송전선과 전례없는 국제 협력이 뒷받침된다면 세계에서 가장 막대한 전력을 생산해낼 것으로 보고 있다. 가장 주목해볼 만한 프로젝트는 콩고, 가봉, 카메룬, 나이지리아, 니제르, 알제리, 튀니지, 지중해의 이딸리아 라인, 또는 르완다, 우간다, 수단, 이집트, 요르단, 시리아, 터키, 발칸반도를 연결하는 라인을 통해 유럽의 고압 송전망과 연결되는 콩고강 하구에 30GW급 잉가(Inga) 발전소를 짓자는 패리스의 제안이다(Paris 1992). 다른 계획으로는 유라시아까지 이 연결을 확장하는 것, 베링해협을 지나 알래스카까지 연결하는 것, 아이슬란드와 영국까지 확대하는 것이 있다(Partl 1997; Hammons 1992).

아시아, 아프리카, 라틴아메리카의 국가들 역시 풍부하고 광범하게 분포한 수자원을 활용하여 작은 수력발전소를 건설하고 있다. 그중 소형 발전소들(10 또는 15MW 이하)을 통해서, 전력망에 연결되지 않은 작은 도시의 20억 인구 중 많은 사람들에게 전기를 공급할 수 있다. 1995년을 기준으로 하면 소형 발전소의 전력 생산량은 약 115TWh인데, 이는 전체 수력발전량의 5%, 아시아를 기준으로 하면 40%를 차지한다(EC 2001b). 개발 가능한 대다수의 소규모 잠재적 수자원은 중국, 브라질, 인도에 분포하며 많은 발전소가 이 지역에 건설 가능하다.

저수량이 적거나 아예 없는 발전소(수로식 발전소)의 경우 계절에 따른 유량 변동에 취약하여 가동률이 10% 이하일 경우가 많다. 이러한 저수지는 급속도로 침적이 일어나 전기를 충분히 공급하기 전에 중단될 수도 있다. 이러한 현상은 주로 중국에서 일어났는데, 1979년부터 마오 쩌둥이 주도한 정책의 일환으로 각 지역에 70kW 정도의 수력발전소를 9만개 정도 건설했다(Smil 1988). 하지만 이러한 정책이 1980년대에 들어 떵 샤오핑의 현대화로 폐기되면서 부실 공사, 침적 현상, 저수량 고갈, 유지·보수 실패 등으로 인해 매년 수천기에 이르는 발전소가 문을 닫았다.

풍력과 광전지 같은 간헐적인 전력 생산이 증가하는 것과 맞물려서 양수식 발전 역시 꾸준히 증가하고 있다. 1890년대 이딸리아와 스위스에서 시작된 이 방식은 두 저수지를 300m와 1260m 지점에 따로 만들기 때문에 일반적으로 건설 단가가 높다. 하지만 10초 안에 가동을 시작할 수 있는 장점이 있어 전기량이 많이 요구되는 시간대에 발전이 가능하기 때문에 널리 이용되고 있다. 전체 양수식 발전용량은 90GW를 상회하는데, 이는 전체 수력발전량의 13%이다. 유럽의 경우 전체의 3분의 1을 차지하며, 일본, 미국 순으로 양수식 발전을 많이 사용한다. 그중 대형 발전소는 2.88GW 규모인 미국의 루이스턴(Lewiston)과 2.7GW인 배스 카운티(Bath County)이다(ESA 2001). 그리고 2.4GW 규모인 새로운 발전소가 2000년에 중국의 꽌뚱(關東)성에 건설되었는데, 이는 따야완(大亞灣) 핵발전소와 더불어 홍콩과 꽝져우(廣州)의 최대 전력 수요를 감당하기 위한 것이다.

바이오매스 에너지

제1장에서 이미 언급한 것처럼, 바이오매스 연료는 여러 극빈 국가의 가장 중요한 열에너지원이다. 부정확한 통계와 불확실한 전환계수 때문에 화석연료의 연간 소비량을 오차율 5% 이하로 계산할 수 없다는 점을 고려한다면, 전 세계 바이오매스 에너지 사용량의 추정치는 10% 이상 차이가 날 수 있다. 유엔 식량농업기구에 따르면, 1990년대 후반에만 벌목한 목재 4.4Gm³의 약 63%가 연료로 사용되었다고 한다(FAO 1999). 이는 건조된 목재가 약 1m³당 0.65t의 밀도로 1t당 15GJ의 에너지를 발생시킨다고 할 경우, 27EJ에 달하는 수치이다. 특히 1990년대 후반 스리랑카, 방글라데시, 파키스탄에서 소비된 목재 중 80% 이상이 삼림 외곽의 덤불이나, 고무나무와 코코넛나무 같은 작목, 그리고 도로변이나 뒤뜰의 나무 등 비삼림 지역에서 벌채되었다(RWEDP 1997). 이러한 비삼림 목재 바이오매스의 에너지는 총 30~35EJ에 이른다.

1990년 후반에 위와 같은 국가에서 수집된 작물 잔류물의 총량은 건조무게 기준으로 약 2.2Gton에 이른다(Smil 1999b). 그중 대부분이 노천 소각이나 재활용 가축 사료에 사용되며 작물 폐기물의 약 25%(대부분은 짚단)가 농가에서 소각되었다고 하면 약 8EJ가 추가된다. 따라서 2000년 바이오매스 에너지량은 최소 40EJ이며, 높은 전환계수를 도입하고 소수 바이오매스 연료(건초, 마른 배설물)를 더해 넉넉히 계산하면 약 45EJ에 가깝다고 볼 수 있다. 2000년 한 해 동안 모든 자원의 세계 TPES가 약 410EJ이므로 총 10% 정도의 에너지를 바이오매스가 공급한 셈이다. 여러 수치를 비교해보자면, 홀은 1990년대 초반에 약 55EJ의 바이오매스가 공급되었다고 보았고(Hall 1997), 세계에너지회의의 추정치는 33EJ 정도이며(World Energy Council 1998) 튀르켄뷔르흐는 45±10EJ을 총량으로 산출했다(Turkenburg 2000).

절대적 기준치를 보면 중국과 인도는 목재와 폐기 작물의 소비에서 수위를 다투고 있다. 1990년대 중반 중국의 연간 소비량은 최소 6.4EJ이며 인도는 6EJ이다(Fridley 2001; RWEDP 2000). 브라질과 인도네시아가 그 다음이며, 상대적인 기간으로 따지자면 사하라사막 남부가 뒤를 잇는다. 이들 국가 대부분에서는 연료 공급 수단의 첫번째가 바이오매스로서, 80% 이상의 연료를 계속 공급하고 있다. 또한 남부와 동부 아시아의 인구가 밀집한 시골 지역에서 바이오매스 연료가 차지하는 비율은 30~50%에 달한다.

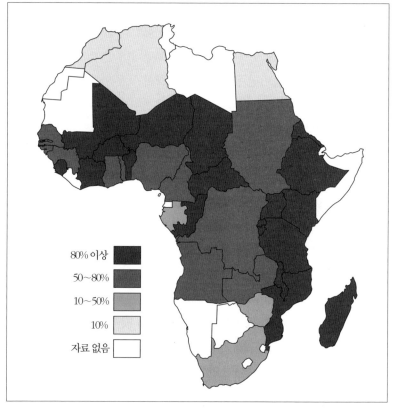

그림 5.9
아프리카 사하라사막 남부 지역이 여전히 재래식 에너지에 주로 의존하는 원인은 국가 1차에너지 총공급(TPES) 중 바이오매스의 비중이 높기 때문이다. 자료 UNDP (2001)의 추정치.

바이오매스 에너지 의존도는 최근 자료에서 볼 때 가장 가난한 20개 국가에서는 80%, 4개 국가에서는 50%가 넘는 부분을 차지했다(UNDP 2001). 가장 인구가 많고 현대화 과정을 밟고 있는 국가들의 경우에도 점유율은 중국 15%, 인도와 인도네시아 30%, 브라질 약 25%에 달한다(IEA 2001).

그러나 이러한 비율이 나무나 짚에 크게 의존하는 국가에 이러한 연료가 풍부한지 부족한지에 대해 말해주는 것은 아니다. 콩고분지에는 거대한 숲이 형성되어 있기 때문에 이러한 목재 의존도 문제는 쉽게 해결될 수 있다. 반대로 숲이 사라진 아시아 지역에서는 수요의 완만한 증가에도 불구하고 바이오매스는 더이상 구할 수 없다. 생태계가 황폐화된 불모지나 심하게 침식이 일어난 곳에서는 관목이나 풀뿌리조차 사라져버렸다. 결국 전 세계 수많은 곳에서 목재 바이오매스는 재생자원으로 분류되지 못하게 되었다. 현재 많이 사용하는 연료의 가용성에 대한 대규모 조사에서는 아시아의 불모지 외에도 인도아대륙과 중미의 많은 지역이 바이오매스 연료가 심각하게 부족한 지역으로 나타났다.

바이오매스(장작과 숯, 비교적 제한된 작물 잔류물을 비롯해 무엇보다 짚단)는 스웨덴(15% 이상) 외의 부유한 국가에서 TPES의 1~4%만을 차지한다. 고소득 국가에서는 주로 목재, 펄프, 종이 산업에서 목질 바이오매스가 소비되며 가정 난방용(화려한 벽난로나 고효율 목재 난로)으로는 부차적으로 쓰여 2000년 기준으로 약 5EJ밖에 안되었다. 현재 바이오매스 연료 사용이 이처럼 뚜렷하게 지리적으로 구분되는 것을 보면 세계 바이오매스 에너지의 미래에 대해 분명한 두 가지 문제가 도출된다. 우선은 아프리카, 아시아, 라틴아메리카에 사는 수억의 인구, 즉 다른 에너지원을 구할 수 없고 살 돈도 없는 사람들을 위해 바이오매스의 공급을 원활하게 하려면 무엇을 해야 하는가이다. 그 다음으로는 개발도상국과 선진국 모두에서 바이오매스를 좀더 많이 생산해낼 현대식 경작법과 전환법을 어떻게 현실화하고 바람직한 방향으로 인도할 것인가이다.

첫번째 문제에 대한 가장 효과적인 방법은 단순히 공급을 늘리는 것이 아니라. 더욱 효율적인 가정용 난로를 디자인하고 이를 채택하도록 보급하고 인식을 바꿔나가는 것이다. 전통적인 연소 방식으로는 나무와 짚단을 요리나 난방에 필요한 에너지로 전환하는 효율이 10%가 안된다는 점에서 특히 그렇다. 개선된 난로를 디자인하고 보급하는 것을 목적으로 한 많은 사업의 공통된 목표는 기존의 개방형 혹은 부분 폐쇄형인 난로를 철판, 금속 연통 같은 훨씬 비싼 부품의 사용을 최소화하면서 그 지역에서 쉽게 구할 수 있는 물질을 사용해 만든 차폐식 난로로 교체하는 것이다. 개선된 난로는 20세기의 마지막 25년 동안 크게 유행한 '적절한 기술'과 '작은 것이 아름답다'는 두 가지 운동의 상징적 목표 중 하나였다(Schumacher 1973). 하지만 커다란 열정과 관심에도 불구하고 이러한 노력의 결과는 상당히 실망스러웠다(Manibog 1984; Kammen 1995).

간단히 말하면, 많은 디자인이 선뜻 구입하기에는 여전히 너무 비싸거나 내구력이 없거나 수리가 쉽지 않다는 것이다. 연료 절감 효과도 제대로 느끼지 못한 채로 수많은 난로가 잠깐 사용되다가 사장되었다. 이는 단순히 주관적인 인식의 문제가 아니다. 기존의 요리 기구와 개선된 요리 기구 모두 실질적 성능에 대한 범위값이 넓고 일정한 측정 기준이 없었기 때문에 효율성을 측정하기가 어려웠다. 더욱이 진정한 의미의 차별화된 좋은 디자인이란 그러한 효율 높은 장치를 만들고 수리할 수 있는 기술자 훈련, 새로운 난로에 대한 활발한 판촉 활동, 필요하다면 구입에 대한 재정적 원조까지 훨씬 광범한 노력의 일부분일 뿐이다.

이렇게 실패의 경험을 되풀이하다가 나온 최초의 고무적인 계기가 1982년 중국에서 시행된 '국가 난방기기 개선 계획'이다. 이는 최초 5년 안에 2500만대의 난로를 보급하는 것이 목표였다. 점차 이러한 대규모 노력이 성공을 거두면서 이윤을 추구하는 기업도 생겼고 1997년 말에는 난로 1억 8000만대가 중국 농가의 75%에 보급되었다(Smil 1988; Smith et al. 1993; Wang & Ding 1998; 그림 5.10). 열효율 25~30%인 이 난로로 연간 장작과 석탄 2EJ을 절약하는 효과가 나타나고 있다(Luo 1998).

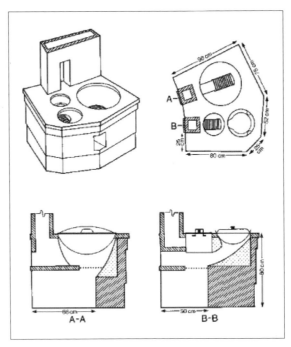

그림 5.10
중국에서 고안된 개량 조리용 화로: 쟝쑤(江蘇)성의 3단 솥 장치. **자료** Smil(1988).

폐기물에서 나오는 바이오매스를 더욱 효율적으로 이용하는 것은 저소득 국가에서 식물자원을 좀더 효과적으로 활용하기 위한 작업 중 두번째로 중요한 요소이다. (침식으로부터 흙을 보호하거나 양분을 보충하거나 습기를 유지하기 위해) 재생될 필요가 없거나 동물이 섭취하는 작물 찌꺼기와 얻기 쉬운 벌목과 톱밥 등은 모두 되도록 효율적인 방법으로 열이나 가스, 전기로 바꾸어야 한다. 마지막으로 여러 저소득 국가에는 상대적으로 넓고 황폐한 땅이 많고, 생산성 높은 작물을 심거나 밀도 높은 나무를 식재하기에는 부적합하며 성장 속도가 빠른 외국종이나 야생종만 견딜 수 있는 침식 경사지가 많다. 이러한 대규모 땔나무 식재는 생산성이 매우 낮거나 기껏해야 중간 정도이지만 쓰임새는 다양하다. 에너지 공급을 비롯하여 촌락의 건축자재, 수공예의 재료, 동물의 먹이, 토지 침식을 막고 습도를 유지해주는 생태계 보호작용 등 여러 방면에 기여한다.

중국은 가능한 수확의 훌륭한 예를 보여준다. 공식 기록에서는 식림지로 이용할 수 있는 불모지를 약 85Mha로 추산하고 있다. 마오 쩌뚱 시대 이후 숲의 사유화를 허락하고부터는 땔나무가 식재된 곳은 1985년에 5Mha를 넘었고 1990년에는 새로 식재된 지역의 연간 생산량이 25Mt에 달했다(Zhang et al. 1998). 그리하여 동북부 황무지의 심각한 땔나무 부족 현상이 어느정도 경감했고, 멀리 비가 많은 서남쪽의 벌채되고 가난한 지역도 마찬가지였다. 아카시아나 류카에나 나무의 생산량이 꽤 향상되어 가능해진 일이었다(Smil 1988). 전 세계 통계를 볼 때, 열대지역의 황폐화한 땅을 약 2Gha로 추정하면 그중 약 40%는 재삼림화가 가능한 곳으로 본다(Grainger 1988). 이런 땅에 수확량이 낮은 나무(2.5t/ha)를 심는다면 연간 수확량은 약 35EJ, 즉 현재 전 세계 바이오매스 에너지 소비량 정도가 될 것이다.

식물자원 폐기물의 최대 사용 가능량 이상으로 바이오매스를 생산하거나 황무지에 조림하려면 기존의 숲을 집중 관리하거나 빠르게 자라는 나무, 다년초, 수생식물, 탄수화물이 풍부한 사탕수수나 옥수수 같은 특수 에너지 작물을 집중 관리해야 한다. 열병합발전은 이러한 연료들을 열과 전기로 전환해주는 가장 좋은 방법으로, 연료를 액체나 기체 혼합물로 바꾸는 다양한 기술을 사용하고 있다(Smil 1983; Larson 1993 Klass 1998; Kheshgi, Prince and Marland 2000). 그러한 탐색을 일정한 규모 이상으로 추진하는 데는 기본적으로 세 가지 장애물이 있다. 첫째는 광합성이 본래 에너지 밀도가 낮다는 것이며, 둘째는 이미 인간들이 생물권의 순1차생산성(NPP)을 매우 높은 정도로 이용한다는 것이다. 마지막은 (경제적, 에너지적 혹은 환경적 관점에서의) 바이오매스 수확의 집약적인 대규모 경작과 그것들을 전기 또는 액체나 가스연료로 바꾸는 데 드는 비용이다.

세계 육상 NPP에 대한 최근의 수많은 평가에 따르면 55GtC, 즉 약

120Gt(평균 15GJ/t)의 건조한 바이오매스가 1800EJ을 함유하고 있다(Smil 2002). 이는 부동지(ice-free land)의 0.5W/m²보다 약간 작으며, 풍력 및 수력의 통상 에너지 밀도의 10분의 1, 양지바른 지역의 광전지 모듈에서 나오는 복사에너지의 1000분의 1 수준이다(그림 5.1). 자연 생태계에서는 NPP의 대부분이 박테리아에서 대형 초식동물까지 종속영양생물에 의해 소비되고 있으므로 실제 에너지로 전환되는 식물자원의 양은 1차생산량의 극히 일부에 지나지 않는다. 이 비율은 세계적으로 생산성이 가장 높을 때나 농업 생태계 환경이 가장 좋을 때도 낮은 수치로 유지된다.

가장 생산성이 높은 식물 생태계인 우거진 열대우림의 삼림 평균 NPP도 약 1.1W/m²를 넘지 못하며 오직 집약적으로 경작된 수확물이 그와 같거나 약간 높을 뿐이다. 낟알 12t/ha와 같은 양의 여물을 생산하는 미국 아이오와 옥수수의 훌륭한 수확량과, 수확 주기가 빨라 집약적으로 재배되어 빠르게 성장하며 건초 생산량이 예외적으로 20t/ha에 이르는 나무들(포플러, 버드나무, 소나무, 유칼립투스)을 모두 포함해도 지상의 연간 식물자원량은 약 1.1W/m²이다. 이처럼 높은 생산량을 되도록 높은 효율로 전환해도—50%를 넘는 열병합발전이나, 55~60%의 메탄올이나 알코올로의 전환—가장 나은 성취율은 최종 에너지 공급량으로 볼 때 0.5~0.6W/m²인데, 이는 수력, 풍력 혹은 태양 복사에너지를 이용해 전력을 생산하는 것보다 10~100배 낮은 것이다(그림 5.11).

이처럼 예외적으로 낮은 에너지 밀도의 실제적인 효과를 나타내는 일상적인 사례들은 무수히 많다. 여기에서는 두 가지면 충분하다. 목재 바이오매스를 수확하여 2000년 세계 석탄 소비량(거의 90EJ)을 대체한다면 식재한 나무의 연간 산출량이 15t/ha로 높게 나오더라도 약 3억 3000만 ha, 즉 EU와 미국에 남아 있는 숲의 총 면적보다 훨씬 넓은 땅에 나무를 심어야만 한다. 만일 미국의 자동차들이 옥수수에서 만들어낸 에탄올(최근의 평균 옥수수 산출량을 7.5t/ha로 두고 에탄올 약 0.3kg을 옥수수 1kg로 만들었다고 가정하면)로만 움직인다고 했을 때 미국은 현재 경작하고

있는 총 농경지보다 20% 넓은 땅에 옥수수를 심어야 한다. 디젤연료를 식
물성 기름으로 대체하는 이러한 계획에는 더욱 넓은 경작지가 요구될 것
이다. 이와는 반대로, 요리용 기름을 재활용하여 만든 바이오디젤은 이러
한 토지가 필요 없으며, (20% 비율로) 석유디젤과 섞어 사용하면 배기가
스 배출이 줄어든다. 하지만 튀김 음식 찌꺼기들로 생산한 연료를 사용할
수 있는 자동차들은 전 세계에 극소수에 불과하다.

분명한 것은 그처럼 거대한 규모의 경작 계획은 불가능하다는 점이다.
왜냐하면 그런 경우 어떠한 식량도 생산할 수 없고, 목재가 대부분 합판이
나 종이로 소비되며, 숲만이 제공할 수 있는 환경작용이 일어나지 못하기
때문이다. 게다가 그렇게 넓은 지역에서 자란 식물자원의 경작, 수확, 집
하에서 비롯하는 에너지 가격의 상승은 그러한 바이오매스 생산량의 에
너지 획득을 크게 줄일 것이다. 결국 2050년까지 최대 150~280EJ의 바이
오매스 에너지를 추가로 얻을 수 있다는 최근의 추정(Turkenburg 2000)들은
비현실적이라는 것이 나의 생각이다. 그러나 그렇다고 해서 에너지용 바

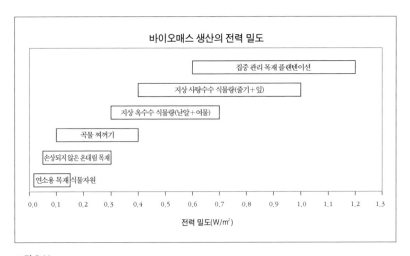

그림 5.11
다양한 바이오매스 에너지 생산 방식의 전력 밀도. 자료 Smil(1983, 1991, 1999b), Klass(1998)
의 수치를 도표화.

이오매스의 생산이 아주 작은 정도라도 줄어드는 것은 바람직하지 않다. 그렇게 되면 이미 높은 연간 육상 NPP 사용량이 더욱 증가하기 때문이다. 또한 지속적으로 축소중인 인간 손이 닿지 않은 부동지를 줄이고, 생물권 본래의 모습을 손상해 생태계의 작용을 약화하기 때문이다.

비토우섹 등에 따르면 1980년대 초 인간에 의한 벌목, 방목, 토지 정리, 삼림 및 초지 화재로 인해 육상 NPP의 32~40%가 소실되었다(Vitousek et al. 1986). 최근 재계산한 평균값은 기존의 수치와 거의 일치한다(Rojstaczer, Sterling and Moore 2001). 바이오매스의 에너지 생산성이 본질적으로 낮은 것을 감안할 때, 식물량 에너지에 대한 의존도가 크다는 사실에서 우리는 더 큰 우려를 하게 된다. 식량과 작물에 대한 경쟁, 남아 있는 자연 생태계 파괴, 생물 다양성 손실, 강도 높은 환경 악화로 바이오매스 재배지로 전환한 것들은 경작지나 천연 또는 훼손된 숲, 습지, 초지를 대규모 바이오매스 경작지로 사용해서는 안되는 주된 이유이다. 바이오매스 생산을 위해 현존하는 농경지를 이용하자는 제안은 비록 몇몇 국가가 고려하고 있다 해도 철저하게 금지되어야 한다.

대다수의 인구 밀집 국가는 사용할 수 있는 경작지가 제한적이며 또한 감소해가고 있다. 점차 늘어나는 인구의 수요를 충족하기 위해 기존 경작지를 좀더 집약적으로 이용해 산출량을 늘려야 할 것이다(그림 5.12). 소수의 국가들, 특히 미국과 브라질에는 식량과 섬유 생산에서 전환하여 바이오매스의 수확을 위해 경작할 수 있는 상대적으로 넓고 생산성 높은 농경지가 있다. 많은 연구들이 미국을 대상으로 이러한 선택에 따르는 현실적 한계와 예측 가능한 성과를 조사해왔다(Smil 1983; Cook et al. 1991). 이미 언급했듯이, 미국에서 사용되는 모든 휘발유를 에탄올로 전환하는 데 필요한 옥수수 재배지는 현재 모든 식량, 사료, 섬유를 위해 경작되는 땅보다 더 넓어야 한다. 결국 유일하게 현실적인 방법은 상대적으로 작은 면적에 집약적으로 관리할 수 있는 에너지 작물을 심는 것이다(대다수 미국 농장의 수확률은 5% 미만이다). 그러나 평균 산출량이 25t/ha(혹은 375GJ/ha)

라 하더라도 3EJ를 약간 넘는 수치지만 이는 기본적으로 현재 사용하는 폐바이오매스의 양과 같다(EIA 2001a).

이는 실용적이긴 하지만 바람직한 것은 아니다. 왜냐하면 바이오매스 에너지를 얻기 위해 경작지를 집약적으로 사용할 경우, 고생산성 농업에서 잘 알려진 바 있는 요구 조건과 영향을 수반하기 때문이다. 요구 조건이란 기계류, 다량의 무기비료(특히 질소), 건기 동안의 보충수 및 더 건조한 지역에서의 관개농업, 유기영양생물의 감염을 막는 살충제나 잡초를 제거하는 제초제의 대규모 사용 등을 포함한다. 환경적인 영향은 과도한 흙의 침식, 흙의 다짐 작용, 질소와 인의 하수 누출과 이로 인한 부영양화만이 아니다. 지하수층의 고갈과 대수층(aquifer)·생물군·아랫바람에서

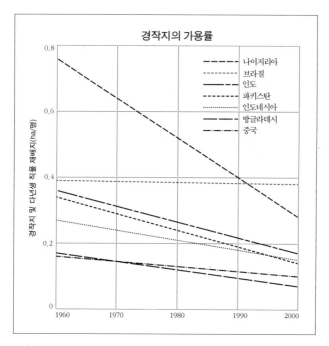

그림 5.12
1960~2000년 세계에서 인구밀도가 가장 높은 저소득 국가에서 나타나는 경작지 가용률의 감소. 브라질은 거대한 고품질 쎄하도(cerrado) 농장 덕택에 감소 추세에서 유일하게 예외이다.
자료 FAO(2001)의 수치를 도표화.

의 농약 잔류에서 나아가 생물종의 황폐화, 유전자 이식을 통한 대규모 경작에 대한 우려에까지 이른다. 에너지를 위한 거대한 바이오매스 경작에서 오는 이러한 부작용들은 내가 거의 20년 전 세밀한 분석(Smil 1983)을 한 이래로 아무것도 변하지 않았으며 어떤 것은 더 심해졌다.

물론 어떤 집약적인 경작 방식이라도, 농기계 운전을 위한 직접적인 에너지 투입과 합성비료 및 기타 농약에 필요한(포함되는) 간접적인 투입, 또한 액체나 기체 연료 전환에 드는 추가적인 에너지에 의존하는 한 실제 에너지의 수익률에 관해 명백한 의문이 생긴다. 목재로부터 열과 전기를 얻는 것은 수익이 가장 높지만 몇몇 연구를 통해 옥수수에서 추출한 에탄올 생산은 미국의 경우 에너지 순손실로 밝혀졌다(Pimentel 1991; Keeny & DeLuca 1992). 이러는 동안에도 바이오 에탄올 제안자들은 이 연료가 긍정적 에너지로서 휘발유를 태울 때보다 공기를 덜 오염시키고 이산화탄소 배출량을 줄임으로써 환경에 공헌한다고 주장한다(Wyman 1999).

에너지 균형에 관한 여러 연구들은 비교하기가 쉽지 않다. 왜냐하면 대표적인 농작물 경작법과 곡물 전환 방법에 관해 각기 다른 가정을 사용하기 때문이다. 최근에 나온 비교적 상세한 연구에서는, 부산물에 주어지는 에너지 크레디트(가산점)를 제외한다면 중서부 9개 주에서 재배되는 옥수수로 에탄올을 생산했을 때 나오는 에너지 이득 (1.01)은 미미하다고 지적하고 있다—그러나 에탄올 증류 과정의 곡물 및 옥수수 글루텐 사료 등에 주어지는 크레디트를 감안한다면 에너지 이득 수치는 1.24로 긍정적인 방향으로 돌아서게 된다(Shapouri, Duffield and Graboski 1995). 미국 옥수수 에탄올의 에너지 균형이 개선된 것은 작물 제분 효율의 증대, 작물의 녹말을 포도당으로 전환하는 효소의 가수분해 작용, 효모균을 이용한 과당의 알코올 발효 덕분이다. 그 외에도 에너지 집약적 인산(및 질소) 비료 사용의 감소, 효율성 높은 운송의 힘도 기여했다.

사탕수수, 옥수수 같은 농작물의 모노머 과당 또는 폴리머 포도당(녹말)을 효모균으로 발효시켜 생산한 에탄올의 주된 단점은 상대적으로 비싼 원료라는 것이다. 또한 에탄올로 바꿀 때 전체 원료 중 실제 사용되는 부분은 전체 식물자원 중 일부에 불과하다는 것도 단점이다. 원료로 사용되는 농작물의 조직 대부분은 반가수분해 생체고분자물질인 쎌룰로오스(전체 질량의 40~60%)와 헤미쎌룰로오스(전체 질량의 20~40%)로 되어 있으며 이 재료들은 저렴한 상업적 전환을 통해 옥수수대나 지푸라기와 같은 곡물 찌꺼기, 목초, 산림지, 도시의 고형 쓰레기들을 모두 쓸 만한 원료로 바꾸게 된다(그림 5.13). 이런 쎌룰로오스 원료들은 주로 산(acid)과 가수분해효소를 이용하여 모두 과당으로 바꿀 수 있다. 특히 후자의 방법, 즉 당화(saccharification)와 발효를 동시에 수행하는 동시당화발효(SSF)에서는 필수 쎌룰라아제의 생산으로 부가 비용이 증가한다. 하지만 궁극적인 상업화 기술의 보급에는 더 유리한 측면이 있다(DiPardo 2000).

더구나 유전공학의 발전에 힘입어 이-콜리(Escherichia coli) KO11 박테리아를 이용하여 에탄올을 대량 생산하는 방법을 개발함으로써 생산비용을 줄이는 획기적인 기법이 도입되었다. 그리고 지모모나스 모빌리스(Zymomonas mobilis) 박테리아의 유전자를 이용함으로써 헤미쎌룰로오

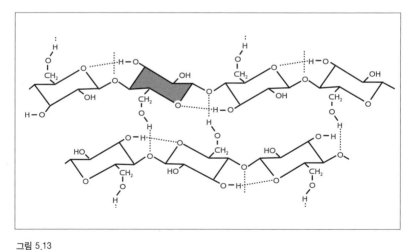

그림 5.13
바이오매스의 주요 반가수분해 폴리머 물질인 쎌룰로오스의 짧은 마디. 통상적으로 수소 결합으로 연결된 1000~10000개의 포도당으로 구성돼 있다. 자료 Smil(2002).

스에 포함된 오탄당(pentoses, 크실로오제와 아라비노오스)을 발효시켜 에탄올을 얻는 기술도 획득하게 되었다. 이는 기존의 어떤 효모를 사용해도 불가능한 것이었다. 비록 고비용이지만 이렇게 셀룰로오스나 헤미셀룰로오스를 에탄올로 변환하는 제조법을 사용함으로써 이제는 생물학적인 방법으로 광범하게 에탄올을 생산할 수 있게 되었다. 옥수수를 기반으로 한 생물학적 에탄올의 생산은 1980년에서 2000년까지 국가 보조금을 지급받아 14PJ에서 130PJ만큼 늘어났다(전환 비율 21.1MJ/L를 사용). 무려 9배 이상으로 증가한 것이다. 미국 에너지부(DOE)의 예측에 따르면 셀룰로오스 원료를 사용하여 생산한 에탄올의 양은 SSF 공법이 성공적으로 보급될 경우 2020년까지 약 224PJ로 증가할 것으로 보인다(DiPardo 2000). 한편 2000년에 미국에서 소비된 전체 휘발유는 약 16EJ이다(BP 2001).

셀룰로오스 식물체를 이용한 에탄올 변환이 수익성이 있게 될 때까지 미국의 옥수수를 기반으로 한 에탄올 생산의 평균 에너지 밀도(순에너지 이득)는 여전히 0.05W/m²에 불과하다(Kheshgi, Prince and Marland 2000). 게다가 순에너지 이득은 목재를 태워서 얻을 수 있는 것(보통 10이 넘음)에 비해 겨우 0.25 수준밖에 안되지만 에탄올의 휴대 편리성이 예를 들어 풍력 전기의 더 높은 에너지 이득을 능가한다는 주장이 있다. 더 중요한 것은 특별한 제조 과정으로 에너지 균형이 양인 기술을 개발하거나 미래의 농업이나 생명공학이 더 나은 에너지 이득을 얻는다 해도 이것이 농작물에서 추출한 에탄올을 비롯한 액체연료에 열광할 이유가 되지는 못한다는 것이다. 이런 단순한 에너지 균형은 에너지 생성 농작물 재배에 따른 중장기적인 환경비용에 대해서는 아무것도 말해주지 않는다.

물론 적어도 이러한 에탄올 생산은 고품질 연료를 산출하므로 내연기관에 사용되면 기존의 연료 첨가제를 줄일 수 있다는 잇점도 있다. 반면 다른 몇가지 바이오매스 전환기술은 저품질의 연료를 생산하거나 별로 믿을 만하지 못한 경우가 많다. 열화학적 가스 생산이 전자의 좋은 예이다. 이 방법으로 생산된 최종 생산물은 천연가스 에너지의 20%도 안되는

4~6MJ/m³의 효율을 낸다. 후자의 좋은 예는 생물체의 무기성 동화작용으로 발생하는 바이오가스(유기성 폐기물이 미생물 작용으로 분해되어 생기는 메탄과 이산화탄소의 혼합물)이다. 이 박테리아 매개체에 의해 생성된 가스는 비록 22MJ/m³로 효율이 높은 편이지만 공급 원료의 특성과 환경변수들, 즉 원재료의 온도와 유동성, 알칼리성, 수소이온 농도(pH), 탄소 대 질소 비율 등의 변화에 굉장히 민감한 편이다(Smil 1983; Chynoweth & Isaacson 1987). 따라서 인구가 많은 아시아 국가에서 청정 농업에너지의 주된 공급처로, 서구 국가에서 에너지 공급 확대 수단으로 환영받던 바이오가스에 관한 기대는 실현되지 못할 약속이 되어버렸다.

특히 그중에서도 1970년대 초에 처음 시작한 중국의 거대 프로그램, 즉 1985년까지 작은 가정용 바이오가스 소화조(digester) 7000만대를 설치하겠다는 계획은 1977년 500만대에서 그쳤다. 1980년대에 들어 떵 샤오핑의 현대화가 시작되자마자 농촌의 환경조건이 변하기 시작하면서 결국 실패하게 된 것이다(Smil 1988). 한편으로는 소화조의 부실 건설로 인한 바이오가스의 낮은 생산성, 다른 한편으로는 개인 식림지 조림의 재개, 석탄 공급 증가, 효율 좋은 가정용 난로의 등장으로 1980년 이전에 건설된 소화조 대부분이 무용지물이 되었다.

반면에 미국의 대형 축산기업에서 배출하는 분뇨의 처리 문제는 다시금 바이오가스 변환기술에 관심을 모으는 동기가 되었다. 불쾌한 폐기물을 제어할 수 있는 최상의 방법으로 떠오른 것이다. 대규모의 최적화된 바이오가스 변환공정은 낙농업 및 육류 가공에 사용될 전기를 생산하는 디젤엔진 및 마이크로터빈의 연료를 생산할 뿐 아니라, 주변의 방목지에서 사용할 냄새 없고 영양 풍부한 액체비료 및 판매용 고체유기 토양개량제까지 생산해낼 수 있다(Goldstein 2002). 2001년을 기준으로 미국에서 바이오가스 소화조로 전력을 공급받는 축산농장은 아직 100개 미만이지만 한 해 미국에서 배출되는 가축 배설물이 무려 200Mt이나 되고 축산시설들도 계속 증가하고 있으므로 국가 전체를 놓고 볼 때 바이오가스 생산의 잠재력은 크다고 볼 수 있다. 하지만 이 공정이 훨씬 광범하게 보급되더라도 바이오가스 생산공정은 주요 에너지 생산 기업이라기보다 오염 제어기술에 가까울 것이다.

또한 바이오매스 자원의 액체연료 전환이 얼마나 경제적인지 생각할 때, 가장 면밀하고 긍정적인 비용 평가서를 보더라도 나무에서 추출한 메탄올과 곡물에서 추출한 에탄올은 원유를 정제해서 얻은 액체연료와 경쟁이 되지 않는다. 원유 가격이 1배럴당 40~50달러를 초과한 경우에만 바이오매스 연료의 대량 생산이 가격경쟁력을 가지는 것으로 평가되었다 (Larson 1993; Kheshgi, Prince and Marland 2000). 심지어 가장 성공적인 바이오매스 추출 에탄올에 의한 휘발유 대체의 대규모 실험으로 평가받는 브라질의 사탕수수-알코올 전환장치도 세금 혜택을 받아야만 운영이 되는 상황이다(Goldemberg 1996; Moreira & Goldemberg 1999). 비록 1980년에서 1995년 사이 사탕수수 추출 에탄올의 생산비용이 3분의 2로 떨어지고 생산량은 3배가 늘어났지만 여전히 휘발유의 시장가격보다 높은 상태이며 후자에 붙는 세금이 전자의 생산에 지원되고 있다. 이러한 지원은 1999년에야 중단되었다.

미국에서 옥수수 알코올의 장점에 관한 논쟁이 계속 되는 반면, 브라질의 사탕수수 알코올은 항상 괜찮은 에너지 균형을 유지하고 있다. 폐열발전에 적합한 사탕수수 깍지(사탕수수 줄기를 압착하고 남은 연료용 섬유질 찌꺼기)에 주어지는 크레디트를 고려하지 않는다 해도 마찬가지다 (Geller 1985). 이런 사정은 세계에서 열대작물의 생장 조건이 가장 우수한 지역이라 사탕수수 산출량이 높고 1990년대 후반 평균(65t/ha), 식물의 줄기 내에 공생하는 질소고정 박테리아 덕분에 에너지 집적화 질소비료가 별반 또는 아예 필요 없기 때문이다. 이와 더불어 브라질에서 생산되는 에탄올의 평균 에너지 밀도는 $0.31W/m^2$이나 된다(Kheshgi, Prince and Marland 2000). 반면에 미국의 플로리다나 하와이에서 생산되는 사탕수수는 브라질에 비해 단위 면적당 산출량이 적고 비료를 더 많이 필요로 한다. 그래서 최종 에너지 이득이 훨씬 떨어질 수밖에 없는데, 이는 결국 한계 혹은 음의 에너지 균형을 가져오게 된다.

바이오매스 산출량을 늘리기 위해 산림 관리를 개선하는 편이 경작지에 직접 에너지 작물을 심어 기르는 것보다 더 나은 선택일지 모른다. 예를 들어 미국의 상업용 산림을 완전히 가용한다면 연간 생산량을 2~4t/ha에서 5~10t/ha로 늘릴 수 있다. 하지만 200Mha의 제한된 부분만이 집약적인 방법으로 관리되고 있다. 만약 미국 상업용 산림지의 약 25%에 해당하는 지역에서 3t/ha만큼만 생산성을 높인다면 연간 생산량은 3EJ 늘어나는데, 이는 현재 사용되는 식물자원 폐기물 에너지의 총량과 맞먹는다(EIA 2001a). 하지만 이렇게 산림을 이용하면 대체가 어려운 다른 용도와 많은 갈등을 일으킬 수 있으며 초원지역은 바이오매스 에너지 생산에 부적합한 장소가 될 것이다. 또 습지는 자연 생산성이 높아 미래의 바이오매스 농장이라 할 만큼 최적의 입지이지만 개발할 경우 두 가지 현실적 문제에 부딪히게 된다. 첫째는 인간의 손길이 미치면 복잡하고 깨끗한 생태계가 파괴된다는 점이며, 둘째는 호수나 시내보다 생물 다양성을 훨씬 많이 보유하고 있다는 점이다(Majumdar, Miller and Brenner 1998).

결국 습지 보존에 관한 투자는 보호지역 단위당 가장 높은 보상을 제공하게 되는데, 이는 바로 전체적으로 사회에 가장 큰 이득이 됨을 의미한다. 더구나 습지는 모든 대륙에 걸쳐 이미 광범위하게 농경지로 바뀌고 있으며 저수지 건설 및 하천 치수로 심각하게 파괴돼가고 있다. 초원은 전 지구에서 습지보다 훨씬 넓으며, 습지만큼 생물종이 다양하지 못한 생태계를 지녔다 해도 역시 바이오매스 경작지로 바꾸는 것은 억제되어야 한다. 자연 그대로의 초원지역에도 건조한 기후에 최적이 된 독특한 생태계가 구성되어 있으며 이를 함부로 바꾸면 되돌릴 수 없는 상태로 급속히 변화할 것이다. 실제로 목초지로 바뀐 넓은 초원지대에서는 이미 과도한 목축이나 토양 침식으로 생태적 측면에서 질적 저하가 일어나고 있으며 주변 하천이 점토로 막히거나 풍화작용이 심해지는 등 여러가지 부작용이 발생하고 있다.

풍력발전

어떤 유용한 일을 위해 바람을 이용하는 것은 특별히 새로운 사실이 아
니다. 풍차는 특정 지역에서 중요한 역학적 에너지 공급원으로서 그 역사
가 오래되었다. 1600년 이후 더욱 진보하고 우수한 풍차 디자인과 에너지
전환 고효율화 덕분에 풍력은 서북유럽의 주요한 에너지 공급원이 되었
으며 1990년대 후반에는 바람이 강한 미국 평원지역에서도 중요한 자원
이 되었다(Smil 1994; Sørensen 1995). 북미 농촌지역에서는 원래 오직 풍력에
만 의존해 전력을 생산했으나 새로운 송전선을 건설하면서 석탄 및 수력
에 기반을 둔 전력이 더 싸고 훨씬 안정적으로 공급되었고, 그리하여 풍력
에 의한 전기 생산은 사라지게 되었다. 1970년대 초반까지는 풍력발전기
를 좀더 효율적이고 경쟁력있는 전기에너지 공급원으로 바꾸는 데 관심
과 지원이 거의 없었다. 그러나 1973년 이후 재생에너지에 대한 인식이
바뀌기 시작하였고, 결국 1990년대 후반에 들어서 풍력발전에 대한 관심
은 폭발적으로 증가하게 되었다.

1980년대 초 미국의 세제 혜택으로 최초의 현대적 풍력에너지 붐이 일
어남에 따라 총 설치용량은 100배에 달했다(Braun & Smith 1992; AWEA
2001a). 1985년까지 미국 내 풍력발전으로 생산할 수 있는 전력량은 1GW
가 넘게 되었고 세계 최대 풍력단지가 캘리포니아 알타몬트 패스에 건설
되었다. 이 풍력단지의 발전용량은 637MW였으며 연간 지역주민 25만명
에게 공급할 수 있는 550GWh의 전력을 생산하고 있었다(Smith 1987). 연간
발전량 수치를 볼 때, 이 풍력단지에서 실제로 발전시설을 가동한 시간은
전체 작동 가능 시간의 10%에 지나지 않는다는 사실을 알 수 있다. 시간
효율 면에서 화력발전의 65~70%와 가장 우수한 원자력발전의 90%에 비

해 매우 낮은 편이다. 이처럼 효율이 저조한 이유는 대개 풍력터빈의 잦은 고장으로 작동 시간이 줄었기 때문인데, 풍력터빈의 주요 기술이 개선되기 전인 1985년 세제 혜택이 중단되면서 첫번째 풍력 붐은 사그라들게 되었다.

1990년대 초반에 들어서자 그동안의 두 가지 기술적 진보, 즉 낮은 풍속에서의 날개 최적화 설계를 기반으로 한 풍력터빈의 새로운 디자인과 대형화로 풍력발전에 대한 사회적 관심이 다시 고조되었다(Ashley 1992; Øhlenschlaeger 1997). 1980년대 초 40~50kW 정도이던 풍력터빈의 전력 생산량은 1990년대 초 200kW 이상으로 늘어났다. 더욱이 1990년대 후반의 상업적 시장에서는 750kW급 이상이 주류가 되었고 1MW급 이상도 등장했다(Øhlenschlaeger 1997; BTM Consult 1999). 현재 개발되는 새로운 풍력터빈 디자인은 4~5MW의 동력에 로터 지름은 110~112m에 달한다(McGowan & Connors 2000). 하지만 1980년대 활발하게 풍력발전기를 설치하던 미국은 현재, 풍력발전으로 생산한 전기의 가격을 법으로 보장해 기술을 급격히 진보시킨 독일, 덴마크, 스페인 같은 유럽 여러 나라에 비해 새로운 기술 발전이 더딘 상태다. 특히 덴마크에서는 정부가 적극적으로 지원한 결과 가장 효율 좋은 풍력발전기로 세계시장을 석권하고 있다.

2000년 말 기준으로 덴마크에는 풍력발전기가 약 6270대 있으며 여기서 생산되는 전력은 2.417GW, 연간 총 발전량은 4.44TWh인데, 이는 덴마크 전체 전력 소비량의 13.5%를 차지한다(DWIA 2001; 그림 5.14). 더욱이 세계시장의 50%(연관된 시장까지 합할 경우 65%)를 점유하고 있는 덴마크 풍력터빈의 수출까지 감안하면, 발전량은 2000년 말 거의 2.9GW까지 올라가게 된다. 풍력터빈의 최대 수입국인 독일은 현재 절대량으로 보면 2000년 말 9000대 이상의 풍력발전기와 약 6.1GW의 설치용량을 갖춘 최대 생산국이다(AWEA 2001a). 하지만 상대량으로 보면 풍력에 의한 전력 생산은 독일 전체 전력 수요량의 2.5%만을 담당하고 있다.

미국의 풍력발전량은 1985년 1.039GW에서 2000년 말 2.554GW로 증

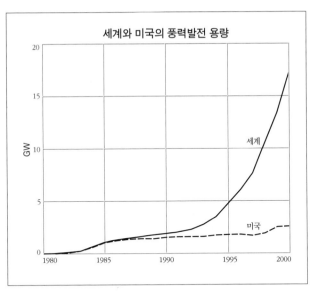

그림 5.14
풍력터빈에 설치된 발전 용량: 1980~2000년 미국과 세계 총량.
자료 AWEA(2001a), BTM Consult(1999).

가했으며 2001년에는 전년에 비해 2배 이상 증가할 것으로 예측된다(그림 5.14; AWEA 2001b). 캘리포니아에 미국 전체 풍력발전량의 절반이 몰려 있는데, 현재 가장 큰 발전기는 텍사스의 빅스프링에 있는 4대의 1.65MW급 베스타스(Vestas) V66이며 이는 다른 46개의 소형(600kW) 발전기와 함께 가동중이다(Giovando 1999). 또한 세계에서 가장 큰 풍력 프로젝트 중 하나가 2000년 현재 건설 계획중이다. 워싱턴과 오레곤의 경계에 걸쳐 건설될 300MW 풍력단지가 바로 그것이다(PancifiCorp Power 2001). 한편 스페인은 미국에 약간 못 미치는 2.235GW의 풍력발전량을 가지고 있으며, 인도가 이보다 훨씬 떨어지는 1.1167GW로 세계 5위를 기록하고 있다. 그 뒤를 이어 네덜란드, 이딸리아, 영국이 각각 6, 7, 8위이다. 누적 설치용량이 500MW 이하인 전 세계 풍력발전량의 총합은 1985년에 1GW에 도달했으며 1998년에는 10GW(이는 1968년 원자력발전량과 같다), 2000년 말에는

17.3GW의 발전량을 달성했다. 이는 1997년의 2배이며 1990년의 9배에 근접한다(그림 5.14; BTM Consult 1999; AWEA 2001a).

이같은 진전 덕분에 풍력발전은 가장 빨리 성장하는 에너지원 중 하나로 자리잡았으며, 대형 풍력발전 장비의 생산·설치 역시 세계적으로 급부상하는 산업으로 인식되고 있다(BTM Consult 1999; Flavin 1999; Betts 2000; Chambers 2000; AWEA 2001a) 풍력을 이용한 발전은 운영의 신뢰도나 단가에서 모두 태양광을 이용한 방식보다 우위를 차지해 재생에너지원 중 가장 유망한 것으로 인식되었다. 몇몇 전문가들은 바람의 조건이 최적인 장소에서는 풍력발전이 정부의 보조금 없이도 이미 화석연료발전과 경제성 면에서 대등하거나 석탄 및 가스발전보다 더 저렴하며, 따라서 풍력의 잠재성을 최대로 활용하는 데 적극 노력해야 한다고 주장한다(BTM Consult 1999; AWEA 2001a; Jacobson & Masters 2001a).

심지어 어떤 보고서에서는 2020년이 되면 풍력발전량이 전 세계 전기 생산량의 10%에 달할 것이라고 예측하기도 한다(Betts 2000). 덴마크에서는 2030년까지 전체 전기 생산량의 50%를 재생에너지로 채울 계획을 세우고 있으며 EU는 2010년까지 전체 전기 생산의 10%, 생산량으로는 40GW를 풍력발전으로 충당하고 2020년이 되면 이를 100GW까지 늘린다는 목표를 정해놓았다(Chambers 2000). 이 목표를 달성하기 위해 EU는 2001년 10월 법적 협약을 맺었다. 이에 따라 영국은 해상 풍력단지 부지 18곳을 물색하여 여기서 생산되는 풍력발전량을 1.5GW로 끌어올리는 계획을 추진하고 있다. 또한 서유럽에서는 2010년까지 66GW, 2020년까지 220GW를 생산할 풍력단지 후보지를 찾고 있으며 이 중 3분의 1을 해상 단지로 개발할 예정이다(Olesen 2000).

풍력발전에 대해 혁명적이라는 표현은 시기상조라 하더라도 장차 전 지구에서 중요한 전기 생산의 한 방편이 될 것이라 확신할 수 있는가? 또한 이러한 새로운 흐름에 대한 열정이 몇몇 특정 국가나 지역에 그치지 않고 전 세계에서 전기 공급원의 거대한 변화를 유도할 수 있을까? 전체 태양에너지를 놓고 생각해볼 때 어떤 에너지원이든 재생 가능한 에너지의 공급이라는 원대한 꿈을 이루는 데 결코 장애가 될 수 없다. 1976년 로렌츠는 태양의 입사에너지 중 대기를 움직이는 데 사용되는 양은 약 2%에 해당하는 3.5PW라고 밝혔다(Lorenz 1976). 우리는 그중에서 대기의 선순환을 방해하지 않으면서 실제 풍력발전의 동력원으로 사용할 수 있는 양이 얼마인지는 정확히 알 수 없다. 그러나 현실적으로 볼 때 우리가 사용하는 풍력터빈의 높이는 대기의 가장 낮은 경계층의 고도를 초과하지는 않을 것이다. 대기순환 에너지의 1%만 전기로 전환할 수 있다 해도 이 양은 약 35TW에 달할 것이다. 이는 2000년 전 세계에 설치된 화력, 원자력, 수력 발전소 총 발전량의 10배 이상에 해당한다. 풍력발전은 건설 장소에 제한을 받을 뿐 아니라 지상 10m 이상의 위치에서 바람의 속도가 5m/s 이상일 때만 가능하다는 더욱 까다로운 조건을 감안한다 해도 전 지구에서 6TW에 해당하는 잠재적 에너지를 보유하고 있다(Grubb & Meyer 1993).

이 순환 에너지는 지구 전체로 볼 때 총 에너지는 매우 크지만 에너지 밀도는 매우 낮으며 시간과 공간에 따라 그 분포가 불균일하다. 미국의 대평원이나 태평양 해안같이 바람이 많이 부는 지역에서는 연평균 풍속이 7~7.5m/s에 달하는데, 이때 지상 50m에서는 터빈 날개가 회전하면서 약 400~500W/m²의 단위 면적당 에너지가 발생한다(그림 5.15). 이러한 비율을 수평면 방향의 전력 밀도로 변환하려면 여러 조건이 충족되어야 한다. 상류의 후류를 없애고 운동에너지를 공급하기 위해서는 각 터빈 사이에 공간을 충분히 확보해야 한다. 지나친 후류의 간섭을 막으려면 로터 지름의 5배 정도로 간격을 두어도 충분하지만 대형 터빈의 경우 풍력에너지 공급을 하려면 적어도 그 거리의 2배가 필요하다. 더구나 수평축 발전기를 돌려서는 59.3% 이상의 풍력 운동에너지를 얻어낼 수 없다(베츠 한계Betz limit로 알려진 비율). 실제로 획득할 수 있는 것은 그 한계값의 80% 정도이다.

예를 들어 설명하면, 허브 높이가 50m이고 지름이 50m인 풍력터빈은

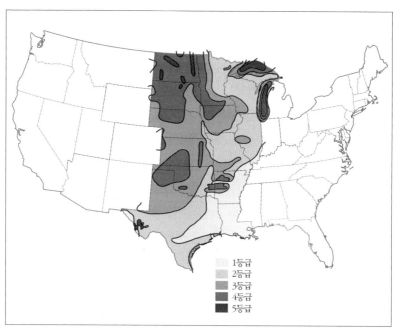

그림 5.15
미국 대평원의 연평균 풍력에너지 자원지도. 자료 Elliott et al.(1987)의 지도를 단순화. 〈http://rr
edc.nrel.gov/wind/pubs/atlas/maps/chap2/2-01m.html〉.

지름의 10배인(풍력터빈의 지름은 대개 허브 높이와 같다—옮긴이) 500m 간격으
로 떨어져 있어야 한다. 평균 전력 밀도가 450W/m²(북부 텍사스, 서부 오
클라호마, 오레건, 다코타의 전력 등급 4 지역의 평균값)인 지역에서 이러
한 기기들은 7W/m²의 동력을 얻어낼 수 있다. 하지만 평균 25%의 전환율
때문에, 그리고 후류와 날개의 오물에 의한 25%의 동력 손실 때문에 실제
의 전력 발생량은 1.3W/m² 정도로 낮아진다(Elliott & Schwartz 1993). 더욱 낙
관적인 가정(전력 밀도 700W/m², 터빈 효율 35%, 미미한 동력 손실 10%)
에 따르면 그 비율은 3.5W/m² 정도로 2배 이상이 된다. 실제 비율은 장소
에 따라 크게 달라진다. 캘리포니아의 초기 풍력 프로젝트의 정격 성능은
2W/m²로 평가되었지만(Wilshire & Prose 1987) 알타몬트 패스에서는 평균

8.4W/m²(Smith 1987)이었고 가장 밀집된 풍력단지는 15W/m²에 달했다. 이와 반대로 넓게 퍼져 있는 유럽의 풍력단지에서는 전력 밀도가 5~7W/m² 정도이다(McGowan & Connors 2000).

풍력의 전력 밀도가 낮다는 것이 많은 자원을 얻어내는 데 넘기 어려운 장애가 되지는 않는다. 여기에는 두 가지 이유가 있다. 먼저 이미 언급했듯이 조건이 좋은 곳에서 풍력의 전력 밀도는 어렵지 않게 바이오매스 전력 밀도를 넘어서버린다. 그리고 풍력발전 설비는 수력발전이나 바이오매스와는 달리 작은 면적을 차지하는데(일반적으로 전체의 5% 미만이다) 그 부지는 풍력발전기 설치 이후에도 여전히 농업과 목축업에 이용될 수 있다. 예를 들어, 다양한 토지 활용 씨나리오에 대한 연구에서는 전력 등급 4 또는 그 이상에서 이용 가능한 풍력발전에 적합한 땅은 약 46만 km²인데 이는 미국 면적의 6%에 불과하지만 거기서 대략 500GW 용량의 발전을 할 수 있다고 결론 내리고 있다(Schwartz et al. 1992). 심지어 가장 제약 조건이 많은 상황에서도 다코타에서만 1990년 미국 전체 전력의 60%를 공급할 수 있다(Elliott & Schwartz 1993).

좀더 현실적으로 보면, 풍력에 의해 국가 전력의 20%를 생산하는 데는 미국 면적 1% 이하의 토지가 필요하다. 거기서도 5%의 땅만이 풍력발전기와 관련 시설, 접근 도로로 사용될 뿐 나머지 땅은 이전처럼 농업이나 목축업에 사용될 수 있다. 더구나 덴마크, 네덜란드, 스웨덴 등은 이미 이미 대형 풍력터빈을 해상에 건설한 상태이다. 덴마크는 1991년에 소형 터빈(4.95MW)을 해상에 설치하는 것을 시작으로, 2000년에는 코펜하겐에서 또는 웹캠으로도 볼 수가 있는 40MW 규모의 미델그룬덴(Middelgrunden) 풍력터빈을 전력망에 연결했다(DWIA 2001). 그리고 정부는 2030년까지 4GW 규모의 해상 풍력발전을 하겠다는 굵직한 계획도 세워놓고 있다(Madsen 1997). 네덜란드는 에이셀호(Ijsselmeer)에 두 가지 해상 풍력 프로젝트를 세워놓았고 독일의 연구자들은 MW급 풍력터빈 4000개를 900km² 넓이의 해상에 세워 국가의 모든 전력을 충당할 것을 제안하기도 했다

(Betts 2000). 영국에서는 블리스항에 영국 최초의 해상 풍력발전소를 설립하여 세계 최대인 2MW급 베스타스(Vestas) V66 발전기를 2대 설치하려고 한다(Blyth Offshore Wind Farm 2001). 앞으로 개발될 해상 풍력발전의 최대 전력 밀도는 10~22W/m²다.

풍력발전의 실질적 영향을 고려하는 데 가장 중요한 점은 이 자원이 시간·공간적으로 상당한 변동을 보인다는 점이다. 특히 시간적으로 봤을 때 계절별 및 연중 변화 외에도 일일 주기의 차이도 나타난다(Sørensen 1995; McGowan & Connors 2000). 이러한 변동과, 그로 인한 풍력발전의 예상 가용성을 예측하는 일은 불가능에 가깝다. 또한 바람이 가장 많이 부는 시간과 수요가 가장 많은 시간대가 일치하는 일이 거의 드물다는 것도 문제다. 불가피한 이런 현실들 때문에 풍력에너지의 효율적인 상업적 활용이 어렵게 된다. 많은 전력을 소비하는 인구 밀집 지역은 장기간 바람이 거의 불지 않거나 잔잔한 바람만 불기 때문에 풍력에너지를 얻기에는 역부족이다. 미국 동남부, 북부 이딸리아 그리고 중국에서 인구밀도가 가장 높은 쓰촨(四川)성이 대표적인 곳이다. 이와 대조적으로, 최적의 장소는 대부분 중요한 전력 소비지로부터 멀리 떨어진 인구가 적은 곳이거나 무인 지역이다.

가령 노스다코타는 미국에서 풍력발전기를 설치하기에 가장 좋은 지역이지만 주요 전력 소비지와의 거리 때문에 단지 500kW의 전력만을 생산한다. 이는 2001년 말 미국 총 발전량의 0.01%밖에 안된다(AWEA 2001b). 대용량의 전력을 그러한 장소로부터 주요 소비지까지 전송하기 위해서는 고압 전력선을 장거리로 설치해야 한다. 비교적 규모가 큰 풍력발전 프로젝트가 즉각 효력을 내기 위해서는 경도(피크 수요의 차이를 이용) 및 위도(계절적 수요 차이를 이용)간 송전 인프라가 구축되어 대도시와 쉽게 연결될 수 있어야 한다.

미국내 풍력발전 전력의 큰 소비지가 230kV 전선으로 8~30km 이내 거리에서 이어져 있다 해도(Shaheen 1997), 더욱 중요한 문제는 유럽과 달리 수천GW를 대륙의 중앙으로부터 대서양이나 태평양의 해안까지 전송할 수 있는 동서간 고압선이 존재하지 않는다는 것이다. 결국 미국내 7개 시설에 대한 연구에서는 단지 몇군데 단지에서만 송전선을 개량하지 않고도 50~100MW의 전력을 지역으로 수송하는 것이 가능하다고 밝혀졌다. 또한 그러한 전력선의 구축이 새로운 풍력발전기 설비 비용에서 큰 비중을 차지하지 않는다 하더라도(Hirst 2001) 선로설비포설권(ROW)을 얻기란 쉬운 일이 아니다. 전력 공급망이 발달돼 있고 풍력발전소와 큰 전력 수요지 간 거리가 짧은 유럽이 새로운 풍력발전을 이용하기에 더 유리하다고 할 수 있다.

바람의 계절 및 일일 변동은 지구 표면의 불균일한 가열에 의한 것으로, 1년이 아니라 1주일, 1시간 뒤를 정확하고 광범하게 예측하기란 불가능하다. 같은 장소라 해도 연평균 풍속의 변화는 30% 정도의 차이를 보이고 10m의 거리차는 20%의 풍속차를 발생시킨다. 또한 동력은 속도의 세제곱에 비례하기 때문에 70%의 오차를 보이게 된다. 일반적으로 바람이 많이 부는 지역에서도 가장 바람이 안 부는 기간과 가장 많이 부는 기간의 총 풍력에너지의 차이는 2배가 넘는다(그림 5.16). 그리고 장기적 예상 평균에서 월 이탈률이 25%가 넘는 경우도 있다. 예를 들어 텍사스에서 가장 큰 풍력발전지인 빅스프링은 1999년의 처음 2개월 동안은 예상 출력의 120~128%를 생산했지만 3월에는 풍속이 평균 이하로 떨어져 전력 생산이 30% 가까이 하락했다(Giovando 1999).

더욱이 싸이클론이나 허리케인, 토네이도 같은 빠른 속도를 지닌 바람을 전력으로 전환하는 것은 안전상의 문제 때문에 불가능하므로 모든 현대식 터빈은 한계 속도를 갖도록 설계되어 있다. 약 25m/s 이상에서는 운전을 중지하게 되어 있는 것이다. 이러한 현실적 문제 때문에 외딴 지역이나 연결이 약한 씨스템에서는 바람을 기본적인 발전원으로 사용하기 힘들다. 물론 터빈이 많고 풍력발전 설비들이 넓게 분포해 있다면 어느 한 장치의 이상이 덜 심각할 것이지만 그렇다 해도 발전량 변동이 20~30%

정도로 급작스럽고 심한 지역에서는 중장기적 예측이 힘들기 때문에 풍력을 기본 공급원으로 사용하지 못하고 있다. 가장 수요가 많을 때와 가장 발전량이 많을 때의 시간적 불일치도 또다른 주요 난점 중 하나다. 바람은 수요가 낮은 정오에 많이 부는 반면, 전력 수요는 바람이 잠잠해지는 오후와 저녁에 최고치를 나타낸다.

증기 터보발전기나 가스터빈은 현대 사회에서 운용되는 가장 신뢰할 만한 기기로 예측 못한 고장이 드물다. 그와 반대로 풍력터빈에서는 예상 못한 전력 손실이 보통 10~25% 발생한다. 풍속이 낮고 습도가 높을 경우

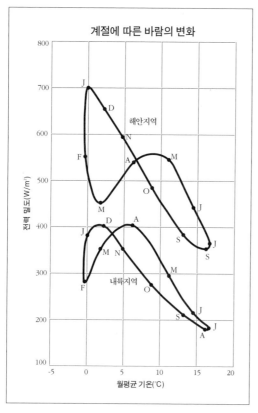

그림 5.16
덴마크 해안과 내륙의 계절에 따른 바람 흐름의 변화. 자료 Sørensen(1995)의 그림.

날개 앞부분에 곤충들이 달라붙는데, 이 때문에 빠른 풍속에서 작동할 때는 예측하지 못한 전력 저하가 일어난다. 이처럼 날개에 이물질이 붙어서 일어나는 갑작스러운 전력 손실은 거의 50%에 이르는데, 정상적인 가동을 위한 유일한 방법은 날개를 닦는 것이다(Corten & Veldkamp 2001; 그림 5.17). 얼음과 먼지가 쌓이는 것도 곤충의 경우와 마찬가지로 갑작스러운 전력 손실을 가져올 수 있다.

대형 풍력발전기에 대해 환경주의자들이나 인근 주민들은 새들의 충돌, 소음, 전자파 공해, 미관 손상 등의 문제를 들어 부정적인 견해를 많이 내놓고 있다. 초기 모델에서 높은 전환 효율을 얻기 위해서는 날개 끝 속도가 높아야 했는데, 그 때문에 소음이 발생하고 주변에 사는 새들이 많이 죽었다. 더 나은 설계로 엔진실에 방음 처리를 함으로써 기어박스의 기계

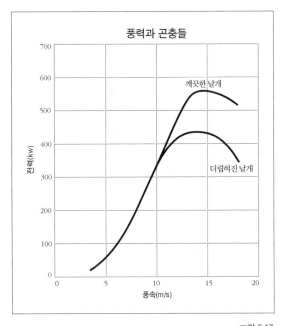

그림 5.17
곤충들이 터빈 날개에 달라붙으면 사용 가능한 전력이 감소된다. 풍속이 동일한 다른 날 측정한 실제 전력 수준은 손질되지 않은 날개와 깨끗한 날개의 터빈에 대한 전력 곡선으로 잘 묘사된다.
자료 Corten & Veldkamp(2001)의 그래프.

음을 거의 제거하고 날개에서 발생하는 소음을 상당한 수준으로 줄였다. 적절한 완충지대 설정이나 해양 설치 등이 소음 및 텔레비전 수신의 전자파 간섭에 대한 효과적인 대응책이다. 새들의 희생을 줄이려면 부지를 신중히 선정하고, 발전기 날개를 저속의 바람에 최적화해 천천히 움직이도록 하는 것도 방법이다.

미관상의 반대도 까다로운 문제이다. 풍력발전의 수용 여부는 대중이 무수히 많은 풍력발전기가 서 있는 광경을 어떻게 볼 것인가에 달려 있다는 주장도 있다(Pasqualetti, Gipe and Righter 2002). 가령 자유의 여신상이 93m인 점을 감안할 때, 날개 끝까지의 높이가 지표면으로부터 160m에 이르는 2.5MW급 노르덱스(Nordex) 풍력발전기 같은 대형 설비는 많은 사람들에게 부담스러울 수 있다(그림 5. 18). 이러한 대형 풍력발전기들은 매우 유해한 고압선보다 더 먼 곳에서도 보인다. 그리고 작은 풍력발전기 여러대가 능선을 따라 조밀하게 늘어서 있거나, 비탈이나 연안 지역에 흩어져 있는 풍경은 어떤 이들에게는 아주 멋지고 특별해 보일 수도 있지만, 훼손되지 않은 자연경관을 찾는 이들에게는 꼴불견일 것이다. 그들은 풍력단지를 보고 마치 공장 근처에 사는 것 같은 불쾌감을 느낄지 모른다.

풍력발전기가 이산화탄소를 배출하지 않고, 원자력발전처럼 온수를 방출하지 않으며, 다른 입자상물질이나 산화가스를 방출하지 않는다는 점을 감안한다면 이러한 결점은 크게 문제가 되지 않을지도 모른다. 그리고 생물권에 장기간에 걸쳐 미치는 영향을 고려한다면 시각적인 문제는 다른 화석연료 발전에서 생기는 환경적 영향에 비해 그렇게 중요한 요인이 아니다. 그러나 화석연료와 원자력발전에 의한 대기 및 수질오염의 영향을 유추 비교를 통해 증명한 바와 같이(이 장의 마지막 절 참조) 이러한 객관적 평가가 주관적 인식을 바꾸지는 못할 것이다.

마지막으로 명심해야 할 가장 중요한 요소는, 풍력발전의 전망을 평가할 때 각각의 풍력발전기와 대규모 풍력단지의 장기간 성능을 고려해야 한다는 점이다. 다른 공학적 씨스템과 마찬가지로 이러한 설비들의 성능

그림 5.18

2000년 봄부터 독일 그라벤브로이치(Gravenbroich)에서 가동한 세계 최대의 풍력터빈 2.5 MW 노르덱스(Nordex) 제품의 원형. 탑의 높이와 축차의 지름이 모두 80m이다. 자료 〈http://www.windpower.dk/pictures/multimeg.htm〉.

은 많은 GW급 풍력단지를 건설하고, 10~20년 이상 운영했을 때에 알 수 있다. 그런 후에야, 장시간 가동률과 신뢰도를 바탕으로 예기치 않은 풍력 발전기의 정지, 인위적인 실수나 자연재해에 의한 치명적인 고장 등을 예 방하는 데에 필요한 유지 비용(경험적으로는 1c/kWh 정도이다)을 정량화 할 수 있을 것이다. 이러한 자연재해는 강한 태풍, 장기간에 걸친 빙결 (1998년 1월 5~9일에 퀘벡과 뉴잉글랜드에 발생한 눈보라), 바람이 없는 고기압대, 곤충의 갑작스런 증가를 모두 포함한다.

2000년 말까지 풍력발전은 세계 발전량의 0.5%에 해당하는 전기를 생산했다. 대부분의 풍력발전기는 운영되기 시작한 지 5년 미만이고, 1MW 이상은 1997년 이후에나 작동을 시작했다. 전체 발전량에서 차지하는 비중이나 축적된 운영 경험이 아직 미미하기 때문에, 발전량이나 장기 운영 비용의 신뢰성도 대해 명확한 결론을 내리기 어렵다. 설치용량의 1kW당 비용이 거론되는 한, 지지와 반대의 의견 모두 일리가 있다고 본다 (DeCarolis & Keith 2001; Jacobson & Masters 2001b). 가격 보장, 세금 혜택, 다양한 정부 보조금 등이 풍력발전의 경쟁력을 높여왔지만 이것 때문에 풍력산업을 비난하는 것은 불공평하다. 이러한 혜택은 화석연료나 원자력발전에도 오랫동안 주어졌기 때문이다(자세한 사항은 제2장, 제6장 그리고 이 장의 마지막 절에 제시했다).

반면에 많은 풍력발전 사업에서 생산된 전력의 실질비용이 4c/kWh 정도로 저렴하고 최근 미국에서 3c/kWh보다 낮은 가격으로 계약이 된다고 하면(AWEA 2001b), 생산자는 굉장한 이익이 있을 것이고(석탄과 천연가스 발전의 비용은 5~6.5c/kWh) 미국과 영국에서 풍력발전은 전력 생산의 새로운 지배적 요소가 될 것이다. 하지만 현실은 그렇지가 않다. 2000년에 풍력발전이 미국의 전력 생산량에서 차지하는 비율은 겨우 0.15% 정도이다(EIA 2001a). 더욱 현실적으로 맥고완과 코너스는 풍력발전의 비용은 보통 전력의 1.5~3배인 6c/kWh로 정했다(McGowan & Connors 2000). 그러나 곧 4~5c/kWh 정도로 낮아지다가 결국 천연가스 발전 비용인 2~4c/kWh 에 근접할 것으로 예상된다.

이러한 비용상 잇점은 라틴아메리카나 아프리카 같은 저소득 국가에서 더욱 커진다. 이들 지역에서는 단가가 10c/kWh나 하는 원유를 이용한 전력 생산이 대부분을 차지하기 때문이다. 몇몇 설비들로 엄청난 지역적 차이가 생성될 수 있다. 풍력발전기는 고소득 국가라면 풍력단지에 대규모로 설치되는 경우에만 총 발전량을 눈에 띄게 늘릴 수 있지만, 반대로 500kW급 2~3대로도 아프리카나 아시아에서는 거의 10만명이 기본적 생활을 영위할 전력을 공급할 수 있다. 이러한 두 가지 장점의 결합은 세계적인 풍력발전 붐을 가져왔어야 한다. 그러나 실제로 풍력은 현대화중인 나라에서 생산성 낮은 전력 공급원으로 남아 있다. 진행중인 계획에서도 오는 10~20년 동안은 발전량 증대가 그다지 크지 않을 거라 예상하고 있다.

가장 주목할 만한 사실은 석탄 화력발전에 크게 의존하는 중국의 풍력발전 시설이 고작 (전체 발전용량의 0.01%도 안되는) 265MW에 그친다는 것이다. 그리고 '신에너지와 재생에너지 산업 개발 계획'은 2015년까지 모든 형태의 재생에너지가 차지하는 비중을 TPES의 2%로 잡고 있다(AWEA 2001a). 2001년에 인도의 풍력발전량은 1.267GW로 거의 5배나 증가했지만 전체 발전량은 추정 잠재치의 3%에도 미치지 못했고, 앞으로 발전량을 증대할 확실한 계획은 없는 상태이다(CSE 2001). 아프리카에는 모로코의 50MW 발전시설이 있고, 이집트 홍해의 30MW 풍력단지가 있다. 라틴아메리카에는 꼬스따리까와 아르헨띠나에서 운영되거나 계획중인 풍력단지가 있다. 2050년까지 새로 설치되는 발전시설의 가장 많은 부분은 아시아 국가들이 차지하는데, 그들이 독일이나 덴마크가 1980년대까지 해온 것처럼 풍력발전을 개발하지 않는다면, 풍력에너지는 전 세계 전력 생산에서 중요한 위치를 차지하기 힘들 것이다.

직접적인 태양에너지 전환

태양광선의 직접 전환은 단연 가장 풍부한 재생에너지 자원이지만 효율과 설비·운영 비용 때문에 1990년대 초반부터 지금까지 풍력발전에 비해 상업적인 진전은 이룰 수 없었다. 좀더 정확히 말하자면 이런 사정은 지상의 상업적인 발전에 국한된 것이긴 하다. 왜냐하면 우주 탐사처럼 높은 비용이 문제가 되지 않을 경우에는 다수의 통신, 기상 관측, 지구 관측,

스파이 위성 등의 분야에서 태양전지를 사용한 발전이 눈부시게 성공적이었기 때문이다(Perlin 1999). 하지만 지상의 경우에는 모든 재생에너지들 중에서 장기적으로 가능성이 가장 큰 기술인 광전지 대신 집중형 태양열발전을 사용했는데, 이는 최초로 상업적 발전기들과 계통연계가 이루어진 사례가 되었다.

이러한 중앙 집중형 태양열발전(CSP)* 씨스템은 집중시킨 태양광을 재래식 터보발전기에서 과열된 증기를 발생시키는 데 사용한다. 이 기술은 태양 복사에너지뿐 아니라 화석연료로도 쉽게 작동된다. 이처럼 하이브리드 방식의 발전이 가능하기 때문에 가용성(흐린 날씨나 일몰 후에도 작동 가능)과 신뢰도를 높이는 한편 운영비를 낮춰주어 설치된 시설을 더욱 효율적으로 이용할 수 있다. CSP 씨스템은 태양광선을 집적시키는 방법에 따라 분류되는데 각각 홈통, 탑, 접시를 이용한다(Dracker & De Laquill 1996; NREL 2001a). 홈통 씨스템은 물통에 길게 걸쳐진 튜브형 리씨버에 태양광을 모으는 선형 포물선 모양의 집중장치를 사용한다. 합성 오일을 쓰면 열 전달률이 높아지지만 그러한 장치로 터보발전기에 사용될 증기를 발생시키기 위해서는 열 교환기가 필요하게 된다. 점이 아니라 선에 태양광을 집중시키는 방식은 상대적으로 집중도가 낮고(10~100) 중간 정도의 온도(100~400℃)를 만들어낸다.

반대로 탑 방식은 태양 추적거울의 필드로 태양광을 모으고, 순환 액체를 가열하기 위해 탑에 붙인 리씨버에 태양광을 집중시킨다. 이 장치의 가장 두드러진 장점 두 가지는 작용 온도가 높다는 점(500~1500℃)과, 가열된 액체의 수송을 최소화할 수 있도록 태양광을 고도로 집중시킬 수 있다는 점이다(비율은 300~1500). 포물선형 접시 또한 태양광을 추적하나 리씨버에 촛점을 두어 태양광을 집중시킨다. 이러한 방식은 집중비(600~2000)가 높아지고, 1500℃ 이상의 온도를 만들어낸다. 하지만 규모가 더 큰 전

---

* 태양빛을 거울과 렌즈를 이용해 보일러 튜브와 비슷한 리씨버에 집중시키면 열로 전환된 뒤 증기발전기에 전달되어 전기가 생산된다—옮긴이

기 발전에 사용될 경우 각각의 촛점에 모은 열을 중심에 있는 엔진이나 터빈으로 운송해야 한다는 단점이 있다.

최대 태양열－전력 전환율은 홈통형의 경우 20%가 약간 넘고 탑형은 23%, 접시형은 29% 정도이다. 그러나 연간 비율은 다소 낮아져서 홈통형은 10~18%, 탑형은 8~19%, 접시형은 16~28%이다(Dracker & De Laquill 1996; SolarPACES 1999). 효율이 최고이고 태양광이 가장 강한 지역의 경우 탑과 홈통형으로 집광면에서 대략 60W/m²의 최대 전력 밀도를 얻을 수 있고 태양광이 약한 장소의 경우에는 밀도가 40W/m²로 낮아진다. 또 집전기, 써비스 도로와 구조물들 사이의 공간도 이러한 값들을 떨어뜨리는 요인이다. 모하비사막의 홈통형 씨스템은 전체 최대 전력 생산 밀도가 15W/m² 미만이다(Smil 1991).

태양 용적률(연중 정격 출력으로 발전할 수 있는 기간의 비율)은 홈통형과 접시형의 경우 대개 20~25%(최대 30%까지)이지만 뜨거운 소금 보온 저장장치를 장착한 중앙 리씨버는 잠재적으로 60% 이상이 가능하다. 포물선 모양의 홈통형 씨스템은 상대적으로 저평가되지만 상업적으로는 기술 성숙도가 가장 높다. 1990년대 후반까지 캘리포니아 바스토우 근처 모하비사막의 세 곳에서 운영된 플랜트 9대는 전 세계 태양열 용량의 90% 이상을 차지했다.

이러한 플랜트들은 1984년과 1990년 사이에 지어졌는데 총 설치용량은 354Mwe로 기기당 14~84MW이었다. 그 플랜트들을 부설한 루즈 인터내셔널(Luz International)사는 1991년 폐업했으나 모든 플랜트는 새로운 운영 조건에서 계속 운영되고 있으며 싸우스캘리포니아 에디슨사가 장기 계약하여 전기를 공급하고 있다. 다른 홈통형 CSP 프로젝트들에는 이집트, 이란, 모로코, 스페인, 그리스, 인도의 소용량 플랜트가 있으며 대용량 홈통형 설비들이 이란(289Mwe), 북모로코(178Mwe), 이집트, 멕시코, 라자스탄 등지에서 계획되고 있다(Aringhoff 2001).

홈통형이 드문 정도라면 태양탑은 그야말로 신기할 정도로 찾아보기 어렵다. 가장 큰 것은 10-MWe의 시험 플랜트로 1982년 바스토우 근방에 지어졌고 1988년까지 증기를 직접 발생시켜 운영되었다. 더욱 효율적인 열 전달매체(용융 질산화 소금을 리씨버와 보온용 유체로 사용)로 교체하는 등, 구형 장치를 갱신하여 1996년에 다시 문을 열었고(Solar Two) 1999 년까지 운영되었다(그림 5.19). 이보다 작은 실험용 탑이 스페인과 이스라 엘에 지어졌고 공중 씨쓰템을 활용하는 더 큰 프로젝트들을 독일의 포에부스(Phoebus) 컨소시엄이 계획했다. 최고 9~10KW의 독일 설비 6대가 스페인의 알메리아 태양 플랫폼(Plataforma Solar de Almeria)에서 1992년 까지 운영되었으며, 2MW 발전소를 구상중인 미국, 유럽, 호주에서는 스털링 엔진에 연결되는 소용량에서 대용량 접시형(최고 50kW) 설비까지를 시험하고 있다.

CSP 씨스템과는 달리, 태양광(PV)발전에서는 열의 이동통로가 필요 없다(따라서 유지 요건이 단순하다). 대기압과 상온 조건에서 환경에 끼치

그림 5.19
공중에서 본 1990년대 세계 최대의 태양탑(solar tower) 프로젝트인 Solar Two의 전경.
자료 Joe Florez, 〈http://www.energylan.sandia.gov/photo/photos/2352/235227d.jpg〉.

는 영향은 최소이면서 조용하게 작동하며, 원천적으로 모듈식이다. 이러한 모든 장점은 지상용 광전지의 전환 효율이 10%에 근접하거나 넘어선 뒤에야 상업적인 보급에 원동력이 될 수 있었고 그에 따라 PV모듈(보통 40개의 PV전지)과 어레이(대략 10개의 모듈로 구성)의 평균 가격이 1975년과 1995년 사이에 최대 10배 감소했다(Zweibel 1993; Service 1996; Maycock 1999; 그림 5.20). PV전지들의 최대 이론 효율은 광자에너지의 범위에 의해 제한되며 실제적인 극대치는 전지 표면에서의 반사와 전류 누출에 의해 감소한다.

고순도 단일 크리스탈, 폴리크리스탈 전지, 박막 전지는 이론적, 실험적, 실질적 성능이 크게 달랐다(Dracker & De Laquill 1996; Goetzberger, Knobloch and Voss 1998; Perlin 1999; Markvart 2000). 박막형 PV필름들은 비결정 규소 또는 비화갈륨(GaAs)이나 카드뮴 텔루라이드(CdTe) 그리고 구리 인듐 디쎌레나이드(CuInSe$_2$) 같은 화합물로 만들어진다. 단일 크리스탈의 이론적 효율은 25~30%로, 실험실에서 얻는 값인 23%보다 높게 나온다. 렌즈와 반사경을 사용해 전지의 좁은 면적에 태양광을 직접 모아 전환 효율을 높이면 30% 이상까지 얻을 수 있다. 스펙트럼의 다른 부분들에 감도가 좋은 전지들을 쌓아올리면 이론적인 최대치를 50%까지 올릴 수 있고 실험실의 최고치는 30~35%까지 상승시킬 수 있다.

그러나 상업적인 단일 크리스탈 모듈들의 실질적인 효율은 현재 12~14%이고 실제 현장에 설치되어 어느정도 시간이 지나면 10% 밑으로 떨어질 수도 있다. 박막 전지는 실험실에서 11~17%의 전환 효율을 보이지만 현장에서 몇개월 사용한 후에는 3~7%로 떨어진다. 다중연결 비결정 규소 전지들은 좀 나아서 적어도 8%의 전환 효율을 보이고 대형 모듈에서는 효율이 11% 정도다. 박막 미세결정 쎌리콘이 미래의 매체로는 가장 적합하다(Shah et al. 1999). 17% 현장 효율의 PV전지들로부터 평균적으로 30W/m²를 얻을 수 있다.

전지와 모듈의 연간 출하량의 두드러진 도약, 특히 거주용과, 상업용의 계통-연계형 전지와 모듈의 양산은 1990년대 후반에 들어 본격적으로 시작되었다(Maycock 1999). 전 세계 PV전지와 모듈의 연간 생산량은 1977년에 최대 용량(MWp)이 0.5MW에 도달했다. 10년 후에는 거의 25MWp이 되었고 1990년대 동안 43MWp에서 288MWp로 증가했는데 모듈의 경우

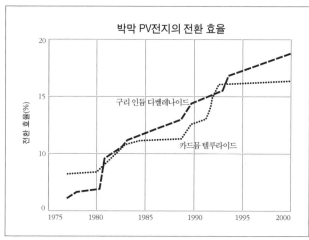

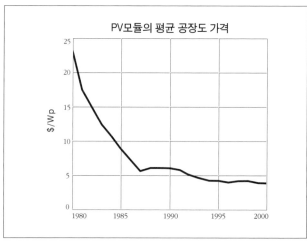

그림 5.20
1975~2000년 박막 전지 두 종류의 전환 효율 향상과 PV모듈의 평균 공장도 가격 감소.
자료 Zweibel(1993), Service(1996), NREL(2001b), PES(2001)의 수치와 그래프.

최대 W(peak W)당 일반 가격이 30%, 전지는 25% 떨어졌다(그림 5.21). 미국 제조업체는 세계 총량의 30%가량을 생산하고 있으며 1990년에는 14MWp, 2000년에는 88MWp 이상 생산했다. 20세기 말의 가장 큰 PV전지와 모듈 업체는 미국의 비피 쏠라렉스(BP Solarex), 일본의 쿄오세라(京セ ラ)와 샤프(Sharp) 그리고 독일의 지멘스(Siemens)로 이들 네 회사는 새 용량 중 거의 60% 이상을 생산했다(Maycock 1999). 2000년도의 누적 설치 용량은 미국이 500MWp였으며 세계 전체로는 거의 1GWp에 이르렀다. 최근 추가분이 많고 PV전지의 평균 수명이 20년임을 감안하면 1975~2000년에 설치된 전체 용량의 98% 이상이 아직 작동중이라 할 수 있다.

1990년대 초반, 4가지 대표적인 PV 전환장치 시장은 통신산업(전체의 5분의 1), 레크리에이션(주로 캠핑과 뱃놀이), 가정용 태양광 씨스템(전력을 끌어오는 데 비용이 많이 드는 격오지 주택 발전기와, 저소득 국가의 마을 발전기), 물 펌프이다(EC 2001c). 2000년에 설치된 용량의 20%가량이 계통연계형 씨스템이었는데 이는 전체 시장에서 단독으로 최고의 점유율

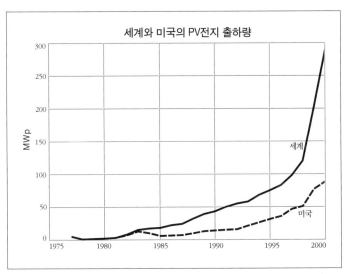

그림 5.21
1975-2000년 세계와 미국의 PV 전지 출하량. 자료 EIA(2001a), PES(2001).

을 보였다. 소형 및 중대형 프로젝트에 사용되는 계통연계형 모듈의 점유율은 2010년까지는 전체 용량의 3분의 1가량이었고, 가정용 태양광 씨스템과 통신 부문이 뒤를 추격하고 있다(EC 2001c). 최근의 PV 용량이 매년 15~25% 증가하는 것으로 보아 미래 전망은 밝다고 할 수 있다. 미국 에너지부는 2010년까지 약 3GWp 용량의 지붕형 PV 씨스템을 100만 가구에 설치할 계획이며(2000년의 80MW 용량 5만 1000대 설치와는 대조적임) 일본은 1999년부터 2010년까지 지붕형 장비 설치를 매년 10배 늘려나가는 계획을 수행중이다.

메이콕은 2005년까지는 전 세계에 연간 200MWp가, 2010년까지는 700MWp가 추가로 설치될 것이라고 예측했다(Maycock 1999). 이보다 좀더 멀리 본다면, 국립태양광발전쎈터(NCP)는 2020년에 미국 내에서 신규로 요구되는 최대 전력량 중 15%(약 3.2GW)를 PV 씨스템이 충당할 것이며 그때까지 PV의 누적 용량은 미국에서만 약 15GW, 전 세계에서는 70GW가 될 것으로 예상하고 있다(NCP 2001). 그러나 우리는 1989년의 일을 상기해볼 필요가 있다. 당시 앞서 가는 PV 개발회사 중 하나이던 크로나(Chronar)는 2000년 즈음 40GWp이 설치될 것으로 예측했지만(Hubbard 1989) 실제로는 1GW 미만에 그친 것이다.

1990년대 후반에 들어서자 씰리콘형 PV가 태양광선을 전기로 전환할 수 있는 유일한 방법이 아니라는 것이 분명해졌다. 새로운 PV전지, 나노크리스탈 물질의 광전자화학 장치, 절연식 고분자 필름의 등장으로 값싼 재료들이 나오기 시작했다. 양면을 모두 활용해 모든 각도에서 빛을 집적하고 각기 다른 색으로 투명하게 창을 만드는 등 실용적이고 융통성있는 제품들이 선을 보였다(Grätzel 2001). 광화학전지는 가시광선으로 물의 결합을 끊는 데 가장 효과적인 방법이었고(흡수한 빛을 수소로 전환하는 이론적 효율은 직렬연결 씨스템에서는 42%였고, 실제로는 20% 정도였다), 실험적인 색소 반응형 나노구조 물질은 10~11% 비율로 전력을 생산했으며 양극 전지는 2배의 효율을 갖게 되었다.

마지막으로 태양에너지 퓨전 신호에 대해 언급하려 한다. 이는 글레이저가 처음 제안한 것으로서 우주 태양열 위성(SPS)에서 사용한다(Glaser 1968). 정지궤도에 있는 인공위성이 주변의 태양광선을 마이크로파 형태로 변환해 지구로 송전하면 렉테나로 흡수한 다음 직류로 전환하여 전력망을 통해 보급하는 방식이다. 이러한 구상을 현실화하는 데 물리적 장벽은 없어 보인다. 특히 10GHz 이하의 마이크로파는 대기의 수증기로부터 최소한으로 방해를 받는다. 그러나 생산된 에너지를 지구로 쏘아보낸 뒤 다시 필요한 규모에 따라 전력으로 전환할 수 있기 위해서는 많은 기술 혁신이 필요하다. 우주로부터 막대한 양의 물질을 실어 나르는 것과 마찬가지 일이기 때문이다.

이 구상을 정교화하고 변형한 것들은 숱하게 나왔으며, 1980년대 미국 항공우주국(NASA)에서는 기술적 분석과 SPS 30대 제조에 2000만달러 이상을 투자하기도 했다(NASA 1989; Landis 1997). 하지만 1990년대에 이에 대한 관심은 수그러들었고 지금은 일본에서만 적은 관심 속에서 연구가 행해지고 있다(Normile 2001). 달 표면의 태양 복사에너지를 획득하는 월면 태양발전(LSP) 씨스템의 장점은 필요한 요소를 기본적으로 달 물질로부터 만들어낸다는 데 있다. 이 구상의 지지자들은 LSP의 효율이 매우 클 것이라 주장한다(Criswell & Thompson 1996). 이러한 계획들은 세계의 에너지 공급에 기여할 가능성이 있는 에너지 프로젝트들의 범주에 들어야 하겠지만 적어도 두 세대가 지나서야 가능할 것으로 보인다. 미래의 에너지 공급원 중 이러한 종류의 다른 몇가지에 대해서는 다른 재생에너지의 전망을 개관하면서 언급할 것이다.

다른 재생에너지는 얼마나 유망한가?

이 절에서는 한 세기 이상 상업적으로 이용되어왔으나 지난 세대에 와

서야 비로소 개발과 보급 면에서 관심을 받기 시작한 전환기술을 선택적이고 간략한 방식으로 검토해보겠다. 또한 20~30년에 걸쳐 설계와 실험을 통해 발전된 후에도 상업적인 면에서는 큰 차이가 없어 보이는 과감한 제안들에 대해서도 살펴볼 것이다. 첫째 범주에는 지열에너지가 딱 들어맞고, 둘째 범주에는 바다의 운동에너지와 열에너지를 전환하는 흥미로운 몇가지 제안들이 속한다.* 여기서 간단한 언급 이상은 못하지만 기이하고 괴상한 것들의 전환도 다수임을 밝혀둔다.

그중에는 그린란드 빙하가 녹은 물을 동력화해서 만든 전기를 직류 전선을 통해 아이슬란드를 거쳐 유럽으로 보내는 것(Partl 1977), 연(鳶)을 이용한 풍력발전(Goela 1979)이 포함된다. 그리고 태양광이 많이 내리쬐는 지역에 플라스틱으로 차폐한 높은 구조물을 세우고 풍력터빈을 돌리는 데 필요한 기류를 만들어내는 태양 굴뚝도 여기 속한다(Richards 1981). 앞의 두가지 구상은 논문에서만 존재하지만 마지막 구상은 1980년대 초반에 실제로 시도되었다. 독일 연방연구기술부는 스페인의 만자나레스에서 처음이자 마지막으로 대형 태양 굴뚝 건설에 투자했는데, 그 사업은 7년 동안 운영되었다. 여기서 평범하지 않은 제안을 한가지 더 언급하지 않을 수 없다. 유전자를 조작해 거대한 벌레혹(gall)들을 만들고 나무줄기에 이식해서 역광합성을 하도록 만든 다음 수소나 메탄을 발생시키면 수집관으로 포획해서 가정으로 보내는 방법이다! 이 계획의 창시자는 이러한 방법이 광대한 태양에너지 수집 씨스템인 숲과, 효율적인 에너지 수송·배분씨스템인 천연가스 수송망 사이에 적절한 공유영역을 만들 것이라고 결론 내렸다(Marchetti 1978, 9면).

다시 현실로 돌아오자. 앞서 이야기했듯이 평균적인 지열의 흐름은 태양열에 비하면 매우 작은 양에 지나지 않는다. 스클레이터 등은 대양저에 의한 총 열 손실은 33.2TW, 지표에 의한 손실은 8.8TW로 계산했다(Sclater

---

* 지열에너지는 태양광, 풍력 등에 비해 이목을 끌지 못하고 있지만 지열난방의 경우 한국 실정에 아주 잘 맞아 향후 널리 보급되거나 사용될 것으로 기대된다—옮긴이.

et al. 1980). 이러한 비율은 각각 약 $95mW/m^2$ 와 $65mW/m^2$에 해당하고 그 합계는 1년에 1325EJ가 된다. 물론 지열에너지는 훨씬 더 크고(적어도 50배 이상) 이론적으로 추출할 수 있는 총 에너지는 최종 사용 형태와 온도, 깊이에 따라 결정된다. 증기와 액체가 지배적인 지질열수(hydrothermal) 자원들만이 발전에 직접 사용될 수 있는데 이러한 유동이 지구 표면까지 도달한 지역이나 구멍을 뚫어 가까이 접근할 수 있는 지역은 매우 한정되어 있다. 그와 반대로 풍부한 뜨거운 마그마는 열수보다 10배 이상의 열을 함유하고 있으며 세계 여러 곳에서 지각의 상층 10km까지 관입되어 있다. 그리고 같은 깊이의 고온암체도 지표의 마그마보다 열이 10배 이상이다(Mock, Tester and Wright 1997).

그러나 현재 기술로 땅을 7km 이상 파내려가 200°C 이상의 암석(평균 열 경사는 25°C/km)까지 닿을 수 있다고 해도 증기를 생성하기 위해 이 깊이로 물을 주입한다는 것은 경제적인 관점에서 이치에 맞지 않다. 뜨거운 마그마가 접근 가능한 깊이에 있는 경우는 극히 제한되어 있거나 최근 화산 활동이 일어난 지역에 국한되어 있다. 100°C 미만인 지질열수 자원은 산업이나 가정 난방에만 쓸 수 있으므로 고온의 지질열수를 사용하는 가장 경제적인 방법은 표면까지 관을 연결하거나 좁은 우물을 파는 것이다. 결국 현재의 전환기술은 막대한 지질열수 중 극히 일부를 끌어오는 것에 지나지 않는다. 기껏해야 72GW를 생산할 수 있을 뿐이지만 복구 및 굴착기술이 진전되면 최대 138GW까지 끌어올릴 수 있다(Gawell, Reed and Wright 1999). 예상할 수 있듯이 이러한 가능성이 높은 지역은 지질구조학적 활동이 계속 일어나는 북미, 중미, 남미와 아시아를 따라 분포한다.

지열을 이용한 전력 생산은 이딸리아의 라르데렐로에서 1902년에 시작되었다. 뉴질랜드의 와이라케이는 1958년, 캘리포니아의 게이써스는 1960년, 멕시코의 쎄로 쁘리에또는 1970년에 뒤를 이었다. 1970년대부터는 이러한 고온 증발지대 이외의 지역으로 확대되기 시작했다. 1990년대 말에 미국은 가장 많은 설치용량(대략 2.9GW)을 보유했고, 차례대로 필

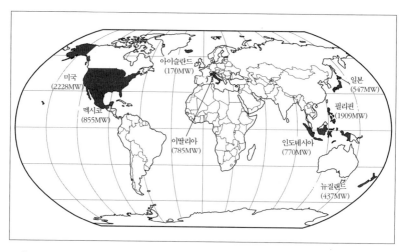

그림 5.22
주요 지열발전소의 위치. 지각판(tectonic plates)의 경계와 활화산지대 부근에 밀집되어 있다.
자료 IGA(1998).

리핀(1.8GW), 이딸리아(768MW), 멕시코와 인도네시아 순이었다. 8.2GW 정도인 세계 총량은 현재 기술력으로 동력화할 수 있는 것의 11%에 불과하다. 그리고 138GW의 예상 잠재력을 모두 발전에 사용한다고 해도 2000년에는 세계 발전용량의 5% 이하에 그칠 것이다. 지열에너지는 국가와 지역에서는 중요하지만 세계 전체로는 분명 한계적인 전력원이다. 그러나 산업과 가정용 난방에 좀더 포괄적으로 사용될 수 있다. 한 예로 미국의 지열난방 용량은 지열발전 설치용량의 2배를 넘어서고 있다.

지열식 가정용 난방펌프 중에서는 여름에 열을 저장했다가 겨울에 방출해내는 폐회로 씨스템이 특히 효율적인 선택이다(Mock, Tester and Wright 1997). 만약 미국의 가정에서 천연가스 대신 이 방식을 사용했다면, 지난 1990년대 후반 겨울철 전기에너지를 최대 100GW까지 절약할 수 있었을 것이다. 지열에너지는 더욱 광범위한 산업(2차 석유 추출부터 목재 건조까지)과 온실, 수산 양식에 사용할 수 있다. 발전과 난방 기능의 결합은, 지열 잠재력은 크지만 다른 에너지원이 부족하거나 전혀 없는 40여개 저소득 국가에 큰 변화를 일으킬 것으로 보인다(이들 대부분은 섬지역 국가다)(Gawell, Reed and Wright 1999)[*].

1975년 이전에는 조수간만의 차를 이용해 해양에너지를 전환하자는 제안이 많이 나왔다. 나중에는 심해와 표면수 간 온도차, 파도의 운동에너지를 동력화하자는 제안도 나왔다. 전 지구에서 조수의 마찰력은 약 2.7TW이고, 지역적으로 추출할 수 있는 최대치는 조수 범위에 따라 차이를 보인다(Smil 1991). 세계 최대 조수는 캐나다의 노바스코샤 해안이며(봄철 조수 7.5~13.3m), 다른 지역으로는 알래스카, 브리티시콜롬비아, 남부 아르헨띠나, 노르망디 해변, 백해(White Sea) 등이 있다. 전 세계에서 최대 수치를 보이는 28개 지역을 모두 합하면 이론적인 전력량은 360GW이다(Merriam 1977). 하지만 바닷물에 일부가 잠기는 구조에서는 설비비용이 많이 들기 때문에 프랑스 쌩말로에 인접한 240MW급 랑스(Rance) 조력발전소를 제외한 나머지는 모두 중단되었다. 장기간 연구되던 펀디만의 대규모 프로젝트(1~3.8GW)는 계획 단계에서 중도 하차했다(Douma & Stewart 1981).

블루 에너지 캐나다사는 현재 조력교에 매달린 잠수형 혹은 표면 부상형 데이비스 터빈 사용을 장려하고 있다(Blue Energy Canada 2001). 이 터빈의 날개는 매우 천천히 움직이므로 해양 생물체에 거의 위협을 끼치지 않고 개펄의 흐름과도 조화를 이룬다. 이 업체는 낮은 자본비용(대규모 시설에 $1200/kW)과 높은 용량계수(40~60%)를 예상했고, 이 기술로 개발 가능한 전 세계의 잠재용량이 450GW 이상일 것으로 보고 있다. 첫 대형 설계는 필리핀의 싼 베르나디노 해협을 가로지르는 달루피리(Dalupiri) 발전소를 위해 제작되었고, 여기에 사용된 274형 데이비스 터빈의 최고

---

[*] 최근 국제유가가 크게 오르면서 미국에서는 지열 난방시설을 설치하는 주택이 대폭 늘어나 관련 시설산업이 호황을 누리고 있다. 한국에서도 최근 고층 아파트를 대량으로 건설하면서 지하 깊이 파고 들어가야 하는 경우가 많아지자 지열에너지 시설의 의무 설치 같은 제안이 나오고 있다. 지하와 지상의 열 차이를 활용하여 공동주택의 냉난방용 에너지 수요 일부를 해결하는 것이 좋은 애다—옮긴이

용량은 2.2GW에 이른다. 이 기술에 대한 의미있는 평가는 상용화 이후를 기다려야 할 것이다.

1970년대는 해양 열에너지 전환(OTEC)이 각광받던 시기였다. "세계 인구 증가 속도에 맞출 수 있는 유일한 재생에너지" 혹은 "OTEC이 OPEC에 대한 해답이다"라는 슬로건까지 나왔다(Zener 1977, 26면). 암모니아를 합성하는 대규모 공장 선박의 갑판에서도 OTEC이 생산하는 전력이 이용될 것이라는 예견도 있었다(Francis & Seelinger 1977). 이것의 이론적인 가용 전력량은 매우 인상적이다. 전 지구 규모에서 잠재력은 200TW 이상이고(Rogner 2000), 최고 온도 25°C(아열대 및 열대 해수 표면)와 5°C(900m 심해)에서 작동하는 이상적인 열기관으로 추출한 에너지는 2.87J/g이다. 낙차가 300m인 수력발전소와 동일한 전력을 생산한다고 보는 것이다(그림 5.23). 그러나 현실에서 OTEC 설계는 기존의 지열발전에서는 쓸모없어 보이는 온도차를 이용해 유용한 전력을 추출하는 것이라 비용이 높고 효율이 낮을 수밖에 없다(OTA 1978).

낮은 온도차(최소한의 온도차 20°C)를 이용해 에너지를 추출하는 기본적인 방법 두 가지는 폐쇄회로법과 개방회로법이다. 폐쇄회로법은 끓는점이 낮은 작용수(working fluid)를 증발시키는 데 따뜻한 물을 이용하는 것이고, 개방회로법은 해수 자체를 진공 챔버에서 끓이는 것이다. 그렇게

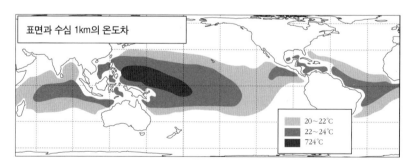

그림 5.23
표면과 수심 1km의 온도차가 20℃를 넘는 지역. 태평양 동부 열대지역의 잠재력이 가장 크다.
자료 NREL(2001c)의 지도.

해서 생성된 증기가 터보발전기를 가동시키고 심해의 차가운 해수가 작용수를 응축시키게 된다. 발전소를 통과하는 대량의 물을 퍼올려야 한다는 것만 봐도 에너지 전환 효율이 낮을 것임을 알 수 있다. 예를 들면 꾸바에 설치된 조르주 끌로드(George Claude)의 최초의 소형 OTEC 시제품은 전력 22kW를 생산하기 위한 장비 가동에 80kW를 소모했다(Claude 1930).

그럼에도 1970년대 후반에서 1980년대 초반까지 OTEC 연구와 개발에 많은 노력이 뒤따랐다(Hagen 1975; OTA 1978; NREL 2001c). 작은 바지선에 탑재된 장치(총 에너지량 50kW, 순 에너지량 15kW)는 하와이에서 간헐적으로 몇개월간 사용되었다(마지막 사용 시기는 1993년 5월). 이보다 큰 열교환기가 개조된 유조선에서 시험되었고, 토오꾜오덴료꾸(東京電力)사와 토오시바(東芝)사가 설계한 폐쇄회로발전소는 나우루에서 1년 가까이 가동되었다(Penny & Bharathan 1987). 대규모 OTEC 발전소는 전력뿐 아니라 암모니아비료, 담수, 식량까지 생산했다. 1987년 OTEC의 선구자 중 한명은 자기 회사인 씨 쏠라 파워(Sea Solar Power)사가 전력을 적정 가격에 열대지방의 국가에 공급할 수 있다고 주장하기도 했다(Anderson 1987)─그러나 어떤 국가도 이 좋은 제안을 수락하지 않았다. 열렬한 신봉자 중에는 아직도 유가가 상승하면, 특히 에너지원이 아무것도 없지만 높은 해양 온도차를 보이는 열대 섬에서는 OTEC이 유용할 것이라고 믿는 사람이 있다. 꾸바, 아이티, 필리핀이 여기에 들어가는 국가지만(NREL 2001c), 이들은 다른 재생자원으로 에너지를 얻는 편이 훨씬 나을 것이다.

나는 OTEC이 흥미로운 탁상공론이며 공학적인 호기심일 뿐이라고 본다. 이런 주장은 조수와 운동에너지 총량이 거의 비슷한 파도가 가장 유력한 해양에너지원이 될 것이라는 새로운 주장으로 이어진다(Rogner 2000). 특히 대서양 연안의 유럽 국가와 일본에서는 수십년의 연구를 통해 다양한 전환기술이 선보였다. 우선 주목할 만한 설계는 쏠터의 오리(Salter's Duck)라는 것인데, 이는 후에 다양한 진동수주(oscillating water column) 장치로 이어졌다. 전자의 경우, 물결 모양의 커다란 줄기에 조각난 캠로브가 쭉 이어진 형태로 고정되어 있고, 로브에 연결된 펌프가 압축된 물을 작은 관을 통해 발전기로 보낸다(Salter 1974; Isaacs & Schmitt 1980). 진동장치에는 수면 아래쪽이 개방된 챔버가 부착되어 있고, 챔버 안쪽의 물이 진동하면서 공기를 통과시킬 때 터빈이 돌면서 전기를 만들어내는 원리이다(Kingston 1994). 일본은 1998년 40m 물기둥에 고정된 진동형 발전기의 시제품을 시험했다(JAMSTEC 1998).

이 원리를 이용한 최초의 상용 발전소는 2000년 11월에 스코틀랜드 서부 해안 아일레이섬의 배전망에 연결하여 지상에 건설한 500-kW 해안고정형 파력발전기(LIMPET)이다(Wavegen 2001). 근해의 파도에너지를 이용하는 한 쌍의 375kW 반수중형 시제품은 오션 파워 딜리버리(Ocean Power Delivery Ltd.)사가 만들어 2002년 시험에 들어갈 예정이었다(Yemm 2000). 이 회사는 2010년까지 900대 700MW 규모의 설비를 설치할 예정이며 LIMPET의 설계자들은 영국 근해의 파도에너지를 회수한다면 국내 수요 이상의 에너지를 얻을 수 있으며, 지구 잠재 에너지의 0.1%를 회수하는 것만으로도 전 세계 에너지 수요의 5배는 공급할 수 있다고 주장하고 있다. 물론 이는 경제성이 확보되었을 때의 이야기다. 두말할 것도 없이 TW급 전 지구 규모의 사업에 도입할 프로젝트를 500kW도 되지 않는 시설로 축소해 단기간 시험 운영한다는 것은 얼토당토않은 말이며, 파력장치의 전 세계 누적 설치용량이 2020년까지 몇GW를 넘는다면 정말로 놀라운 일이 될 것이다.

인프라의 변화와 미래의 수소 경제

신·재생에너지의 이용 확대를 위해서는 새로운 터빈이나 집진기, 전지에 투자하는 것 외에도 여러가지를 고려해야 한다. 이러한 방식의 전환으로 생산되는 전력은 가장 바람직한 형태의 에너지 공급을 늘리지만 네 가지 과제도 남긴다. 첫째는 재생에너지가 상대적으로 전력 밀도가 낮다는 점이다. 그러므로 여기에 의존할수록 분산된(탈중심화된) 발전의 비중은 더욱 커진다. 둘째는 대규모 재생 전환 집중시설이 지닌 위치상의 비융통성이다. 셋째는 재생 전환이 본디 간헐적인 데다, 전력을 대량으로 저장할 실용적인 방법이 부족하다는 점이다. 넷째는 재생에너지원으로 생산된 전력 중 일정 부분은 운송 수단에서 쓸 수 있도록 고밀도의 이동 가능한 에너지연료로 전환해야 한다는 점인데, 현실에서는 수소 기반 전환으로 점차 옮겨가는 것에 대한 고려가 아주 바람직한 식이 되고 있다.

탈중심화의 꿈은 현대 도시 산업사회에 횡행하는 어려움과 불만을 잠재울 수 있을 것이다. 이 개념은 분산된 전력이 빈민가를 없애고 사람들이 대지로 돌아가도록 해줄 것(Novicd 1976)이라고 믿은 로우즈벨트 같은 독특한 사상가나 핵발전 세대의 개척자들 20세기 내내 되살려온 것이다. 1946년에 이들 광신자들은 "핵발전소가 산업을 더욱 분산시키기에 적합하다"라는 결론을 내리며 그 근거로 필요한 곳이면 어디든 건설해 운송비를 절감시킬 수 있는 점을 들었다(Thomas et al. 1946, 7면). 그러나 이들의 예견 중 현실화된 것은 하나도 없다.

결국 분산 전력 생산은 발전소의 최적 규모의 변화와 송·배전망 관리의 진보에 힘입어 기술적으로나 경제적으로 호소력을 갖게 되었다. 후자에 속하는 흥미로운 예는 순생산량 측정 개념인데, 이는 소규모 전력 생산자(가정에서도)가 자신들이 필요하지 않을 때는 전기를 배전망에 보내고, 나중에 필요할 때 돌려받는 것을 가능하게 한다. 보일러-터보발전기가 커졌다는 것은 1970년대 초반까지의 전기 씨스템에 대한 개념이 진화했다는 것을 나타내는 증표 중 하나이다(그림 1.9). 발전장치의 최적 크기는 1GW 정도까지 계속 커져왔다. 하지만 전력 수요 감소와 기술 발전(특히 가스터빈의 경우)으로 용량이 50~250MW인 장치가 주로 신규 주문의 대상이 되면서 이러한 경향을 완전히 바꾸어놓았다.

이러한 역전의 가장 중요한 원인은 발전용량 150MW인 천연가스를 연료로 하는 간단한 공기유도식 터빈의 설치 비용이 $350/kW(1995년)으로 떨어지고, 발전용량이 300MW 이하인 복합발전 씨스템의 가격이 $300/kW(1999년)으로 떨어진 반면 효율은 60%에 근접했기 때문이다 (Linden 1996). 또 탄화수소를 연료로 하는 25~250kW의 마이크로터빈이 경제적으로 생산한 전력을 대규모 산업 및 상업지구의 첨두부하 절감이나 고립된 지역에의 안정적 전력 공급 등 다양한 곳에 적용되면서 소형화는 더욱 기세를 얻게 되었다(Scott 1997). 캡스톤 마이크로터빈사는 하이브리드 자동차나 고정형 소규모 발전에 쓸 수 있는 30~60kW 발전기의 전력망 접속 기준을 만족시켜 인증받은 첫번째 회사가 되었다(Capstone MicroTurbines 2002). 평균 2MW의 고정형 열병합발전에 쓰이는 석유연료 피스톤 기관은 분산 전력 생산의 또다른 수단으로 인기를 얻고 있다(Williams 2000).

연료전지의 실질적인 기여도는 아직 크지 않지만 잠재력만은 확실하다. 천연가스를 이용하는 인산 연료전지(PAFC) 분산 발전 씨스템은 설치 비용이 높지만, 폐열을 이용해 물을 대량으로 데우는 병원 같은 고부하 사용자의 경우에는 80% 가까이 효율을 낼 수 있어서 경쟁력이 있다. 개조된 천연가스로 작동되는 양자 교환막 연료전지(PEMFC)는 100kW~2MW 범위의 고효율 분산 발전의 필수 요소가 되었으며 저소득 국가에서는 kW 범위의 PV-배터리를 가지고 기본 전력화를 이룰 수 있다.

분산 발전은 대규모 고효율 시장의 등장을 불러온 것 말고도, 고모듈화 덕분에 새로운 용량이 빠르게 달성되면서 전력망 연결 비용을 줄이거나 아예 없앨 수 있었다. 그리고 송·배전으로 인한 손실을 없앴으며 수많은 지역 저온 씨스템에 쓸 수 있는 폐열을 만들 수 있게 되었다. 소용량의 연료전지를 대단위로 운영하면 동시에 문제가 발생하지 않기 때문에 분산 발전에서는 총 예비 용량을 줄일 수 있으며, 또한 전력망에서 발생하는 문제에 노출이 덜 되기 때문에 신뢰성도 높일 수 있다. 천연가스터빈과 연료전지를 결합한 씨스템, 풍력 및 PV 씨스템도 대규모 중앙 집중식 화석연료 발전소보다 오염을 덜 일으키면서 전력을 생산할 수 있다. 또 분산 발전은 20세기 전력시장에 지배적이던 수직통합 설비의 소멸을 가속화할 것이 분명하다(Overbye 2000).

그러나 전체 씨스템이 기존의 중앙 집중식에서 분산식, 자가 발전으로 급속하게 완전히 옮겨간다거나 그러한 움직임이 실질적으로 바람직하다는 말은 아니다. 신뢰할 수 있는 기본 전력 공급은 늘 필요한 것이며 연료 전지가 그러한 수요의 일부를 맡을 수 있지만 간헐적인 에너지원으로는 불가능하다. 더욱이 오늘날의 저소득 국가에서 21세기 전반기에 일어날 인구 증가의 약 90%는 가난한 주민 수백만이 지붕에 PV모듈 여러개를 다는 사치를 누릴 수 없는 도시에 집중될 것이다. 또 세계 대도시(인구 1000만 이상)의 가구 대부분이 살게 될 고층건물에 지역 재생에너지를 이용해 전력을 공급한다는 것은 비현실적이거나 불가능하다. 전력 밀도의 불일치가 너무 크기 때문이다. 바람직한 방식은, 대형 발전소가 주요 역할을 계속 수행하되, 기업 및 가정용 마이크로 발전기와 중·소규모 발전소가 전력량을 보충해주는 좀더 복합적인 체계로 바꾸는 것이다.

위치 선정은 중요한 문제이다. 화석연료 발전소는 부하가 많은 대도시 주변에 쉽게 설치하거나(수송 거리를 단축할 수 있음) 심하게 오염된 지역에서 멀리 떨어뜨려 짓는(대기오염 수준 낮춤) 데 반해, GW급 풍력터빈, PV전지, 파력에너지 전환장치는 필요한 재생에너지 흐름의 최대 전력 밀도와 일치해야 한다. 이러한 곳에 재생 전환 에너지 발전소를 설치하려면 대부분의 경우에 새로 장거리 송전선을 연결해줘야 할 뿐 아니라 기존 전선에 더 높은 송전 능력(W 단위)과 용량(용량과 거리의 곱)이 필요하다.

가령 미국에 있는 고압 회선들에 대해 대략 조사한 바에 따르면, 고압선이 아예 없거나 기본 용량으로 서남쪽(중앙 집중형 태양열발전 또는 태양광발전에 유리한 지역)에서 동북쪽으로 또는 바람이 많은 북쪽 평야에서 캘리포니아나 텍사스로 전기를 보내는 정도에 지나지 않는다.

또 미국의 송전 능력이 지난 25년간 거의 2배로 늘어났지만, 첨두부하로 나누어보면, 피크수요가 발생할 때 해당 발전소가 전력을 수송할 수 있는 거리는 1984년부터 계속 감소하고 있다. 게다가 해당 발전기 시장의 규모는 1980년대 중반의 70%밖에 안된다(Seppa 2000). 더욱 주목할 만한 사실은 국가 평균보다 더 높은 캘리포니아의 비율(약 285km 대 480km)이 영국(약 960km)보다는 훨씬 낮다는 것이다. 분명히 미국과 캐나다는 고용량의 연결선 보유 면에서는 유럽에 뒤진다. 풍력이나 태양열발전에 적합한 지역으로부터 중서부나 캘리포니아 또는 대서양 해안을 따라 위치한 수요가 큰 지역으로 송전하는 능력이 떨어지는 것이다.

직간접 태양열에너지 밀도가 높은 지역과 인구밀도가 높은 도심 사이에 고용량 HV 회선이 연결되어 있지 않거나 적합하지 않다는 문제는 재생 전환 에너지의 신뢰성을 높이기 위해 고심하는 모든 땅덩이 넓은 국가들에서 공통적으로 나타난다. 예를 들어 중국에서 바람이 많고 햇볕이 가장 강한 지역은 내몽골의 북부 초원과, 사람이 살지 않는 신장과 티벳의 서부 내륙인데, 전력이 대량으로 필요한 도심은 동부와 남부 해안을 따라 분포한다(수도 뻬이징은 상대적으로 몽골과 가까워 예외이다). 예를 한가지 더 들자면, 북부 스코틀랜드, 서부 아일랜드, 알래스카섬, 남부 아르헨띠나, 칠레와 같이 해안을 따라 파력에너지 밀도가 높은 곳은 사람이 살기에 부당하거나 너무 먼 곳이다. 콩고만에서 유럽으로 전력을 수송한다는 거대한 대륙간 송전 계획은 이 장의 수력발전 부분에서 이미 언급한 바 있다.

이러한 현실 때문에 재생에너지에 대한 대규모 사업이 완전히 불가능해진 것은 아니지만 비용은 확실히 상승했다. 반대로 직간접 태양에너지의 간헐성은 기술적 제약을 덜 받게 되었다. 물론 태양 복사에너지를 직접 전환하도록 고도로 분산된 씨스템에서 문제가 가장 첨예하게 드러나며, 서로 연결된 다양한 재생 전환 에너지로 전력을 공급할 때는 상대적으로 문제가 적다. 마찬가지로, 날씨 때문에 이상이 발생해도 오랜 세월 익숙해진 경작이나 건설에는 간헐성이 그리 큰 문제가 아니지만, 막대한 에너지를 사용하는 현대 제조업 및 써비스 분야는 경우가 다를 것이다.

태양광의 간헐성을 극복하려면, 구름이 심하게 낀 날이나 심야에도 수요를 충당할 수 있는 송전 계통이나 축전시설을 건설(혹은 화석연료 발전으로 대체)해야 한다. 단시간의 뇌우를 비롯하여 강력한 허리케인과 눈보라 같은 대폭풍 등의 상황 때문에 흐린 날씨가 예측하기 어려울 정도로 지속될 때, 이를 극복하기 위해서는 발전소마다 서로 다른 최대 발전 시간을 이용해야 하는데 그러려면 송전 계통에 상당한 용량의 축전시설이 있어야 한다. 이처럼 악조건에 의해 원치 않는 단전이 일어나는 것을 막으려면 엄청난 투자가 필요하며, 비용 면에서만 보더라도 화석연료발전에 견줄 만큼 신뢰성있는 씨스템을 구축하려면 비용이 매우 많이 들 것이다.

불행하게도, 전기를 저장하는 일은 쉽지 않다. 고정형 전기 저장의 대규모 기술 혁신을 조사해보면 항상 똑같은 이론적으로 매력적인 선택과 배터리 설계에서 유망한 새로운 개발 몇가지만 제시된다(Kalhammer 1979; Sørensen 1984; McLarnon & Cairns 1989; ESA 2001). 그러나 지금까지는 소형 기기를 위한 고밀도 고효율 저비용 배터리나 현대 전력 생산에 필요한 수 MW에서 GW급까지의 씨스템에 맞는 저렴한 고출력 장비의 설계에서 별다른 기술 약진이 없었다. 단지 후자의 진전으로 발전 시간과 전력 소비 시간을 분리할 수 있게 되었고, 전체 씨스템이 일정 시간 동안 태양이나 풍력에너지에 의존할 수 있게 되었으며, 개인 소비자들도 몇시간은 송전선에서 자유롭게 되었다. 이와는 반대로, 전력 교락(한 발전원에서 다른 것으로 옮길 때)이나 전력 품질 제어에 필요한 축전에는 단지 몇초에서 최대 몇분이면 된다.

양수(揚水) 저장은 현재 전체 수력발전 용량에서 차지하는 비중이 꽤 되지만, 높은 건설비와 부지의 특이성을 고려할 때 유력한 재생 씨스템의 주요한 에너지 저장 수단은 될 수 없을 것이다. 일부 산악 국가에서 양수 방식은 전력 수요에서 중요한 몫을 맡고 있다. 그러나 인구가 밀집된 아시아 저지대에서는 매우 부적당하다. 이와 상업적으로 유사한 유일한 경우가 압축공기 저장이다. 이 방식은 최대 전력이 필요하지 않은 시간대의 저렴한 전기를 이용하여 공기를 지하의 동굴이나 광산에 불어넣은 다음, 나

중에 단기간 최대 전력을 공급하는 데 쓴다. 압축공기 저장 플랜트는 1978년에 지은 독일의 훈트오르프(Huntorf, 290MW), 앨라배마의 매킨토시(McIntosh, 110MW 1991), 그리고 지하 600미터 이상 되는 석회암 광산의 잇점을 이용하여 2003년에 가동하기로 계획한 가장 거대한 설비인 오하이오의 노턴(Norton), 이 세 군데뿐이다(ESA2002).

전력을 대량으로 축적하기 위한 6가지 전지 유형 중 하나를 상용화할 경우 하나 이상의 단점에 의해 이용에 제한을 받는다(ESA 2002; 그림 5.24). 플로우 전지는 에너지 밀도가 낮으며, 에너지 밀도가 높은 금속-기체 전지는 충전이 어렵고 수명이 매우 짧은 게 단점이다. 나트륨-황, 리튬-이온, 그밖의 다양한 최신형 전지는 가격이 매우 높고 일반 납축전지는 방전이 심하면 수명이 짧아진다. 최근의 상용 프로젝트로는 리제네시스 테크놀로지(Regenesys Technologies)사가 세운 영국 발전소의 15MW 축열시설과 테네시강 유역개발(TVA)의 12MW 규모 미씨시피 설비를 들 수 있다. 신형 마그네슘(Mg/Mg$_x$MO$_3$S$_4$) 전지의 시제품에 대한 시험은 최근에 끝났다. Mg을 양극으로 두면, 광요소가 많아지고 취급이 안전하며 환경에 무해하다는 장점이 있다. 아우어바흐 등(Aurbach et al. 2000)은 실질적인 에너지 밀도가 60Wh/kg보다 크거나 표준 니켈-카드뮴 및 납축전지보다 50% 또는 그 이상 큰 대형 충전식 전지를 만들 수 있다고 믿고 있으나 상용화 여부는 아직 알 수 없다.

비화석자원 중에서 가장 바람직한 에너지 운반자인 수소와 가장 유용한 연료 전환장치인 연료전지에 사람들은 기대를 걸고 있다. 전기와 물을 생산하기 위해 수소와 산소를 결합하는 간단한 전기화학적 장치인 연료전지는 실제 사용된 바 없이 호기심만으로 수세대 동안 연구되어온 발명품(1839년 윌리엄 그로브)이다. NASA가 우주선에 연료전지를 설치하기 시작했을 무렵인 1960년대 초반에야 근본적인 변화가 왔다. 알칼리 연료전지(AFC)는 제미니(Gemini, 미국의 2인승 우주 비행선)에서 우주왕복선까지 모든 프로그램에 사용되는 일차적인 전력 공급원이 되었다. 21세기를 20

년 앞둔 싯점부터는 대중화와 기술 발전으로 연료전지의 장점들이 기술 서적뿐 아니라 대중매체에서도 널리 격찬받았다(Appleby & Foulkes 1989; Hirschenhoffer et al. 1998; Srinivasan et al. 1999).

연소를 하지 않는다는 것은 수증기를 제외하고는 대기오염 물질을 배출하지 않는다는 뜻이다. 움직이는 부품이 없다는 점은 매우 조용히 작동한다는 뜻이다. 수소의 전기화학적 산화는 열기관의 효율을 제한하는 열역학의 한계를 능가하고, 일반적으로는 40~60%, 심지어는 70% 이상의 수소를 전기로 변환할 수 있게 한다(이론적으로 저위발열량 90%의 초과). 액체수소의 높은 에너지 밀도(120MJ/kg, 휘발유는 44.5 MJ/kg)는 이동기기에 활용하기에 알맞다. 그리고 모듈 방식은 연료전지가 노트북, 잔디 깎는 기계에서부터 중장비나 MW급 발전소에까지 사용될 수 있다는 것을 의미한다.

6개의 주요 연료전지의 설계는 북미, 유럽, 일본에서 한창 연구되고 있다. 이들의 기본적인 설계안을 비교한 것이 그림 5.25이다. NASA에서 널리 쓰이는 AFC는 간단하게 언급했고 PEMFC, PAFC, MCFC, DMFC는 천연가스의 미래 수요를 담당할 자원에 대해 논한 앞장에서 다루었다. MCFC(약 1000°C)보다 더 높은 온도에서 작용하는 고체 산소 연료전지(SOFC)는 여타의 것과는 달리 고체 산화지르코늄-산화이트륨 전해질을 사용한다. 전지를 100kW까지 쌓아 시험한 결과 고온으로 인해 폐열발전의 전환 효율이 80%를 넘어섰다(Srinivasan et al. 1999). 저렴하고 오래가는 전지가 여러 틈새시장에서 중요한 위치를 선점하기 전에, 최근 개발된 양자 전달 산성염(Haile et al. 2001)에 기본을 둔 고체를 포함하는 전해물을 도입해야 한다. 연료전지에 사용되는 물질 및 제조과정에 도입된 기술의 발달—메탄올 투과율이 낮은 박막부터 저렴한 제조과정까지—도 마찬가지다(Steele & Heinzel 2001).

20세기의 마지막 싯점에서 성공적으로 상업화된 유일한 연료전지 설계는 우주 탐험용의 AFC, 그리고 특정 유형의 발전소를 위한 소용량

PAFC였다. 둘 다 중요하기는 하지만 상대적으로 특정한 분야에 한정되어 있다. 제4장에서 언급한 대로, 몇몇 전문가들은 승용차나 다른 운송 수단에 설치되는 연료전지가 실제로 대량 보급되는 초기 단계가 2005년 이전에 시작하며 2010년 전에는 최고치에 이를 것이라 자신하고 있다. 이러한 주장들이 옳은 것으로 판명되고 운송 매체의 본격적인 적용 싯점이 더 앞당겨진다고 하더라도, 21세기의 처음 10년이 자동차 내연기관의 마지막 10년이라는 결론은 시기상조일 것이다. 이러한 내연기관을 사용하는 기계들은 성능과 신뢰성이 향상되어 한 세기 이상 여전히 더 효율적이고 신뢰성이 있을 것이다.

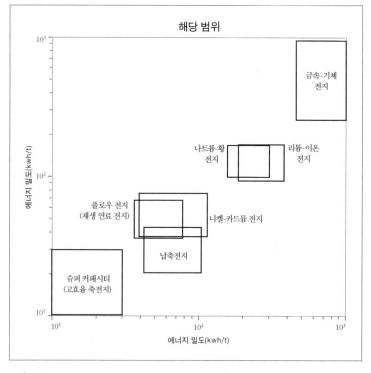

그림 5.24
고전적인 값싼 납축전지부터 최신 플로우 전지까지 에너지 밀도(왼쪽), 효율과 수명 주기(오른쪽) 비교. 자료 ESA(2001)의 그래프.

게다가 PEMFC로 움직이는 자동차의 첫 세대는 완전히 가스에만 의존하기보다는 수소가 다량 포함된 다양한 액체에서 동력을 얻을 수 있도록 개질장치를 이용할 것이다. 다가오는 내수 및 국제 연료전지 시장의 규모에 대해서는 확실치 않은 점이 많은 게 어쩌면 당연한 일이다. 최근의 예측들은 10배까지 차이가 났고, 실제로 그 격차는 계속 커지고 있다. 비록 더 낙관적인 몇가지 예상이 맞을지라도, 2010년에 연료전지로 구동되는 100만대의 미국 자동차들은 모든 운송 수단 중 0.5% 미만일 것이다. 결국 우리는 연료전지나 수소로 지배되는 새로운 시대의 입구에 서 있는 것이 아니다. 그러나 지금 당장의 수요가 불충분하다는 점 때문에 현재 성장하는 산업이 발목 잡히지는 않는지 살펴보고 일반적으로 수소 경제라고 알려진 것의 한계가 무엇인지 깊이 생각해야 할 시기인 것이다.

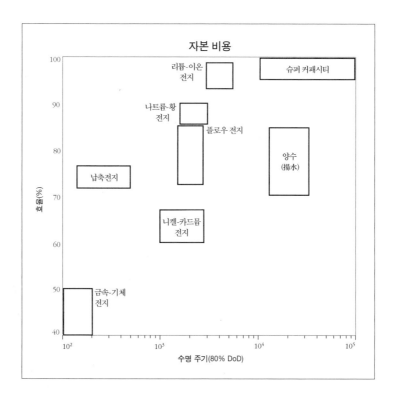

그러한 근본적인 변화에는 장점과 복잡성이 따를 것이고, 예상할 수 있듯이 수소 경제의 지지자와 비판자 들은 지금껏 한가지 이상을 강조해왔다. 그들의 저서는 SF소설 같은 내용부터 딱딱한 공학적 평가까지 다양하다. 초기의 상세한 조사는 보크리스(Bockris 1980)와 윈터와 니치(Winter & Nitsch 1988)의 연구에 나타나 있다. 노어벡 등은 자동차 옵션의 세부 기술 조사서를 냈고(Norbeck et al. 1996), 오그덴은 수소 에너지 기반 건설의 과제를 주제로 책을 출판했으며(Ogden 1999), 던은 수소 에너지에 대한 지지 보고서를 작성했다(Dunn 2001). 또한 호프먼은 거대 기획의 진보와 역사를 폭넓게 개괄했다(Hoffman 2001). 수소가 주요 에너지원이 되는 세계를 설명하

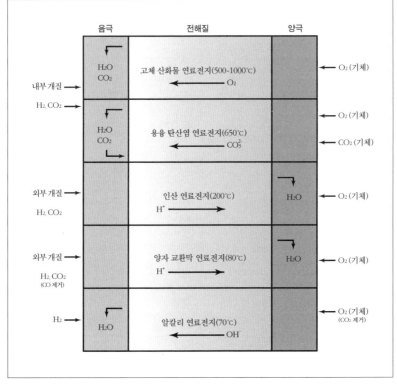

그림 5.25
연료전지 다섯 종류의 음극, 전해질, 양극. 자료 Steele & Heinzel (2001).

는 일반적인 보고서들은 수소가 아직 불완전한 에너지 공급원이고 비싸다는 것을 언급하지 않은 채 기적의 에너지원으로만 묘사하는 심각한 과학적 무지를 드러낸다.

최근 앤더슨은 훨씬 더 나아갔는데 이 놀라운 주장은 길게 인용할 만하다.

수소는 우주에서 가장 일반적인 원소이며 산소만큼 얻기가 쉽다. 따라서 수소 연료 공급은 거의 무한하다. 수소를 생산하는 가장 쉬운 방법은 전기분해에 의한 것이다. 길게 보면 연료전지 자체는 전기를 발생시키며 수소를 생산하고 그것으로 다시 연료전지를 움직인다. 또한 연료전지에서 수소를 사용했을 때 발생한 물을 이용하여 다시 수소를 생산하는 것이 가능할 것이다. 이로써 마침내 영구적인 에너지의 꿈이 실현된다(Anderson 2001, 21면).

이 황당하게 잘못된 보고서에서 가장 재미있는 점은, "길어야 20년 안"에 서구는 더이상 석유에 의존하지 않을 것이고 연료전지가 석유를 대신하면서 에너지 가격은 폭락할 것이라 확신하는 "내가 알기에 몇 안되는 과학적으로 해박한 사람"과 상담한 후 씌어졌다는 것이다(Anderson 2001, 20면). 역사적 증거는 새로운 에너지원과 매체의 사용이 보편화하기까지는 20년보다 훨씬 오랜 시간이 걸린다는 것을 말하고 있다(제1장과 3장 참조). 수소에 관해 구체적으로 다룬 저서에서 오스벨(Ausubel 1996)은, 평균 수소/탄소비가 목재는 0.1, 석탄은 1, 원유는 2, 메탄은 4라고 했을 때, 2030년 이후에는 메탄 중심 경제가 성장이 어느정도 완성되는 싯점에 이르고, 수소 중심의 사회가 되려면 화석에너지 없이 대량의 기체만 생산되어야 한다는 조건이 필요하므로, 이른바 수소 경제는 21세기 마지막 10년에나 그 모양을 갖출 것이라고 했다(그림 5.26).

오늘날 대량 생산되는 수소는 주로 메탄을 증기 개질해서 얻고, 보조적으로는 탄화수소를 부분 산화해서 얻는다. 증기 개질에는 수소 1kg당 적어도 103MJ이 필요하다. 이렇게 생성된 수소는 암모니아의 하버-보슈 합성에 주요하게 사용되며 원유 정제에 두번째로 중요한 요소이기도 하다 (Ogden 1000; Smil 2000). 전기분해의 에너지 비용은 기체를 고온 가열할 때의 70~85%로 100~120MJ/kgH₂이다(Ogden 1999). 화석연료를 태우지 않고 간접적인 태양에너지를 사용하여 물을 전기분해할 수 있고 20년 내에 재생에너지로 전기를 저렴하게 생산할 수 있다 하더라도, 그러한 발전이 곧바로 수소 에너지 시대로의 전환을 의미하는 것은 아니다.

그 주요 원인은 필수 인프라의 부족, 즉 기체를 저장·분배·운송하는 신뢰성있는 안전한 대규모 씨스템이 없는 것이다(Ogden 1999; Jensen & Ross 2000; Schrope 2000). 이러한 기술력의 부재로 수소 자동차는 큰 문제를 안게 된다. 자동차회사는 사람들이 연료를 쉽게 구할 수 없는 차를 만들거나 판촉하지 않을 것이다. 마찬가지로 연료회사도 수요가 충분하지 않은 상태에서 값비싼 신규 인프라에 투자하지 않을 것이다. 두 가지 확실한 점진적 단계는 개질장치를 탑재한 수소연료 자동차로 변화를 시작하는 것과, 중앙식 연료 공급시설을 사용하는 많은 특화된 차종들을 우선 전환함으로써 순수 수소 차량의 확산에 참여하는 것이다.

이미 언급한 대로 PEMFC로 동력을 얻는 차량의 첫 세대는 개질장치가 달려 있고 설계에 따라 메탄올이나 휘발유 또는 나프타를 연소할 것이다. 그러나 메탄올 기반시설을 적소에 설치하는 것이 수소 경제 체제로 전환하는 가장 좋은 방법은 아니다. 좀더 큰 문제는 개질장치가 즉각 작동하지 않고 촉매의 변환이 일어나기 전 몇분 동안 예열이 필요하다는 것이다. 틈새 경로를 거쳐 수소로 바로 나아가는 것이 좀더 합리적으로 보이는 이유다. 현대 도시사회에서 수소로 전환 가능하고 중앙식 설비에서 연료를 공급받을 수 있는 버스, 택시, 다수의 배달 트럭, 정부 차량 같은 차종은 많다. 이러한 차종들은 승용차에 대한 세금 우대 및 환경 규제를 도입하기 위한 중요한 기초가 될 것이다.

수소를 얻기 쉬워진다면, 내연기관을 약간만 변형해 수소로 달릴 수 있으므로 연료전지 자동차가 유일한 선택은 아닐 것이다. 이러한 개조 설비는 연료전지에 비해 효율은 떨어지지만, 한 세기 이상 잘 사용해온 장치들을 유지하는 동시에 하이브리드 자동차로 만들면 그 성능을 연료전지 수준으로 끌어올릴 것이다. 게다가 상업적으로 도입된 혼다와 토요따의 첨단 설계(각각 'Insight'와 'Prius')의 경우처럼 하이브리드 자동차에서 적당한 연료 저장 공간과 내연기관의 조합은 에너지 변환 효율과 배기가스 문제가 되더라도 연료전지 차량에 대한 경쟁력있는 대안이 될 것이다. 이러

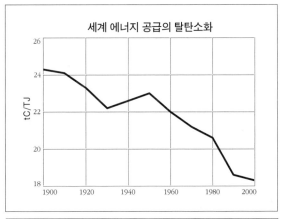

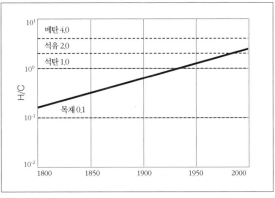

그림 5.26
1800~2100년 탈탄소화에 대한 두 가지 전망: 세계 1차에너지 총공급(TPES)에 대한 탄소 집약도 감소와 수소:탄소 비율의 증가. 자료 Smil(2000a), Ausubel(1996)의 그래프.

한 신기술 개발자들 상당수가 말하는 것처럼 수소를 이용한 연료전지 차량이 궁극적인 설계 목표라고 결론 내리는 것은 시기상조일지 모른다. 패럴과 키이스는 수소를 이용한 운송 수단의 개발에서 승용차보다 오염 물질을 더 많이 발생시키는 화물선 같은 대형 설비에 먼저 촛점을 맞춰야 하며 일반 대중용은 최소한 10년은 연기해야 한다고 주장한다(Farrel & Keith 2001, 44면).

수소연료를 옹호하는 분위기가 압도적이라고 하더라도 수소연료 자동차로 바뀌는 것은 느리게 진행될 것이다. 도시라는 제한된 운행 범위를 넘어서려면 수소연료 자동차는 오늘날의 자동차와 마찬가지로 400~600km는 연료 재충전 없이 갈 수 있어야 한다. 이것은 수소연료 이용에서 참으로 해결하기 어려운 두 가지 문제 중 하나다(Schlapbach & Züttel 2001). 압축되지 않은 수소는 1만 1250L/kg의 공간을 차지하고, 표준 고압 철판 탱크에서는 56L/kg, 그리고 개발중인 탄소 복합 탱크에서는 거기서 또 반을 줄일 수 있다. 그러나 그러한 고압 탱크(45Mpa)는 일반 승객을 태우는 차량에 장착할 장비로는 너무 위험하다. 그리고 액화수소는 14.1L/kg을 차지하나 −241℃ 이하로 가스를 냉각해야 하기 때문에 에너지 비용이나 물류면에서 적절한 해결책이 될 수 없다.

그래서 면적이 큰 고체(예를 들어 나노구조 탄소 흑연)나 금속 수소화물(팔라듐, 란탄, 지르코늄, 철, 마그네슘, 티타늄)에 수소를 흡수시키는 것이 좀더 현실적인 대안이다. 실제 사용을 위해서는 수소의 가역흡수 비율이 질량 대비 최소한 4~5%, 최적으로는 6%가 넘어야 하는데 현재로는 0.6~3.6%에 불과하다. 또한 다시 재현하는 데는 실패했지만, 더 높은 수치가 탄소 나노튜브를 이용한 저장 방식에서 가능했다는 주장들도 있다. 그림 5.27은 이동에 최적화된 연료전지 자동차가 400km를 운행하는 데 필요한 수소연료의 부피를 저장 방식에 따라 압축, 액화, 수소화물 흡수로 나누어 보여준다.

수소 경제에서 안전성은 또다른 중요 문제이다. 수소가 수십년간 화학

산업에서 안전하게 다루어져왔다고 해서 그 경험이 판매소 수십만곳과 사용자 수백만명으로 이루어진 대형 대중유통 구조에 저절로 적용될 리는 없다. 수소는 두 가지 면에서 휘발유보다 더 안전하다. 매우 가볍기 때문에 누출이 있으면 빠르게 확산하며(휘발유는 정체되어 있고 연기도 계속 남아 있다) 독성이 없다. 하지만 가연 한계가 더 낮고(부피 대비 4%, 휘발유의 경우 5.3%) 가연 범위는 더 넓다(4~75%, 휘발유의 경우 1~7.6%). 그리고 무엇보다도 수소의 발화 에너지는 휘발유나 메탄보다 10배나 적다(0.02mJ 대 0.24mJ). 그러나 최종적으로 문제가 되는 것은 대중의 수용 문제다. 연료의 처리 및 보급 면에서 오늘날 어디에서나 볼 수 있는 휘발유나 천연가스보다 위험하지 않다는 것이 명확해져야 할 것이다.

이처럼 현재 떠오르고 있거나 계획중인 에너지 씨스템의 인프라에 필요한 바를 살피는 것으로 재생에너지에 대한 나의 검토는 결론이 나겠지만, 핵에너지에 대해 언급하지 않고는 미래 비화석연료에 대해 제대로 평가했다고 할 수가 없다. 에너지 문제를 지켜봐온 혹자는 산업이 위기에 처한 상태에서 이것이 간단히 넘어갈 문제가 아니라고 할 수도 있다. 만일 그

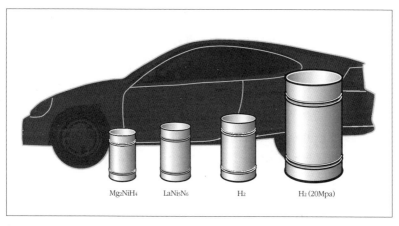

Mg₂NiH₄ LaNi₅N₆ H₂ H₂ (20Mpa)

그림 5.27
4가지 방식으로 저장된 4kg의 수소가 차지하는 부피; 소형차의 윤곽은 비교를 위해 제시했다.
자료 Schlapbach & Züttel(2001).

의견에 동의한다면 나는 다음과 같이 행동했을 것이다. 비록 핵발전소 및 그 연료가 언론에서 말하는 것처럼 그렇게 쉬운 테러의 표적이 아니라 해도(Chapin et al. 2002), 핵분열로에 대한 대중들의 수용이나 그에 따르는 시설 갱신에 대한 전망은 9·11테러 이전에도 경제, 안전, 환경상의 이유로 어둡기는 마찬가지였다. 미국에 대한 테러 공격 뒤로 이런 전망은 더욱 약해졌다.

제3장에서 미리 다룬 고속증식로는 완전히 포기되지 않았다면 현재 보류중인 상태다. 그리고 핵융합 연구는 상용화의 지평에서 50년에 걸쳐 고독하고 끈질기게 수행되고 있다. 그러나 이러한 현실들이 핵에너지의 포기를 뜻하진 않는다. 오히려 새로운 원자로 설계에 대한 신중하고 엄밀한 검사, 폐기물 처리법의 개선, 그리고 핵이라는 선택지의 유효성을 주장하는 강한 근거가 될 뿐이다.

핵에너지에 미래는 있는가?

두루뭉술한 듯한 이 질문에 대한 답은 한마디로 '그렇다'이다. 현재 전 세계 전기의 16%를 공급하는 원자력 1세대의 발전소는 400개가 넘는데, 앞으로도 이 숫자는(438개가 2001년 말까지 운용되고 있었다) 몇십년 동안 계속 우리와 함께할 것이다. 게다가 새로운 발전소가 매년(2000년에는 6개) 완공되고 있다. 그리고 건설중인 것들(2001년 12월 기준 35개)도 있으며, 아시아를 중심으로 더 확대될 계획이다(IAEA 2001b; WNA 2001a). 질문을 구체적으로 바꿔보자. 세계의 주요 에너지 공급원으로서 핵에너지에 장기적인 미래가 있는가? 좀더 세부적으로 따져물으면 이렇다. 핵에너지가 세계 1차에너지 총공급(TPES)에서 차지하는 비중은 21세기 초입에 비해 2025년이나 2050년 더 커질 수 있을까?

이 책을 집필하는 싯점(2002년)에서 최선의 답은 "가능은 하지만 아마도 그렇게 되지는 않을 것"이다. 이러한 결론에는 세 가지 이유가 있다. 가장 중요한 점으로, 프랑스를 제외하면 서구에서 20세기의 마지막 20년 동안 핵발전시설을 건설한 나라가 없다는 것이다. 1973년 이후 39기에 달하는 미국내 핵발전소 건설 계획이 모두 취소되었으며, 91년과 99년에 씨보(Civaux)에 마지막으로 2기의 핵발전소를 건설한 프랑스전력(Electricité de France)도 신규 계획이 없다. 초기 원자력 르네쌍스가 가망 없는 것으로 드러남에 따라 북미 및 서유럽의 관련 산업은 노쇠하고 방치되다가 결국 붕괴를 맞을 가능성이 커지고 있다. 이들 두 지역이 세계 전체 원자력의 3분의 2를 차지하므로 다른 곳에서 대규모 건설이 없다면 이 추세는 곧바로 세계적인 쇠퇴로 이어질지 모른다. *

게다가 몇몇 유럽 국가에서는 시한을 정하여 모든 핵을 포기하는 내용의 법률을 만드는 등 한발 먼저 앞서나갔다. 핵의 선구자 중 하나이던 스웨덴은 공식적으로 핵을 포기한 첫번째 국가였다. 1972년부터 1985년 사이에 원자로 12기의 발전용량을 9.8GW 추가하며 핵발전의 세계적인 리더가 된 바 있다. 그러나 1980년에 스웨덴 국회는 국민투표 결과에 따라 2010년까지 모든 핵발전소를 폐기하기로 결정했다. 또한 친환경적인 토착 재생자원을 이용하는 새로운 에너지 씨스템을 개발하는 데 집중하기로 했다(Kaijser 1992). 바르세백(Barsebäck) 1호는 정지된 첫 원자로였고(1999년 11월) 그것과 쌍둥이 격인 또 하나의 원자로는 2003년 말까지 폐쇄된다(Löfstedt 2001).** 독일도 같은 길을 가는 주요한 유럽 국가 중 하나이다.

결국 건설중이든지 설계 단계에 있는 원자로들은 총 발전량 증가에 크게 기여하지는 못할 것이다. 2002년에서 2006년 사이에 의뢰 상태인 원자로는 26GW 정도를 증산할 것이고, 2001년 말에는 러시아, 인도, 동아시아 3국(한국, 일본, 중국)에서만 핵발전량 확충을 계획하고 있었다(WNA 2001b). 이 프로젝트들은 2006년에서 2015년 사이에 폐쇄 예정인데 약

---

* 아마도 유일하게 가능한 "다른" 지역일 아시아에서는 중국이 2002년 이후 30기 이상의 대규모 원자로를 건설하겠다고 발표했다―옮긴이.

** 바르세백 2호는 예정보다 2년 늦은 2005년에 폐쇄되었다―옮긴이.

18GW를 추가로 생산할 것이다. 계획대로만 된다면 2015년에는 44GW를 추가로 생산하지만, 아니면 2001년에 비해 12% 증가에 그친다. 이러한 순 추가량은 현재 존재하는 원자로들의 수명이 얼마나 연장되느냐에 달려 있다. 애초에 30~40년으로 계획된 수명을 몇몇은 50~60년으로 이미 늘렸고, 어떤 것들은 70년이나 운용되고 있다는 게 파악되었다. 하지만 다른 것들은 의심할 여지 없이 2015년 전에 폐로될 것이다.

2015년 전에 실제로 총 확장이 얼마나 되든지, 그것은 1960년대에 확산되기 시작한 상업적 핵원자로의 1세대 중 일부일 뿐이다(또는 2세대 원자로. 2세대는 잠수함을 위한 시험 설계로 시작했으며 1950년대에 첫 발전소가 생겼다). 본질적 또는 급진적으로 새로운 디자인을 기초로 한 핵발전소의 새로운 세대에 대해 주요한 공약 같은 것이 있어야 하는가? 새로운 원자로 설계에 반대하고 현존 핵반응로들의 수명이 다하면 핵시대를 끝내자는 논의들은 간단한 논점 세 가지를 중심으로 수없이 계속되어왔다.

가장 원초적인 논점은 핵이 절대악으로 인식되고 있다는 것이다. 이러한 시각에 따르면 핵발전을 에너지 전환의 선도적 방식으로 인정하는 것은, 좋게 보아도, 문명이 이 위험한 기술과 파우스트적인 거래를 맺으라고 요구하는 것일 터이다. 이는 사회제도의 각성과 지속을 고갈되지 않는 에너지원과 맞바꾸는 것이며, 인간 사회가 지난 천년 동안 대면한 그 어느 것과도 이질적이다(Weinberg 1972). 나쁘게 보면, 주도적인 전력 공급원으로 핵에너지를 전 세계에서 채택한다면 환경 및 군사적인 재앙을 야기할 수 있다는 것이다. 전자에 의하면 운영되는 발전소 수가 늘어남에 따라 심각한 사고 위험도 높아진다. 후자에 의하면 상용 핵발전소가 널리 퍼지면서 이에 힘입어 핵무기가 확산하는 것을 막을 수 없는 불가피한 결과가 초래된다.

이러한 절대적 거부의 이면에는 핵발전소의 일상적 운영의 안전성, 일시적 혹은 장기적인 방사성폐기물의 보안에 대한 대중의 지속적인 우려가 존재한다. 사실은 만천하에 드러나 있다. 대중은 핵발전소의 정상 운영에서 비롯되는 것보다 더 많은 양의 천연 방사성물질에 노출되어 있다 (Hall 1984). 1979년의 쓰리마일 아일랜드(Three Mile Island) 사고는 상용 발전소에서 제한하던 범위를 넘어 방사선이 누출된 미국 유일의 사고였다. 또 적절한 차폐장치를 갖춘 서구의 원자로는 이제 더이상의 제2의 체르노빌 사태를 만들지 않을 것이다. 그러나 이러한 요소 중 어떤 것도 대중이 이웃에 핵발전소를 짓는 데 찬성하게끔 유도하지는 못한다. 정보를 좀더 가진 사람들은 오래된 폐기물의 처리 기록을 두고 사고 위험에 대해 지적하기도 한다.

미국의 방사성폐기물 관리는 이제까지 임시 방편이었으며 조기의 효과적 해결을 향해 한걸음도 나아가지 않은 것처럼 보인다(Holdren 1992; GAO 2001). 100개 이상의 상용 원자로에서 나오는 사용후 연료는 원자로 부지에 있는 특수조—구형 발전소에서는 반응 사용후 연료를 원자로의 수명이 다할 때까지 보관하지 않았다—에 일시 보관하도록 되어 있다. 개별 발전소에 이러한 사용후 연료를 보관할 경우의 안전성에 관해, 윌슨은 "야경꾼 정도의 신중한 주의"면 충분하다고 한 바 있는데(Wilson 1998, 10면), 이 말은 그동안 우리가 얼마나 순진했는가를 보여준다. 2001년 9월 11일 테러리스트의 공격에서 우리는 비교적 쉽게 구할 수 있는 사용후 연료를 사용한 '더러운 폭탄' 생산이 알카에다의 구상에 들어 있었음을 깨닫게 되었다(Blair 2001). 영국, 프랑스, 일본으로 이어지는 사용후 연료 재가공은 폭탄 등급의 플루토늄을 만들어내기 때문에 해결책이 될 수 없으며, 새로운 재생 기술만이 무기로 쓸 수 없는 연료를 만들어낼 수 있을 것이다.

오래도록 끌어왔고 아직도 결론이 나지 않은 미국 에너지부의 '유카 마운틴 프로젝트'는 방사성 폐기물의 장기적 처리 문제가 곧 해결될 것이라는 확신을 전혀 주지 못하고 있다(Flynn & Slovic 1995; Whipple 1996; Craig 1999; Macilwain 2001; GAO 2001). 이 계획은 유카산맥 황무지의 지하 약 300m 아래에, 그리고 지하수위보다 약 300m 상부에 위치한 터널에 사용후 연료를 담을 용기를 저장하도록 설계된 것인데, 그 위쪽에는 수백만년 동안 다져진 화산재층 위로 지하수면이 있다. 지금까지 70억달러를 들여 20년에 걸쳐 연구했지만 일시적으로 저장된 사용후 연료를 2010년이나 2015년에 이곳으로 옮기는 것은 아직 확정되지 않은 상태다.* 마지막으로 핵 전기의 실질비용 문제가 남아 있다. 1990년대에는 미국 및 전 세계 핵발전소의 성능이 눈에 띄게 개선되었다(Kazimi & Todreas 1999). 평균 가동률이 상승하고(미국의 경우 1990년 75%에서 10년 뒤에는 거의 88%까지 향상) 예상 밖의 용량 손실이 낮아지면서 운영비도 낮아졌다(2000년, 1.83c/kW).

발전소들의 운영비는 2배까지 차이를 보이지만, 가장 성능 좋은 발전 시설의 경우에는 화석연료나 재생 대안에너지보다 훨씬 높은 경쟁력을 갖추고 있다. 물론 이런 희소식은 과도한 자본비용을, 그리고 과거 및 현재에도 지속되고 있는 공공 보조금(콩코드사의 성공적인 운영 또한 동일한 기금에 의존하고 있다)을 무시한 뒤의 일이다. 그 결과 최근 발전사업을 처분하고 있는 수직통합된 미국의 필수 써비스 부문이 발전소를 매각해도 건설비는 전혀 회수되지 못하고 있다(Lochbaum 2001). 또 영국의 예를 보면, 2001년 주 정부가 소유한 영국핵연료유한회사(British Nuclear Fuels Limited)는 3억 5600만파운드의 주주 기금을 보유하고 있으나 부채를 350억파운드 지고 있고, 이 중 대부분은 재처리시설이나 영국 정부에 묶여 있으며 원자력공사는 부채를 87억파운드 넘게 지고 있다(UKAEA 2001). 또다른 중요한 점은 핵 연구에 대한 관심이 점차 시들해지고 있다는 사실이다. 이러한 추세가 계속된다면 지금부터 20~30년 후에는 남아 있는 발전소를 운영할 전문 인력이 심각할 정도로 부족해진다.

이런 부정적 현상들을 뒤집지는 못하더라도 완화하려면 어떻게 해야 할까? 과거 핵에너지 개발에 쏟아부은 막대한 보조금은 지워질 수 없으며 프라이스-앤더슨 법(Price-Anderson Act)의 보호 같은 것을 빼놓고는 이

---

* 그럼에도 미국 정부는 막대한 재원을 암반 내 저장이나 지질 탐사 등 유카 시설 관련 연구에 계속 쏟아붓고 있다. 이는 미국이 당장의 처리시설에도 관심이 있지만 핵저장시설에 연관된 기반 기술을 확보하려는 의도도 있기 때문이다—옮긴이

산업이 운영될 수 있을 거라고 생각하기도 힘들다. 이러한 점을 제쳐두고라도 시간이 지나도 똑같은 결론이 계속 다시 나타날 것이다. 핵은 더욱 많은 국민에게서 승인을 받아야 한다. 뒤집어보면 이러한 승인은 더욱 진보한 과학적 인식과 안전에 대한 염려를 효과적으로 경감하는 대책, 그리고 새로운 핵발전소는 더이상의 정부 보조금 없이도 경쟁력을 가진다는 증명이 있어야 가능한 것이다.(Rose 1979, GAO 1989, Rossin 1990, Beck 1999). 그러나 핵발전을 위한 그 어떤 개발도 아직 기대할 만한 변화를 가져오지 못했다.

인류의 온실가스 방출이 가져온 기후변화의 광범하고 손실 큰 영향에 대한 우려는 20세기의 지난 20년 동안 주요한 공공정책의 하나로서 등장했다. 반면 핵발전은 발전소 건설과 우라늄 광산 채굴에 관련된 물질의 생산을 제외하면 온실가스를 방출하지 않는다는 점에서 아주 훌륭한 대안이 된다. 심지어 전체 에너지 사슬(energy chain) 평가에서도 핵발전은 9g CO_2/kWh을 방출할 뿐인데 이는 석탄 화력발전의 10분의 1에 불과하고 심지어 PV발전보다 적은 양이다(IAEA 2001c; 그림 5.28). 만약 핵발전으로 생산하는 전기를 석탄 화력발전으로 생산한다면 지구의 이산화탄소 방출은 2000년 화석연료 연소에 의해 발생하는 총량의 3분의 1보다 많은 2.3Gt까지 늘어날 것이다. 신기하게도 온실가스에 대해 이야기할 때는 이러한 사실들이 거의 거론되지 않는다.

게다가 핵발전은 산성비의 주요 원인인 이산화황이나 광화학적 스모그를 형성하는 질소산화물을 만들지 않는다. 그리고 핵연료는 에너지 밀도가 높고(석탄 1kg이 3kWh를 발전하는 데 비해 우라늄 1kg은 50MWh이다) 발전소의 출력량도 크기 때문에 핵발전에 필요한 부지는 재생에너지에 비해 10~1000배까지 적다. 이처럼 명백한 환경적 장점들이 있지만 그 어느 것도 핵발전을 지지해주지 못하고 오히려 안전, 보안, 핵폐기물 등의 문제들에 눌리고 있다.

핵발전의 운영 안전성에 관한 관심은 1979년 쓰리마일 아일랜드 사고

직후 이어진 여러 연구 및 원자로 설계 개선 등으로 긴박하게 표출되기 시작했다. 이 재난으로 사상자가 생기거나 지연성 방사선 노출로 인한 사망률에 변화가 온 것은 아니지만, 미국내 핵발전소 추가 확대의 중단이 빨라졌다. 1980년 미국 원자력위원회(AEC)의 초대 회장인 데이비드 릴리엔썰(David Lilienthal)은 핵 기술자들을 불러 효율적인 기술적 해결책을 고안하도록 했다(Lilienthal 1980). 이후 5년간 원자력 1세대를 주창한 사람들을 비롯해 물리학자와 공학자 들의 몇개 그룹이 경수형 원자로를 재시험했다. 그들은 고유하게 또는 그 자체로 안전한 원자로가 현실성이 있으며 자신들이 언급한 내용을 원자력 2세대로 전해줄 수 있다고 결론 내렸다 (Firebaugh 1980; Lester et al. 1983; Weinberg et al. 1984).

고유하게 안전한 핵발전의 새로운 설계 덕분에 모든 노심(爐心) 용해의 가능성은 사라졌다. 프로쎄스 고유 초안전(PIUS) 반응로에서 주요한 모든 씨스템(수증기 발생기를 포함해서)은 붕산(붕소는 강한 중성자 흡수재이

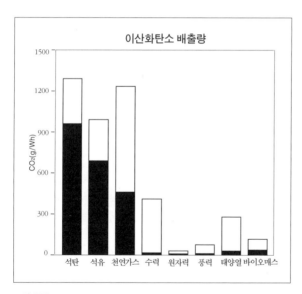

그림 5.28
에너지 생산 전 과정에서의 이산화탄소 배출량 산출을 계산한 결과, 원자력발전의 배출량이 풍력이나 바이오매스보다 낮은 비율을 보인다. 자료 IAEA(2001c)의 그림.

다)이 녹아 있는 큰 수조 속에 담기게 된다. 모듈화된 고온가스로(HTGR) 설계는 냉각장치가 고장난 상태에서도 반응로가 대류와 복사, 발산을 자체적으로 해서 낮은 온도가 유지되게 한다. 모듈화된 설계는 본질적으로 안전한 새로운 고속증식로의 주요 특징을 지니고 있다. 새 설계안이 발표된 후 거의 20년이 지난 지금도 우리는 새로운 원자력시대의 지적인 기반을 놓는 시도로서 그것들 중 하나가 상용화되기를 기다리고 있다. 미국 에너지부는 1999년에 '제4세대' 프로그램을 발족했고 OECD는 최신의 지속가능한 개발 전망을 가지고 핵에너지의 미래를 구상하고 있으며, 몇몇 나라의 기업들에서는 계속 반응로 설계를 개량중이다(Lake, Bennett and Kotek 2002).

중심부에 양귀비 씨앗 크기의 우라늄 산화물을 채운 당구공만한 흑연공 수십만 개가 들어 있는 헬륨 냉각식 반응로는 가장 유망한 설계로 부상했다. 상대적으로 단순하기 때문에 모듈이 더 작아질 수 있고(120MW), 표준화된 발전 덕분에 더 낮은 비용으로 더욱 유연하게 배치할 수 있다. 그리고 이보다 훨씬 원대한 계획이 있다. 텔러 등은 지하 100m 이하에 설치되어 연료를 장착하고 핵분열을 시작하면 30년 동안 인간의 손길 없이 가동될 수 있는 새로운 1GW급 반응로의 개념을 창안했다(Teller et al. 1996). 증식로는 U^{235}로 채워진 작은 점화부가 이보다 큰 U^{238}이나 Th^{232}로 채워진 원자로에 장착된 구조다. 헬륨은 표면에 생성된 열을 식혀주는 냉각재가 될 것이며 원자로 용기는 폐연료 매장통의 역할을 하게 된다.

고유하게 안전하고 경제적인 반응로에 대한 연구가 최소한 9개국 이상에서 진행되고 있다. 지금까지 이러한 혁신적 제안들 중에 작동 가능한 시제품으로 실행된 것은 없다. 다만 남아프리카에서 고온 기체 냉각로의 시험용 버전을 2010년 전에 건설한다는 계획이 있을 따름이다. 게다가 로흐바움(Lochbaum 2001)은 고온 기체 냉각로의 비용이 줄어든 것은 반응로의 봉쇄건물을 없앴기 때문이며 그 바람에 흑연을 점화할 줄 아는 테러리스트들에게 매력적인 목표물이 되고 있다고 지적했다. 테러 공격을 받으면 노심의 연소로 인해 고방사능 물질들이 대량으로 외부에 방출되리라는 것이다.

현재 건설되고 있거나 발주중인 모든 발전소는 두 세대 전에 처음 소개된 표준 경수로의 개량판이다. 미국에서 신기술의 발전이 크게 일어나지 않는 한, 핵의 전 세계적인 강력한 르네쌍스는 없을 것으로 보인다. 우선 핵무기 생산이 환경과 건강에 끼치는 영향의 심각성에 대한 미국과 구소련의 연구가 새롭게 공개되었고, 미국내 핵무기 공장 17개를 폐쇄하는 데드는 막대한 지출 견적이 나오면서 핵발전에 대한 국민의 불신은 더 깊어가고 있다(Hohenemser, Goble and Slovic 1990; GAO 1995b; Makhijani, Hu and Yih 1995; Zorpette 1996을 보라). 또한 미국의 반응로 중에서 근무중 태만이나 오작동으로 다행히 사고는 피했을지라도 조기 퇴출되거나(매사추세츠의 양키 로우 발전소) 전면 수리를 위해서 일시 중단되는 등 몇몇 있을 수 없는 경우가 벌어졌다는 것을 국민들이 알게 되면 앞서 말한 문제점들은 더욱 커질 것이다(Lochbaum 2001).

마찬가지로 국가의 의사결정 구조는, 권력의 분산이나 적대적 정책 결정 및 법적 대립 경향, 그리고 특수한 이해관계에 대한 경쟁의 난맥과 더불어 불확실성이 많거나 특히 일치점을 찾지 못하는 상황에는 매우 취약해진다. 21세기 초에 도달할 것으로 예측된 수치에 접근 또는 이미 넘어선 정도로 지구온난화가 급격히 진행되거나(제6장 참조), 세계 원유 공급에 차질을 빚을 정도로 중동사태가 심각해져서 미국의 에너지 자급도를 상당히 높여야 하는 확고한 목표가 세워지는 경우(1970년대 초반 이후의 비효율적인 계획과는 다른, 제3장 참조) 같은 긴급한 상황이 발생해야 핵에너지를 둘러싼 현실을 바꾸어놓을 수 있을 것이다.

위험을 최소화하기 위한 조치들을 하고 모든 가능성을 열어놓은 상태에서도 우리는 핵을 포기하면 안된다. 벡은 "핵산업의 미래는 추가적인 핵발전소의 수주보다는 연구에 있다"(Beck 1999, 135면)고 하면서도, 한편으로 연구에 대한 투자는 여론을 최소한 중립적인 위치로 돌리지 않으면 이루어지지 않을 것이라고 인정했다. 그러기 위해서 어떻게 할 것인가? 한 세대 전에 로즈는 "아직 많은 논란 때문에 뒷짐을 지던 구경꾼들까지 반대 파가 되는 상황이지만 화석연료를 태우는 것의 위험성은 본질적으로 핵을 태우는 것보다 높다"고 했다(Rose 1974, 135면). 1974년에는 거의 언급되지 않았지만 사반세기 후에 널리 인식되고 현실로 다가온 지구온난화에 대한 숱한 염려들이 얼마나 더 강해져야 우리는 이러한 인식을 수용할 수 있을까?

훗날 핵에너지 운영의 안전성과 보안이 현저하게 향상되어 대중의 태도가 훨씬 수용적으로 변한다 하더라도 에너지 사용이 더욱 합리적이 되고 재생에너지가 더 구하기 쉬운 세계의 새로운 핵시대로 안내하는 데는 충분치 않을지 모른다. 확실한 결론 한가지는 새로운 핵시대에는 여러 세대에 걸쳐 연료 공급에 문제가 없으리라는 것이다. 다양한 증식로 설계를 활용하거나 우라늄보다 5배나 많고 얻기 쉬운 토륨(thorium)을 이용할 것이기 때문이다. 그러나 여러가지 이유 때문에 이러한 경로들 중 무엇을 따를지 확실한 결정을 내리지 못할 것이며 핵발전은 21세기의 상반기 동안 점점 사라질지도 모른다.

6장

가능한 미래

복잡한 씨스템들의 미래에서 가장 매력적인 것은 이들의 본질적인 개방성이다. 이런 속성은 특히 문명의 미래를 살펴볼 때 더욱 흥미로워진다. 물론 제한 변수들이 많다 해도 무엇이 가능한가의 영역은 언제나 사람들이 상상한 것보다 넓다. 자연재해나 기술 진보, 또는 사회 급변 같은 뜻밖의 일들이 인간의 기대와 열망을 새로운 모습으로 바꾸기 때문이다. 그러나 에너지 문제에 대한 장기 예측들을 집중적으로 비판하며 분명히 밝힌 것처럼(제3장 참조), 비교적 규칙적인 씨스템을 다룬다 해도 그것들의 복잡한 역학관계에 의해 계속해서 특정한 예측 대부분이 쓸모없어지기 때문에 우리의 예측 기록은 매우 저조하다.

따라서 나는 2025년, 2050년, 2100년에 전 세계나 어떤 지역에 필요한 에너지량이 어느 정도일 것이라고 구체적으로 제시한다거나, 수요에 따라 공급되는 다양한 1차에너지원 각각의 비중에 대해서는 언급하지 않을 것이다. 대신 기술 및 사회적인 측면에서 가능성이 있어 보이는 것을 평가하고, 추구할 가치가 있는 핵심 목표의 개요를 설명하면서 내가 바람직하다고 믿는 바를 제안하려 한다.

그에 앞서 에너지 사용의 효율성과 절감의 문제를 먼저 이야기하고, 이러한 목표를 추진하는 전략이 새로운 에너지자원과 관련 기술을 개발하는 것만큼 중요하다는 사실을 짚고 넘어가고자 한다. 에너지 전환의 최신 기술을 피상적으로라도 접해본 사람은 연료와 전기를 더욱 효율적으로 사용할 수 있는 방법이 아주 많다는 것을 이해할 것이다. 여기서 나는 몇몇 에너지 소비 영역에서 이러한 진보가 지닌 기술적 잠재력에 대해 알아보고, 그것을 실질적인 에너지 절약으로 연결시킬 때 한계는 무엇인지 평가해보고자 한다. 미래에 어떤 결과를 얻든지 간에 역사적으로 나타난 증거는 분명하다. 에너지 전환 효율이 높아질수록 에너지 사용량은 줄어드는 게 아니라 결과적으로 오히려 늘어나며, 우리는 결국 연료와 전력의 사용에 일정한 제약을 가해야 한다는 점을 받아들여야 한다.

지금 바로 그렇게 해야 한다는 분명한 이유는 없다 할지라도(많은 외부 요인들을 간과하는 표준적인 경제원칙에 입각한다면 그러하다) 문명의 영속에 필수라 할 수 있는 생물권을 보존하기 위해서는 그렇게 해야만 한다. 이는 엄청난 도전이 될 것이나 현실적으로 판단해보면 가능한 일임을 알 수 있다. 실질적 성공을 위한 핵심 요소는 간단명료하며 단도직입적이다. 즉시 탐색을 시작해 작은 것부터 하나씩 문제를 해결해나가며, 단지 몇년이 아니라 몇세대에 걸친 보존 방안을 강구해야 한다. 우리가 일을 그르치면 현대의 고에너지 문명은 종지부를 찍는 것이고, 반대로 우리가 성공하면 몇세기 동안, 어쩌면 몇천년 넘도록 문명을 지속할 수 있음을 명심해야 한다.

에너지의 효율적 이용

에너지 효율을 높이기 위한 탐구만큼 교육받은 대중에게 널리 인정받고 있는 활동은 보기 드물다. 에너지 투입에 대한 에너지 써비스의 비율이 증가하면서, 연료와 전력의 초기 사용이 줄어 에너지 가격은 낮아지고 에너지 전환으로 인한 다양한 환경영향은 약해진다. 이러한 혜택의 연결 고리는 수많은 에너지 및 환경 전문가의 검증을 통해서 거듭 언급되는 내용이다. 예를 들어 캐스턴은 미국은 전력 생산의 효율을 배가할 수 있고, 또 그래야 하며, 이렇게 배가된 효율은 에너지 비용을 30~40% 낮추는 한편 이산화탄소 배출량을 절반으로 줄일 수 있다고 했다(Casten 1998). 또한 퍼거슨은 "에너지 효율은 경제나 환경 모두에서 성공 인자"라는 결론을 내리기도 했다(Ferguson 1999, 1면). 이러한 의견에 찬성표를 주면서 에너지 효율이 증가하면 어떤 점이 이익인지 좀더 자세히 살펴보자. 이러한 검토를 두 가지 기본 범주로 나누어본다면 더 높은 효율을 얻을 가능성들을 평가하는 데 도움이 될 것이다.

첫째 범주에서는 기술적 조정과 혁신으로 개선된 다양한 성과들에 대해 논한다. 이러한 수단으로 상당량의 에너지가 체화되었으나(경제학자들은 자본이라는 용어를 선호할 것이다) 일단 시장에 나가면 몸에 밴 생활 습관을 바꾸도록 만들지는 못한다. 가령 스위치를 누르고 시동 열쇠를 돌리는 것 등은 (백열전구 대신에) 형광등이나 (내연기관 자동차 대신에) 하이브리드 자동차와 별반 차이가 없다. 지금까지의 역사를 되짚어보면 고효율을 만들어낸 기술 진보의 대부분은 에너지 낭비를 막자는 동기와는 무관한 것이었다. 고효율의 새로운 전환장치 및 공정은 보통 단순한 재고 회전율(전자제품, 자동차)이나 몇십년의 써비스 주기(터보발전기, 비행기)에 맞추어 도입되는 것에 지나지 않는다. 생산성 향상의 추구는 보편적인 요인이며, 증기 복식축(group shaft) 동력을 개별 전동모터로 대체한 혁명적 변화가 가장 적합할 예일 것이다(제1장).

고효율 가정용 전환장치를 선호하는 주요 요인은 제어와 운전의 편리성일 것이다. 수동식 석탄 난로를 대신하게 된 자동온도조절장치 달린 천연가스 난방로가 좋은 예이다. 직접적인 에너지 비용(작동에 필요한 연료 및 전력)은 기본적으로 동일하나 제조, 취급, 폐기에 에너지가 덜 들어가는 제품과 써비스가 도입되면서 간접적인 면에서 에너지 효율이 상당히 증대할 수 있다. 이러한 전략은 설계 개선, 총생애주기 비용의 고려, 에너지 집약적 부품으로의 교체, 재료의 광범위한 재활용 등에 의하여 성취될 수 있다.

높은 전환 효율의 추구는 궁극적으로 열역학적 특성과 화학량론 (Stoichiometry)적 최소값에 의해 제약받는다. 효율적인 화학합성, 대형 전기모터, 보일러를 비롯해 널리 사용되는 전환장치와 공정들은 그 경계에 바짝 다가선 상태라고 할 수 있다. 그렇지만 그와 동시에, 기술 혁신이 발생한 지 몇세대가 지났다 해도 20~25년 내에 효율을 30~65% 높일 수 있는 분야와 방법은 얼마든지 있으며, 일반적으로 10~25%는 절약할 수 있다. 요헴은 2010년이나 2020년까지 각 대륙과 지역에서의 잠재적 효율성 증대를 주요 경제 분야별로 요약한 바 있다(Jochem 2000).

이러한 비용 절감의 방식과 성과, 장점은 1973년 이후 발표된 수많은 연구들에서 기술, 평가되고 있다. 대표적인 저서로는 포드 등(Ford et al. 1975), 로빈스(Lovins 1977), 기번스와 챈들러(Gibbons & Chandler 1981), 후(Hu 1983), 로즈(Rose 1996), 컬프(Culp 1991), 캐스틴(Casten 1998), 요헴(Jochem 2000)을 들 수 있다. 에너지를 절약할 수 있는 범위는 놀라울 정도로 넓지만, 동시에 기술적 가능성과 가장 잠재력있는 실천 사이에, 그리고 완벽히 최적화된 공정들과 일상적으로 나타나는 성과 사이에는 상당한 격차가 있다는 것 역시 피할 수 없는 사실이다.

결국 고에너지 전환 효율에 대한 엄청난 양의 조사와 평가 자료는 너무 많은 것을 약속했고, 또 너무 많은 것을 기대하게 만들었다. 애모리 로빈스(Amory Lovins)와 그가 이끄는 로키마운틴연구소(RMI) 말고는 아무도 이러한 과대 선전을 믿고 열성적으로 실천하려 들지 않았다. 제3장에서 이미 언급한 대로(그림 3.8), 1983년 로빈스는 2000년 전 세계 에너지 소비량을 실제 2000년 총량보다 40% 낮은 5.33Gtoe로 정했다. 그리고 1991년 RMI는 비용 효율적인 절약으로 미국내 에너지 수요량을 75%나 낮출 수 있다고 주장했다(Shepard 1991). 이러한 수단들은 비용 효율적일 뿐 아니라 가격도 저렴하여 전기의 경우 전력 효율 증가 대부분은 3c/kwh 미만의 수준(혹은 통상의 발전 비용의 절반 이하)에서 이루어질 것이며, 1배럴당 12달러 미만의 낮은 비용으로 엄청난 양의 원유를 절약할 수 있다는 것이다. 이런 주장이 나온 지 10년도 채 지나지 않아 호켄 등은 『자연 자본주의』(Natural Capitalism)에서 "각 국가가 현재 사용하는 에너지, 천연자원, 기타 자원의 효율을 한 세대 안에 10배 높일 수 있다"고 장담했다(Hawken, Lovins and Lovins 1999, 11면).

로빈스의 주장에 대한 내 입장은 지난 25년간 변하지 않았다. 나는 그가 내린 많은 결론과 생각에 진심으로 동조하고 있다. 비록 아주 다른 배경에서 나온 것도 있지만 그와 나의 글들은 부분적으로 서로 맞바꿀 수 있을 정도로 일치한다(Smil 2001). 나는 기술적 합리성, 전환 효율 향상, 환경 영향 감소에 대한 로빈스의 탐구에 공감하며, 그가 제시하는 수많은 목표—다만, 도를 넘는 주장과 빈번한 과장은 제외하고—에 동의하고 있다. 그러나 효율 증대가 10배에 달할 것이라고 한 대목은 바로 현실을 무시하는 경향을 잘 보여주는 예라고 하겠다. 왜냐하면 현재 이미 가장 효율이 낮은 기기(내연기관 등)도 20% 이상이라는 수치를 보이고 있고 가장 효율 높은 기기(대형 보일러, 전기모터 등)는 투입 에너지의 90% 이상을 유용한 출력으로 바꾸어주고 있다. 따라서 전환 효율이 앞으로 10배나 증대한다는 것은 있을 수 없는 일이다. 완전히 다른 전환 방식과 함께 최종 수요의 패턴을 근본적으로 재구성할 때에야 더 많은 절약이 가능겠지만, 이것이 한 세대 안에 이루어질 수는 없다.

10배나 향상된다는 것이 사실이라고 가정해보자. 그러면 현재의 생활 수준 유지에 만족하고 살아가자는 북미와 EU의 이른바 자연 자본주의자들은 2020년에는 아마도 현재 사용 에너지의 90%가 필요 없게 될 것이다. 또한 이들 국가가 세계 1차에너지 총공급(TPES)의 절반만 소비하게 되면서 쓸모가 없어진 1차에너지와 다른 광물자원이 시장에 흘러넘칠 것이고, 그렇게 되면 모든 실물 에너지자원 상품의 가격이 폭락할 것이다. 그리고 지금의 저소득 국가는 이런 값싼 재화를 구매하기 위해 몰려들 필요도 없을 것이다. 이들 저소득 국가는 현재 세계 자원의 3분의 1을 보유하고 있다. 이들 자원을 10배의 효율로 전환할 수 있다면 생활수준을 현재 서구의 평균까지는 쉽게 끌어올릴 수 있을 것이다.

여기에 일인당 평균 에너지 소비량을 기준으로 하게 되면 중국의 생활 수준이 현재 일본보다 최소 30% 이상 상승하는 효과가 나타난다! 또 이러한 염원이 이루어지는 데에는 20년도 채 걸리지 않는다는 것을 기억해 두길 바란다. 따라서 이제 "10배 증가"라는 주장에 대해선 더이상 언급하지 않겠다. 이는 단순한 과장 정도가 아니라 사리에 완전히 맞지 않는 말이다. 그러나 제3장을 빼놓지 않고 읽은 사람이라면 효율성 확립을 통한 사회적 구제라는 개념이 이처럼 터무니없는 주장 속에서 다시 한번 되풀이된다는 것을 눈치챘을 것이다. 차이점이 있다면 이번에는 단 한 세대 만에 세계를 해방시킨다는 핵에너지가 아니라,

> "OPEC이 현재 팔고 있는 만큼의 원유를 절약할 수 있고, 도로 교통으로 인한 기후 및 대기오염 피해를 완화해주며, 안정적으로 시장에 정착할 경우 전 세계 석탄 및 핵발전소를 몇배 이상 대체하기에 충분한 발전용량을 제공해"
> (Denner & Evans 2001, 21면)

만족의 시대로 안내한다는 연료전지와 로빈스형 하이퍼카를 들고 나왔다는 점이다. 이것이 사실이라면, 이 책은 물론이고 지구 에너지 공급의 미래에 관한 모든 고민은 불필요하며 정말로 쓸모없게 된다. 더욱이 RMI는 수소를 통해 에너지 위기를 해결하는 방법(제5장에서 상세히 분석함)도 궁지에 몰렸다고 주장하고 있다. RMI의 계열사인 하이퍼카는 그 대신 이 놀라운 기계가 10년 안에 널리 사용될 것이라고 장담한다(Hypercar 2002). 이제 현실로 돌아와보면, 로빈스식의 과대 포장과는 꽤 상반되는 수치들이 많이 나타나 있다. 장기적인 기술 혁신과 그 파급 속도는 예측될 수 없으며 설혹 그럴 수 있다 해도 기껏해야 부분적이고 파편적인 식이므로(제3장),

에너지의 효율적인 이용에 대한 수많은 예상은——RMI의 공공연한 과장과
는 대조되게——지나치게 소극적이었고, 또 앞으로도 그럴 것이다.

현대 사회가 이룩한 거의 모든 에너지 전환의 효율은 개선할 기회가 너
무 풍부한 나머지 아주 중요한 선택에 대한 체계적인 고찰조차 비실천적
인 것이 되어버린다. 이 절의 범위에 한정한다면 불완전한 설명에 그칠 수
밖에 없다. 더 유용하면서도 계발적인 방법은 우리의 실천이 가장 큰 변화
를 가져올 수 있는 기회를 먼저 인식하는 일이다. 또한 현저한 절감 효과,
또는 낱낱은 작지만 대중적으로 확산된 기술 진보가 지닌 증식 효과로 다
른 것과 대별되는 구체적인 에너지 절약기술이 끼칠 영향도 살펴볼 것이
다. 그러나 가능한 것과 통용되는 것 사이에는 커다란 격차가 존재한다.
그러므로 그러한 잠재적 잇점에 대해 살펴본 후에 합리적 에너지 사용에
장벽이 되는 몇가지 중요한 요소에 대해 설명하려 한다.

가장 유익한 기술적 해결책은 두 가지 전환 방식에 우선 촛점을 맞추어
진행하는 것이어야 한다. 에너지 사용 효율이 가장 낮은 부분에서 비교적
큰 폭으로 효율을 높이고, 수백만 인구에게 채택되어 결과적으로 증식 효
과를 낳을 수 있는 부문에서는 비교적 작은 폭으로 효율을 높이는 것이다.
또한 더욱 합리적인 에너지 사용을 촉진하는 데 관건적인 현실을 언제나
직시하고 있어야 한다. 현대 사회는 너무나 복잡하기 때문에 가장 유망한
기술이나 행동 변화라도 그것 하나만으로는 에너지 사용의 일부만 변화
시킬 뿐이다. 결국 최대의 경제·사회·환경적 결과를 가져올 수 있는 실
질적인 에너지 사용 감소를 장기적으로 실천하려면, 이 두 가지 범주에서
우리가 택할 수 있는 다양한 활동을 추구해야 한다. 기존 화력 전기 씨스
템의 낮은 효율로 볼 때 연료의 사용뿐 아니라 전송과 보급에서의 손실도
좀더 줄여야 한다.

세계 평균 효율은 화력발전의 경우 30%를 가까스로 웃돌고 있다. 발전
소 사용량과 전송 및 보급에서의 손실분 때문에, 발전소로 공급되는 석탄
및 탄화수소 연료의 25%를 약간 넘는 에너지량만이 실질적으로 전송된

다. 또한 이렇게 손실분이 많은 조건에서는, 더욱 효율적인 전기모터, 가전제품, 전등을 설치하고 낭비가 적은 전기발열 및 전기화학 공정을 활용하도록 노력을 아끼지 않아야 한다. 에너지를 절약할 수 있는 방법은 실로 간단하다. 예를 들어 기존의 가스 점화식 발전 순서(보일러-터보발전기, 약 35%의 효율), 소모적인 전송 및 보급 방식(10% 손실), 결함 있는 전기모터(70% 효율)로는 유용한 써비스를 제공할 초기 에너지의 단 22%만 쓸 수 있다는 결과가 나온다. 새로운 결합형 순환식 가스터빈(60% 효율), 전송 손실분 최소화(6%), 고효율(90%)의 모터는 연료가 가진 에너지의 50%를 사용할 수 있으며 전체 성능은 2배 이상 차이가 나게 된다.

고성능 기술 사양의 에너지 씨스템이 확대 사용되는 것은 사회간접자본의 수명이 장기화하는 것으로 나타나는데, 이는 사실 수십년에 걸친 점진적 보급 뒤에야 나올 수 있기에 이러한 설명적인 예시는 쉽게 비판의 대상이 될 수 있다. 예시의 가치는 (꼭 경제적·사회적인 면이 아니라) 기술적으로 가능한 것을 보여주는 데 있다. 이들이 범용의 지표를 제시하는 것으로 여겨져서도 안되겠지만 이미 최고 수준인 씨스템에는 성과가 실제 목표를 달성 또는 초과한 사례가 있기에 비현실적인 목표로 비쳐서도 안된다. 어느 경우든, 미래 에너지 절약을 위한 특정한 목표 설정보다 중요한 것은 실제 개선과 혁신의 과정에 참여하는 것이며, 그 목적은 주위 상황에 맞추어 지속적으로 수정과 보정을 거치되 연속성은 보장되어야 한다.

제5장에서도 이미 말한 바 있지만, 열병합발전과 복합싸이클 가스터빈은 현재 통용되고 있는 평균의 50% 이상으로 화력발전의 효율을 높일 수 있다. 분명, 열병합발전의 확산은 이산화탄소 배출을 지속적으로 감소시킬 수 있을 것이다(Kaarsberg & Roop 1998). 이같은 기술을 확산하기 위한 노력에 관심을 집중해야 하며, 씨스템의 반대편 끝에서도 더욱 효율적인 전기 전환장치를 대규모로 도입하도록 해야 한다. 효율이 떨어지는 전기모터, 전등, 가전제품 모두가 교체 대상이지만, 보다 내구력있고 따라서 비용이 더 들어가는 가전제품이나 산업용 모터로 바꾸는 것에 비해, 전등 교

체의 증식효과로 효율을 높이는 편이 상대적으로 적은 비용에 빠르게 전파될 수 있으므로 달성하기 가장 쉽다. 또한 소득이 높은 국가는 전력의 약 10%를 조명에 사용하므로 전등을 교체하면 눈에 띄는 차이를 만들어 낼 수 있다.*

현재 사용하는 백열등과 표준 형광등을 압축 형광등처럼 가장 에너지 효율이 높은 전등으로 교체하여 실내외에서 사용한다면 널리, 또한 거의 동시적으로 목표 달성될 전기 절약의 성공 사례가 될 것이다. 다양한 전등과 동원해 실시하는 대규모 교체 작업을 보는 것이 특정한 용도의 전환장치들 사이에서 최저 효율과 최대 효율을 대조하는 것보다 훨씬 현실적이다. 2001년 미국 버클리의 텔레그라프 애비뉴를 따라 단 한 블록의 전등을 교체했는데도 이전 사용량보다 45%를 절약할 수 있었는데, 이는 도시 전체의 전등을 교체하면 30~50%의 전기를 절약할 수 있다는 뜻이다(Philips Lighting 2001).

조명의 효율은 100년 이상에 걸쳐 혁신되었으며(그림 1.14) 이는 앞으로 수십년은 더 지속될 것이다. 실내에 사용하는 백열등 전체를 교체하는 일은 바람직할 뿐 아니라 대중이 받아들일 가능성 또한 매우 높다. 고효율 전자식(자기식의 반대) 안정기 형광등은 백열등보다 성능이 훨씬 좋으며 (휘도 90lumen/W) 색상 전달 효과도 훨씬 좋고(일광 스펙트럼에 가까운 색상 표현) 색상온도 범위도 더 넓다(2500~7500K)는 것은 잘 알려진 사실이다. 이미 시판중이거나 시험용 제품 중 가장 성능이 좋은 것은 광다이오드 (LED)와 황(sulfur)전등이다.

전자제품의 적색 혹은 녹색 상태표시등으로 잘 알려진 LED는 자동차 브레이크등, 미등, 방향지시등, 크고 작은 변형품에 쓰이며 현재는 신호등과 전시 및 광고 디스플레이에도 사용된다. 그러나 LED가 널리 퍼지게 된 것은 저가 생산이 어려운 백색등을 만들 수 있게 된 뒤부터였다(Craford,

---

* 한국의 경우에도 1980년대 이후 개발된 에너지 절약기기 중 가장 광범한 효과를 거둔 사례가 바로 고효율 전등이다—옮긴이.

Holonyak and Kish 2001). 적색, 녹색, 청색 파장을 섞어 쓰면 시각적 효과로 균일성을 줄 수 있는데, 이보다 더 좋은 방법은 LED 광양자(photon)를 사용해 인광 물질(phosphor)을 발광시키는 것이다. 결국 21세기 중반까지 고소득 국가의 평균 조명 휘도가 현재 수치의 50% 이상으로 상승한다고 결론을 내려도 무방할 것이다. 이와 동시에 고전력, 고효율(1kW, 125lumens/W)의 황전등이 가로등으로 사용될 것이다.

전력의 편재성(ubiquity)은 공간과 물을 데우고, 밝히고, 냉각하는 등의 명백한 최종 사용만을 대상으로 이루어지지는 않는다. TV, VCR을 비롯해 개인용 컴퓨터, 주변장치, 환풍기, 욕조 등등 잡다한 가전제품 같은 주요한 수요 창출자들로 확대될 것이다. 미국에서는 이같은 시장이 이미 전체

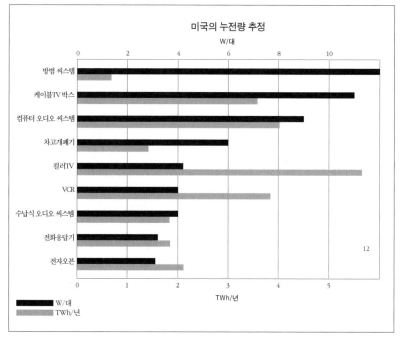

그림 6.1
1997년 미국 소비자들이 일반적으로 소유한 가전제품의 누전량 추정치. TV, 오디오 씨스템, VCR 과 케이블 박스가 전체 보이지 않는 전력 소비의 주 요인으로 나타났고, 전화응답기와 차고개폐 기가 뒤를 이었다. 자료 Thorne & Suozzo(1997), Meier & Huber(1997)의 수치를 도표화.

전기 사용의 5분의 1을 차지하고 있다(Sanchez et al. 1999). 가전제품의 수가 늘어나면서 잡다한 사용 전력의 20%가 대기전력으로 낭비되고 있다. 미국 가정에서 낭비되는 전력의 평균량은 약 50W로 전체 가정용 전력의 5%인데, 이는 대부분 리모콘 TV, VCR, 오디오, 통신기기에서 새어나가고 있다(Meier & Huber 1997; Thorne & Sozzo 1997; 그림 6.1). 전체 가전제품의 대기전력 손실분을 장치당 1W 이하로 줄이면 막대한 에너지를 절약할 수 있다. 각각은 얼마 안되지만 모으면 막대해지는 것이다. 쉽고 기술적으로도 무리가 없는 이 방법(노키아 TV 7177은 이미 0.1W 미만을 달성했다)으로 낭비되는 전력을 70% 줄일 수 있다.

현실적으로 가능한 조명 효율 최대화와 대기전력 손실 최소화는 현대화중인 국가의 에너지 관리 전략과 함께 추진되어야 한다. 도시화와 산업화를 급속히 겪고 있는 국가, 21세기 초 조명과 가전제품 보급도가 높은 국가 등이 해당될 것이다. 저소득 국가의 효율성 개선에서 특히 대상이 되는 두 가지는, 열대 및 아열대 도시의 부유한 가정에서 일반화되고 있는 에어컨과, 수확 증대를 위한 안정적인 물 공급에 필수인 관개 펌프이다. 양지바른 지역의 건물은 '쿨 루프'(cool roof)를 채택하여 기존 전환장치를 변형하지 않고도 전기 사용량을 낮출 수 있다.

흡수도가 높은 검정색 지붕은 실온보다 50°C나 상승하는 반면 반사도가 높은 쿨 루프(흰색이나 밝은 색으로 도색)는 단 10°C 상승에 그치며 지붕의 복사율을 개선한다면 에어컨 전력의 10~50% 정도를 줄일 수 있다(CEC 2001b). 진흙 타일에 대한 캘리포니아의 새 표준에서는 현재 최소 반사율은 0.4, 최소 복사율은 0.75로 요구하고 있으며, 평균적으로 약 3.75W/m²를 절약하도록 했는데, 이는 터빈에 쓰일 수 있는 통상의 풍력 에너지나 수력에너지의 전력 밀도보다 큰 것이다. 또 쿨 루프의 태양광 반사율이 높아지면 건물이 밀집된 곳의 온도를 낮출 수 있으므로, 열섬효과를 완화하고 광화학 스모그의 발생을 줄일 수 있다.

북미에서는 전기 씨스템의 효율을 높이는 것 다음으로 유망한 기술적 해결에 대해서는 거의 논의하지 않고 있다. 바로 북미대륙 TPES의 6분의 1을 차지하는 자가용의 성능 개선이다. 비정상적으로 낭비되는 이 자원이 야말로 확실한 효율 증대를 볼 수 있는 명백한 대상인 것이다(그림 6.2). 이제 두번째 방식, 즉 기술적 해결에 의존하지 않으면서도 습관이나 생활방

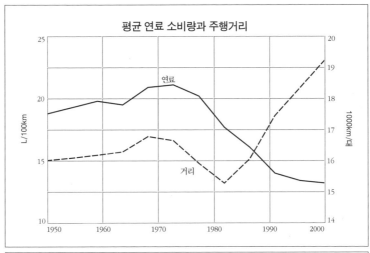

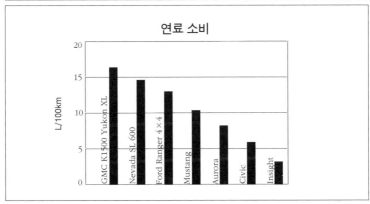

그림 6.2
1950~2000년 미국 승용차의 평균 연료 소비량과 주행거리, 2002년 모델의 연비. 1990년대의 작은 성과가 늘어난 주행거리에 의해 묻혀버린 점이 실망스럽다. 가장 효율 높은 인기 브랜드(혼다 씨빅)의 소비자들은 GM의 트럭 K1500 Yukon XL이 소비하는 휘발유의 약 3분의 1만 사용한다. 자료 EIA (2001a), DOE(2000c)의 수치를 도표화.

식에 영향을 주어 효율을 개선하는 방법을 소개하겠다. 차량의 속도를 제한하면 운전시 에너지 효율이 높아진다는 것은 너무도 명백한 사실이다. 잘 알려진 낙타혹 모양의 최적주행속도 그래프에 의하면 연비는 45~55km/h에서 가장 높고 그 이하의 속도에서는 10~20% 정도 줄어들며 100km/h 이상일 때는 최대 40%까지 감소한다. 이러한 현상은 자동차가 가벼울수록 심해진다. 이 예는 효율과 속도 간의 상충관계를 잘 보여주고 있다. 산업 디자이너들은 이러한 현상을 생산 속도 증가에 따른 엔탈피 증가라고 부르고 있는데, 이보다 더 정곡을 찌르는 속담을 인용하자면, "서두르면 망친다"는 것이다(van Gool 1978).

특히 자유 시간이 부족하다고 만성적으로 느끼는 사람들에게 시간과 효율을 맞바꾸는 일은 좀처럼 없다. 효율성과 에너지 정책에 관한 논쟁에서 자주 간과되어온(지금도 간과되고 있는) 것은 현대 사회에서 쓸 수 있는 시간의 중요성이라고 한 슈프렝의 20년 전의 언급처럼(Spreng 1978) 시간 절약은 에너지 절약보다 여전히 더 선호되고 있다. 화석에너지를 사용해 얻는 힘의 상당 부분이 시간을 배치하는 것이라고 한다면(Weinberg 1979b), 이 역량을 자발적으로 양보한다는 것은 절대로 기대할 수 없을 것이다. 자가용 대신 대중교통 수단을 이용하자는 호소는 시도조차 해서는 안될 것이다.

속도 문제와는 별도로, 자동차 운전은 안락함, 편리함, 지위 과시에 대한 선호가 에너지 효율보다 훨씬 우위에 있다는 것도 보여주고 있다. 이러한 선호 때문에 설령 배차 간격이 짧고 타기 좋더라도 자가용 대신 대중교통을 이용하기가 망설여진다. 자가용의 자유(교통체증이 있을 때는 제외)를 맛본 사람 대부분은 대중교통 이용을 불편해하며 심지어는 개인적인 실패의 상징으로 여기기까지 한다. 이는 보울딩이 정확히 지적한 대로, 자동차는 "몹시 중독성이 강하며…… 일종의 갑옷과 같은 기능을 하며…… 운전자를 귀족의 기동력을 가진 기사로 만들어버린다…… 비유하자면, 보행자와 대중교통을 이용하는 사람은 금속으로 두른 준마를 탄 기사를 우러러보는 소작인이 되는 것이다"(Boulding 1973, 255면).

물론 2차대전 이후 자가용을 염두에 두고 건설된 선진국 대도시의 교통인프라는 교외나 준교외에 살게 된 사람들에게 멀리 떨어진 대중교통 정류장에서 기다리기보다는 자가용을 사용하도록 만들었다. 그 결과 현대 사회는 자가용을 도로에 계속 잡아두기 위해 무수한 발명품을 내놓게 되었다. 이러한 추세는 이미 하이브리드 차량에서 전자 통행료까지 걸쳐 있으며 배출물질을 최소화하거나, 아예 공해 무배출인 차량을 다양하게 포함하고 있다.

예측할 수 있는 효율성을 얻지 못하거나 얻는 데 제한이 있는 것은 바로 우리의 선호나 감정이 변하기 때문이다. 그러나 어떠한 행동 변화도 필요 없고, 쉽게 이용할 수 있으며 더욱이 돈도 절약할 수 있는 기술들이 많은데 이를 이용하려는 사람이 늘어나지 않는 이유는 무엇일까? 소비자들이 최대의 에너지 효율, 최소의 경제비용·환경영향을 목표로 합리적 선택을 위한 완전한 정보를 제공받은 뒤에 결정을 내린다면 세상은 아마 많이 달라졌을 것이다. 에너지 소비를 줄이기 위한 자발적 노력은, 소비자에게 정보를 충분히 제공하여 낭비가 덜한 방식을 채택하고 전환 효율을 높이는 방법을 자연스럽게 선택할 수 있게 할 때에야 가능해진다. 총수명주기 환경비용을 최소화하는 것이 최우선 목표가 된다면 더욱 그러할 것이다. 그러나 현실에서는 정보 부족, 오해, 명백한 무지, 대안을 이해하는 데 대한 순수한 무관심 등의 요인이 존재한다. 또한 에너지 효율과 에너지 가격을 비롯한 경제적 계산법이 매우 성가지고 복잡하다는 사실도 감안해야 한다.

가격은 높으나 효율은 좋은 전환장치를 사야 한다면, 일단 그 가격이 낮은 에너지가로 상쇄되어야 한다. 하지만 전기세, 무관심, 인지 장벽 등의 곡해 때문에 실제 선택되는 비율은 이론적 기대치에 미치지 못한다. 기기 교체로 인한 잠재적 절약분에 대해 소비자들이 잘 알지 못하고, 현재 사용하는 가전제품이 그럭저럭 작동하기만 하면 아무리 낡고 에너지 효율이 낮아도 계속 사용하는 단순한 경우가 가장 많다. 전기 절약 제품을 구매하는 소비자 대부분은, 전기요금 청구서에 어떤 가전제품이 전기를 얼마나 소모했다고 구체적으로 명시되어 있지 않고 다른 가전제품을 함께 쓰다 보면 전기 소모량이 더 늘어나게 되므로 어느 정도로 절약할 수 있는지 전혀 알지 못하는 경우가 허다하다. * 에너지를 절약해서 혜택을 누리는 사람들 대부분은 최저 소득층이지만 이들은 효율적인 제품을 구매할 여력이 안된다. 그러나 아마도 가장 큰 장벽은 풍족한 현대 사회에 사는 사람들의 선호에 뿌리박힌 것으로서, 제품의 총수명주기 비용을 고려하지 않는 초기 투자 방식이다.

수백만의 사람들이 5년 후나 30년 후에 투자하기로 결정하는 것은 지금 당장 그 돈이 필요하지 않기 때문이다. 물론 슈프렝은, 미래에 대한 불안에서 낮은 자본 지출과 높은 운영비를 감수하게 되기 때문에 여기에는 더욱 합리적인 측면이 있다고 지적하기도 했다(Spreng 1978). 이동성이 높은 사회에서 새 집의 소유자들이 꿈에 그리던 보금자리를 장만할 때, 제대로 된 설계로 에너지 비용을 줄이는 것보다는 넓은 거실과 나선형 계단을 마련하는 데 열성을 더 쏟는 것과 같다. 겉치레가 에너지 절약을 이기는 경우가 비일비재하기 때문에 결국에는 화려한 제품을 위해 에너지가 더 많이 나간다. 내구력은 비천함을 이기지 못하는 것이다. 또 심지어는 정보를 충분히 갖춘 소비자조차도 에너지 절약 제품이 단기간(2년 이내)에 투자가치를 돌려줄 수 있는 경우에만 구매한다는 사실은 그리 놀라운 일도 아니다(Wells 1992). 낮은 인플레이션(심지어는 디플레이션), 그로 인한 저금리, 주식 침체(혹은 하락)가 계속되는 상황에서 이러한 행동 변화가 어느 정도 나타날지는 두고 봐야 할 일이다.

---

* 최근 한국에서는 정보통신의 유비쿼터스 기술을 활용해 실시간으로 제품별 전기 사용량을 알려주는 씨스템이나, 한걸음 더 나아가 아예 집 전체의 에너지 사용을 조절하는 이른바 지능형 주택(intelligent house)을 개발해 신도시나 아파트, 주택단지에 보급하자는 제안이 나오고 있다—옮긴이.

결국 에너지 효율 제고, 기기 중심의 절약 프로그램, 세금 보조, 성과 조절, 에너지 비용 표시(EPA의 Energy Star 등급) 같은 제도들이 가져올 효과를 고려하고 또 연구하고 있지만 아직 많은 것이 불확실하다. 공공분야 수요 관리(DSM) 프로그램에 대해 평가를 내리는 것은 쉬운 일이 아니며(Fels & Keating 1993), 그 결과의 불확실성은 모순되는 주장을 불러오고 있다. 수요 관리 프로그램에 대한 초기 연구 중 일부에서는, 대표적인 미국 공공분야의 경우에 10년이 지나면 이러한 조치가 전기 수요를 15% 이상 하락시킬 것이며, 주에 따라서는 같은 기간에 절반 이상 증가하지 못하도록 할 수 있고(GAO 1991b) 제대로 운영된 계획은 10~20년에 걸쳐 연간 수요를 최소 1% 감소시킬 수 있다고 보고 있다(Nadel 1992).

그러나 얼마 지나지 않아 이 프로그램의 추종자들은 신규 발전소 투자에 대한 효율적 대안으로서 수요관리의 역할이 크다고 생각하게 된 반면

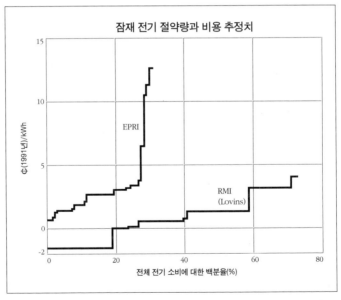

그림 6.3
로키마운틴연구소(RMI)와 전력연구소(EPRI)의 매우 상이한 통상 전기 절약 비용 추정치.
자료 Kahn(1991).

(로빈스의 네가와트(negawatt) 개념에 잘 드러나 있다), 비판자들은 이를 구현하는 데 비용이 만만찮게 들어간다는 것을 알게 되었다.

1980년 이래 미국 공공분야의 에너지 수요관리에 들어가는 실제 비용과 그 경제적 성공을 평가하는 일의 복잡성과 모호성은 이러한 방식을 대표하는 RMI의 주장(Lovins & Lovins 1991)과 조스코우와 마론(Joskow & Marron 1992, 1993)의 결정적 비판에 잘 드러나 있다. RMI의 공급 곡선은 추가 비용 없이 공공분야 전등이 소비하는 전력의 20%를, 4c(1991)/kWh이하의 비용으로 70%까지 절약할 수 있다는 것을 보여주고 있다. 반면에 미국 전력연구소(EPRI)가 개발한 공급 곡선은 30% 이상 에너지를 절약하려면 비용이 급격히 상승해야 한다는 것을 보여주고 있다(그림 6.3). 두 이론 간의 날카로운 대립(Joskow 1994; Lovins 1994)은 이들의 의견이 얼마나 맞서 있는지를 보여주는 것 이상의 의미는 없다.* 만일 에너지 절감 비용에 대한 첨예한 논쟁이 있다 해도, 이러한 절약이 어느 정도로 얼마나 오래 지속될지에 대해서 명확하게 알 수는 없다.

1985년 "불행하지만 우리는 하드웨어의 내구성을 결정하는 인자에 대해 아는 바가 거의 없다. 태도와 행동에서 인내심을 결정하는 인자가 무엇인지조차 알지 못한다"는 쏘콜로우의 푸념은 오늘날까지도 그 의미가 살아 있다(Socolow 1985, 27면). 바인의 결론처럼, 에너지 절약의 지속성은 아마도 수요관리 프로그램이 답을 하지 못한 한가지 가장 중요한 문제일 것이다(Vine 1992). 효율이 더 좋은 난로나 보일러를 설치하면 최소 10년 정도는 성능 저하율이 미미해야 한다. 하지만 놀덴은 아파트에 설치된 개체(改替) 보일러 15대에서, 첫 해에 설치한 것에 비해 가장 최근에 설치한 기기의(5~9년 후) 에너지 절약 정도가 첫해 획득한 이익의 4~156%로 변동이 심한 것을 본 뒤, 이러한 범위로는 이익의 지속성에 대한 일반화가 어려움을 발견하는 동시에 현장에서의 기기 관리가 매우 중요하다고 지적했다.

---

* 사실 이 두 곡선에 대한 논쟁은 에너지 절약이 과연 '효율적'인가 하는 문제에 대해 적어도 경제학적인 관점에서 답을 찾는 것과는 상당한 연관이 있다―옮긴이.

새로 설치한 문과 창문이 5년이나 10년 후 어느 정도 내후성이 있는지, 몇 명의 경차 주인이 수입이 증가했다고 새로 SUV를 사기로 결정하는지를 일반화할 수는 없다(Nolden 1995).

더 좋은 씨스템에 대한 수요에 의해 효율성 개선으로 얻은 이익이 급속히 반감하는 경우도 있다. 이런 현상은 물질적 필요, 세대 변화, 개인적 선택 등으로 일어난다. 변화를 설명하기에 가장 좋은 예는 고효율의 자동차이다(Hoshide 1994). 대부분의 고효율 자동차는 표준 모델에 비해 최대 속력이 더 높다. 그러나 펌프나 팬이 기계 속도의 세제곱을 따라가려면 동력이 필요하다. 결국 일반 15kW에 1780rpm인 차량을 1750rpm으로 교체하면 전력을 5.2% 절약할 수 있으나 기계 회전부하가 증가하면서 5.2%를 더 소비하게 되므로, 실질적인 이득은 0이 되는 것이다. 마찬가지로 경차와 소형차의 연소 효율이 높은 대형 부품에서 얻는 에너지 절약 효과는 자동 변속기와 요즘 이런 모델에 기본으로 장착되는 에어컨을 선택하면서 상쇄되어버리는 것이다.

따라서 반대로 보면 에너지 효율의 이득을 평가하는 것은 반복 작업이라 할 수 있다. 한편에서는 기술이 많이 진보했고 이로 인해 에너지 요구를 줄일 수 있는 비용 효율적 선택안이 많은 한편, 고소득 국가의 자원 낭비, 과소비 증가, 에너지 과용이 생물권에 어떤 영향을 끼칠지에 대한 인식 부족 등이 일상화되어 있기도 하다. 이처럼 쉽게 할 수 있는 것과 실질적으로 일어나고 있는 일들 간의 격차가 끊임없이 되풀이되는 것이 화의 근원이다. 가정의 에너지 사용량은 강제로 줄일 수 있는 것이 아니지만 우리가 필요로 하는 에너지는 평균 비율로 보면 실로 얼마 되지 않는다. 우리가 불편을 크게 감수하지도 않아도 되고 개인적 희생을 할 필요가 없는데도 약간의 에너지 절약이 지켜지지 않는다는 현실을 나는 참을 수가 없다. 9·11 이후 거품경제를 유지하기 위해 쇼핑을 더 두드러지게 하도록 유도한 사회에서는 이러한 현상이 더욱 두드러지게 나타난다.

내가 타는 자동차인 혼다 씨빅(1500~2000cc급 승용차로, 연비가 좋고 잔 고장이 없는 실용적인 차량으로 잘 알려져 있음—옮긴이)은 뽐내기 좋아하는 사람들이 선호하는 4륜구동 레인지로버(3000~4000cc급 지프형 자동차로 고급형에 속함—옮긴이)보다 휘발유가 60%나 덜 들어간다. 우리 집 소형 형광등은 같은 소켓에 끼워 쓸 수 있는 백열전구보다 전력 소모량이 65%나 적다. 우리 집 지하실의 고효율 화로는 천연가스를 94%의 효율로 난방열로 전환할 수 있지만, 구형 화로는 효율을 50%밖에 발휘하지 못하며, 졸부들의 집에 유행에 따라 여러대 설치된 땔나무를 쓰는 벽난로의 경우 열로 낭비되는 효율은 −10%(내가 사는 캐나다의 추운 겨울에는 더 떨어진다)에 달한다.

분명히, 조금씩 노력해서 큰 효과를 만들어 상황을 호전시킬 수 있는 방법은 많다. 그러나 고전환 효율에 대한 연구에서 흔히 간과되는 아주 기본적인 질문을 이 싯점에 해야 하겠다. 이런 노력이 정말로 에너지를 절약할 수 있는가? 또 그렇지 않다면 우리는 무엇을 해야 하는가?

고효율 그 너머

고효율로 전력과 연료를 전환하여 에너지 사용량을 줄이는 작업은 미시경제학 수준(개별 소비자, 가정, 회사)이나 중시(中視)경제학 수준(산업 전체)에서는 비용을 절약해주는 도구와 기계에 의존한다. 여기에는 의심의 여지가 없다. 그러나 국가, 즉 거시경제학 관점에서는 어떨까? 역사적 정황으로 보면, 에너지 효율의 장기적 발전으로 에너지 소비량이 줄어들지 않았다는 것을 명백히 알 수 있다. 스탠리 제번스(Stanley Jevons)는 우리가 제4장에서 다룬 영국의 석탄 소비에 관심을 가졌는데, 그는 "연료 품귀와 고가 현상이라는 악의 완전 종식"을 위해 고효율 에너지 기기의 가능성을 피력한 최초의 경제학자이다(Jevons 1865, 137면).

그는 당대의 좋은 엔진과 화로들이 석탄을 소비해서 그 일부만을 유용한 일(work)로 바꿀 뿐이라는 것을 잘 알고 있었으나 다음과 같이 결론을 내렸다.

연료의 경제적 이용이 소비 감소와 같은 뜻이라는 생각은 전적으로 잘못된 것이다. 도리어 그 반대가 사실이다. 대체로, 새로운 경제 양식에서는 수많은 유사한 사례에서 발견되어온 원리에 따라 소비 증가를 가져올 것이다(Jevons 1865, 140면. 강조는 원문의 것)

제번스는 와트의 저압 증기기관과 후에 나온 고압 증기기관을 예로 들어 의견을 펼쳐나갔다(Smil 1994a). 이 고압 증기기관은 쎄이버리(T. Savery)의 대기압 장치보다 효율이 무려 17배 이상 높았지만 석탄 소비량 역시 엄청나게 늘어나게 한 것이었다. 제번스의 결론은 에너지 효율 증가가 거시경제학에 끼치는 영향을 연구하던 모든 경제학자에게 공감을 사고 환영받았으며, 수많은 환경학자 및 효율성 옹호론자들에 의해 논박당했다. 헤링은 이런 논의에 탁월한 조사 결과를 제공했다(Herring 1998, 2001). 이에 대한 가장 단호한 반대 의견은 기존의 전환 비효율성을 대거 제거하면서 점차 써비스 기반 또는 탈물질적으로 전환되는 미래 경제는 다름아닌 국가 수준에서 에너지 사용의 엄청난 감소로 나아갈 수 있다는 것이다(Lovins 1988; Hawken, Lovin and Lovins 1999).

더욱 정밀한 평가에 의하면 효율성 향상 자체는 총 에너지 소비량 증가의 원인 중 아주 작은 부분에 불과하며, 전반적인 에너지 사용의 증가는 인구 증가, 가구 형성, 수입 증대와 더 관련이 깊다(Schipper & Grubb 2000). 그 비중이 얼마나 작은지는 측정하기 어렵다. 그보다는 반동효과의 상대적 규모에 대한 논쟁이 있었다. 반동효과란 에너지의 효율적 사용으로 인한 절약이 가격 하락을 부르고 이에 따라 결국 소비 증가로 이어지는 것을 가리키며, 동일한 범주 내에서나(직접 반동) 또는 다른 상품과 써비스와의 관계(간접 반동효과)에서 발생한다. 로빈스(Lorins 1988)는 소비자 수준에서 전체적인 반동은 미미하다고 했고, 카줌(Khazzoom 1989)은 이에 반대

입장을 보였다. 몇몇 연구에서는 직접 반동효과 수치를 20%로 정했으나, 간접적인 거시경제학적 결과는 그 수치보다 더 크게 나타났다.

부유한 국가경제에서 나타나는 탈물질화를 동경하는 추세는 종종 실로 '상대적인' 물질 절약을 낳는다. 이는 단위 GDP당 광물 소비재의 이용으로 측정하거나 특정 완제품 및 보급 써비스당 에너지 및 물질의 이용으로 측정한다. 그러나 이러한 과정은 에너지 집약적 물질의 절대적 소비 증대와 함께 나타나며, 심지어는 에너지 비용이 결코 낮지 않은 써비스에 대한 요구가 커지면서 나타난다. 이러한 예는 도처에 있다. 그중 가장 주목할 만한 것은 자동차의 상대적 탈물질화이다. 1970년대 이후 도입된 가벼워진 엔진(철을 대체한 알루미늄)과 경량화된 차체(철근과 유리 대신 등장한 플라스틱과 합성물질)는 승용차의 중량/동력 비율을 눈에 띄게 줄여주었고, 주행에 필요한 에너지도 이 때문에 줄게 되었다(차체 프레임 디자인 개발 역시 같은 안전도를 유지하면서도 금속을 더 적게 사용하게 만들어주었다─옮긴이). 그러나 이런 절약 기술이 물질 재료 사용량 급감이나 확실한 연료 절약 같은 효과를 거두려면 21세기 초반의 자동차들에 1970년대 수준의 동력과 연료 소비 액세서리를 갖추고 주행거리도 당시만큼 줄여야 한다.

그러나 오늘날 미국에서 가장 인기있는 SUV는 승용차가 아니라 경량 트럭으로 분류되어 있다. 중량은 대체로 2~2.5톤으로, 가장 무거운 것은 4톤이나 나가는데 이는 0.9~1.3톤인 소형차와 비교된다. 이 차종의 시내 주행 시 연료 소비량(많이 소비하는 차량의 경우)은 15L/100km(경우에 따라서는 20L/100km)인 데 반해 가장 효율적인 경차는 8L/km 미만, 소형차는 평균 10L/km 정도였다. 그러나 이런 차종도 최근 것은 한 세대 전에 비해 더 무거워지고 강력해졌다. 내가 몰고 있는 2002년형 혼다 씨빅은 20년 전에 몰던 혼다 어코드(2000~3000cc급 중형차. 여기서 저자는 중형차에서 소형차로 바꾸었지만 오히려 마력과 무게가 늘어났음을 말하고 있다─옮긴이)에 비해 약간 강력해지고 무거워졌다. 더욱이 통근 거리가 길어지고 장거리 여행이 많아지면서 연평균 주행거리는 증가하고 있다. 미국에서는 차량 1대당 연간 주행거리가 2만km에 가까우며, 1980년에서 2000년 사이 약 30% 증가했다(Ward's Communication 2000). 이 모두를 합친 순성과를 보면, 1980년에 비해 2000년에 미국의 차량이 소비하는 에너지는 그 많은 절약 기술을 개발했음에도 불구하고 30% 증가했다.

마찬가지로 신축 가옥에 사용하는 에너지 밀도는 낮아졌지만, 1970년 이래 그 면적은 평균 50% 증가했다. 2001년에는 200m²로 최고 증가율을 보였다(USCB 2002). 또한 미국내 '썬벨트'(태양 지대)의 주택은 춥다고 느낄 정도의 여름 실내 온도를 유지하기 위해 과도한 용량의 에어컨을 사들이고 있다. 이러한 최근 소비 경향을 보면, 에너지 효율에 중점을 둔 미국의 현 에너지 정책에 대중이 영향을 받지 않는다는 모에지의 주장이 맞음을 알 수 있다(Moezzi 1998). 이같은 정책은 사람들의 소비심리, 즉 장기적으로는 에너지 소비를 늘리고 싶어하고 단기적으로라도 물자를 절약하려 들지 않는 심리를 무시한 것이라 하겠다.

헤링은 빠르게 성장하는 수요로 개선 효과가 상쇄되는 예를 보여주었

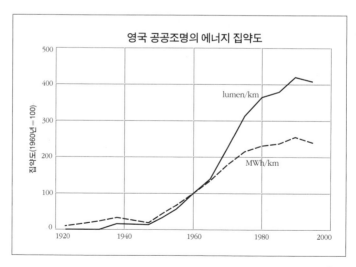

그림 6.4
영국 공공조명 에너지 집약도의 장기 추세(Herring 2000)는 대형 공공사업이 어떻게 에너지 효율성 개선에 의한 절약분을 감소시키거나 완전히 상쇄시키는지 보여준다.

다(Herring 2001). 제1장에서 말한 대로, 전등의 영향은 20세기에 크게 늘었고, 1920년대 이후 영국 거리의 가로등은 10lumen/W 백열등에서 200lumen/W의 저압 나트륨등으로 바뀌면서 20배가량 발전했다. 그러나 도로 증설(증가율 50% 미만)과 평균 광밀도의 엄청난 상승(도로 1km당 lumen으로 환산하면 약 400배 이상)으로 동일한 기간에 1km당 소비 전력은 25배 증가하여 효율의 진전을 상쇄해버렸다(그림 6.4).

허구적인 탈물질화를 드러낸 예는 이외에도 많다. 종이가 필요 없는 전자시대에 종이 소비량이 급속히 증가했다. 그리고 매립장에서 받아주지 않는 플라스틱과 금속들이 기계 및 컴퓨터 부품에 포함되면서, 갈수록 짧아지는 컴퓨터 및 주변기기의 수명은 심각한 쓰레기 처리 문제를 야기하고 있다. 또 특별한 분석 기법을 쓰지 않아도, 효율이 좋은 난방기구나 전등을 사용해 절약한 돈이 수백만 미국 가족의 라스베이거스 주말여행에 쓰이면서 전체적인 에너지 소비량은 증가한다는 결론을 내릴 수 있다.

결국 국가 수준에서의 실천이 성과를 보기가 더 쉬운 것이다. 앞서 살펴봤듯이(제2장), 미국 경제에서 평균 에너지 집약도는 1980~2000년에 34% 떨어졌지만 국가 인구는 약 22% 증가했다. 일인당 평균 GDP가 1980년 수준으로 남아 있다면, 2000년 미국의 TPES는 1980년에 비해 20% 하락했을 것이다. GDP 평균이 3분의 1 상승했다 하더라도, 2000년 TPES는 1980년의 7%밖에는 상승하지 못했다. 실제로 일인당 GDP 평균은 55% 이상 상승했고 미국의 에너지 집약도는 상당히 감소했는데도 2000년 TPES는 26% 상승했다(그림 6.5)! 유사하게도 에를리히 등이 1975년 이후 미국, 일본, 독일, 네덜란드의 총 물질 사용량을 조사했더니, 상대적으로 봤을 때(단위 GDP당) 네 국가 모두 감소 추세를 보였으나(평균 3분의 1) 일인당 소비량의 경우에는 미국만이 감소했다(Ehrlich et al. 1999). 독일은 약간 상승했고, 일본과 네덜란드는 20% 가까이 상승했다.

역사적으로 따져보면, 전환(또는 물질 이용) 효율의 상당한 향상이 연료와 전력(또는 물질) 사용을 자극해 그 증가량이 이같은 혁신으로 얻었

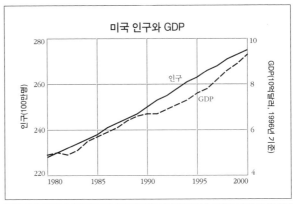

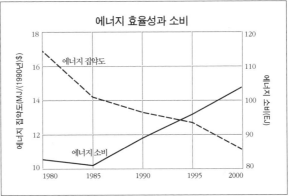

그림 6.5
1980~2000년 미국 인구와 GDP(국내총생산)의 증가, 에너지 효율성과 1차에너지 소비의 증가.
자료 EIA(2001a)의 수치를 도표화.

던 절약분을 훨씬 넘어서는 사례는 얼마든지 있다. 실제로 서구 근대화의
역사는, 기술자들은 자기 고안물에서 잉여분을 짜내는 데 일생을 바치고
국가는 보이지 않는 손에 이끌려 낭비를 줄이고 생산성을 높이는 혹독한
길을 걸어왔다. 그러나 결과는 참담하다. 세계 에너지 소비량은 인구증가
율을 넘어섰을 뿐 아니라 기본 생존에다 약간의 안락함과 풍요로움까지
만족시키는 데 필요한 것 이상으로 높아졌다(제2장).

더 많이 만들어 더 많이 파는 것이 지상 목표인 현대 세계 경쟁사회 속

에서 효율성은 일종의 주문과도 같은 것이 된다. 그래서 더 나은 성능에 대한 연구는, 루딘의 경멸어린 표현을 빌리자면, "자원을 무제한으로 효율적으로 쓰기 위한"(Rudin 1999, 1면) 정당화 과정으로 볼 수 있다. 또 그는 "우리가 처한 사회는 1갤런으로 얼마나 갈 수 있느냐가 아니라, 몇 갤런이 있는가에 반응한다"라고 하면서 상대적 절약과 절대적 절약의 차이를 지적했다(Rudin 1999, 2면). 따라서 전체 에너지 사용이 실질적으로 감소했다면 에너지 전환 효율을 더욱더 높여야 할 필요가 있다. 에너지 사용 감소량을 보존하는 방법 중 하나는 고효율로 획득된 절약분에 대한 세금을 떼어내어 저에너지 집약도 프로젝트에 재투자하는 것이다. 그렇게 해서 공공복지와 생물권의 영속성에 눈에 띄게 긍정적인 영향을 줄 수 있다. 나무를 심고 자연 서식지를 복원하고 생물 다양성을 보존하기 위한 활동을 펼치는 것이 가장 확실한 방법이다. 그러나 이러한 접근의 지지자들은 정치적으로 아무런 영향력이 없다(Costanza & Daly 1992).

더 현실적인 목표는 에너지 절약을 장려하는 것이다. 여기서 "에너지 보존"(energy conservation)이란 말은 엄밀한 과학적 의미에서는 피해야 하는데 에너지는 영속시킬 필요가 없기 때문이다. 이는 앞서 언급한 에너지와 동력의 교환 가능하지만 부정확한 사용과 비슷한 잘못된 용법이다. '에너지는 보존된다'는 열역학 제1법칙을 요약한 물리학의 기본명제이다. 그러나 이 말은 이제 너무 뇌리에 박혀 무시하기 어렵게 되었으며, 에너지 써비스의 품질 또는 등급을 자발적이거나 의무적으로 낮춤으로써 에너지 사용을 줄이는 수단들과는 떼어낼 수 없는 관계가 되었다.

대중적으로 인식되는 에너지 절약에 대한 개념 중 가장 상징적인 사례는 바로 1970년대 지미 카터(Jimmy Carter) 대통령이다. '에너지 파동'이 닥쳤을 당시 그는 카디건 스웨터를 입고 TV에 나와 미국 시민들에게 난방장치 온도를 낮추고 스웨터를 입자고 탄원했다. 그러나 같은 시대에 미국의 고속도로에 부과된 속도 제한(그 유명한 시속 55마일)이야말로 수백만 미국 운전자에게 매일 에너지 절약의 중요성을 상기시킨 가장 확실한 방법이었다. 현대 사회의 복잡성 속에서 규제가 에너지 절약에 한몫을 해왔지만 그 절약의 대부분의 계몽된 대중에 의해 기꺼이 이루어져야 하며 그들이 행동 변화와 생활 습관을 바꾸어야만 가능하다. 수많은 헌신적인 자연보호주의자들이 이러한 변화를 호소해왔다. 이들이 주장하는 것은 "자원 사용량 증가를 동반한 효율 향상은 우리가 사업적인 사고방식을 떠나 생각할 수 있도록 만들기에 충분할 것이다…… 에너지를 덜 사용하는 것은 훈련의 문제이지 자금을 모을 정치적 올바름의 문제가 아니다"는 것이다(Rudin 1999, 4면).

이렇게 보면, 에너지 절약은 모든 문명의 도덕적 기반을 형성하고 있는 공공선을 위한 절제(희생이 너무 강한 느낌을 준다면), 검소, 협력을 위한 더욱 광범한 호소의 일부에 지나지 않는다. 적게 쓰는 데 만족하고 살거나 아예 처음부터 많이 원하지 않는다는 두 개념은 사실 서양이나 동양에서 수천년 이상 내려온 사고의 일부로서, 기독교나 유교 같은 상이한 도덕 체계의 스승들이 한 목소리로 말한 것이다. 아서 웨일리(Waley 1938)의 아래와 같은 『논어』 인용과 루가복음(XII: 22~34; King James판)은 얼마나 닮아 있는가.

공자가 말씀하시길, 거친 밥 먹고, 물 마시고 팔베개 베고 누웠으나 대장부 살림살이 이만하면 족하다. 또 그 제자에게 말하길, 무엇을 먹든 삶에 대해 근심하지 말며, 무엇을 입고 있든 몸에 대해 걱정을 하지 말라. 모름지기 삶은 음식보다 무겁고, 몸은 의복보다 중하니…… 스스로를 갈고 닦으면 천금이 마음 속에 있느니라.

또 정신의 탈물질화에 대한 노자의 말을 하나 더 인용하고자 한다〔Blakney 1955〕.

이로움은 있음에서 오나

쓸모는 없음에서 온다.

이 두 가르침은 종교적 신념이 상당히 희박해진 소득이 높은 국가에서 도덕적 동조를 받고 있다. 물론 과거의 실천 교리를 기계적인 번역으로 설명한다는 것은 좋은 방법이 아니다. 예를 들어, 에너지를 최소화할 수 있는 방법이 무엇인지 찾으려 애쓸 필요는 없다. 중세의 수도원에서는 음식과 의복, 간단한 목재, 철제 집기류를 스스로 노동해서 만들어 사용했고, 아무것도 포장하지 않았다. 모든 것을 재활용했고, 성긴 옷과 간단한 집기 몇벌 이상은 소유하지 않았으며, 궁색한 천장과 딱딱한 침대에 만족한 채 미사 경본을 베껴 쓰고 아카펠라를 부르면서 지냈다.

여기서 말하고자 하는 것은 수요의 절제다. 풍요로운 서구 국가는 현재의 과도한 에너지 소비를 10%나 15%가 아니라 최소한 25~35% 줄여야 한다는 것이다. 이러한 감소는 겨우 10년이나 한 세대 전의 소비량 수준으로 돌아가자는 것밖에 안된다. 이런 것을 '희생'이라 할 수 있을까? 정책 결정자들이 진지한 숙고 끝에 계획했음에도 대중은 그러한 제안이 생각조차 할 수 없는 일이며 전적으로 받아들일 수 없다고 느낄지도 모른다. 과연 그때의 소비 수준으로 돌아가는 것은 불가능할까? 10년이나 30년 전 우리의 삶이 참지 못할 정도로 비천한 것이었을까? 이 기본적인 질문은 이 장의 마지막에 다시 다루겠다.

아무리 수수하고 심지어 소심하다 하더라도 덜 가진 채로 살도록 요구하는 것은 현대 자본주의 경제의 핵심 사상, 즉 단순한 성장이 아니라 건전하고 지속 가능한 성장(지난 4분기의 GDP에 대해 세계 도처의 경제수석들이 언급한 것을 기초로 삼아 판단하면 이는 연간 최소 2~3%의 성장률을 의미한다)과는 일치하지 않는 것이다. 만연한 과학문맹과 수문맹—이 경우 여러분이 알아야 할 것은 단지 지수방정식 $y = x \cdot e^{rt}$ 가 어떤 형태로 표현되는가(지수함수는 등비급수적으로 상승하는 형태의 곡선을 그린다—옮긴이)이다—으로 인해 대다수는 건전한 속도로 지속 가능한 성장을 할 수 있다는 생각을 버릴 수 없게 된다. 그러한 모순어법적 어리석음을 추구한다면 불행하게도 희극보다는 비극에 훨씬 가까워질 것이다. 결국 암세포도 자신이 침범해 들어간 조직이 파괴되면 성장을 멈출 수밖에 없다.

우리가 절제되지 않은 경제 성장과 환경 파괴를 막는다면 생물권의 보존은 인류 행동의 최고 목표가 될 것임에 분명하다. 이제 다른 생물종이 영속할 여지를 남겨두기 위해, 진화와 문명화에 필수적이며 대체 불가능한 자연의 혜택을 유지하기 위해, 온실가스 농도가 빠른 속도로, 또한 인류가 선대 유인원으로부터 진화해오는 동안 일어난 대류권 온난화와는 비교할 수 없는 정도로 악화되는 것을 억제하기 위해서는 인간의 탐욕에 제한을 두어야 한다.

에너지, 그리고 생물권의 미래

21세기에는 20세기처럼 세계 인구증가율이 높지 않을 것으로 보인다. 세계 인구는 1900년에서 2000년 사이에 16억명에서 61억명으로 거의 4배나 늘어났다. 그러나 상대 증가율은 1960년대에 약 2%로 최고치를 기록한 이후 줄어들어 1990년대 후반에는 1.5% 미만으로 떨어졌고, 연간 절대 인구 증가수도 줄어들고 있다(UNO 1998). 따라서 우리는 세계 인구 성장의 자기제한적 특성 때문에 21세기에 다시 인구가 2배 이상 증가하는 일은 없을 것이라고 상당히 자신하고 있다. 현재를 기준으로 세계 인구가 2100년까지 100억명을 넘지 않을 확률은 60%이며, 지금보다 감소할 확률은 약 15%다(Lutz, Sanderson and Scherbov 2001). 그러나 총인구가 상대적으로 아무리 조금만 증가해도 훗날의 위험한 생물권 악화와 연관될 수 있다(Smil 2002).

예를 들어 현재의 저소득 국가들이 부유한 나라들이 사용하는 에너지 양의 3분의 1만 쓰고(2000년 현재는 그 비율이 5분의 1 미만이었다) 부유한 경제권에서 에너지 수요를 단 20%만 증가하도록 조절한다 해도 세계의 TPES는 2000년 수준보다 대략 60%나 늘어나게 된다. TPES의 공급원 중에서 화석연료가 차지하는 비율이 줄어들고 있다지만 여전히 가장 우위에 있다. 그렇기 때문에 21세기 전반 50년간의 탄소, 황, 질소산화물의 누적 발생량은 20세기 후반 50년간의 발생량보다 상당히 많을 것이다. 그로 인해 기후, 대기, 수질, 토지 이용, 생물 다양성이 입는 영향도 역시 같은 정도로 증가할 것이다.

상업적이고 전통적인 방법으로 에너지를 채굴, 운송, 전환하는 과정에서 많은 환경 문제가 야기되는데(제2장에서 검토되었다) 그 심각성의 정도가 각각 다르다는 것은 그리 놀라운 일이 아니다. 어떤 문제는 생물상(生物相)에 극심한 훼손을 가하면서도 매우 좁은 지역에 한정된다(산성 광산 폐수, 해변 기름 유출). 반면 또다른 문제들은 각각을 따로 떼어놓고 생각하면 그렇게 파괴적이지 않지만 전 지구적으로 보면 그 영향이 커질 수 있다. 에너지 산업과 에너지 사용이 전 지구 생물 다양성 감소에 끼치는 영향이 적합한 예가 될 것이다. 삼림 파괴나 초원 및 습지의 전환으로 인한 토지 이용 변화(새로운 농지, 목초지, 목재 생산지, 거주지 등), 목축민에 의해 초원에서 주기적으로 일어나는 화재, 과도한 토양 유실을 불러오는 부적절한 경작법 등이 자연 생태계를 철저히 파괴하거나 피폐하게 하는 주원인이다(Smil 2002).

그러나 에너지 산업이야말로 이러한 환경 퇴화에 가장 큰 영향을 끼치고 있다. 원유 정제나 화력발전 등은 말할 것도 없고 석탄의 노천채굴, 저수지 건설, 송유관·고압송전선 건설 등이 그러한 활동이다. 나는 20세기 말까지 세계 에너지 인프라에 쓰인 토지의 전체 면적이 29만km²(이딸리아보다 조금 좁은 면적)라고 추정하는데, 그중 60%가 수력발전용 저수지 부지로 들어갔다(그림 6.6). 하지만 이 면적은 지난 250년간 작물 재배, 목축, 공업 용지, 교통시설, 도시 건설 등을 위해 사라진 전체 자연 생태계(대부분 삼림과 초지) 면적의 2%도 채 안된다(Smil 2002). 에너지 인프라가 생물상에 끼친 실제 영향을 이처럼 단순하게 측정할 수는 없을 것이다. 많은 에너지 시설이 상대적으로 더 허약한 자연환경 안에 세워져 있으며, 관련된 교통 및 송전시설과 함께 남아 있는 생태계마저 황폐화하고 있기 때문이다.

생물 다양성이 풍부하며 외부 자극에 영향을 받기 쉬운 자연환경에 속하는 지역들의 예는 많다. 그러한 자극들은 습지와 근해에서의 탄화수소 굴착부터 석탄 화력발전소에서 배출되어 산성화되기 쉬운 호수와 삼림으로 운반되어 고농도로 축적되는 황산화물 및 질소산화물까지 걸쳐 있다. 미씨시피강이나 니제르강의 삼각주, 카스피해, 베네수엘라의 마라카이보 호수 등이 첫째 범주의 대표적인 사례들이다(Stone 2002). 오하이오 계곡의

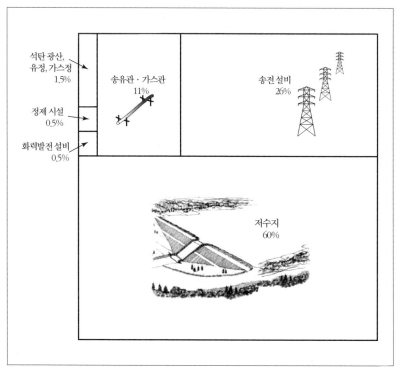

그림 6.6
세계 1·2차에너지 산업 관련 인프라에 필요한 토지의 추정치. 자료 Smil(1991).

가능한 미래 435

대형 석탄 화력발전소에서 나오는 산성 배기물은 뉴욕 동북부의 아디론 댁 산맥, 더 나아가 캐나다 연해주까지 이른다. 그리고 중부 유럽 발전소 의 배기물은 스칸디나비아반도 남부의 호수와 삼림까지 산성화해왔는데, 이런 사례는 둘째 범주에 딱 들어맞는다. 에너지 인프라는 생태계를 붕괴 시킴으로써 생물 다양성을 훼손하고 있다.

다행스럽게도, 상대적으로 보면 지난 50년 사이에 이러한 환경 문제 중 상당수가 뚜렷하게 감소했다. 다시 말해 오염 방지장비의 효율, 연료 채굴 의 에너지 효율, 단위 추출·수송 에너지량(J) 또는 단위 발전량(kWh)당 대기·수질오염 물질 발생량이 줄어든 것이다. 높은 전환 효율과 다양한 오염 방지장치 덕분에 화석연료를 쓰는 것이 50년 전보다는 더 참을 만하 게 되었다. 이제는 상용화된 기술을 사용하여 전체 입자상 배기물 중 수백 분의 일만 남기고 모두 제거할 수 있으며, 주요 대기오염 배기가스의 70~95%를 감소할 수 있다. 또한 새로운 굴착기술(제4장 참조)을 사용하면 석유 및 가스정에서 탄화수소 화합물을 더 많이 뽑아낼 수 있게 되었다. 그만큼 석유와 천연가스 채굴이 생태계에 끼치는 영향을 줄일 수 있게 된 것이다.

재래식 석탄 화력발전에서는 통상 이산화황이 1kWh당 3~5g 발생하는 데 반해, 연돌가스 탈황(FGD) 설비를 갖춘 발전소에서는 1g 미만을 발생 시키고 복합형 가스터빈은 겨우 0.003g만 발생시킨다. 탄소 배출량은 이 산화황의 경우만큼은 아니지만 재래식 석탄 발전시설을 복합형 가스터빈 으로 바꾸면 3분의 2나 감소한다(Islas 1999). 이처럼 개선된 수치들은 발전 에 쓰인 연료를 기준으로 삼아 비교하면 더 두드러지게 나타나는데, 이는 증기터빈의 효율이 1970년대 이래 별 변화가 없었지만 복합형 가스터빈 의 효율은 같은 기간에 40% 미만에서 60%까지 높아졌기 때문이다.

그러나 여기에도 문제는 있다. 이 장의 앞에서 강조한 것처럼 단지 효 율을 높이는 것만으로는 충분치 못하며, 에너지 산업과 에너지 사용으로 인한 영향의 절대적인 정도가 커져왔다는 것이다. 무엇보다 화석연료의 연소가 지구의 탄소순환에 인간이 개입하는 가장 큰 단일 요인이 되었고, 그 결과 지방·지역별로 오랫동안 관심을 가져온 문제들에 훨씬 우려스러운 변화가 더해졌다. 그 결과 대류권 이산화탄소 농도의 증가는 지구 밖으로 방출되던 적외선의 흡수량이 늘어나는 주원인이 되었는데, 적외선 흡수량이 계속 증가한다면 인류문명뿐 아니라 진화의 역사에서도 전례가 없는 속도로 지구온난화를 유발할 것이다. 북반구의 연평균 기온이 가장 최근에 1~2℃ 이상 상승한 것은 1만 5000년 전이다(Culver & Rawson 2000). 더구나 간빙기 온도 상승기에 기온이 4℃ 상승하는 데 5000년이 걸렸다는 것을 감안하면, 21세기 중에 2℃ 이상 상승하리라는 예측은 지적한 대로 인류가 50만년 전에 출현한 이래 한번도 겪어보지 못한 급변이다.

이 정도 규모의 사건이라면, 예상되는 지구온난화가 사실상 전체 생물권의 모든 과정에 영향을 끼칠 수 있다는 것이므로 심각하게 다뤄야 할 문제이다. 온난화 때문에 물의 순환주기가 단축되고, 주요 영양염류 순환 속도가 변하고, 모든 생물군계의 순일차생산량(NPP)이 영향을 받고, 생태계와 종속영양생물(병원균 포함)의 경계가 바뀌며, 유기물 분해, 토양 내 수분 저장, 병원체 조절과 같이 생태계의 필수 불가결한 기능도 영향을 받게 된다. 따라서 이처럼 급속한 지구온난화가 생물권과 우리 사회에 끼칠 다양한 영향에 대한 치밀한 학제연구가 긴급하다. 동시에 우리는 다음과 같은 사실을 잊지 말아야 한다. 이렇게 위험 요인을 평가하는 작업은 현재 진행 중이라 아직은 불완전하며 향후 25, 50, 100년 후에 대류권 기온이 얼마나 될지도 정확히 예측할 수 없다는 것이다. 또한 그러한 변화가 지역적으로나 장기적으로 어떤 영향을 끼칠지는 더욱더 예견할 수 없다.

가장 최근의 기후변화에 관한 정부간 패널(IPCC) 평가 보고서에 나타난 씨나리오에 따르면, 2100년에 이산화탄소 농도는 540~970ppm, 즉 2000년 수준보다 46~262% 늘어난 수치까지 증가할 것으로 예측되고 있다(Houghton et al. 2001; 그림 6.8). 이런 농도는 다른 온실가스의 농도 증가와 상승작용을 일으켜 지구 전체에 평균 4~9W/m²의 영향을 가하고, 그 결과

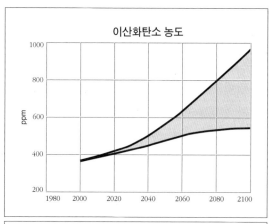

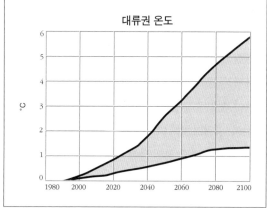

그림 6.7
IPCC 최근 보고서(Houghton et al. 2001)의 에너지 소비 씨나리오에 따르면 21세기 말에는 대기
중 이산화탄소 농도가 540~970ppm에 이르고 대류권 온도가 1.4~5℃ 상승한다.
자료 SRES(2001).

지표면 평균 온도가 약 1.4~5.8℃ 올라갈 것이다. 이때 최저치인 1.4℃는
그나마 받아들일 만하지만 최고치인 5.8℃라면 실로 걱정되는 기후변화
가 된다(그림 6.7). 이처럼 온실가스 배출에 관한 모든 예측, 그것이 기후에
끼치는 영향, 그에 따른 환경 및 경제의 변화는 매우 불확실해서, 점점 더
많은 연구자들이 이러한 불확실성을 평가하고 가장 타당한 온난화 범위

와 그 영향을 예측하려고 노력해왔다.

배출물, 기후가 받는 영향, 탄소순환, 해수 혼합, 대기 에어로졸 등의 불확실성을 연구한 후, 위글리와 래퍼(Wigley & Raper 2001)는 온난화지수가 IPCC의 가장 최근 예측치인 1.4~5.8℃ 범위의 이하 또는 이상일 확률은 매우 낮다고 보았다. 그리고 어떤 온실가스도 줄어들지 않을 경우 2100년까지의 기온 상승은 90% 확률로 1.7~4.9℃의 범위에 들 것이라고 결론 내렸다. 이와는 대조적으로, 포레스트 등은 주변확률분포를 기초로 하여, 이산화탄소 배증에 상응하는 기후 상승폭이 IPCC의 추정치보다 훨씬 큰 7.7℃에 이를 것이라고 확신한다(Forest et al. 2002). 앨런 등(Allen et al. 2000)은 비교적 가까운 2036~46년의 10년 동안만 예측했는데(역시 온실가스 통제가 없다 가정하에 산업시대 이전보다 1~2.5℃ 따뜻해진다고 예측), 자신의 예측값이 상대적으로 합리적인데도 (대기조성이 안정화한 후 나타날) 온난화의 최종적 평형상태는 매우 불확실하다고 결론 내렸다. 여기서 가장 중요한 사실은 지역적인 영향을 평가하는 데 필요한 세부 예측이 신뢰하기 어렵다고 나타난 것이다(Reilly et al. 2001).

게다가 우리가 복잡한 대기역학의 복잡성을 제대로 이해하지 못하고 있다는 것도 빠뜨릴 수 없다. 이러한 복잡성을 보여주는 것으로 1979년 이래 인공위성과 지상의 기온 측정치 사이에 나타난 두드러진 차이를 들 수 있다. 지상 측정 기록을 보면 그동안 0.3~0.4℃ 상승했는 데 반해, 인공위성 측정 결과에 따르면 여러 예측 모델에서 더 온난해질 것으로 본 대류권 중층에서는 같은 기간에 기온 변화가 없었다(NRC 2000; Santer et al. 2000). 최근 발견 중 흥미로운 것으로, 서태평양 일부 상공의 구름 위성사진 연구가 있다. 구름 낀 지역의 지표면 온도가 1℃ 상승하면 그 위를 덮고 있는 권운의 면적이 22% 감소했는데, 린드젠 등은 적운 대류운동에서 권운이 빠져나가는 것이 이 현상 때문에 감소했다고 해석했다(Lindzen, Chou and Hou 2001). 이 해석이 정확하다면 이런 현상은 온도 변화에 대해 반작용을 일으켜(빛의 세기 변화에 따라 눈이 홍채를 조절하는 것과 비슷하다), 오늘날의 불완전한 기후모형에 나오는 순방향의 온도 변화를 상쇄하고도 남을 수 있게 된다.

가장 최근에 나온 IPCC 보고서 요약문은 우리의 위해성 평가가 불확실하다는 것을 인정하고 있다. 비록 요약문은 "균형 잡힌 증거는 인간이 지구 기후에 명확히 영향을 끼치고 있음을 보여준다"고 결론 내리면서도 (IPCC 2001, 3면), 현재 인간의 영향을 정량화할 수 있는 우리의 능력이 제한적임을 지적한다. 자연의 변이성이 초래하는 특이한 현상으로 인해 기후변화의 신호가 계속 나타나고, 주요 인자들 자체에도 불확실성이 있기 때문이다. 유감스럽게도 이러한 고유한 불확실성 때문에 지구 기후변화에 관한 토론은 결국 앞으로 일어날 온난화의 범위와 속도를 놓고, 그리고 경제학자들의 경우에는 온실가스 배출량 감축 비용이 얼마나 될지를 놓고 벌이는 무의미하고 끝없는 말다툼으로 변하기 쉬워졌다.

1997년 12월 쿄오또의정서를 만들기 위해 오랫동안 진행된 협상, 그리고 의정서 체결 이후에 연이은 토론, 논쟁, 변경, 협약 반대 등이 이러한 난맥상을 참 잘 보여준다. 쿄오또의정서가 온전히 시행되어도 온실가스 배출량 증가를 실질적으로 막는 데 별 역할을 할 수 없다는 사실을 상기한다면 이러한 혼란은 더욱더 이상하다. 합의안은 단지 고소득 국가(이른바 부속서 B 국가)만 2008~12년 전체 온실가스 배출량을 1990년 수준에 비해 5.3% 줄이도록 강제하고 있다. 올바른 방향이지만 어정쩡하게 겨우 출발한 것에 지나지 않는 셈이다. 중국, 인도 같은 온실가스 대량 배출국도 포함된 저소득 국가들은 어떤 의무도 지지 않으며, 자발적인 약속 같은 것도 요구받지 않았다.* 출판된 연구물 중 어떤 것을 골라 읽느냐에 따라 사람들은 의정서를 시행하는 것이 엄청난 경제적 이익을 안겨준다고 이해할 수도 있고 상당한 비용이 든다고 생각할 수도 있다. 노드하우스의 논문 (Nordhaus 2001)은 이제 널리 알려진 이 분야에서 최근에 나온 연구 결과다.

---

* 2007년 12월 발리에서 열린 당사국회의에서는 2013년부터 세계 모든 나라 의무를 지도록 하자는 합의가 도출되었다—옮긴이.

의정서에서는 부속서 B 국가들 각각이 주어진 배출량 감축 목표를 달성하도록 다양한 방법을 제시하고 있지만, 세계에서 온실가스를 단연 가장 많이 내뿜는 미국이 자국의 할당량(7% 감축)을 거부했고 캐나다 같은 다른 대량 배출국들도 목표량을 달성하려 들지 않는다. TPES의 최근 추세를 잘 아는 사람들이라면 미국의 탄소 배출량이 2000년까지 1990년 수준보다 10% 넘게 늘어났고 그리하여 어떤 식으로든 의정서의 목표량을 맞추기가 가망없음을 보더라도 놀라지 않을 것이다.

나는 지구온난화의 속도, 영향, 비용에 관한 이 끝없는 토론이 비생산적이며 분명히 역효과를 일으킬 것이라고 본다. 생물권 역동성의 주요 결정 인자인 기후에 인류가 끼친 이 영향, 즉 지구온난화에 관련된 주요한 불확실성을 직시했을 때 책임있는 해결 방법은 단 하나다. 인류가 위험을 최소화하는 주체가 되어, 온실가스 배출량을 줄일 수 있는 현실적인 수단을 모두 동원하는 것이다. 이에 대해 많은 경제학자들은 그런 수단에는 불확실성이 내재해 있어서 동원된 자원이 더 유익한 곳에 쓰이지 못하여 결과적으로 낭비가 되어버릴지도 모르기 때문에 사회에 불필요하게 부담을 많이 지울 수 있다고 주장하는데, 이 또한 타당하다. 그래서 '후회하지 않는' 접근을 마련할 필요성이 대두하는 것이다. 지금 예상하는 인간 활동에 의한 지구온난화가 설령 앞으로 수십년 동안 전혀 일어나지 않는다 해도, 또한 온난화의 증거가 자연적인 변동폭 속에 가려지거나 온실가스 배출량 증가가 일으키는 환경변화가 크지 않아서 충분히 견딜 만하다 해도, 이러한 경로는 그 자체만으로도 참으로 의미가 있다.

에너지 소비량 자체를 줄이는 '후회하지 않는' 전략은 온실가스 배출량을 줄일 뿐 아니라 그 과정에서 에어로졸의 배출이나 발생, 광화학 스모그와 산성 강하물, 수질오염, 토질 악화, 생물 다양성 감소 등을 경감시킬 수 있다. 그리고 열거한 모든 자연환경 악화 현상이 줄어들기를 사람들 대부분이 바란다는 것은 확실하며, 그 정책이 장기적으로 경제적 이익을 가져다줄 것이라는 데에도 의심의 여지가 별로 없다.

에어로졸은 대기 중의 황산화물과 질소산화물에서 형성된 다량의 황산염과 질산염 등을 포함하며, 대부분 지구로 들어오는 태양 복사에너지를 줄여서 지표면의 온도를 떨어뜨린다. 이 냉각 효과는 겨울 계절풍이 인도 아대륙의 대기오염을 가중시킬 때 북부 열대 인도양 상공에서 $30W/m^2$에 이르고, 미국의 북대서양 앞바다에서도 약 $26W/m^2$에 달한다(Satheesh & Ramanathan 2000). 이와는 반대로 바이오매스와 화석연료가 불완전 연소할 때 생기는 검댕은 지방·지역별 대기오염 및 호흡기 질환 발생률 증가(검댕 중 지름 $10\mu m$미만인 입자가 원인)를 불러올 뿐 아니라 대류권 온도 상승을 촉진하는데, 그렇기 때문에 메탄보다 온난화를 더 촉진하는 것으로 보인다(Jacobson 2001).

광화학 스모그는 애틀랜타(미국 최악의 스모그 도시로 새로 뽑힌 휴스턴과 함께)나 아테네, 방콕, 베이징, 타이베이, 토론토 등 전 세계의 주요 도시에서 반영구적으로 발생하는 현상이 되었다(Colbeck & MacKenzie 1994; Mage et al. 1994). 더욱이 도시에서 발생한 광화학 스모그는 주변의 시골 지역까지 흘러 들어가고 있다. 작물 생산성도 서유럽, 북미 동부, 동아시아에서 광화학반응으로 생성된 산화력 강한 고농도의 오존에 영향을 받고 있다(Chameides et al. 1994). 이대로 두면, 오존 피해로 인해 농업 생산력은 적어도 20억명분의 추가 식량과 전 세계에서 증가하는 동물 사료 수요로 작물 생산이 훨씬 더 요구되는 상황에서 오히려 약화될 것이다(Smil 2000c). 산화력 강한 배출물은 북미(그림 2.10)와 유럽에서는 두드러지게 감소했지만 아시아에서는 증가하고 있다. 세계 에너지 인프라에 필요한 부지가 늘어나고 있다는 것은 이 절의 앞부분에서 지적한 바 있다.

석탄 연소가 상대적으로 감소하고 탄화수소 화합물이 증가하며 수력 및 원자력발전의 전력 공급 비중이 늘어나면서 전 세계 TPES의 평균 탄소 집약도는 점점 줄어들었다. 1900년에는 24tC/TJ 남짓이었으나 2000년에는 약 18tC/TJ이 되었다(Grübler & Nakićenović 1996; Smil 2000a; 그림 5.26). 연평균 감소율이 0.3%라는 말인데, 이 추세가 계속되면 탄소의 비율이 21세기 중에 약 25% 감소할 것이다. 세계 경제상품의 에너지 집약도도 20세기 마지막 30년 동안 0.7% 하락했는데(Smil 2000a), 이 추세가 계속되면 2100년에는 세계 생산품에 들어가는 에너지가 지금의 절반으로 떨어질 것이다. 이 두 흐름이 합쳐지면 유용한 에너지 평균 단위를 수송하면서 발생하는 이산화탄소가 2000년의 38% 수준으로 줄어들 것이다.

따라서 2000년 수준의 배출량을 유지하기 위해서는 전체 TPES가 2100년까지 단 2.6배만 증가해야 한다. 이는 전 세계 평균 TPES 증가율이 거의 정확히 연간 1%가 되어야 함을 의미하는데, 이 수치는 20세기 마지막 50년(3.2%)이나 20년(1.75%)보다 매우 낮은 것이다. 이렇게 세계 에너지 소비량이 감소한다 해도, 21세기 중에 이산화탄소의 누적 배출량이 630GtC가 되기 때문에(20세기에 화석연료 연소로 배출된 양이 230GtC인 것과 비교한다면) 대기 중 이산화탄소 농도가 지금 수준으로 유지되기란 만무하다. 여러 예측 모델에서는 이렇게 유입되는 이산화탄소로 대류권에서의 농도가 약 450ppm이 될 것이라고 한다. 지금보다 20% 증가한다는 말이다. 물론 세계 TPES 증가율이 연 1%를 초과할 가능성이 매우 크다. 그러면 온실가스 배출을 줄이는 추가 대책이 필요한데, 그렇게 하지 못하면 2100년까지 이산화탄소 농도는 450ppm을 훌쩍 넘어설 것이다(그림 6.8).

그러므로 화석연료에 대한 의존도를 낮추는 '후회하지 않는 전략'을 실제로 시행해야 한다. 우리가 더 심각한 온난화를 막고 스모그, 산성 강하물, 수질 및 토질 악화 등을 줄일 때 생기는 다양한 이득을 더 빨리 누리고 싶다면, 낮은 에너지 집약도의 장기적 지속 추세나 점진적인 탈탄소화의 최종 효과를 기다리는 것만으로는 부족하다. 그러나 세계가 역사상 전례가 없던 지구 환경변화를 맞닥뜨리게 될 위험이 있음에도 이처럼 가치있는 목표를 향해 진전된 것은 거의 없다. 우리의 지지 속에서 시행중인 변화는 방금 서술한 두 가지 장기적 개선뿐인데, 이는 현재까지 한 세기 동안 진행된 것이다. 실망스럽고 유감스럽지만 놀랄 일은 아니다. 1980년대 후반 인간 활동으로 비롯한 지구온난화가 새로이 큰 주목을 받았을 때, 많은 사람들은 염화불화탄소(CFCs) 규제를 위한 국가간 합의가 성공적으로 이뤄진 것처럼 온실가스 문제도 잘 해결되리라 생각했다. 그러나 그 비교는 타당하지 않다.

염화불화탄소는 생산하는 나라가 상대적으로 적고 관련 화합물의 세계 생산을 과점하던 두 회사(뒤뽕Dupont과 ICI)가 적당한 대체물(수소염화불화탄소 HCFCs)을 바로 만들 수 있었기 때문에 단계적 생산 중단을 빨리 합의할 수 있었다(Smil 1994a). 이와 달리, 앞의 여러 장에서 분명히 밝혔듯이 우리 문명은 전 세계 상업적 TPES의 거의 90%를 공급하는 화석연료에 절대적으로 의존하면서 발전을 유지해왔다. 또 현실적인 세 가지 문제 때문에 이 의존에서 더욱 벗어나기 힘들다. 첫째, 이산화탄소는 일단 생성되고 나면 우리가 미립자나 일산화탄소, 이산화황, 심지어 질소산화물까지 아주 성공적으로 줄이는 데(또는 거의 완전히 제거) 사용한 대기오염 후처리 기술로는 제대로 관리할 수가 없다. 이산화탄소는 양이 너무 많고, 쉽게 포집할 방법도 없다. 게다가 비록 최근 연구 덕분에 이산화탄소를 격리할 수 있는 방법이 있기는 하지만 널리 보급하는 데는 제한이 있다.*

이산화탄소와 다른 주요 연료의 연소 부산물의 양을 비교하면 연간 세계 배출량에서 100배까지 차이가 난다. 인류는 연소 가스로 매년 약 25Mt의 질소와 80Mt이 좀 못되는 황을 배출하지만, 화석연료를 태울 때 나오는 탄소는 연간 거의 6.5Gt에 달한다. 발생한 이산화탄소를 폐광산과 탄화수소 유정·가스정에 격리하는 방법은 위치가 확실한 이산화탄소 배출원이 가까이 있는 경우에는 생각해볼 만하다. 하지만 격리 장소에서 멀리 떨어진 곳에서 발생한 이산화탄소나 수억대의 차량 및 비행기 엔진에는 소용이 없다. 이산화탄소를 심해에 버리거나 지구화학적 반응이나 식물

---

* 최근 미국을 중심으로, 배출된 이산화탄소를 분리하여 지하나 바다 등에 격리하는 기술 개발이 활발히 이루어지고 있으며 한국도 마찬가지다. 관련 연구를 미국이 주도하는 것은 바로 내 전력 생산의 상당부분을 차지하는 석탄 발전소들이 곧 수명이 다하기 때문이다. 이를 교체할 신규 발전소가 미국에 풍부히 부존된 석탄을 계속 사용하려면 이산화탄소 배출 문제를 해결해야 한다—옮긴이.

의 광합성 반응 등을 이용해 토양이나 식물 체내, 공해상에 격리하자는 재미있는 제안은 주의를 끌 수도 있지만 현실화가 요원할 수도 있다.

둘째, 전 세계에서 화석연료를 쓰기 위해 지금까지 원료 채굴, 수송, 처리, 전환, 송유·송전, 에너지 최종 사용 등에 필요한 막대한 설비 인프라를 만들어놓았는데, 이것을 교체하려면 현재 통화가치 기준으로 최소한 10조달러가 든다. 이제는 우리 주변 곳곳에 퍼진 이 인프라 중 일부는 100년도 전에 건설되어서 이후 계속 확장, 개량되어왔다. 그런 시설의 기계와 전환장치 대부분은 유효한 사용기한이 30~50년이다. 결국 비화석 대체자원에 이미 수용할 만한 경쟁력이 있고 필요한 생산시설이 준비되어 있다 해도, 엄청난 자본을 이처럼 오랫동안 쏟아부은 화석연료용 시설을 쉽게 버릴 수는 없다. 내가 제5장에서 설명했듯이, 어떤 비결도 모든 경우에 통하지는 않는다.

셋째, 충분히 규모가 큰 비화석에너지 생산시설이 없다는 현실 또한 문제를 꼬이게 하는 주요 원인이다. 재생 가능 에너지 생산시설이 매년 MW 또는 GW 수준만큼 늘어난다면, 원래 일인당 화석연료 에너지 사용량이 매우 적어서 일인당 1kW 미만인 저소득 국가에서는 큰 변화가 일어날 수 있다. 그러나 불행히도 대부분 열대지역에 있는 이 나라들은 그 환경에 가장 적당한 전환 수단인 대형 광전지 모듈의 상당히 높은 자본비용을 감당할 수 없다. 이와는 대조적으로 세계의 부유한 나라들에서는 화석연료에 대한 의존도가 이미 매우 높아 일인당 평균 4kW를 넘는 수준에 이르러 있다. 앞으로 10~20년 내에는 비화석에너지 전환 방법 중 어느 것도 지금 우리가 석탄과 탄화수소 화합물에서 얻는 공급량을 대체할 수 있을 정도는 되지 못한다.

그러나 세계가 에너지 융합(convergence)이라는 원대한 계획을 추진하면서 부유한 경제권에서 점진적으로 에너지 수요를 줄여서 확보된 TPES의 향후 증가분을 저소득 국가의 평균 수요를 최저 수준보다 높이는 데 쓴다면 생물권에 대한 인간의 영향 완화에 관한 장기적 전망은 달라질 것이다. 이 멋진 전략은 몇가지 바람직한 목표를 달성하게 해준다. 세계에너지 수요의 성장이 둔화하면, 매년 6Gt이 넘는 화석연료의 채굴, 전환에서 비롯하는 온실가스 배출량의 증가율과 다른 모든 환경영향의 증가율이 곧이어 감소할 것이다. 또 TPES의 증가율이 감소하면 비화석에너지의 중요성이 상대적으로 커진다. 결국 전 세계에서 연간 탈탄소화의 속도도 효과적으로 촉진될 것이다. 그리고 이 전략으로 인해 현 세계의 가장 큰 잠재적 불안 요소인 10억명의 (매우 또는 상대적으로) 부유한 소수와 나머지 대다수 사이에서 계속 나타나는 격차 문제가 집중적으로 관심을 받게 될 것이다.

틀림없이 제기될 질문이 몇가지 있다. 이런 전략이 정말 필요한가? 만약 그렇다면 실현 가능한가? 가능하다면, 그 목표를 달성하기 위해 정말 실질적인 진보를 이룰 수 있는 방법은 무엇인가? 그리고 그런 진보가 이뤄진다면, 앞으로 한두 세대 후, 즉 2025년이나 2050년에 현실적으로 어떤 변화가 일어날 것인가? 나는 이 모든 질문에 되도록 직접적으로 대답해보겠다.

정말 중요한 것

첫째 질문─우리가 생물권을 변화시키는 속도를 늦추는 것이 바람직한가?─은 제일 대답하기 쉽다. 우리는 우리 문명의 기반이 정말 어떤 상태인지 충분히 알고 있다. 우리는 높은 경제성장률을 장기간 유지하지 못하기 때문이 아니라 생물권의 기초를 약화하는 환경의 퇴화가 지속되기 때문에 우리 문명이 위험에 처하게 되었다는 사실을 깨달았다. 역사적인 기록은 많은 사회가 지방 또는 지역의 환경 악화로 붕괴되었음을 알려준다(Taintner 1988). 20세기에는 이러한 환경 악화가 전 세계적으로 뚜렷이 보일 정도가 되었다. 복잡다단한 인간 사회의 존속에 필수적인, 따라서 가치를 따질 수 없는 자연환경의 혜택에 의존해야 하기 때문에 환경 악화는 우리가 비상한 관심을 가져야 할 문제이다.

생태학자라면 당연하게 여길 것이며 경제학자—인간 활동에 중심을 두고 자연환경을 유용한 재화의 공급원으로만 생각하는—도 이제 받아들여야 하는 문제가 있다. 인간 사회가 아무리 복잡하고 풍요롭다고 해도, 그것은 궁극적으로 생물권의 열린 하부구조이자 박테리아, 곰팡이, 녹색 식물이 유지하는 지구의 얇은 생명판에 한정될 뿐이다(Smil 2002). 인간적이고 공정한 선진 문명이라면 마이크로소프트와 월마트가 없어도, 티타늄과 폴리에틸렌이 없어도 잘 지속될 수 있다. 그러나 명백한 여러 사례 중 하나만 골라 얘기하자면, 셀룰로오스를 분해하는 박테리아만 없어도 문명은 유지될 수 없다. 이런 미생물만이 모든 나무등걸, 뿌리, 잎, 줄기의 절반에 달하는 식물체의 가장 크고 무거운 부분을 분해할 수 있다. 이것들이 없으면 매년 사멸하는 식물조직 중 1000억톤(우리가 매년 채굴하는 화석연료 전체보다 10배 이상 많은 양) 이상이 숲, 초원, 들판에 쌓이기 시작할 것이다.

이성적인 사회라면 다우존스와 나스닥지수보다는 자연의 혜택에 훨씬 큰 관심을 기울여야 한다. 무엇보다 먼저, 자연 자본으로 만든 주식—삼림, 초원, 습지, 비옥한 토양, 연근해 해수, 산호초 등에 사는 생물체들이 복잡하게 얽힌 집합—을 지금처럼 멋대로 파괴하고 훼손해서는 안된다. 우리가 높은 경제성장률을 추구한 결과 지구의 1차 생산력의 점점 더 많은 부분은 사람의 필요에 따라 수확되거나 우리 활동에 의해 영향을 받았다. 이로 인해 자연 생태계의 넓은 지역이 오염되었고, 남아 있는 곳마저 변형되었으며, 엄청난 양의 에너지를 흡수하고 오랫동안 진화해온 지구의 생물 다양성이 계속 감소해왔다.

이런 흐름이 약화되지 않은 채로 한 세기가 더 유지될 수는 없다. 지금 우리가 얻는 광합성 생산의 비중을 2배로 끌어올리려고 하면, 대체 불가능한 자연환경 재화의 가용성을 훼손하거나 필수 불가결한 생태계 혜택의 공급을 약화할 수밖에 없다(Daily 1997; Smil 2002). 에너지 사용이 이 우려스러운 인위적 변화에 상당부분 책임이 있기 때문에 넓게 보면 에너지 사용이 환경에 끼치는 영향을, 구체적으로는 유례없는 지구온난화의 위협을 제한하는 활동을 반드시 시작해야 한다.

둘째 질문—인간의 영향을 줄이는 것이 가능한가?—도 답하기 어렵지 않다. 대답은 '그렇다'이다. 우리는 적당한 삶의 질을 유지하면서 이 모든 영향을 줄일 수 있다. 우리의 실천이 슬기로운 육상 문명이라면 가지게 될 가장 중요한 두 가지 관심—생물권의 건전성과 인간 삶의 존엄성—에 인도된다면 에너지 연구에서 가장 재미있는 두 가지 질문을 안하고는 못 배기게 된다. 생물권의 혜택이 영속될 수 있는 최대 지구 TPES는 얼마인가? 그리고 괜찮은 삶의 질을 유지하는 데 필요한 일인당 최저 에너지 소비량은 얼마인가? 이런 질문은 정말 드물다. 대답하기 유별나게 어렵기도 하거니와, 우리로 하여금 성장 위주의 경제 풍조와 양립하지 못하는 태도를 갖게 만들고, 명확한 도덕적 헌신마저 요구하기 때문이다. 우리의 목표는 분명 과학적인 방법으로 설정해야 하지만, 일상생활에서 효과적으로 참여를 이끌어내고 그것을 다음 세대에 전달하기 위해서는 반드시 도덕적인 의무로 다가와야 한다.

물론 생물권의 구조와 동역학 중 우리가 제대로 이해하지 못하는 것이 많고 다양한 기술적, 사회적 혁신이 현재진행중이다. 그렇기 때문에 그 두 가지 큰 질문에 대해 엄밀한 정량적인 답을 내놓는 것은 불가능할 뿐 아니라 별로 바람직하지도 않다. 따라서 나는, 잘 알지도 못하면서 대담하게 대책을 내놓는 사람들처럼 지구상에 12억명 이상이 살아서는 안된다는 식으로 얘기하지는 않겠다. 매년 몇 GJ의 에너지 사용 자격증을 구성원에게 부여하는 사회를 만들자며 여러분에게 선동해달라고 부탁하지도 않겠다. 동시에 나는 그 질문들을 대답할 수 없는 문제로 남겨두는 것도 거부한다. 생물권의 기본적 작용에 대한 우리의 지식은 상당히 발전한 상태이며, '괜찮은 삶의 질'이라는 표현이 한쪽에 치우친 것처럼 보일 수도 있지만 그 뜻이 상식을 기반으로 한 것이기 때문에 분명 이성적인 사람들의 합의 안에 있다.

지금까지 이 책을 주의 깊게 읽었다면 내가 제2장에서 에너지 사용과 서로 다른 삶의 질의 지표들이 맺는 관계를 검토하면서 그러한 합의에 관한 기초를 놓았다는 것을 기억할 것이다. 좋은 삶을 위한 에너지 요구량을 건강만을 기준으로 계량할 수 있다면, 가장 중요한 두 가지 지표, 즉 영아 사망률과 평균수명의 최대값을 만족시키는 에너지량은 일인당 연간 약 110GJ일 것이다. 사실상 그보다 에너지를 더 써봐야 두 지표는 증가하지 않으며, 에너지 소비가 일인당 70~80GJ만 넘어서도 두 지표의 증가량이 눈에 띄게 줄어든다. 고등교육과 에너지 사용의 상관관계도 비슷하다. 중등 과정 이후의 교육을 쉽게 받도록 보장하는 데는 일인당 100GJ정도면 된다. 초·중등교육은 일인당 80GJ만 써도 충분히 만족스럽다.

여기서 다음 문제를 상기해보자. 사람에게 만족감을 주면서 삶을 풍요롭게 하는 것들—개인의 자유와 예술 추구의 기회, 또는 육체적·정신적 오락—은 대부분 대량의 연료나 전기를 추가로 들이지 않고도 누릴 수 있다. 물론 오락도 오락 나름이어서 자동차 경주, 보트 경주, 스노모빌처럼 에너지가 많이 들고 시끄럽고 환경을 더럽히고 위험한 것들도 있지만, 여가 및 취미 활동 대부분은 책, 음반, 테이블 게임에 들어가는 정도의 적은 에너지를 소비한다. 다른 활동들도 마찬가지다. 여러가지 운동과 야외 활동에 필요한 운동에너지를 공급하려면 음식만 조금 더 섭취하면 된다. 오늘날 서구인들의 가장 큰 사망 원인인 심혈관 질환을 예방하는 데 제일 효과적이라고 알려진 활동은 매일 30~60분 기운차게 걷는 것인데(Haennel & Lemire 2002), 여기에는 일주일에 단 4.2MJ이라는 적당량의 에너지만 필요하다. 저녁 한번 잘 먹으면 섭취할 수 있는 양이다.

이 많은 증거들을 보면, 일인당 평균 50~70GJ의 에너지를 쓸 경우 다방면에 걸쳐 지적 탐구를 하고 개인의 자유를 존중받으면서 육체적으로 꼭 필요한 것을 충분히 챙길 수 있다. 게다가 믿을 만한 역사 기록을 보면, 일정 수준을 넘어 (특히 일인당 150GJ을 넘게 쓰며) 허영을 부리고 에너지를 낭비한 때에 자연환경 퇴화가 한층 심해졌다. 주목할 만한 것은, 21세기 초창기의 세계 일인당 에너지 평균 사용량 58GJ은 그 50~70GJ 범위의 딱 중간이라는 사실이다. 이것은 세계의 연료와 전기를 공평하게 나눠 쓴다면 지구에 사는 모든 사람이 최저 수준을 넘어서는 교육을 받고 개인의 자유로운 의사에 따라 활동하며 삶을 더 의미있게 하면서도 충분히 건강하게 장수하고 활기차게 살 수 있음을 의미한다. 적절한 일인당 최소 에너지 소비량이란 당연히 지금 가장 널리 쓰이는 에너지 전환 효율에 근거를 두고 있으므로 앞으로 모든 일반적 에너지 사용 행태가 개선되면 그 최소 소비량도 상당폭 낮출 수 있을 것이다.

고효율·저집약도 에너지를 추구하는 장기 추세가 금방 포화상태에 도달할 조짐은 보이지 않는다. 물론 특정 전환장치의 효율은 열역학적으로는 몰라도 현실적으로는 더 높아질 수 없는 한계에 다다랐지만, 새로운 기술이 도입되면 진보의 또다른 주기가 시작되고 그런 일련의 혁신으로 전환 효율은 점점 상승하는 물결 모양의 그래프를 그릴 것이다. 앞 절에서 지난 30년간 세계 경제의 에너지 집약도가 매년 0.7% 감소했다고 했지만, 세계 경제 생산량을 좀더 넉넉하게 계산하면 연평균 1% 감소했다고도 할 수 있다. 뒤에 말한 추정 감소율을 그냥 유지하기만 해도, 지금 생산하는 데 일인당 약 75GJ이 필요한 재화와 용역을 한 세대 후(2025년)에는 58GJ만 들여도 만들어낼 수 있게 된다. 역으로 1970년대 초반에는 지금 에너지가 일인당 58GJ이 드는 혜택에 70GJ을 투입해야 했는데, 그 에너지 집약도는 프랑스의 1960년대 초반, 일본의 1960년대 후반 평균 수준이다.

여기서 자연스럽게 한가지 질문이 나온다. 지금 가난한 사람들이 한 세대 후에 1960년대의 프랑스 리옹이나 일본 쿄오또에서 향유하던 수준의 삶의 질을 받아들여야 한다면 슬프지 않겠는가? 당시 두 나라 사람들의 평균수명은 70세가 넘었고 영아 사망률은 신생아 1000명당 20명 미만이었다(UNO 1998). 그리고 세련된 문화, 명성이 자자한 요리, 훌륭한 생활양식의 전형이라고 세계가 인정하는 이 두 나라는 매우 혁신적이기도 했다. 그들의 기차는 그때부터 지금까지 그 혁신의 동력을 가장 잘 보여주는 실례일 것이다. 일본은 1964년에 그 유명한 싱깐센(新幹線, 한자 그대로 해석하면 '새 줄기 철로'이지만, '탄환 열차'로 더 잘 알려져 있다)을 건설해, 처음에는 시속 200km 웃도는 속도로 시작했다. 지금은 시속 300km를 넘기며 한 열차당 평균 단 36초의 지연율로 매년 1억 3000만 명을 태우는데, 지금까지 사고나 부상은 한 건도 없었다(CJRC 2002). 그리고 1960년대에 프랑스 국영철도(SNCF)가 일본의 성공에 자극을 받아 초고속 열차 계획에 착수했고, 그 결과 유럽의 지상 교통수단 중 가장 빠른 떼제베를 만들어냈다(TGV 2002).

그러므로 그 질문에 대한 답은 분명하다. 지금 저소득 국가에 사는 사람들 90% 이상에게는, 프랑스와 일본에서 1960년대에 이룬 삶의 질을 2025년에 누린다는 것이 엄청난 발전이다. 적당히 겨우겨우 살아가는 수준에서 (아마도 가장 정확하게 이름 붙인다면) 풍요로운 삶의 초기 단계 수준으로 격상하는 것이다. 미래에 저소득 지역에서 살게 될 1~2억 명의 고소득 도시인들, 지배계급 엘리뜨, 마약 거래상들은 어떨지 모르겠지만, 그 외의 사람들은 그러한 엄청난 변화가 일어난다고 하면 기뻐할 것이다. 반대로 선진국의 평균 수준을 낮춘다는 계획은 절대 실행될 수 없을 것이다. 그러나 나는 1950년 이전 또는 직후에 태어나서 1960년대를 잘 기억하는 유럽 사람들에게 간단히 묻고 싶다. 그 시대를 살면서 견디기 힘든 것이 무엇이었나? 그때 이후로 우리가 에너지를 훨씬 더 많이 들여서 얻은 것 중에 무엇이 너무나 소중한 나머지 1960년대의 연료나 전기의 소비 수준으로 돌아갈 엄두를 내지 못하게 할까? 이 질문에 대한 정직한 응답들을 가지고 제대로 표본추출을 해보면 얼마나 재미있을까!

그러나 평균 에너지 소비량의 갑작스런 대량 증가로 실질적인 감소는 더 어려워졌으며 10~15%의 조정한계를 훨씬 넘게 줄여야 하는 정도가 되었다. 예를 들어 프랑스와 일본은 지금도 일인당 평균 170GJ을 쓰고 있으므로 2025년까지 3분의 2를 줄여야 한다. 이러한 퇴보는 미국과 캐나다에서 훨씬 심하다. 70GJ대의 세계 평균 에너지 소비량에 맞추려면 적어도 현재의 엄청난 에너지 소비량 중 5분의 4를 포기해야 할 정도다. 재앙이라 할 만큼 유례없는 발전은 차치하고라도, 한 세대 안에 소비량을 그만큼 감소시키는 것은 현실적으로 불가능하다. 지각있는 독자라면 내가 가능한 실천의 진로를 진지하게 모색하는 것이 아니라 단순히 잠재성에 대비해 현실을 평가하고 있음을 알 것이다.

지난 두 세기에 걸친 경제 발전은 세계의 엄청난 불균등을 초래했는데, 이는 한 세대 안에 풀 수 있는 문제가 아니다. 하지만 위와 같은 간단하면서도 의심의 여지가 없는 비교를 통해 세계 에너지 소비량을 거의 변화시키지 않으면서도 세계 곳곳에서 상당히 높은 삶의 질을 즐길 수 있음을 알 수 있다. 그러한 노력은 부국과 빈국의 차이를 현저히 줄이고 세계 문명을 좀더 안정시킬 가능성을 탐색해보는 잣대로서 가치가 있다. 이 추세가 계속된다면(물론 단순히 이론적인 추측이다) 빈부의 평균이 같아지는 데 약 300년이 걸린다. 이 간극을 더 빨리 좁혀야 할 이유는 자명하다. 사반세기도 전에 스타(Starr 1973)는 2000년이 되면 세계 평균 일인당 에너지 사용량이 당시 미국 평균의 약 5분의 1에서 3분의 1로 상승할 것으로 내다봤다. 실제로는, 2000년의 일인당 평균 사용량 58GJ은 미국 평균의 5분의 1에 못 미쳤다(정확히는 18%였다). 진전의 방향은 뒤를 향해 있었던 것이다.

그렇다면 일반적으로 말해 환경에 대한 영향을 줄이고 소비의 평등성을 높일, 구체적으로 말하면 고소득 국가에서 화석연료 연소를 줄이게 함으로써 세계 에너지 씨스템을 바람직한 방향으로 돌릴 가장 좋은 전략과 접근은 무엇일까? 이 책에서 검토한 많은 기술적 해결과 새로운 전환기술 중 어떤 것이 점진적으로, 하지만 끝내는 세계 에너지 사용 행태를 제대로 근본부터 변화시킬 수 있는 잠재력이 있을까? 어떤 일련의 정책이 사회적 충돌을 피하면서 가장 쉽게 우리를 목적지에 데려다줄 것인가? 더 높은 효율, 더 철저한 환경 보호, 더 고양된 인간 존엄성에로 말이다.

도움이 되는 것과 되지 않는 것

도움이 되지 않는 것은 목록이 더 쉽게 나온다. 그리고 비판적인 눈으로 세계 구석구석을 살펴보면 냉정한 결론에 도달한다. 대중의 이해와 정치권의 관심이 기술적·경제적 수단이나 그에 맞는 행정과 맞물려서 합리적 에너지 정책을 만들고 추진하는 데 필요한 환경을 만들어낼 수 있는 나라는 극소수에 불과하다. 적어도 세계 국가 중 3분의 2, 더 현실적으로는 약 4분의 3은 자격 요건이 안된다. 그 나라들은 효율을 추구할 수 있는 총체적 능력이 매우 불충분하거나 전혀 없고, 다른 여러가지 상존하는 위기들, 뿌리깊은 근심사들, 고질적 분규, 계속되는 복잡한 문제들이 제한된 자원을 요구하는 탓에, 이 나라들의 지도층이 변환 효율이나 탈탄소화 촉진 등을 계획할 것이라고는 생각하기 힘들다. 주요한 걸림돌들을 그것이 영향을 끼치는 사람 수에 따라 오름차순으로 정리해서 목록을 만들어보면 문제가 명확히 드러난다.

이렇게 기능 장애가 있는 나라들이 더 합리적인 에너지 미래를 찾는 탐색에 갑자기 참여할 것이라 생각한다면 너무 순진한 기대일 것이다. 그런 부류의 나라들은 잔인한 내전(수단, 앙골라), 국내에서 되풀이된 학살(르완다, 라이베리아), 국경 충돌(중앙아프리카공화국), 아니면 그같은 문제들의 복합적 발생(에티오피아, 에리트레아, 소말리아)에 시달렸다. 창궐하는 에이즈에 포위됐거나(사하라사막 이남 20개국 이상), 각기 다른 정도로 마약 거래상들의 영향을 받게 되었다(콜롬비아, 멕시코, 볼리비아, 아프가니스탄). 아니면 소수의 독재자나 군벌의 지배 아래 있거나(콩고, 미얀마, 북한), 극심하게 부패한 관료들에게 통제를 받거나(넓게 봐서 중국, 인도, 인도네시아를 포함), 불가항력적인 가난에 시달리는 증가 추세의 인구를 조절하려고 노력중이다(방글라데시부터 베트남까지).

이런 현실은 과학 및 정책을 바탕으로 운명의 시간이 임박했다고 주장하는 사람들의 목소리에 분명히 힘을 실어줄 것이다. 하지만 아직 파국이 가까이 오지는 않았다. 생물상은 그 진화 과정에서 엄청난 복원력을 지니게 되었고, 역사에는 희망과 회복의 예도 있으며, 사람들이 새로운 모험에 뛰어든 고무적인 이야기도 많다. 역사적인 관점은 또한 가장 지속적이면서도 가장 실망스러운 현실도 드러낸다. 우리는 훨씬 잘할 수 있지만—사실, 우리의 기술적 해결과 사회적 조정의 능력은 기적에 가깝도록 향상될 수 있다—만약 우리가 그렇게 한다면은 늘 열린 질문으로 남아 있다. 에너지 수요가 무수한 개인들의 활동에서 나오고, 그 기본 정책이 때때로 타협이 안될 것이 뻔해 보이는 의견들의 (흔히 힘을 빼놓을 정도로) 격렬한 충돌에 종속돼 있다고 하자. 민주 사회라면 이런 때 어떻게 효과적인 행동 방침을 만들어낼 것인가? 좀더 구체적으로 물으면, 어떻게 무한성장 숭배에서 벗어나 적절하게 소비할 줄 아는 양식을 갖출 것인가? 과거의

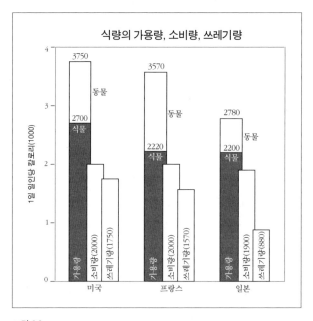

그림 6.8
미국, 프랑스, 일본의 일인당 식량 가용량, 실제 소비량 및 쓰레기량.
자료 FAO(2001), Smil(2000c)의 수치를 도표화.

사례들은 훌륭한 길잡이를 주지 못한다 해도 드러내는 바가 있다.

확실히 한계에 다다른 에너지 사용의 유일한 경우는 고소득 국가의 일인당 평균 식품 소비량이다. 공급이 아니라 소비가, 다시 말해 건강하고 생산적인 삶을 유지하기 위해 실제로 소비할 수 있는 양이 한계에 이른 것이다. 그런데 고소득 국가의 국민과 정부가 지금까지 이 문제를 어떻게 취급해왔는지 보면 장래가 별로 밝지 못함을 알 수 있다. 이 나라들은 소매 수준에서 일인당 매일 3000kcal를 공급받는데(미국은 3700kcal), 그중 실제로 사람들이 섭취하는 것은 일인당 약 2000kcal에 불과하다(그림 6.8). 이 불일치 때문에 캐나다에서는 식품을 일인당 매일 1100kcal, 미국에서는 1700kcal를 버릴 정도로 낭비가 커졌다. 그러나 점점 더 비활동적인 사회의 평균 식품 필요량은 평균 소비량을 밑돌기 때문에 과식이 만연하고 비만이 급격히 늘고 있다. 미국에서는 비만율이 1960년에서 1980년 사이에 (성인 인구의 약 25% 선에서) 안정적으로 유지되다가 1980년대에 8% 증가했다(Kuczmarski et al. 1994).

1990년대 초반까지 미국 성인의 평균 체중 증가량은 3.6kg으로 3명 중 1명이 과체중이었고 50세 이상의 남자, 30~39세 및 50~59세의 여자에서 증가량이 가장 컸다(Flegal 1996). 더 심상치 않은 것은 최저 사망률과 연관된 실제 몸무게를 알아보았더니 성인의 4분의 3이 최적 체중을 초과했다는 사실이다. 유럽은 여전히 비만율이 낮기는 하지만 그 수준이 점차 높아지고 있다. 심혈관 질환과 당뇨 발생률을 높이는 비만이 이처럼 현저히 확산하는 데 합리적으로 대응하려면 당장 전체 국내 소비용 식품 생산량을 제한하고 지급중인 생산 보조금 중 얼마라도 중단해서 식품 가격을 올려야 한다. 그러나 이처럼 비만이 놀라울 정도로 확산하는데도 북미와 유럽의 정부들은 계속해서 식량 생산을 늘리도록 장려하고 있다. 게다가 작물 및 가축의 생산성을 높이는 연구에 돈을 대고 있으며, 현대사에서 유례없이 낮은 식품 가격을 유지하기 위해 농부들에게 (북미 인구의 다수를 차지하는 중산층의 세후 소득 15%에 좀 못 미치는) 보조금까지 지급하고 하고 있다.

다른 한편으로 우리는 여타의 에너지 관련 과제들에는 썩 잘 적응해온 편이다. 1970년대 에너지 위기 때 시장의 대응은 처음에 좀 느리긴 했지만 매우 효과적이었다. 새로운 공공정책 몇가지는 처음 기대한 것보다 성공적이었고, 역효과가 나는 정책은 물론 폐기되었다. 그리하여 효율이 나쁘기로 알려진 미국산 자동차도 현재는 1973년보다 단위 거리당 소모 연료가 절반밖에 되지 않으며, 우리는 혈암유(shale oil)를 얻는답시고 수십억달러를 쓰지도 않는다. 그러나 이러한 성과도 충분하지는 않다. 줄리안 싸이먼(Julian Simon)이 전하는 "기쁨과 축제"에 동의하고 아래와 같은 그의 말을 믿기에는 아직 부족하다.

> 물리적으로나 경제적으로나, 임박한 고갈 문제에 인적 자원과 기업 활동을 끊임없이 투입하지 못할 이유는 없다. 길게 보면, 비용이 낮아지고 결핍이 경감되는 덤이 발생할 것이다. 건강 증진, 자연보호구역 증가, 에너지 가격 하락, 환경오염 감소 등과 같이 바람직한 일들도 그 덤에 속한다(Simon 1996, 588면).

다른 모든 복잡한 문제와 마찬가지로, 간단한 지침이나 단순한 해결책은 소용이 없다. 그뿐 아니라 내가 여러번 강조했듯이, 인프라의 문제가 있으면 정치권의 의지가 드물게 강하고 행동을 요구하는 사회적 합의가 형성됐어도 기술이나 자원을 신속하게 바꿀 수는 없다. 서양의 석유중독에 관해 『이코노미스트』는 "점진주의는 현명한 해결의 비결이다. 바로 지금 시작해야 한다"고 주장했는데(The Economist, 2001. 12. 15, 9면), 이는 실행중인 모든 에너지 정책에 일반적으로 적용된다. 그러므로 '지체 없이 착수하고 지속적으로 헌신하는' 태도는 실제적이고 효력있는 해결 방법에서 언제나 핵심 요소다. 그렇게 되면 비생산적인 관념적 정책 경쟁이나 그와 관련한 말장난은 어떤 이익집단에서 나오든지 설자리가 없을 것이다.

원자력을 죄악시하는 것도 도움이 되지 않는다. 좋든 나쁘든 세계는 전력의 거의 5분의 1을 우라늄 핵분열에서 얻고 있으며, 많은 나라가 자국의 원자로를 단기간에 폐쇄할 경우 전력 공급이 불확실해지는 상황에 처하기 때문이다. 물론 앞으로 온실가스 배출량 증가가 초래할 문제들을 막기 위한 최선의 방법으로 원자력을 옹호하는 것도 도움이 되지 않는다. 분명히도 진지한 관심을 받을 만한 다른 해결책들이 다수 존재한다. 재생에너지 전환은 아직 미약하고, 많은 경우 아주 미숙한 단계에 있다. 이를 지원해서 21세기 세계 TPES의 거의 독점적인 중심 원천으로 만든다는 것은 물정을 모르다 못해 무책임하기까지 하다. 그 반면 재생에너지로는 애당초 한계가 있으며 과대평가되고 있다는 식으로 치부해서 무분별하게 퇴출하는 것도 똑같이 우둔하고 근시안적이다.

따라서 자기 주장만 옳다고 내세우는 파당적 태도나, 숨겨진 진실이 드러난 것처럼 극단적인 연구 결과를 인용하며 완고한 입장 몇가지를 확보함으로써 모든 논쟁을 거부하려는 것은 도움이 되지 않는다. 안타깝게도 재생에너지 전환의 비용과 화석연료를 기반으로 한 씨스템의 비용과 부담, 이 둘을 비교한 연구는 대부분 이런 부류에 속한다. 우리에게 구체적 행동을 제시하지 못하는 것이다. 우물 속에 갇혀서, 솔직히 표현하면 과제의 복잡함에 당황하여, 그들은 양립할 수 없는 두 가지 결론 중 한쪽에 쏠리고 만다. 이런 분석가들이 앨빈 와인버그(Alvin Weinberg 1978, 158면)가 다음과 같이 솔직하게 인정한 것에 주목했다면 얼마나 좋았을까?

과거에 내가 예측한 원자력발전 비용은 현재의 실제 비용보다 10배나 적다. 그런 잘못을 범한 적이 있어서 나는 10년 또는 그 이후에 어떤 에너지 씨스템의 비용이 얼마가 될지 예측하는 것에 근본적으로 회의적이다.

이러한 비교 분석 연구의 첫째 부류는, 화석연료 발전에 대해 새로운 재생에너지 중 일부가 이미 경쟁력이 있고 다른 일부는 곧 그렇게 될 것이라고 강조하는 것이다(예를 들어, Swezey & Wan 1995; Turner 1999; Herzog et al.

1999; UCS 2001; 애모리 로빈스와 그가 설립한 RMI에서 나온 모든 연구물). 이미 풍력 발전은 가장 싼 화석연료 발전과 비교해도 경쟁력이 있는 유일한 방법으로 자주 거론되고, 그 비용은 2010년 이전에 지금의 절반 수준까지 떨어질 것으로 보곤 한다. 당연히 이러한 분석들은 재생에너지가 한 세대 안에 개별 국가와 세계의 TPES 중 상당부분을 담당할 수 있고 막대한 투자 자본을 절감하며 화석연료의 채굴과 연소를 줄이고 지구온난화 속도를 늦출 수 있다고 결론 내린다.

이런 분석의 일부로서 온실가스를 상당량 줄일 경우의 경제적 비용에 관한 평가에 따르면, 재생에너지는 최소 비용으로 기후를 안정시키는 초석이다. 또한 미국의 현재 생활양식을 크게 바꾸지 않으면서도 지구온난화를 둔화하는 데 순경제비용이 전혀 들지 않아 매년 수천억달러를 아낄 수 있게 해줄 것이라고 한다. 로빈스와 로빈스는 전체 절감액을 매년 미화 2000억달러(1990년 기준)로 추산했다. 그리고 그 목표를 달성하는 데는 어떤 거창한 계획이나 정부의 개입도 필요 없으며 단지 자유로운 의사 결정과 기업 활동만으로 가능하다고 주장했다(Lovins & Lovins 1991). 로빈스는 같은 해에 이런 주장을 또다른 글에 실어 출판했는데, 그 제목이 장난스럽게도 "즐겁게 돈도 벌면서 지구온난화 줄이기"이다(Lovins 1991).

구체적인 사례를 하나만 더 들면, '걱정하는 과학자 모임'에서는 재생에너지가 거의 5000억달러를 아끼고 발전소를 1000개 가까이 덜 짓게 해줄 것이라 믿고 있다(UCS 2001). 또한 지금의 추세가 유지될 경우에 비해 이산화탄소 배출량을 3분의 2가량 줄이면서 2020년까지 적어도 미국 전력의 20%를 공급할 수 있을 것이라 본다. 당연히 터너도 우리가 최대한 빨리 이 길로 들어서야 한다고 재촉한다(Turner 1999, 689면). 이와는 극히 대조적으로, 둘째 부류의 분석은 재생에너지가 싸지도 않고 그다지 환경친화적이지도 않다고 단정한다. 재생에너지원은 불균등한 분포 때문에 지방과 지역의 에너지 공급에 별 기여를 할 수 없으므로 개발 장려금은 돈 낭비라는 것이다(CEED 1995; Bradley 1997, 2001; Scheede 2001).

온실가스를 줄이는 비용에 관해서는 노드하우스가 10년 이상 전에 예측한 바 있는데, 그에 따르면 배출량을 20% 줄여 1980년대 후반 수준으로 만드는 데 매년 미화 2000억달러(1990년 기준) 이상이 든다(Nordhaus 1991). 더 최근에는 노드하우스와 보이어가 기후변화와 세계 경제에 관한 더 면밀하게 통합된 모델을 써서 지구공학적 방법—입자상물질을 대기권에 주입하거나 바다를 탄소 흡수원으로 이용하는 것 같은 논란 많은 방법까지 포함하는—외에는 검증된 정책들 중 어느 것도 경제적으로 큰 이익이 없다고 결론 내렸다(Nordhaus & Boyer 2000). 온실가스 배출량을 1990년 수준으로 묶으면 지금 가치로 1조 1250억달러의 손실이 생기고 1990년 수준의 80% 수준으로 줄이는 의욕적인 목표를 달성하려면 세계 경제는 3조 4000억달러의 손실을 감수해야 한다. 이 부류의 모델에서는 로빈스가 말한 즐거움이나 경제적 이익을 찾을 수 없다.*

이같은 극단적 관점들에는 어느 쪽도 동의할 수 없는 대목이 많다. 그렇기 때문에 나는 두 진영에 친구가 별로 남지 않게 되더라도 다시 한번 만능일 것으로 기대하는 해결책들을 모두 정밀하게 조사해야 한다고 믿는다. 나는 미완성된 기술을 대신해서 내세우는 그처럼 과장된 주장들 모두 단 하나의 결정적인 시험을 통과하지 않았기에 조금도 중요하게 생각하지 않는다. 그 시험은 20~30년 동안 효율적이고, 모든 합리적인 기준으로 보아 경제적이며, 안정적이고 환경친화적 써비스를 제공해온 장치가 수백만대 있는가이다. 크고작은 모든 터빈을 쓰는 수력발전을 제외하고, 어떤 재생에너지 전환도 이 범주에 들지 못한다. 또한 나는 명백히 잘못된 예측을 거듭한 전문가들의 의견이 계속 받아들여지는 것이 놀랍다. 기억하겠지만, 로빈스(Lovins 1976)가 예측한 대로라면(제3장) 지금까지 미국 TPES의 3분의 2가 분산형 재생에너지원에서 나와야 하는데, 그 예측은 목표를 90% 이상 빗나갔다!

---

* 지구공학(geoengineering)은 기존에는 지구과학적 지식을 활용하여 자원을 개발하는 공학 분야를 일컬었으나 최근에는 지구온난화를 방지하는 연구를 통칭하는 말로 쓰이고 있다—옮긴이.

다른 한편으로 나는, 새로운 재생에너지 전환 방법을 비판하고 풍력발전소나 광전지산업에 지원되는 장려금에 분노하는 사람들에게도 거의 공감할 수 없다. 나는 납세자의 돈이 옥수수 추출 에탄올 생산, 바이오매스를 얻기 위한 켈프숲 조성, 해양 열에너지 전환(OTEC) 초기 모형 건설 같은 미심쩍은 계획에 허비되는 것을 보고 싶지 않다. 그러나 공개적이건 비공개적이건 새로운 에너지 전환 방법에 보조금을 주는 것은 전혀 낯선 일이 아니다. 지페를레는 19세기 후반에 프로이센이 어떻게 석탄 소비를 촉진하고 보조금을 지급했는지에 관해 여러 재미있는 예를 보여준다(Sieferle 2001). 그리고 앞서 제2장에서 지적한 것처럼 1947년에서 1998년 사이에 미국 원자력산업계는 미화 1450억달러(1998년 기준), 다시 말해 전체 정부 에너지 연구개발 보조금의 96%를 받았는데, 이 액수는 최근 역사에서 비교 대상이 없다. 그동안 재생에너지에는 50억달러(1998년 기준)가 지원되었다. 미국 원자력정보써비스에서 요약했듯, 원자력 보조금은 가구당 미화 1400달러(1998년 기준)가 넘는 부담을 안겼는데, 풍력발전의 경우에는 11달러에 불과했다(NIRS 1999). 더 최근에는 비연구개발용 연방 세금 혜택이 화석연료에 매우 유리하도록 책정되어왔는데, 최근 그중 거의 3분의 2가 천연가스산업에 할당되어서 비재래식 탄화수소 생산을 장려하고 있다. 이는 재생에너지가 전체 공제액의 1%만 받는 것과 대비된다(EIA 1999b).

더 넓은 관점에서 보는 것도 보조금을 적절히 지원하도록 하는 데 도움이 될 것이다. 유럽, 북미, 일본에서는 풍부한 경제력으로 농부들에게 매일 10억달러 넘는 보조금을 지급하여, 이미 공급이 넘쳐나서 과도한 소비로 비만이 만연하고 몇몇 문명병의 발생률을 높이고 있는 상품의 생산량을 더 늘리려고 한다. 그러면 왜 우리는 텍사스로부터 노스다코타에 이르는 대평원의 농부들이 '남아도는 작물'을 계속 키우지 않고 대신 풍력발전소를 관리하도록 보조금을 줄 용의가 없는가? '남아도는 작물'은 토양 유실을 촉진하고 비료에서 나온 질소가 하천과 대수층으로 더 많이 흘러 들어가게 하고 생물 다양성을 훼손하는데 말이다. 이와 비슷하게, 왜 캘리포니아와 애리조나의 일부 농부들에게 보조금을 지급해서 농지를 광전지로 덮어 전기를 생산하게끔 하지 않는가? 비가 더 많이 오는 지역에서라면 쉽게 자랄 작물을 굳이 자기들의 건조한 농장에서 키우기 위해 관개용수를 대는 데 드는 비용의 일부를 지원하는 대신 말이다.

나는 습관적인 시장 숭배자도 아니고, 시장 기능이 완벽하게 작동할 것이라는 대단한 환상을 가지고 있는 것도 아니다. 하지만 나는 시장이 상당한 에너지 절감 효과를 가져올 수 있는 숨겨진 기회를 무시한다거나 시장이 중요한 외부비용을 내부화하지 못한다거나 하는 주장은 믿지 않는다. 많은 산업 분야가 매우 적극적으로 에너지 절약을 추진해왔고, 앞에서 말한 바와 같이(제2장 참조) 석탄 화력발전의 주요 비용들 중 다수가 놀라우리만치 높은 정도로 내부화해왔다. 석탄 화력발전의 외부비용이 재생에너지 옹호론자 몇몇의 주장처럼 높은 정도로 남아 있다면, 싱어(Singer 2001, 2면)가 신랄하게 비판했듯이, '청정공기법'(Clean Air Act)은 엄청난 실패작이고 미국 환경보호청(EPA)은 그 책무를 다하는 데 형편없이 실패했으며, 풍력발전은 보조금이 전혀 없어도 경쟁력이 보장되었을 것이다. 다른 측면에서 보면, 이제 더 내부화할 비용이 아주 약간만 남아 있다고 주장하는 것도 믿을 수 없다. 휘발유 가격에 포함되지 않은 중동 지역의 군사적·정치적 안정화 비용, 그리고 자동차 배기가스가 만들어낸 광화학 스모그가 일으키는 호흡기 질환의 피해액이 아직 내부화하지 못한 비용의 가장 명백한 두 가지 예가 될 것이다.

그렇지만 현재의 에너지 전환기술에 들어가는 특정 비용에 관해 가장 잘 계산된 수치라고 해도 무비판적으로 믿어서는 안된다. 이 회의적인 태도는 매우 상이한 전환공정을 비교한 자료(예를 들어 풍력 대 원자력, 수력발전 대 광전지)를 볼 때 훨씬 유용해질뿐더러 미래 비용에 관한 모든 주장의 평가에서 가장 중요한 방식이 되어야 한다. 분명히 상황이 변할 수도 있고 또한 전환공정의 특정 비용은 시간이 지나면 감소하는 경향도 있지만, 그런 감소나 지속 정도를 예측할 수 있는 만유의 법칙은 없다. 핵분열발전의 비용은 (1950~60년대에 나온 예측과는 상반되게) 원자력이 다른 모든 발전방식을 대체할 수 있을 만큼 낮아지지 않았다. 한 세기 넘도록 밝은 미래를 점쳐왔지만 전기 자동차의 비용은 여전히 내연기관 자동차에 비해 경쟁력이 없다. 그리고 여러가지 재생에너지 전환의 비용도 20세기 마지막 분기 동안 쏘프트 에너지 경로의 주창자들이 상상한 것만큼 빨리 낮아지지 않았다.

그리고 어떻게 내가 노드하우스와 보이어의 결론을 진지하게 받아들일 수 있겠는가? 그들은 지구공학이 지구온난화에 맞설 수 있는 경제성있는 유일한 전략이라고 한 바 있다(Nordhaus & Boyer 2000). 그러나 인공적으로 생물권을 변화시키는 작업은 한번도 지구 차원에서 시도된 적이 없다. 그 두 사람이 할 수 있었던 일이라고 해봐야 탄소 1톤당 10달러가 들 것이라는 미국 국립과학원의 완전히 허구적인 추산(NAS 1992)에 자기들의 모델을 끼워맞추는 것뿐이다. 그러나 독단주의라는 비판이 나올 것 같아 다시 한번 덧붙이자면, 나는 그런 지구 차원의 공학적 견해가 자기과신에 빠져 있고 전적으로 실행 불가능하니 무조건 배척해야 한다는 것은 아니다. 최근에 탄소순환에 인간이 개입해 생긴 문제에 대한 지구공학적 해결책——액체 이산화탄소를 심해저에 주입·저장하는 방법이나 바다 유광층에 질소비료를 공급해 죽은 식물체 속의 대기 중 탄소를 제거하는 방법, 또는 일사량을 줄이기 위해 우주에 방어막을 치는 방법 등(Jones & Otaegui 1997; Schneider 2001)——이 제시된 바 있는데, 이들은 모두 시행에 많은 난관이 있으며 전부 실용성이 없다고 판명될 수도 있다.*

나는 다음과 같은 키이스의 주장에 동의한다. "우리는 지혜를 모아 자연계에 대한 개입을 줄이는 데 헌신해야 한다. 우리가 개입해서 일어난 문제를 다른 방식으로 개입해서 상쇄하려는 태도는 버려야 한다"(Keith 2000,

---

* 한국에서도 지중이나 심해에 이산화탄소를 주입·저장하는 기술과 미생물을 이용해 이산화탄소를 분해·변환하는 기술의 개발을 위한 연구사업단이 현재 운영되고 있다—옮긴이.

280면). 그러나 동시에 나는 의도적인 지구 관리가 효과적이라 해도 단지 차선책일 뿐이고 그중 어떤 방법도 여전히 우리의 능력이나 사회적 수용력을 벗어나 있다고 믿는다. 또한 우리가 체계적으로는 아니지만 부지불식간에 그런 지구공학적인 과정에 이미 상당한 정도로 관련되어 있다고 본다(Smil 2002). 따라서 방금 예로 든 해결책 중 어느 것도 금세기에 현실이 될 수 없다 해도, 신중하고 체계적으로 지구공학의 가능성과 기회를 탐구하는 일은 배척할 게 아니라 환영해야 한다. 연구실에서의 개념에 불과하던 연료전지가 가장 장래성있는 에너지 전환장치 중 하나로 대두하기까지 150년이 넘게 걸렸다는 것을 꼭 기억하자.

끝으로 덧붙일 가장 근본적인 이야기는 현재 또는 미래의 에너지 전환 비용을 정량화하는 방법은 아무리 세심하게 고안한다 해도 한계가 있다는 것이다. 생물권의 통합성을 장기간 보전하려는 최종 목표의 의미있는 비용-편익 비율을 제대로 산출할 수 없기 때문이다. 자연의 가치를 평가할 수 있는 충분한 수단이 우리에게 주어지지 않은 셈이다. 최근에 전 지구 수준으로 정량화한 수치들은 그러한 추정치들이 얼마나 변변찮은지 보여주는 더없이 좋은 예다. 코스탄자 등(Costanza et al. 1997)은 연평균 비용을 33조달러로 예상한 데 반해 피멘텔 등(Pimentel et al. 1997)은 3조달러가 조금 안된다고 봤으니, 예측값 사이에 10배의 격차가 난다. 그러나 이런 큰 차이도 문제의 일부에 불과하다. 그런 수치가 무슨 실제적 의미가 있는가? 그 액수를 투자하면 생물권을 복제할 수 있다는 말인가, 그 돈을 대안적인 조치에 쓰면 원래 생물권이 제공한 것과 같은 자연환경의 혜택을 누릴 수 있다는 말인가? 두 가지 다 분명 터무니없는 생각이다. 아무리 돈을 많이 들여도 40억년 가까운 생물권 진화의 결과를 복제하거나 대체할 수 없다.

현실과 희망사항

나는 에너지 산업을 장기적으로 전망하는 것은 별 가치가 없다고 분명히 밝힌 바 있다(특히 제3장). 탐색적 씨나리오 분석들이 훨씬 낫기는 하지만, 이들도 이미 1990년대에 꽤 유행했기 때문에 이 새로운 '산업'에 대해추가 설명은 하지 않기로 한다. 이런 분야에 능통한 사람이라면 세계에너지회의(WEC 1993), 국제응용씨스템분석학회—WEC(ILASA-WEC 1995), 모리타와 리(Morita & Lee 1998), 배출 씨나리오에 대한 특별보고서(SRES 2001), 나키체노비치(Nakićenović 2000), 에너지정보국(EIA 2001)의 자료에서 그 내용을 쉽게 찾을 수 있을 것이다. 나는 제대로 앞날을 바라보기 위해서는 다음과 같이 해야 한다고 생각한다. 먼저 미래의 발전을 구체화할 바람직한일군의 현실적인 사항들의 개요를 잡는다. 그리고 이를 보완하기 위해 개인 및 사회가 취해야 할 행동들과 염두에 두어야 할 태도, 우리가 받아들이고 추구해야 할 약속을 담은 짧은 희망사항의 목록을 만드는 것이다. 이를 통해 원대한 두 가지 목표인 품위있는 삶, 그리고 확실히 보전된 생물권으로 한걸음 나아가는 것이다.

21세기 초반 약 20년간은 오랫동안 지속되어온 에너지자원과 전환기술이 시장에서 우위를 차지할 것이다. 석탄은 전력 생산의 핵심 연료로 남을 것이며 대규모 발전소는 세계의 기반 전력 수요를 충당하기 위하여 대량의 전력을 생산해낼 것이다. 거리가 멀거나 접근이 어려운 (또는 두 경우 모두에 해당하는) 재래식 자원을 개발하기 위해 상당한 노력과 자본이투여되고, 비재래식 에너지자원의 개발과 향상된 자원 회수율에 관심이점차 커져가는 가운데 석유와 천연가스로 대표되는 탄화수소 에너지는세계 TPES의 반 이상을 계속 차지할 것이다. 재래식 석유자원의 총 산출량이 2010년 이전 또는 얼마 후에 정점에 도달할 것이라는 주장에 필연성은 전혀 없다. 석유시대의 지속 기간이 얼마나 남았느냐보다 석유의 수요 전망에 더 크게 영향을 받을 것이다. 어떠한 경우라 하더라도 석유 산출량이 조기에 정점에 도달한다는 사실 자체가 혼란이나 후회의 이유가 될 수는 없다. 또한 대규모 석탄 액화와 유혈암 추출 같은 다급한 기술적 결정으로 이어지기는 쉽지 않을 것이다. 천연가스와 좀더 효율적인 전환, 그리고 비화석자원들이 그러한 변화를 늦출 것이다.

화석연료에 압도적으로 의존하는 사회에서 재생에너지 전환에 주로 기초를 둔 범세계적 체제로 변화하는 일은 21세기에 걸쳐 오랜 시일을 두고 이루어질 것이다. 그 머나먼 길의 끝에는 재생에너지가 있다. 21세기 초 상업적으로 개발된 재생에너지 자원은 30EJ 이하 또는 세계 TPES의 7~8%

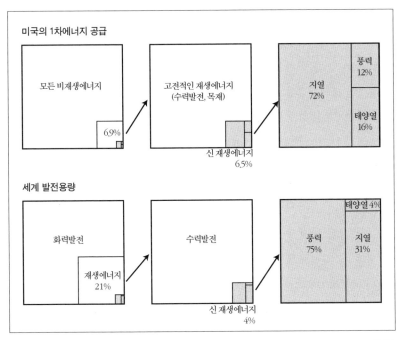

그림 6.9

재생에너지 앞에 놓인 긴 여정: 대규모 수력발전을 제외하면 재생에너지는 여전히 미국과 세계의 1차에너지 총공급(TPES)에서 차지하는 비중이 작다. 자료 EIA(2001a), UNO(2001), 특정 재생 전환에 관한 국제 통계.

를 공급했다. 하지만 이 합계의 대부분은 목질계 바이오매스(16EJ)와 수력발전(9EJ)으로 이루어졌으며, 새로운 재생에너지—태양에너지와 풍력, 파력 및 지열에 의한 발전—는 단지 2EJ에 불과했다(Turkenburg 2000; 그림 6.9). 이는 세계 TPES의 대략 0.5%이지만, 보급 초기 단계에 있는 많은 다른 기술처럼, 이러한 전환기술들은 매우 빠르게 성장하고 있다. 또한 많은 나라에서 2020~25년에 전체 전력의 15~20%를 재생에너지로 생산하는 것을 목표로 야심찬 확장 계획을 갖고 있다.*

물론 새로운 재생에너지 변환을 채택하는 속도는 결국 어떤 공급 부족에 좌우되지는 않을 것이다. 일반적으로는 전 지구의 환경변화, 부분적으로는 지구온난화에 대한 인식과 현실적인 관심사에 따라 더 많이 결정될 것이다. 그러나 화석연료에서 재생에너지로 예상하지 못한 정도로 빠르게 변화가 일어난다 할지라도, 세계는 여전히 대류권 온실가스의 농도 증가와 지구온난화의 상당한 진행이라는 위협을 겪을 것이다. 이러한 우려와 더불어, 궁극적 기후변화가 지구 전반에 가져올 충격과 그 여파에 대한 지속적인 불확실성은 21세기 동안 에너지 정책의 주요한 결정 요인 중 하나로 남을 것이다.

환경에 대한 그밖의 관심사들도 사라지지 않을 것이다. 더 나은 기술이 폭넓게 사용되고 세계 TPES가 계속 탈탄소화하면 에너지 산업과 그 사용으로 일어나는 환경 파괴가 꾸준히 완화될 것이다. 아직도 인류의 화석연료와 전기 사용에서 (전체 또는 부분적으로) 유발되는, 그리고 오늘날 환경 우려(산성 퇴적물, 광화학 스모그, 생물 다양성 손실, 토지 사용 변화) 중 지방 및 지역에서 두드러지게 나타나는 여러 충격 중 어느 것도 다음 세대 동안 현저히 감소하지는 않을 것이다. 그리고 지난 20세기에 몇가지 중요한 환경 관심사(지속적인 농약 사용, 산성 퇴적물, 성층권 오존의 소모)가 갑자기 출현한 바 있다. 그러므로 아직은 정체불명이지만 급격히

---

* 한국도 2011년 총 에너지의 5%, 전력의 7% 공급을 목표로 하는 신·재생에너지 개발 및 보급 계획을 2002년에 수립한 바 있다—옮긴이.

표면으로 떠오를 가능성이 있는 새로운 위험을 우리는 예상해야 한다.

반대로, 안전하게 유보할 수 있는 문제는 에너지 자원의 유효성이다. 남아 있는 재래식 화석연료는 다음 두 세대 동안의 예측 가능한 수요를 감당하기에 충분하고, 비재래식 석유와 천연가스 자원은 탄화수소의 시대를 21세기의 후반까지 연장할 수 있다. 세계는 화석연료 이후에도 몇가지 거대한 재생에너지 흐름을 활용할 수 있다. 접근 가능한 대류권 대기층의 직접적인 태양 복사에너지와 풍력에너지의 양은 모두 현재 세계 TPES보다 몇자릿수나 크며, 수력에너지 및 지열에너지로 보충될 수도 있다.

특히 풍력 및 태양광발전 같은 몇몇 비화석에너지 전환방식이 앞으로 다가올 수십년 동안 절대적인 양에서는 물론 상대적인 비중에서도 매우 중요해지리라는 데는 의심의 여지가 없다. 반대로, 바이오매스에서 추출되는 액체연료의 대량 생산은 가능성이 낮다. 그리고 회자되고 있는 이른바 수소 경제의 출현은 그 변화의 무비판적 후원자들이 제안한 싯점보다 더 오래 걸릴 것이 거의 확실하다. 구체적 시기를 제시하면서 이들 새로운 재생 전환의 구체적 비중을 예측하는 것은 별로 득이 되지 않는다. 우리는 향후 20~30년간의 에너지 씨스템을 이룰 실질적 요소의 전부는 아니더라도 대부분은 알고 있다. 하지만 미래 성장률, 대체 속도, 그 결과 나타날 에너지 공급의 다변화를 정확히 집어낼 수는 없다. 오직 분명하고도 틀림없는 사실은 전기의 중요함이 점점 증가할 것이라는 것이다. 앞으로 더 많은 양의 화석연료가 이 간접적인 에너지 사용 방식으로 소비될 것이며, 특히 발전 분야에서 더욱 효율적이고 비용 낮은 재생에너지 기술이 개발되고 있기 때문이다.

세계 TPES와 관련해 부정할 수 없는 명제는 그것이 21세기의 전반기 동안 예측 가능한 인구 증가율보다 빨리 상승할 것이며, 비록 지구 인구가 조기 안정화한다고 할지라도 이 수치는 계속 높아지리라는 점이다. 이러한 상승은 세계 저소득층 인구에게 극히 필수적인 삶의 질 향상을 위해, 그리고 고소득 국가와 저소득 국가 사이에 과도하게 벌어진 소비 간격을 줍히기 위해 필요하다. 그러나 오늘날 저소득 국가의 실질적인 에너지 소비 증가율이 가장 높다고 할지라도, 두 부류의 국가들 사이에 나타나는 에너지 사용의 격차를 좁힐 수는 없을 것이다.

전환 효율의 상당한 증가와 운반 및 전송의 손실 감소를 가져올 새로운 기술 혁신과 관리력 향상 때문에 유용한 에너지의 가용성은 TPES보다 빠르게 증가할 것이다. 매년 0.5~1%씩 순차적으로 증가하는 추세는 계속되겠지만, 더 빠른 증가가 바람직하며 가능하기도 하다. 고효율 천연가스 용광로는 제외하고라도, 고소득 국가들의 주요 가정용 에너지 전환장치들은 21세기 중반까지 모두 50% 이상 효율이 높아져야 한다. 그리고 수많은 산업 및 상업 공정들의 효율도 훨씬 나아져야 한다. 현대화된 국가들 모두에서 효율 증가가 좀더 촉진되어야 한다.

결국 세계 경제의 에너지 집약도는 계속해서 줄어들겠지만, 많은 부분이 전기와 천연가스로 소비되는 만큼 공급되는 에너지의 품질은 올라갈 것이다. 더 많은 전기가 재생에너지의 전환에 따라 생산되겠지만, 오늘날의 화석연료 기반 체제가 직간접적 태양에너지 전환 중심 체제로 이동하는 것은 2050년 이전에는 완료되지 못할 것이다. 가장 불확실한 것은 원자력발전이 미래에 어떠한 기여를 할 것인가이다. 비교적 단기적인 전망에서도(2020년까지) 총 전기 공급에서 차지하는 비중이 줄어듦에도 불구하고 계속해서 중요하게 유지될지, 또는 총 생산량의 10% 이하로 축소될지 어느 것도 확신하지 못한다. 원자력에너지의 먼 미래는 아무도 알 수 없는 것이다.

현재 실험 단계에 있거나, 상업화를 향해 첫걸음을 내디딘 첨단 기술들의 보급 가능성이나 미래의 성공 가능성은 세계 에너지 공급에 근본적 변화를 가져올 수 있겠지만, 이 역시 예측하기 어렵다. 현대 사회에서 전기가 갖는 근본적 역할을 볼 때, 아마도 초전도 관련 기술은 가장 매력적인 실례일 것이다. 1986년 이전까지 초전도 현상은 단지 23K까지만 가능했지만 바로 그해에 36K로 약간 높아졌으며, 20세기 말에는 몇가지 혼합물

덕분에 질소의 끓는점인 77K 이상까지 가능해졌다. 최고 기록은 164K였다(Grant 2001). 비록 구리산화물 기반의 쎄라믹을 선으로 만드는 것이 어려운 과제이지만, 이런 기술들이 발전하면 저렴한 액화질소로 차게 만든 고온 초전도(HTS) 케이블을 상업적으로 적용할 수 있다.

그 최초의 사용은 전송 손실을 제거하기 위한 것이 아니라 증가하는 도시 수요에 맞출 수 있도록 현재의 연결 통로를 같은 두께의 HTS 케이블로 개선하여 몇배 더 많은 전력을 보내기 위한 것이었다. 미국 디트로이트의 에디슨 프리스비(Edison Frisbee) 변전소는 약 3만세대의 주택에 전기를 공급하기 위해 이 케이블을 수백마일 설치한 첫번째 설비이다. 2001년까지 HTS 케이블은 여전히 구리보다 8~10배 고가였지만 10년 안에 지하 시장의 절반을 차지할 거라고 예견되었다. 최근 자료에 따르면, 전자 소자들이 117K에서 초전도를 쉽게 일으키게 하는 C_{60} 결정이 발견되었고(Service 2001) 저렴하고 만들기 쉬운 혼합물인 붕화마그네슘(MgB_2)으로부터 상대적으로 긴 선을 뽑아내는 진전을 이뤄냈다. 붕화마그네슘 초전도체는 단 39K에서 전이가 되지만 선으로 만드는 것이 훨씬 쉽기 때문에 주로 산화물로 이루어진 재료보다 더 빠르게 상업적으로 적용할 수 있다 (Service 2002).

역사적 추세를 살펴보면, 신중한 정책에도 불구하고 많은 결정적인 변화들이 일어났다거나, 정부 개입의 계획과 다양한 방법들이 새로운 전환 또는 새로운 소비 패턴의 보급에서 중요한 역할을 하지 못한 경우도 많다. 다른 한편 많은 에너지 관련 발전은 그러한 개입 없이 일어나지 않았을 것이다. 이들은 공공정책에서 영원한 과제이다. 원하는 성과를 많이 가져오는 최고의 선택은 무엇인가? 전체 소비를 더 높이지 않고도 효율성과 혁신을 증진하기 위해서는 어떻게 해야 하는가? 탐욕스럽게 연료와 전기를 과소비하는 사람들의 에너지 소비를 줄이고, 반면에 품위있는 삶을 꿈꿀 뿐인 사람들을 북돋우려면 어떻게 해야 하는가?

그런 많은 불확실성에 부딪혔을 때, 그리고 단지 피할 수 없는 변동이 아니라 많은 핵심 추세의 경로를 예측할 수 없을 때, 우리는 그러한 목표에 접근하기 위해 더욱 효과적인 수단을 강구해야 한다. 다시 말해 현실에 음양 이론을 적용해야 한다. 단순화하는 최대주의자보다는 복합화하는 최소주의자로서 행동하는 것, 단호하지만 유연하고 절충적이지만 구별적이 되는 것이다. 첫번째 음양 대비의 예는 다양한 방식의 접근법을 선호하는 것을 의미한다. 어떤 한가지 해결책(알려진 대로라면 완벽한)에 의존하며 최소한의 투입으로 최대한의 혜택을 고수하는 것이어서는 안된다. 또다른 음양 대비는 구체적인 해결책을 용인하지 않는 선험적인 이데올로기적 순수성을 물리치고, 특정한 요인을 단정적으로 배제하지(예를 들어, '재생에너지의 미래에는 부분적인 핵도 용납되지 않는다' 또는 '큰 댐은 좋지 않다') 않으며, 무엇이 좋은지에 대해 경직된 주장('분산형 발전이 유일한 길이다' 또는 '수소 경제는 필수다')을 하지 않는 것이다.

이런 태도는 가장 흔하게는, 세금과 보조금에 대해 관대하지만 구별적인 접근법을 통하여 나타난다. 에너지 시장을 형성하는 데 세금(수입 석유, 휘발유, 석탄 발전 전기에 부과)은 가장 흔한 정책적 도구이다. 아마 보조금(에탄올, 풍력발전 전기, 주택 단열에 지급)에 이어 두번째일 것이다. 최근 인기있는 것은 탄소 배출에 세금을 부과하는 탄소세(canbon tax)이다. 화석연료를 쓰지 않는 운송기술의 도입을 촉진하여 OPEC의 미래 영향력을 약화하기 위한 것이다. 세금과 보조금이라는 두 수단은 낭비적이고 퇴행적인 동시에 기본적으로 비효율적일 수 있지만, 조심스럽게 계획하고 사려깊게 이행한다면 매우 유용하고 해볼 만한 것이다. 가령 국가 간 비교 연구에 따르면 무게, 동력, 배기량에 대한 세금은 효과가 적은 데 반해, 높은 취득세와 소유세는 자동차의 크기 증가를 억제하는 데 부분적으로 효력이 있다는 것을 보여준다(Schipper et al. 1993). 탄소세는 지구온난화를 완화하기 위한 수단으로서 폭넓게 논의되었는데, 현명하게 응용된다면(일반 세입으로 감추기보다는 온실가스와 오염 경감 활동에 자금을 투자하여 사회의 활기를 높이는 것) 매우 효율적일 것이다.

하지만 정부 개입의 한 형태로서 특정 에너지 공급의 대량 확대를 논의할 때에는 다분히 회의주의적인 접근 방식과 유난히 신중한 성찰이 필요하다고 생각한다. 이미 알려진 에너지 공급 부족에 대한 이런 '해결책'은 많은 정부 개입 옹호론들이 지지해온 것이다. 그러나 되돌아보면, 이러한 제안들 대부분이 실제로 실행되지 않은 것에 고마워해야 할 경우가 많다. 잘 알려진 예를 하나 들어보겠다. 1970년대 후반 여러 전문가들은 정부가 장려하는 대규모 유혈암 사업을 선호했으며, 제3장에서 제시했듯이, 이러한 비효율적이고 환경 적대적인 사업을 현실화하는 데 막대한 공적 자금이 투입되었다. 그리고 10년이 지난 뒤에도 아벨슨은 강하고 경쟁력있는 합성연료 계획을 위해 휘발유에 특정한 합성액체 혼합물을 포함시킬 것을 의무화하는 규제를 요구했다(Abelson 1987). 아마도 명백히 눈앞에 나타난 에너지 위기만이 그러한 접근법을 정당화할 수 있을 것이다. 그밖의 경우라면 나는 이러한 선택을 에너지에 대한 나의 희망사항 목록에서 최하위에 둘 것이다.

그 목록의 최상위에 있는 것은 단기 혹은 중기적 관점에서는 가장 비현실적으로 여겨지겠지만—우리의 물질 소비 행태와 생물권의 책무와 관련한 태도의 일대 변화이다. '우리 공동의 미래'(Our Common Future, WCED 1987)가 처음 발표된 이래, 이러한 열망은 지속 가능한 발전에 대한 수많은 요청 속에서 표현되었다. 발전의 정의가 "미래 세대가 자신들의 필요를 충족시킬 능력을 양보하지 않더라도 현재 세대의 필요를 충족시키며"(WCED 1987, 8면), "인간들 간의 그리고 인류와 자연 사이의 조화"(WCED 1987, 65면)를 촉진시킨다라는 것은 모호하며(어디까지의 미래 세대에 대한 것인가? 어떠한 요구를 말하는가?), 천진난만하게 느껴지기까지 한다(대체 어떤 종류의 조화를 말하는가?). 만약 이 용어가 문명적 규모인 1000년 정도의 기간에서도 유용하게 쓰일 수 있다면, 70~90억의 인구 모두에게 혜택이 주어지게 할 경우 화석연료에 바탕을 둔 우리의 문명이 지속 가능하지 않다는 것은 명백하다. 그리고 고에너지의 안락함을 유지한 채로 수십억 사람들에게까지 그 혜택을 확장한다는 것은 몇세대에 걸친 헌신적 노력으로 겨우 달성할 수 있는 기념비적인 일이 될 것이다. 수많은 사람들은 그 혜택을 꿈꿀 뿐이며 재생에너지의 흐름에 전적으로 기대를 걸고 있다.

우리가 얼마나 빨리 그 방향으로 나아갈 수 있을 것인가? 고소득 국가들에서 에너지 사용을 줄임으로써 얼마나 쉽게 이를 이행할 수 있을 것인가? 이러한 절제에서 현실적인 한계는 무엇인가? 이러한 문제에서 고전적인 답안은 그리 낙관적이지 못하다. 제오르제스쿠-로에겐은 근대 경제학의 이론들을 주류 경제학자들이 간과해온 물리적 실재 속에서 검증하려고 했다. 그는 그 과정에서 경제 성장에 대한 표준 모델을 부정하게 되었을 뿐 아니라, 가장 이상적인 상태는 (많은 성장 반대론자들이 선호하는) 정상 상태의 경제가 아니라, 쇠퇴하는 경제라는 결론을 내리게 되었다 (Georgescu-Roegen 1971, 1975).

그가 제안한 '최소 생물경제학(bioeconomic) 프로그램'은 전쟁 자체뿐 아니라 전쟁의 모든 수단까지 금지하는 것을 내세우고 있었다. 그 다음으로는 저개발국에 대한 원조를 들었다. 좋은(그러나 사치스럽지 않은) 삶의 표준에 되도록 빨리 도달할 수 있게 돕자는 것이다. 다른 중요한 단계들에는 유기농업으로 온전히 부양될 수 있을 정도까지 세계 인구를 줄이기, 전환 과정에서 비효율성을 최소화하기, 필요 이상의 장치류에 대한 병적인 집착과 여전히 쓸모있는 물건을 버리는 습관을 근절하기, 그리고 이를 위해 더욱 내구성있는 상품을 고안하기가 포함되어 있다. 그는 경제 과정의 엔트로피적 본성이라는 논리를 따르는 데 확고했지만, 인간이 신체의 안락을 추구하는 중독에 가까운 성향을 가지고 있다는 것을 고려할 때, 자신에게 불편을 초래할 수 있는 일에 어떠한 노력을 기울일까에 대해서는 의심하지 않을 수 없었다. 이러한 생각에서 제오르제스쿠-로에겐은 현대 문명은 장기적이고 무사평온한 생존을 위한 조건에 따르기보다는 일시적이고 자극적이며 사치스러운 존속을 택할 것이기에 앞의 임무는 차라리 정신적인 열망이 없는 미생물들에게 맡겨두는 편이 더 나을 것이라는 결론에 도달했다.

"중요한 일을 먼저 하라"는 말은 이런 냉정한 판단에 대해 논쟁할 때 가장 좋은 방법이 될 수 있다. 나는 온건한 성장에 대한 찬양과 더불어 생물권의 주요 재화와 써비스를 현명하게, 즉 적절한 목표 아래 보호하는 것에 헌신적으로 투자하는 모습을 본다면 더없이 기쁠 것이다. 이것을 실현하기 위한 길에는 만만치 않은 장애물이 두 가지 있다. 수요의 적절한 조절 대신 공급의 증가에만 계속 쏠리는 우리의 관심과, 정상 상태의 경제 운용에 대해서는 아무것도 모르면서 이러한 제안을 생각해보는 것조차 거부할 경제 성장의 신봉자인 현대 경제학자들 대다수이다. 그러나 이러한 조정 과정 중 많은 부분은 높은 삶의 질에 물질적으로 영향을 주지 않고, 흔쾌히 받아들일 만한 비용으로(혹은 이익을 얻으면서) 실행될 수 있다는 것에 의심의 여지는 거의 없다. 이것이 별개의 고통스러운 선택의 문제가 아니라 태도의 문제라고 보는 내 태도가 과장된 것이라고는 생각하지 않는다.

주목할 만한 사례 하나가 이것을 잘 보여주고 있다. 제임스 등(James et al. 1999)은 세계의 현존하는 생물 다양성을 대부분 보전하려면 현재 소요되는 60억달러에 더해 166억달러가 추가로 들 것이라고 예측했다. 이것은 지구 면적의 약 5%를 차지하는 국립공원과 다양한 자연보호구역을 보전할 뿐 아니라, 그 면적을 각 주요 지역에서 10% 선으로 확대하기에 충분한 예산이다. 약 230억달러의 환경 예산 총합은 선진국들의 GDP 합계의 0.1%이며, 매년 전 세계에서 팔리는 영화표 값이며, 잉여 식량을 생산하는 데 들어가는 환경적으로 유해한 보조금의 일부에 불과하다.

이러한 예는, 고소득 국가에서 미래의 에너지 사용 행태를 결정하는 것이 도덕의 문제이지, 기술이나 경제의 문제가 아니라는 것을 보여준다. 부유한 나라와 가난한 나라 사이에 있는 묵과하기 힘든 삶의 질 차이를 좁히는 것 역시 마찬가지이다. 이러한 구분은 고소득과 저소득 경제의 차이에만 나타나는 것이 아니다. 정부의 관리 능력이 결여되고 기회의 평등이 보장되지 않으며 사회에 만연한 부패가 불필요한 차이를 심화하는 모든 개발도상국에서 나타나고 있다. 20세기 마지막 분기의 경제 발전은 엄청난 차이를 낳았다(중국은 가장 극적인 예이다. 중국의 GDP는 한 세대라는 짧은 시간 동안 4배나 증가했다.) 콜리어와 달러는 1990년대의 이러한 추세가 계속된다면, 2015년경에는 저소득 국가의 빈곤이 약 2분의 1로 감소할 것이라고 결론 내렸다(Collier & Dollar 2001). 부유한 나라들이 이러한 과정을 촉진하기 위하여 할 수 있는 두 가지 최선의 방법은, 개발도상국의 수출품에 적당한 가격을 지불하고, 고효율의 에너지 기술을 전이해줌으로써 증가하는 에너지 수요를 효율적으로 충족시키는 것이다.

  에너지에 대한 나의 희망사항에서 모든 항목은(그것은 상당히 확대될 수 있다) 분별있는 선택의 문제를 담고 있다. 이것들의 채택을 막는 극복할 수 없는 장애물이나 그 추구에 지불해야 하는 고통스러운 비용이 있는 것은 아니다. 사실, 장기적으로 상당한 이익을 얻을 가능성이 매우 높다. 그러나 여기에는 지배적인 관습과 태도가 다소 근본적으로 변화하는 것이 필요하다. 희망적이고 장기적인 관점의 접근법은 어떻든 간에 같은 결론에 도달할 것이다. 세계 에너지 전망에 대한 종합적이고 권위가 막강한 평가들 모두 정책과 행동의 중대한 변화 없이는 우리에게 주어진 최선의 진로가 결코 성공을 거두지 못한다고 주장하는 것은 이 때문이다 (Goldemberg 2000). 이러한 변화를 이끌어내는 것은 몸에 밴 관습의 입장에서 보면 어렵고 비현실적이라고 여겨질 수도 있다. 하지만 되돌아보면 지나치게 급진적이거나 엄청난 요구처럼 느껴지던 변화가 결과적으로 놀라울 정도로 쉽게 성취되는 것은 드문 일이 아니다. 물론 이러한 성공이 언제나 예정된 것은 아니다. 어떠한 태도들은 변화에 면역이 된 것처럼 보인다.

  우리는 성공할 수도 있고(최소한 상대적으로는) 실패할 수도 있다. 장기적인 역사의 흐름에 대해 공부해본 사람이라면 인간사에는 예측할 수 없는 주기적 성향이 있으며, 그 때문에 오늘의 성과를 기초로 내일의 승자를 자신있게 골라낼 수 없다는 사실을 알고 있을 것이다(Taintner 1988; Mallmann & Lemarchand 1998). 20세기 러시아의 역사는 이것을 보여주는 가장 매혹적인 예이다. 1차대전에서 패배한 러시아로부터 생겨난 허약한 소련은 2차대전에서 승리한 덕택에 불과 한 세대 만에 새로운 초강대국으로 부상했다. 그후 40여년 동안 소련은 서방의 결정권자들에게 심각한 공포의 대상이었다. 그들에게 무엇보다 중요한 목표는 소련의 세계 정복을 막고, 냉전에서의 무승부를 부정하는 것이었다. 소련 정권은 논쟁의 여지 없이 부도덕하면서도 여러가지 면에서 강력했다. 하지만 일단 무너지기 시작하자 그것이 수십년 동안 근본적으로 얼마나 빈약했으며, 얼마나 운좋게 우리를 겁주는 데 성공했는가를 명백하게 보여주었다. 그 한 예는 미국 중앙정보부(CIA)의 보고서에 나온 엄청나게 과대평가된 소련의 국민총생산이다(CIA 1983).

지난 300년 동안의 중국 역사는 이러한 극적인 물결이 수백년에 걸쳐 펼쳐진 좋은 예이다. 청나라 건륭제(乾隆帝, 1711~99)의 통치 기간에 중국은 세계에서 가장 부유하고 규모가 큰 경제 대국이었으며, 평균적인 생활 수준도 유럽을 능가했다(Frank 1998). 그러나 아편전쟁(1839~42) 이후 무려 한 세기 이상 지속된 분열과 전쟁, 재해 등은 중국의 쇠락을 초래했다. 이 기간에 마오 쩌뚱의 끔찍한 통치로 인하여 1959년과 1961년 사이에는 3000만명이 아사한 세계 역사상 최악의 기근이 발생했는데, 그뒤 15년이 지나 마오 쩌뚱은 사망했다. 그러나 1979년에 이르러 떵 샤오핑이 권력을 잡으면서 중국의 부흥을 선도하기 시작했고, 그 덕분에 중국은 경제 규모 세계 3위의 강국으로서 빠르게 세계 무대에 재등장할 수 있었으며, 초강대국의 지위를 다시 한번 노리고 있다.

이러한 역사적 흐름이 에너지 사용에 엄청난 영향을 끼쳤음은 두말할 필요도 없다. 2차대전 직전의 러시아는 미국 1차에너지 산출의 13분의 1을 생산했다(Schurr & Netschert 1960; CSU 1967). 그러나 해체 직전 소련은 오히려 미국보다 에너지를 10% 많이 생산했고 세계를 원유와 천연가스 수출로 이끌었다. 1950년에 중국은 미국 에너지 수요의 3% 미만을 소비했다. 그러나 반세기가 지난 지금, 석탄 채굴에서는 미국과 거의 대등한 수준에 도달했으며, TPES도 미국의 3분의 1 수준에 이르렀다(BP 2001). 이러한 연쇄는 반대 방향에서도 나타났다. 와트는 에너지 자원의 과도한 이용 자체가 미국 경제의 장기 호황을 가능하게 해준 원동력 중 하나였다고 결론 내렸다(Watt 1989). *

서방 세계는 수세기에 걸쳐 기술적, 경제적, 정치적 우위를 지켜왔지만, 에너지 수입 의존도가 높아지면서 21세기에는 그 지위가 흔들릴 것이다. 그리고 아마도 같은 이유로 다시 떠오르고 있는 동아시아 역시 지구환경 변화에 따라 부과되는 다양한 요구를 충족하고, 새로운 에너지 기반으로 이전하며, 급격한 인구 변화와 정치적인 불안정을 극복하는 것이 쉽지 않을 것이다. 아마도 인류 진화의 지상명령은 끊임없이 늘어나는 에너지 사용량의 사다리를 계속 올라가고, 자발적인 소비 제한을 결코 고민하지 않으며, 에너지와 물질을 더 많이 사용함으로써 생물권이 제공하는 혜택이 퇴화하고 파괴되어 더이상 구제할 수 없을 정도로 늦을 때까지 비이성적 여정을 계속하도록 명령한 것 같다. **

1900년에 세계의 TPES는 약 35EJ였으며, 그중 3분의 1 이상은 바이오매스 연료에서 생산된 것이었다. 1950년에는 TPES가 약 2.5배 증가하여 거의 90EJ에 가까워졌다. 20세기 후반의 50년 동안에는 4.5배 증가하여 400EJ에 도달했다(Smil 1994a; BP 2001). 무려 12배나 팽창한 이러한 성장이 21세기에도 재현된다면, 2100년에는 세계 TPES가 5000EJ에 가까워질 것이고, 100억의 인구에 매년 일인당 500GJ의 에너지를 할당할 것으로 예측되는데, 이는 현재 북미 평균의 40%를 상회하는 양이다(그림 6.10). 물론 이러한 상황은 일어나지 않을 것이다. 하지만 생물권의 고통이 커지고 있다는 신호를 무시한 채 얼마나 멀리 우리가 그러한 방향으로 나아갈 수 있을

---

* 2000년 이후 7년 동안 국제 에너지 및 원자재 가격이 급등한 주요 요인 중 하나는 중국의 급격한 경제 성장이다. 미국 역시 같은 시기에 에너지 사용량이 많이 늘어난 나라 중 하나이다―옮긴이.

** 인류 진화론을 연구하는 생물학자들 중에는 인간이 본래 지속적 소비 성향을 가진 동물이기에 에너지 절약을 포함한 엔트로피의 감소를 성취할 수 없을 것이라는 견해가 있다―옮긴이.

까? 현대 민주사회에서 스스로 소비에 제한을 부여하거나 수요에 법적 규제를 내리는 데 성공함으로써 장기적인 관점에서 전체적인 에너지나 물질의 사용을 줄일 선례는 어디에서 찾아볼 수 있는가?

하지만 지나친 소비로 인한 심각한 위기가 문명 소멸의 전조가 될 수는 없다. 오히려 그 반대가 사실일 것이다. 새로운 인류학적 접근법은 우리보다 대뇌가 작은 유인원 조상을 비롯한 우리 종이 다른 종과는 달리, 특

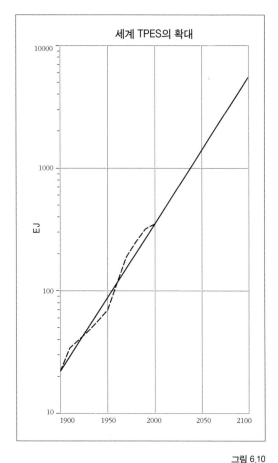

그림 6.10
이 그래프에서 보이는 1900년 이후 1차에너지 총공급(TPES) 확대의 인상적인 기록은 21세기에 다시 나타날 수 없다. 새로운 길을 반드시 발견하고 따라가야 하지만 쉬운 가르침은 없다.

정 조건과 임무에 적응하기 위해서가 아니라 변화에 대처하도록 진화해 왔음을 시사하고 있다(Potts 2001). 이러한 능력은 꾸준한 진보를 보장하지는 않지만 위기에 대처하는 필수 특성이다. 따라서 아마도 우리가 바랄 수 있는 최선의 발전은 페르시아만 석유나 급박하고 재앙에 가까운 지구온난화의 명백한 증거의 거부가 될 것이다. 이러한 위기에서 우리는 선진 문명을 이룩한 우리 존재의 근본을 위협하는 변화에 대처하는 능력을 시험받게 될 것이다. 하지만 우리의 이해 수준과 변화 수용 능력을 고려해볼 때, 우리는 지난 20만년 동안 기후와 생태계의 오르락내리락하는 대규모 변화를 극복해온 조상들 못지않게 그러한 난관을 잘 극복해나갈 수 있을 것이다. 물론 그 정도와 속도가 지나치게 압도적이지만 않다면 말이다.

어느 누구도 우리 앞에 무엇이 놓여 있는지 알지 못한다. 다만 알고 있는 것은, 우리의 물질적인 웰빙을 규정하고 유지하며, 전례없는 정신적 능력의 발휘를 허용하는 우리의 에너지 사용이 알지 못하는 미래를 그려가는 중요한 토대가 될 것이라는 사실이다. "우리가 어느 하나를 끄집어내더라도, 우리는 그것이 지구상의 모든 다른 것들과 연결되어 있음을 알게된다"라고 존 뮤어는 썼다(John Muir 1911, 326면). 이러한 연결 고리는 특히 에너지의 흐름과 전환에서 강하게 작용한다. 어떠한 행태로든 에너지를 사용할 때 그 효과는 사회의 각 단계에 연속적으로 나타나며 자연환경으로 밀려들었다가 다시 우리에게 돌아올 것이다. 우리가 고에너지 사회를 최초로 구성한 장본인이기 때문에 아직 많은 것이 밝혀지지는 않았지만, 하나의 핵심적인 사실은 그 진면목을 알기 쉽게 보여준다. 20세기를 살아오는 동안, 우리는 편안하고 비교적 예측 가능한 성숙한 화석연료 문명의 에너지 경로를 걷고 있었다. 그런데 이제는 상황이 달라졌다. 세계의 에너지 사용은 신기원의 기로에 서 있다. 새로운 세기에 과거 에너지의 복제품이 나타날 수는 없을 것이다. 오래된 관습을 고치고 새로운 에너지 기반을 닦는 것은 인류가 우주와의 연계성을 다시 정의하는 과업과 깊이 관련되어 있다.

단위

a	년(年)
b 또는 bbl	배럴
℃	섭씨
ce	석탄 환산(석탄 등가)
dwt	중량톤
g	그램
h	시간
ha	헥타르
hp	마력
Hz	헤르츠
J	줄
K	켈빈 온도
L	리터
m	미터
mpg	1갤런당 주행거리(마일)
oe	석유 환산(석유 등가)
Pa	파스칼
ppm	100만분의 1
Rmb	위안화, 중국인민폐
s	초
t	톤(미터법)
V	볼트
W	와트
¥	일본 엔화

계량접두사

μ	10^{-6}	마이크로
m	10^{-3}	밀리
h	10^{2}	헥토
k	10^{3}	킬로
M	10^{6}	메가
G	10^{9}	기가
T	10^{12}	테라
P	10^{15}	페타
E	10^{18}	엑사

약어

AC	Alternating Current
	교류
AFC	Alkaline Fuel Cell
	알칼리 연료전지
AFBC	Atmospheric Fluidized Bed Combustion
	대기 유동층 연소
AWEA	American Wind Energy Association
	미국 풍력에너지협회
BP	British Petroleum
	브리티시 페트롤리엄
CAFE	Corporate Automobile Fuel Efficiency
	자동차 업체별 평균 연비 기준
CCT	Clean Coal Technology
	청정 석탄 기술
CDIAC	Carbon Dioxide Information and Analysis Centre
	이산화탄소 정보분석쎈터
CEC	California Energy Commission
	캘리포니아 에너지위원회
CEED	Center for Energy and Economic Development (United States)
	에너지경제개발쎈터 (미국)

480

CIA	Central Intelligence Agency (United States)
	중앙정보부 (미국)
CJRC	Central Japan Railway Company
	일본 중앙철도주식회사
CSE	Centre for Science and Environment (United States)
	환경과학쎈터 (미국)
CSP	Central Solar Power
	중앙 집중형 태양발전
DC	Direct Current
	교류
DMFC	Direct Methanol Fuel Cell
	직접 메탄올 연료전지
DOE	Department of Energy(United States)
	에너지부 (미국)
DSM	Demand Side Management
	수요관리
DWIA	Danish Wind Industry Association
	덴마크 풍력산업협회
EC	European Commission
	유럽위원회
EI	Energy Intensity
	에너지 집약도
EIA	Energy Information Administration (DOE)
	에너지정보국 (미국 에너지부 산하)
EPA	Environmental Protection Agency (United States)
	환경보호청 (미국)
EPRI	Electric Power Research Institute (United States)
	전력연구소 (미국)
ESA	Electricity Storage Association (United States)
	축전협회 (미국)
EU	European Union
	유럽연합
FAO	Food and Agriculture Organization (UNO)
	식량농업기구 (국제연합)
FBC	Fluidized Bed Combustion

유동층 연소

FGD	Flue Gas Desulfurization
	연돌가스 탈황처리
FPC	Federal Power Commission (United States)
	연방동력위원회 (미국)
GAO	General Accounting Office (United States)
	회계감사원 (미국)
GDP	Gross Domestic Product
	국내총생산
GHG	Greenhouse Gas
	온실가스
GNP	Gross National Product
	국민총생산
HDI	Human Development Index
	인간개발지수
HTGR	High Temperature Gas Reactor
	고온가스로
IAEA	International Atomic Energy Agency
	국제원자력기구
ICAO	International Civil Aviation Organization
	국제민간항공기구
ICE	Internal Combustion Engine
	내연기관
ICOLD	International Commission on Large Dams
	국제대형댐위원회
IEA	International Energy Agency
	국제에너지기구
IEE	Institute of Energy Economics (Japan)
	에너지경제협회 (일본)
IGA	International Geothermal Association
	국제지열협회
IGCC	Integrated Gasification Combined Cycle
	석탄 가스화 복합발전
IHA	International Hydropower Association
	국제수력협회

IIASA	International Institute for Applied Systems Analysis	
	국제응용씨스템분석학회	
IISI	International Iron and Steel Institute	
	국제철강협회	
IPCC	Intergovernmental Panel on Climatic Change	
	기후변화에 관한 정부간 패널	
JAMSTEC	Japan Marine Science and Technology Center	
	일본 해양과학기술쎈터	
LBL	Lawrence Berkeley Laboratory	
	로렌스버클리연구소	
LED	Light Emitting Diode	
	발광다이오드	
LIMPET	Land Installed Marine Powered Energy Transformer	
	해안고정형 파력발전기	
LMFBR	Liquid Metal Fast Breeder Reactor	
	액체금속형 고속증식로	
LNG	Liquefied Natural Gas	
	액화천연가스	
LSP	Lunar Solar Power	
	월면 태양발전	
MCFC	Molten Carbonate Fuel Cell	
	용융 탄산염 연료전지	
MSHA	Mine Safety and Health Administration (United States)	
	광산보안청 (미국)	
NAS	National Academy of Sciences (United States)	
	국립과학원 (미국)	
NAPAP	National Acid Precipitation Assessment Program (United States)	
	국가산성비 평가계획 (미국)	
NBS	National Bureau of Statistics (China)	
	통계국 (중국)	
NCES	National Center for Education Statistics (United States)	
	국가교육통계쎈터 (미국)	
NCP	National Center for Photovoltaics (United States)	
	국가태양광발전쎈터 (미국)	
NIRS	Nuclear Information and Resource Service (United States)	

	원자력정보써비스 (미국)
NPP	Net Primary Productivity
	순1차생산력
NRC	National Research Council (United States)
	국가조사위원회 (미국)
NREL	National Renewable Energy Laboratory (United States)
	국립재생에너지연구소 (미국)
NYMEX	New York Mercantile Exchange
	뉴욕상업거래소
OECD	Organization for Economic Cooperation and Development
	경제협력개발기구
OPEC	Organization of Petroleum Exporting Countries
	석유수출국기구
ORNL	Oak Ridge National Laboratory
	오크리지국립연구소
OSM	Office of Surface Mining (United States)
	노천광산국 (미국)
OTA	Office of Technology Assessment (United States)
	기술평가국 (미국)
OTEC	Ocean Thermal Energy Conversion
	해양 열에너지 전환
PAFC	Phosphoric Acid Fuel Cell
	인산 연료전지
PDVSA	Petroleos de Venezuela SA
	베네수엘라 국영석유회사
PEMFC	Proton Exchange Membrane Fuel Cell
	양자 교환막 연료전지
PFBC	Pressurized Fluidized Bed Combustion
	가압 유동층 연소
PG&E	Pacific Gas & Electric
	퍼시픽가스전기회사
PPP	Purchasing Power Parity
	구매력평가지수
PV	Photovoltaics
	광전 변환 소자

PWR	Pressurized Water Reactor
	가압경수형 원자로
RMI	Rocky Mountain Institute
	로키마운틴연구소
R/P	Reserve/Production
	매장량/생산량
RWEDP	Regional Wood Energy Development Programme in Asia
	아시아 지역 목재에너지 개발프로그램
SFC	Synthetic Fuels Corporation (United States)
	합성연료공사 (미국)
SPS	Solar Power System
	태양발전씨스템
SRES	Special Report on Emission Scenarios
	배출 씨나리오에 대한 특별보고서
SSF	Simultaneous Saccharification and Fermentation
	동시당화발효
SUV	Sport Utility Vehicle
	다목적스포츠형 차량
TGV	Train de Grand Vitesse
	떼제베 (프랑스 고속전철)
TIGR	The Institute for Genomic Research
	유전체연구소 (미국)
TPES	Total Primary Energy Supply
	1차에너지 총공급
TRC	Texas Railroad Commission
	텍사스 철도위원회
UCS	Union of Concerned Scientists (United States)
	걱정하는 과학자 모임 (미국)
UKAEA	United Kingdom Atomic Energy Agency
	영국 원자력공사
UNDP	United Nations Development Programme
	국제연합개발계획
UNO	United Nations Organization
	국제연합기구
USCB	U.S. Census Bureau

	미국 통계국
USGS	U.S. Geological Survey
	미국 지질조사국
WAES	Workshop on Alternative Energy Strategies
	대안에너지 전략워크숍
WCD	World Commission on Dams
	세계댐위원회
WCED	World Commission on Environment and Development
	환경과 개발에 관한 세계위원회
WCI	World Coal Institute
	세계석탄기구
WEC	World Energy Conference
	세계에너지회의
WHO	World Health Organization
	세계보건기구
WNA	World Nuclear Association
	세계원자력협회
WTO	World Trade Organization
	세계무역기구
ZEV	Zero Emissions Vehicle
	무공해 자동차

ABC News. 2001. That sinking feeling. 〈http://abcnews.go.com/sections/poli
   tics/DailyNews/poll010604.html〉.

Abelson, P. 1987. Energy futures. *American Scientist* 75:584-593.

Adelman, M. 1990. OPEC at thirty years: What have we learned? *Annual
   Review of Energy* 15:1-22.

Adelman, M. 1992. Oil resource wealth of the Middle East. *Energy Studies
   Review* 4(1):7-21.

Adelman, M. 1997. My education in mineral (especially oil) economics.
   Annual Review of Energy and the Environment 22:13-46.

AeroVironment 2001. *Unmanned Aerial Vehicles.* Monrovia, CA: AeroVironm
   ent. 〈http://www.aerovironment.com/area-aircraft/unmanned.html〉.

Alewell, C., et al. 2000. Environmental chemistry: Is acidifcation still an
   ecological threat? *Nature* 407:856-857.

Alexander's Gas & Oil Connections. 1998. World offshore energy output
   expected to risestrongly. 〈http://www.gasandoil.com/goc/reports/rex844
   14.htm〉.

Allen, M. R., et al. 2000. Quantifying the uncertainty in forecasts of anthropogenic
   climatechange. *Nature* 407:617-620.

Al Muhairy, A., and E. A. Farid. 1993. Horizontal drilling improves recovery in
   Abu Dhabi. *Oil & Gas Journal* 91(35):54-56.

Alpert, S. B. 1991. Clean coal technology and advanced coal-based power plants.
   Annual Review of Energy and the Environment 16:1-23.

Anderson, B. 2001. The energy for battle. *The Spectator* (December 8): 20-21.

Anderson, J. H. 1987. Ocean thermal power comes of age. York, PA: Sea Solar
   Power.

Anderson, R. N. 1998. Oil production in the 21st century. *Scientifc American*

278(3):86-91.

Appleby, A. J., and F. R. Foulkes. 1989. *Fuel Cell Handbook.* New York: Plenum.

Aringhoff, R. 2001. Concentrating solar power in the emerging marketplace. Paper presented at the Solar Forum 2001, Washington, DC, April.⟨http://www.eren.doe.gov/troughnet/pdfs/rainer_aringhoff_proj_devel.pdf⟩.

Ariza, L. M. 2000. Burning times for hot fusion. *Scientifc American* 282(3):19-20.

Artsimovich, L. 1972. The road to controlled nuclear fusion. *Nature* 239:18-22.

Ash, R. F., and Y. Y. Kueh, eds. 1996. *The Chinese Economy under Deng Xiaoping.* Oxford:Clarendon Press.

Ashley, S. 1992. Turbines catch their second wind. *Mechanical Engineering* 114(1):56-59.

Atkins, S. E. 2000. *Historical Encyclopedia of Atomic Energy.* Westport, CT: GreenwoodPress.

Aurbach, D., et al. 2000. Prototype systems for rechargeable magnesium batteries. *Nature* 407:724-726.

Ausubel, J. H. 1996. Can technology spare the Earth? *American Scientist* 84:166-178.

AWEA (American Wind Energy Association). 2001a. Global Wind Energy Market Report.

Washington, DC: AWEA.⟨http://www.awea.org/faq/global2000.html⟩.

AWEA (American Wind Energy Association). 2001b. Wind Energy Projects throughout the United States. Washington, DC: AWEA.⟨http://www.awea.org/projects/index.html⟩.

Bainbridge, G. R. 1974. Nuclear options. *Nature* 249:733-737.

Ballard Power Systems. 2002. XCELLSIS: The Fuel Cell Engine Company. Burnaby, BC: Ballard Power Systems.⟨http://www.ballard.com/viewreport.asp⟩.

Bankes, S. 1993. Exploratory modeling for policy analysis. *Operations Research* 41:435-449.

Barczak, T. M. 1992. *The History and Future of Longwall Mining in the United States.* Washington, DC: US Bureau of Mines.

Basile, P. S., ed. 1976. *Energy Demand Studies: Major Consuming Countries.* Cambridge, MA: The MIT Press.

488

Battelle Memorial Institute. 1969. *A Review and Comparison of Selected United States Energy Forecasts.* Washington, DC: USGPO.

Beck, P. W. 1999. Nuclear energy in the twenty-first century: Examination of a contentious subject. *Annual Review of Energy and the Environment* 24:113-137.

Becker, J. 2000. Henan dam fails to find customers. *South China Morning Post*, October 19, 2000, p. 3.

Bethe, H. 1977. The need for nuclear power. *Bulletin of the Atomic Scientists* 33(3):59-63.

Betts, K. S. 2000. The wind at the end of the tunnel. *Environmental Science & Technology* 34:306A-312A.

Björk, S., and W. Graneli. 1978. *Energivass.* Lund: Limnologiska Institutionen.

Blakney, R. B. 1955. *The Way of Life* (Translation of Laozi's Daodejing). New York: New American Library.

Blair, B. G. 2001. *Threat scenarios.* Washington, DC: Center for Defense Information. ⟨http://www.cdi.org/terrorism/nuclear.cfm⟩.

Blue Energy Canada. 2001. Advantages of the Blue Energy Power System. Blue Energy Canada: Vancouver. ⟨http://www.bluenergy.com/advantages.html⟩.

Blyth Offshore Wind Farm. 2001. Blythe Offshore — The U.K.'s first offshore wind farm. Hexham, UK, AMEC Border Wind. ⟨http://www.offshorewindfarms.co.uk/sites/bowl.html⟩.

Bockris, J. O. 1980. *Energy Options.* Sydney: Australia New Zealand Book Company.

Boeing. 2001. Boeing 777 program milestones. 777-300 technical characteristics. ⟨http://www.boeing.com/commercial/⟩.

Boulding, K. E. 1973. The social system and the energy crisis. *Science* 184:255-257.

Bowers, B. 1998. *Lengthening the Day: A History of Lighting Technology.* Oxford: Oxford University Press.

BP (British Petroleum). 1979. *Oil Crisis Again.* London: BP.

BP (British Petroleum). 2001. *BP Statistical Review of World Energy 2001.* London: BP. ⟨http://www.bp.com/worldenergy⟩.

Bradley, R. L. Jr. 1997. *Renewable Energy: Not Cheap, Not "Green."* Washington, DC: Cato Institute.

Bradley, R. L. Jr. 2001. Green energy. *In Macmillan Encyclopedia of Energy,* ed. J. Zumer-chik, Vol. 2, 598-601. New York: Macmillan.

Brantly, J. E. 1971. *History of Oil Well Drilling.* Houston, TX: Gulf Publishing.

Braun, G. W., and D. R. Smith. 1992. Commercial wind power: Recent experience in the United States. *Annual Review of Energy and the Environment* 17:97-121.

Bruce, A. W. 1952. *The Steam Locomotive in America.* New York: W. W. Norton.

BTM Consult. 1999. Summary. Ringkøbing: BTM Consult. ⟨http://www.btm.dk/Articles/fed-global/fed-global.htm⟩.

California Energy Commission (CEC). 1999. *High Efficiency Central Gas Furnaces.* ⟨http://www.energy.ca.gov/efficiency/appliances⟩.

Campbell, C. J. 1991. *The Golden Century of Oil 1950-2050.* Dordrecht: Kluwer.

Campbell, C. J. 1996. The Twenty-First Century: The World's Endowment of Conventional Oil and its Depletion. ⟨http://www.hubbertpeak.com/campbell/camfull.htm⟩.

Campbell, C. J. 1997. *The Coming Oil Crisis.* Brentwood, UK: Multi-Science Publishing and Petroconsultants.

Campbell, C. J., and J. Laherrère. 1998. The end of cheap oil. *Scientific American* 278(3):78-83.

Capstone MicroTurbines. 2002. CEC Certifies Capstone MicroTurbines to stringent California grid interconnect standards. ⟨http://www.microturbine.com/whatsnew/pressrelease.asp?article 163⟩.

Caro, R. A. 1982. *The Years of Lyndon Johnson: The Path to Power.* New York: Knopf.

Casten, T. R. 1998. *Turning off the Heat: Why America Must Double Energy Efficiency to Save Money and Reduce Global Warming.* Amherst, NY: Prometheus Books.

Catalytica Energy Systems. 2001. XONON™ Combustion System. Mountain View, CA: Catalytica Energy Systems. ⟨http://www.catalyticaenergy.com/xon on/how it works3.html⟩.

Cavender, J. H., D. S. Kircher, and A. J. Hoffman. 1973. *Nationwide Air Pollutant Emission Trends 1940-1970.* Research Triangle Park, NC: EPA.

CDIAC (Carbon Dioxide Information and Analysis Center). 2001. Current greenhouse gas concentrations. Oak Ridge, TN: CDIAC. ⟨http://cdiac.esd.or

nl.gov/pns/current ghg.html⟩.

CEC (California Energy Commission). 2001a. Energy Statistics. Sacramento, CA: California Energy Commission.⟨http://www.energy.ca.gov/⟩.

CEC (California Energy Commission). 2001b. *Cool Savings with Cool Roofs.* Sacramento, CA: California Energy Commission.⟨http://www.consumerener gycenter.org/coolroof⟩.

CEED (Center for Energy and Economic Development). 1995. *Energy Choices in a Competi-tive Era: The Role of Renewable and Traditional Energy Resources in America's Electric Generation Mix.* Alexandria, VA: CEED.

Chambers, A. 2000. Wind powers spins into contention. *Power Engineering* 104(2):15-18.

Chameides, W. L., et al. 1994. Growth of continental-scale metro-agro-plexes, regional ozone pollution, and world food production. *Science* 264:74-77.

Chanute, O. 1904. Aerial navigation. *Popular Science Monthly* (March 1904):393.

Chapin, D. M., et al. 2002. Nuclear power plants and their fuel as terrorist targets. *Science* 297:1997-1999.

Chatterjee, A. 1994. *Beyond the Blast Furnace.* Boca Raton, FL: CRC Press.

Chesshire, J. H., and A. J. Surrey. 1975. World energy resources and the limitations of com-puter modelling. *Long Range Planning* 8:60.

China E-News. 2001. Forecasts of primary energy consumption in China. ⟨http://www.pnl.gov/china/chect2.htm⟩.

Chynoweth, D. P., and R. Isaacson, eds. 1987. *Anaerobic Digestion of Biogas.* New York: Elsevier.

CIA. 1983. *Soviet Gross National Product in Current Prices, 1960-1980.* Washington, DC:CIA.

CJRC (Central Japan Railway Company). 2002. Databook 2001. Tokyo: CJRC. ⟨http://www.jr-central.co.jp⟩.

Clark, E. L. 1986. Cogeneration—Efficient energy source. *Annual Review of Energy* 11:275-294.

Claude, G. 1930. Power from the tropical seas. *Mechanical Engineering* 52:1039-1044.

Colbeck I. 1994. *Air Pollution by Photochemical Oxidants.* New York: Elsevier.

Colbeck, I., and A. R. MacKenzie. 1994. *Air Pollution by Photochemical*

Oxidants. Amster-dam: Elsevier.

Collier, P., and D. Dollar. 2001. Can the world cut poverty in half? How policy reform and effective aid can meet international development goals. *World Development* 29:1787-1802.

Coming Global Oil Crisis, The. 2001. ⟨http://www.oilcrisis.com/⟩.

Colombo, U., and U. Farinelli. 1992. Progress in fusion energy. *Annual Review of Energy and the Environment* 17:123-159.

Committee for the Compilation of Materials on Damage Caused by the Atomic Bombs in Hiroshima and Nagasaki. 1981. *Hiroshima and Nagasaki.* New York: Basic Books.

Constant, E. W. 1981. *The Origins of Turbojet Revolution.* Baltimore, MD: Johns Hopkins University Press.

Cook, J. H., J. Beyea, and K. H. Keeler. 1991. Potential impacts of biomass production in the United States on biological diversity. *Annual Review of Energy and the Environment* 16:401-431.

Cooper, G. A. 1994. Directional drilling. *Scientific American* 270(5):82-87.

Corten, G. P., and H. F. Veldkamp. 2001. Insects can halve wind-turbine power. *Nature* 412:41-42.

Costanza, R., and H. Daly. 1992. Natural capitalism and sustainable development. *Conservation Biology* 6:37-46.

Costanza, R., et al. 1997. The value of the world's ecosystem services and natural capital. *Nature* 387:253-260.

Cowan, R. 1990. Nuclear power reactors: a study in technological lock-in. *Journal of Eco-nomic History* 50:541-567.

Craford, M. G., N. Holonyak, and F. A. Kish. 2001. In pursuit of the ultimate lamp. *Scientific American* 284(2):63-67.

Craig, P. P. 1999. High-level nuclear waste: The status of Yucca Mountain. *Annual Review of Energy and the Environment* 24:461-486.

Craig, P. P., A. Gadgil, and J. G. Koomey. 2002. What can history teach us? A retrospective examination of long-term energy forecasts for the United States. *Annual Review of Energy and the Environment* 27:83-118.

Crany, R., et al. 1948. *The Challenge of Atomic Energy.* New York: Columbia University Press.

Creagan, R. J. 1973. Boon to society: The LMFBR. *Power Engineering* 77(2):12-16.

Creutz, E. C. 1972. How soon fusion? *Science* 175:43.

Criqui, P. 1991. After the Gulf crisis: The third oil shock is yet to come. *Energy Studies Review* 3(3):205-216.

Criswell, D. R., and R. G. Thompson. 1996. Data envelopment analysis of space and terrestrially-based large scale commercial power systems for Earth: A prototype analysis of their relative economic advantages. *Solar Energy* 56:119-131.

CSE (Centre for Science and Environment). 2001. Green alternatives. *Down to Earth* 10(7):56.

CSU (Central'noye statisticheskoie upravleniye). 1967. *Strana sovetov za 50 let.* Moscow:CSU.

Cullen, R. 1993. The true cost of coal. *The Atlantic Monthly* 272(6):38-52.

Culp, A.W. 1991. *Principles of Energy Conservation.* New York: McGraw-Hill.

Culver, S. J., and P. F. Rawson, ed. 2000. *Biotic Response to Global Change: The Last 145 Million Years.* Cambridge: Cambridge University Press.

Dai, Q., ed. 1994. *Yangtze! Yangtze!* London: Earthscan.

Daily, G. C., ed. 1997. *Nature's Services: Societal Dependence on Natural Ecosystems.* Washington, DC: Island Press.

Daly, H. E., and J. B. Cobb, Jr. 1989. *For the Common Good.* Boston: Beacon Press.

Darmstadter, J. 1997. *Productivity Change in U.S. Coal Mining.* Washington, DC: Resources for the Future.

David, P. A. 1991. The hero and the herd in technological history: Reflections on Thomas Edison and the battle of the systems. In *Favorites of Fortune,* eds. P. Higonnet et al., 72-119. Cambridge, MA: Harvard University Press.

de Beer, J., E. Worrell, and K. Blok. 1998. Future technologies for energy-efficient iron and steel making. *Annual Review of Energy and the Environment* 23:123-205.

De Gregori, T. R. 1987. Resources are not; they become: An institutional theory. *Journal of Economic Issues* 21(3):1241-1263.

DeCarolis, J. F., and D. Keith. 2001. The real cost of wind energy. *Science* 294:1000-1001.

Deffeyes, K. S. 2001. *Hubbert's Peak: The Impending World Oil Shortage.* Princeton, NJ:Princeton University Press.

Denner, J., and T. Evans. 2001. Hypercar makes its move. *RMI Solutions*

17(1):4-5, 21.

Denning, R. S. 1985. The Three Mile Island unit's core: A post-mortem examination. *Annual Review of Energy* 10:35-52.

Derickson, A. 1998. *Black Lung: Anatomy of a Public Health Disaster.* Ithaca, NY: Cornell University Press.

Devine, R. S. 1995. The trouble with dams. *The Atlantic Monthly* 276(2):64-74.

Devine, W. D. 1983. From shafts to wires: Historical perspective on electrification. *The Journal of Economic History* 63:347-372.

DeZeeuw, J. W. 1978. Peat and the Dutch Golden Age. *AAG Bijdragen* 21:3-31.

Dickens, G. R., et al. 1997. Direct measurement of in situ methane quantities in a large gas-hydrate reservoir. *Nature* 385:426-428.

Dickinson, H. W. 1967. *James Watt: Craftsman and Engineer.* New York: A. M. Kelly.

Diener, E., E. Suh, and S. Oishi. 1997. Recent findings on subjective well-being. *Indian Journal of Clinical Psychology* 24:25-41.⟨http://s.psych.uiuc.ed u/ ediener/hottopic/paper1.html⟩.

Dillon, W. 1992. Gas (methane) hydrates — A new frontier.⟨http://marine.us gs.gov/fact-sheets-hydrates/title.html⟩.

DiPardo, J. 2000. *Outlook for Biomass Ethanol Production and Demand.* Washington, DC:EIA.⟨http://www.eia.doe.gov/oiaf/analysispaper/biomass. html⟩.

Dixon, D. A. 2000. A growing problem. *International Water Power & Dam Construction* 52(5):23-25.

Dockery, D. W., and C. A. Pope. 1994. Acute respiratory effects of particulate air pollution. *Annual Review of Public Health* 15:107-132.

DOE (Department of Energy). 2000a. *Electric Power Annual.* Washington, DC: DOE.

DOE (Department of Energy). 2000b. *Clean Coal Technology Demonstration Program.* Washington, DC: DOE.

DOE (Department of Energy). 2000c. *Model Year 2001 Fuel Economy Guide.* Washington, DC: DOE.⟨http://www.fueleconomy.gov⟩.

DOE (Department of Energy). 2001a. Price-Anderson Act.⟨http://www.gc.doe.g ov/Price-Anderson/default.html⟩.

DOE (Department of Energy). 2001b. Fluidized Bed Coal Combustion. 〈http://www.fe.doe.gov/coal power/fluidizedbed/index.shtml〉.

Douma, A., and G. D. Stewart. 1981. Annapolis Strafio turbine will demonstrate Bay of Fundy tidal power concept. *Modern Power Systems* 1981(1):53-65.

Dracker, R., and P. De Laquill. 1996. Progress commercializing solar-electric power systems. *Annual Review of Energy and the Environment* 21:371-402.

Duncan, R. C. 1997. US national security threatened by a new Alliance of Muslim Petroleum Exporting Countries. Letter to President William J. Clinton, May 13, 1997.

Duncan, R. C. 2000. The peak of world oil production and the road to the Olduvai Gorge. *Pardee Keynote Symposia*, Geological Society of America Summit 2000, Reno, Nevada, No-vember 13, 2000.

Duncan, R. C., and W. Youngquist. 1999. Encircling the peak of world oil production. *Natural Resources Research* 8:219-232.

Dunn, S. 1999. King coal's weakening grip on power. *World Watch* September-October:10-19.

Dunn, S. 2001. *Hydrogen Futures: Toward a Sustainable Energy System.* Washington, DC:Worldwatch Institute.

DWIA (Danish Wind Industry Association). 2001. Danish Wind Energy. 〈http://www.windpower.org〉.

Economist, The. 1986. Nuclear's charm. *The Economist*, March 29, 1986:11-12.

EC (The European Commission). 2001a. *ExternE—Externalities of Energy.* Brussels: EC. 〈http://externe.jrc.es/infosys.html〉.

EC (The European Commission). 2001b. Small-scale hydro: Future potential. Brussels: EC. http://europa.eu.int/comm/energy-transport/atals/htmlu/h ydfpot.html〉.

EC (The European Commission). 2001c. *Photovoltaics in 2010.* Brussels: EC. 〈http://www.agores.org/Publications/PV2010.htm〉.

Edison, T. A. 1889. The dangers of electric lighting. *North Review*, November 1889:630.

Ehrlich, P. R. 1990. *The Population Explosion.* New York: Simon and Schuster.

Ehrlich, P. R., and J. Holdren, eds. 1988. *Cassandra Conference: Resources and the Human Predicament.* College Station, TX: Texas A & M University Press.

Ehrlich, P. R., et al. 1999. Knowledge and the environment. *Ecological Economics* 30:267-284.

EIA (Energy Information Administration). 1996. *International Energy Outlook.* Washington, DC: EIA. ⟨http://www.eia.doe.gov/oiaf/ieo96/oil.html#head1⟩.

EIA (Energy Information Administration). 1999a. *A Look at Residential Energy Consumption in 1997.* Washington, DC: EIA. ⟨http://www.eia.doe.gov/pub/p df/consumption/063297.pdf⟩.

EIA (Energy Information Administration). 1999b. *Federal Financial Interventions and Subsidies in Energy Markets 1999: Energy Transformation and End Use.* Washington, DC: EIA. ⟨http://www.eia.doe.gov/oiaf/servicerpt/s ubsidy1/index.html⟩.

EIA (Energy Information Administration). 2001a. *Annual Review 2001.* Washington, DC: EIA. ⟨http://www.eia.doe.gov/emeu/aer/contents.html⟩.

EIA (Energy Information Administration). 2001b. *Saudi Arabia.* ⟨http://www.eia.doe.gov/emeu/cabs/saudi.html⟩.

EIA (Energy Information Administration). 2001c. Photovoltaic cell and module shipments by type, price, and trade, 1982-1999. ⟨http://www.eia.doe.gov/e meu/aer/txt/tab1005.htm⟩.

EIA (Energy Information Administration). 2001d. *International Energy Outlook 2001.* Washington, DC: EIA. ⟨http://www.eia.doe.gov/oiaf/ieo⟩.

EIA (Energy Information Administration). 2001e. *Annual Energy Outlook 2001.* Washington, DC: EIA. ⟨http://www.eia.doe.gov/oiaf/archive/aeo01/⟩.

EIA (Energy Information Administration). 2001f. *World Oil Market and Oil Price Chronolo-gies: 1970-2000.* Washington, DC: EIA. ⟨http://www.eia.doe. gov/emeu/cabs/chron.html⟩.

EIA (Energy Information Administration). 2001g. *Caspian Sea Region.* Washington, DC: EIA. http://www.eia.doe.gov/emeu/cabs/caspian.html⟩.

EIA (Energy Information Administration). 2001h. *North Sea Fact Sheet.* Washington, DC: EIA. ⟨http://www.eia.doe.gov/emeu/cabs/northsea.html⟩.

EIA (Energy Information Administration). 2001i. U.S. *Natural Gas Markets: Recent Trends and Prospects for the Future.* Washington, DC: U.S. Department of Energy. ⟨http://www.eia.doe.gov/oiaf/servicerpt/naturalgas/⟩.

Einstein, A. 1905. Über einen die Erzeugung and Verwandlung des Lichtes betreffendedn heuristischen Gesichtspunkt. *Annalen der Physik* 17:132.

Elliott, D. L., et al. 1987. *Wind Energy Resource Atlas of the United States.* Golden, CO: Solar Energy Research Institute.

Elliott, D. L., and M. N. Schwartz. 1993. Wind Energy Potential in the United States. Richland, WA: Pacific Northwest Laboratory. 〈http://www.nrel.gov/wind/potential.html〉.

Elliott, R. N., and M. Spurr. 1999. *Combined Heat and Power: Capturing Wasted Energy.* Washington, DC: ACEE. 〈http://www.acee.org/pubs/ie983.htm〉.

Eltony, M. N. 1996. On the future role of Gulf oil in meeting world energy demand. *Energy Studies Review* 8(10):57-63.

EPA (Environmental Protection Agency). 2000. *Latest Findings on National Air Quality: 1999 Status and Trends.* Research Triangle Park, NC: EPA. 〈http://www.epa.gov/oar/aqtrnd00/brochure/brochure.pdf〉.

EPA (Environmental Protection Agency). 2001. Energy Star. 〈http://www.energystar.gov〉.

ESA (Electricity Storage Association). 2001. Large scale electricity storage technologies. 〈http://www.energystorage.org/technology/pumpedhydro.htm〉.

ESA (Energy Storage Association). 2002. *Energy Storage Association.* Morgan Hill, CA: ESA. 〈http://www.energystorage.org/default.htm〉.

ExternE. 2001. Summary of Results for Air Pollutants. 〈http://externe.jrc.es/All-EU+Summary.htm〉.

Fallows, J. M. 1989. *More Like Us: Making America Great Again.* Boston: Houghton Miffiin.

Falsetti, J. S., and W. E. Preston. 2001. Gasification offers clean power from coal. *Power* 145(2):50-51.

FAO (Food and Agriculture Organization). 1999. State of the World's Forests. Rome: FAO.

FAO (Food and Agriculture Organization). 2000. *The State of Food Insecurity in the World 2000.* Rome: FAO. 〈http://www.fao.org/DOCREP/X8200/X8200E00.htm〉.

FAO (Food and Agriculture Organization). 2001. FAOSTAT Statistics Database. 〈http://apps.fao.org〉.

Farber, D., and J. Weeks. 2001. A graceful exit? Decommissioning nuclear power reactors. Environment 43:8-21.

Farey, J. 1827. *A Treatise on the Steam Engine*. London: Longman, Rees, Orme.

Farrell, A., and D. W. Keith. 2001. Hydrogen as a transportation fuel. *Environment* 43:43-45.

Fecher, F., and S. Perelman. 1992. Productivity growth and technical efficiency in OECD industrial activities. *In Industrial Efficiency in Six Nations*, eds. R.E. Caves, et al., 459-488. Cambridge, MA: The MIT Press.

Federal Energy Administration. 1974. *Project Independence*. Washington, DC: FEA.

Feinstein, C. 1972. *National Income, Expenditure and Output of the United Kingdom 1855-1965*. Cambridge: Cambridge University Press.

Felix, F. 1974. Energy independence: Goal for the ' 80s. *Electrical World* (March 1): 1-4.

Fels, M. F., and K. M. Keating. 1993. Measurement of energy savings from demand-side management programs in US electric utilities. *Annual Review of Energy and the Environment* 18:57-88.

Ferguson, R. 1999. The value of energy efficiency in competitive power markets. *Clean Power Journal* (Summer 1999):1-2.

Ferris, B. G. 1969. Chronic low-level air pollution. *Environmental Research* 2:79-87.

Firebaugh, M. W., ed. 1980. *Acceptable Nuclear Futures: The Second Nuclear Era*. Oak Ridge, TN: Institute of Energy Analysis.

Flavin, C. 1999. Bull market in wind energy. *WorldWatch* (March/April 1999):24-27.

Flegal, K. M. 1996. Trends in body weight and overweight in the U.S. population. *Nutrition Reviews* 54:S97-S100.

Flink, J. J. 1988. *The Automobile Age*. Cambridge, MA: The MIT Press.

Flower, A. R. 1978. World oil production. *Scientific American* 283(3):42-49.

Fluck, R. C., ed. 1992. *Energy in Farm Production*. Amsterdam: Elsevier.

Flynn, J., and P. Slovic. 1995. Yucca Mountain: A crisis for policy. *Annual Review of Energy and the Environment* 20:83-118.

Ford, H. 1929. *My Life and Work*. New York: Doubleday.

Ford, K. W. et al., eds. 1975. *Efficient Use of Energy*. New York: American

Institute of Physics.

Forest, C. E., et al. 2002. Quantifying uncertainties in climate system properties with the use of recent climate observations. *Science* 295:113-117.

Forrester, J. W. 1971. *World Dynamics.* Cambridge, MA: Wright-Allen Press.

Fowler, T. K. 1997. *The Fusion Quest.* Baltimore: Johns Hopkins University Press.

FPC (Federal Power Commission). 1964. *National Power Survey.* Washington, DC: FPC.

Francis, E. J., and J. Seelinger. 1977. Forecast market and shipbuilding program for OTEC/industrial plant-ships in tropical oceans. *In Proceedings of 1977 Annual Meeting of American Section of the International Solar Energy Society,* 24-28.

Frank, A. G. 1998. *ReOrient: Global Economy in the Asian Age.* Berkeley, CA: University of California Press.

Frederickson, J. K., and T. C. Onstott. 1996. Microbes deep inside the Earth. *Scientific American* 275(4):68-93.

Freedom House. 2001. *Freedom in the World: The Annual Survey of Political Rights and Civil Liberties 2000-2001.* Freedom House: New York. 〈http://www.freedomhouse.org/research〉.

Freer, R. 2000. Holding back the years. *International Water Power and Dam Construction* 52(7):40-41.

Fridley, D., ed. 2001. *China Energy Databook.* Berkeley, CA: Lawrence Berkeley Laboratory.

Friedrich, R., and A. Voss. 1993. External costs of electricity generation. *Energy Policy* 21:14-122.

Friends of the Narmada River. 2001. Large dams on the Narmada River. 〈http://www.narmada.org/〉.

Fuel Cells. 2000. *Fuel Cells: The Online Fuel Cell Information Center.* 〈http://www.fuelcells.org/〉.

Fukuyama, F. 1991. *The End of History and the Last Man.* New York: Avon.

Fuller, R. B. 1981. Critical Path. New York: St. Martin's Press.

Galloway, J. N., et al. 1995. Nitrogen fixation: Anthropogenic enhancement-environmental response. *Global Biogeochemical Cycles* 9:235-252.

Gammage, R. B., and B. A. Berven, eds. 1996. *Indoor Air Pollution and*

Human Health. Boca Raton, FL: CRC Press.

GAO (General Accounting Office). 1989. *What Can Be Done to Revive the Nuclear Option?* Washington, DC: GAO.

GAO (General Accounting Office). 1991a. *Persian Gulf Allied Burden Sharing Efforts*. Washington, DC: GAO.

GAO (General Accounting Office). 1991b. *Utility Demand-Side Management Can Reduce Electricity Use*. Washington, DC: GAO.

GAO (General Accounting Office). 1993. *Energy Security and Policy*. Washington, DC: GAO.

GAO (General Accounting Office). 1995a. *Global Warming: Limitations of General Circulation Models and Costs of Modeling Efforts*. Washington, DC: GAO.

GAO (General Accounting Office). 1995b. *Nuclear Safety Concerns with Nuclear Facilities and Other Sources of Radiation in the Former Soviet Union*. Washington, DC: GAO.

GAO (General Accounting Office). 2001. *Nuclear Waste: Technical, Schedule and Cost Un-certainties of the Yucca Mountain Repository Project*. Washington, DC: GAO.

Garrett, S. L., and S. Backhaus. 2000. The power of sound. *American Scientist* 88:516-523.

Gawell, K., M. Reed, and P. M. Wright. 1999. Geothermal energy, the potential for clean power from the Earth. Washington, DC: Geothermal Energy Association. ⟨http://www.geotherm.org/PotentialReport.htm⟩.

Geller, H. S. 1985. Ethanol fuel from sugar cane in Brazil. *Annual Review of Energy* 10:135-164.

George, R. L. 1998. Mining for oil. *Scientific American* 278(3):84-85.

Georgescu-Roegen, N. 1971. *The Entropy Law and the Economic Process*. Cambridge, MA:Harvard University Press.

Georgescu-Roegen, N. 1975. Energy and economic myths. *Ecologist* 5:164-174, 242-252.

Giampietro, M., S. Ulgiati, and D. Pimentel. 1997. Feasibility of large-scale biofuel production. *BioScience* 47:587-600.

Gibbons, J. H., and W. U. Chandler. 1981. *Energy: The Conservation Revolution*. New York Plenum Press.

Giovando, C. 1999. Big Spring makes wind energy more than a pretty, 'green' face. *Power* 143(4):40-42.

Giovando, C. 2001. Markets grow for coal-combustion byproducts. *Power* 145(1):35-43.

Glaser, P. E. 1968. Power from the Sun: Its future. *Science* 162:957-961.

Glover, T. O., et al. 1970. *Unit Train Transportation of Coal: Technology and Description of Nine Representative Operations*. Washington, DC: U.S. Bureau of Mines.

Godbold, D. L., and A. Hütterman. 1994. *Effects of Acid Precipitation on Forest Processes*. New York: Wiley-Liss.

Goela, J. S. 1979. Wind power through kites. *Mechanical Engineering* 101(6):42-43.

Goeller, H. E., and A. M. Weinberg. 1976. The age of substitutability. *Science* 191:683-689.

Goeller, H. E., and A. Zucker. 1984. Infinite resources: The ultimate strategy. *Science* 223: 456-462.

Goetzberger, A., J. Knobloch, and B. Voss. 1998. *Crystalline Silicon Solar Cells*. Chichester:Wiley.

Gold, B., et al., eds. 1984. *Technological Progress and Industrial Leadership: The Growth of the U.S. Steel Industry, 1900-1970*. Lexington, MA: Lexington Books.

Gold, T. 1992. The deep, hot biosphere. *Proceedings of the National Academy of Sciences USA* 89:6045-6049.

Gold, T. 1993. *The Origin of Methane (and Oil) in the Crust of the Earth*. Washington, DC:USGS.

Gold, T. 1996. Can there be two independent sources of commercial hydrocarbon deposits? http://www.people.cornell.edu/pages/tg21/origins.html⟩.

Gold, T. 1999. *The Deep Hot Biosphere*. New York: Copernicus.

Goldemberg, J. 1996. The evolution of ethanol costs in Brazil. *Energy Policy* 24:1127-1128.

Goldemberg, J., ed. 2000. *World Energy Assessment: Energy and the Challenge of Sustainability*. New York: UNDP.

Goldstein, H. 2002. Waste not, pollute not. *IEEE Spectrum* 39(1):72-77.

Gordon, R. L. 1991. Depoliticizing energy: The lessons of Desert Storm. *Earth and Mineral Sciences* 60(3):55-58.

Gordon, R. L. 1994. Energy, exhaustion, environmentalism, and etatism. The *Energy Journal* 15:1-16.

Gorokhov, V., et al. 1999. Supercritical power plants hike efficiency, gain world market share. *Power* 103(10):36-42.

Grainger, A. 1988. Estimating areas of degraded tropical lands requiring replenishment of forest cover. *International Tree Crops Journal* 5:31-61.

Grant, P. 2001. Up on the C 60 elevator. *Nature* 413:264-265.

Grätzel, M. 2001. Photoelectrochemical cells. *Nature* 414:338-344.

Greene, D. L. 1992. Energy-efficiency improvement potential of commercial aircraft. *Annual Review of Energy and the Environment* 17:537-573.

Greenwald, J. 1986. Awash in an ocean of oil. *Time* (February 3, 1986):53.

Grossling, B. 1976. *Window on Oil: A Survey of World Petroleum Resources.* London: Financial Times Business Information.

Grubb, M. J., and N. I. Meyer. 1993. Wind energy: resources, systems, and regional strategies. *In Renewable Energy: Sources for Fuel and Electricity,* eds. T. B. Johansson et al., 157-212. Washington, DC: Island Press.

Grübler, A., and N. Nakićenović . 1996. Decarbonizing the global energy supply. *Technologi-cal Forecasting and Social Change* 53:97-110.

Grübler, A., and N. Nakićenović . 2001. Identifying dangers in an uncertain climate. Nature 412:15.

Grübler, A., et al. 1996. Global energy perspectives: a summary of the joint study by the International Institute for Applied Systems Analysis and World Energy Council. *Technological Forecasting and Social Change* 51:237-264.

Gurney, J. 1997. Migration or replenishment in the Gulf. *Petroleum Review* May 1997:200-203.

Gutman, P. S. 1994. Involuntary resettlement in hydropower projects. *Annual Review of Energy and the Environment* 19:189-210.

Haennel, R. G., and F. Lemire. 2002. Physical activity to prevent cardiovascular disease. *Canadian Family Physician* 48:65-71.

Häfele, W., et al. 1981. *Energy in a Finite World: A Global System Analysis.* Cambridge, MA: Ballinger.

Hagen, A. W. 1975. *Thermal Energy from Sea.* Park Ridge, NJ: Noyes Data Corporation.

Haile, S. M., et al. 2001. Solid acids as fuel cell electrolytes. *Nature* 410:910-913.

Hall, D. O. 1997. Biomass energy in industrialized countries: A view of the future. *Forest Ecology and Management* 91:17-45.

Hall, E. J. 1984. *Radiation and Life*. New York: Pergamon.

Hall, J. V., et al. 1992. Valuing the benefits of clean air. *Science* 255:812-816.

Hammond, O. H., and R. E. Baron. 1976. Synthetic fuels: prices, prospects, and prior art. *American Scientist* 64:407-417.

Hammons, T. J. 1992. Remote renewable energy resources. *IEEE Power Engineering Review* 12(6):3-5.

Hannam, J., et al., eds. 2000. *International Encyclopedia of Women's Suffrage*. Santa Bar-bara, CA: ABC-CLIO.

Hansen, J., et al. 2000. Global warming in the twenty-first century: An alternative scenario. *Proceedings of the National Academy of Sciences USA* 97:9875-9880.

Hart, D. D., et al. 2002. Dam removal: Challenges and opportunities for ecological research and river restoration. *BioScience* 52:669-681.

Hart, J. 1988. *Consider a Spherical Cow: A Course in Environmental Problem Solving*. Mill Valley, CA: University Science Books.

Hart, J. 2001. *Consider a Cylindrical Cow: More Adventures in Environmental Problem Solv-ing*. Sausalito, CA: University Science Books.

Hatfield, C. B. 1997. Oil back on the global agenda. *Nature* 387:121.

Hawken, P., A. Lovins, and L. H. Lovins. 1999. *Natural Capitalism*. Boston, MA: Little, Brown.

Hayes, B. 2001. The computer and the dynamo. *American Scientist* 89:390-394.

Henzel, D. S., et al. 1982. *Handbook for Flue Gas Desulfurization Scrubbing with Limestone*. Park Ridge, NJ: Noyes Data Corporation.

Herring, H. 1998. *Does Energy Efficiency Save Energy: The Economists Debate*. Milton Keynes: The Open University.⟨http://www.tec.open.ac.uk/eeru/sta ff/horace/hh3.htm⟩.

Herring, H. 2001. Why energy efficiency is not enough. *In Advances in Energy Studies*, ed. S. Ulgiati, 349-359. Padova: SGE.

Herzog, A. V., et al. 1999. Renewable energy: A viable choice. *Environment* 43:8-20.

Hicks, J., and G. Allen. 1999. *A Century of Change: Trends in U.K. Statistics since 1900*.

London: House of Commons Library. ⟨http://www.parliament.uk/commons/li
b/research/rp99/rp99-111.pdf⟩.

Hirsch, F. 1976. *Social Limits to Growth*. Cambridge, MA: Harvard University
Press.

Hirschenhoffer, J. H., et al. 1998. *Fuel Cells Handbook*. Morgantown, WV:
Parsons Corporation.

Hirst, E. 2001. Interactions of wind farms with bulk-power operations and
markets. Alexandria, VA: Sustainable FERC Energy policy.
⟨http://www.ehirst.com/PDF/WindIntegration.pdf⟩.

Hobbs, P. V., and L. F. Radke. 1992. Airborne studies of the smoke from the
Kuwait oil fires. *Science* 256:987-991.

Hoffmann, P. 2001. *Tomorrow's Energy: Hydrogen, Fuel Cells, and the
Prospects for a Cleaner Planet*. Cambridge, MA: The MIT Press.

Hofmann-Wellenhof, B., et al. 1997. *Global Positioning System: Theory and
Practice*. New York: Springer-Verlag.

Hohenemser, C. 1988. The accident at Chernobyl: Health and environmental
consequences and the implications for risk management. *Annual Review* of
Energy 13:383-428.

Hohenemser, C., R. L. Goble, and P. Slovic. 1990. Institutional aspects of the
future develop-ment of nuclear power. *Annual Review of Energy* 15:173-
200.

Hohmeyer, O. 1989. Social Costs of Energy Consumption. Berlin: Springer-
Verlag.

Hohmeyer, O., and R. L. Ottinger, eds. 1991. *External Environmental Costs of
Electric Power*. Berlin: Springer-Verlag.

Holdr, G. D., V. A. Kamath, and S. P. Godbole. 1984. The potential of natural
gas hydrates as an energy resource. *Annual Review of Energy* 9:427-445.

Holdren, J. P. 1992. Radioactive-waste management in the United States:
Evolving policy prospects and dilemmas. *Annual Review of Energy and the
Environment* 17:235-259.

Holdren, J. P., and K. R. Smith. 2000. Energy, the environment, and health. *In
World Energy Assessment*, ed. J. Goldemberg, 61-110. New York: UNDP.

Holley, I. B. 1964. *Buying Aircraft: Material Procurement for the Army Air
Forces*. Washington, DC: Department of the Army.

Hoshide, R. K. 1994. Electric motor do's and don'ts. *Energy Engineering* 91:6-

24.

Houghton, J. T., et al., eds. 1990. *Climate Change: The IPCC Scientific Assessment*. Cambridge: Cambridge University Press.

Houghton, J. T., et al., eds. 1996. *Climate Change 1995: The Science of Climate Change*. Cambridge: Cambridge University Press.

Houghton, J. T., et al., eds. 2001. *Climate Change 2001: The Scientific Basis*. New York: Cambridge University Press.

Houthakker, H. S. 1997. A permanent decline in oil production? *Nature* 388:618.

Hu, S. D. 1983. *Handbook of Industrial Energy Conservation*. New York: Van Nostrand Reinhold.

Hubbard, H. M. 1989. Photovoltaics today and tomorrow. *Science* 244:297-304.

Hubbard, H. M. 1991. The real cost of energy. *Scientific American* 264(4):36-42.

Hubbert, M. K. 1956. Nuclear energy and fossil fuels. *In American Petroleum Institute, Drill-ing and Production Practice*, 7-25. Washington, DC: API.

Hubbert, M. K. 1969. Energy resources. In *Committee on Resources and Man, Resources and Man*, 157-242. San Francisco: W. H. Freeman.

Huber, P., and M. Mills. 1999. Dig more coal — The PCs are coming. *Forbes* 163(11):70-72.

Hudson J. L., and G. T. Rochelle, eds. 1982. *Flue Gas Desulfurization*. Washington, DC: American Chemical Society.

Hunt, J. M. 1979. *Petroleum Geochemistry and Geology*. San Francisco: W. H. Freeman.

Hydrate.org. 2001. Simple summary of hydrates. ⟨http://hydrate.org/intro.cfm⟩.

Hydro-Quebec. 2000. Hydroelectricity, Clean Energy. Montreal: Hydro-Quebec. ⟨http://www.hydroquebec.com⟩.

Hypercar Inc. 2002. Tomorrow. ⟨http://www.hypercar.com/pages/when2.html⟩.

IAEA (International Atomic Energy Agency). 2001a. *Status of Nuclear Power Plants World-wide in 2000*. Vienna: IAEA. ⟨http://www.iaea.org/cgi-bin/db.page.pl/pris.main.htm⟩.

IAEA (International Atomic Energy Agency). 2001b. Latest news related to PRIS and the status of nuclear power plants. ⟨http://www.iaea.org/cgi bin/db.page.pl/pris.main.htm⟩.

IAEA (International Atomic Energy Agency). 2001c. *Sustainable Development & Nuclear Power.* Vienna: IAEA.⟨http://www.iaea.or.at/worldatom/Press/Booklets/Development⟩.

ICAO (International Civil Aviation Organization). 2000. *The ICAO Annual Report.* Montreal: ICAO.⟨http://www.icao.org⟩.

ICOLD (International Commission on Large Dams). 1998. *World Register of Dams.* Paris:ICOLD.

IEA (International Energy Agency). 1999. *Coal in the Energy Supply of China.* Paris: IEA.

IEA (International Energy Agency). 2001. *Key World Energy Statistics.* Paris: IEA.

IEE (The Institute of Energy Economics). 2000. *Handbook of Energy & Economic Statistics in Japan.* Tokyo: The Energy Conservation Center.

IGA (International Geothermal Association). 1998. Geothermal power plants on-line in 1998. Pisa: IGA.⟨http://www.demon.co.uk/geosci/wrtab.html⟩.

IHA (International Hydropower Association). 2000. *Hydropower and the World's Energy Future.* Sutton: IHA.

IISI (International Iron and Steel Institute). 2001. *Trends & Statistics.* Brussels: IISI.⟨http://www.worldsteel.org/⟩.

Imbrecht, C. R. 1995. California's electrifying future. Sacramento, CA: California Energy Commission.⟨http://home.earthlink.net/~bdewey/EV_californiaev.html⟩.

Ingram, L. O., et al. 1987. Genetic engineering of ethanol production in *Escherichia coli. Applied Environmental Microbiology* 53:2420-2425.

International Fusion Research Council. 1979. *Controlled Thermonuclear Fusion: Status Re-port.* Vienna: IAEA.

IPCC (Intergovernmental Panel on Climatic Change). 2001. Summary for Policymakers: The Science of Climate Change—IIPCC Working Group I. Geneva: IPCC.⟨http://www.ipcc.ch⟩.

Irving, P. M., ed. 1991. *Acidic Deposition: State of Science and Technology.* Washington, DC: U.S. National Acid Precipitation Assessment Program.

Isaacs, J. D., and W. R. Schmitt. 1980. Ocean energy: Forms and prospects. *Science* 207:265-273.

Isaacson, M. 1998. A damning decision. *International Water Power and Dam Construction* 50(4):16-17.

Islas, J. 1999. The gas turbine: A new technological paradigm in electricity generation. *Technological Forecasting and Social Change* 60:129-148.

Ittekkot, V. et al. 2000. Hydrological alterations and marine biogeochemistry: A silicate issue? *BioScience* 50:776-782.

Ivanhoe, L. F. 1995. Future world oil supplies: There is a finite limit. *World Oil* 216(10): 77-79.

Ivanhoe, L. F. 1997. Get ready for another oil shock! *The Futurist* 31(1): 20-27.

Jacobson, M. Z. 2001. Strong radiative heating due to the mixing state of black carbon in atmospheric aerosols. *Nature* 409:695-697.

Jacobson, M. Z., and G. M. Masters. 2001a. Exploiting wind versus coal. *Science* 293:1348.

Jacobson, M. Z., and G. M. Masters. 2001b. Response. *Science* 294:1001-1003.

James, A. N. et al. 1999. Balancing the Earth's accounts. *Nature* 401:323-324.

JAMSTEC (Japan Marine Science and Technology Center). 1998. Offshore fioating wave energy device Mighty Whale. Yokosuka: JAMSTEC. ⟨http://www.jamstec.go.jp/jamstec/MTD/Whale⟩.

Jansen, M. B. 2000. *The Making of Modern Japan.* Cambridge, MA: Belknap Press.

Jensen, M. W., and M. Ross. 2000. The ultimate challenge: developing an infrastructure for fuel cell vehicles. *Environment* 42(7):10.

Jevons, W. S. 1865. *The Coal Question: An Inquiry Concerning the Progress of the Nation, and the Probable Exhaustion of our Coal Mines.* London: Macmillan.

Jochem, E. 2000. Energy end-use efficiency. In *World Energy Assessment*, ed. J. Goldemberg, 173-217. New York: UNDP.

Jones, I. S. F., and D. Otaegui. 1997. Photosynthetic greenhouse gas mitigation by ocean nourishment. *Energy Conversion & Management* 38S:367—372.

Josephson, M. 1959. *Edison: A Biography.* New York: Wiley.

Joskow, P. L. 1994. More from the guru of energy efficiency: "There must be a pony!" *The Electricity Journal* 7(4):50-61.

Joskow, P. L., and D. B. Marron. 1992. What does a negawatt really cost: Evidence from utility conservation programs. *Energy* 13:41-74.

Joskow, P. L., and D. B. Marron. 1993. What does utility-subsidized energy efficiency really cost? *Science* 260:281, 370.

Kaarsberg, T. M., and J. M. Roop. 1998. Combined heat and power: How much carbon and energy can it save for manufacturers? Colorado Springs, CO: 33rd Intersociety Engineering Conference on Energy Conversion. ⟨http://www.aceee.org/chp/Summerstudy99/assessment.pdf⟩.

Kahn, A. 1991. An economically rational approach to least-cost planning. *Electricity Journal* 14(6):11-20.

Kaijser, A. 1992. Redirecting power: Swedish nuclear power policies in historical perspective. *Annual Review of Energy and the Environment* 17:437-462.

Kalhammer, F. R. 1979. Energy-storage systems. *Scientific American* 241(6):56-65.

Kalt, J. P., and R. S. Stillman. 1980. The role of governmental incentives in energy production: An historical overview. *Annual Review of Energy* 5:1-32.

Kammen, D. M. 1995. Cookstoves for the developing world. *Scientific American* 273(1):72-75.

Kazimi, M. S., and N. E. Todreas. 1999. Nuclear power economic performance: Challenges and opportunities. *Annual Review of Energy and the Environment* 24:139-171.

Keeble, J. 1999. *Out of the Channel: The Exxon Valdez Oil Spill in Prince William Sound*. Cheney, WA: Eastern Washington University Press.

Keeling, C. D. 1998. Reward and penalties of monitoring the Earth. *Annual Review of Energy and the Environment* 23:25-82.

Keeney, D. R., and T. H. DeLuca. 1992. Biomass as an energy source for the Midwestern U.S. *American Journal of Alternative Agriculture* 7:137-143.

Keith, D. W. 2000. Geoengineering the climate: History and prospect. *Annual Review of Energy and the Environment* 25:245-284.

Kenney, J. F. 1996. Considerations about recent predictions of impending shortages of petro-leum evaluated from the perspective of modern petroleum science. *Energy World Special Edi-tion on the Future of Petroleum*: 16-18.

Khazzoom, J. D. 1989. Energy savings from more efficient appliances: A rejoinder. *Energy Journal* 10:157-166.

Kheshgi, H. S., R. C. Prince, and G. Marland. 2000. The potential of biomass fuels in the context of global climate change: Focus on transportation fuels.

Annual Review of Energy and the Environment 25:199-244.

Kingston, W. 1994. A way ahead for ocean wave energy? *Energy Studies Review* 6:85-88.

Klass, D. L. 1998. *Biomass for Renewable Energy, Fuels, and Chemicals.* San Diego, CA: Academic Press.

Kleinberg, R. L., and P. G. Brewer. 2001. Probing gas hydrate deposits. *American Scientist* 89:244-251.

Kloss, E. 1963. *Der Luftkrieg über Deutschland, 1939-1945.* München: DTV.

Koomey, J., et al. 1999. Memo to Skip Leitner of EPA: Initial comments on "The Internet Begins with Coal." Berkeley, CA: Lawrence Berkeley Laboratory. ⟨http://enduse.LBL.gov/Projects/InfoTech.html⟩.

Krebs-Leidecker, M. 1977. Synthetic fuels from coal. In *Congressional Research Service, Proj-ect Interdependence: U.S. and World Energy Outlook through 1990, 327-328.* Washington, DC: USGPO.

Krupnick, A. J., and P. R. Portney. 1991. Controlling urban air pollution: A benefit-cost assessment. *Science* 252:522-528.

Kuczmarski, R. J., et al. 1994. Increasing prevalence of overweight among U.S. adults. *Journal of American Medical Association* 272:205-211.

Kudryavtsev, N. A. 1959. *Oil, Gas, and Solid Bitumens in Igneous and Metamorphic Rocks.* Leningrad: State Fuel Technical Press.

Kvenvolden, K. A. 1993. Gas hydrates — Geological perspective and global change. *Reviews of Geophysics* 31:173-187.

Laherrere, J. 1995. World oil reserves — Which number to believe? *OPEC Bulletin* 26(2):9-13.

Laherrère, J. 1996. Discovery and production trends. *OPEC Bulletin* 27(2):7-11.

Laherrère, J. H. 1997. Oil markets over the next two decades: Surplus or shortage? ⟨http://www.hubbertpeak.com/laherrere/supply.htm⟩.

Laherrère, J. H. 2000. Global natural gas perspectives. ⟨http://www.hubbertpeak.com/laherrere/perspective/⟩.

Laherrère, J. H. 2001. *Estimates of Oil Reserves.* Laxenburg: IIASA. ⟨http://www.oilcrisis.com/laherrere⟩.

Lake, J. A., R. G. Bennett, and J. F. Kotek. 2002. Next-generation nuclear power. *Scientific American* 286(1):72-81.

Lamont Doherty Earth Observatory. 2001. Lamont 4D Technology.

⟨http://www.ldeo.columbia.edu/4d4/⟩.

Landis, G. A. 1997. A supersynchronous solar power satellite. In *Proceedings SPS' 97 Confer-ence*, 327-328. Montreal: Canadian Aeronautics and Space Institute.

Landsberg, H. H. 1986. The death of synfuels. *Resources* 82:7-8.

Larson, E. D. 1993. Technology for electricity and fuels from biomass. *Annual Review of Energy and the Environment* 18:567-630.

Lazaroff, C. 2001. California mandates electric cars. *Environment News Service.* ⟨http://ens.lycos.com/ens/jan2001/2001L-01-30-06.html⟩.

LBL (Lawrence Berkeley Laboratory). 2001. Measuring furnace efficiency: "AFUE." ⟨http://hes.lbl.gov/aceee/afue.html⟩.

Lee, R., et al. 1995. *Estimating Externalities of Electric Fuel Cycles.* Washington, DC:McGraw-Hill/Utility Data Institute.

Lesser, I. O. 1991. *Oil, the Persian Gulf, and Grand Strategy.* Santa Monica, CA: Rand Corporation.

Lester, R. K., et al. 1983. *Nuclear Power Plant Innovation for the 1990s: A Preliminary As-sessment.* Cambridge, MA: Department of Nuclear Engineering, MIT.

Leyland, B. 1990. Large dams: Implications of immortality. *International Water Power & Dam Construction* 42(2):34-37.

L' Haridon, S., et al. 1995. Hot subterranean biosphere in a continental oil reservoir. *Nature* 377:223-224.

Lieber, R. J. 1983. *The Oil Decade: Confiict and Cooperation in the West.* New York: Praeger.

Lilienthal, D. E. 1944. *TVA —Democracy on the March.* New York: Harper & Brothers.

Lilienthal, D. E. 1980. *Atomic Energy: A New Start.* New York: Harper & Row.

Linden, H. R. 1996. Electrification will enable sustained prosperity. *Engineering* 100(10): 26-28.

Lindzen, R. S., M. Chou, and A. Y. Hou. 2001. Does the Earth have an adaptive iris? *Bulletin of the American Meteorological Society* 82:417-342.

Lipfert, F. W., and S. C. Morris. 1991. Air pollution benefit-cost assessment. *Science* 253:606.

Lochbaum, D. 2001. Nuclear power's future. Boston, MA: Union of Concerned Scientists. ⟨http://www.ucsusa.org/energy/view futurenucpowe r.html⟩.

Löfstedt, R. E. 2001. Playing politics with energy policy: The phase-out of nuclear power in Sweden. *Environment* 43(4):20-33.

Lorenz, E. N. 1976. *The Nature and Theory of the General Circulation of the Atmosphere.* Geneva: WMO.

Lovins, A. B. 1976. Energy strategy: The road not taken. *Foreign Affairs* 55(1):65-96.

Lovins, A. B. 1977. *Soft Energy Paths: Toward a Durable Peace.* Cambridge, MA: Friends of the Earth and Ballinger.

Lovins, A. B. 1980. Economically efficient energy futures. In *Interactions of Energy and Cli-mate*, eds. W. Bach, et al., 1-31. Boston: D. Reidel.

Lovins, A. 1988. Energy savings resulting from the adoption of more efficient appliances: Another view. *Energy Journal* 9:155-162.

Lovins, A. B. 1992. The soft path─Fifteen years later. *Rocky Mountain Institute Newsletter* 8(1):9.

Lovins, A. B. 1991. Abating global warming for fun and profit. In *The Global Environment*, eds. K. Takeuchi and M. Yoshino, 214-219. New York: Springer-Verlag.

Lovins, A. B. 1994. Apples, oranges, and horned toads. *The Electricity Journal* 7(4):29-49.

Lovins, A. B. 1998. Is oil running out? *Science* 282:47.

Lovins, A. B., and H. L. Lovins. 1991. Least-cost climatic stabilization. *Annual Review of Energy and the Environment* 16:433-531.

Lowrie, A., and M. D. Max. 1999. The extraordinary promise and challenge of gas hydrates. *World Oil* 220(9):49-55.

Lunt, R. R., and J. D. Cunic. 2000. *Profiles in Flue Gas Desulfurization.* New York: American Institute of Chemical Engineers.

Luo, Z. 1998. Biomass energy consumption in China. *Wood Energy News* 13(3):3-4.

Lutz, W., W. Sanderson, and S. Scherbov. 2001. The end of world population growth. *Nature* 412:543-545.

Mabro, R. 1992. OPEC and the price of oil. *The Energy Journal* 13:1-17.

Macilwain, C. 2001. Out of sight, out of mind? *Nature* 412:850-852.

Maddison, A. 1985. Alternative estimates of the real product of India, 1900-1946. *The Indian Economic and Social History Review* 22:201-210.

Maddison, A. 1995. *Monitoring World Economy 1820-1992*. Paris: OECD.

Madsen, B. T. 1997. 4000 MW of offshore wind power by 2030. *Windstats Newsletter* 10(3):1-3.

Mage, D., et al. 1996. Urban air pollution in megacities of the world. *Atmospheric Environment* 30:681-686.

Mahfoud, R. F., and J. N. Beck. 1995. Why the Middle East fields may produce oil forever. *Offshore* April 1995: 58-64, 106.

Maier, M. H. 1991. *The Data Game*. Armonk, NY: M. E. Sharpe.

Majumdar, S. K., E. W. Miller, and F. J. Brenner, eds. 1998. *Ecology of Wetlands and Associated Systems*. Easton, PA: Pennsylvania Academy of Science.

Makansi, J. 2000. Formidable barriers face users of new coal systems. *Power* 144(1):40-46.

Makhijani, A., H. Hu, and K. Yih, eds. 1995. *Nuclear Wastelands: A Global Guide to Nuclear Weapons Production and Its Health and Environmental Effects*. Cambridge, MA: The MIT Press.

Mallmann, C. A., and G. A. Lemarchand. 1998. Generational explanation of long-term "billow-like" dynamics of societal processes. *Technological Forecasting and Social Change* 59:1-30.

Manabe, S. 1997. Early development in the study of greenhouse warming: The emergence of climate models. *Ambio* 26:47-51.

Manibog, F. R. 1984. Improved cooking stoves in developing countries: Problems and opportunities. *Annual Review of Energy* 9:199-227.

Manne, A. S., and L. Schrattenholzer. 1983. *International Energy Workshop: A Summary of the 1983 Poll Responses*. Laxenburg: IIASA.

March, P. A., and R. K. Fisher. 1999. It's not easy being green: Environmental technologies enhance conventional hydropower's role in sustainable development. *Annual Review of Energy and the Environment* 24:173-188.

Marchetti, C. 1977. Primary energy substitution models: On the interaction between energy and society. *Technological Forecasting and Social Change* 10:345-356.

Marchetti, C. 1978. *Genetic Engineering and the Energy System: How to Make Ends Meet*. Laxenburg: IIASA.

Marchetti, C. 1987. The future of natural gas. *Technological Forecasting and Social Change* 31:155-171.

512

Marchetti, C., and N. Nakié enovicé . 1979. *The Dynamics of Energy Systems and the Logistic Substitution Model*. Laxenburg: IIASA.

MarketPlace Cement. 2001. Global Cement Information System. Bad Zwischenhahn, Ger-many: MarketPlace Construction.⟨http://www.global-cement.dk⟩.

Markvart, T., ed. 2000. *Solar Electricity*. New York: Wiley.

Marland, G., et al. 1999. *National CO 2 Emissions from Fossil-Fuel Burning, Cement Manufacture, and Gas Flaring: 1751-1996*. Oak Ridge, TN: Carbon Dioxide Information Analysis Center. ⟨http://cdiac.esd.ornl.gov/ftp/ndp030/nations96.ems⟩.

Marland, G., et al. 2000. Global, Regional, and National CO 2 Emission Estimates for Fossil Fuel Burning, Cement Production and Gas Flaring. Oak Ridge, TN: ORNL.⟨http://cdiac.esd.ornl.gov⟩.

Martin, D. H. 1998. *Federal Nuclear Subsidies: Time to Call a Halt*. Ottawa: Campaign for Nuclear Phaseout.⟨http://www.cnp.ca/issues/nuclear-subsidies.html⟩.

Martin, P.-E. 1995. The external costs of electricity generation: Lessons from the U.S. experience. *Energy Studies Review* 7:232-246.

Masters, C. D., et al. 1987. World resources of coal, oil and natural gas. In *Proceedings of the 12th World Petroleum Congress*, 3-33. New York: Wiley.

Masters, C. D., E. D. Attanasi, and D. H. Root. 1994. *World Petroleum Assessment and Analysis*. Reston, VA: USGS.⟨http://energy.er.usgs.gov/products/papers/WPC/14/index.htm⟩.

Masters, C. D., D. H. Root, and E. D. Attanasi. 1990. World oil and gas resourcesD─Future production realities. *Annual Review of Energy* 15:23-51.

Mattera, P. 1985. *Off the Books: The Rise of the Underground Economy*. London: Pluto Press.

Maycock, P. D. 1999. *PV Technology, Performance, Cost: 1975-2010*. Warrenton, VA: Pho-tovoltaic Energy Systems.

McCully, P. 2002. *Silenced Rivers: The Ecology and Politics of Large Dams*. London: Zed Books.

McDonald, A. 1999. Combating acid deposition and climate change. *Environment* 41:4-11, 34-41.

McGowan, J. G., and S. R. Connors. 2000. Windpower: A turn of the century review. *Annual Review of Energy and the Environment* 25:147-197.

McInnes, W., et al., eds. 1913. *The Coal Resources of the World*. Toronto: Morang & Company.

McIntyre, R. S. 2001. *The Hidden Entitlements*. Washington, DC: Citizens for Tax Justice. ⟨http://www.ctj.org/hid ent/⟩.

McKelvey, V. E. 1973. Mineral resource estimates and public policy. In *United States Mineral Resources*, eds. D. A. Brobst and W. P. Pratt, 9-19. Washington, DC: USGS.

McLarnon, F. R., and E. J. Cairns. Energy storage. 1989. *Annual Review of Energy* 14:241-271.

McShane, C. 1997. *The Automobile: A Chronology*. New York: Greenwood Press.

Meadows, D., and D. Meadows. 1992. *Beyond the Limits*. London: Earthscan.

Meadows, D. H., et al. 1972. *The Limits to Growth*. New York: Universe Books.

Meier, A., and W. Huber. 1997. Results from the investigations of leaking electricity in the USA. Berkeley, CA: Lawrence Berkeley Laboratory. ⟨http://EandE.lbl.gov/EAP/BEA/Projects/Leaking/Results⟩.

Meier, R. L. 1956. *Science and Economic Development*. Cambridge, MA: The MIT Press.

Meitner, L., and O. R. Frisch. 1939. Disintegration of uranium by neutrons: A new type of nuclear reaction. *Nature* 143:239-240.

Mellow, I. D. 2000. Over a barrel. *The Economist* January 22, 2000:6.

Melville, G. W. 1901. The engineer and the problem of aerial navigation. *North American Review* December 1901, p. 825.

Merriam, M. F. 1977. Wind energy for human needs. *Technology Review* 79(3):29-39.

Methanex. 2000. Methanol fuel cell car: "Fit for practical use." Vancouver, BC: Methanex. ⟨http://www.methanex.com⟩.

Methanol Institute. 2002. Methanol. Washington, DC: Methanol Institute. ⟨http://www.methanol.org/methanol⟩.

Meyers, S., and L. Schipper. 1992. World energy use in the 1970s and 1980s: Exploring the changes. *Annual Review of Energy and the Environment* 17:463-505.

Mills, M. 1999. *The Internet Begins with Coal.* Washington, DC: Greening Earth Society.

MIT (Massachusetts Institute of Technology). 2001. Device could aid production of electric-ity. *MIT News*, November 27, 2001.

Mitsui Corporation. 2001. Primary aluminum supply and demand balance in Japan. 〈http://www.mitsui.co.jp/alm/Key Data/html/J Supply-Demand.htm〉.

Mock, J. E., J. W. Tester, and P.M. Wright. 1997. Geothermal energy from the Earth: Its potential impact as an environmentally sustainable resource. *Annual Review of Energy and the Environment* 22:305-356.

Moezzi, M. 1998. *The Predicament of Efficiency.* Berkeley, CA: Lawrence Berkeley National Laboratory.

Moody, J. D. 1978. The world hydrocarbon resource base and related problems. In *Australia's Mineral Resource Assessment and Potential*, eds. G. M. Philip and K. L. Williams, 63-69. Sydney: University of Sydney.

Moore, D. W., and F. Newport. 1995. People throughout the world largely satisfied with personal lives. *The Gallup Poll Monthly* 357:2-7.

Moreira, J. R., and J. Goldemberg. 1999. The alcohol program. *Energy Policy* 27:229-245.

Morgan, N. 1995. 3D popularity leads to 4D vision. *Petroleum Economist* 62(2):8-9.

Morita, T., and H. Lee. 1998. IPCC Scenario Database. 〈http://www-cger.nies.go.jp/cgere/db/ipcc.html〉.

Moxon, S. 2000. Fighting for recognition. *International Water Power & Dam Construction* 52(6):44-45.

MSHA (Mine Safety and Health Administration). 2000. Injury trends in mining. Washington, DC: MSHA. 〈http://www.msha.gov〉.

Muir, J. 1911. *My First Summer in the Sierra.* Boston: Houghton Miffin.

Murphy, P. M. 1974. *Incentives for the Development of the Fast Breeder Reactor.* Stamford, CT: General Electric.

Nadel, S. 1992. Utility demand-side management experience and potential — A critical review. *Annual Review of Energy and the Environment* 17:507-535.

Nader, L., and S. Beckerman. 1978. Energy as it relates to the quality and style of life. *Annual Review of Energy* 3:1-28.

Naidu, B. S. K. 2000. An encroachment on hydro. *International Water Power*

& Dam Con-struction 52(5):20-22.

Nakićenović, N. 2000. Energy scenarios. In *World Energy Assessment*, ed. J. Goldemberg, 333-336. New York: UNDP.

NAPAP (National Acid Precipitation Assessment Program). 1991. *1990 Integrated Assess-ment Report*. Washington, DC: NAPAP Office of the Director.

NAS (National Academy of Science). 1992. Policy *Implications of Greenhouse Warming: Mitigation, Adaptation, and the Science Base*. Washington, DC: NAS.

NASA (National Aeronautics and Space Administration). 1989. Report of the NASA Lunar Energy Enterprise Case Study Task Force. Washington, DC: NASA.

Nathwani, J. S., E. Siddall, and N. C. Lind. 1992. *Energy for 300 Years: Benefits and Risks*. Waterloo, ON: University of Waterloo.

National Foreign Assessment Center. 1979. *The World Market in the Years Ahead*. Washington, DC: CIA.

NBS (National Bureau of Statistics). 2001. *China Statistical Yearbook*. Beijing: China Statistics Press. ⟨http://www.stats.gov.cn/english/⟩.

NCES (National Center for Education Statistics). 2001. *Digest of Education Statistics*, 2000. Washington, DC: NCES.

NCP (National Center for Photovoltaics). 2001. *PV Roadmap*. Golden, CO: NREL. ⟨http://www.nrel.gov/ncpv/vision.html⟩.

Nehring, R. 1978. *Giant Oil Fields and World Oil Resources*. Santa Monica, CA: Rand Corporation.

Newcomb, T. P., and R. T. Spurr. 1989. *A Technical History of the Motor Car*. Bristol: Adam Hilger.

Nikkei Net Interactive. 2001. Nikkei Index. ⟨http://www.nikkei.nni.nikkei.co.jp⟩.

Nilsson, C., R. Jansson, and U. Zinko. 1997. Long-term responses of river-margin vegetation to water-level regulation. *Science* 276:798-800.

NIRS (Nuclear Information and Resource Service). 1999. Background on nuclear power and Kyoto Protocol. ⟨http://www.nirs.org/globalization/CDM-Nukesnirsbackground.htm⟩.

Nolden, S. 1995. The key to persistence. *Home Energy Magazine Online* September/October 1995⟨http://www.homeenergy.org/archive⟩.

Norbeck, J. M., et al. 1996. *Hydrogen Fuel for Surface Transportation.* Warrendale, PA:Society of Automotive Engineers.

Nordhaus, W. D. 1973. World dynamics: Measurement without data. *The Economic Journal* 83:1156-1183.

Nordhaus, W. D. 1991. To slow or not to slow: The economics of the greenhouse effect. *The Economic Journal* 101: 920-937.

Nordhaus, W. D. 2001. Global warming economics. Science 294:1283-1284.

Nordhaus, W. D., and J. Boyer. 2000. *Warming the World: Economic Models of Global Warming.* Cambridge, MA: The MIT Press.

Normile, D. 2001. Japan looks for bright answers to energy needs. *Science* 294:1273.

Northeast-Midwest Institute. 2000. *Overcoming Barriers to the Deployment of Combined Heat and Power.* Washington, DC: Northeast-Midwest Institute. 〈http://www.nemw.org/energy linx.htm〉.

Novick, S. 1976. *The Electric War: The Fight over Nuclear Power.* San Francisco, CA: Sierra Club Books.

NRC (National Research Council). 1981. *Surface Mining: Soil, Coal, and Society.* Washington, DC: National Academy Press.

NRC (National Research Council). 1995. *Coal: Energy for the Future.* Washington, DC: National Academy Press.

NRC (National Research Council). 1998. *Research Priorities for Airborne Particulate Matter.* Washington, DC: National Academy Press.

NRC (National Research Council). 2000. *Reconciling Observations of Global Temperature Change.* Washington, DC: National Academy Press.

NREL (National Renewable Energy Laboratory). 2001a. *Concentrating Solar Power: Energy from Mirrors.* Washington, DC: DOE.

NREL (National Renewable Energy Laboratory). 2001b. Thin-film partnership program: copper indium-diselenide.〈http://www.nrel.gov/ncpv/costeam.html〉.

NREL (National Renewable Energy Laboratory). 2001c. Ocean thermal energy conversion.〈http://www.nrel.gov/otec/〉.

Nye, D. E. 1990. *Electrifying America.* Cambridge, MA: The MIT Press.

Odell, P. R. 1984. The oil crisis: Its nature and implications for developing countries. In *The Oil Prospect*, eds. D. C. Ion, P. R. Odell, and B. Mossavar-Rahmani, 33. Ottawa: The Energy Research Group.

Odell, P. R. 1992. Global and regional energy supplies. *Energy Policy* 20(4):284-296.

Odell, P. R. 1999. *Fossil Fuel Resources in the 21st Century*. London: Financial Times Energy.

Odell, P. R. 2001. Gas is the perfect fuel for Europe. ⟨http://www.statoil.com⟩.

Odell, P. R., and K. Rosing. 1983. *The Future of Oil: World Oil Resources and Use*. London: Kogan Page, London.

OECD (Organization for Economic Cooperation and Development). 1994. *Natural Gas Transportation: Organization and Regulation*. Paris: OECD.

OECD (Organization for Economic Cooperation and Development). 2000. *Nuclear Energy in a Sustainable Development Perspective*. Paris: OECD.

OECD (Organization for Economic Cooperation and Development). 2001. *Main Economic Indicators*. Paris: OECD. ⟨http://www1.oecd.org/std/meiinv.pdf⟩.

OECD Oil Committee. 1973. *Oil: The Present Situation and Future Prospects*. Paris: OECD.

Ogden, J. M. 1999. Prospects for building a hydrogen energy infrastructure. *Annual Review of Energy and the Environment* 24:227-279.

Ohkawa, K., and H. Rosovsky. 1973. *Japanese Economic Growth*. Stanford, CA: Stanford University Press. Øhlenschlaeger, K. 1997. The trend toward larger wind turbines. *Windstats Newsletter* 10(4): 4-6.

Oil and Gas Journal Special Report. 1987. New data lift world oil reserves by 27%. *Oil & Gas Journal* 85(52):33-37.

Olds, F. C. 1972. The fast breeder: Schedule lengthens, cost escalates. *Power Engineering* 76(6):33-35.

Olesen, G. B. 2000. *Wind Power for Western Europe*. Copenhagen: INFORSE. ⟨http://www.orgve.dk/inforse-europe/windfor2.htm⟩.

Oppenheim, P. 1991. *The New Masters: Can the West Match Japan?* London: Business Books.

Oreskes, N. 1999. *The Rejection of Continental Drift*. New York: Oxford University Press.

ORNL (Oak Ridge National Laboratory). 1968. *Nuclear Energy Centers: Industrial and Agro-Industrial Complexes*. Oak Ridge, TN: ORNL.

OSM (Office of Surface Mining). 2001a. *Tonnage Reported for Fiscal Year 2000*. Washington, DC: OSM, US Department of Interior. ⟨http://www.osmre.gov/coal2000.htm⟩.

518

OSM (Office of Surface Mining). 2001b. *Abandoned Mine Land Program.* Washington, DC: OSM. ⟨http://www.osmre.gov/aml⟩.

OTA (Office of Technology Assessment). 1978. *Renewable Ocean Energy Sources.* Washington, DC: OTA.

OTA (Office of Technology Assessment). 1987. *Starpower: The US and the International Quest for Fusion Energy.* Washington, DC: OTA.

OTA (Office of Technology Assessment). 1992. *Fueling Development.* Washington, DC: OTA.

Overbye, T. J. 2000. Reengineering the electric grid. *American Scientist* 88:220-229.

Owenby, J., et al. 2001. *Climatography of the U.S. No. 81—Supplement # 3.* Washington, DC: NOAA. ⟨http://lwf.ncdc.noaa.gov/oa/documentlibrary/clim81su pp3/clim 81.html⟩.

Pacific Gas & Electric Company. 2001. *A Concise Guide to the California Energy Crisis.* ⟨http://www.pge.com⟩.

PacifiCorp Power. 2001. World's Largest Wind Plant to Energize the West. Portland, OR: PacifiCorp Power. ⟨http://www.statelinewind.com/rel 01.09.01.html⟩.

Parkinson, C. L. 1997. *Earth from Above: Using Color-coded Satellite Images to Examine the Global Environment.* Sausalito, CA: University Science Books.

Paris, L. 1992. Grand Inga case. *IEEE Power Engineering Review* 12(6):13-17.

Partl, R. 1977. *Power from Glaciers: The Hydropower Potential of Greenland's Glacial Wa-ters.* Laxenburg: IIASA.

Pasqualetti, M. J., P. Gipe, and R. W. Righter. 2002. *Wind Power in View: Energy Landscapes in a Crowded World.* San Diego, CA: Academic Press.

Paul, I. 2001. *Supercritical Coal Fired Power Plants.* Washington, DC: World Bank. ⟨http://www.worldbank.org/html/fpd/em/supercritical/supercritical.ht m⟩.

PDVSA (Petroleos de Venezuela SA). 2001. PDVSA Orimulsion. ⟨http://www.pdvsa.com/orimulsion/⟩.

Pedersen, K. 1993. The deep subterranean biosphere. *Earth-Science Reviews* 34:243-260.

Penney, T. R., and D. Bharathan. 1987. Power from the sea. *Scientific American* 256(1):86-92.

Periana, R. A., et al. 1998. Platinum catalysts for the high-yield oxidation of methane to a methanol derivative. *Science* 280:560-564.

Perlin, J. 1999. *From Space to Earth: The Story of Solar Electricity.* Ann Arbor, MI: Aatec.

Perry, A. M. 1982. Carbon dioxide production scenarios. In *Carbon Dioxide Review:* 1982, ed. W. C. Clark, 337-363. New York: Oxford University Press.

PES (Photovoltaic Energy Systems). 2001. Photovoltaic news. ⟨http://www.pvenergy.com/index.shtml⟩.

Philips Lighting. 2001. The Light Site North America. ⟨http://www.lighting.phil ips.com/nam/press/2001/062601a.shtml⟩.

Pimentel, D. 1991. Ethanol fuels: Energy security, economics, and the environment. *Journal of Agricultural and Environmental Economics* 4:1-13.

Pimentel, D. et al. 1997. Economic and environmental benefits of biodiversity. *BioScience* 47: 747-757.

Porfir'yev, V. B. 1959. *The Problem of Migration of Petroleum and the Formation of Accumu-lations of Oil and Gas.* Moscow: Gostoptekhizdat.

Porfir'yev, V. B. 1974. Inorganic origin of petroleum. *AAPG Bulletin* 58:3-33.

Poten & Partners. 1993. *World Trade in Natural Gas and LNG, 1985-2010: Trades and Prices, Pipelines, Ships, Terminals.* New York: Poten & Partners.

Potts, R. 2001. Complexity and adaptability in human evolution. Paper presented at the AAAS conference "Development of the Human Species and its Adaptation to the Environment," July 7-8, 2001, Cambridge, MA.

Pratt, W. E. 1944. Our petroleum resources. *American Scientist* 32(2):120-128.

Pratt & Whitney. 2001. PW400 (112 inch). East Hartford, CT: Pratt & Whitney. ⟨http://www.pratt-whitney.com/3a/products pw4000112.html⟩. PV Power Resource Site. 2001. PV History. ⟨http://www.pvpower.com⟩.

Ratcliffe, K. 1985. *Liquid Gold Ships: History of the Tanker (1859-1984).* London: Lloyds.

Reagan, R. 1987. *Remarks at the Brandenburg Gate, West Berlin, Germany, June 12, 1987.* http://www/reaganfoundation.org/reagan/speeches/wall.asp⟩.

Reilly, J., et al. 2001. Uncertainty and climate change assessments. *Science* 293:430-433. Reshetnikov, A. I., N. N. Paramonova, and A. A. Shashkov. 2000. An evaluation of historical methane emissions from the Soviet gas industry. *Journal of Geophysical Research* 105:3517-3529.

Revelle, R., and H. E. Suess. 1957. Carbon dioxide exchange between atmosphere and ocean and the question of an increase of atmospheric CO 2 during the past decades. *Tellus* 9:18-27.

Richards, R. 1981. Spanish solar chimney nears completion. *Modern Power Systems* 1981(12):21-23.

RMI (Rocky Mountain Institute). 1999. Exchanges between Mark Mills and Amory Lovins about the electricity used by the Internet. ⟨http://www.rmi.org/images/other/E-MMABLInternet.pdf⟩.

RMI (Rocky Mountain Institute). 2001. *The Hypercar Concept.* Old Snowmass, CO: RMI. ⟨http://www.rmi.org/sitepages/pid386.php⟩.

Robinson, J. 1988. *Yamani: The Inside Story.* London: Simon & Schuster.

Rockwell, T. 1991. *The Rickover Effect: How One Man Made a Difference.* Annapolis, MD: Naval Institute Press.

Rogner, H-H. 1997. An assessment of world hydrocarbon resources. *Annual Review of Energy and the Environment* 22:217-262.

Rogner, H-H. 2000. Energy resources. In *World Energy Assessment: Energy and the Chal-lenge of Sustainability*, ed. J. Goldemberg, 135-171. New York: UNDOP.

Rojstaczer, S., S. M. Sterling, and N. J. Moore. 2001. Human appropriation of photosynthesis products. *Science* 294:2549-2551.

Romm, J. 2000. *The Internet Economy and Global Warming.* Old Snowmass: RMI. ⟨http://www.cool-companies.org⟩.

Rose, D. J. 1974. Nuclear eclectic power. *Science* 184:351-359.

Rose, D. J. 1979. Views on the U.S. nuclear energy option. Paper prepared for the Conference on the Future of Nuclear Power, Honolulu, October 31-November 3, 1979.

Rose, D. J. 1986. *Learning about Energy.* New York: Plenum Press.

Rosenberg, D. M. et al. 2000. Global-scale environmental effects of hydrological alterations:Introduction. *BioScience* 50:746-751.

Rossin, A. D. 1990. Experience of the U.S. nuclear industry and requirements for a viable nuclear industry in the future. *Annual Review of Energy* 15:153-172.

Rowe, T. et al. 1987. *Santa Clara County Air Pollution Benefit Analysis.* Washington, DC:US EPA.

Rudin, A. 1999. How improved efficiency harms the environment.

⟨http://home.earthlink.net/ andrewrudin/article.html⟩.

Ruge, G. 1992. *Gorbachev: A Biography*. London: Chatto & Windus.

RWEDP (Regional Wood Energy Development Programme in Asia). 1997. *Regional Study of Wood Energy Today and Tomorrow*. Rome: FAO-RWEDP.⟨http://www.rwedp.org/fd50.html⟩.

RWEDP (Regional Wood Energy Development Programme in Asia). 2000. Wood Energy Da-tabase. Rome: FAO-RWEDP.⟨http://www.rwedp.org/d_consumption.html⟩.

Sadiq, M., and J. C. McCain, eds. 1993. *The Gulf War Aftermath: An Environmental Tragedy*. Boston: Kluwer Academic.

Sagan, S. D. 1988. The origins of the Pacific War. *Journal of Interdisciplinary History* 18:893-922.

Salter, S. H. 1974. Wave power. *Nature* 249:720-724.

Sanchez, M. C., et al. 1999. *Miscellaneous Electricity Use in the U.S. Residential Sector*. Berkeley, CA: Lawrence Berkeley Laboratory. ⟨http://enduse.lbl.gov/Projects/ResMisc.html⟩.

Santer, B. D., et al. 2000. Interpreting differential temperature trends at the surface and in the lower troposphere. *Science* 287:1227-1232.

Sassin, W., et al. 1983. *Fueling Europe in the Future*. Laxenburg: IIASA.

Satheesh, S. K., and V. Ramanathan. 2000. Large differences in tropical aerosol forcing at the top of the atmosphere and Earth's surface. *Nature* 405:60-63.

Scheede, G. R. 2001. There's too little power in wind. *Environmental & Climate News* June 2001:1-8.⟨http://www.heartland.org/environment/jun 01/windfarm.htm⟩.

Schimmoller, B. K. 1999. Advanced coal systems wait in the wings. *Power* 103(7):34-38.

Schimmoller, B. K. 2000. Fluidized bed combustion. *Power* 104(9):36-42.

Schipper, L., and M. Grubb. 2000. On the rebound? Feedback between energy intensities and energy uses in IEA countries. *Energy Policy* 28:367-388.

Schipper, L. J., et al. 1993. Taxation on automobiles, driving, and fuel in OECD countries: Truth and consequences. *LBL Energy Analysis Program 1993 Annual Report*, p. 35.

Schlapbach, L., and A. Zu ̈ ttel. 2001. Hydrogen-storage materials for mobile applications. *Nature* 414:353-358.

Schmidt-Mende, L., et al. 2001. Self-organized discotic liquid crystals for high-efficiency or-ganic photovoltaics. *Science* 293:1119-1122.

Schneider, S. 2001. What is 'dangerous' climate change? *Nature* 411:17-19.

Schrope, M. 2001. Which way to energy utopia? *Nature* 414:682-684.

Schumacher, E. F. 1973. *Small Is Beautiful: A Study of Economics as if People Mattered.* London: Blond and Biggs.

Schurr, S. H. 1984. Energy use, technological change, and productive efficiency: An economic-historical interpretation. *Annual Review of Energy* 9:409-425.

Schurr, S. H., and B. C. Netschert. 1960. *Energy in the American Economy 1850-1975.* Baltimore, MD: Johns Hopkins University Press.

Schwartz, N. N., O. L. Elliot, and G. L. Gower. 1992. Gridded state maps of wind electric potential. Paper presented at Wind Power 1992, Seattle, WA.

Sclater, G. J., et al. 1980. The heat flow through oceanic and continental crust and the heat loss of the Earth. *Reviews of Geophysics and Space Physics* 18:269-311.

Scott, W. G. 1997. Micro-size turbines create market opportunities. *Engineering* 101(9):46-50.

Seaborg, G. T. 1968. Some long-range implications of nuclear energy. *The Futurist* 2(1):12-13.

Seaborg, G. T. 1971. The environment: A global problem, an international challenge. In *Envi-ronmental Aspects of Nuclear Power Stations, 5.* Vienna: IAEA, Vienna.

Seaborg, G. T., and W. R. Corliss. 1971. *Man and Atom: Building a New World Through Nuclear Technology.* New York: E. P. Dutton.

Select Committee on Lighting by Electricity of the British House of Commons. 1879. *Hearings on Lighting by Electricity.* London: House of Commons.

Seppa, T. O. 2000. Physical limitations affecting long distance energy sales. Paper presented at IEEE SPM. Seattle, WA: IEEE.

Service, R. F. 1996. New solar cells seem to have power at the right price. *Science* 272:1744-1745.

Service R. F. 1998. Will new catalyst finally tame methane? *Science* 280:525.

Service, R. F. 2001. C 60 enters the race for the top. *Science* 293:1570.

Service, R. F. 2002. MgB 2 trades performance for a shot at the real world.

Science 295:786-788.

Shah, A., et al. 1999. Photovoltaic technology: The case for thin-film solar cells. *Science* 285:692-698.

Shaheen, M. 1997. Wind energy transmission. Washington, DC: National Wind Coordinating Committee. ⟨http://www.nationalwind.org/pubs/wes/ibri ef09a.htm⟩.

Shapouri, H., J. A. Duffield, and M. S. Graboski. 1995. *Estimating Net Energy Balance of Corn Ethanol.* Washington, DC: USDA. ⟨http://www.ethanol-gec.org/corn_eth.htm⟩.

Shell Exploration & Production Company. 1999. URSA deepwater tension leg platform begins production at record setting depth. ⟨http://www.shellus.com/n ews/press releases/1999/press 041399.html⟩.

Shepard, M. 1991. How to improve energy efficiency. *Issues in Science and Technology* 7(2):85-91.

Shiklomanov, I. A. 1999. *World Water Resources and Water Use.* St. Petersburg: State Hydrological Institute.

Show, I. T., et al. 1979. *Comparative Assessment of Marine Biomass Materials.* Palo Alto, CA: Electric Power Research Institute.

Shukla, J. 1998. Predictability in the midst of chaos: A scientific basis for climate forecasting. *Science* 282:728-731.

Sieferle, R. P. 2001. *The Subterranean Forest: Energy Systems and the Industrial Revolution.* Cambridge: The White Horse Press.

Simakov, S. N. 1986. Forecasting and Estimation of the Petroleum-bearing Subsurface at Great Depths. Leningrad: Nedra.

Simon, J. L. 1981. *The Ultimate Resource.* Princeton, NJ: Princeton University Press.

Simon, J. L. 1996. *The Ultimate Resource 2.* Princeton, NJ: Princeton University Press.

Simon, J., and H. Kahn, eds. 1984. *The Resourceful Earth.* Oxford: Basil Blackwell.

Singer, J. D., and M. Small. 1972. *The Wages of War 1816-1965: A Statistical Handbook.* New York: Wiley.

Singer, S. F. 2001. Who needs higher energy taxes? *Environment & Climate News* December 2001:1-3. ⟨http://www.heartland.org/environment/dec01/s inger.htm⟩.

524

Smil, V. 1966. Energie, krajina, lide. *Vesmir* 45(5):131-133.

Smil, V. 1974. Energy and the Environment: Scenarios for 1985 and 2000. *The Futurist* 8(1):4-13.

Smil, V. 1976. *China's Energy.* New York: Praeger.

Smil, V. 1977. China's Future. *Futures* 9:474-489.

Smil, V. 1983. Biomass Energies. New York: Plenum Press.

Smil, V. 1984. *The Bad Earth.* Armonk, NY: M. E. Sharpe.

Smil, V. 1985. *Carbon-Nitrogen-Sulfur: Human Interference in Grand Biospheric Cycles.* New York: Plenum Press.

Smil, V. 1987. *Energy, Food, Environment: Realities, Myths, Options.* Oxford: Oxford University Press.

Smil, V. 1988. *Energy in China's Modernization.* Armonk, NY: M. E. Sharpe.

Smil, V. 1991. *General Energetics.* New York: Wiley.

Smil, V. 1992a. Agricultural energy costs: National analyses. In *Energy in Farm Production*, ed. R. C. Fluck, 85-100. Amsterdam: Elsevier.

Smil, V. 1992b. How efficient is Japan's energy use? *Current Politics and Economics of Japan* 2(3/4):315-327.

Smil, V. 1993a. *Global Ecology.* London: Routledge.

Smil, V. 1993b. *China's Environmental Crisis.* Armonk, NY: M. E. Sharpe.

Smil, V. 1994a. *Energy in World History.* Boulder, CO: Westview Press.

Smil, V. 1994b. Energy intensities: Revealing or misleading? *OPEC Review* 18(1):1-23.

Smil, V. 1996. *Environmental Problems in China: Estimates of Economic Costs.* Honolulu: East-West Center.

Smil, V. 1997. *Cycles of Life.* New York: Scientific American Library.

Smil, V. 1998a. China's energy resources and uses: Continuity and change. *The China Quar-terly* 156:935-951.

Smil, V. 1998b. Future of oil: Trends and surprises. *OPEC Review* 22(4):253-276.

Smil, V. 1999a. *Energies.* Cambridge, MA: The MIT Press.

Smil, V. 1999b. Crop residues: Agriculture's largest harvest. *BioScience* 49:299-308.

Smil, V. 1999c. China's great famine: 40 years later. *British Journal* 7225:1619-1621.

Smil, V. 2000a. Energy in the 20th century: Resources, conversions, costs, uses, and consequences. *Annual Review of Energy and the Environment* 25:21-51.

Smil, V. 2000b. Jumbo. *Nature* 406:239.

Smil, V. 2000c. *Feeding the World*. Cambridge, MA: The MIT Press.

Smil, V. 2000d. Perils of long-range energy forecasting: Reflections of looking far ahead. *Technological Forecasting and Social Change* 65:251-264.

Smil, V. 2001. *Enriching the Earth*. Cambridge, MA: The MIT Press.

Smil, V. 2002. *The Earth's Biosphere*. Cambridge, MA: The MIT Press.

Smil, V., and W. Knowland, eds. 1980. *Energy in the Developing World*. Oxford: Clarendon Press.

Smil, V., and D. Milton. 1974. Carbon dioxide—Alternative futures. *Atmospheric Environment* 8(12):1213-1232.

Smil, V., P. Nachman, and T. V. Long, II. 1982. *Energy Analysis in Agriculture*. Boulder, CO: Westview Press.

Smith, D. J. 2001. Will the new millennium see the re-birth of cogeneration? *Power* 105(1):41-43.

Smith, D. R. 1987. The wind farms of the Altamont Pass area. *Annual Review of Energy* 12:145-183.

Smith, K. 1993. Fuel combustion, air pollution exposure and health: The situation in developing countries. *Annual Review of Energy and the Environment* 18:529-566.

Smith, K. R. 1988. Energy indexing: The weak link in the energy Weltanschauung. In *Energy Planning*, 113-153. Paris: UNESCO.

Smith, K. R., et al. 1993. One hundred million improved cookstoves in China: How was it done? *World Development* 21:941-961.

Smithsonian Institution. 2001. Energy efficiency: Light sources in the 20th century. ⟨http://americanhistory.si.edu/lighting/chart.htm⟩.

Society of Automotive Engineers. 1992. *Automotive Emissions and Catalyst Technology*. Warrendale, PA: SAE.

Society of Petroleum Engineers. 1991. *Horizontal Drilling*. Richardson, TX: Society of Petroleum Engineers.

Socolow, R. H. 1977. The coming age of conservation. *Annual Review of Energy* 2:239-289.

Socolow, R. H. 1985. The physicist's role in using energy efficiently: Reflections on the 1974 American Physical Society summer study and on the task ahead. *In Energy Sources: Conservation and Renewables*, eds. D. Hafemeister, H. Kelly and B. Levi, 15-32. New York: American Institute of Physics Press.

SolarPACES. 1999. Status of the technologies. Paris: IEA. ⟨http://www.solarpaces.org/publications/sp99_tec.htm⟩.

Sørensen, B. 1980. *An American Energy Future*. Golden, CO: Solar Energy Research Institute.

Sørensen, B. 1984. Energy storage. *Annual Review of Energy* 9:9-29.

Sørensen, B. 1995. History of, and recent progress in, wind-energy utilization. *Annual Review of Energy and the Environment* 20:387-424.

Southern California Edison Company. 1988. Planning for uncertainty: A case study. *Technological Forecasting and Social Change* 33:119-148.

Speer, A. 1970. *Inside the Third Reich*. London: Macmillan.

Spinrad, B. I. 1971. The role of nuclear power in meeting world energy needs. In *Environmen-tal Aspects of Nuclear Power Stations*, 57. Vienna: IAEA.

Spreng, D. T. 1978. *On Time, Information, and Energy Conservation*. Oak Ridge, TN: Insti-tute for Energy Analysis.

SRES (Special Report on Emission Scenarios). 2001. *Summary for Policymakers*. Geneva: WMO and UNEP. ⟨http://www.ipcc.ch/pub/SPM_SRES.pdf⟩.

Srinivasan, S., et al. 1999. Fuel cells: Reaching the ear of clean and efficient power generation in the twenty-first century. *Annual Review of Energy and the Environment* 24:281-328.

Starr, C. 1973. Realities of the energy crisis. *Bulletin of the Atomic Scientists* 29(7):15-20.

Starr, C., and R. Rudman. 1973. Parameters of technological growth. *Science* 182:235-253.

Statistics Bureau. 1970-2001. *Japan Statistical Yearbook*. Tokyo: Statistics Bureau.

Steele, B. C. H., and A. Heinzel. 2001. Materials for fuel-cell technologies. *Nature* 414:345-352.

Stern A. C. 1976-1986. *Air Pollution*. New York: Academic Press.

Stern, D. I., and R. K. Kaufmann. 1998. *Annual Estimates of Global Anthropogenic Methane Emissions*: 1860-1994. Oak Ridge, TN: CDIAC.

⟨http://cdiac.ornl.gov/trends/meth/methane.htm⟩.

Stoddard, J. C., et al. 1999. Regional trends in aquatic recovery from acidification in North America and Europe. *Nature* 401:575-578.

Stone, R. 2002. Caspian ecology teeters on the brink. *Science* 295:430-433.

Stout, B. A. 1990. *Handbook of Energy for World Agriculture.* New York: Elsevier.

Street, D. G., et al. 1999. Energy consumption and acid deposition in Northeast Asia. *Ambio* 28:135-143.

Sullivan, T. J. 2000. *Aquatic Effects of Acid Deposition.* Boca Raton, FL: Lewis Publishers.

Suess, E. et al. 1999. Flammable ice. *Scientific American* 281(5):76-83.

Suncor Energy. 2001. Oil Sands. ⟨http://www.suncor.com/⟩.

Swezey, B. G., and Y. Wan. 1995. *The True Cost of Renewables: An Analytic Response to the Coal Industry's Attack on Renewable Energy.* Golden, CO: National Renewable Energy Laboratory.

Szewzyk, U., et al. 1994. Thermophilic, anaerobic bacteria isolated from a deep borehole in granite in Sweden. *Proceedings of the National Academy of Sciences USA* 91:1810-1813.

Taintner, J. A. 1988. *The Collapse of Complex Societies.* Cambridge: Cambridge University Press.

Tavoulareas, E. S. 1991. Fluidized-bed combustion technology. *Annual Review of Energy and the Environment* 16:25-57.

Tavoulareas, E. S. 1995. *Clean Coal Technologies for Developing Countries.* Washington, DC: World Bank.

Taylor, M. J. H., ed. 1989. *Jane's Encyclopedia of Aviation.* New York: Portland House.

Teller, E., et al. 1996. *Completely Automated Nuclear Reactors for Long-Term Operation II: Toward a Concept-Level Point-Design of a High-temperature, Gas-cooled Central Power Station System.* Livermore, CA: Lawrence Livermore National Laboratory.

TGV (Train de grand vitesse). 2002. *TGV: Prenez le temps d'aller vite.* ⟨http://www.tgv.com/homepage/index.htm⟩.

Thomas, C. 2001. Energy policies haven't worked. *Dallas Business Journal,* March 23, 2001. http://dallas.bcentral.com/dallas/stories/2001/03/26/editorial3.html⟩.

Thomas, C. A., et al. 1946. *The Economics of Nuclear Power.* Saint Louis,

MO: Monsanto Company.

Thomas, J. 1999. Quantifying the black economy: "Measurement without theory" yet again. *The Economic Journal* 109:381-389.

Thorne, J., and M. Suozzo. 1997. Leaking electricity estimates. *Science News Online* October 25, 1997. ⟨http://www.sciencenews.org/sn_arc97/10_25_97/bob1a.htm⟩.

TIGR (The Institute for Genomic Research). 2000. TIGR Microbial Database: A listing of published genomes and chromosomes and those in progress. ⟨http://www.tigr.org/tdb/mdb/mdbcomplete.html⟩.

Tilton, J. E., and B. J. Skinner. 1987. The meaning of resources. In *Resources and World Development*, eds. D. J. McLaren and B. J. Skinner, 13-27. Chichester: Wiley.

Transocean Sedco Forex. 2001. Facts and Firsts. ⟨http://www.deepwater.com/Factsand Firsts.cfm⟩.

Tunzelmann, G. W. de. 1901. *Electricity in Modern Life*. New York: P. F. Collier.

Turkenburg, W. C. 2000. Renewable energy technologies. In *World Energy Assessment*, ed. J. Goldemberg, 219-272. New York: UNDP.

Turner, B. L., et al., eds. 1990. *The Earth as Transformed by Human Action*. New York:Cambridge University Press.

Turner, J. A. 1999. A realizable renewable energy future. *Science* 285:687-689.

UCS (Union of Concerned Scientists). 2001. Clean Energy Blueprint. Cambridge, MA: UCS. ⟨http://www.ucsusa.org/energy/blueprint.html⟩.

UK Coal. 2001. *Facts About British Coal Production*. Doncaster: UK Coal. ⟨http://www.rjr.co.uk⟩.

UKAEA (United Kingdom Atomic Energy Authority). 2001. Decommissioning. ⟨http://www.ukaea.org.uk/decommissioning/⟩.

UNDP (United Nations Development Programme). 2001. *Human Development Report 2001*. New York: UNDP. ⟨http://www.undp.org/hdr2001/⟩.

UNO (United Nations Organization). 1956. World energy requirements in 1975 and 2000. In *Proceedings of the International Conference on the Peaceful Uses of Atomic Energy*, Volume 1, 3-33. New York: UNO.

UNO (United Nations Organization). 1976. *World Energy Supplies 1950-1974*. New York: UNO.

UNO (United Nations Organization). 1990. *Global Outlook 2000*. New York:

UNO.

UNO. 1991. *World Population Prospects 1990*. New York: UNO.

UNO. 1998. *World Population Prospects: The 1998 Revision*. New York: UNO. ⟨http://www.un.org/esa/populations/longrange/longrange.htm⟩.

UNO. 2001. *Yearbook of World Energy Statistics*. New York: UNO.

UNO. 2002. *Long-range World Population Projections*. New York: UNO. ⟨http://www.un.org/esa/population/publications/longrange/longrange.htm l⟩.

United Nations Development Programme. 2001. *Human Development Report 2001*. New York: UNDP. ⟨http://www.undp.org/hdr2001/⟩.

Urbanski, T. 1967. *Chemistry and Technology of Explosives*. Oxford: Pergamon Press.

USBC (U.S. Bureau of the Census). 1975. *Historical Statistics of the United States*. Washington, DC: U.S. Department of Commerce.

USBC (U.S. Bureau of the Census). 2002. Characteristics of new housing. Washington, DC:USCB. ⟨http://www.census.gov/ftp/pub/const/www.cha rindex.html⟩.

USGS (United States Geological Survey). 2000. *U.S. Geological Survey World Petroleum Assessment 2000*. Denver, CO: USGS. ⟨http://geology.cr.usgs.g ov/energy/WorldEnergy/DDS-60/index.html⟩.

Valenti, M. 1991. New life from old oil wells. *Mechanical Engineering* 113(2):37-41.

Valk, M., ed. 1995. *Atmospheric Fluidized Bed Coal Combustion*. Amsterdam: Elsevier.

van der Eng, P. 1992. The real domestic product of Indonesia, 1880-1989. *Explorations in Economic History* 29:343-373.

van Gool, W. 1978. *Limits to Energy Conservation in Chemical Processes*. Oak Ridge, TN: Oak Ridge National Laboratory.

Vendryes, G. A. 1977. Superphé nix: A full-scale breeder reactor. *Scientific American* 236(3): 26-35.

Vendryes, G. A. 1984. The French liquid-metal fast breeder reactor program. *Annual Review of Energy* 9:263-280.

Vine, E. 1992. *Persistence of Energy Savings: What Do We Know and How Can It be Ensured?* Berkeley, CA: Lawrence Berkeley Laboratory.

Viscusi, W. K., et al. 1994. Environmentally responsible energy pricing. *The*

Energy Journal 15:23-42.

Vitousek, P., et al. 1986. Human appropriation of the products of photosynthesis. BioScience 36:368-373.

Vogel, E. F. 1979. Japan as Number One: Lessons for America. Cambridge, MA: Harvard University Press.

von Braun, W., and F. I. Ordway. 1975. History of Rocketry and Space Travel. New York:Thomas Y. Crowell.

Voorhees, A. S., et al. 2001. Cost-benefit analysis methods for assessing air pollution control programs in urban environments — A review. Environmental Health and Preventive Medicine 6:63-73.

Vörösmarty, C. J., and D. Sahagian. 2000. Anthropogenic disturbance of the terrestrial water cycle. BioScience 50:753-765.

Voss, A. 1979. Waves, currents, tides — Problems and prospects. Energy 4:823-831.

WAES (Workshop on Alternative Energy Strategies). 1977. Energy Supply-Demand Integrations to the Year 2000. Cambridge, MA: The MIT Press.

Waley, A. 1938. The Analects of Confucius (Translation of Lunyu). London: George Allen & Unwin.

Walker, B. H., and W. L. Steffen, eds. 1998. The Terrestrial Biosphere and Global Change: Implications for Natural and Managed Ecosystems. Cambridge: Cambridge University Press.

Wang, M., and Y. Ding. 1998. Fuel-saving stoves in China. Wood Energy News 13(3):9-10.

Ward's Communications. 2000. 2000 Motor Vehicle Facts & Figures. Southfield, MI: Ward's Communications.

Warman, H. R. 1972. The Future of Oil. The Geographical Journal 138:287-297.

Watt, K. F. 1989. Evidence for the role of energy resources in producing long waves in the United States economy. Ecological Economics 1:181-195.

Wavegen. 2001. Applications. Inverness, UK: Wavegen. ⟨http://www.wavegen.co.uk/⟩.

Wayne, W. W. 1977. Tidal Power Study for the U.S. ERDA. Washington, DC: US ERDA.

WCD (World Commission on Dams). 2000. Dams and Development. London: Earthscan Publishers.

WCED (World Commission on Environment and Development). 1987. *Our Common Future.* Oxford: Oxford University Press.

WCI (World Coal Institute). 2000. *Coal & Steel Facts.* London: WCI. ⟨http://www.wci-coal.com/facts.coal&steel99.htm⟩.

WCI (World Coal Institute). 2001. *Coal Facts.* London: WCI. ⟨http://www.wci-coal.com/facts.coal99.htm⟩.

WEC (World Energy Council). 1993. *Energy for Tomorrow's World.* London: Kogan Page.

WEC (World Energy Council). 1998. *Survey of Energy Resources.* London: WEC.

WEC and IIASA. 1995. *Global Energy Perspectives to 2050 and Beyond.* London: World Energy Council.

Weinberg, A. M. 1972. Social institutions and nuclear energy. *Science* 177:27-34.

Weinberg, A. M. 1973. Long-range approaches for resolving the energy crisis. *Mechanical Engineering* 95(6):14-18.

Weinberg, A. M. 1978. Reflections on energy wars. *American Scientist* 66:153-158.

Weinberg, A. M. 1979a. *Limits to Energy Modeling.* Oak Ridge, TN: Institute for Energy Analysis.

Weinberg, A. M. 1979b. Are the alternative energy strategies achievable? *Energy* 4:941-951.

Weinberg, A. M. 1982. From the director's diary. *Institute for Energy Analysis Newsletter* 5:2.

Weinberg, A. M., et al. 1984. *The Second Nuclear Era.* Oak Ridge, TN: Institute of Energy Analysis.

Weinberg, A. M. 1994. *The First Nuclear Era: The Life and Times of a Technological Fixer.* New York: American Institute of Physics.

Weisman, J. 1985. *Modern Power Plant Engineering.* Englewood Cliffs, NJ: Prentice-Hall.

Wells, J. 1992. *Efforts Promoting More Efficient Energy Use.* Washington, DC: GAO.

Whipple, C. G. 1996. Can nuclear waste be stored safely at Yucca Mountain? *Scientific American* 274(6)72-79.

WHO (World Health Organization). 1992. *Indoor Air Pollution from Biomass*

Fuel. Geneva: WHO.

Wigley, T., and S. Raper. 2001. Interpretation of high projections for global-mean warming. *Science* 293:451-454.

Wigley, T. M., and D. S. Schimel, eds. 2000. *The Carbon Cycle*. Cambridge: Cambridge University Press.

Williams, R. H. 2000. Advanced energy supply technologies. In *World Energy Assessment*, ed. J. Goldemberg, 273-329. New York: UNDP.

Williams, R. H., and E. D. Larson. 1988. Aeroderivative turbines for stationary power. *Annual Review of Energy* 13:429-489.

Wilshire, H., and D. Prose. 1987. Wind energy development in California, USA. *Environmental Management* 11:13-20.

Wilson, A., and J. Morrill. 1998. *Consumer Guide to Home Energy Savings*. Washington, DC: ACEEE. 〈http://aceee.org〉.

Wilson, C. L., ed. 1980. *Coal: Bridge to the Future*. Cambridge, MA: Ballinger.

Wilson, R. 1998. Accelerator Driven Subcritical Assemblies. Report to Energy, Environment and Economy Committee of the U.S. Global Strategy Council. Cambridge, MA: Harvard University.

Winter, C-J., and J. Nitsch, eds. 1988. *Hydrogen as an Energy Carrier: Technologies, Systems, Economy*. Berlin: Springer-Verlag.

WNA (World Nuclear Association). 2001a. World nuclear power reactors 2000-2001. 〈http://www/world-nuclear.org/info/reactors.htm〉.

WNA (World Nuclear Association). 2001b. Plans for new reactors worldwide. 〈http://www.world-nuclear.org/info/inf17.htm〉.

Womack, J. P., et al. 1991. *The Machine that Changed the World*. New York: Harper.

Wood, C. 1992. *The Bubble Economy: Japan's Extraordinary Speculative Boom of the '80s and the Dramatic Bust of the '90s*. Tokyo: Kodansha.

Workshop on Alternative Energy Strategies. 1977. *Energy Supply—Demand Integrations to the Year 2000*. Cambridge, MA: The MIT Press.

World Bank. 1995. *Investment Strategies for China's Coal and Electricity Delivery System*. Washington, DC: World Bank.

World Bank. 2001. *World Development Report 2001*. Washington, DC: World Bank.

World Energy Conference. 1978. *Study Group Report on World Energy Demand*. Guildford, UK: IPC Science and Technology Press.

World Oil. 2000. *Marine Drilling Rigs 2000/2001*. Houston, TX: Gulf Oil Publishing.

WTO (World Trade Organization). 2001. International Trade Statistics 2000. Geneva: WTO. http://www.wto.org/english/res_e/statis_e/stat toc_e.htm〉.

Wyman, C. E. 1999. Biomass ethanol: Technical progress, opportunities, and commercial challenges. *Annual Review of Energy and the Environment* 24:189-226.

Yamani, S. A. Z. 2000. Interview, September 5, 2000. *Planet Ark*. 〈http://www.planetark.org/dailynewsstory.cfm?newsid 8054〉.

Yemm, R. 2000. Riding the ocean waves. *International Water Power & Dam Construction* 52(12):41-42.

Zener, C. 1977. The OTEC answer to OPEC: Solar sea power! *Mechanical Engineering* 99(6):26-29.

Zhang, Z. et al. 1998. Fuelwood forest development strategy. *Wood Energy News* 13(3): 6-8.〈http://www.rwedp.org/acrobat/wen13-3.pdf〉.

Zonis, M. 1987. *Khomeini, the Islamic Republic of Iran, and the Arab World*. Cambridge, MA: Center for Middle Eastern Studies, Harvard University.

Zorpette, G. 1996. Hanford's nuclear wasteland. *Scientific American* 274(5):88 ~97. Zweibel, K. 1993. Thin-film photovoltaic cells. *American Scientist* 81:362-369.

더 읽어볼 자료

굿스타인, 데이비드 2006. 『엔드 오브 오일』(*Out of Gas: The End of the Age Of Oil*), 권석준 옮김, 베리타스북스.

로버츠, 폴 2004. 『석유의 종말』(*The End of Oil: On the Edge of a Perilous New World*), 송신화 옮김, 서해문집.

리프킨, 제러미 2000. 『엔트로피』(*Entropy: A New World View*), 이창희 옮김. 세종연구원.

리프킨, 제러미 2003. 『수소혁명』(*The Hydrogen Economy*), 이진수 옮김, 민음사.

박수억·이덕기 2006. 『미래에너지 시장트렌드』, 에경M&B.

배위섭 외 2003. 「에너지기술체계도를 활용한 분야별 에너지절약기술개발사업 성과분석」, 『한국지구시스템공학회지』 40권 2호, 78~88면.

예긴, 데니얼 1993. 『황금의 샘』(*The Prize:The Epic Quest for Oil, Money &*

Power), 김태유 옮김, 고려원.

이장규·이석호 2006. 『카스피해 에너지전쟁: 세계경제의 지도를 바꾼다』, 올림.

클레어, 마이클 2002. 『자원의 지배』(*Resource Wars: The New Landscape of Global Conflict*), 김태유·허은녕 옮김, 세종연구원.

한국공학교육학회 2005. 『공학기술과 인간사회』, 지호.

Adelman, M. A. 1995. *The Genie out of the Bottle: World Oil since 1970*, The MIT Press.

Considine, T. J., and E. Heo. 2000. Price and Inventory Dynamics in Petroleum Product Markets, *Energy Economics* 22(5): 527-548.

Dahl, C. A. 2004. *International Energy Markets: Understanding Pricing, Policies and Profits*, PennWell Corporation.

Oh, S. and E. Heo. 2005. Price Asymmetries in Petroleum Product Markets-An International and Multi—Product Comparison—, Proceedings of 28th IAEE International Conference, Taipei, Taiwan.

Park, H. and E. Heo. 2007. The Direct and Indirect Household Energy Consumption in the Republic of Korea from 1980 to 2000—An input-output Analysis, *Energy Policy*, forthcoming.

Smil, V. 2005. *Creating the Twentieth Century: Technical Innovations of 1867-1914 and Their Lasting Impact*, Oxford University Press.

Smil, V. 2006. *Energy: A Beginner's Guide*, Oneworld Publications.

새로운 지구를 위한 에너지 디자인

에너지·경제·환경의 통합적 전망과 대안

초판 1쇄 발행/2008년 2월 5일
초판 6쇄 발행/2021년 12월 27일

지은이/바츨라프 스밀
옮긴이/허은녕 김태유 이수갑
펴낸이/강일우
책임편집/강영규
펴낸곳/(주)창비
등록/1986년 8월 5일 제85호
주소/10881 경기도 파주시 회동길 184
전화/031-955-3333
팩시밀리/영업 031-955-3399 · 편집 031-955-3400
홈페이지/www.changbi.com
전자우편/human@changbi.com

한국어판 ⓒ (주)창비 2008
ISBN 978-89-364-1207-4 03500